水利水电工程施工现场管理人员培训教材

施 工 员

中国水利工程协会　主编

黄河水利出版社

·郑 州·

内 容 提 要

　　本书基于水利水电工程建设发展的需求，按照国家有关法律法规和水利行业规范标准，以紧密联系工程建设为核心，以培养高素质、高水准、高规格的水利工程从业人员为目标，注重知识的实用性和系统性，吸取了水利水电工程施工的新技术、新工艺、新方法，重点讲授理论知识在工程实践中的应用；内容通俗易懂，叙述规范、简练，图文并茂。全书共分十章，包括施工测量、施工期水流控制、土石方工程、地基处理及基础工程、混凝土工程、金属结构工程、机电设备工程、安全监测、施工进度与成本管理、施工组织设计及专项施工方案等。

　　本书主要作为水利水电工程施工现场管理人员培训、学习及考核用书，也可供从事水利领域专业研究和工程建设有关设计、施工、监理等人员以及大专院校相关专业师生阅读参考。

图书在版编目(CIP)数据

　　施工员/中国水利工程协会主编. —郑州:黄河水利出版
社,2020.5
　　水利水电工程施工现场管理人员培训教材
　　ISBN 978 - 7 - 5509 - 2471 - 0

　　Ⅰ. ①施…　Ⅱ. ①中…　Ⅲ. ①水利水电工程 - 工程施工 -
技术培训 - 教材　Ⅳ. ①TV5

　　中国版本图书馆 CIP 数据核字(2019)第 178589 号

出　版　社:黄河水利出版社
　　　　地址:河南省郑州市顺河路黄委会综合楼 14 层　　　　邮政编码:450003
发行单位:黄河水利出版社
　　　　发行部电话:0371 - 66026940、66020550、66028024、66022620(传真)
　　　　E-mail:hhslcbs@ 126. com
承印单位:河南承创印务有限公司
开本:787 mm × 1 092 mm　1/16
印张:29
字数:706 千字　　　　　　　　　　　　印数:1—2 000
版次:2020 年 5 月第 1 版　　　　　　　印次:2020 年 5 月第 1 次印刷

定价:88.00 元

序

随着我国经济社会的快速发展,水利作为国民经济的基础设施和基础产业,在经济社会发展中起着越来越重要的作用。党中央、国务院高度重视水利工作,水利投资逐年增加,水利工程建设方兴未艾,172项节水供水重大水利工程在建投资规模超万亿元,开工建设80%以上。"水利工程补短板、水利行业强监管"正有效推进大规模水利工程的建设和水利事业改革发展。

"百年大计,质量第一"。水利工程质量涉及社会公共利益、人民生命安全,至关重要。水利工程施工是确保工程质量的关键,它不仅要求严格执行施工作业程序,还要求对质检、材料、资料等方面进行严格管理,特别是涉及人民生命财产安全的施工质量和施工安全,一旦出现问题,极有可能导致灾难性后果。水利水电工程施工现场管理人员作为水利工程建设的一线人员,与水利工程施工质量、安全密切相关,提高水利工程施工管理人员技术水平,是确保工程质量顺利实施的关键。因此,重视水利工程施工的管理,加强对生产线的水利工程建设施工单位的施工现场管理人员的培养,建设一支合格的、高水平的、技术精湛的水利工程建设施工管理人员队伍显得尤为重要。

中国水利工程协会组织国内多年从事水利水电工程施工、管理的有关单位和专家、学者、教授,在两年时间里编写了水利水电工程施工现场管理人员培训教材,包括《基础知识》《施工员》《安全员》《质检员》《资料员》《材料员》。本套教材将会对水利工程建设一线的相关人员提供一个有益的借鉴和参考。有利于规范水利工程施工管理行为,提高施工现场管理人员综合素质与业务水平,打造一支过硬的水利工程建设人员队伍。对弘扬工匠精神,打造精品工程,保障水利工程建设质量和安全,发挥积极的作用。

孙继昌

《施工员》编审委员会

前　言

在水利建设快速发展的新形势下,水利水电工程建设领域对施工现场管理人员的职业素质提出了更高的要求,中国水利工程协会于 2017 年 6 月 26 日发布了《水利水电工程施工现场管理人员职业标准》。为全面贯彻、执行水利行业法律法规和规范标准,提高施工现场管理人员的专业素质和业务水平,协会组织编写了水利水电工程施工现场管理人员培训教材,包括《基础知识》《施工员》《质检员》《安全员》《材料员》《资料员》。

《施工员》在编写过程中,将理论与实际相结合,内容以实用性为主,全书共分为施工测量、施工期水流控制、土石方工程、地基处理及基础工程、混凝土工程、金属结构工程、机电设备工程、安全监测、施工进度与成本管理、施工组织设计及专项施工方案十章,编者在总结归纳相关知识点的同时,重点突出水利水电工程建设实际所需内容,注重培养学员的实践能力,具有较强的针对性和实用性。

本书由湖北水总水利水电建设股份有限公司钟汉华主编,中国安能建设集团有限公司梅锦煜主审。具体编写分工如下:湖北水总水利水电建设股份有限公司杨维明、龚江红编写第一章;钟汉华、周卫文编写第二章;项海玲编写第三章;曾石磊、朱栋梁编写第四章;王旭君、张四明编写第五章;黄露、杨春来、付楚源编写第六章;杨行、周博、周丽编写第七章;湖北水利水电职业技术学院桂剑萍、刘能胜、董伟编写第八章;黄泽钧、余燕君、余丹丹编写第九章;于淳蛟、何佩诗、黄兆东编写第十章。

本书在编写过程中得到中国水利工程协会领导,中水淮河规划设计研究有限公司伍宛生,中国水电建设集团十五工程局有限公司王星照,上海宏波工程咨询有限公司韩忠,华北水利水电大学刘秋常、吕艺生等专家的帮助和指导,参考和引用了文献中的内容,在此对以上所有的专家和单位以及本书引用文献的作者表示衷心的感谢。由于编者水平有限,书中难免存在一些缺点和不足之处,敬请广大读者不吝批评指正,以便再版时改进。

编　者

2019 年 6 月

目　录

第一章　施工测量

施工测量主要包括测定和测设两个方面。测定,是指通过测量得到一系列数据,以确定地面点位置或将地表地物和地貌缩绘成各种比例尺的地形图。测设,是指将图纸上规划设计好的建筑物或构筑物的位置在实地标定出来,作为施工的依据。水利水电工程现场施工测量主要工作是测设,包括施工控制网的建立、建筑物的放样、竣工测量和施工期间的变形观测等。

第一节　测量基础知识

一、水准测量

(一)水准测量原理

水准测量是利用水准仪所提供的水平视线,测定地面上两点间的高差,根据已知点高程求出未知点高程的一种方法。

如图 1-1 所示,地面上有 A、B 两点,设 A 点的已知高程点为 H_A,B 点为待定点,其高程未知。现在 A、B 两点之间安置一台水准仪,在 A、B 两点上分别竖立水准尺,当水准仪的视线水平时,分别读取 A 点尺上的读数 a 和 B 点尺上的读数 b。

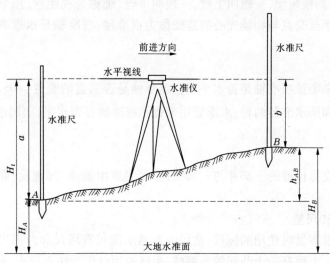

图 1-1　水准测量原理

则 A、B 两点间的高差 h_{AB} 等于后视读数 a 减去前视读数 b,即

$$h_{AB} = a - b \tag{1-1}$$

而 B 点的高程 H_B 为:

$$H_B = H_A + h_{AB} = H_A + (a - b) \tag{1-2}$$

（二）DS₃型水准仪的构造

水准仪全称为大地测量水准仪，按其精度分为 DS_{05}、DS_1、DS_3、DS_{10} 等几个等级。DS_{05} 和 DS_1 属于精密水准仪，主要用于国家一、二等水准测量和精密水准测量；DS_3 和 DS_{10} 属于普通水准仪，主要用于一般的工程建设测量和三、四等水准测量。

如图1-2所示，DS_3型水准仪主要由望远镜、水准器和基座三部分组成。

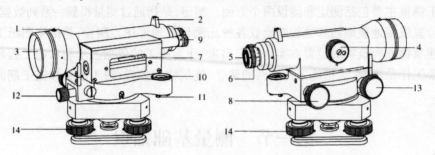

1—准星；2—缺口；3—物镜；4—物镜调焦螺旋；5—目镜；6—目镜调焦螺旋；
7—管水准器；8—微倾螺旋；9—管水准器气泡观察窗；10—圆水准器；
11—圆水准器校正螺旋；12—水平制动螺旋；13—水平微动螺旋；14—脚螺旋

图 1-2　DS_3 型水准仪

1. 望远镜

望远镜是用来提供一条水平视线以照准目标并在水准尺上进行读数的，主要由物镜、目镜、十字丝分划板、物镜调焦螺旋及目镜调焦螺旋组成。物镜和目镜多采用复合透镜组。十字丝分划板上面刻有相互垂直的细线，称为十字丝。中间横的一条称为中丝（或横丝），与中丝平行的上、下两根短丝，一根叫上丝，一根叫下丝，统称为视距丝，用来测量仪器与目标之间的距离。十字丝交点与物镜光心的连线称为视准轴，视准轴是水准测量中用来读数的视线。

2. 水准器

水准器是用来衡量视准轴是否水平或仪器竖轴是否铅直的装置。DS_3型微倾水准仪的水准器有水准管和圆水准器两种，水准管用来指示视准轴是否水平，而圆水准器用来指示竖轴是否竖直。

3. 基座

基座是用来支撑仪器的上部并与三脚架连接，主要由轴座、脚螺旋、底板和三角压板组成。

（三）水准尺和尺垫

水准尺是水准测量时使用的标尺，常用的普通水准尺有塔尺和双面尺两种。尺垫用生铁铸成，呈三角形，上面有一个凸起的半圆球，半球的顶点作为转点标志，水准尺立于尺垫的半圆球顶点上。使用时应将尺垫下面的三个脚踩入土中使其稳固。

（四）水准仪的使用

1. 水准仪的架设

在安置仪器时，首先在测站上松开三脚架架腿的固定螺旋，伸缩三个脚腿使高度适中，再拧紧固定螺旋，打开三脚架，使三脚架架头大致水平，并将三脚架的架脚踩入土中。三脚架安置好后,从仪器箱中取出仪器,用中心连接螺旋将仪器固定在三脚架上。

2.粗略整平仪器

粗略整平简称粗平,是通过调节仪器脚螺旋使圆水准器气泡居中,使水准仪的竖轴铅直。

3.照准目标

照准目标分为粗瞄和精瞄,具体的操作方法如下:

(1)粗瞄。转动望远镜制动螺旋,用望远镜镜筒外的缺口和准星粗略地瞄准水准尺,固定制动螺旋。

(2)看清目标。转动目镜对光螺旋,使十字丝分划板清晰;转动物镜对光螺旋,使尺子的成像清晰。

(3)精瞄。转动水平微动螺旋,使十字丝纵丝对准水准尺的中间。

(4)消除视差。细致反复进行目镜和物镜调焦,直到无论眼睛在哪个位置观察,尺像和十字丝均位于清晰状态,十字丝横丝所照准的读数始终不变。

4.精确整平

精确整平简称精平,是通过调节微倾螺旋使符合水准器气泡居中,即让目镜左边观察窗内的符合水准器的气泡两个半边影像完全吻合,这时望远镜的视准轴完全处于水平位置。每次在水准尺上读数之前都应进行精平。

对于自动安平水准仪而言,由于仪器没有长水准管,因此须通过使用其补偿装置来达到使水准仪视线处于水平的目的。

5.读数

符合水准器气泡居中后,即可读取十字丝中丝在水准尺上进行读数。读数时,要依次读出米、分米、厘米、毫米四位数,其中毫米位是估读的。如图1-3所示为倒像读数,对应的中丝读数为1.306 m,如果以毫米为单位读记为1 306 mm。

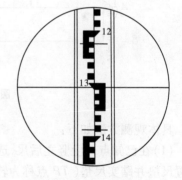

图1-3　水准尺读数

(五)水准测量的方法

1.水准点

水准点,是指水准测量中固定的高程标志点,常用 *BM* 表示。水准点有永久性和临时性两种,永久性水准点一般用石料或钢筋混凝土制成,深埋在地面冻土线以下,顶面设有不锈钢或其他不易腐蚀材料制成的半球形标志,如图1-4(a)所示。有些水准点也可设置在稳定的墙脚上,称为墙上水准点,如图1-4(b)所示。临时性的水准点可用地面上突出的坚硬岩石做记号;对于松软的地面,可打入木桩并在桩顶钉一个小铁钉来表示;对于坚硬的地面,可以直接用油漆画出标记。

水准点埋设后,应绘出水准点与附近地物的关系图,在图上并写明水准点的编号和高程。

2.水准路线

水准路线,是指水准测量所经过的路线。通常单一水准路线有附合水准路线、闭合水准路线、支水准路线三种形式。

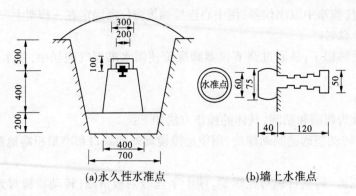

(a)永久性水准点   (b)墙上水准点

图 1-4   水准点

3.普通水准测量

如图 1-5 所示为普通水准测量示意图,设 A 点为已知水准点,其高程为 36.524 m,B 点为待定水准点。

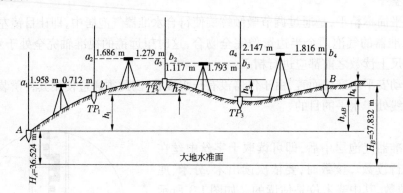

图 1-5   普通水准测量示意图

具体观测方法如下:

(1)在已知点 A 上竖立后尺,选择一个适当的地点安置仪器,再选择一个合适的点 TP_1 放置尺垫并踏实尺垫(TP 点称为转点,主要作用是传递高程),将前尺竖立在尺垫上(值得注意的是,转点上一定要放置尺垫)。

(2)粗平仪器后,瞄准 A 点的后尺,再精平水准仪,读取后视读数 a_1,记录于表中;转动望远镜瞄准 TP_1 点的前尺,精平水准仪,读取前视读数 b_1,记录于表中。可按照高差的计算公式,计算出第一测站的高差。

(3)第一站的转点 TP_1 不动,作为第二站的后尺;仪器及第一站的后尺搬往下一站,选一个适当的地方安置仪器,选择 TP_2 作为第二站的前尺点,按照前面的施测方法测量第二站的高差。重复上述过程,一直观测到待定点 B 结束。

(4)记录者应在现场完成每页记录手簿的计算和校核。

【例 1-1】   表 1-1 为普通水准测量的记录、计算表。

表 1-1　普通水准测量记录计算表

测站	测点	后视读数（m）	前视读数（m）	高差（m） +	高差（m） -	高程（m）	说明
1	A	1.958	0.712	1.246		36.524	
2	1	1.686	1.279	0.407			
3	2	1.117	1.793		0.676		（已知）
4	3	2.147	1.816	0.331		37.832	
	B						
Σ		6.908	5.600	1.984	0.676		
计算检核							

$$\Sigma 后 - \Sigma 前 = 6.908 - 5.600 = 1.308(m)$$
$$H_B - H_A = 37.832 - 36.524 = 1.308(m)$$
$$\Sigma h = 1.984 - 0.676 = 1.308\ m$$

4.四等水准测量

在地形测图和施工测量中,常采用四等水准测量进行首级高程控制。

1)四等水准测量的技术要求

四等水准测量的主要技术要求如表 1-2 所示。

表 1-2　四等水准测量的主要技术要求

等级	视距（m）	高差闭合差限差（mm） 平地	高差闭合差限差（mm） 山区	视线高度	前、后视距差（m）	前后视距积累差（m）	黑红面读数差（mm）	黑红面所测高差之差（mm）
四等	≤100	$\pm 20\sqrt{L}$	$\pm 6\sqrt{n}$	三丝能读数	≤3.0	≤10.0	≤3.0	≤5.0

注:1. L 为路线长度,以 km 计;

2. n 为路线测站数。

2)四等水准测量的施测方法

四等水准测量的观测一般采用双面水准尺进行,在水准仪安置、粗平后,具体观测程序如下:

(1)照准后尺黑面,读取下丝(1)、上丝(2)、中丝(3),并进行记录;

(2)照准后尺红面,读取中丝(4),并进行记录;

(3)照准前尺黑面,读取下丝(5)、上丝(6)、中丝(7),并进行记录;

(4)照准前尺红面,读取中丝(8),并进行记录。

以上四等水准测量的观测程序可简称为"后—后—前—前"或"黑—红—黑—红"。需要注意的是,对于微倾式水准仪,在读取中丝读数前,应使水准仪水准管气泡处于居中位置。

【例 1-2】　四等水准测量外业观测数据记录如表 1-3 所示。

表 1-3　四等水准测量外业观测数据记录表

测点编号	后尺	下丝	前尺	下丝	方向及尺号	中丝读数(m)		K+黑-红 (mm)	高差中数 (m)	说明
		上丝		上丝		黑面 (mm)	红面 (mm)			
	后视距		前视距							
	视距差 d(m)		累积差 ∑d(m)							
	(1)		(5)		后 K_1	(3)	(4)	(13)		$K_1 = 4.687$
	(2)		(6)		前 K_2	(7)	(8)	(14)	(18)	$K_2 = 4.787$
	(9)		(10)		后-前	(15)	(16)	(17)		
	(11)		(12)							
1	1 738		2 195		后 K_1	1 153	5 842	-2		
	1 367		1 819		前 K_2	2 008	6 795	0	-854.0	
	37.1		37.6		后-前	-855	-953	-2		
	-0.5		0.5							
2	2 071		1 982		后 K_2	1 848	6 636	-1		
	1 625		1 537		前 K_1	1 760	6 446	+1	+89.0	
	44.6		44.5		后-前	+88	+190	-2		
	+0.1		-0.4							
3	1 861		2 112		后 K_1	1 698	6 383	+2		
	1 534		1 787		前 K_2	1 949	6 734	+2	-251.0	
	32.7		32.5		后-前	-251	-351	0		
	+0.2		-0.2							
4	1 647		1 985		后 K_2	1 466	6 253	0		
	1 283		1 624		前 K_1	1 804	6 490	+1	-337.5	
	36.4		36.1		后-前	-338	-237	-1		
	+0.3		+0.1							

$\sum(9) = 150.8$　　　　　　　$\sum(3) = 6\ 165$　　$\sum(4) = 25\ 114$　　$\sum(15) = -1\ 356$

$\sum(10) = 150.7$　　　　　　$\sum(7) = 7\ 521$　　$\sum(8) = 26\ 465$　　$\sum(16) = -1\ 351$

$\sum(9) - \sum(10)$　　　　　$[\sum(3) + \sum(4)] - [\sum(7) + \sum(8)] = -2\ 707$

$\quad = +0.1$　　　　　　　　$\sum(15) + \sum(16) = -2\ 707$

末站(12) = +0.1　　　　　　$\sum(18) = -1\ 353.5$　　$2\sum(18) = -2\ 707$

总视距 $\sum(9) + \sum(10) = 301.5$

3) 测站的计算与校核

(1) 视距部分计算。视距部分的计算主要包括下面项目：

后视距离(9) = [(1) - (2)] × 100，前视距离(10) = [(5) - (6)] × 100。

前、后视距差值(11) = (9) - (10),前、后视距累积差(12) = 本站(11) + 前站(12)。

(2)高差部分计算。高差部分的计算主要包括下面的项目:

后尺黑、红面读数差(13) = K_1 + (3) - (4),前尺黑、红面读数差(14) = K_2 + (7) - (8)。

K_1、K_2 分别为后、前两根水准尺黑、红面的零点差,也称尺常数,一般为 4.687 m、4.787 m。

黑面高差(15) = (3) - (7),红面高差(16) = (4) - (8)。

黑、红面高差之差(17) = (15) - [(16) ± 0.1] = (13) - (14)。

式中(16) ± 0.1 为两根水准尺零点差间的差值 0.1 m。当红面高差比黑面高差小,则应加上 0.1 m;反之,则应减去 0.1 m。

高差中数 (18) = $\frac{1}{2}$ { (15) + [(16) ± 0.1] } 。

(3)检核计算。检核计算主要包括以下内容:

①每站检核。(17) = (13) - (14) = (15) - [(16) ± 0.1]。至此,一个测站测量工作全部完成,确认各项计算符合要求后,方可迁站。

②每页观测成果检核。除检查每站的观测计算外,还应在手簿的下方,计算测段路线或整个路线的"∑ 项"检查,并使之满足下列要求:

后视红、黑面中丝总和减去前视红、黑面中丝总和应等于红、黑面高差总和,还应等于平均高差总和的 2 倍。

当测站数为偶数时

$$\sum [(3) + (4)] - \sum [(7) + (8)] = \sum [(15) + (16)] = 2\sum (18)$$

当测站数为奇数时

$$\sum [(3) + (4)] - \sum [(7) + (8)] = \sum [(15) + (16)] = 2\sum (18) \pm 0.1$$

后视距总和减去前视距总和应等于末站视距差累积值,即

$$\sum (9) - \sum (10) = 末站(12)$$

而总视距应为:

$$L = \sum (9) + \sum (10)$$

5. 水准测量的成果计算

在完成水准路线观测后,应计算高差闭合差。若高差闭合差符合要求,则调整闭合差并计算各待定点高程。

二、角度测量

角度测量是测量基本工作之一,主要包括水平角测量和竖直角测量。在测量工作中,水平角和竖直角是用仪器中不同的度盘进行观测的。

(一)角度测量原理

1. 水平角测量原理

水平角是指空间两条相交直线在水平面上投影的夹角。一般用 β 表示。在图 1-6 中, $\angle BAC$ 为空间直线 AB 与 AC 之间的夹角,测量中所要观测的水平角是 $\angle BAC$ 在水平面上的投影,即 $\angle bac$。

由图 1-6 可以看出,地面上 A、B、C 三点在水平面上的投影 a、b、c 是通过作它们的

铅垂线得到的。因此,∠bac 就是通过 AB、AC 的两竖直面所形成的二面角。此二面角可在两竖直面的交线 Oa 上任意一点进行量测。设想在竖线 Oa 上的 O 点放置一个按顺时针注记的全圆量角器(称为度盘),并使其水平。通过 AC 的竖面与度盘的交线读数为 n,通过 AB 的竖面与度盘的交线得另一读数为 m,则 m 减 n 的结果就是水平角 β,即

$$\beta = m - n \tag{1-3}$$

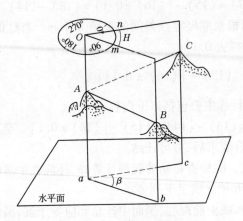

图1-6　水平角测角原理

2. 竖直角测量原理

竖直角是指在同一竖直面内目标视线方向与水平面的夹角。竖直角也称垂直角,通常用 α 表示。竖直角的变化范围为 $-90° \sim +90°$,当目标视线位于水平方向上方时,竖直角为正值,称为仰角;当目标视线位于水平方向下方时,竖直角为负值,称为俯角。

如图 1-7 所示,测站点 A 至目标点 P 的方向线 AP 与其在水平面的投影 ap 间(或与 AP′ 间)的夹角,即为 AP 方向的竖直角。竖直角也是两个方向度盘读数的差值,而且其中有一个方向是水平方向。为了测定这个竖直角,可以在 A 点上放置竖直度盘,假设目标视线方向在竖直度盘上的读数为 a,当确定竖直度盘刻划方式及水平方向的竖盘读数后,即可计算竖直角。

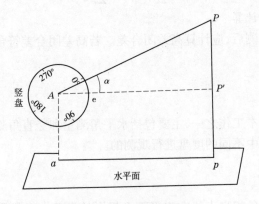

图1-7　竖直角测角原理

经纬仪就是用来测量水平角和竖直角的主要仪器。

（二）角度测量的仪器

经纬仪主要分为光学经纬仪、电子经纬仪和全站仪等。当前,常用的国产经纬仪按其精度分为 DJ_{07}、DJ_1、DJ_2、DJ_6 等几个等级。"D""J"分别为"大地测量""经纬仪"汉语拼音的第一个字母,下标 07、1、2、6 等数据表示该仪器测角精度指标,即一测回水平方向观测值中误差。其中 DJ_{07}、DJ_1、DJ_2 属于精密经纬仪,DJ_6 属于普通经纬仪。

1. DJ_6 光学经纬仪的基本结构及读数方法

1）DJ_6 光学经纬仪的基本结构

光学经纬仪由照准部、水平度盘和基座三部分组成。图 1-8 是北京光学仪器厂生产的 DJ_6 型光学经纬仪,其外形和各部件的名称如图 1-8 所示。

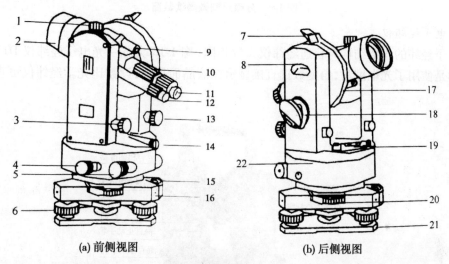

(a) 前侧视图　　　　　　　　　　(b) 后侧视图

1—望远镜制动螺旋;2—望远镜物镜;3—望远镜微动螺旋;4—水平制动螺旋;5—水平微动螺旋;
6—脚螺旋;7—竖直指标水准管观察镜;8—竖直指标水准管;9—瞄准器;10—物镜调焦环;11—望远镜目镜;
12—度盘度数显微镜;13—竖盘指标水准管微动螺旋;14—光学对中器;15—圆水准器;16—基座;
17—竖直度盘;18—度盘照明器;19—水平度盘水准管;20—水平度盘位置变换轮;21—基座地板;22—水平度盘

图 1-8　DJ_6 光学经纬仪外形示意图

2）DJ_6 型光学经纬仪的读数方法

光学经纬仪的读数设备包括度盘、光路系统和测微装置。水平度盘和竖直度盘上的分划线,是通过一系列棱镜和透镜成像显示在望远镜旁边的读数窗内。DJ_6 光学经纬仪的测微装置分为分微尺测微器和单平行玻璃测微器两种,其中以前者居多。这里只介绍分微尺测微器读数方法。

如图 1-9 所示,分微尺测微器读数窗上窗是水平度盘的读数,标有"水平"或"H"、"-",下窗是竖直度盘的读数,标有"竖直"或"V"、"⊥"。分微尺是一个固定不动的分划尺,将一度弧长均匀地分成 60 格,每格代表 1 分。每 10 格标有注记:0,1,2,3,…,6。读数时,可估读到 0.1 分即 6 秒。

读数时,首先读取分微尺内的度分划作为度数,再以该度盘分划线读取分微尺上的分数,最后估读秒数,以上读数之和即为度盘整个读数。如图 1-9 所示,水平度盘(注有 H 的读数窗)读数应为 245°54.2′(245°54′12″),竖直度盘(注有 V 的读数窗)读数应为 87°06.4′(87°06′24″)。

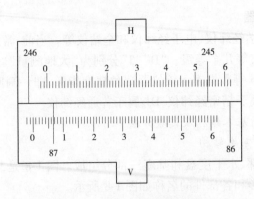

图 1-9　分微尺测微器读数窗

2.电子经纬仪

电子经纬的主要结构与普通经纬仪大致相同(图 1-10 为苏一光电子经纬仪 DT302L),不同的是使用了光电度盘,角度数据直接显示在液晶面板上,读数比光学经纬仪更直观、简单。

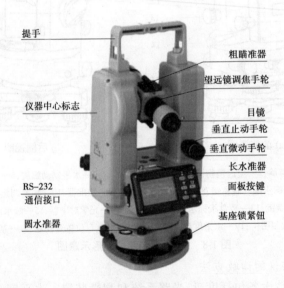

图 1-10　苏一光电子经纬仪 DT302L

3.全站仪

全站仪,是一种集光、机、电为一体的高技术测量仪器,将测角装置、测距装置和微处理器集成一体。这种仪器,能够进行角度测量、距离测量、高差测量,并通过电子手簿或直接实现自动记录、存储和输出的测量仪器,又叫全站型电子速测仪。

全站仪分为分体式和整体式两类。分体式全站仪的照准头和电子经纬仪不是一个整体,进行作业时将照准头安装在电子经纬仪上,作业结束后卸下来分开装箱,这种仪器目前基本退出了市场,在生产中少见;整体式全站仪是分体式全站仪的进一步发展,照准头和电子经纬仪的望远镜结合在一起,形成一个整体,使用起来更为方便。全站仪主要由控制系统、测角系统、测距系统、记录系统和通信系统等五个系统组成。

1) 全站仪的构造

全站仪主要由电子经纬仪、光电测距仪、微处理器等部分构成。以拓普康 GTS－335N 全站仪为例,其部件组成如图 1-11 所示。

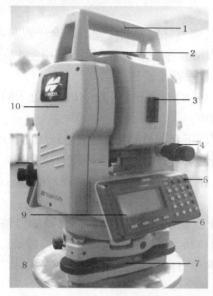

1—手柄;2—物镜;3—粗瞄镜;4—竖直制动微动螺旋;5—键盘;6—光学对中器;7—基座;8—脚螺旋;9—显示屏;
10—度盘;11—目镜;12—电池;13—水平制动微动螺旋;14—圆水准器;15—计算机连接口;16—管水准器;17 调焦手轮

图 1-11　拓普康 GTS－335N 全站仪外形及部件名称

(1)电子经纬仪。全站仪的水平度盘和竖直度盘及其读数装置分别采用两个相同的光栅度盘(或编码盘)和读数传感器进行角度测量。

(2)光电测距仪。主要是完成测站点至目标点之间的斜距或平距测量任务。测距仪主要有脉冲式测距仪和相位式测距仪两种。

(3)微处理器。主要由中央处理器、随机存储器和只读存储器等构成,是全站仪的核心装置。微处理器可用来根据键盘或程序的指令控制各分系统的测量工作,进行必要的逻辑和数值运算以及数据存储、处理、管理、传输和显示等。

2) 全站仪的常用功能

全站仪的功能包括四大部分:角度测量、距离测量、坐标测量和程序功能。这里主要介绍全站仪的角度测量、距离测量、坐标测量等常用功能。

(1)角度测量。主要是使用全站仪的电子经纬仪部分,其原理和电子经纬仪角度测量一样,其操作步骤也大致和光学经纬仪相同,即安置仪器、对中整平、精确照准目标,进行角度观测。

(2)距离测量。使用全站仪"距离测量"功能,可以测出测站点至观测目标的斜距和平距。

(3)坐标测量。使用全站仪可以在测站直接测得目标点坐标,主要是通过观测者使用全站仪观测的角度(水平角、竖直角)和距离,按坐标正算原理得到目标点坐标。当然,进行坐标测量前,需要进行设站点坐标的输入(建站)和后视定向设置。

4.角度测量仪器的使用

经纬仪的使用包括仪器安置、瞄准和读数等三项工作。电子经纬仪、全站仪的使用也一样,这里以光学经纬仪为例进行说明。

1)经纬仪的安置

经纬仪的安置程序是:打开三脚架腿螺旋,调整好脚架高度使其适合于观测者,将其安置在测站上,使架头大致水平。从仪器箱中取出经纬仪安置在三脚架头上,并旋紧连接螺旋,即可进行安置工作。安置工作包括对中和整平两个步骤。

(1)对中。对中的目的是使仪器的中心(竖轴)与测站点(角的顶点)位于同一铅垂线上。对中方法主要有两种:垂球对中和光学对中。

使用垂球进行对中时,将垂球挂在连接螺旋下面的铁钩上,调整垂球线的长度,使垂球尖接近地面点位。如果垂球中心偏离测站点较远,可以通过平移三脚架使垂球大致对准点位;如果还有偏差,可以把连接螺旋稍微松动,在架头上平移仪器来精确对准测站点,再旋紧连接螺旋即可。对中误差一般小于3 mm。

(2)整平。整平的目的是使仪器的水平度盘位于水平位置,或使仪器的竖轴位于铅垂位置。整平分两步进行,首先通过伸缩脚架腿使圆水准器气泡居中,即概略整平。再通过旋转脚螺旋使照准部水准管气泡在相互垂直的两个方向上都居中,即精确整平。

2)瞄准目标

瞄准是指用十字丝来照准目标。测水平角时,用十字丝的纵丝瞄准目标。当目标较粗时,常用单丝平分目标;当目标较细时,则常用双丝对称夹准。如果杆状目标(花杆或旗杆)歪斜,尽量照准根部,以减少照准偏差的影响。

测量竖直角时,一般用十字丝的横丝(中丝)瞄准目标。照准时,目标要靠近纵丝。切准目标的部位一定要明确并记录在手簿上,一般用中丝切准目标的上沿。

3)读数

打开反光镜,并调整其位置,使进光明亮均匀,然后进行读数显微镜调焦,使读数窗分划读数清晰并直接读数。

4)配置度盘方法

为了减少度盘分划误差的影响和计算方向观测值的方便,使起始方向(或称零方向)水平度盘读数在0°和1°之间,或某一特定位置,称为配置度盘。

(三)水平角的观测

水平角的观测方法有多种,无论采用何种方法,为消除仪器的某些误差,一般应用盘左和盘右两个位置进行观测。根据观测目标的多少,水平角的观测方法有测回法和方向观测法。

1.测回法

测回法只用于观测两个方向之间的夹角,是水平角观测的基本方法。如图1-12所示,设要观测的水平角为∠β,在O点安置经纬仪,分别照准A、B两点的目标进行读数,两读数之差即为水平角值。

【例1-3】 测回法观测水平角记录、计算举例,见表1-4。

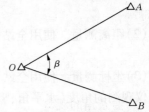

图1-12　测回法观测水平角示意图

表 1-4　测回法观测水平角记录、计算表

测站	测回	竖直度盘位置	目标	度盘读数 (° ′ ″)			半测回角值 (° ′ ″)			一测回角值 (° ′ ″)			各测回平均值 (° ′ ″)			说明
0	1	左	A	0	00	06	85	35	42	85	35	39	85	35	40	
			B	85	35	48										
		右	B	180	00	12	85	35	36							
			A	265	35	48										
0	2	左	A	90	01	06	85	35	48	85	35	42				
			B	175	36	54										
		右	B	270	01	06	85	35	36							
			A	355	36	42										

2. 方向观测法

方向观测法又叫全圆测回法,当观测 3 个及以上的方向时,通常采用方向观测法。它是以某一个目标作为起始方向(称为零方向),依次观测出其余各个目标相对于起始方向的方向值,然后根据方向值计算水平角值。

【例 1-4】　方向观测法观测水平角记录、计算举例,见表 1-5。

表 1-5　方向观测法观测水平角记录、计算表

测站	测回数	目标	水平度盘读数						2c (″)	平均值 (° ′ ″)			归零方向值 (° ′ ″)			各测回平均方向值 (° ′ ″)			水平角值 (° ′ ″)		
			盘左 (° ′ ″)			盘右 (° ′ ″)															
0	1	A	0	00	06	180	00	18	−12	(0	00	16)	0	00	00	0	00	00	81	53	52
										0	00	12									
		B	81	54	06	261	54	00	+06	81	54	03	81	53	47	81	53	52			
		C	153	32	48	333	32	48	0	153	32	48	153	32	32	153	32	32	71	38	40
		D	284	06	12	104	06	06	+06	248	06	09	284	05	53	284	06	00	130	33	28
		A	0	00	24	180	00	18	+06	0	00	21							75	54	00
	2	A	90	00	12	270	00	24	−12	(90	00	21)	0	00	00						
										90	00	18									
		B	171	54	18	351	54	00	0	171	54	18	81	53	57						
		C	243	32	48	63	33	00	−12	243	32	54	153	32	33						
		D	14	06	24	194	06	30	−06	14	06	27	284	06	06						
		A	90	00	18	270	00	30		90	00	24									

(四)竖直角的观测

1. 竖直度盘的构造

竖直度盘的中心和水平轴的一端固连在一起且竖直度盘垂直于水平轴,同时,竖直度盘

的中心也与望远镜旋转中心重合并和望远镜旋转轴固连在一起。当望远镜上下转动时,望远镜带动竖直度盘转动,但用来读取竖直度盘读数的指标并不随望远镜而转动,因此可以读取不同视线的竖盘读数。当望远镜视线水平时,竖直度盘读数设为一固定值。用望远镜照准目标点,读出目标点对应的竖盘读数,根据该读数与望远镜视线水平时的竖直度盘读数就可以计算出竖直角。

2. 竖直角的观测

竖直角的观测方法有两种:一种是中丝法,另一种是三丝法。

中丝法是利用十字丝的中丝(水平长丝)切准目标进行竖直角观测的方法。

三丝法是利用十字丝的三根横丝按望远镜内所见上、中、下的顺序依次切准同一目标并读数的观测方法。

3. 竖直角的计算

竖直角的角值是目标视线的读数与水平视线读数(始读数)之差,仰角为正,俯角为负。竖直角的计算与竖直度盘的注记形式有关。现以 DJ$_6$ 型光学经纬仪的竖直度盘注记形式为例,说明竖直角计算的一般法则。

图 1-13 的上面部分是 DJ$_6$ 经纬仪在盘左时的三种情况,如果指标位置正确,则视准轴水平时,指标水准管气泡居中时,指标所指的竖直度盘读数 $L_{水平}=90°$;当视准轴仰起测量仰角时,竖直度盘读数比 $L_{水平}$ 小;当视准轴俯下时,竖直度盘读数比 $L_{水平}$ 大。

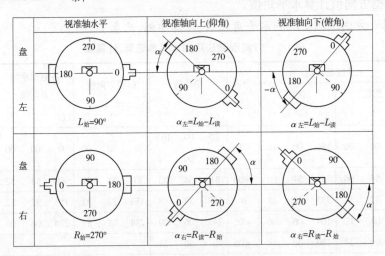

图 1-13　竖直角计算示意图

(五)三角高程测量

三角高程测量是一种间接测定两点之间高差的方法。已知两点之间的水平距离 D(或斜距 S),通过观测竖直角 α 以计算两点间的高差,从而计算待定点高程,称为三角高程测量。

对于山区或不便于进行水准测量的地区,用三角高程方法测量高差,作业速度快,效率高,广泛用于地形测量图根点高程控制测量中。

1. 三角高程测量原理

如图 1-14 所示,已知 AB 点间的水平距离 D(或斜距 S),在测站 A 点安置仪器观测竖直

角 α，现计算 AB 点间高差。

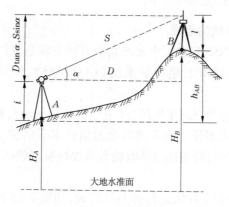

图 1-14 三角高程测量

A、B 点间的高差 h_{AB} 为：

$$h_{AB} = D\tan\alpha + i - v \tag{1-4}$$

式中 i ——仪器高，是测站点桩顶至仪器中心的高度，用小钢尺量取；

v ——目标高，是目标点处水准尺中丝读数或棱镜高度；

D —— A、B 点间的水平距离，可用全站仪测量或坐标反算求得。

若已知 A 点高程 H_A，可求 B 点高程 H_B（称为正觇观测），即

$$H_B = H_A + h_{AB} \tag{1-5}$$

若已知 B 点高程 H_B，可求 A 点高程 H_A（称为反觇观测），即

$$H_A = H_B - h_{AB} \tag{1-6}$$

2. 地球曲率和大气折光影响

当两点间距离较远（超过 200 m）时，三角高程测量的两点间高差计算要考虑地球曲率差和大气折光差的影响，即应对观测得到的高差施加"球气差"改正。

三、距离测量

（一）钢卷尺或皮卷尺直接丈量

采用钢卷尺或皮卷尺直接丈量地面上两点间的水平距离，是工程中常用的主要测量距离方法之一。实际工作中，一般需要丈量的距离往往比钢尺的注记长度大一些，这样就必须将两点之间的距离分成若干小于注记长度的尺段进行丈量。在直线起点和终点所决定的铅垂面内设立一系列标志点的工作，称为直线定线。

（二）全站仪测量距离

将全站仪对中、整平于起点之上，合作棱镜对中、整平于终点之上，使用全站仪内置测距程序，按距离测量按键即可将两点之间的斜距和平距同时测量并显示出来。

全站仪直接测定的距离是仪器中心与合作棱镜中心的空间距离，也就是斜距。而在实际测量过程中，我们主要使用的是两点之间连线投影到水平面上的距离，也就是所谓的平距。全站仪在进行距离测量过程中，同时测定了仪器望远镜的竖直角，通过计算将斜距换算成平距。

四、全球卫星定位系统 GNSS 简介

(一) 全球卫星定位系统的组成

全球卫星定位系统 GNSS 包含了中国的北斗卫星导航系统(BDS)、美国的全球定位系统(GPS)、俄罗斯的格洛纳斯卫星导航系统(GLONASS)、欧盟的伽利略卫星导航系统(GALILEO)。

卫星导航定位系统,包括空间星座部分(卫星星座)、地面监控部分和用户设备部分(信号接收机)等三部分。三大部分之间应用数字通信技术联络传达各种信号信息,依靠各种计算软件处理繁复的数据,最后由用户接收信号解决导航定位问题。

1. 空间星座部分

GPS 空间星座部分由若干在轨运行的卫星组成,如图 1-15 所示,卫星提供系统自主导航定位所需的无线电导航定位信号。

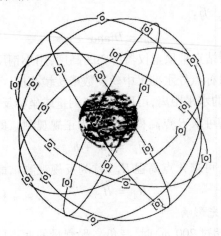

图 1-15　卫星星座分布示意

2. 地面监控部分

对于导航定位来说,GPS 卫星是一动态已知点。卫星的位置是依据卫星发射的星历——描述卫星运动及其轨道的参数而确定。每颗卫星的广播星历是由地面监控系统提供的。卫星上各种设备是否正常工作,以及能否一直沿预定的轨道运行,都要由地面设备进行监测和控制。地面监控系统另一重要作用是保持各颗卫星处于同一时间标准。

3. 用户设备部分

用户设备部分由 GPS 接收机硬件、软件、微处理机及其终端设备构成。GPS 接收机硬件主要包括天线、主机和电源,软件分为随机软件和专业 GPS 数据处理软件,而微处理机则主要用于各种数据处理。

利用 GPS 接收机接收卫星发射的无线电信号,解译 GPS 卫星所发送的导航电文,即可获得必要的导航定位信息和观测信息,并经过数据处理软件的处理来完成各种导航、定位、授时任务。

4. 北斗卫星导航系统 BDS

北斗卫星导航系统 BDS 的空间段计划由 35 颗卫星组成,包括 5 颗静止轨道卫星、27 颗

中地球轨道卫星、3颗倾斜同步轨道卫星。5颗静止轨道卫星定点位置为东经58.75°、80°、110.5°、140°、160°，中地球轨道卫星运行在3个轨道面上，轨道面之间为相隔120°均匀分布。至2012年底北斗亚太区域导航正式开通时，已为正式系统在西昌卫星发射中心发射了16颗卫星，其中14颗组网并提供服务，分别为5颗静止轨道卫星、5颗倾斜地球同步轨道卫星（均在倾角55°的轨道面上）、4颗中地球轨道卫星（均在倾角55°的轨道面上）。北斗卫星导航系统提供中国CGCS2000大地坐标的时空基准，北斗卫星导航系统包含5颗IGSO卫星（倾斜地球同步轨道卫星）对中国区域进行局部增强，克服了卫星系统在高纬度区始终是低仰角的问题，为我国及周边区域提供了更多的可见卫星、更长的连续观测时间和更高精度的导航测量服务，兼容其他三大定位系统，可以自由切换定位系统，方便用户选择更优质的卫星资源进行定位。

（二）全球卫星定位系统的基本原理

1.概述

无线电导航定位系统，其定位原理也是利用测距交会的原理确定点位。设想在地面上有3个无线电信号发射塔，其坐标已知，用户接收机在某一时刻采用无线电测距的方法分别测得了接收机至三个发射塔的距离 d_1、d_2、d_3。只需要以三个发射台为球心，以 d_1、d_2、d_3 为半径做出3个球面，即可交会出用户接收机的空间位置。同样，当将无线电信号发射台从地面搬到卫星，并组成一套卫星导航定位系统后，应用无线电测距交会的原理，便可由3个以上地面已知点（控制点）交会卫星的位置；反之，利用3颗以上卫星的已知空间位置又可以交会出地面点（用户接收机）的位置。这便是GPS卫星定位的基本原理。

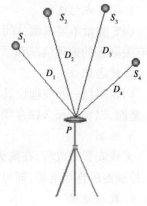

假定用户GPS接收机在某一时刻同时接收到3颗以上的GPS卫星信号，测量出测站点（接收机天线中心）P至3颗以上GPS卫星的距离并解算出该时刻GPS的空间坐标，据此利用空间距离后方交会法解可算出测站P的位置。如图1-16所示，设在测站点P于 t_i 时刻用GPS接收机同时测得P点至3颗GPS卫星 S_1、S_2、S_3 的距离 D_1、D_2、D_3。

在GPS定位中，依据测距的原理，其定位原理与方法主要有伪距法定位、载波相位测量定位以及差分GPS定位。

2.伪距测量

伪距法定位是由GPS接收机在某一时刻测得4颗以上卫　**图1-16　GPS卫星定位原理**
星的伪距以及已知的卫星位置，采用距离交会的方法求定接收机天线所在点的三维坐标。所测的伪距就是由卫星发射的测距码信号到达GPS天线接收机的传播时间乘以光速所得出的量测距离。由于卫星钟、接收机钟的误差以及无线电信号经过电离层和对流层的延迟，实测距离和与卫星到接收机的几何距离有一定的差值，因此一般称量测出的距离为伪距。伪距定位分为单点定位和多点定位。

1）GPS单点定位

GPS单点定位的实质是空间距离后方交会，即将GPS接收机安装在测点上并锁定4颗以上的工作卫星，通过将接收到的卫星测距码与接收机产生的复制码对齐来测量各锁定卫星测距码到接收机的传播时间 Δt_i，并求出工作卫星至接收机之间的伪距值；再从锁定卫星广播星历中获得其空间坐标，采用距离交会的原理解算出天线所在点的三维坐标。

由于伪距定位观测方程没有考虑大气电离层和对流层折射误差、星历误差的影响,所以单点定位的精度不高。用 C/A 码伪距定位精度一般为 25 m,用 P 码伪距定位精度一般为 10 m。

2) GPS 多点定位

GPS 多点定位是将多台 GPS 接收机(一般 2 ~ 3 台)安置在不同的测点上,同时锁定相同的工作卫星进行伪距测量。此时,由于大气电离层和对流层折射误差、星历误差的影响基本相同,因此在计算各测点之间的坐标差时,可以消除上述误差的影响,使测点之间的点位相对误差精度大大提高。

3. 载波相位测量

载波相位测量是测量 GPS 接收机在某时刻所接收的卫星载波信号与接收机产生的基准信号(其频率和初始相位与卫星载波信号完全相同)的相位差,从而计算出伪距。

4. GPS 实时差分定位

实时差分定位,是在已知坐标的点上安置一台 GPS 接收机(称为基准站),利用已知坐标和卫星星历计算 GPS 观测值的校正值,并通过无线电通信设备将校正值发送给运动中的 GPS 接收机(称为流动站)。流动站利用校正值对自己的 GPS 观测值进行修正,以消除卫星钟差、接收机钟差、大气电离层和对流层折射误差的影响。

(三)全球卫星定位系统测量实施

GPS 测量工作,包括方案设计、外业实施及内业数据处理三个阶段。GPS 测量的外业实施,包括 GPS 点的选取、标志埋设、观测、数据处理等工作。

1. GPS 点的选取

GPS 测量不要求测站间相互通视,且布网图形结构比较灵活。选点工作前,要收集和了解有关测区的地理情况和原有测量控制点分布及标型、标石完好等情况。

2. 标志埋设

GPS 网点一般应埋设具有中心标志的标石,以精确标志点位;点的标石和标志必须稳定、坚固,以利于长久保存和利用。在基岩露头地区,也可直接在基岩上嵌入金属标志。

3. 观测

天线安置完成后,在离天线适当位置的地面上安放 GPS 接收机,接通接收机与电源、天线、控制器的连接电缆,即可启动接收机进行观测。

4. 数据处理

数据处理主要借助相应的 GPS 数据处理软件。各种软件的操作不同,但数据处理的主要步骤基本一样,一般情况下可分为以下几步:

(1)GPS 数据的预处理,分析和评价观测数据的质量。

(2)基线解算。

(3)网平差。

(4)输出成果。

第二节 施工放线

一、施工放线的基本方法

(一)已知水平距离的测设

1. 一般方法

当放样要求精度不高时,放样可以从已知点开始,沿给定的方向量出设计给定的水平距离,在终点处打一木桩,并在桩顶标出测设的方向线。然后,仔细量出给定的水平距离,对准读数在桩顶画一垂直测设方向的短线,两线相交即为要放的点位。

为了校核和提高放样精度,以测设的点位为起点向已知点返测水平距离,若返测距离与给定距离有误差,且相对误差超过允许值时,须重新放样。若相对误差在容许范围内,可取两者的平均值,用设计距离与平均值的差的一半作为改正数,改正测设点位的位置,即得到正确的点位。

如图 1-17 所示, A 点为已知控制点,欲沿 AB 方向放样 B 点平面位置。设 AB 的设计水平面距离为 28.500 m,放样精度要求为 1/2 000。

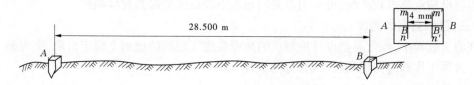

图 1-17 已知水平距离的测设

具体的放样方法与步骤如下:

(1)以 A 点为起点,沿放样方向 AB 量取水平距离 28.500 m 后打一木桩,并在桩顶标出方向线 AB。

(2)再把钢尺零点对准 A 点,水平拉直钢尺并对准 28.500 m 处,在桩上画出与 AB 方向线垂直的短线 $m'n'$,交方向线于 B' 点。

(3)进行校核,若返测 $B'A$ 得水平距离为 28.508 m。$\Delta D = 28.500 - 28.508 = -0.008(\mathrm{m})$。

相对误差 $= \dfrac{0.008}{28.5} \approx \dfrac{1}{3\ 560} < \dfrac{1}{2\ 000}$,测设精度符合要求。

改正数 $= \dfrac{\Delta D}{2} = -0.004$ m。

(4)$m'n'$ 垂直向内平移 4 mm 得 mn 短线,其与方向线的交点即为欲测设的 B 点。

2. 精确方法

当放样距离要求精度较高时,就必须考虑尺长、温度、倾斜等对距离放样的影响。放样时,要进行尺长、温度和倾斜改正。

3. 用测距仪测设水平距离

用光电测距仪进行已知水平距离放样时,可先在拟测设方向上目测安置反射棱镜,用测

距仪测出水平距离 D ,若 D 与欲测设的设计水平距离 D_0 相差 ΔD ,则可前后移动反射棱镜,直至测出的水平距离等于 D_0 。如测距仪有自动跟踪功能,可对反向棱镜进行跟踪,直到显示的水平距离为设计长度即可。

(二)已知水平角的测设

在地面上测设已知水平角时,一般先知道角度的一个方向,然后需要在地面上测设另一个方向线并标定下来。

1. 一般方法

如图 1-18 所示,设在地面上已有一方向线 OA ,欲在 O 点测设另一方向线 OB ,使 $\angle AOB = \beta$ 。可将经纬仪安置在 O 点上,在盘左位置,用望远镜瞄准 A 点,使度盘读数为 $0°00'00''$,然后转动照准部,使度盘读数为 β ,在视线方向上定出 B_1 点。再倒转望远镜变为盘右位置,重复上述步骤,在地面上定出 B_2 点。B_1 与 B_2 往往不相重合,取两点连线的中点 B ,则 OB 即为所测设的方向,$\angle AOB$ 就是要测设的水平角 β 。

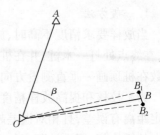

图 1-18 水平角测设的一般方法

2. 精确方法

当测设精度要求较高时,可采用多测回和垂距改正法来提高放样精度。

(三)已知高程的测设

在施工放样中,经常要把设计控制点的高程在施工现场的地面上标定出来,作为施工的依据。这项工作称为高程测设(或称标高放样)。

1. 一般方法

如图 1-19 所示,安置水准仪于已知水准点 R 与待测设点 A 之间,得后视读数 a ,则视线高程 $H_视 = H_R + a$;前视应读数 $b_应 = H_视 - H_设$($H_设$ 为待测设点的高程)。将水准尺贴靠在 A 点木桩一侧,水准仪照准 A 点处的水准尺,在 A 点木桩侧面上下移动标尺,直至水准仪在尺上截取的读数恰好等于 $b_应$ 时,紧靠尺底在木桩侧面画一横线,此横线即为设计高程位置,就是所要放样的 A 点。

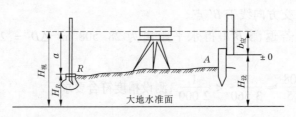

图 1-19 高程测设的一般方法

2. 高程上下传递法

若待测设点的设计高程与水准点的高程相差很大,如测设较深的基坑标高或测设高大建筑物的标高,只用标尺已无法放样。此时,可借助钢尺将地面水准点的高程传递到在坑底或高大建筑物上所设置的临时水准点上,然后根据临时水准点测设其他各点的设计高程。

如图 1-20(a)所示,欲将地面水准点 A 的高程传递到基坑临时水准点 B 上。在坑边上杆上悬挂经过检定的钢尺,零点在下端并挂 10 kg 重锤,为减少摆动,重锤可放入盛有废机油或水的桶内,在地面上和坑内分别安置水准仪,瞄准水准尺和钢尺读数分别得到读数 a 、b 、c 、d ,则:

$$H_B = H_A + a - (c - d) - b \qquad (1-7)$$

H_B 求出后,即可以临时水准点 B 为后视点,测设坑底其他各待测设高程点的设计高程。

如图 1-20(b)所示,是将地面水准点 A 的高程传递到高大建筑物上。其方法与上述相似,任一层上临时水准点 B_i 的高程为:

$$H_{Bi} = H_A + a + (c_i - d) - b_i \qquad (1-8)$$

H_{Bi} 求出后,即可以临时水准点 B_i 为后视点,测设第 i 层建筑物上其他各待测设高程点的设计高程。

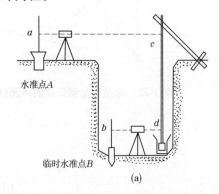
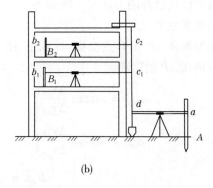

(a)   (b)

图 1-20 高程测设的传递方法

二、点的平面位置的放样

(一)直角坐标法

当施工控制网为方格网或彼此垂直的主轴线时,采用此法较为方便。如图 1-21 所示,A 、B 、C 、D 为方格网的四个控制点,P 为欲放样点。

直角坐标法放样的方法与步骤如下。

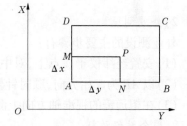

图 1-21 直角坐标法测设点的平面位置

1. 计算放样参数

计算出 P 点相对于控制点 A 的纵、横坐标增量:

$$\Delta x = AM = x_P - x_A \qquad (1-9)$$
$$\Delta y = AN = y_P - y_A \qquad (1-10)$$

式中 x_A 、y_A ——控制点 A 的纵、横坐标;

x_P 、y_P ——放样点 P 的设计纵、横坐标。

2. 外业测设

(1)在 A 点架经纬仪,瞄准 B 点,在此方向上放样水平距离 $AN = \Delta y$ 得 N 点。

(2)在 N 点上架经纬仪,瞄准 B 点,仪器左转90°确定方向,在此方向上丈量 $NP = \Delta x$,即得出 P 点。

3. 校核

沿 AD 方向先放样 Δx 得 M 点,在 M 点上架经纬仪,瞄准 A 点,再左转一直角放样 Δy ,

也可以得到 P 点位置。

　　需要注意的是,放样90°角时,起始方向要尽量照准远距离的点,因为对于同样的对中和照准误差,照准远处点比照准近处点放样的点位精度高。

　　(二)极坐标法

　　当施工控制网为导线时,常采用极坐标法进行放样。特别是当控制点与测站点距离较远时,用全站仪进行极坐标法放样非常方便。

　　1. 用经纬仪放样

　　如图 1-22 所示, A 、B 为地面上已有的控制点,其坐标分别为 A (x_A, y_A) 和 B (x_B, y_B), P 为待放样点,其设计坐标为 P (x_P, y_P)。

　　极坐标法放样的方法与步骤如下。

　　1)计算放样元素

　　先根据 A 、B 和 P 点坐标,计算出 AB 、AP 边的坐标方位角和 AP 的距离。

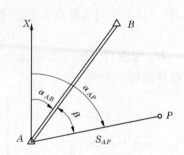

图 1-22　极坐标法测设点的平面位置

$$\left. \begin{array}{l} \alpha_{AB} = \arctan \dfrac{\Delta y_{AB}}{\Delta x_{AB}} \\[2mm] \alpha_{AP} = \arctan \dfrac{\Delta y_{AP}}{\Delta x_{AP}} \end{array} \right\} \qquad (1\text{-}11)$$

$$D_{AP} = \sqrt{\Delta x_{AP}^2 + \Delta y_{AP}^2} \qquad (1\text{-}12)$$

再计算出 $\angle BAP$ 的水平角 β 为:

$$\beta = \alpha_{AP} - \alpha_{AB} \qquad (1\text{-}13)$$

　　2)外业测设

外业测设的主要步骤有:

　　(1)安置经纬仪于 A 点上,对中、整平。

　　(2)以 AB 为起始方向,顺时针转动望远镜,测设水平角 β ,然后固定照准部。

　　(3)在望远镜的视准轴方向上测设距离 D_{AP} ,即得 P 点。

　　2. 用全站仪放样

　　用全站仪放样点位,其原理也是极坐标法。由于全站仪具有计算和存储数据的功能,所以放样非常方便、准确。如图 1-22 所示,其放样方法如下:

　　(1)输入已知点 A 、B 和需放样点 P 的坐标(若存储文件中有这些点的数据也可直接调出),仪器自动计算出放样的参数(水平距离、起始方位角和放样方位角以及放样水平角)。

　　(2)安置全站仪于测站点 A 上,进入放样状态。按仪器要求输入测站点 A ,确定。输入后视点 B ,精确瞄准后视点 B ,确定。这时仪器自动计算出 AB 方向(坐标方位角),并自动设置 AB 方向的水平盘读数为 AB 的坐标方位角。

　　(3)按要求输入方向点 P ,仪器显示 P 点坐标,检查无误后,确定。这时,仪器自动计算出 AP 的方向(坐标方位角)和水平距离。水平转动望远镜,使仪器视准轴方向为 AP 方向。

　　(4)在望远镜视线的方向上立反射棱镜,显示屏显示的距离差是测量距离与放样距离的差值,即棱镜的位置与待放样点位的水平距离之差。若为正值,表示已超过放样标定位置,若为负值则相反。

（5）反射棱镜沿望远镜的视线方向移动，当距离差值读数为 0.000 m 时，棱镜所在的点即为待放样点 P 的位置。

3.自由设站法放样

若已知点与放样点不通视，可另外选择一测站点（该点也叫自由测站点）进行放样。只要所选的测站点既与放样点通视，也与至少 3 个已知点通视即可。

放样时，先根据 3 个已知点用后方交会法计算出测站的坐标，再利用极坐标法即可测设出所要求的放样点的位置。

（三）角度交会法

欲测设的点位远离控制点，地形起伏较大，距离丈量困难且没有全站仪时，可采用经纬仪角度交会法来放样点位。如图 1-23 所示，A、B、C 为已知控制点，P 为需要测设的位置点。P 点的坐标由设计人员给出或从图上量得。

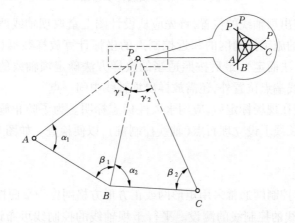

图 1-23　角度交会法测设点的平面位置

（四）距离交会法

当施工场地平坦，易于量距，且测设点与控制点距离不长（小于一整尺长），常用距离交会法测设点位。如图 1-24 所示，A、B 为已知控制点，P 为要测设的点位。

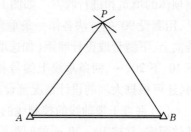

图 1-24　距离交会法测设点的平面位置

三、建筑物放线

水利水电工程种类繁多，而服务于工程项目建设的测量工作大体包括以下内容：布设平面和高程基本控制网、确定工程主要轴线和控制细部放样的定线控制网、工程清基开挖的放样、工程细部放样等。

（一）土石坝开挖与填筑的施工放样

对于土石坝而言，其施工测量的主要内容包括坝轴线的放样、坝身控制测量、清基开挖线的放样、坡脚线的放样、坝体边坡线的放样、土坝坡面修整等。

1.坝轴线的放样

土石坝的坝轴线根据坝址的地形、地质和建筑材料等具体条件，经多次方案比较而选定,并将坝轴线位置绘于先期测量的地形图上。如图 1-25 中的 M_1、M_2。

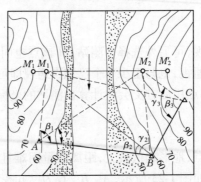

图 1-25　坝轴线放样示意图

为了在实地标定出坝轴线的位置,首先应从设计图上量取坝轴线两端点的平面直角坐标,再根据预先建立的施工控制网的邻近控制点的坐标计算放样数据(放样数据的计算需要根据采用的放样方法而定),最后按照适当的放样方法确定坝轴线的两端点位置。工作中,除了放样出坝轴线端点位置外,还需放样出坝轴线中间一点。

坝轴线的两端点在现场标定后,应用永久性标志标明。为了防止施工时端点位置被破坏,常在坝轴线的延长线上设立埋石点(轴线控制桩),以便检查。如图 1-25 中的 M_1'、M_2'。

2. 坝身控制测量

1) 平面控制测量

直线型坝的放样控制网通常采用矩形网或正方形方格网作为平面控制。

(1) 平行于坝轴线的控制线的测设。平行于坝轴线的控制线可布设在坝顶上下游、上下游坡面变化处、下游马道中线等地,也可按一定间隔布设(如 5 m、10 m、20 m 等),以便控制坝体的填筑和进行收方。如图 1-26 所示,将经纬仪(或全站仪)分别安置在坝轴线的端点上,用测设 90°的方法各作一条垂直于坝轴线的横向基准线,分别从坝轴线的端点起,沿垂线向上、下游量取设计间距(如选取 10 m 轴距)以定出各点并进行编号,如上 10、上 20、…、下 10、下 20、…,两条垂线上编号相同的点的连线即为坝轴线平行线。在测设平行线的同时,还可根据大坝的设计情况测设坝顶肩线和变坡线,它们也是坝轴线平行线。

(2) 垂直于坝轴线的控制线的测设。垂直于坝轴线的控制线的间距一般根据坝址地形条件而定,常按 10 ~ 20 m 的间距设置里程。具体测设步骤和方法如下:

①设置零号桩。零号桩一般为坝轴线上一端与坝顶设计高程相同的地面点,作为坝轴线里程桩的起点,其桩号为 0 + 000。设置时,在坝轴线上一端点安置经纬仪(或全站仪),照准另一端点作为定向,以保障测设的零号桩位于坝轴线上。利用水准仪采用高程放样方法,通过邻近已知水准点高程测设零号桩高程,要求零号桩高程等于坝顶设计高程,且零号桩位于经纬仪的指示方向。零号桩位置确定后,应打桩标定。如图 1-26 中的 M 点。

②设置里程桩。以零号桩作为起点,一般在坝轴线上每隔一定距离(如 20 m、30 m 等)设置里程桩,在坡度显著变化的地方可设置加桩。设置时,在零号桩安置经纬仪(或全站仪),照准坝轴线另一端点作为定向,直接沿定线方向丈量距离(或测量距离),顺序确定各里程桩的位置并标定。

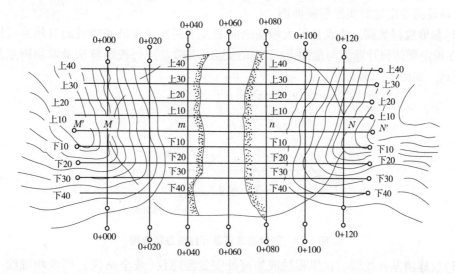

图1-26 坝身控制线

③测设垂直于坝轴线的控制线。测设时,将经纬仪(或全站仪)分别安置于各里程桩上,照准坝轴线一端点,转90°即可定出若干条垂直于坝轴线的平行线。垂线测设后,应向上、下游延长至施工范围之外打桩编号,作为测量横断面和放样的依据,这些桩亦称为横断面方向桩。如图1-26中的0+020、0+040、…。

2)高程控制测量

土石坝的高程控制测量,包括若干永久性水准点组成基本网和临时作业水准点的测量工作。基本网常布设在施工范围之外,采用附合水准路线或闭合水准路线按三等或四等水准测量要求与国家水准点连测,如图1-27中BM_1、BM_2、BM_3、…。临时作业水准点是直接用于坝体的高程放样,布置在施工范围内不同高度的地方,并尽可能做到安置1~2次水准仪就能放样高程;临时水准点应根据施工进度及时设置,一般按照四等或五等水准测量要求附合到永久水准点上,并要根据永久水准点经常进行检测,如图1-27中1、2、3、…。

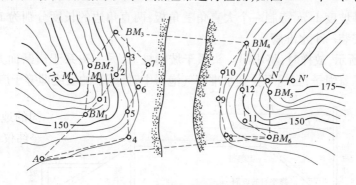

图1-27 土石坝高程控制网

3.清基开挖线的放样

清基开挖线是指坝体与自然地面的交线,亦即自然地表面上的坝脚线。清基开挖线放样的工作内容如下:

(1)测量横断面图。测定坝轴线上各里程桩和加桩的高程,并沿坝轴线方向在各里程桩和加桩处测绘出地面实际横断面图。

（2）量取放样数据。将设计的大坝横断面图套绘到各里程桩和加桩的自然地面横断面图上，在确定坝体设计断面与地面上、下游的交点（坝脚点）后，按图解法量取坝脚点至里程桩的距离。如图1-28所示。

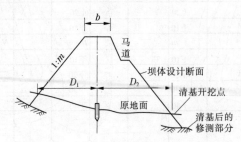

图1-28　图解法求清基开挖线放样数据

（3）放样清基开挖线。在里程桩或加桩处安置经纬仪（或全站仪），照准坝轴线一个端点，照准部转动90°即定出横断面方向，沿横断面方向分别向上、下游测设一定距离并标出清基开挖点。各清基开挖点的连线，即为清基开挖线。

由于清基开挖有一定的深度和坡度，因此实际开挖线需根据地质情况从所定开挖线向外放宽一定距离，撒上白灰标明。

4. 坡脚线的放样

坡脚线是指在基础清理完工后，建筑的坝体与地面的交线。放样坡脚线的目的，是了解填筑土石或浇筑混凝土的边界位置。坡脚线的放样通常采用套绘断面法或平行线法。

5. 坝体边坡的放样

坝体坡脚线确定后，即可在标定范围内填土（上料），填土要分层进行，每层厚约0.5 m，每填一层都要进行碾压，然后及时确定上料边界。标定上料边界位置（设置上料桩）的工作称为边坡放样。上料桩的标定通常采用坡度尺法或轴距杆法。

1）坡度尺法

按坝面设计坡度1:m特制一个大直角三角板，两直角边的长度分别为1 m、m m，在较长的直角边上安装一个水准管。

如图1-29所示，放样时，将小绳一头系于坡脚桩上，另一头系于横断面方向的竖杆上。将三角板斜边靠着绳子，当绳子拉到水准管气泡居中时，绳子的坡度即等于应放样的坡度。

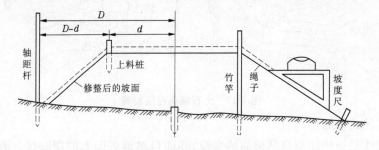

图1-29　边坡放样示意图

2）轴距杆法

根据土石坝的设计坡度，计算出不同层高坝坡面点的轴距 d ,编制成表（一般按高程每隔 1 m 进行计算）。由于坝轴线里程桩在施工过程中会被掩埋,因此必须以填土范围之外坝轴线平行线为依据进行量距。

如图 1-29 所示,在某条坝轴线平行线上设置一排竹竿（称轴距杆）,设平行线的轴距为 D ,则上料桩（坡面点）离轴距杆的距离为（ $D-d$ ）,据此即可定出上料桩的位置。

实际工作中,应考虑夯实和修整的余地,因此实际填土应超出上料位置,超填厚度由设计人员提出。如图 1-29 中虚线所示。

6. 土坝坡面修整

为了使坝坡与设计要求相符,土坝填筑到一定高度且压实后,需要对坝坡面进行修整。测设修坡的常用方法有水准仪法、经纬仪法。

1）水准仪法

在坝坡面上按一定间距用木桩布设一些平行于坝轴线的坝面平行线,用水准仪测出木桩点的坡面高程。在量出木桩的轴距后,计算木桩的设计高程。测量高程与设计高程的差值,即为坡面修整厚度。

2）经纬仪法

首先,根据大坝坡面设计坡度计算出坡面的倾角;其次,将经纬仪安置在坝顶边缘位置,量取仪器高 i ,经纬仪望远镜视线下倾 α 角,固定望远镜,则视线方向与设计坡面平行;然后,沿视线方向竖立标尺,读取中丝读数 v ,则该立尺点的修坡厚度 Δd 为:

$$\Delta d = i - v \tag{1-14}$$

（二）混凝土坝坝基开挖与混凝土浇筑的施工放样

1. 混凝土坝体放样线的测设

混凝土坝由坝体、闸墩、闸门、廊道、电站厂房和船闸等多种构筑物组成,混凝土坝的施工较复杂,要求也较高。无论施工程序,还是施工方法,都与土坝有所不同。混凝土坝的施工测量,是先布设施工控制网,测设坝轴线,根据坝轴线放样各坝段的分段线,然后由分段线标定每层每块的放样线,再由放样线确定立模线。

坝体浇筑前,要清除坝基表面的覆盖层,直至裸露出新鲜基岩。混凝土坝基础开挖线的放样精度要求较高,用图解法求放样数据,不能达到精度要求,必须以坝基开挖范围有关轮廓点的坐标和选择的定线网点,用角度交会法或用全站仪坐标法放样基础开挖线。

坝基开挖到设计高程后,要对新鲜基岩进行冲刷清理,才开始浇筑混凝土坝体。混凝土坝体必须分层浇筑,每一层又要分段分块（或称分跨分仓）进行浇筑,如图 1-30 所示。每块的 4 个角点都有施工坐标,连接这些角点的直线称为立模线。但是,为了安装模板的方便和浇筑混凝土前检查立模的正确性,通常不是直接放样立模线,而是放出与立模线平行且与立模线相距 0.5~1.0 m 的放样线,作为立模的依据。

坝体放样线的测设,应根据坝型、施工区域地形及施工程序等,采用不同的方法。对于直线型水坝,用偏轴距法放样较为简便,拱坝则采用全站仪自由设站法、前方交会法或极坐标法较为有利。现将混凝土坝体放样线的测设方法介绍如下。

1）测设直线型坝体的放样线

在上、下游围堰工程完成后,直线型坝底部分的放样线,一般采用偏轴距法测设。如

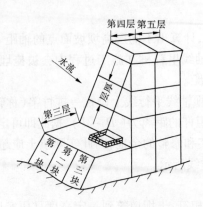

图 1-30　混凝土坝体分段分块

图 1-31 所示,根据坝块放样线的坐标(大坝坐标系统下的坐标),在某一控制点上安置全站仪,选择另一控制点为后视点(测站点和后视点的坐标均为大坝坐标系统下的坐标),将仪器选择在"放样"功能上,并将欲放样的点坐标(这些点的坐标同是大坝坐标系统下的坐标)输入仪器中,然后根据仪器所指方向立棱镜,当仪器上显示差值为零或某一允许的差值,则该点即为欲放样点的位置。

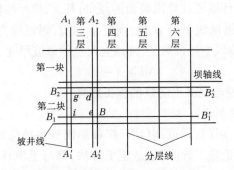

图 1-31　方向线交会法测设放样线

围堰与坝轴线不平行即相交,只要根据分段分块图测设定向点,就可用方向线交会法,迅速地标定放样线。现根据围堰与坝轴线的关系,分别说明设置定向点的方法。

(1)围堰与坝轴线平行。

①根据坝体分段分块图,在上游或下游围堰的适当位置选择一点 D。由施工控制网点 A、B、C 来测定 D 点坐标,如图 1-32 所示。

②由坝轴线的坐标方位角及 DC 边的坐标方位角,求出两个边所夹的水平角 $\beta = \alpha_{DE} - \alpha_{DC}$。

③在 D 点安置经纬仪,后视 C 点,测设 β 角,在围堰上定出平行于坝轴线的 DE 线。

④根据 D 点与各定向点的坐标差,求得相邻定向点的间距,从 D 点起,沿 DE 直线进行概量,定出各定向点的概略位置,如图 1-32 中的 1、2、3 点,并在各点埋设顶部有一块 11 cm×11 cm 钢板的混凝土标石。

⑤用上述方法精确地在各块钢板上刻画出 DE 方向线,再沿 DE 方向,精密测量定向点的间距,即可定出各定向点的正确位置。定向点的间距是根据坝体分段及分块的长度与宽

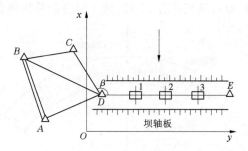

图 1-32　围堰与坝轴线平行时设置定向点

度确定的。

（2）围堰与坝轴线相交。

如图 1-33 所示，围堰与坝轴线相交。设过围堰上 M 点作一条与坝轴线平行的直线 MN'（实际在地面上并不标定此线），根据已知控制点 M 、A 的坐标反算出坐标方位角 α_{MA} ，求出 β_1 角：

$$\beta_1 = 90° - \alpha_{MA} \tag{1-15}$$

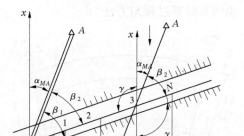

图 1-33　围堰与坝轴线相交时设置定向点

当观测 β_2 角后，直线 MN 与直线 MN' 间的夹角为：

$$\theta = \beta_1 - \beta_2 \tag{1-16}$$

取 $M1'$ 、$M2'$ 、$M3'$ 、MN' 为任意整数，解算直角三角形，即可求出相应的直角三角形的斜边 $M1$ 、$M2$ 、$M3$ 、MN ，即

$$M1 = \frac{M1'}{\cos\theta} \tag{1-17}$$

然后，沿 MN 方向测量距离 $M1$ 、$M2$ 、$M3$ 、MN 并埋设标石，以确定 1、2、3、N 点。放样时，如果将经纬仪安置在定向点 1，照准端点 M 或 N ，顺时针旋转照准部，使读数 $\gamma = 180° - (\beta_2 + \alpha_{MA})$ ，即可标出垂直于坝轴线的方向线。

2）拱坝放样线

现以图 1-34 为例，说明拱坝测设放样线时，求放样点设计坐标的方法。

图 1-34 为水利枢纽工程某拦河坝的平面图，该大坝系重力式空腹溢流坝，圆弧对应的夹角为 115°，坝轴线半径为 243 m，坝顶弧长为 487.732 m，里程桩号沿坝轴线计算。圆心 O 的施工坐标为（$x = 500.000$ m，$y = 500.000$ m），以圆心 O 与 12～13 坝段分段线的连线为 x

轴,其里程桩号为(2 + 40.00),该坝共分 27 段,施工时分段分块浇筑。

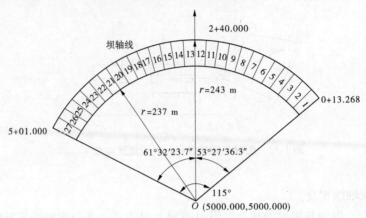

图 1-34　拱坝平面图

图 1-35 为大坝第 20 段第一块(上游面),高程为 170 m 时的平面图。为了使放样线保持圆弧形状,放样点的间距以 4 ~ 5 m 为宜。根据以上有关数据,可以计算放样点的设计坐标。现以放样点 1 为例,说明其计算过程与方法。

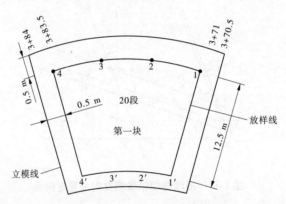

图 1-35　拱坝分段分块平面图

如图 1-36 所示,放样点 1 的里程桩号为(3 + 71),当高程为 170 m 时,该点所在圆弧的半径 r = 236.5 m。

根据放样点的桩号,可求出坝轴线上的弧长 L 和相应的圆心角:

$$L = 371 - 240 = 131(\text{m})$$

$$\alpha = \frac{180°}{\pi R}L = \frac{180°}{\pi \times 243} \times 131 = 30°53'16.2''$$

根据放样点的半径 R 和圆心角 α,求出放样点 1 对于圆心 O 点的坐标增量及 1 点的设计坐标(x_1, y_1),即

$$\Delta x = r\cos\alpha = 236.5\cos30°53'16.2'' = 202.958(\text{m})$$

$$\Delta y = -r\sin\alpha = -236.5\sin30°53'16.2'' = -121.409(\text{m})$$

$$x_1 = x_0 + \Delta x = 500.00 + 202.958 = 702.958(\text{m})$$

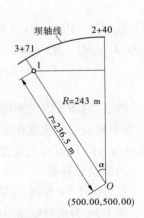

图 1-36　放样点的有关数据

$$y_1 = y_0 + \Delta y = 500.00 - 121.409 = 378.195(\text{m})$$

2. 高程放样

为了控制新浇混凝土坝块的高程,可先将高程引测到已浇坝块面上,从坝体分块图上,查取新浇坝块的设计高程,待立模后,再从坝块上设置的临时水准点,用水准仪在模板内侧每隔一定距离放出新浇坝块的高程。模板安装后,应该用放样点检查模板及预埋件安装的质量,符合规范要求时,才能浇筑混凝土。待混凝土凝固后,再进行上层模板的放样。

(三)水闸的施工放样

水闸是由闸门、闸墩、闸底板、两边侧墙、闸室上游防冲板和下游溢流面等建筑物组成的。如图 1-37 所示为三孔水闸平面布置示意图。水闸的施工放样,包括水闸轴线的测设、闸底板范围的确定、闸墩中线的测设以及下游溢流面的放样等。

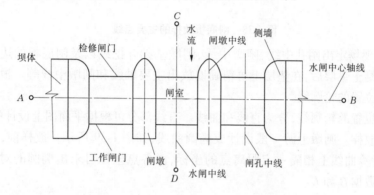

图 1-37　三孔水闸平面布置示意图

1. 水闸主要轴线的测设

水闸主要轴线的测设,就是在施工现场标定水闸轴线端点的位置。首先,从水闸设计图上量出轴线端点的坐标,根据所采用的放样方法、轴线端点的坐标及邻近测图控制点的坐标计算所需放样数据,计算时要注意进行坐标系的换算;然后将仪器安置在测图控制点上进行放样。先放样出相互垂直的两条主轴线,两条主轴线确定后,还应在其交点安置仪器检测两线的垂直度。主轴线测定后,应向两端延长至施工范围外,并埋设标志以示方向。

2. 闸底板的放样

闸底板的放样目前大多采用比较简单的全站仪测距法。如图 1-38 所示,在主轴线的交点 O 安置全站仪,根据闸底板设计尺寸,在轴线 CD 上分别向上、下游各测设底板长度的一半,得 G、H 两点。在 G、H 点分别安置仪器,以轴线 CD 定向,测设与 CD 轴线相垂直的两条方向线,两方向线分别与边墩中线交于 E、F、P、Q 点,这 4 个点即为闸底板的 4 个角点。

闸底板平面位置的放样也可根据实际情况,采用前方交会法、极坐标法等其他方法进行测设。

闸底板的高程放样可根据底板的设计高程用水准测量的方法放样,也可在放样平面位置时用全站仪三角高程测量的方法放样。

3. 闸墩的放样

闸墩的放样,是先放出闸墩中线,再以中线为依据放样闸墩的轮廓线。

放样前,由水闸的基础平面图,计算有关的放样数据。放样时,以水闸主要轴线 AB 和

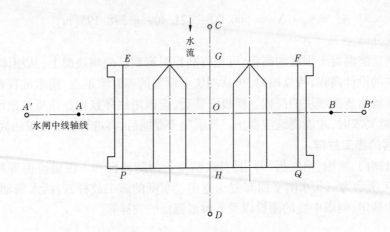

图 1-38　闸底板放样的主要点线

MN 为依据,在现场定出闸孔中线、闸墩中线、闸墩基础开挖线以及闸底板的边线等。待水闸基础打好混凝土垫层后,在垫层上再精确地放出主要轴线和闸墩中线等。根据闸墩中线放出闸墩平面位置的轮廓线。

闸墩平面位置的轮廓线,分为直线和曲线。直线部分可根据平面图上设计的有关尺寸,用直角坐标法放样。闸墩上游一般设计成椭圆曲线,如图 1-39 所示。放样前,应按设计的椭圆方程式,计算曲线上相隔一定距离点的坐标,由各点坐标可求出椭圆的对称中心点 P 至各点的放样数据 β_i 和 L_i。

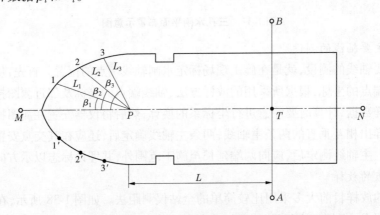

图 1-39　用直角坐标法放样闸墩曲线部分

根据已标定的水闸轴线 AB、闸墩中线 MN 定出两轴线的交点 T,沿闸墩中线测设距离定出 P 点。在 P 点安置经纬仪,以 PM 方向为后视,用极坐标法放样 1、2、3 点。由于 PM 两侧曲线是对称的,左侧的曲线点 1′、2′、3′点等也按上述方法放出。施工人员根据测设的曲线放样线立模。闸墩椭圆部分的模板,若为预制块并进行预安装,只要放出曲线上几个点,即可满足立模的要求。

闸墩各部位的高程,根据施工场地布设的临时水准点,按高程放样方法在模板内侧标出高程点。随着墩体的增高,有些部位的高程不能用水准测量法放样,这时可用钢卷尺从已浇筑的混凝土高程点上直接丈量放出设计高程。

4. 下游溢流面的放样

闸室下游的溢流面通常设计成曲线，如图 1-40 所示。放样步骤如下：

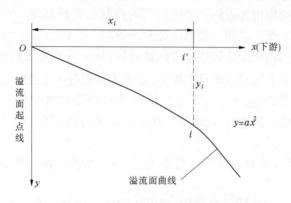

图 1-40　闸室下游的溢流面局部坐标系

（1）以闸室下游水平方向为 x 轴，闸室底板下游高程为溢流面的起点 O（变坡点）为原点，通过原点的铅垂方向为 y 轴建立坐标系。

（2）由于溢流面的纵剖面是抛物线，所以溢流面上各点的设计高程是不同的。根据设计的抛物线方程式和放样点至溢流面起点的水平距离计算剖面上相应点的高程。即

$$H_i = H_0 - y_i \tag{1-18}$$

式中　H_i——i 点的设计高程；

　　　H_0——下游溢流面的起始高程，由设计单位确定；

　　　y_i——与坐标原点 O 相距水平距离为 x_i 的 y 值，图中可见，y 值即为高差，$y_i = ax_i^2$；

　　　α——系数。

（3）在闸室下游两侧设置垂直的样板架，根据选定的水平距离，在两侧样板架上作垂线。再用水准仪按放样已知高程点的方法，在各垂线上标出相应点的位置。

（4）将各高程标志点连接起来，即为设计的抛物面与样板架的交线，该交线就是抛物线。

5. 安装测量

1）安装测量的基本工作

在水电工程中，水闸、大坝、发电站厂房等主要水工建筑物的土建施工时，有些预埋金属构件要进行安装测量。当土建施工结束后，还要进行闸门、钢管、水轮发电机组的安装测量。为使各种结构物的安装测量顺利进行，保证测量的精度，应做好下列基本工作：布置安装轴线与高程基点，进行安装点的测设和铅垂投点工作等。

金属结构与机电设备安装的精度一般较高，需建立独立的控制网。由于金属构件与土建工程有一定的关系，因此所建立的安装测量控制网应与土建施工测量控制网保持一定的联系，其轴线和高程基点一经确定，在整个施工过程中，不宜变动。安装测量的精度要求较高。例如水轮发电机座环上水平面的水平度，即相对高差的中误差为 $\pm(0.3 \sim 0.5)\,\mathrm{mm}$，所以应采用特制的仪器和严密的方法，才能满足高精度安装测量的要求。安装测量是在场地狭窄、几个工种交叉作业、精度要求高、测量工作难度较大的情况下进行的。安装测量的精度多数是相对于某轴线或某点高度的，它时常高于绝对精度。现将安装测量的基本工作介

绍如下：

（1）安装轴线及安装点的测设。安装轴线应利用该部位土建施工时的轴线。若原有土建施工轴线遭到破坏，则应由邻近的等级或加密的控制点重新测设。安装轴线的测设方法有单三角形法、三点前方交会法和三边测距交会法等。

在安装过程中，如原固定安装轴线点全部被破坏，应以安装好的构件轮廓线为准，恢复安装轴线。但是，恢复安装轴线的测量中误差，应为安装测量中误差的 $\sqrt{2}$ 倍。

由安装轴线点测设安装点时，一般用 J_2 级经纬仪测设方向线。为了保证方向线的精度，应采用正倒镜分中法。照准时，应选择后视距离大于前视距离，并用细铅笔尖或垂球线作为照准目标。

由安装轴线点用钢卷尺测设安装点的距离时，应用检验过的钢尺，加入倾斜、尺长、温度、拉力及悬链改正等。

（2）安装高程测量。安装的工程部位，应以土建施工时邻近布设的水准点作为安装高程控制点。若需重新布设安装高程控制点，则其施测精度应不低于四等水准。

每一安装工程部位，至少应设置两个安装高程控制点。各点间的高差，可根据该部位高程安装的精度要求，分别选用二、三等水准测量法测定。例如，水轮发电机有关测点应采用 S_1 级水准仪及铟瓦水准尺测定，其他安装测量采用 S_3 级水准仪及红黑面水准尺观测，即可满足精度要求。高程测定后，应在点位上刻记标志或用红油漆画一符号。

（3）铅垂投点。在垂直构件安装中，同一铅垂线上安装点的纵、横向偏差值，因不同的工程项目和构件而定。铅垂投点的方法有重锤投点法、经纬仪投点法、天顶仪投点法与激光仪投点法等。

2）闸门的安装测量

对于不同类型的闸门，其安装测量的内容和方法略有差异，但一般都是以建筑物的轴线为依据进行的。其主要工作如下：

（1）量定底枢中心点。为确保中心点与一期混凝土的相对关系，可根据底枢中心点设计坐标用土建时的施工控制点进行初步放样，并检查两点连线是否与中心线垂直平分，若不满足，则根据实际情况进行调整。

（2）顶枢中心点的投影。该项工作可采用经纬仪交会投影或精密投点仪进行。在采用经纬仪交会投影时，应根据现场情况设计合适的交会角。投影结束后，可采用吊垂球的方法进行检查。

（3）高程放样。高程放样主要应保证两个蘑菇头的相对高差，但绝对高程只需与一期混凝土保持一致。为此，在安装过程中，两个蘑菇头的高程放样必须用同一基准点。

下面就介绍平面钢闸门安装测量工作。

平面闸门的安装测量，主要包括底槛、门枕、门楣以及门轨的安装和验收测量等工作。门轨（主、侧、反轨等）安装的相对精度要求较高，应在一期混凝土浇筑后，采用二期混凝土固结埋件。闸门放样工作是在闸室内进行的，放样时以闸孔中线为基准，因此应恢复或引入闸孔中线，并将闸孔中线标志于闸底板上。

具体放样和安装测量工作如下：

（1）底槛和门枕的放样。底槛是拦泥沙的设施，其中线与门槽中线平行。从设计图上可找出两者的关系，或者与坝轴线的关系，根据闸孔中线与坝轴线的交点，在底槛中线附近用经纬仪作一条靠近底槛中线的平行线,在平行线上每隔 1 m 投放一点于混凝土面上,注明距底槛中线的距离,以便安装。

门枕中线与门槽中线相垂直。放样时,先定出闸孔中线与门槽中线的交点,再定出门枕中心。然后将门枕中线投测到门槽上、下游混凝土墙上,以便安装。

(2)门轨控制点的放样。在安装前,应做好安装门轨的局部控制测量,然后进行门轨安装测量,其工作程序和方法如下:

底槛、门枕二期混凝土浇完后,根据闸孔中线与坝轴线交点,恢复门槽中线,求出闸孔中线与门槽中线的交点 A,然后,按照设计要求,用直角坐标法放样各局部控制点,如图 1-41 中的 1、2、3、…、14 点,并精确标志其点位。各局部控制点要尽量准确对称,容许误差为 1 mm,但不可小于设计数值。

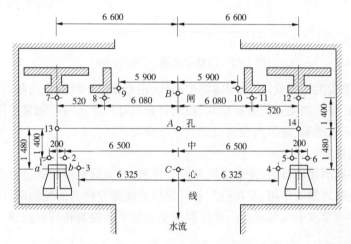

图 1-41　平面闸门局部控制点　(单位:mm)

(3)门轨安装侧量。如图 1-41 所示,安装时,将经纬仪安置在 C 点,照准地面上控制点 1 或 2,根据控制点 1 至门轨面 a 及 b 的距离,用钢直尺量取距离,指导安装。门轨安装 1~2 节后,因仰角增大,经纬仪观测困难。再往上安装时,可改用吊垂球的方法,使垂球对准底部控制点 1 进行初步安装。再用 24 号钢丝吊 5~11 kg 重锤,将钢丝悬挂于坝顶的角铁支架上以校正门轨。每节门轨面用两根垂线校正,即在门轨的正、侧面各吊一根垂线,待垂球线稳定后,依据下部安装好的轨面作为起始点,量取门轨至垂线的距离,加上已安装门轨的误差,求出垂线至门轨的应有距离,以指导安装。

如图 1-42 所示,门轨面至控制点 1 的设计距离为 40 mm,下部已安装门轨面 a 至控制点 1 的距离为 40.2 mm,所以不符值为 +0.2 mm,量得待安装门轨面 a 至垂线的距离为 43.7 mm,故垂线至控制点 1 的水平距离为 43.7 mm - 40.2 mm = 3.5 mm,待安装门轨面至垂线的距离应为 43.5 mm。然后根据改正的数值,用钢直尺丈量每节门轨的距离。门轨净宽应大于设计数值。当校正后,可将门轨电焊固定。检查验收后,再浇筑二期混凝土。

(四)隧洞开挖与混凝土衬砌的施工放样

1. 隧洞施工测量基本知识

隧洞多由两端相向开挖,有时为了增加工作面,还要在隧洞中心线上增开竖井,或在适当的地方向中心线开挖平洞或斜洞,需要严格控制开挖方向和高程,保证隧洞的正确贯通。

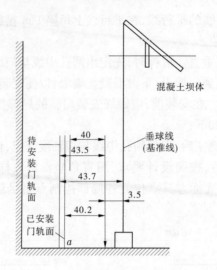

图 1-42　门轨安装图 （单位:mm）

所以,隧洞施工测量的任务就是:标定隧洞中心线,定出掘进中线的方向和坡度,保证按设计要求贯通,同时还要控制掘进的断面形状,使其符合设计尺寸。故其测量工作一般包括洞外定线测量、洞内定线测量、隧洞高程测量和断面放样等。

2. 洞外控制测量

进行地面控制测量的目的,是确定隧洞洞口位置,并为确定中线掘进方向和高程放样提供依据。洞外控制测量的作用,是在隧洞各开挖口之间建立精密的控制网,以便根据它进行隧道的洞内控制测量或中线测量。洞外控制测量包括平面控制和高程控制。

1) 平面控制

隧洞平面控制网可以采用三角锁或导线的形式,由于水利水电工程中的隧洞一般位于山岭地区,故多采用三角锁的形式。当具有电磁波测距仪时,也可采用电磁波测距导线作为平面控制。

(1) 三角测量。一般布置一条高精度的基线作为起始边,并在三角锁另一端增设一条基线,以资检核;其余仅只有测角工作,按正弦定理推算边长,经过平差计算可求得三角点和隧道轴线上控制点的坐标,然后以控制点为依据,确定进洞方向。

(2) 导线测量。导线测量应组成多边形闭合环。它可以是独立闭合导线,也可以与国家三角点相连。导线水平角的观测,应以总测回数的奇数测回和偶数测回分别观测导线前进方向的左角和右角,以检查测角错误;将它们换算为左角或右角后再取平均值,可以提高测角精度。为了增加检核条件和提高测角精度评定的可行性,导线环的个数不宜太少,最少不应少于 4 个;每个环的边数不宜太多,一般以 6 条边左右为宜。

(3) GPS 测量。隧道施工控制网也可利用 GPS 相对定位技术,采用静态或快速静态测量方式进行测量。

2) 高程控制

为了保证隧洞在竖直面内正确贯通,要将高程从洞口及竖井传递到隧洞中去,以控制开挖坡度和高程,因此必须在地面上沿隧洞路线布设水准网。按照设计精度施测两相向开挖洞口附近水准点之间的高差,以便将整个隧洞的统一高程系统引入洞内,保证按规定精度在高程方面正确贯通,并使隧洞工程在高程方面按要求的精度正确修建。一般用三等、四等水准测量施测,可以达到高程贯通误差容许为 ±50 mm 的要求。

当山势陡峻采用水准测量困难时,亦可采用光电测距仪、全站仪三角高程的方法测定各洞口高程。建立水准网时,基本水准点应布设在开挖爆破区域以外地基比较稳固的地方。作业水准点可布置在洞口与竖井附近,每一洞口要埋设两个以上的水准点,使安置一次水准仪即可测出精确高差为宜。

3. 隧洞洞口位置与中线掘进方向的确定

在地面上确定洞口位置及中线掘进方向的测量工作称为洞外定线测量,它是在控制测量的基础上,根据控制点与图上设计的隧洞中线转折点、进出口等的坐标,计算出隧洞中线的放样数据,在实地将洞口位置和中线方向标定出来,这种方法称为解析法定线测量。另外,当隧洞很短,没有布设控制网时,则在实地直接选定洞口位置,并标定中线掘进方向,这种方法称直接定线测量。

1) 直接定线测量

如图 1-43 所示,A、C、D、B 作为在 A、B 之间修建隧洞测定时所定中线上的直线转点。由于定测精度较低,在施工之前要进行复测,其方法为:以 A、B 作为隧道方向控制点,将经纬仪安置在 C' 上,后视 A 点,正倒镜分中定出 D' 点;再置镜 D' 点,正倒镜分中定出 B' 点。若 B' 与 B 不重合,可量出 $B'B$ 的距离,则:

$$D'D = \frac{AD'}{AB'}B'B \tag{1-19}$$

自 D' 点沿垂直于线路中线方向量出 $D'D$ 定出 D 点,同法也可定出 C 点。然后将经纬仪分别安在 C、D 点上复核,证明该两点位于直线 AB 的连线上时,即可将它们固定下来,作为中线进洞的方向。

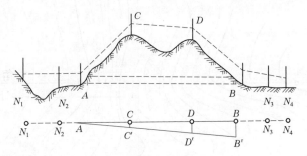

图 1-43　简易直线隧洞定线测量

2) 解析法定线测量

(1) 洞口位置的标定。在实地布设的三角网,若洞口点不能选作为三角点,则应将图上设计的洞口位置在实地标定出来。如图 1-44 所示,ABC 为隧洞中线,A、C 为洞口位置,B 为转折点,其中洞口 A 正好位于三角点上,而洞口 C 不在三角点上。这时,可根据 5、6、7 三个控制点用角度交会法将 C 点在实地测设出来。为此,需依各控制点的已知坐标和 C 点的设计坐标计算出有关边的坐标方位角 α、β。

放样时,在 5、6、7 点同时安置经纬仪,分别测设交会角 β_1、β_2、β_3,并用盘左、盘右测设取其平均位置,得到 3 条方向线,若 3 个方向相交所形成的误差三角形在允许范围以内,则取

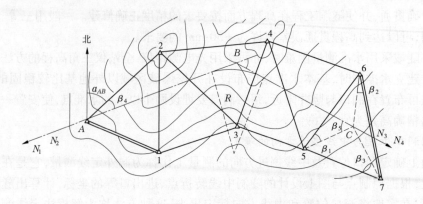

图 1-44　隧道三角网布设图

其内切圆圆心为洞口 C 的位置。

（2）开挖方向的标定。如图 1-45 所示，为了在地面上标出隧洞开挖方向 AB 和 CB，同样是根据各点的坐标先算出方位角，然后算出定向角 β_4、β_5。

测设时，在 A、C 点安置经纬仪，分别测设定向角 β_4、β_5，并以盘左、盘右测设取其平均位置，即得到开挖方向 AB 和 CB，然后将它标定到地面上。

如图 1-45 所示，A 是洞口点，1、2、3、4 为标定在地面上的掘进方向桩，再在垂直的方向上埋设 5、6、7、8 桩，用以检查或恢复洞口点的位置。掘进方向桩要用混凝土桩或石桩，埋设在施工过程中不受损坏、点位不致移动的地方，同时量出洞口点 A 至 2、3、6、7 等桩的距离。有了方向桩和距离数据，在施工过程中可随时检查或恢复洞口点的位置。

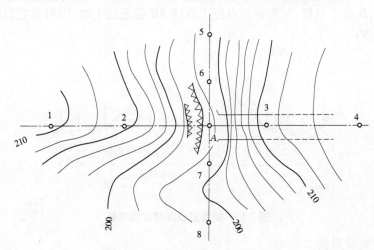

图 1-45　隧洞口及掘进方向标定

（3）隧洞长度。根据洞口点和路线转折点的坐标可求得隧洞的长度。如果是直线隧洞，其进出口分别为 A、B，则隧洞长 $D_{AB} = \dfrac{y_B - y_A}{\sin\alpha_{AB}} = \dfrac{x_B - x_A}{\cos\alpha_{AB}}$。如果是曲线隧洞，在转折处设有圆曲线，先分别求出 D_{AB} 和 D_{BC}，再根据曲线要素计算的方法算出切线长 T 和曲线长 L，最后求得曲线隧洞长度 $D = D_{AB} + D_{BC} - 2T + L$。

4.隧洞内施工测量

1)隧洞中线及坡度的测设

在隧洞口削坡完成后,就要在削坡面上给出隧洞中心线,以指示掘进方向。如图1-46(a)所示,安置仪器在洞口点A,瞄准掘进方向桩1、2,倒转望远镜即为隧洞中线方向,一般用盘左、盘右取平均的方法,在洞口削坡面上给出隧洞开挖方向。

随着隧洞的掘进,需要继续把中心线向前延伸,应每隔一定距离(如20 m),在隧洞底部设置中心桩。施工中为了便于目测掘进方向,在设置底部中心桩的同时,做三个间隔为1.5 m左右的吊桩,用以悬挂垂球,如图1-46(b)所示。

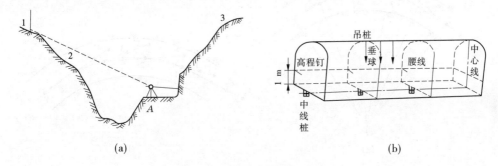

图1-46　隧道中线及腰线示意图

在隧洞掘进中,为了保证隧洞的开挖符合设计的高程和坡度,还应由洞口水准点向洞内引测高程,在洞内每隔20~30 m设一临时水准点,200 m左右设一固定水准点,可以在浇筑水泥中线桩时,埋设钢筋兼作固定水准点,采用四等水准测量的方法往返观测,求得点的高程。为了控制开挖高程和坡度,先要根据洞口的设计高程、隧洞的设计坡度和洞内各点的掘进距离,算出各处洞底的设计高程,然后依洞内水准点进行高程放样。放样时,常先在洞壁或撑木上每隔一定距离(5~10 m),测设比洞底设计高程高出1 m的一些点,连接这些高程点,即得出洞底,从而可方便隧洞的断面放样,指导隧洞顶部和底部按设计纵坡开挖。

2)折线与曲线段中线的测设

如图1-47所示,对于不设曲线的折线隧洞在掘进至转折点J时,可在该点上安置经纬仪,瞄准D,右转角度360°-α,定出继续掘进的方向。由于开挖前不便在前进方向上标志掘进方向,这时可在掘进的相反方向(180°-α)上,做出方向标志,如1、2点,用1、2、J三点指导开挖。

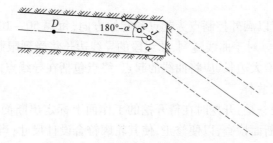

图1-47　隧洞折线段测设示意图

对于需要设置圆曲线的隧洞,可采用偏角法测设曲线隧洞的中线。如图1-48(a)所示,

Z、Y 分别为圆曲线的起点和终点，J 为转折点，L 为曲线全长，将其分为几等分，则每段长 $S = \dfrac{L}{n}$，曲线半径 R 由设计中规定，转折角 I 可由洞外定线时实测得知，则每段曲线长所对的圆心角 $\varphi = \dfrac{I}{n}$，偏角为 $\dfrac{\varphi}{2} = \dfrac{I}{2n}$，对应的弦长 $d = 2R\sin\dfrac{I}{2n}$。

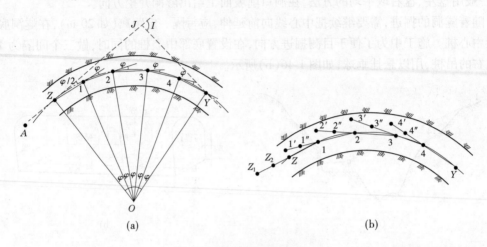

(a)　　　　　　　　　　　　　　　　　　　(b)

图 1-48　隧洞曲线测设示意图

测设时，当隧洞沿直线部分掘进至曲线的起点 Z，并略过 Z 点后，根据直线段的长度和中线方向，准确标出 Z 点。然后将经纬仪安置在 Z 点，$0°00'00''$ 后视 A，拨角 $180° + \dfrac{\varphi}{2}$，即得 Z—1 弦线方向，在待开挖面上标出开挖方向，并倒转望远镜在顶板上标出 Z_1、Z_2 点，如图 1-48（b）所示。以后则根据 Z_1、Z_2、Z 三点的连线方向指导隧洞的掘进。当其掘进到略大于弦长 d 后，再安置经纬仪于 Z 点，按上述方法定 Z—1 方向，并用盘右位置再放样一次，取两次放样的中间位置作为 Z—1 的方向，沿该方向用钢尺自 Z 点丈量弦长 d，即得曲线上的点 1。点 1 标定后，再安置经纬仪于点 1，后视 Z 点，拨转角 $180° + \varphi$，即得 1—2 方向（拨转角 $180° + \varphi/2$ 得点 1 的切线方向，再拨转 $\varphi/2$ 才得弦线 1—2 方向），按上述方法掘进，沿视线方向量弦长 d，得曲线上的点 2。用同样的方法定出 3，4，…，直至曲线终点 Y。

3）洞内导线测量

对于较长的隧洞，为了减少测设洞内中线的误差累积，应布设洞内导线来控制开挖方向。

洞内导线点的设置以洞外控制点为起点和起始方向，每隔 50～100 m 选一中线桩作为导线点，如图 1-49 所示。对于曲线隧洞，曲线段的导线边长将受到限制，此时应尽量用能通视的远点为导线点，以增大边长，应将曲线的起点、终点包括在导线点内。

4）隧洞开挖断面的放样

隧洞断面放样的任务是：开挖时在待开挖的工作面上标定出断面范围，以便布置炮眼，进行爆破；开挖后进行断面检查，以便修正，使其轮廓符合设计尺寸；当需要衬砌浇筑混凝土时，还要进行立模位置的放样。

断面的放样工作随断面的形式不同而异。通常采用的断面形式有圆形、拱形和马蹄形等。如图 1-50 所示为一圆拱直墙式的隧洞断面，其放样工作包括侧墙和拱顶两部分，从断

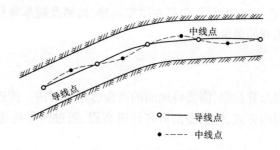

图 1-49 隧洞导线点布置

面设计中可以得知断面宽度 S、拱高 h_0,拱弧半径 R 和起拱线的高度 L 等数据。

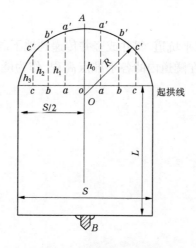

图 1-50 隧洞开挖断面放样

放样时,首先定中垂线和放出侧墙线。其方法是:将经纬仪安置在洞内中线桩上,后视另一中线桩,倒转望远镜,即可在待开挖的工作面上标出中垂线 AB,由此向两边量取 $S/2$,即得到侧墙线。然后根据洞内水准点和拱弧圆心的高程,将圆心 O 测设在中垂线上,则拱形部分可根据拱弧圆心和半径用几何作图方法在工作面上画出来,也可根据计算或图解数据放出圆周上的 a',b',c',…。若放样精度要求较高,可采用计算的方法,其中放样数据 oa,ob,…(起拱线上各点与 o 的距离),根据断面宽度和放样点的密度决定,通常 a,b,c,…取相等的距离(如 1 m);由起拱线向上量取高度 h_i,即得拱顶 a',b',c',…,h_i 可按下式计算:

$$\left.\begin{aligned} h_1 &= aa' = \sqrt{R^2 - oa^2} - (R - h_0) \\ h_2 &= bb' = \sqrt{R^2 - ob^2} - (R - h_0) \\ h_3 &= cc' = \sqrt{R^2 - oc^2} - (R - h_0) \end{aligned}\right\} \tag{1-20}$$

这样,根据这些数据即可进行拱形部分的开挖放样和断面检查,也可在隧洞衬砌时依此进行模板的放样。

5)结构物的衬砌施工放样

在施工放样之前,应对洞内的中线点和高程点加密。中线点加密的间隔视施工需要而定,一般为 5~10 m 一点。加密中线点可以线路定测的精度测定。加密中线点的高程,均以五等水准精度测定。

在衬砌之前,还应进行衬砌放样,包括立拱架测量、边墙及避车洞和仰拱的衬砌放样、洞门砌筑施工放样等一系列的测量工作。

5. 洞内高程测量

1) 竖井传递高程

为了使洞内有高程起算数据,需要将地面的高程传递到洞内。传递的方法,根据隧道施工布置的不同采用不同的方式,包括经由横洞传递高程、通过斜井传递高程、通过竖井传递高程。

通过洞口或横洞传递高程时,可由洞口外已知高程点,用水准测量的方法进行引测。当地上与地下用斜井联系时,按照斜井的坡度和长度的大小,可采用水准测量或三角高程测量的方法传递高程。

2) 洞内水准测量

洞内水准测量应以通过水平坑道、斜井或竖井传递到地下洞内水准点作为起算依据,然后随隧道向前延伸,测定布设在隧道内的各水准点高程,作为隧道施工放样的依据,并保证隧道在竖向准确贯通。

第二章　施工期水流控制

在河床上修建水工建筑物时,为保证在干地上施工,需将天然径流部分或全部改道,按预定的方案泄向下游,并保证施工期间基坑无水。施工期水流控制一般包括坝址区的导流和截流、坝址区上下游横向围堰和分期纵向围堰、导流隧洞、导流明渠、底孔及其进出口围堰、引水式水电站岸边厂房围堰、坝址区或厂址区安全度汛、排冰凌和防护工程、建筑物的基坑排水、施工期通航、施工期下游供水、导流建筑物拆除、导流建筑物下闸和封堵等。

第一节　施工导流

一、施工导流方法

施工导流的基本方法大体可分为两类:一类是全段围堰法导流,即用围堰拦断河床,全部水流通过事先修好的导流泄水建筑物流走;另一类是分段围堰法,即水流通过河床外的束窄河床下泄,后期通过坝体预留缺口、底孔或其他泄水建筑物下泄。但不管是分段围堰法还是全段围堰法导流,当挡水围堰可过水时,均可采用淹没基坑的特殊导流方法。这里介绍两种基本的导流方法。

(一)全段围堰法

全段围堰法导流,就是在修建于河床上的主体工程上下游各建一道拦河围堰,使水流经河床以外的临时或永久建筑物下泄,主体工程建成或即将建成时,再将临时泄水建筑物封堵。该法多用于河床狭窄、基坑工作量不大、水深流急难于实现分期导流的地方。全段围堰法按其泄水类型有以下几种。

1. 隧洞导流

山区河流,一般河谷狭窄、两岸地形陡峻、山岩坚实,采用隧洞导流较为普遍。但由于隧洞泄水能力有限,造价较高,一般在汛期泄水时均另找出路或采用淹没基坑方案。导流隧洞设计时,应尽量与永久隧洞相结合。隧洞导流的布置形式如图 2-1 所示。

2. 明渠导流

明渠导流是在河岸或滩地上开挖渠道,在基坑上下游修筑围堰,河水经渠道下泄。它用于岸坡平缓或有宽广滩地的平原河道上。若当地有老河道可利用或工程修建在弯道上,采用明渠导流比较经济合理。具体布置形式如图 2-2 所示。

3. 涵管导流

涵管导流一般在修筑土坝、堆石坝中采用,但由于涵管的泄水能力较小,因此一般用于流量较小的河流上或只用来担负枯水期的导流任务,如图 2-3 所示。

4. 渡槽导流

渡槽导流方式结构简单,但泄流量较小,一般用于流量小、河床窄、导流期短的中小型工程,如图 2-4 所示。

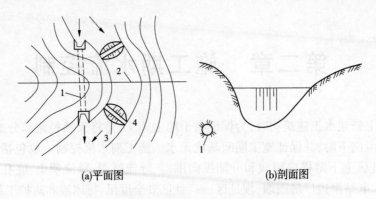

(a)平面图   (b)剖面图

1—隧洞;2—坝轴线;3—围堰;4—基坑

图 2-1   隧洞导流布置示意图

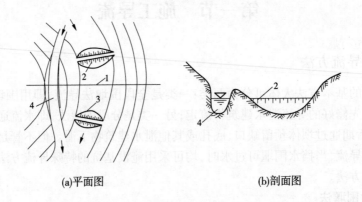

(a)平面图   (b)剖面图

1—坝轴线;2—上游围堰;3—下游围堰;4—导流明渠

图 2-2   明渠导流布置示意图

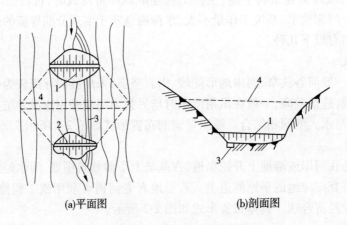

(a)平面图   (b)剖面图

1—上游围堰;2—下游围堰;3—涵管;4—坝体

图 2-3   涵管导流示意图

(二)分段围堰法

分段围堰法(或分期围堰法),就是用围堰将水工建筑物分段分期围护起来进行施工(见图 2-5)。所谓分段,就是从空间上用围堰将拟建的水工建筑物圈围成若干施工段;所谓

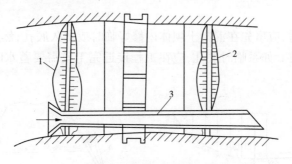

1—上游围堰;2—下游围堰;3—渡槽

图2-4　渡槽导流示意图

分期,就是从时间上将导流分为若干时期,如图2-6所示。导流的分期数和围堰的分段数并不一定相同。

分段围堰法前期由束窄的河道导流,后期可利用事先修好的泄水建筑物导流。常用泄水建筑物的类型有底孔、缺口等。分段围堰法导流,一般适用于河流流量大、槽宽、施工工期较长的工程中。

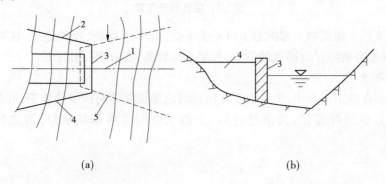

(a)　　　　　　　　　　　　　　　(b)

1—坝轴线;2—上游横向围堰;3—纵向围堰;4—下游横向围堰;5—第二期围堰轴线

图2-5　分期导流示意图

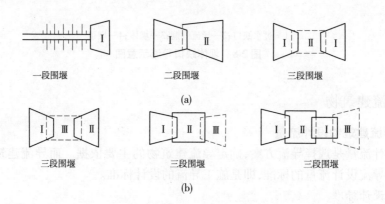

一段围堰　　　　　　二段围堰　　　　　　三段围堰

(a)

三段围堰　　　　　　三段围堰　　　　　　三段围堰

(b)

图2-6　导流分期与围堰分段示意图

1. 底孔导流

采用底孔导流时,应事先在混凝土坝体内修好临时或永久底孔;然后让全部或部分水流通过底孔宣泄至下游。如系临时底孔,应在工程接近完工或需要蓄水时封堵。底孔导流布置形式如图 2-7 所示。

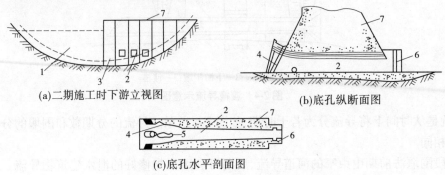

(a)二期施工时下游立视图　　　　(b)底孔纵断面图

(c)底孔水平剖面图

1—二期修建坝体;2—底孔;3—二期纵向围堰;4—封闭闸门门槽;
5—中间墩;6—出口封闭门槽;7—已浇筑混凝土坝体

图 2-7　底孔导流布置

底孔导流挡水建筑物上部的施工可不受干扰,有利于均衡、连续施工,这对修建高坝有利,但在导流期有被漂浮物堵塞的危险,封堵水头较高,安放闸门较困难。

2. 缺口导流

混凝土坝在施工过程中,为了保证在汛期河流暴涨暴落时能继续施工,可在兴建的坝体上预留缺口宣泄洪峰流量,待洪峰过后,上游水位回落再修筑缺口,谓之缺口导流(见图 2-8)。

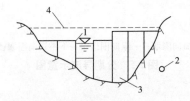

1—过水缺口;2—导流隧洞;3—坝体;4—坝顶

图 2-8　坝体缺口导流示意图

二、导流建筑物

(一)导流建筑物设计流量

导流设计流量是选择导流方案,确定导流建筑物的主要依据。而导流建筑物设计洪水标准是选择导流设计流量的标准,即是施工导流的设计标准。

1. 洪水设计标准

导流建筑物是指枢纽工程施工期所使用的临时性挡水和泄水建筑物。根据其保护对象、失事后果、使用年限和工程规模划分为Ⅲ~Ⅴ级,具体按表2-1确定。

表 2-1　导流建筑物级别划分

级别	保护对象	失事后果	使用年限（年）	围堰工程规模	
				堰高(m)	库容(亿 m³)
Ⅲ	有特殊要求的Ⅰ级永久建筑物	淹没重要城镇、工矿企业、交通干线或推迟工程总工期及第一批机组发电,造成重大灾害和损失	>3	>50	>1.0
Ⅳ	Ⅰ、Ⅱ级永久建筑物	淹没一般城镇、工矿企业或推迟工程总工期及第一批机组发电而造成较大灾害和损失	1.5~3	15~50	0.1~1.0
Ⅴ	Ⅲ、Ⅳ级永久建筑物	淹没基坑,但对总工期及第一批机组发电影响不大,经济损失较小	<1.5	<15	<0.1

注:1. 导流建筑物包括挡水和泄水建筑物,两者级别相同。

2. 表列四项指标均按施工阶段划分。

3. 有、无特殊要求的永久建筑物均系针对施工期而言,有特殊要求的Ⅰ级永久建筑物系指施工期不允许过水的土坝及其他有特殊要求的永久建筑物。

4. 使用年限指导流建筑物每一施工阶段的工作年限,两个或两个以上施工阶段共用的导流建筑物,如分期导流一、二期共用的纵向围堰,其使用年限不能叠加计算。

5. 围堰工程规模一栏,堰高指挡水围堰最大高度,库容指堰前设计水位所拦蓄的水量,两者必须同时满足。

导流建筑物设计洪水标准应根据建筑物的类型和级别在表 2-2 规定幅度内选择,并结合风险度综合分析,使所选标准经济合理,对失事后果严重的工程,要考虑对超标准洪水的应急措施。

表 2-2　导流建筑物洪水标准划分

导流建筑物类型	导流建筑物级别		
	3	4	5
	洪水重现期(年)		
土石结构	50~20	20~10	10~5
混凝土、浆砌石结构	20~10	10~5	5~3

注:在下述情况下,导流建筑物洪水标准可用表中的上限值:

1. 河流水文实测资料系列较短(小于 20 年),或工程处于暴雨中心区。

2. 采用新型围堰结构形式。

3. 处于关键施工阶段,失事后可能导致严重后果。

4. 工程规模、投资和技术难度用上限值与下限值相差不大。

5. 过水围堰的挡水标准应结合水文特点、施工工期、挡水时段,经技术经济比较后在重现期 3~20 年范围内选定。当水文系列较长(大于或等于 30 年)时,也可根据实测流量资料分析选用。

当坝体筑高到不需围堰保护时,其临时度汛洪水标准应根据坝型及坝前拦洪库容按表 2-3 规定的洪水重现期(年)。

导流泄水建筑物封堵后,如永久泄洪建筑物尚未具备设计泄洪能力,坝体度汛洪水标准应分析坝体施工和运行要求后按表 2-4 规定执行。汛前坝体上升高度应满足拦洪要求,帷幕灌浆及接缝灌浆高程应能满足蓄水要求。

表2-3 水库大坝施工期洪水标准

坝型	拦洪库容(亿 m³)			
	≥10	1～10	0.1～1	<0.1
土石坝[重现期(年)]	≥200	200～100	100～50	50～20
混凝土坝、浆砌石坝[重现期(年)]	≥100	100～50	50～20	20～10

表2-4 水库工程导流泄水建筑物封堵后坝体度汛洪水标准

坝型		大坝级别		
		1	2	3
混凝土坝[洪水重现期(年)]	设计	200～100	100～50	50～20
	校核	500～200	200～100	100～50
土石坝[洪水重现期(年)]	设计	500～200	200～100	100～50
	校核	1 000～500	500～200	200～100

2.导流时段

导流时段就是按照导流程序来划分的各施工阶段的延续时间。划分导流时段,需正确处理施工安全可靠和争取导流的经济效益的矛盾。因此,要全面分析河道的水文特点、被围的永久建筑物的结构形式及其工程量大小、导流方案、工程最快的施工速度等,这些是确定导流时段的关键。尽可能采用低水头围堰,进行枯水期导流,是降低导流费用、加快工程进度的重要措施。总之,在划分导流时段时,要确保枯水期,争取中水期,还要尽力在汛期中争工期。既要安全可靠,又要力争工期。

山区性河流,其特点是洪水流量大,历时短,而枯水期则流量小。在这种情况下,经过技术经济比较后,可采用淹没基坑的导流方案,以降低导流费用。

导流建筑物设计流量即为导流时段内根据洪水设计标准确定的最大流量,据以进行导流建筑物的设计。

(二)导流建筑物类型

1.围堰

1)围堰的类型

围堰是一种临时性水工建筑物,用来围护河床中基坑,保证水工建筑物施工在干地上进行。在导流任务完成后,对不能作为永久建筑物的部分或妨碍永久建筑物运行的部分应予以拆除。

通常按使用材料将围堰分为土石围堰、草土围堰、钢板桩格型围堰、木笼围堰、混凝土围堰等,按所处的位置将围堰分为横向围堰、纵向围堰,按围堰是否过水分为不过水围堰、过水围堰。

2)围堰的基本要求

围堰的基本要求有:①安全可靠,能满足稳定、抗渗、抗冲要求;②结构简单,施工方便,易于拆除并能充分利用当地材料及开挖弃料;③堰基易于处理,堰体便于与岸坡或已有建筑物连接;④在预定施工期内修筑到需要的断面和高程;⑤具有良好的技术经济指标。

3)围堰的结构

(1)土石围堰。

土石围堰能充分利用当地材料,地基适应性强,造价低,施工简便,设计中应优先选用。土石围堰有以下两类:

①不过水土石围堰。对于土石围堰,由于不允许过水,且抗冲能力较差,一般不宜做纵向围堰,如河谷较宽且采取了防冲措施,也可将土石围堰用作纵向围堰。土石围堰的水下部位一般采用混凝土防渗墙防渗,水上部位一般采用黏土心墙、黏土斜墙、土工合成材料等防渗。

②过水土石围堰。当采用淹没基坑方案时,为了降低造价、便于拆除,许多工程采用了过水土石围堰形式。为克服过水时水流对堰体表面冲刷和由于渗透压力引起的下游边坡连同堰顶一起的深层滑动,目前采用较多的是在下游护面上压盖混凝土面板。

(2)混凝土围堰。混凝土围堰的抗冲及抗渗能力强,适应高水头,底宽小,易于与永久建筑物相结合,必要时可以过水,因此应用较广泛。峡谷地区岩基河床,多用混凝土拱围堰,且多为过水围堰形式,可使围堰工程量小,施工速度快,且拆除也较为方便。采用分段围堰法导流时,重力式混凝土围堰往往作为纵向围堰。

4)围堰的平面布置

围堰的平面布置是一个很重要的课题。如果平面布置不当,围护基坑的面积过大,会增加排水设备容量;基坑面积过小,会妨碍主体工程施工,影响工期;更有甚者,会造成水流宣泄不畅顺,冲刷围堰及其基础,影响主体工程安全施工。

围堰的平面布置一般应按导流方案、主体工程的轮廓和对围堰提出的要求而定。当采用全段围堰法导流时,基坑是由上、下游横向围堰和两岸围成的。

采用分段围堰取决于主体工程的轮廓。通常,基坑坡趾离主体工程轮廓的距离,不应小于20~30 m(见图2-9),以便布置排水设施、交通运输道路及堆放材料和模板等。至于基坑开挖坡的大小,则与地质条件有关。分段围堰法导流时,上、下游横向围堰一般不与河床中心线垂直,其平面布置常呈梯形,既可保证水流顺畅,同时也便于运输道路的布置和衔接。当采用全段围堰法导流时,为了减少工程量,围堰多与主河道垂直。当纵向围堰不作为永久建筑物的一部分时,纵向基坑坡趾离主体工程轮廓的距离一般不大于2 cm,以供布置排水系统和堆放模板。如果无此要求,只需留0.4~0.6 m就够了。

5)围堰堰顶高程的确定

围堰堰顶高程的确定,不仅取决于导流设计流量和导流建筑物的形式、尺寸、平面位置、高程和糙率等,而且要考虑到河流的综合利用和主体工程工期。

上游围堰的堰顶高程按式(2-1)计算:

$$H_{上} = h_{d} + Z + \delta \tag{2-1}$$

式中　$H_{上}$——上游围堰堰顶高程,m;

　　　h_{d}——下游水面高程,m,可直接由原河流水位流量关系曲线中查得;

　　　Z——上下游水位差,m;

　　　δ——围堰的安全超高,m,按表2-5选用。

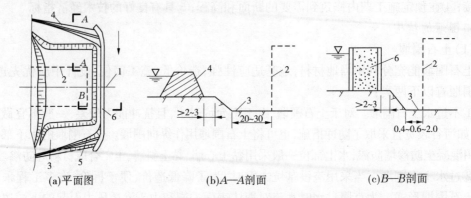

(a)平面图   (b)A—A剖面   (c)B—B剖面

1—主体工程轴线;2—主体工程轮廓;3—基坑;4—上游横向围堰;5—下游横向围堰;6—纵向围堰

图 2-9　围堰布置与基坑范围

表 2-5　不过水围堰堰顶安全超高下限值　　　　　　　　（单位:m）

围堰形式	围堰级别	
	Ⅲ	Ⅳ ~ Ⅴ
土石围堰	0.7	0.5
混凝土围堰	0.4	0.3

下游围堰堰顶高程按式（2-2）计算:

$$H_{\text{下}} = h_d + \delta \tag{2-2}$$

式中　$H_{\text{下}}$——下游围堰堰顶高程,m;

　　　h_d——下游水面高程,m;

　　　δ——围堰的安全超高,m,按表 2-5 选用。

围堰拦蓄一部分水流时,则堰顶高程应通过水库调洪计算来确定。纵向围堰的堰顶高程,要与束窄河床中宣泄导流设计流量时的水面曲线相适应,其上下游端部分别与上下游围堰同高,所以其顶面往往做成倾斜状。

6)围堰的拆除

围堰是临时建筑物,导流任务完成以后,应按设计要求进行拆除,以免影响永久建筑物的施工及运行。

土石围堰相对来说断面较大,因之有可能在施工期最后一次汛期过后,上游水位下降时,从围堰的背水坡开始分层拆除。但必须保证依次拆除后所残留的断面能继续挡水和维持稳定,以免发生安全事故,使基坑过早淹没,影响施工。土石围堰一般可用挖掘机或爆破等方法拆除。

混凝土围堰的拆除,一般只能用爆破法炸除,但应注意,必须使主体建筑物或其设施不受爆破危害。

2.导流泄水建筑物

1)导流明渠

(1)布置原则。弯道少,避开滑坡、崩塌体及高边坡开挖区;便于布置进入基坑的交通道路;进出口与围堰接头满足堰基防冲要求;避免泄洪时对下游沿岸及施工设施冲刷,必要时进行导流水工模型验证。

（2）明渠断面设计。

明渠底宽、底坡和进出口高程应使上、下游水流衔接条件良好，满足导、截流和施工期通航运、过木、排冰要求。设在软基上的明渠，宜通过动床水工模型试验，改善水流衔接和出口水流条件，确定冲坑形态和深度，采取有效消能抗冲设施。

导流明渠结构形式应方便后期封堵。应在分析地质条件、水力学条件并进行技术经济比较后确定衬砌方式。

2）导流隧洞

导流隧洞应根据地形、地质条件合理选择洞线，保证隧洞施工和运行安全。相邻隧洞间净距、隧洞与永久建筑物之间间距、洞脸和洞顶岩层厚度均应满足围岩应力和变形要求。尽可能利用永久隧洞，其结合部的洞轴线、断面形式和衬砌结构等均应满足永久运行与施工导流要求。

隧洞形式、进出口高程尽可能兼顾导流、截流、通航、放木、排冰要求，进口水流顺畅、水面衔接良好、不产生气蚀破坏，洞身断面方便施工；洞底纵坡随施工及泄流水力条件等选择。

导流隧洞在运用过程中，常遇明满流交替流态，当有压流为高速水流时，应注意水流掺气，防止因此产生空蚀、冲击波，导致洞身破坏。

隧洞衬砌范围及形式通过技术经济比较后确定，应研究解决封堵措施及结构形式的选择。

3）导流底孔

导流底孔设置数量、高程及其尺寸宜兼顾导流、截流、过木、排冰要求。进口形式选择适当的椭圆曲线，通过水工模型试验确定。进口闸门槽宜设在坝外，并能防止槽顶部进水，以免气蚀破坏或孔内流态不稳定影响流量。

利用永久泄洪、排沙和水库放空底孔兼作导流底孔时，应同时满足永久和临时运用要求。坝内临时底孔使用后，须以坝体同混凝土回填封堵，并采取措施保证新老混凝土结合良好。

第二节 截 流

当泄水建筑物完成时，抓住有利时机，迅速实现围堰合龙，迫使水流经泄水建筑物下泄，称为截流。

选择截流方式应充分分析水力学参数、施工条件和难度、抛投物数量和性质，并进行技术经济比较。截流方法有如下四种：

（1）单戗立堵截流，简单易行，辅助设备少，较经济，适用于截流落差不超过3.5 m，但龙口水流能量相对较大，流速较高，需制备重大抛投物料相对较多。

（2）双戗和多戗立堵截流，可分担总落差，改善截流难度，适用于截流落差大于3.5 m。

（3）建造浮桥或栈桥平堵截流，水力学条件相对较好，但造价高，技术复杂，一般不常选用。

（4）定向爆破、建闸等截流方式只有在条件特殊、充分论证后方宜选用。

一、截流方法

（一）立堵法

立堵法截流的施工过程是：先在河床的一侧或两侧向河床中填筑截流戗堤，逐步缩窄河床，谓之进占；当河床束窄到一定的过水断面时即行停止（这个断面谓之龙口），对河床及龙口戗堤端部进行防冲加固(护底及裹头);然后掌握时机封堵龙口,使戗堤合龙;最后为了解决戗堤的漏水,必须即时在戗堤迎水面设置防渗设施(闭气)。如图 2-10 所示。所以,整个截流过程包括进占、护底及裹头、合龙和闭气等项工作。截流之后,对戗堤加高培厚即修成围堰。

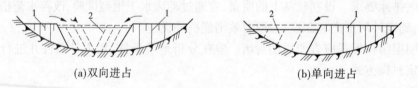

（a）双向进占　　　　　　　　　　　　　　（b）单向进占

1—截流戗堤;2—龙口

图 2-10　立堵法截流

（二）平堵法

平堵法截流是沿整个龙口宽度全线抛投,抛投料堆筑体全面上升,直至露出水面。为此,合龙前必须在龙口架设浮桥。由于它是沿龙口全宽均匀平层抛投,所以其单宽流量较小,出现的流速也较小,需要的单个抛投材料重量也较轻,抛投强度较大,施工速度较快,但有碍通航。

在截流设计时,可根据具体情况采用立堵与平堵相结合的截流方法,如先用立堵法进占,然后在龙口小范围内用平堵法截流;或先用船抛土石材料平堵法进占,然后用立堵法截流。

二、截流日期及设计流量

（一）截流时间

确定截流时间的确定应考虑以下几点:

(1)导流泄水建筑物必须建成或部分建成具备泄流条件,河道截流前泄水道内围堰或其他障碍物应予清除。

(2)截流后的许多工作必须抢在汛前完成(如围堰或永久建筑物抢筑到拦洪高程等)。

(3)有通航要求的河道上,截流日期最好选在对通航影响最小的时期。

(4)北方有冰凌的河流上截流,不宜在流冰期进行。

按上述要求,截流日期一般选在枯水期初。具体日期可根据历史水文资料确定,但往往可能有较大出入,因此实际工作中应根据当时的水文气象预报及实际水情分析进行修正,最后确定截流日期。

（二）截流设计流量

截流设计时所取的流量标准,是指某一确定的截流时间的截流设计流量。所以,当截流时间确定以后,就可根据工程所在河道的水文、气象特征选择设计流量。通常可按重现年法或结合水文气象预报修正法确定设计流量,一般可按工程重要程度选择截流时段重现期 5～10 年的月或旬的平均流量,也可用其他方法分析确定。

三、截流戗堤轴线和龙口位置的选择

（一）戗堤轴线位置选择

通常截流戗堤是土石横向围堰的一部分,应结合围堰结构形式和围堰布置统一考虑。

单戗截流的戗堤可布置在上游围堰或下游围堰中非防渗体的位置。如果戗堤靠近防渗体，在二者之间应留足闭气料或过渡带的厚度，同时应防止合龙时的流失料进入防渗体部位，以免在防渗体底部形成集中漏水通道。为了在合龙后能迅速闭气并进行基坑抽水，一般情况下将单戗堤布置在上游围堰内。

当采用双戗或多戗截流时，戗堤间距必须满足一定要求，才能发挥每条戗堤分担落差的作用。如果围堰底宽不太大，上、下游围堰间距也不太大，可将两条戗堤分别布置在上、下游围堰内，大多数双戗截流工程都是这样做的。如果围堰底宽很大，上、下游间距也很大，可考虑将双戗布置在一个围堰内。当采用多戗时，一个围堰内通常也需布置两条戗堤，此时，两戗堤间均应有适当的间距。

在采用土石围堰的一般情况下，均将截流戗堤布置在围堰范围内。但是也有戗堤不与围堰相结合的，戗堤轴线位置选择应与龙口位置相一致。如果围堰所在处的地质、地形条件不利于布置戗堤和龙口，而戗堤工程量又很小，则可能将截流戗堤布置在围堰以外。龚嘴工程的截流戗堤就布置在上、下游围堰之间，而不与围堰相结合。由于这种戗堤多数均需拆除，因此，采用这种布置时应有专门论证。

平堵截流戗堤轴线的位置，应考虑便于抛石栈桥的架设。

（二）龙口位置选择

选择龙口位置时，应着重考虑地质、地形条件及水力条件，从地质条件来看，龙口应尽量选在河床抗冲刷能力强的地方，如岩基裸露或覆盖层较薄处，这样可避免合龙过程中的过大冲刷，防止戗堤突然塌方失事。从地形条件来看，龙口河底不宜有顺流向陡坡和深坑。如果龙口能选在底部基岩面粗糙、参差不齐的地方，则有利于抛投料的稳定。另外，龙口周围应有比较宽阔的场地，离料场和特殊截流材料堆场的距离近，便于布置交通道路和组织高强度施工，这一点也是十分重要的。从水力条件来看，对于有通航要求的河流，预留龙口一般均布置在深槽主航道处，有利于合龙前的通航，至于对龙口上下游水流条件的要求，以往的工程设计中有两种不同的见解：一种是认为龙口应布置在浅滩，并尽量造成水流进出龙口的折冲和碰撞，以增大附加壅水作用；另一种见解是认为进出龙口的水流应平直顺畅，因此可将龙口设在深槽中。实际上，这两种布置各有利弊，前者进口处的强烈侧向水流对戗堤端部抛投料的稳定不利，由龙口下泄的折冲水流易对下游河床和河岸造成冲刷。后者的主要问题是合龙段戗堤高度大，进占速度慢，而且深槽中水流集中，不易造成较好的分流条件。

（三）龙口宽度

龙口宽度主要根据水力计算而定，对于通航河流，决定龙口宽度时应着重考虑通航要求，对于无通航要求的河流，主要考虑戗堤预进占所使用的材料及合龙工程量的大小。形成预留龙口前，通常均使用一般石渣进占，根据其抗冲流速可计算出相应的龙口宽度，另外，合龙是高强度施工，一般合龙时间不宜过长，工程量不宜过大。当此要求与预进占材料允许的束窄度有矛盾时，也可考虑提前使用部分大石块，或者尽量提前分流。

（四）龙口护底

对于非岩基河床，当覆盖层较深时，抗冲能力小，截流过程中为防止覆盖层被冲刷，一般在整个龙口部位或困难区段进行平抛护底，防止截流料物流失量过大。对于岩基河床，有时为了减轻截流难度，增大河床糙率，也抛投一些料物护底并形成拦石坎。

四、截流抛投材料

截流抛投材料主要有块石、土袋、钢筋笼填石等,当截流水力条件较差时,还须采用人工块体,一般有四面体、六面体、四脚体及钢筋混凝土构件等。

截流抛投材料选择原则:

(1)预进占段填筑料尽可能利用开挖渣料和当地天然料。

(2)龙口段抛投的大块石、石串或混凝土四面体等人工制备材料数量应慎重研究确定。

(3)截流备料总量应根据截流料物堆存、运输条件、可能流失量及戗堤沉陷等因素综合分析,并留适当备用。

(4)戗堤抛投物应具有较强的透水能力,且易于起吊运输。

第三节　基坑降排水

围堰闭气以后,要排除基坑内的积水和渗水,随后在开挖基坑和进行基坑内建筑物的施工中,还要经常不断地排除渗入基坑的渗水,以保证干地施工。修建河岸上的水工建筑物时,如基坑低于地下水位,也要进行基坑排水工作。

一、基坑积水的排除

基坑积水主要是指围堰闭气后存于基坑内的水体,还要考虑排除积水过程中从围堰及地基渗入基坑的水量和降雨。初期排水的流量是选择水泵数量的主要依据,应根据地质情况、工期长短、施工条件等因素确定。初期排水流量可按式 (2-3)估算:

$$Q = K \frac{V}{T} \tag{2-3}$$

式中　Q——初期排水流量,m^3/s;

　　　　V——基坑积水的体积,m^3;

　　　　K——积水系数,考虑了围堰、基坑渗水和可能降雨的因素,对于中小型工程,取 $K = 2 \sim 3$;

　　　　T——初期排水时间,s。

初期排水时间与积水深度和允许的水位下降速度有关。如果水位下降太快,围堰边坡土体的动水压力过大,容易引起坍坡;如水位下降太慢,则影响基坑开挖工期。基坑水位下降的速度一般控制在 $0.5 \sim 1.5$ m/d 为宜。在实际工程中,应综合考虑围堰形式、地基特性及基坑内水深等因素而定。对于土围堰,水位下降速度应小于 0.5 m/d。

根据初期排水流量即可确定水泵工作台数,并考虑一定的备用量。水利水电工程常用离心泵或潜水泵。为了运用方便,可选择容量不同的水泵,组合使用。水泵站一般布置成固定式或移动式两种,如图 2-11 所示。当基坑水深较大时,采用移动式。

二、经常性排水

当基坑积水排除后,立即进行经常性排水。对于经常性排水,主要是计算基坑渗流量,确定水泵工作台数,布置排水系统。

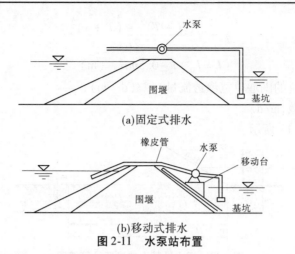

(a)固定式排水

(b)移动式排水

图 2-11 水泵站布置

（一）排水系统布置

经常性排水通常采用明式排水,排水系统包括排水干沟、支沟和集水井等。一般情况下,排水系统分为两种情况,一种是基坑开挖中的排水,另一种是建筑物施工过程中的排水。前者是根据土方分层开挖的要求,分次下降水位,通过不断降低排水沟高程,使每一个开挖土层呈干燥状态。排水系统排水沟通常布置在基坑中部,以利两侧出土;当基坑较窄时,将排水干沟布置在基坑上游侧,以利于截断渗水。沿干沟垂直方向设置若干排水支沟。基础范围外布置集水井,井内安设水泵,渗水进入支沟后汇入干沟,再流入集水井,由水泵抽出坑外。后者排水的目的是控制水位低于坑底高程,保证施工在干地条件下进行。排水沟通常布置在基坑四周,离开基础轮廓线不小于 $0.3 \sim 1.0$ m。集水井离基坑外缘的距离必须大于集水井深度。排水沟的底坡一般不小于 2‰,底宽不小于 0.3 m,沟深为:干沟 $1.0 \sim 1.5$ m,支沟 $0.3 \sim 0.5$ m。集水井的容积应保证水泵停止运转 $10 \sim 15$ min 井内的水量不致漫溢。井底应低于排水干沟底 $1 \sim 2$ m。经常性排水系统布置如图 2-12 所示。

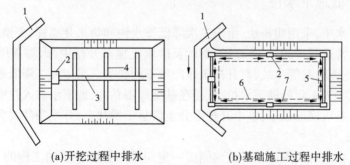

(a)开挖过程中排水   (b)基础施工过程中排水

1—围堰;2—集水井;3—排水干沟;4—支沟;5—排水沟;6—基础轮廓;7—水流方向

图 2-12 修建建筑物时基坑排水系统布置

（二）经常性排水流量

经常性排水主要排除基坑和围堰的渗水,还应考虑排水期间的降雨、地基冲洗和混凝土养护弃水等。这里仅介绍渗流量估算方法。

1.围堰渗流量

透水地基上均质土围堰,每米堰长渗流量 q 可按式（2-4）计算:

$$q = k \frac{(H + T)^2 - (T + y)^2}{2L} \tag{2-4}$$

其中　　　　　　　　　　$L = L_0 + l - 0.5mH \quad (\text{m})$

式中　q——渗入基坑的围堰单宽渗透流量,$\text{m}^3/(\text{d} \cdot \text{m})$;

　　　k——渗透系数,m/d。

其余符号如图 2-13 所示。

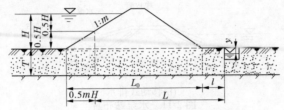

图 2-13　透水地基上的渗透计算简图

2. 基坑渗流量

由于基坑情况复杂,计算结果不一定符合实际情况,应用试抽法确定。近似计算时可采用表 2-6 所列参数。

表 2-6　地基渗流量　　　　　　　　　　[单位:$\text{m}^3/(\text{h} \cdot \text{m} \cdot \text{m}^2)$]

地基类别	含有淤泥黏土	细砂	中砂	粗砂	砂砾石	有裂缝的岩石
渗流量 q	0.1	0.16	0.24	0.30	0.35	0.05 ~ 0.10

降雨量按在抽水时段最大日降水量在当天抽干计算;施工弃水包括基岩冲洗与混凝土养护用水,两者不同时发生,按实际情况计算。

排水水泵根据流量及扬程选择,并考虑一定的备用量。

三、人工降低地下水位

在经常性排水中,采用明排法,由于多次降低排水沟和集水井高程,变换水泵站位置,影响开挖工作的正常进行。此外,在细砂、粉砂及砂壤土地基开挖中,因渗透压力过大而引起流砂、滑坡和开挖面隆起等事故,对开挖工作产生不利影响。采用人工降低地下水位措施可以克服上述缺点。人工降低地下水位,就是在基坑周围钻井,地下水渗入井中,随即被抽走,使地下水位降至基坑底部以下,整个开挖部分土壤呈干燥状态,开挖条件大为改善。

(一)管井法

管井法就是在基坑周围或上下游两侧按一定间距布置若干单独工作的井管,地下水在重力作用下流入井内,各井管布置一台抽水设备,使水面降至坑底以下,如图 2-14 所示。

管井法适用于基坑面积较小,土的渗透系数较大($k = 10 ~ 250 \text{ m/d}$)的土层。当要求水位下降不超过 7 m 时,采用普通离心泵;如果要求水位下降较大,需采用深井泵,每级泵降低水位 20 ~ 30 m。

管井由井管、滤水管、沉淀管及周围反滤层组成。地下水从滤水管进入井管,水中泥沙沉淀在沉淀管中。滤水管可采用带孔的钢管,外包滤网;井管可采用钢管或无砂混凝土管,后者采用分节预制,套接而成。每节长 1 m,壁厚为 4 ~ 6 cm,直径一般为 30 ~ 40 cm。管井间距应满足在群井共同抽水时,地下水位最高点低于坑底,一般取 15 ~ 25 m。

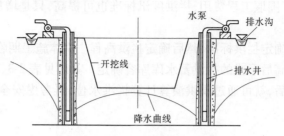

图 2-14　管井法降低地下水位布置

（二）井点法

当土壤的渗透系数 $k<1$ m/d 时,用管井法排水,井内水会很快被抽干,水泵经常中断运行,既不经济,抽水效果又差,这种情况下,采用井点法较为合适。井点法适宜于渗透系数为 $0.1\sim50$ m/d 的土壤。井点的类型有轻型井点、喷射井点和电渗井点三种,比较常用的是轻型井点。

轻型井点由井管、集水管、普通离心泵、真空泵和集水箱等设备组成的排水系统,如图 2-15 所示。

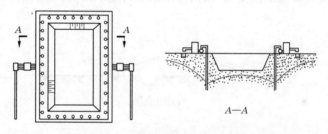

图 2-15　井点法降低地下水位布置图

轻型井点的井管直径为 $38\sim50$ mm,采用无缝钢管,管的间距为 $0.8\sim1.6$ m,最大可达 3.0 m。地下水从井管底部的滤水管内借真空泵和水泵的抽吸作用流入管内,沿井管上升汇入集水管,再流入集水箱,由水泵抽出。

轻型井点系统开始工作时,先开动真空泵排出系统内的空气,待集水箱内水面上升到一定高度时,再启动水泵抽水。如果系统内真空不够,仍需真空泵配合工作。

井点排水时,地下水位下降的深度取决于集水箱内的真空值和水头损失。一般集水箱的真空度值为 $50\sim650$ kPa。

当地下水位要求降低值大于 $4\sim5$ m 时,则需分层降落,每层井点控制 $3\sim4$ m。但分层数以少于 3 层为宜。因层数太多,坑内管路纵横交错,妨碍交通,影响施工;且当上层井点发生故障时,由于下层水泵能力有限,造成地下水位回升,严重时导致基坑淹没。

第四节　施工期度汛

一、坝体拦洪标准

经过多个汛期才能建成的坝体工程,用围堰来挡汛期洪水显然是不经济的,且安全性也未必好。因此,对于不允许淹没基坑的情况,常采用低堰挡枯水、汛期由坝体临时断面拦洪的方案,这样既减少了围堰工程费用,拦洪度汛标准也可提高,只是增加了汛前坝体施工的强度。

坝体拦洪首先需确定拦洪标准,然后确定拦洪高程。坝体施工期临时度汛的洪水标准,应根据坝型和坝体升高后形成的拦洪蓄水库库容确定。具体见表2-3、表2-4。

洪水标准确定以后,就可通过调洪演算计算拦洪水位,再考虑安全超高,即可确定坝体临时拦洪高程。

二、度汛措施

根据施工进度安排,若坝体在汛期到来之前不能达到拦洪高程,这时应视采用的导流方法、坝体能否溢流及施工强度周密细致地考虑度汛措施。允许溢流的混凝土坝或浆砌石坝,可采用过水围堰,也可在坝体中预设底孔或缺口,而坝体其余部分填筑到拦洪高程,以保证汛期继续施工。

对于不能过水的土坝、堆石坝,可采取下列度汛措施。

(一)抢筑坝体临时度汛断面

当用坝体拦洪导致施工强度太大时,可抢筑临时度汛断面(见图2-16)。但应注意以下几点:

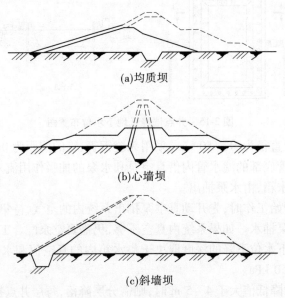

(a)均质坝

(b)心墙坝

(c)斜墙坝

图2-16 临时度汛断面

(1)断面顶部应有足够的宽度,以便在非常紧急的情况下仍有余地抢筑临时度汛断面。

(2)度汛临时断面的边坡稳定安全系数不应低于正常设计标准。为防止坍坡,必要时可采取简单的防冲和排水措施。

(3)斜墙坝或心墙坝的防渗体一般不允许采用临时断面。

(4)上游护坡应按设计要求筑到拦洪高程,否则应考虑临时的防护措施。

(二)采取未完建(临时)溢洪道溢洪

当采用临时度汛断面仍不能在汛前达到拦洪高程,则可采用降低溢洪道底槛高程或开挖临时溢洪道溢洪,但要注意防冲措施得当。

三、施工期度汛方案

施工期安全度汛是整个水利水电工程施工控制性环节之一,关系到工程的建设进度与成败,必须慎重对待。水利水电工程施工期度汛方案应在每年汛前按相关规定组织编制。度汛方案应按规定报送有关部门。度汛方案有重大修改或重新编制均应报送原有关部门。度汛方案编制应充分掌握基本资料,全面分析各种因素,做到技术可行、安全可靠。

度汛方案的编制一般由项目法人组织设计,施工、监理单位共同编制,并报送水行政主管部门。大型水利水电工程度汛方案需报送省水行政主管部门和流域水行政主管部门,中小型工程度汛方案需报送所在市、县水行政主管部门。

施工期度汛方案主要包括以下内容。

(一)编制原则、目的

1. 编制原则

施工期度汛方案的编制应以确保人民群众生命安全为首要目标,体现统一指挥、统一调度、全力抢险、力保工程安全的原则。

2. 编制目的

编制施工期度汛方案是为了提高施工期度汛突发事件应对能力,切实做好施工期度汛遭遇突发事件时的防洪抢险调度和险情抢护工作,力保施工期度汛工程安全,最大程度地保障人民群众生命安全,减少损失。

3. 编制依据

编制依据是《中华人民共和国防洪法》《中华人民共和国防汛条例》《水库大坝安全管理条例》等有关法律、法规、规章以及有关技术规范、规程等。

(1)《防洪标准》(GB 50201);

(2)《水土保持工程设计规范》(GB 51018);

(3)《水利水电工程等级划分及洪水标准》(SL 252);

(4)《水利水电工程建设征地移民安置规划设计规范》(SL 290);

(5)《水利水电工程施工组织设计规范》(SL 303);

(6)《水利水电工程水土保持技术规范》(SL 575);

(7)《水利水电工程施工导流设计规范》(SL 623);

(8)《水利水电工程施工安全管理导则》(SL 721);

(9)《城市防洪应急预案编制导则》(SL 754);

(10)工程地质勘察报告;

(11)设计文件;

(12)施工技术要求;

(13)施工合同、招标投标文件及相关设计图纸。

(二)基本资料

1. 流域概况

流域概况包括下列内容:

(1)工程所在流域有关的自然地理、水文气象、社会经济等基本情况。

(2)工程所在河道有关的河道特性、水沙特性、河道整治等基本情况。

工程上下游主要水利水电工程及洪水调度运行方案。

2.工程概况

1)工程设计资料

工程设计资料包括下列内容：

(1)工程规模、等级及洪水标准。

(2)工程总体布置,各建筑物的基本情况,有关技术参数及泄流能力曲线等。

(3)工程施工相关要求。

2)水文、气象资料

水文、气象资料应包括下列内容：

(1)工程所在流域暴雨、洪水特性。

(2)施工设计洪水、水库水位库容关系、坝址水位流量关系曲线,导流泄水建筑物进、出口水位流量关系曲线。

(3)工程施工条件,考虑上、下游梯级水库影响后的有关水文资料。

3)地质资料

地质资料包括下列内容：

(1)工程地质条件,包括地质概况、工程地质条件、水文地质条件等。

(2)工程附近用于导流建筑物施工所需的各类建筑材料料场。

4)其他资料

其他资料包括下列内容：

(1)施工期通航、供水、生态保护、排冰等要求。

(2)施工期水库淹没、库区移民安置计划。

(3)梯级开发河流工程上、下游水利水电工程运行情况及要求。

3.工程现状

工程现状应包括汛前应达到度汛标准要求的工程形象面貌、已完成工程形象面貌及汛前进度安排、工程影响区域内相关建设项目的施工进展情况及要求。

4.汛前检查

汛前应对在建工程进行全面检查,按要求填写防洪度汛检查表。对有问题的部位及时采取处理措施。

5.附图与附表

附图应包括工程所在流域水系图、工程平面布置图、主要建筑物结构及剖面图、施工总布置图、导流建筑物结构图、水库水位—库容—泄量关系曲线图、导流泄水建筑物泄流能力曲线图、与度汛工程措施相关的图纸等。

附表应包括工程特性表、搬迁安置规划表。

(三)度汛标准与措施

1.度汛标准

(1)度汛标准应符合《水利水电工程等级划分及洪水标准》(SL 252)的有关规定。

(2)施工场地防洪标准应符合下列要求：

①沿河道(溪、沟)两岸主要施工工厂设施和临时设施的防洪标准应符合《水利水电工

程施工组织设计规范》(SL 303)的有关规定。

②存、弃渣场防洪标准应符合《水利水电工程施工组织设计规范》(SL 303)、《水利水电工程水土保持技术规范》(SL 575)和《水土保持工程设计规范》(GB 51018)确定的有关规定。

(3)工程度汛方式,包括度汛项目、度汛范围、重点度汛部位及度汛要求等。

2. 度汛措施

工程区内各建筑物汛期采取的保护、抢险措施,汛期继续施工的控制与保护措施,以及汛后恢复施工的安排。工程区内主要施工工厂设施、生活区、油库、危化品等临时设施采取的保护、抢险措施。工程区以外上、下游河道范围内受影响的设施、建筑物等度汛措施。

1)度汛组织机构

度汛组织机构应包括下列内容:

(1)度汛组织机构组成及职责、成员及分工,确定安全度汛行政责任人、抢险技术责任人、值守巡查责任人。

(2)汛期值班和检查制度,防汛人员值班计划、联系方式、24 h汛期值班电话等。

(3)度汛抢险专家组职责、组成和专家组组长、成员及联系方式等。

(4)度汛涉及其他相关方的联系人、联系方式等。

2)度汛保障

度汛保障应包括下列内容:

(1)队伍保障应度汛抢险队伍职责、组成和责任人及联系方式,险情处理人员和负责组织实施的相关单位、责任人及联系方式。

(2)物资和机械设备保障应包括度汛物资的种类、数量,度汛所需的机械设备,并应处在完好状态。

(3)通信保障应包括各参建单位应配备的通信设施和相关备品备件、紧急情况下雨情、水情、险情信息的通信方式。

(4)供电和交通保障应包括度汛应急供电和安置点临时供电的责任单位、责任人及联系方式,抢险与撤离的交通保障措施、责任单位和责任人及联系方式。

(5)医疗和资金保障应包括当地政府、医疗卫生防疫部门及地方救援部门的负责人及联系方式,度汛抢险专项资金使用机制。

3)宣传和培训

宣传和培训包括下列内容:

(1)宣传责任单位和责任人,度汛抢险的宣传和信息发布方案。

(2)度汛抢险救援人员培训计划。

(四)水文气象预报

1. 气象预报

气象预报应包括气象预报获取途径、项目、频次,气象预报责任单位、责任人及联系方式等。

2. 水文预报

水文预报应包括水文预报的设施情况,水文预报项目、频次及方式,水文预报责任单位、责任人及联系方式等。

3. 水文复核

水文复核应包括根据现状河道、导流泄水建筑物的实际泄流能力及时对水文进行分析和复核,对库岸可能失稳并影响堰前和坝前水位的滑坡进行稳定性分析,合理确定其对堰前和坝前水位的影响值。

(五)险情抢护

1. 巡查与监测

巡查与监测应包括下列内容:

(1)巡查的部位、内容、方式、频次等。

(2)监测的部位、内容、方式、频次等。

(3)巡查、监测责任单位和人员。

(4)按规定填写工程险情报表。

(5)险情上报的范围、方式、程序、频次和联系方式等。

2. 险情抢护

险情抢护应包括下列内容:

(1)险情的种类、部位、原因以及对工程安全的危害程度。

(2)相应险情抢护措施。

(3)险情抢护单位、队伍布局、设备设施安排、负责人及联系方式等。

(4)险情抢护启动与结束的决策机构、条件和程序。

3. 人员设备撤离

人员设备撤离应包括下列内容:

(1)工程区内及影响区内的施工人数和设备等情况。

(2)撤离方案,包括撤离路线、撤离方式、安置地点、通信联系方式等。

(3)人员设备来不及撤离情况下的应急保安措施。

(4)人员设备撤离及安置的责任人、接纳安置点责任人及其职责。

(5)人员设备撤离后的警戒措施、责任单位和责任人。

(六)应急措施

应急措施包括恶劣天气、超标准洪水等安全度汛风险分析、观测频次及监测方法、应急处置措施、预警发布方式、范围和对象以及预警信息发布和解除的责任人,应急响应启动和结束的决策机构、条件和程序等。

(七)后期处置

后期处置包括制定临时调用的物资、机械设备等处置方式和要求,制定度汛抢险物料消耗补充措施,制订水毁工程修复方案及要求,制订其他受损的专业设施修复方案及要求等。

第三章　土石方工程

水利水电工程中常见的土石方工程有基坑(槽)与管沟开挖、建筑物地基开挖、大坝填筑以及基坑回填、地下工程开挖、吹填与疏浚等。

第一节　爆破技术

一、炸药与起爆材料

(一)炸药

1.炸药的基本性能

1)威力

炸药的威力用炸药的爆力和猛度来表征。

(1)爆力是指炸药在介质内爆炸做功的总能力。爆力的大小取决于炸药爆炸后产生的爆热、爆温及爆炸生成气体量的多少。爆热越大,爆温则越高,爆炸生成的气体量也就越多,形成的爆力也就越大。

(2)猛度是指炸药爆炸时对介质破坏的猛烈程度,是衡量炸药对介质局部破坏的能力指标。

爆力和猛度都是炸药爆炸后做功的表现形式,所不同的是爆力是反映炸药在爆炸后做功的总量,对药包周围介质破坏的范围。而猛度则是反映炸药在爆炸时,生成的高压气体对药包周围介质粉碎破坏的程度以及局部破坏的能力。一般爆力大的炸药其猛度也大,但两者并不成线性比例关系。对一定量的炸药,爆力越高,炸除的体积越多;猛度越大,爆后的岩块越小。

2)爆速

爆速是指爆炸时爆炸波沿炸药内部传播的速度。爆速测定方法有导爆索法、电测法和高速摄影法。

3)殉爆

炸药爆炸时引起与它不相接触的邻近炸药爆炸的现象叫殉爆。殉爆反映了炸药对冲击波的感度。主发药包爆炸引爆被发药包爆炸的最大距离称为殉爆距离。

4)感度

感度又称敏感度,是炸药在外能作用下起爆的难易程度,它不仅是衡量炸药稳定性的重要标志,而且是确定炸药的生产工艺条件、炸药的使用方法和选择起爆器材的重要依据。不同的炸药在同一外能作用下起爆的难易程度是不同的,起爆某炸药所需的外能小,则该炸药的感度高;起爆某炸药所需的外能高,则该炸药的感度低。炸药的感度对于炸药的制造加工、运输、储存、使用的安全十分重要。感度过高的炸药容易发生爆炸事故,而感度过低的炸药又给起爆带来困难。工业上大量使用的炸药一般对热能、撞击和摩擦作用的感度都较低,通常要靠起爆能来起爆。

5）炸药的安定性

炸药的安定性指炸药在长期储存中，保持原有物理化学性质的能力。

（1）物理安定性。物理安定性主要是指炸药的吸湿性、挥发性、可塑性、机械强度、结块、老化、冻结、收缩等一系列物理性质。物理安定性的大小，取决于炸药的物理性质。如在保管使用硝化甘油类炸药时，由于炸药易挥发收缩、渗油、老化和冻结等导致炸药变质，严重影响保管和使用的安全性及爆炸性能。铵油炸药和矿岩石硝铵炸药易吸湿、结块，导致炸药变质严重，影响使用效果。

（2）化学安定性。化学安定性取决于炸药的化学性质及常温下化学分解速度的大小，特别是取决于储存温度的高低。有的炸药要求储存条件较高，如 5 号浆状炸药要求不会导致硝酸铵重结晶的库房温度是 20～30 ℃，而且要求通风良好。

炸药有效期取决于安定性。储存环境温度、湿度及通风条件等对炸药有效期影响较大。

6）氧平衡

氧平衡是指炸药在爆炸分解时的氧化情况。根据炸药成分的配比不同，氧平衡具有以下三种情况。

（1）零氧平衡。炸药中的氧元素含量与可燃物完全氧化的需氧量相等，此时可燃物完全氧化，生成的热量大则爆能也大。零氧平衡是较为理想的氧平衡，炸药在爆炸反应后仅生成 CO_2、H_2O 和 N，并产生大量的热能。如单体炸药二硝化乙二醇的爆炸反应就是零氧平衡反应。

（2）正氧平衡。炸药中的氧元素含量过多，在完全氧化可燃物后还有剩余的氧元素，这些剩余的氧元素与氮元素进行二次氧化，生成 NO_2 等有毒气体。这种二次氧化是一种吸收爆热的过程，它将降低炸药的爆力。如纯硝酸铵炸药的爆炸反应属正氧平衡反应。

（3）负氧平衡。炸药中氧元素含量不足，可燃物因缺氧而不能完全氧化而产生有毒气体 CO，也正是由于氧元素含量不足而出现多余的碳元素，爆炸生成物中的 CO 因缺少氧元素而不能充分氧化成 CO_2。如三硝基甲苯（TNT）的爆炸反应属负氧平衡反应。

由以上三种情况可知，零氧平衡的炸药其爆炸效果最好，所以一般要求厂家生产的工业炸药力求零氧平衡或微量正氧平衡，避免负氧平衡。

2. 工程炸药的种类、品种及性能

1）炸药的分类

炸药按组成可分为化合炸药和混合炸药，按爆炸特性分类有起爆药、猛炸药和火药；按使用部门分类有工业炸药和军用炸药。在工程爆破中，用来直接爆破介质的炸药（猛炸药）几乎都是混合炸药，因为混合炸药可按工程的不同需要而配制。它们具有一定的威力，较钝感，一般需用 8 号雷管起爆。

2）常用炸药

我国水利水电工程中，常用的炸药为硝铵炸药和乳化炸药。

（1）硝铵炸药。硝铵炸药主要成分为硝酸铵和少量的 TNT 及少量的木粉混合而成。硝酸铵是铵锑炸药的主要成分，其性能对炸药影响较大；TNT 是单质烈性炸药，具有较高的敏感度，加入少量的 TNT 能使铵梯炸药具有一定程度的威力和敏感度。铵锑炸药的摩擦、撞击感度较低，故较安全。

工程爆破以 2 号岩石铵梯炸药为标准炸药,其爆力为 320 mL,猛度为 12 mm,用工业雷管可以顺利起爆。在使用其他种类的炸药时,其爆破装药用量可用 2 号岩石铵梯炸药的爆力和猛度进行换算。

(2)乳化炸药。乳化炸药以氧化剂(主要是硝酸铵)水溶液与油类经乳化而成的油包水型乳胶体作爆炸性基质,再加以敏化剂、稳定剂等添加剂而成为一种乳脂状炸药。

(二)起爆材料

起爆材料包括雷管、导火索和传爆线等。

炸药的爆炸是利用起爆器材提供的爆轰能并辅以一定的工艺方法来起爆的,这种起爆能量的大小将直接影响到炸药爆轰的传递效果。当起爆能量不足时,炸药的爆轰过程属不稳定的传爆,且传爆速度低,在传爆过程中因得不到足够的爆轰能的补充,爆轰波将迅速衰减到爆轰终止,部分炸药拒爆。因此,用于雷管和传爆线中的起爆炸药敏感度高,极易被较小的外能引爆;引爆炸药的爆炸反应快,可在被引爆后的瞬间达到稳定的爆速,为炸药爆炸提供理想爆轰的外能。

1. 雷管

雷管是用来起爆炸药或传爆线(导爆索)的,现一般采用电雷管。电雷管按起爆时间不同可分为以下几类:

(1)瞬发电雷管。通电后瞬即爆炸的电雷管,由火雷管和发火元件组成。当接通电源后,电流通过桥丝发热,使引火药头发火,导致整个雷管爆轰。

(2)秒延发电雷管。通电后能延迟 1 s 的时间才起爆的电雷管。秒延发电雷管和瞬发电雷管的区别,仅在于引火头与正起爆炸药之间安置了缓燃物质。通常是用一小段精制的导火索作为延发物。

(3)毫秒电雷管。它的构造与秒延期电雷管的差异仅在于延期药不同。毫秒电雷管的延期药是用极易燃的硅铁和铅丹混合而成,再加入适量的硫化锑以调整药剂的燃烧程度,使延发时间准确。它的段数很多,工程常用 20 段系列的毫秒电雷管。

(4)数码雷管又称电子雷管、数码电子雷管,即采用电子控制模块对起爆过程进行控制的电雷管。其中电子控制模块是指置于数码电子雷管内部,具备雷管起爆延期时间控制、起爆能量控制功能,内置雷管身份信息码和起爆密码,能对自身功能、性能以及雷管点火元件的电性能进行测试,并能和起爆控制器及其他外部控制设备进行通信的专用电路模块。电子雷管起爆系统由雷管、编码器和起爆器三部分组成。

2. 导电线

导电线是起爆电雷管的配套材料。

3. 导爆索

导爆索又称传爆线,用强度大、爆速高的烈性黑索金作为药芯,以棉线、纸条为包缠物,并涂以防潮剂,表面涂以红色,索头涂以防潮剂,必须用雷管起爆。其品种有普通、抗水、高能和低能四种。普通导爆索有一定的抗水性能,可直接起爆常用的工业炸药。水利水电工程中多用此类导爆索。

4. 导爆管

导爆管是由透明塑料制成的一种非电起爆系统,并可用雷管、击发枪或导爆索起爆。管的外径为 3 mm,内径为 1.5 mm,管的内壁涂有一层薄薄的炸药,装药量为(20 ± 2)mg/m,引爆后能以(1 950±50)m/s 的稳定爆速传爆。传爆能力很强,即使将管打许多结并用力拉紧,爆轰波仍能正常传播;管内壁断药长度达 25 cm 时,也能将爆轰波稳定地传下去。

二、爆破技术

(一)台阶(梯段)爆破

1. 浅孔台阶爆破

浅孔台阶爆破一般采用浅孔爆破法,是在岩石上钻直径 25~50 mm、深 0.5~5 m 的圆柱形炮孔,装延长药包进行爆破。炮孔直径通常用 35 mm、42 mm、45 mm、50 mm 几种。为使有较多临空面,常按阶梯型爆破使炮孔方向尽量与临空面平行成 30°~45°角;炮孔深度 L:对坚硬岩石,$L=(1.1~1.5)H$;对中硬岩石,$L=H$;对松软岩石,$L=(0.85~0.95)H$(H 为爆破层厚度)。最小抵抗线 $W=(0.6~0.8)H$;炮孔间距 $a=(1.4~2.0)W$(火雷管起爆时),或 $a=(0.8~2.0)W$(电力起爆时)。如图 3-1 所示。炮孔布置一般为交错梅花形,依次逐排起爆,炮孔排距 $b=(0.8~1.2)W$;同时起爆多个炮孔应采用电力起爆或导爆索起爆。

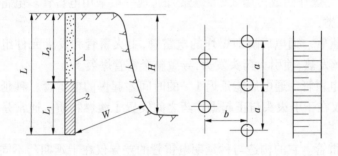

1—堵塞物;2—药包

L_1—装药深度;L_2—堵塞深度;L—炮孔深度

图 3-1　浅孔法阶梯开挖布置

2. 深孔台阶爆破

深孔台阶爆破一般孔深大于 5 m、孔径大于 75 mm。深孔台阶爆破将开挖面造成台阶以一排或多排深孔爆破进行石方开挖流水作业的开挖技术。采用深孔台阶分段起爆,一般单位耗药量较小,与洞室爆破比较二次解炮工作量少,对保留岩体的影响小,爆破后壁面平整,对边坡稳定有利,易于采用综合机械化施工;适用于采石场、坝基、路基、溢洪道开挖,大直径地下洞室的台阶法掘进。台阶爆破的要素与岩层性质、机械性能和炸药种类有关。

(1)炮孔形式,有垂直孔和倾斜孔两种,一般倾斜孔优于垂直孔,但岩层破碎,容易堵孔卡钻时也常采用垂直孔。

(2)布孔方式,有单排布孔及多排布孔两种。多排布孔又分为方形、矩形及三角形(或称梅花形)3 种,以等边三角形布孔最为理想。

(3)钻孔直径,与采用梯段高度有关。目前趋向大孔径钻孔,通常孔径为 111~310 mm,但对水利水电工程爆破钻孔孔径不宜大于 150 mm,紧邻设计建筑基面、设计边坡、建筑物或防护目标不应采用大孔径爆破方法。

(4)台阶高度 H,与钻孔及挖掘机械的工作性能、岩石的稳定性及允许的单响药量有关,一般为8~15 m,当挖掘设备斗容大于8 m³,H可达18~20 m。

(5)最小抵抗线W,与炸药种类、岩石性质、钻孔直径及台阶高度有关。一般可按$W=(0.4~0.9)H$确定。

(6)钻孔超深h。为了克服台阶底盘岩石的夹制作用,使爆破后不残留根底,形成平整的底部平盘,钻孔箱有一定超深,通常钻孔超深值为$(0.1~0.25)H$。

(7)起爆方式。台阶爆破通常采用微差爆破(毫秒爆破),有排间顺序起爆、分区顺序起爆以及奇偶式、波浪式、楔形、梯形、梅花形等不同连接形式的顺序起爆。

(二)预裂爆破

进行石方开挖时,在主爆区爆破之前沿设计轮廓线先爆出一条具有一定宽度的贯穿裂缝,以缓冲、反射开挖爆破的振动波,控制其对保留岩体的破坏影响,使之获得较平整的开挖轮廓,此种爆破技术为预裂爆破。在水利水电工程施工中,预裂爆破不仅在垂直、倾斜开挖壁面上得到广泛应用;在规则的曲面、扭曲面以及水平建基面等也采用预裂爆破。

1.预裂爆破要求

(1)预裂缝要贯通且在地表有一定开裂宽度。对于中等坚硬岩石,缝宽不宜小于1.0 cm;坚硬岩石缝宽应达到0.5 cm左右;但在松软岩石上缝宽达到1.0 cm以上时,减振作用并未显著提高,应多做些现场试验,以利总结经验。如图3-2所示。

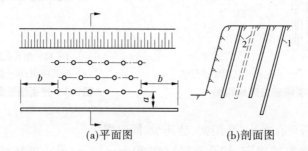

(a)平面图　　(b)剖面图

1—预裂缝;2—爆破孔
图3-2　预裂爆破布置图

(2)预裂面开挖后的不平整度不宜大于15 cm。预裂面不平整度通常是指预裂孔所形成之预裂面的凹凸程度,它是衡量钻孔和爆破参数合理性的重要指标,可依此验证、调整设计数据。

(3)预裂面上的炮孔痕迹保留率应不低于80%,且炮孔附近岩石不出现严重的爆破裂隙。

2.预裂爆破主要技术措施

(1)炮孔直径一般为50~200 mm,对深孔宜采用较大的孔径。

(2)炮孔间距宜为孔径的8~12倍,坚硬岩石取小值。

(3)不耦合系数(炮孔直径d与药卷直径d_0的比值)建议取2~4,坚硬岩石取小值。

(4)线装药密度一般取250~400 g/m。

(5)药包结构形式,目前较多的是将药卷分散绑扎在传爆线上(见图3-3)。分散药卷的相邻间距不宜大于50 cm和不大于药卷的殉爆距离。考虑到孔底的夹制作用较大,底部药包应加强,为线装药密度的2~5倍。

（6）装药时距孔口 1 m 左右的深度内不要装药,可用粗砂填塞,不必捣实。填塞段过短,容易形成漏斗,过长则不能出现裂缝。

（三）光面爆破

光面爆破也是控制开挖轮廓的爆破方法之一,如图 3-4 所示。它与预裂爆破的不同之处在于光爆孔的爆破是在开挖主爆孔的药包爆破之后进行的。它可以使爆裂面光滑平顺,超欠挖均很少,能近似形成设计轮廓要求的爆破。光面爆破一般多用于地下工程的开挖,露天开挖工程中用得比较少,只是在一些有特殊要求或者条件有利的地方使用。

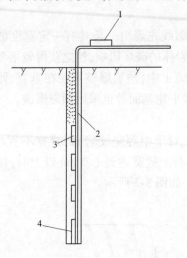

1—雷管;2—导爆索;3—药包;4—底部加强药包

图 3-3　预裂爆破装药结构图

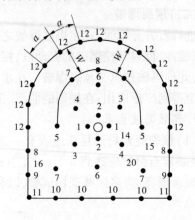

1～12—炮孔孔段编号

a—炮孔间距;W—最小抵抗线

图 3-4　光面爆破洞挖布孔图

光面爆破的要领是孔径小、孔距密、装药少、同时爆。

光面爆破主要参数的确定:炮孔直径宜在 50 mm 以下;最小抵抗线 W 通常采用 1～3 m,或用 $W = (7 ～ 20)D$ 计算;炮孔间距 $a = (0.6 ～ 0.8)W$;单孔装药量用线装药密度 Q_x 表示,即

$$Q_x = k_aW \qquad\qquad (3\text{-}1)$$

式中　D——炮孔直径,m;

　　　k——单位耗药量,可查相关施工手册,kg/m³。

三、钻孔及起爆

（一）钻孔

1.人工打眼

人工打眼仅适用于钻设浅孔。人工打眼有单人、双人打眼等方法。打眼的工具有钢钎、铁锤和掏勺等,现已很少使用。

2.风钻

风钻是风动冲击式凿岩机的简称,常在水利水电工程中使用。风钻按其应用条件及架持方法,可分为手持式、柱架式和伸缩式等。风钻用空心钻钎送入压缩空气将孔底凿碎的岩粉吹出,叫作干钻;用压力水将岩粉冲出叫作湿钻。地下作业必须使用湿钻以减少粉尘,保

护工人身体健康。

3.潜孔钻

潜孔钻是一种回转冲击式钻孔设备,其工作机构(冲击器)直接潜入炮孔内进行凿岩,故名潜孔钻。潜孔钻是先进的钻孔设备,它的工效高、构造简单,在大型水利水电工程中被广泛采用。

4.液压钻

液压钻即全液压钻机,也称全油压钻机。一种用油压驱动和控制所有运转部件的钻机。这类钻机借高压变量油泵实现无级变速,可简化传动机构,去掉齿轮变速箱,既减轻了钻机重量,又能充分利用动力,同时钻机转速较高,工作平稳,操作方便安全,易实现自动化。

(二)制作起爆药包

1.电雷管检查

对于电雷管应先做外观检查,把有擦痕、生锈、铜绿、裂隙或其他损坏的雷管剔除,再用爆破电桥或小型欧姆计进行电阻及稳定性检查。为了保证安全,测定电雷管的仪表输出电流不得超过 50 mA。如发现有不导电的情况,应作为不良的电雷管处理。然后把电阻相同或电阻差不超过 0.25 Ω 的电雷管放置在一起,以备装药时串联在一条起爆网络上。

2.起爆药包

起爆药包只许在爆破工点于装药前制作该次所需的数量。不得先做成成品备用。制作好的起爆药包应小心妥善保管,不得震动,亦不得抽出雷管。

(三)装药、堵塞

1.装药

在装药前首先了解炮孔的深度、间距、排距等,由此决定装药量。根据孔中是否有水决定药包的种类或炸药的种类。同时还要清除炮孔内的岩粉和水分。在干孔内可装散药或药卷。在装药前,先用硬纸或铁皮在炮孔底部架空,形成聚能药包。炸药要分层用木棍压实,雷管的聚能穴指向孔底,雷管装在炸药全长的中部偏上处。在有水炮孔中装吸湿炸药时,注意不要将防水包装捣破,以免炸药受潮而拒爆。当孔深较大时,药包要用绳子吊下,不允许直接向孔内抛投,以免发生爆炸危险。

2.堵塞

装药后即进行堵塞。对堵塞材料的要求是:与炮孔壁摩擦作用大,材料本身能结成一个整体,充填时易于密实,不漏气。可用 1:2 的黏土粗砂堵塞,堵塞物要分层用木棍压实。在堵塞过程中,要注意不要将导火线折断或破坏导线的绝缘层。

上述工序完成后即可进行起爆。

第二节　土石方明挖

一、土方开挖

(一)土方边坡与稳定

建筑物地基土方开挖时,对永久性或使用时间较长的临时性挖方,采用放坡和坑壁支撑等措施防止塌方。为了保证土壁稳定,根据不同土质的物理性能、开挖深度、土的含水率,在土方开挖时,留出一定的坡度,以保证土壁稳定。各类边坡坡度见表3-1。

表 3-1　临时性挖方边坡坡度允许值

土的类别		边坡值(高:宽)
砂土(不包括细砂、粉砂)		1:1.25~1:1.50
一般性黏土	硬黏土	1:0.75~1:1.00
	硬、塑黏土	1:1.00~1:1.25
	软黏土	1:1.50 或更缓
碎石类土	充填坚硬、硬塑黏性土	1:0.50~1:1.00
	充填砂土	1:1.00~1:1.50

当地下水位低于基底,在湿度正常的土层中开挖基坑或管沟,且敞露时间不长,可做成直立壁不加支撑,但挖方深度不宜超过表3-2 的规定。

表 3-2　不放坡直槽高度最大允许挖方深度

土质	最大允许挖方深度(m)
密实、中密的砂土和碎石类土(充填物为砂土)	≤1
硬塑、可塑的粉土和粉质黏土	≤1.25
硬塑、可塑的黏土和碎石类土(充填物为黏性土)	≤1.5
坚硬的黏土	≤2

(二)土方开挖方法

1.推土机

推土机是一种挖运综合作业机械,是在拖拉机上装上推土铲刀而成的(见图3-5)。按推土板的操作方式不同,可分为索式和液压式两种。索式推土机的铲刀是借刀具自重切入土中,切土深度较小;液压推土机能强制切土,推土板的切土角度可以调整,切土深度较大。因此,液压推土机是目前工程中常用的一种推土机。

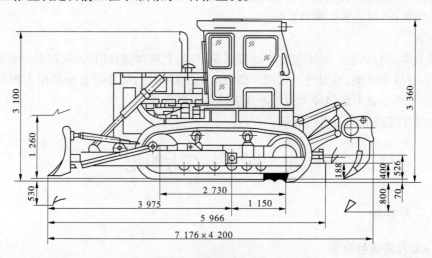

图 3-5　T180 推土机　(单位:mm)

推土机构造简单,操作灵活,运转方便,所需作业面小,功率大,能爬30°左右的缓坡。适用于施工场地清理和平整,开挖深度不超过1.5 m的基坑以及沟槽的回填土,堆筑高度在1.5 m以内的路基、堤坝等。在推土机后面安装松土装置,可破松硬土和冻土,还可牵引无动力的土方机械(如拖式铲运机、羊脚碾等)进行其他土方作业。推土机的推运距离宜在100 m以内,当推运距离在30~60 m时,经济效益最好。

2.铲运机

按行走机构不同,铲运机有拖式和自行式两种。拖式铲运机由拖拉机牵引,工作时靠拖拉机上的操作机构进行操作。根据操作机构不同,拖式铲运机又分索式和液压式两种。自行式铲运机的行驶和工作都靠本身的动力设备,不需要其他机械的牵引和操作,如图3-6所示。

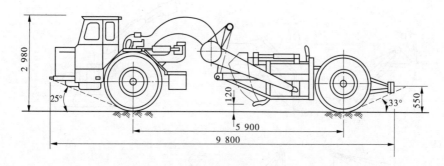

图3-6　CL₂自行式铲运机 (单位:mm)

铲运机能独立完成铲土、运土、卸土和平土作业,对行驶道路要求低,操作灵活,运转方便,生产效率高。铲运机适用于大面积场地平整,开挖大型基坑、沟槽以及填筑路基、堤坝等,最适合开挖含水量不大于27%的松土和普通土,不适合在砾石层和沼泽区工作。当铲运较坚硬的土壤时,宜先用推土机翻松0.2~0.4 m,以减少机械磨损,提高效率。常用铲运机的铲斗容量为1.5~6 m³。拖式铲运机的运距以不超过800 m为宜,当运距在300 m左右时效率最高;自行式铲运机经济运距为800~1 500 m。

3.装载机

装载机是一种高效的挖运综合作业机械。主要用途是铲取散粒材料并装上车辆,可用于装运、挖掘、平整场地和牵引车辆等,更换工作装置后,可用于抓举或起重等作业(见图3-7),因此在工程中被广泛应用。

装载机按行走装置分为轮胎式和履带式;按卸料方式分为前卸式、后卸式和回转式三种;按载重量分为小型(<1 t)、轻型(1~3 t)、中型(4~8 t)、重型(>10 t)四种。目前使用最多的是四轮驱动铰接转向的轮式装载机,其铲斗多为前卸式,有的兼可侧卸。

4.单斗挖掘机

单斗挖掘机是一种循环作业的施工机械,在土石方工程施工中最常见。按其行走机构的不同,可分为履带式和轮胎式;按其传动方式不同,分机械传动和液压传动两种;按工作装置不同分为正铲、反铲、拉铲和抓铲等(见图3-8)。

1)正铲挖掘机

如图3-9所示,正铲挖掘机由动臂、斗杆、铲斗、提升索等主要部分组成。

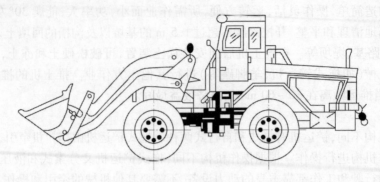

图 3-7　装载机

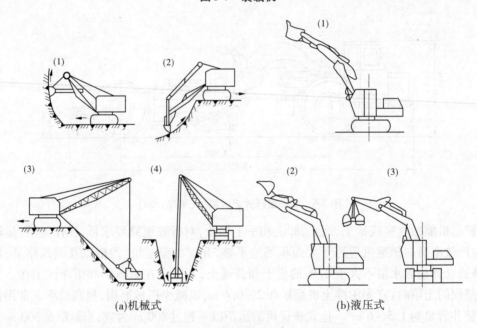

(a)机械式　　　　　　　　　　　　(b)液压式

(1)—正铲;(2)—反铲;(3)—拉铲;(4)—抓铲

图 3-8　单斗挖掘机

图 3-10 为正铲工作过程示意图。每一工作循环包括挖掘、回转、卸料、返回四个过程。挖掘时先将土斗放到工作面底部(Ⅰ)的位置,然后将铲斗自下而上提升,同时向前推压斗杆,在工作面上形成一弧形挖掘带(Ⅱ、Ⅲ);铲斗装满后,将铲斗后退,离开工作面(Ⅳ);回转挖掘机上部机构至运输车辆处,打开斗门,将土卸出(Ⅴ、Ⅵ);此后再回转挖掘机,进入第二个工作循环。

挖掘机的工作面称为掌子面,正铲挖掘机主要用于停机面以上的掌子开挖。根据掌子面布置的不同,正铲挖掘机有不同的作业方式,如图 3-11 所示。

正向开挖,侧向卸土[见图 3-11(a)]:挖掘机沿前进方向挖土,运输工具停在侧面装土(可停在停机面或高于停机面上)。这种挖掘运输方式在挖掘机卸土时,动臂回转角度很小,卸料时间较短,挖运效率较高,施工中应尽量布置成这种施工方式。

正向开挖,后方卸土[见图 3-11(b)]:挖掘机沿前进方向挖土,运输工具停在它的后面装土。卸土时挖掘机动臂回转角度大,运输车辆需倒退对位,运输不方便,生产效率低。适

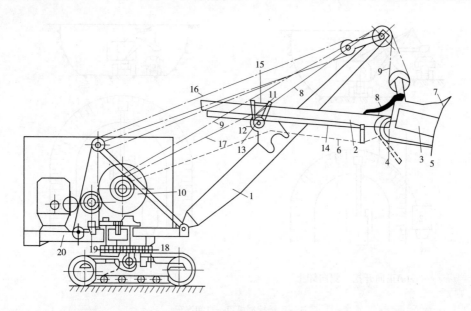

1—支杆;2—斗柄;3—铲斗;4—斗底绞链连接;5—门扣;6—开启斗门用索;7—斗齿;8—拉杆;
9—提升索;10—绞盘;11—枢轴;12—取土鼓轴;13—齿轮;14—齿杆;15—鞍式轴承;
16—支承索;17—回引索;18—旋转用大齿轮;19—旋转用小齿轮;20—回转盘

图 3-9 正铲挖掘机构造

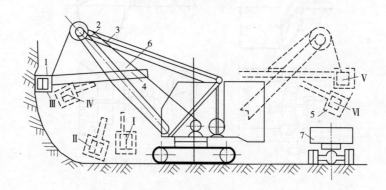

1—铲斗;2—支杆;3—提升索;4—斗柄;5—斗底;6—鞍式轴承;7—车辆

I、II、III、IV挖掘过程; V、VI装卸过程

图 3-10 正铲挖掘机构造工作过程示意图

用于开挖深度大、施工场地狭小的场合。

2)反向铲斗式挖掘机

反铲挖掘机为液压操作方式,如图 3-12 所示,适用于停机面以下土方开挖。挖土时后退向下,强制切土,挖掘力比正铲挖掘机小,主要用于小型基坑、基槽和管沟开挖。反铲挖土时,可用自卸汽车配合运土,也可直接弃土于坑槽附近。

反铲挖掘机工作方式分为以下两种:

沟端开挖[见图 3-12(a)]:挖掘机停在基坑端部,后退挖土,汽车停在两侧装土。

沟侧开挖[见图 3-12(b)]:挖掘机停在基坑的一侧移动挖土,可用汽车配合运土,也可将土弃于土堆。由于挖掘机与挖土方向垂直,挖掘机稳定性较差,而且挖土的深度和宽度均

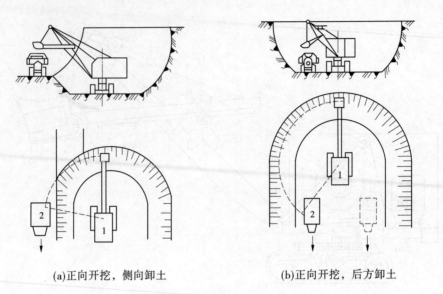

(a)正向开挖,侧向卸土　　　　　(b)正向开挖,后方卸土

1—正铲挖掘机;2—自卸汽车

图 3-11　正铲挖掘机的作业方式

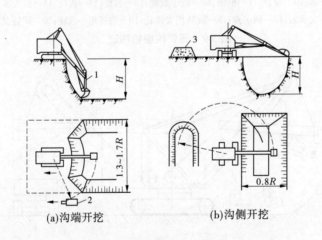

(a)沟端开挖　　　　　　(b)沟侧开挖

1—正铲挖掘机;2—自卸汽车

图 3-12　反铲挖掘机的开挖方式与工作面

较小,故这种开挖方法只是在无法采用沟端开挖或不需将弃土运走时采用。

(三)土质边坡及基坑支护

1.支护结构

1)支护结构的类型

支护结构(包括围护墙和支撑)按其工作机制和围护墙的形式分为多种类型,如图 3-13 所示。

土质边坡常用的支护结构有以下几类:

(1)水泥土挡墙式,依靠其本身自重和刚度保护坑壁,一般不设支撑,特殊情况下经采取措施后也可局部加设支撑。

(2)排桩与板墙式支护,通常由围护墙、支撑(或土层锚杆)及防渗帷幕等组成。

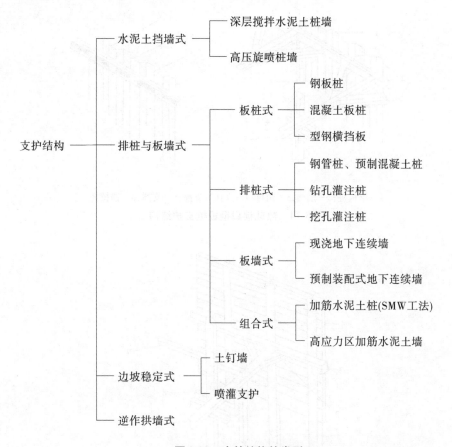

图 3-13 支护结构的类型

（3）土钉墙，由密集的土钉群、被加固的原位土体、喷射的混凝土面层等组成。

2）支护结构的构造

（1）深层搅拌水泥土桩墙。深层搅拌水泥土桩墙围护墙是用深层搅拌机就地将土和输入的水泥浆强制搅拌，形成连续搭接的水泥土柱状加固体挡墙。水泥土加固体的渗透系数不大于 10^{-7} cm/s，这种围护墙利用其本身重量和刚度进行挡土与防渗。

（2）钢板桩。钢板桩有槽钢钢板桩和热轧锁口钢板桩等类型。

槽钢钢板桩是一种简易的钢板桩围护墙，由槽钢正反扣搭接或并排组成。槽钢的长度为 6~8 m，型号由计算确定。打入地下后在顶部接近地面处设一道拉锚或支撑。因为其截面抗弯能力弱，故一般用于深度不超过 4 m 的基坑。由于搭接处不严密，一般不能完全止水。如果地下水位高，需要时用轻型井点降低地下水位。

热轧锁口钢板桩（见图 3-14）的形式有 U 形、L 形、一字形、H 形和组合型。

U 形钢板桩多用于对周围环境要求不很高的、深度为 5~8 m 的基坑，需视支撑（拉锚）加设情况而定。

（3）型钢横挡板。型钢横挡板围护墙也称桩板式支护结构，如图 3-15 所示。这种围护墙由工字钢（或 H 形钢）桩和横挡板（也称衬板）组成，再加上围檩、支撑等构成支护体系。施工时先按一定间距打设工字钢或 H 形钢桩，然后在开挖土方时边挖边加设横挡板。使用后拔出工字钢或 H 形钢桩，并在安全允许的条件下尽可能回收横挡板。

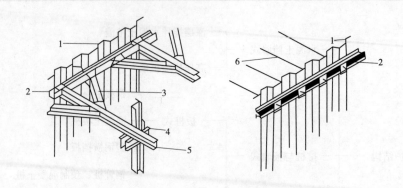

1—钢板桩;2—围檩;3—角撑;4—立柱与支撑;5—支撑;6—锚拉杆

图 3-14　热轧锁口钢板桩支护结构

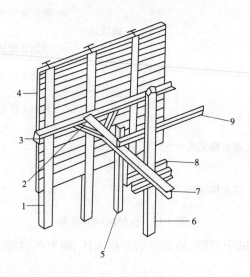

1—工字钢(H形钢);2—八字撑;3—腰梁;4—横挡板;5—水平联系杆;
6—立柱上的支撑件;7—横撑;8—立柱;9—垂直联系杆件

图 3-15　型钢横挡板支护结构

横挡板直接承受土压力和水压力,由横挡板传给工字钢桩,再通过围檩传至支撑或拉锚。横挡板的长度取决于工字钢桩的间距和厚度,由计算确定,横挡板多用厚度为 60 mm 的木板或预制钢筋混凝土薄板。

型钢横挡板围护墙多用于土质较好、地下水位较低的地区。

(4)钻孔灌注桩。钻孔灌注桩(见图 3-16)为间隔排列,缝隙不小于 100 mm,不具备挡水功能,需另做挡水帷幕,目前应用较多的是厚度为 1.2 m 的水泥土搅拌桩。当钻孔灌注桩用于地下水位较低的地区时,不需要做挡水帷幕。

钻孔灌注桩多用于基坑侧壁安全等级为一、二、三级,坑深为 7 ~ 15 m 的基坑工程,在土质较好的地区可设置 8 ~ 9 m 的悬臂桩,在软土地区多加设内支撑(或拉锚),悬臂式结构不宜大于 5 m。桩径和配筋由计算确定,常用直径为 600 mm、700 mm、800 mm、900 mm、1 000 mm。

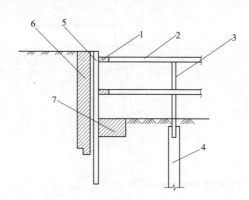

1—围檩;2—支撑;3—立柱;4—工程桩;5—坑底水泥土搅拌桩加固;
6—水泥土搅拌桩挡水帷幕;7—钻孔灌筑桩围护墙
图 3-16　钻孔灌注桩排围护墙

(5)挖孔桩。挖孔桩围护墙也属桩排式围护墙,其成孔是人工挖土,多为大直径桩,宜用于土质较好的地区。

(6)地下连续墙。地下连续墙是利用专用的挖槽机械在泥浆护壁下开挖一定长度(一个单元槽段),挖至设计深度并清除沉渣后,插入接头管,再将在地面上加工好的钢筋笼用起重机吊入充满泥浆的沟槽内,最后用导管浇筑混凝土,待混凝土初凝后拔出接头管,一个单元槽段即施工完毕,如此逐段施工,即形成地下连续的钢筋混凝土墙。

(7)加筋水泥土桩法(SMW 工法)。加筋水泥土桩法即在水泥土搅拌桩内插入 H 形钢,使之成为同时具有受力和抗渗两种功能的支护结构围护墙,如图 3-17 所示。坑深大时也可加设支撑。

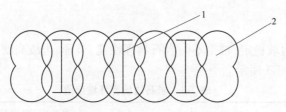

1—插在水泥土桩中的 H 形钢;2—水泥土桩
图 3-17　SMW 工法围护墙

加筋水泥土桩法的施工机械应为带有三根搅拌轴的深层搅拌机,全断面搅拌,H 形钢靠自重可顺利下插至设计标高。由于加筋水泥土桩法围护墙的水泥掺入比达 20%。因此,水泥土的强度较高,与 H 形钢黏结好,能共同作用。

(8)土钉墙。土钉墙(见图 3-18)是一种边坡稳定式的支护,其作用与被动起挡土作用的上述围护墙不同,它起主动嵌固作用,增加边坡的稳定性,可使基坑开挖后坡面保持稳定。

施工时,每挖深 1.5 m 左右,挂细钢筋网,喷射细石混凝土面层(厚度为 50 ~ 100 mm),然后钻孔插入钢筋(长度为 10 ~ 15 m,纵、横间距约为 1.5 m × 1.5 m),加垫板并灌浆,依次进行直至坑底。基坑坡面有较陡的坡度。

土钉墙用于基坑侧壁安全等级为二、三级的非软土场地;基坑深度不宜大于 12 m;当地下水位高于基坑底面时,应采取降水或截水措施。目前,土钉墙在软土场地也有应用。

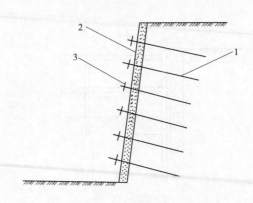

1—土钉;2—垫板;3—喷射细石混凝土面层

图 3-18　土钉墙

2.支撑体系

对于排桩、板墙式支护结构,当基坑深度较大时,为使围护墙受力合理和受力后变形控制在一定范围内,需沿围护墙竖向增设支承点,以减小跨度。如在坑内,对围护墙加设支承,称为内支撑;如在坑外,对围护墙设拉支承,则称为拉锚(土锚)。

内支撑受力合理、安全可靠,易于控制围护墙的变形,但内支撑的设置给基坑内挖土和地下室结构的支模和浇筑带来一些不便,需通过换撑加以解决。支护结构的内支撑体系包括腰梁或冠梁(围檩)、支撑和立柱。腰梁固定在围护墙上,将围护墙承受的侧压力传给支撑(纵、横两个方向)。支撑是受压构件,当其长度超过一定限度时稳定性不好,所以需在中间加设立柱,立柱下端需稳固,立柱插入工程桩内。

二、石方明挖

为了保证岩石边坡稳定,根据不同岩石物理性能、节理、边坡高度等留出一定的坡度,以保证边坡稳定,如表3-3所示。

表3-3　岩石边坡容许坡度值

岩石类土	风化程度	容许坡度值(高宽比)		
		坡高在 8 m 以内	坡高 8～15 m	坡高 15～30 m
硬质岩石	微风化	1:0.10～1:0.20	1:0.20～1:0.35	1:0.30～1:0.50
	中等风化	1:0.20～1:0.35	1:0.35～1:0.50	1:0.50～1:0.75
	强风化	1:0.35～1:0.50	1:0.50～1:0.75	1:0.75～1:1.00
软质岩石	微风化	1:0.35～1:0.50	1:0.50～1:0.75	1:0.75～1:1.00
	中等风化	1:0.50～1:0.75	1:0.75～1:1.00	1:1.00～1:1.50
	强风化	1:0.75～1:1.00	1:1.00～1:1.25	

(一)基坑岩石开挖

石方明挖主要是基坑岩石开挖及边坡开挖。为了保证开挖的质量,加速开挖进度,保证施工安全,必须从施工组织、技术措施、现场布置等方面妥善解决下列问题:

（1）及时排除基坑积水、渗水和地表水，确保开挖工作在不受水的干扰之下进行。

（2）合理安排开挖程序，保证施工安全。水工建筑物基坑一般比较集中，且常有好几个工种平行作业，容易引起安全事故。

整个基坑的开挖程序，要掌握好"自上而下、先岸坡后河槽"的原则，从坝基轮廓线的岸坡边缘开始，由上而下，分层开挖，直到河槽部位。河槽部位也要分层开挖，逐步下降。为了增加开挖工作面，扩大钻眼爆破的效果，解决开挖施工时的排水问题，通常要选择合适的部位，开挖"先锋槽"。先锋槽形成以后，再逐层扩挖下降。先锋槽一般选在地形较低、排水方便的位置，同时应结合建筑物的齿墙、截水槽的位置考虑。

（3）统盘规划运输线路。组织好出渣运输工作。出渣运输线路的布置要与开挖分层相协调。开挖分层的高度，视边坡稳定条件而定，一般为 5～30 m。故运输道路也应分层布置，将各层的开挖工作面和堆渣场或者和通向堆渣场的运输干线联接起来。基坑的废渣最好加以利用，直接运至使用地点或指定地点暂时堆放。

出渣运输道路的规划，应该在施工总体布置中，尽可能结合场内交通的要求，一并考虑。

（4）正确选择开挖方法，保证坝基开挖的质量。岩基开挖的主要方法是钻眼爆破、分层开挖。

为了保证开挖质量，要求在爆破开挖过程中，防止由于爆破震动的影响而破坏基岩，产生爆破裂缝，或使原有的构造裂隙发展，超过允许范围，恶化岩体自然产状；防止由于爆破震动的影响而损害已经建成的建筑物或已经完工的灌浆地段；保证坝基开挖的形态符合设计要求，控制基坑开挖的边坡。

（5）岩基开挖的轮廓应符合设计要求，防止欠挖，控制超挖。对于极限抗压强度在 30 MPa 以上的中等坚硬或坚硬岩石，其平面高程的开挖误差应不大于 0.2 m；其边坡规格视开挖高度而定，当开挖高度在 8 m 以内时，开挖误差应不大于 0.2 m；高度在 8～15 m 时，不大于 0.3 m，高度在 16～30 m 时，不大于 0.5 m。极限抗压强度小于 3×10^7 Pa 的软弱岩石，其开挖允许误差可视实际情况，由地质、设计和施工人员根据需要和可能商定。

（6）基岩分层爆破开挖时，应根据爆破对周围岩体的破坏范围，确定保护层的厚度。保护层的厚度与地质条件、爆破规模和方式等因素有关。有条件时可通过爆破前后现场钻孔压水试验、超声波或地震波试验等方法确定。不具备试验条件时，可参照表 3-4 所列资料确定。

表 3-4　保护层厚度参考表

保护层名称	软弱岩石 （$\sigma_c < 3 \times 10^7$ Pa）	中等坚硬岩石 [$\sigma_c = (3～6) \times 10^7$ Pa]	坚硬岩石 （$\sigma_c \geqslant 6 \times 10^7$ Pa）
垂直向保护层	40d	30d	25d
水平向保护层（地表）		（200～100）d	
水平向保护层（底层）		（150～75）d	

注：d 为爆破开拓所用药卷的直径。

保护层以上或以外的岩石开挖，与一般分层钻眼梯段爆破基本相同，但要求采用松动爆破,微差分段起爆,最大一段起爆药量不超过 500 kg。

保护层的开挖是控制基础质量的关键。在建基面 1.5 m 以外的保护层,仍可采用梯段微差爆破,但要求采用中小直径的钻孔和相应的药卷,并按表 3-4 的要求留出相应的保留层,其厚度不小于 1.5 m。建基面 1.5 m 以内保留层的开挖,要采用手风钻分层钻孔,火花起爆,控制药卷直径不大于 32 mm,最大一段起爆药量不大于 300 kg,最后一层风钻孔的孔底高程,对于坚硬完整的基岩,可达建基面终孔,但孔深不要超过 50 cm;对于软弱破碎的基岩,应留出 20~30 cm 撬挖层。

此外,其他一些行之有效的减震措施,如预裂爆破、延长药包、间隔装药、不偶合装药、柔性垫层等技术,也都应用于岩基开挖。

(7)合理组织弃渣的堆放,充分利用开挖的土石方。大中型工程土石方的开挖量往往很大,需要大片堆渣场地。如果能充分利用开挖的弃渣,不仅可以减少弃渣占地。而且可以节约建设资金。为此,必须对整个工程的土石方开挖量和土石方堆筑量进行全面规划,综合平衡,做到开挖和利用相结合,就近利用有效开挖方量。在规划弃渣堆放场时,要避免弃渣的二次倒送,并考虑施工和运行方面的要求。如影响围堰防渗闭气,抬高尾水和堰前水位,阻滞河道水流,影响水电站、泄水建筑物和导流建筑物的正常运行,影响度汛安全等。

(二)边坡开挖

边坡开挖前应做好施工区域内的排水系统。边坡开挖原则上应采用自上而下分层分区开挖的施工程序。边坡开挖过程中应及时对边坡进行支护。边坡开口线、台阶和洞口等部位,应采取"先锁口、后开挖"的顺序施工。

1. 清坡

清坡应自上而下分区进行。清理边坡开口线外一定范围坡面的危石,必要时采取安全防护措施。清除影响测量视野的植被,坡面上的腐殖物、树根等应按照设计要求处理。清坡后的坡面应平顺。

2. 表层土坡开挖

按照设计要求做好排水设施并及时进行坡面封闭。及时清除坡面松动的土体和浮石,对出露于边坡的孤石,根据嵌入深度确定挖除或采用控制爆破将外露部分爆除,并根据坡面地质情况进行临时支护、防护。根据设计图测放开口点线和示坡线,并对地形起伏较大和特殊体形部位进行加密。开口点线应做明显标识,加强保护,施工过程中应避免移动和损坏。人工开挖的梯段高度宜控制在 2 m 以内;机械开挖的梯段高度宜控制在 5 m 以内。机械开挖时,不应对永久坡面造成扰动。对土夹石边坡,应避免松动较大块石对永久坡面造成扰动。已扰动的土体,应按照设计要求处理。雨季施工时应采用彩条布、塑料薄膜或砂(土)袋等材料对坡面进行临时防护。

3. 岩石边坡开挖

1)岩质边坡开挖程序

岩质边坡开挖程序为:开口线外清坡与防护→施工放样→开口处理→开挖→欠挖及危石处理→断面测量→地质编录。

2)岩石边坡开挖基本要求

岩石边坡开挖应遵循以下基本要求:

(1)边坡开挖梯段高度应根据地质条件、马道设置、施工设备等因素确定,一般不宜大于 15°。

（2）同一梯段的开挖宜同步下挖。若不能同步,相邻区段的高差不宜大于一个梯段高度。

（3）对不良地质条件和需保留的不稳定岩体部位,应采取控制爆破,及时支护。

（4）设计边坡面的开挖应采用预裂爆破或光面爆破。预裂和光面爆破孔孔径不宜大于 110 mm,梯段爆破孔孔径不宜大于 150 mm。保护层开挖,其爆破孔孔径不宜大于 50 mm。

（5）分区段爆破时,宜在区段边界采用施工预裂爆破。

（6）紧邻水平建基面、新浇筑大体积混凝土、灌浆区、预应力锚固区、锚喷（或喷浆）支护区等部位附近的爆破应按相关规定执行。

3）开挖轮廓面要求

开挖轮廓面应遵循以下基本要求:

（1）开挖轮廓面上残留爆破孔痕迹应均匀分布。残留爆破孔痕迹保存率（半孔率）:对完整的岩体,应大于 85%;对较完整的岩体,应大于 60%;对于破碎的岩体,应达到 20% 以上。

（2）相邻两残留爆破孔间的不平整度不应大于 15 cm。对于不允许欠挖的结构部位,应满足结构尺寸的要求。

（3）残留爆破孔壁面不应有明显爆破裂隙。除明显地质缺陷处外,不应产生裂隙张开、错动及层面抬动现象。

4. 出渣

应进行利用料与弃渣料的规划,开挖渣料应按规划分类堆放。边坡开挖应采取避免渣料入江的措施。地形较缓适合布置道路时,应直接出渣;地形较陡不能直接出渣时,应分层设置集（出）渣平台,集中出渣;地形陡峻不能设置集（出）渣平台时,可采用溜渣井出渣或先截流后开挖,渣料直接推入基坑,在基坑内集中出渣。

施工道路应考虑永久道路与临时道路的结合,施工道路规划应满足开挖运输强度的要求,同时考虑运输安全、经济和设备的性能。

渣场应保持自身边坡稳定,必要时进行分层碾压。应及时对渣场坡面进行修整并修建排水、防护设施。

（三）加固与防护

1. 加固

加固与防护施工应跟随开挖分层进行,应根据现场地质情况合理选择施工顺序和时机。上层边坡的支护应保证下一层开挖的安全,下层的开挖应不影响上层已完成的支护。

对于重要的、地质条件复杂的边坡,加固与防护宜采用信息法施工,在施工中应加强安全监测,及时采集监测数据并进行分析、反馈,调整支护、加固方案和参数。

2. 防护

边坡的防护方式有喷射混凝土、主动柔性防护网、被动柔性防护网、砌石护坡、混凝土护坡、网格护坡、植物护坡等。

边坡锚固方式有土锚钉、锚杆、锚筋束（桩）、预应力锚索等。

边坡支挡方式有抗滑桩（钢管桩、挖孔桩、沉井）、抗剪洞、锚固洞、挡土墙等。

（四）边坡排水

边坡施工前应按照设计文件要求和实际工程地质条件编制详细的排水施工规划。应根据施工需要设置临时排水和截水设施。施工区排水应遵循"高水高排"的原则。

边坡开挖前,应在开口线以外修建截水沟。永久边坡面的坡脚、施工场地周边和道路两侧均应设置排水设施。对影响施工及危害边坡安全的渗漏水、地下水应及时引排。深层排水系统(排水洞及洞内排水孔)宜在边坡开挖之前完成。

排水孔施工应遵循以下基本要求:

(1)排水孔宜在喷锚支护完成后进行。排水孔先施工,对排水孔孔口进行保护。

(2)钻孔时,开孔偏差不宜大于 100 mm,方位角偏差不应超过 ±0.5°,孔深误差不应超过 ±50 mm。

(3)排水管安装到位后,用砂浆封闭管口处排水管与孔壁之间的空隙。

(4)排水孔周边工程施工结束后,检查排水孔的畅通情况。

第三节　地下工程开挖

地下工程开挖施工一般采用钻爆法施工和掘进机或盾构机施工两类方法,对于土洞或软岩洞室,也可采用一般土石方开挖设备进行开挖。

一、钻爆法施工

(一)平洞开挖

平洞施工作业方式见表3-5。

表 3-5　平洞施工作业方式

作业方式	施工特点	适用条件	开挖方法
流水作业	一个工作面纵向全断面开挖后再衬砌	适用于中小断面的短平洞、地质条件较好或具有初始喷锚支护后再二次衬砌的条件	全断面开挖;正台阶法;反台阶法;下导洞法
平行作业	一个工作面开挖先行,衬砌滞后一段施工;衬砌与开挖面间距按施工条件、混凝土强度及地址条件决定,一般不小于30 m	适用于大、中断面长平洞;工程地质条件差时,开挖与衬砌间距可适当缩短;交通运输有干扰	全断面开挖;正台阶法;反台阶法;下导洞法
交叉作业	衬砌与开挖沿洞室纵横断面平行交叉作业,仅留 0.5～2.0 m 的安全爆破距离,要注意保护混凝土不受爆破影响	适用地质条件差的大洞室、特大断面洞室、洞室群和洞井交叉段施工	上导洞法、上下导洞法(先拱后墙法)或品字形导洞法

1.围岩基本稳定的平洞开挖

在围岩基本稳定的情况下,平洞开挖方法的选择,应以围岩分类为基本依据,并确保施工安全。对于洞径在 10 m 以下的圆形隧洞,一次开挖到设计断面后,出渣车辆无法在隧道底板上通行,考虑开挖后的交通需要,目前采用全断面开挖、底板预留石渣作为通道这种方法的工程较多,但也有不少过程采用先开挖上台阶、下台阶留作施工通道,待上台阶施工完成后再开挖下台阶的方法,根据隧洞施工期限、长度、断面大小与结构类型,可采用一次或分块开挖,即全断面开挖和分区分层开挖,其主要开挖方法有以下几种。

1)全断面法

全断面法,就是在整个断面上一次爆破成型的开
挖方法,如图3-19所示。待掌子面前进一定距离后,
即可架立模板进行混凝土衬砌,或采用紧跟工作面的
喷锚支护。由于围岩基本稳定,为了减少干扰,加快
进度,不少工程常把隧洞开挖到相当长的距离,或全
部挖通后再进行衬砌。

这种方法,可根据平洞的高度不同,采用带气腿
的手持风钻或钻孔台车与多臂钻机,配合高效装岩
机、汽车或机车运输,以提高出渣效率。

2)正台阶法

当隧洞断面较高时,常把断面分成1~3个台阶,
自上而下依次开挖。上下台阶工作面间距,以保持在

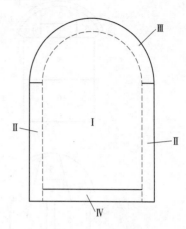

Ⅰ、Ⅱ、Ⅲ、Ⅳ—施工顺序
图3-19　全断面法

3 m左右为宜,过大则爆破后在台阶上堆渣太多,影响钻孔工作。

上部断面掌子面布孔与全断面法基本相同。下部台阶的爆破,因有两个临空面,效果较
好。台阶的开挖,多用水平钻孔,爆破后,工人可蹬渣钻孔,并随着出渣工作的进行,腾出了
空间,可自上而下的钻设各台阶水平炮孔。正台阶法如图3-20所示。

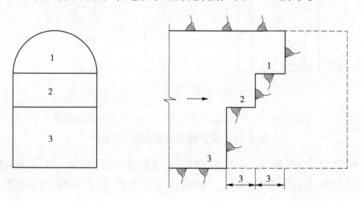

1、2、3—开挖顺序
图3-20　正台阶法 （单位:m）

2. 围岩稳定性差的平洞开挖

围岩稳定性差时,多采用上导洞法、上下导洞法(先拱后墙法)或品字形导洞法,如
图3-21所示,图3-21(a)中1及图3-21 (b)、图3-21(c)中1和2皆表示导洞。

常用的方法是先拱后墙法,可用于岩石较差、洞径小于10 m的中小型断面隧洞。

1)上下导洞法施工顺序

如图3-22所示,首先开挖下导洞1,它的作用在于布置运输线路和风、水、电等管线系
统;探测地质和水文地质情况;排除地下水以及进行设计施工所需的量测工作。接着开挖上
导洞2,并在上下导洞间打通溜渣井。由于围岩稳定性差,一般采取上部开挖与拱顶衬砌交

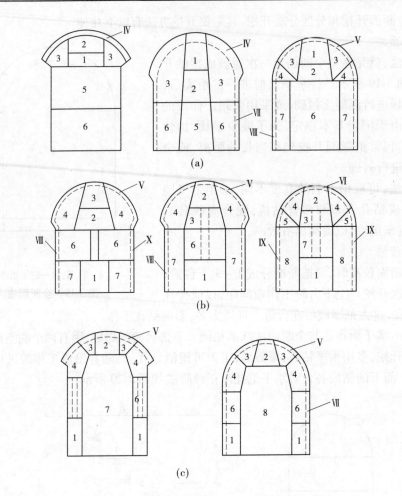

1、2、3、4、5、6、7、8—施工顺序；Ⅳ、Ⅴ、Ⅵ、Ⅻ、Ⅷ—衬砌顺序

图 3-21　围岩稳定性差的开挖方法

叉进行的方式,也就是说,先戴上一个"安全帽",以确保施工安全。上下导洞与溜渣井开挖后,即可按照图示的顺序进行扩大施工。导洞掌子面与扩大掌子面之间的距离一般保持 10 m 以上为宜。

2）下导洞形状与尺寸

下导洞一般多为梯形断面,其尺寸大小主要取决于出渣运输和有关管线布置所必需的空间,如图 3-23 所示。

对于单线运输的导洞宽度为:

$$b_1 = b_0 + c_1 + c_2 \tag{3-2}$$

对于双线运输的导洞宽度为:

$$b_2 = 2b_0 + c_1 + 2c_2 \tag{3-3}$$

式中　b_1、b_2——单线和双线运输工具顶部水平净宽,m;

　　　　b_0——采用的运输工具宽度,m;

　　　　c_1——人行道宽度,一般不小于 0.7 m;

　　　　c_2——由导洞内侧至运输工具外缘的最小距离(净宽),或两个运输工具外缘之间的

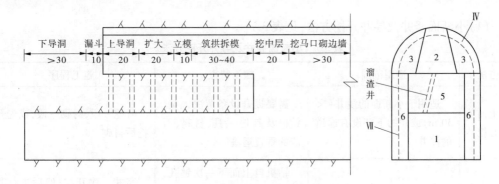

1、2、3、4、5、6—开挖顺序；Ⅳ、Ⅻ—衬砌顺序

图 3-22 上下导洞法开挖顺序 （单位：m）

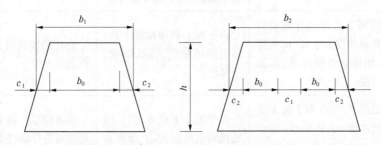

图 3-23 下导洞形状与尺寸

最小距离，通常为 20～30 cm。

当采用钢木作为临时支撑时，上述宽度还应加上立柱所占的空间位置。下导洞的高度，一般应考虑挖运机械的最大高度。

（二）竖井开挖

1. 竖井开挖方式

竖井施工方式的选择见表 3-6。

表 3-6 竖井施工方式的选择

施工方式	适用范围	施工特点	开挖方法
流水作业	Ⅰ、Ⅱ类围岩喷锚支护，可保持围岩稳定的中、小断面竖井或稳定性好的大断面竖井	竖井开挖后进行钢板衬砌、混凝土衬砌、灌浆等作业。有条件时用滑模衬砌	可采用各种竖井开挖方法
分段流水作业	Ⅲ、Ⅳ类围岩，大中断面竖井或局部条件差需要及时衬砌的竖井	顶部裸露时先锁井口或先衬砌上部（Ⅰ、Ⅱ类围岩亦采用这种方式），分段开挖和分段衬砌	先导井，然后根据围岩条件分段扩大
	Ⅱ、Ⅲ类及Ⅳ类围岩，开挖大及特大断面竖井	根据围岩及施工条件，开挖一段，衬砌一段；衬砌时利用导井钻辐射孔扩挖下段	先导井，后自上而下扩挖

（1）小断面竖井及导井开挖方法，见表3-7。

表3-7　小断面竖井及导井开挖方法

方法		适用范围	施工特点	施工程序
自上而下开挖		适用于小断面的浅井（<30 m）或井的下部设有通道的深井	需要提升设备解决人员、钻机及其他工具、材料、石渣的垂直运输	开挖一段，衬砌一段，或先开挖后衬砌
自下而上开挖	深孔分段爆破	适用于井深30~80 m下部有运输通道的竖井	钻机自上而下一次钻孔，分段自下而上爆破，爆破效果取决于钻孔精度。石渣自上坠落，由下部通道出渣	竖井一次开挖，然后进行其他工序（如钢板、混凝土衬砌等）
	爬罐法开挖	适用于上部没有通道的盲井或深度大于80 m的竖井，如果钻机精度高，可加大井深	自下而上利用爬罐上升，向上钻机钻孔，浅孔爆破，下部出渣	边开挖边临时支护，挖完后再永久支护
	吊罐法开挖	适用于井深（两个施工支洞间高度）小于100 m的小断面竖井，如果钻机精度高，可加大井深	先开挖上下通道，然后用钻机钻钢丝绳孔，上部安装起吊设备，下部开挖避炮洞	小断面竖井自下而上分段开挖即可进行临时支护。全部开挖完后再进行后续工序

（2）大中断面竖井及导井开挖方法，见表3-8。

表3-8　大中断面竖井及导井开挖方法

方法	适用范围	施工特点	施工程序
自下而上分段扩挖	适用各类岩体，大、特大断面竖井	浅井（<30 m）设爬梯作为上下通道；井深较大时搭设井架，用机械提升。石渣自导井下溜至下部通道出渣。边扩大、边支护	先开挖导井作溜渣通道，然后自上向下分段开挖，根据地质条件分段衬砌
自下而上射孔扩挖	适用Ⅰ、Ⅱ类围岩中，大断面竖井	在导井内利用吊罐或爬罐自下而上分段扩挖，竖井全部扩大开挖后再进行后续工序	先开挖导井，然后自下而上分段扩挖，竖井全部扩大开挖后再进行后续工序

2. 竖井开挖工艺

1）导井开挖

首先在竖井的中心位置，打出一个小口径的导井，并在导井的基础上进行扩大。导井的开挖方法有普通钻爆法、吊罐法、天井钻机法、爬罐法、大口径钻机法和深孔爆破法等。

（1）普通钻爆法。当缺乏大型造孔机械时，可用此法开挖导井。为了钻孔、爆破和出渣的方便,井径一般在 2 m 以上。此法适用于较完整的围岩,否则应采取有效的安全措施。

(2)吊罐法。如图 3-24 所示,当竖井下的水平通道打通后,利用钻机在竖井的中心部位,钻设 2 ~ 3 个 10 ~ 16 cm 的小孔,其中一孔为升降吊篮用的承重索中心孔,另两孔分别打在距中心孔 50 ~ 60 cm 处,为将来穿入风、水管之用。工作人员可在吊篮上打孔装药,待雷管引线接好之后,将吊篮降至底部的水平洞轨道上,并推到安全地方。为了防止爆破打断承重索,一般还需将钢索提至地面。

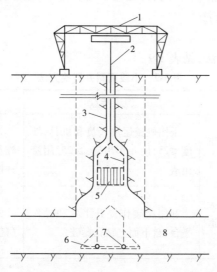

1—起重机;2—承重索;3—中心孔;4—吊篮;5—可折叠的吊篮栏杆;
6—吊篮的放大部分;7—铰;8—水平通道

图 3-24　利用吊罐法反挖导井

(3)天井钻机法。即先钻一个直径为 20 ~ 30 cm 的导向孔,钻杆沿孔而下,然后利用天井钻机反挖。目前所用的钻头直径一般为 1.2 ~ 2.4 m。这种钻机比普通钻爆法约快 30% 左右,成本降低 50% 左右。但因钻机本身成本较高,占井总费用的 50% 左右。

(4)爬罐法。爬罐法是利用沿轨道自下而上的爬罐开挖导井的,爬罐平台上安装有垂直向上的钻机,以便钻孔、装药和爆破。该法在早期工程中较多采用,如渔子溪水电站、鲁布革水电站、广州抽水蓄能水电站等,其优点是适用性强、速度快,缺点是准备时间长,操作人员劳动条件差。

(5)大口径钻机法。它是在通向竖井的水平洞打通后,在竖井的顶部地面安设大型钻机,自上而下地钻进。若一次钻进的孔径不能满足扩大时的溜渣要求,还可换大钻头进行第二次扩大。

(6)深孔爆破法。由于目前的钻孔机械性能与钻孔技术的状况,井深一般不宜大于 60 m。钻设一组垂直的平行炮孔,且一次打通,然后自下而上分段装药爆破。

2)竖井扩大

利用导井进行扩大,其方法主要有自上而下的正挖和自下而上的反挖法。

当竖井开挖直径小于 6 m 且岩体稳定性较好时,可采用自下而上的扩挖方法,否则施工困难又不安全。常用的方法为临时脚手架法和吊篮法。临时脚手架法是在水平通道打通后,即可搭设临时脚手架,工人在脚手架上操作。此法常把脚步手平放在锚入井壁的临时钢筋托架上,使所有脚手板上的荷载通过岩壁下传,这比自下而上满堂立柱的脚手架节省材料30%左右。但是,由于井深逐步加大,掘进循环时间,随开挖面的升高而增加,所以,在高度大的竖井中采用此法应慎重考虑。

用可折叠的吊篮开挖竖井,是先打导井,然后将吊篮的折叠部分扩大,再进行扩大开挖。为防止爆破损坏吊篮,在放炮前将吊篮折叠起来提至导井中,爆落的石渣由水平洞运出。

自上而下的正挖法应用较广,当岩体稳定性较差或开挖断面大,需要边开挖边支护时,均应采用自上而下的开挖方法。

(三)斜井开挖

(1)小断面斜井开挖方法,见表3-9。

表3-9　小段面斜井开挖方法

方法	适用范围	施工特点	施工程序
自上而下全断面开挖	适用于施工斜支洞	采用机械运输人员和机具,坡度≤25°用斗车出渣;≥25°用筐出渣	先做好洞口支护,安装提升设施及外部出渣道,然后自上而下开挖
自下而上全断面爬罐法开挖	用于倾角大于42°没有通道的斜井	利用爬罐作提升工具和操作平台,自下而上钻孔爆破	先挖下部通道安装爬罐及轨道(随开挖上延),逐段向上开挖

(2)斜井扩大及开挖方法,见表3-10。

表3-10　斜井扩大及开挖方法

方法	适用范围	施工特点	施工程序
由上向下的扩大开挖	适用于倾角大于45°可以自行溜渣的斜井	由上向下分层钻孔爆破,由导井溜渣自下部出渣,临时支护与开挖平行以保证施工安全。短斜井设置人行道,中、长斜井用机械运输	先挖导井,然后由上向下扩大,边开挖边铺设钢板,以满足自行溜渣要求
由下向上的扩大开挖	适用于倾角在45°左右不能自行溜渣的斜井或倾角虽大的短斜井	需采用专门措施,如底部铺设密排钢轨或浇筑混凝土底板,减小摩擦系数,可自行溜渣。钻孔用平行斜井轴线的浅孔或辐射孔	先开挖导井,然后自下而上扩大,边开挖边铺设钢板,以满足自行溜渣要求

(四)地下厂房开挖

根据围岩稳定、交通运输通道及支护方式等条件确定地下厂房的施工方法,如表3-11所示。

表 3-11　地下厂房施工方式

施工方法	适用范围	施工特点
大台阶法	适用于围岩稳定性好（Ⅰ、Ⅱ类岩石），交通运输洞可作为厂房出渣道	自交通运输洞或尾水洞底板划分台阶，高度 10～15 m，用深孔爆破施工
多导洞辐射孔法	适用于Ⅱ、Ⅲ类岩体开挖施工机械化较低的中型电站厂房	用顶部上导洞，中导洞及底部下导洞钻辐射孔分层爆破施工
小台阶法	适用于Ⅲ类或稳定性更差的岩体中开挖地下厂房	台阶高度 2～6 m，通常采用预应力锚索及锚杆加固边墙

1.厂房顶拱开挖方法

（1）在Ⅰ、Ⅱ类岩石中拱顶可以一次或分部开挖，如图 3-25 所示，然后进行混凝土衬砌。为便于支立模板及避免以后爆破对混凝土的影响，拱顶可全部开挖至拱座以下 1～1.5 m 处。

（2）在Ⅲ类或围岩稳定性较差部位，顶拱底面可挖成台阶形或先开挖拱顶两侧，待两侧混凝土浇筑后再开挖中间部分，最后浇筑封堵混凝土。

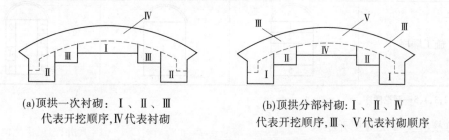

(a)顶拱一次衬砌：Ⅰ、Ⅱ、Ⅲ代表开挖顺序，Ⅳ代表衬砌　(b)顶拱分部衬砌：Ⅰ、Ⅱ、Ⅳ代表开挖顺序，Ⅲ、Ⅴ代表衬砌顺序

图 3-25　拱顶一次衬砌与分部衬砌

2.厂房开挖的一般方法

地下厂房开挖与大断面平洞相似，其开挖方式可分为全断面开挖、断面分部开挖、导洞先进后扩大和特殊的开挖方法等。对于大中型地下厂房多用断面分部开挖法，此法是将厂房分为三大部分：拱顶部分、基本部分（或落底部分）和蜗壳尾水管部分。

地下厂房开挖应本着高洞低洞、变大跨为小跨的原则。为了最大限度地提高围岩的稳定性，可采取先拱后底、先外缘后核心、由上而下、上下结合、留岩柱和跳格衬砌等方法。

1)拱部施工

对地下厂房的拱部，由于地质条件不同，应采用不同的开挖方式。拱部施工顺序如表 3-12 所示。

表 3-12　拱部施工顺序

序号	方式	施工顺序
①	全断面法	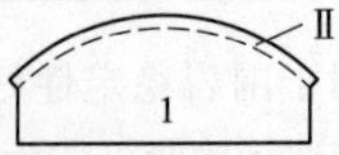
②	断面分部法	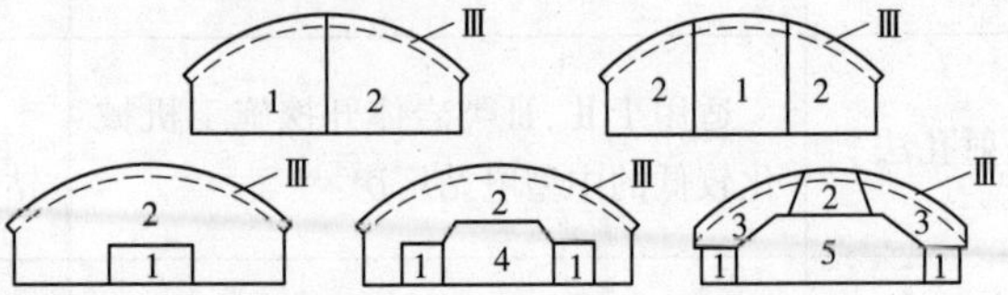

注:1,2,3,4,5—开挖顺序;Ⅰ,Ⅱ,Ⅲ—衬砌顺序。

2)基本部分施工

厂房基本部分的开挖工作量大,一般是在顶拱衬砌后且达到设计强度时才进行落底开挖。基本部分施工顺序如表 3-13 所示。图中①正台阶法,指先开挖 1、2,挖成后再开挖 3、4,最后开挖 5,每次一个台阶(如 1、2 形成一个台阶)。

表 3-13　基本部分施工顺序

序号	①	②	③
方法	正台阶法	深孔法	中槽深孔两侧台阶法
施工顺序	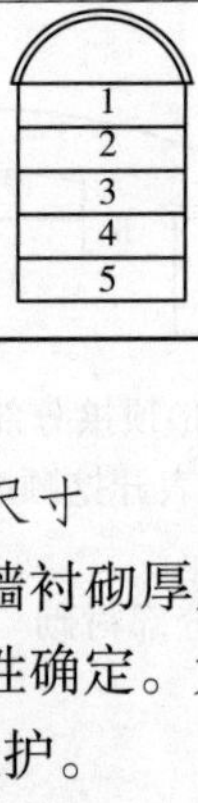	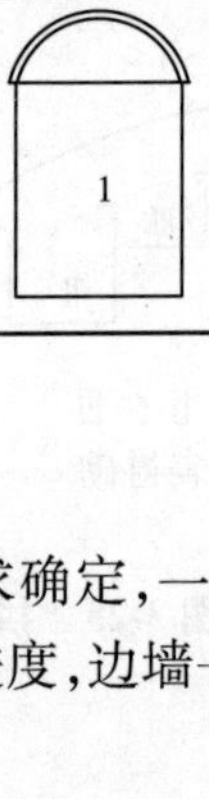	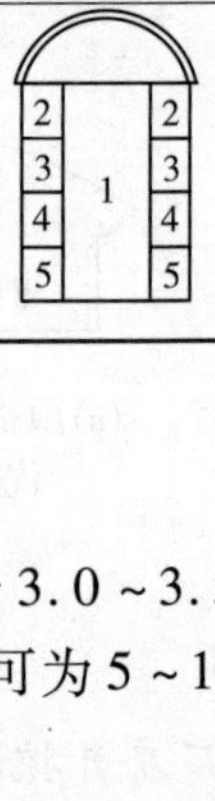

注:1,2,3,4,5—开挖顺序。

3)核心支撑法两侧开挖尺寸

侧导洞尺寸按混凝土边墙衬砌厚度及立模要求确定,一般宽度不小于 3.0 ~ 3.5 m;侧导洞高度根据边墙围岩稳定性确定。为保证施工进度,边墙一次衬砌高度可为 5 ~ 10 m,但导洞宜分层开挖,以便及时支护。

4)肋拱法和肋墙法

地下厂房的围岩局部稳定性很差时,一次纵向开挖长度一般不超过 5 ~ 10 m(根据不同围岩确定),衬砌长度 3 ~ 8 m,即两端混凝土表面距岩面各留 1 m 左右的空间。

5)岩台吊车梁及拱座开挖

吊车梁岩台及洞室顶拱拱座都是受力较大的部位,因而在施工中必须考虑拱座和岩台岩体不受破坏。根据以往经验,拱座和岩台开挖时要合理分块,采用防震孔或预裂孔控制爆破。

(五)施工支洞

施工支洞有平支洞、平行支洞、斜井支洞和竖井支洞,如表 3-14 所示。

表 3-14　施工支洞类型

类型	适用条件	施工条件
平支洞	1. 利用河段天然落差,沿河布置的引水隧洞; 2. 覆盖不厚的高压管道竖井和斜井; 3. 引水洞进水口工期长,需自内向洞口掘进的进口段; 4. 高压管道下水平段较长,条数较多,施工干扰较大的地段; 5. 调压井,引水洞末端	施工机械同主平洞,施工支洞过长时(>400 m)通风散烟条件差
平行支洞	1. 引水隧洞,一个工作面过大(大于 1 500 m),用其他类型施工支洞不经济时; 2. 引水隧洞有两条或两条以上时,用其中一条作为平行支洞; 3. 隧洞穿过较长不良地质段、处理工期较长,平行支洞绕过该段可加快工程总进度; 4. 有大量地下水和瓦斯气体时	减少施工干扰,开挖和衬砌可平行作业,提前查明不良地质条件及时处理
斜井支洞	1. 引水隧洞两侧有适宜地形; 2. 导流洞及长尾水隧洞,洞身位于设防水位以下修建围堰不经济时 3. 采用斜支洞可节约工程量	出渣和混凝土均要提升机械运输,当地下水量大时斜井开挖有一定困难
竖井支洞	1. 在已建水库开挖隧洞而进水口水深较大,修建围堰有困难时,但应尽可能和闸门井等永久工程相结合; 2. 采用竖井支洞可节约工程量	施工条件比较困难

(六)钻孔爆破开挖设计

1. 炮孔布置及装药量计算

隧洞的开挖目前广泛采用钻孔爆破法。应根据设计要求、地质情况、爆破材料及钻孔设备等条件,确定开挖断面的炮孔布置、炮孔的装药量、装药结构及堵孔方式;确定各类炮孔的起爆方法和起爆顺序。

1)炮孔布置

开挖断面上的炮孔,按其作用不同分为掏槽孔、崩落孔和周边孔等三种。

(1)掏槽孔。

用于掏槽的炮孔即为掏槽孔。掏槽就是在开挖断面中间先挖出一个小的槽穴来,利用这个槽穴为断面扩大爆破增加临空面,以提高爆破效果。常见的掏槽孔的布置方式有楔形掏槽、锥形掏槽和垂直掏槽等,其具体布置方式和适用条件见表 3-15。掏槽布置方式的选择应根据岩石性质、岩层构造、断面大小和钻爆方法等因素确定。

表 3-15　常见掏槽孔布置简图和适用条件

掏槽形式	布置简图	适用条件
楔形掏槽	(a) 垂直楔形掏槽眼　　(b) 水平楔形掏槽眼	适用于中等硬度的岩层。有水平层理时,采用水平楔形掏槽,有垂直层理时,采用垂直楔形掏槽,断面上有软弱带时,炮孔孔底宜沿软弱带布置。开挖断面的宽度或高度要保证斜孔能顺利钻进
锥形掏槽	(a) 三角锥掏槽眼 (b) 四角锥掏槽眼 (c) 圆锥掏槽眼	适用于紧密的均质岩体。开挖断面的高度和宽度相差不大,并能保证斜孔顺利钻进
垂直掏槽	(a) 角柱掏槽眼　　　(b) 直线裂缝掏槽眼	适用于致密的均质岩体,不同尺寸的开挖断面或斜孔钻进困难的场合

在满足掏槽要求的前提下,掏槽孔的数目应尽可能少,但不宜少于 2 个。掏槽孔的深度应比崩落孔深 15 ~ 20 cm,以提高崩落孔的利用率。有时为了增强掏槽效果,在极坚硬的岩层中或一次掘进深度较大的情况下,还可以在掏槽孔中心布置 2 ~ 4 个直径 75 ~ 100 mm 不装药的空孔,其深度与掏槽孔相同。

(2)崩落孔。

崩落孔的主要作用是爆落岩体,故应大致均匀地布置在掏槽孔的四周。崩落孔通常与开挖断面垂直,为了保证一次掘进的深度和掘进后工作面比较平整,其孔底应落在同一平面上。

为了使爆后的石渣大小适中,便于装车,应注意掌握炮孔间距。如用 2# 岩石硝铵炸药,炮孔间距为软岩 100 ~ 120 cm、中硬岩 80 ~ 100 cm、坚硬岩 60 ~ 80 cm、特硬岩 50 ~ 60 cm。

(3)周边孔。

周边孔的主要作用是控制开挖轮廓,它布置在开挖断面的四周。周边孔的孔口距离开挖边线 10 ~ 20 cm,以利钻孔。钻孔时应略向外倾斜,孔底应落在同一平面上。孔底与设计边线的距离,视岩石强度而定。对于中硬岩石(坚固系数 $f > 4$),孔底可达设计边线;对于软岩($f ≤ 2 ~ 4$),孔底不必达到设计边线;对于极坚硬岩石,孔底应超出设计边线 10 ~ 15 cm。

图 3-26 是隧洞开挖的炮孔布置示意图。断面开挖分为导洞开挖和扩大部分开挖。上导洞共布置了 18 个炮孔,其中 1 ~ 4 号是锥形掏槽孔,5 ~ 6 号是崩落孔,7 ~ 18 号是周边孔。扩大部分共布置了 13 个炮孔,其中 19 ~ 24 号是垂直崩落孔,承担掘进任务;25 ~ 31 号是水平周边孔,控制开挖底边线。开挖断面底部周边孔布置比顶部要密一些,这是因为底边开挖,岩石的夹制作用大,且不能利用岩石自重来提高爆破效果。

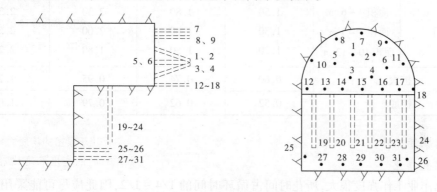

图 3-26　隧洞开挖的炮孔布置

2)炮孔数目和深度

隧洞开挖断面上的炮孔总数 N 与岩石性质、炸药品种、临空面数目、炮孔大小和装药方式等因素有关。对炮孔数目,由于影响因素多,精确计算尚有困难,施工前可采用下面的经验公式估算,在爆破过程中再加以检验和修正:

$$N = K \sqrt{fS} \tag{3-4}$$

式中　K——临空面影响系数,一个临空面取 2.7,两个临空面取 2.0;

　　　f——岩石的坚固系数,查相关施工手册;

　　　S——开挖断面面积,m^2。

炮孔深度应考虑开挖断面尺寸、围岩类别、钻孔机具、出渣能力和掘进循环作业时间等因素确定。一般情况下,加大炮孔深度后,装药、放炮、通风等工序所占用的时间将相对减少,单位进尺的速度可以加快。但是钻孔深度加大后,钻机凿岩速度会有所降低,炮孔利用率将相对减少,炸药消耗量会随之增加,一次爆落的岩石数量增加,出渣时间也相应增加。故加大炮孔深度的多少,应进行综合分析后确定。一般一个工作循环进尺深度可参照下列原则确定:当围岩为 Ⅰ ~ Ⅲ 类时,风钻钻孔可取 1.2 m,钻孔台车钻孔可取 2.5 ~ 4 m;当围岩为 Ⅳ ~ Ⅴ 类时,不宜超过 1.5 m。

掏槽孔和周边孔的深度可根据崩落孔的深度确定。

3)装药量

隧洞开挖,装药量的多少直接影响开挖断面的轮廓、掘进速度、爆落岩体的块度、围岩稳定和爆破安全。施工前可按式(3-5)估算炸药用量,并在施工中加以修正。

$$Q = KSL \tag{3-5}$$

式中　Q——一次爆破的炸药用量,kg;

　　　K——单位耗药量,kg/m^3,可参考表 3-16 选用;

S——开挖断面面积，m^2；

L——崩落炮孔深度，m。

表 3-16　隧洞开挖单位炸药（2 号硝铵炸药）消耗量　　　（单位：kg/m^3）

工程项目		岩石类别			
		软岩 ($f<4$)	中硬岩 ($f=4\sim10$)	坚硬岩 ($f=10\sim16$)	特硬岩 ($f>16$)
导洞	面积 4～6 m^2	1.50	1.80	2.30	2.30
	面积 7～9 m^2	1.30	1.60	2.00	2.50
	面积 10～12 m^2	1.20	1.50	1.80	2.25
扩大		0.60	0.74	0.95	1.20
挖底		0.52	0.62	0.79	1.00

2. 钻爆循环作业

1）钻孔作业

钻孔作业工作强度很大，所花时间占循环时间的 1/4～1/2，因此应尽可能采用高效钻机完成钻孔作业，以提高工程进度。常用钻孔机具有风钻和钻孔台车。风钻是用压缩空气作为动力使钻头产生冲击作用破岩成孔的。有手持式风钻和气腿式风钻，每台风钻控制面积为 2～4 m^2。风钻钻孔适用于开挖面积不大、机械化程度不高的情况。钻孔台车一般由底盘、钻臂、推进器、凿岩机和气动或液压操纵系统等部分组成，其钻臂有时多达 15 台，是一种高效钻孔机械。按行走装置不同分为轮胎式、轨道式和履带式三种。

为了保证开挖质量，钻孔时应严格控制孔位、孔深和孔斜。掏槽孔和周边孔的孔位偏差要小于 50 mm，其他炮孔则不得超过 100 mm。所有炮孔的孔底均应落在设计规定的平面上，以保证循环进尺的掘进深度。

2）装药和起爆

炮孔应严格按设计要求的装药方式进行装药，炮孔的装药深度随炮孔类型而异。通常掏槽孔的装药深度为炮孔孔深的 60%～67%，药卷直径为炮孔直径的 3/4；崩落孔和周边孔的装药深度为炮孔深度的 40%～55%，崩落孔药卷直径为孔径的 3/4，周边孔为 1/2。炮孔其余长度用黏土和砂的混合物（比例为 1:3）堵塞。爆破顺序依次为掏槽孔、崩落孔、周边孔。起爆一般采用秒延发或毫秒延发电雷管起爆。隧洞开挖轮廓控制应采用光面爆破技术，以保证开挖面的光滑平整，尽量减少超、欠挖。

3）临时支护

隧洞爆破开挖后，为了预防围岩产生松动掉块、塌方或其他安全事故，应根据地质条件、开挖方法、隧洞断面等因素，对开挖出来的空间及时进行必要的临时支护。临时支护的时间，取决于地质条件和施工方法，一般要求在开挖后，围岩变形松动到足以破坏之前支护完毕，尽可能做到随开挖随支护，只有当岩层坚硬完整，经地质鉴定后，才可以不设临时支护。

4）装渣运输

装渣与运输是隧洞开挖中最繁重的工作，所花时间占循环时间的 50%～60%，是影响掘进速度的关键工序。因此，应合理选择装渣运输机械，并进行配套计算，做好洞内出渣的施工组织工作,确保施工安全,提高出渣效率。

隧洞出渣常用装岩机装渣、机车牵引斗车或矿车出渣,适用于开挖断面较大的情况。装岩时可采用装岩机装岩,装岩斗车或矿车可由电气机车或电瓶车牵引。当运距近、出渣量少时,也采用人力推运或卷扬机牵引运输。根据出渣量的大小可设置单线或双线运输。单线运输时,每隔 100~200 m 应设置一错车岔道,岔道长度应够停放一列列车;双线运输时,每隔 300~400 m 应设置一岔道,以满足调车要求。

5)隧洞开挖的辅助作业

隧洞开挖的辅助作业有通风、散烟、防尘、防有害气体、供水、排水、供电照明等。辅助作业是改善洞内劳动条件、加快工程进度的必要保证。

(1)通风与防尘。

通风和防尘的主要目的是排除因钻孔、爆破等原因而产生的有害气体和岩尘,向洞内供应新鲜空气,改善洞内温度、湿度和气流速度。

通风方式有自然通风和机械通风两种。自然通风只有在掘进长度不超过 40 m 时,才允许采用。其他情况下都必须有专门的机械通风设备。

机械通风布置方式有压入式、吸入式和混合式三种,如图 3-27 所示。压入式是用风管将新鲜空气送到工作面,新鲜空气送入速度快,可保证及时供应,但洞内污浊空气是经洞身流出洞外;吸入式是将污浊空气由风管排出,新鲜空气从洞口经洞身吸入洞内,但流动速度缓慢;混合式是在经常性供风时用压入式,而在爆破后排烟时改用吸入式,充分利用了上述两种方式的优点。

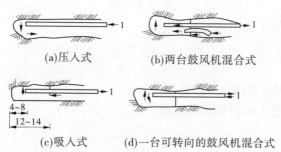

(a)压入式　　　(b)两台鼓风机混合式

(c)吸入式　　　(d)一台可转向的鼓风机混合式

图 3-27　隧洞机械通风布置方式　（单位:m）

通风量可按以下要求分别计算,并取其中最大值,再考虑 20%~50% 的风管漏风损失:

①按洞内同时工作的最多人数计算,每人所需通风量为 3 m^3/min;

②按冲淡爆破后产生的有害气体的需要计算,使其达到允许的浓度;

③按洞内最小风速不低于 0.15 m/s 的要求,计算和校核通风量。

除按地下工程施工规定采用湿钻钻孔外,还应在爆破后通风排烟、喷雾降尘,对堆渣洒水,并用压力水冲刷岩壁,以降低空气中的粉尘含量。

(2)排水与供水。

隧洞施工,应及时排除地下涌水和施工废水。当隧洞开挖是上坡进行且水量不大时,可沿洞底两侧布置排水沟排水;当隧洞开挖是下坡进行或洞底是水平时,应将隧洞沿纵向分成数段,每段设置排水沟和集水井,用水泵排出洞外。

对洞内钻孔、洒水和混凝土养护等施工用水,一般可在洞外较高处设置水池利用重力水头供水,或用水泵加压后沿洞内铺设的供水管道送至工作面。

（3）供电与照明。

洞内供电线路一般采用三相四线制。动力线电压为 380 V,成洞段照明用 220 V,工作段照明用 24～36 V。在工作量较大的场合,也可采用 220 V 的投光灯照明。由于洞内空间小、潮湿,所有线路、灯具、电气设备都必须注意绝缘、防水、防爆,防止安全事故发生。开挖区的电力起爆线,必须与一般供电线路分开,单独设置,以示区别。

3. 循环作业施工组织

开挖循环作业是指在一定时间内,使开挖面掘进一定深度（循环进尺）所完成的各项工作。循环时间是指完成一个工作循环所需要的时间的总和。循环时间常采用 4 h、6 h、8 h、12 h 等,以便于按时交接班。隧洞开挖循环作业所包括的主要工作有钻孔、装药、爆破、通风散烟、爆后检查处理、装渣运输、铺接轨道等。为了确保掘进速度,常采用流水作业法组织工程施工,编制工序循环作业图,对各工序的起止时间进行控制。

编制循环作业图的关键是合理确定循环进尺。循环进尺是指一个循环内完成的掘进深度。循环进尺越大,炮孔深度越大,钻孔时间越长,爆落的岩石越多,所需装渣时间也就越长。循环作业图编制的步骤如下:

（1）根据具体施工情况,确定循环作业时间,设为 T（4 h、6 h、8 h、12 h 等）。

（2）计算循环进尺

①计算开挖面上的炮孔数

$$N = K\sqrt{fS} \tag{3-6}$$

②计算开挖面掘进 1 m 时的炮孔总长

$$L_{总} = \frac{N \times 1}{\eta} \tag{3-7}$$

式中　η——炮孔利用系数,取 0.8～0.9。

③计算开挖面掘进 1 m 时的钻孔时间

$$t_{钻} = \frac{L_{总}}{p_{钻}n\varphi} \tag{3-8}$$

式中　$p_{钻}$——一台风钻的生产率,m/h;

　　　n——使用风钻的台数;

　　　φ——n 台风钻同时工作系数,可取 0.8。

④计算开挖面掘进 1 m 时的出渣时间 $t_{渣}$

$$t_{渣} = \frac{Sk_{松} \times 1}{p_{渣}} \tag{3-9}$$

式中　S——开挖断面面积,m²;

　　　$k_{松}$——岩石可松性系数,为 1.6～1.9;

　　　$p_{渣}$——装岩机的生产率,m³/h。

⑤其他辅助工作所需时间 $T_{辅}$（h）。包括装药、爆破、通风排烟、爆后安全检查处理、铺接轨道所需时间。这些时间一般比较固定,可进行工程类比后确定。

⑥计算开挖面循环进尺 L

$$L = \frac{T - T_{辅}}{t_{钻} + t_{渣}} \tag{3-10}$$

式中 T——预定的循环时间, h。

式(3-10)是在钻孔、出渣为顺序作业时的计算方法。如钻孔、出渣为平行作业,则上式中分母等于钻孔、出渣时间较大者;当采用全断面开挖,上台阶向下台阶扒渣后再进行上台阶钻孔时,上式中分母等于上台阶钻孔时间与下台阶出渣时间和下台阶钻孔时间之和两者中的较大值。

(3)计算循环进尺为 L 时的钻孔时间 $T_{钻}$、出渣时间 $T_{渣}$。

$$T_{钻} = Lt_{钻} \tag{3-11}$$
$$T_{渣} = Lt_{渣} \tag{3-12}$$

(4)根据各工序作业时间,绘制隧洞开挖循环作业图。表 3-17 为某隧洞全断面台阶开挖循环作业图。

表 3-17 隧洞全断面台阶开挖循环作业图

序号	工序	时间(h)	工时(h)							
			1	2	3	4	5	6	7	8
1	工作面检查清理	0.5	▬							
2	上台阶扒渣	0.5	▬							
3	上台阶钻孔	5.9		▬▬▬▬						
4	出渣	2.9				▬▬				
5	下台阶钻孔	3.1						▬▬		
6	装药、爆破、通风	1.0								▬

(七)地下工程开挖支护

地下工程开挖过程中,为防止围岩坍塌和石块下落采取的支撑、防护等安全技术措施。安全支护是地下工程施工的一个重要环节,只有在围岩经确认是十分稳定的情况下,方可不加支护。需要支护的地段,要根据地质条件、洞室结构、断面尺寸、开挖方法、围岩暴露时间等因素,做出支护设计。支护有锚喷支护及构架支撑两种方式,除特殊地段外,一般应优先采用锚喷支护。

1. 锚杆支护

锚杆是为了加固围岩而锚固在岩体中的金属杆件。锚杆插入岩体后,将岩块串联起来,改善了围岩的原有结构性质,使不稳定的围岩趋于稳定,锚杆与围岩共同承担山岩压力。锚杆支护是一种有效的内部加固方式。

1)锚杆的作用

(1)悬吊作用。即利用锚杆把不稳定的岩块固定在完整的岩体上,如图 3-28(a)所示。

(2)组合岩梁。将层理面近似水平的岩层用锚杆串联起来,形成一个巨型岩梁,以承受岩体荷载,如图 3-28(b)所示。

(3)承载岩拱。通过锚杆的加固作用,使隧洞顶部一定厚度内的缓倾角岩层形成承载岩拱。但在层理、裂隙近似垂直,或在松散、破碎的岩层中,锚杆的作用将明显降低,如

图 3-28（c）所示。

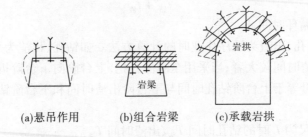

(a)悬吊作用　　　(b)组合岩梁　　　(c)承载岩拱

图 3-28　锚杆的作用

2）锚杆的分类

按锚固方式的不同可将锚杆分为张力锚杆和砂浆锚杆两类。前者为集中锚固,后者为全长锚固。

（1）张力锚杆。

张力锚杆有楔缝式锚杆和胀圈式锚杆两种。楔缝式锚杆由楔块、锚栓、垫板和螺帽等四部分组成,如图 3-29(a)所示。锚栓的端部有一条楔缝,安装时将钢楔块少许揳入其内,将楔块连同锚栓一起插入钻孔,再用铁锤冲击锚栓尾部,使楔块深入楔缝内,楔缝张开并挤压孔壁岩石,锚头便锚固在钻孔底部。然后在锚栓尾部安上垫板并用螺帽拧紧,在锚栓内便形成了预应力,从而将附近的岩层压紧。

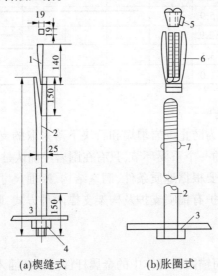

(a)楔缝式　　　　　(b)胀圈式

1—楔块;2—锚栓;3—垫板;4—螺帽;5—锥形螺帽;6—胀圈;7—凸头
图 3-29　张力锚杆　（单位:mm）

胀圈式锚杆的端部有四瓣胀圈和套在螺杆上的锥形螺帽,如图 3-29(b)所示。安装时将其同时插入钻孔,因胀圈撑在孔壁上,锥形螺帽卡在胀圈内不能转动,当用扳手在孔外旋转锚杆时,螺杆就会向孔底移动,锥形螺帽做向上的相对移动,促使胀圈张开,压紧孔壁,锚固螺杆。锚杆上的凸头的作用是当锚杆插入钻孔时,阻止锚杆下落。胀圈式锚杆除锚头外,其他部分均可回收。

（2）砂浆锚杆。

在钻孔内先注入砂浆后插入锚杆，或先插锚杆后注砂浆，待砂浆凝结硬化后即形成砂浆锚杆，如图3-30所示。因砂浆锚杆是通过水泥砂浆（或其他胶凝材料）在杆体和孔壁之间的摩擦力来进行锚固的，是全长锚固，所以锚固力比张力锚杆大。砂浆还能防止锚杆锈蚀，延长锚杆寿命。这种锚杆多用作永久支护，而张力锚杆多用作临时支护。

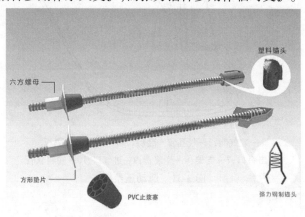

图3-30　钢筋砂浆锚杆

先注砂浆后插锚杆的施工程序一般为：钻孔、清洗钻孔、压注砂浆和安插锚杆。钻孔时要控制孔位、孔径、孔向、孔深符合设计要求。一般要求孔位误差不大于20 cm，孔径比锚杆直径大10 mm左右，孔深误差不大于5 cm。钻孔清洗要彻底，可用压气将孔内岩粉、积水冲洗干净，以保证砂浆与孔壁的黏结强度。

由于向钻孔内压注砂浆比较困难（当孔口向下时更困难），所以钢筋砂浆锚杆的砂浆常采用风动压浆罐（见图3-31）灌注。灌浆时，先将砂浆装入罐内，再将罐底出料口的铁管与输料软管接上，打开进气阀，使压缩空气进入罐内，在压气作用下，罐内砂浆即沿输料软管和注浆管压入钻孔内。为了保证压注质量，注浆管必须插至孔底，确保孔内注浆饱满密实。注满砂浆的钻孔，应采取措施将孔口封堵，以免在插入锚杆前砂浆流失。

风动压浆罐的工作风压为0.5～0.6 MPa；砂浆的配合比一般为0.4（水）∶1.0（水泥）∶0.5（细砂）。

安装锚杆时，应将锚杆徐徐插入，以免砂浆被过量挤出，造成孔内砂浆不密实而影响锚固力。锚杆插到孔底后，应立即楔紧孔口，24 h后才能拆除楔块。

先设锚杆后注砂浆的施工工艺要求基本同上。注浆用真空压力法，如图3-32所示。注浆时，先启动真空泵，通过端部包以棉布的抽气管抽气，然后由灰浆泵将砂浆压入孔内，一边抽气一边压注砂浆，砂浆注满后，停止灰浆泵，而真空泵仍工作几分钟，以保证注浆质量。

3）锚杆的布置

锚杆的布置主要是确定锚杆的插入深度、间距及布置形式。

锚杆的形式有局部锚杆和系统锚杆。局部锚杆主要是用来加固危石，防止掉块。系统锚杆主要用来提高围岩的强度和整体性。锚杆的方向应尽量与岩体结构面垂直，当结构面不明显时，可与周边轮廓垂直。圆断面隧洞可采用径向布置。锚杆在平面上的布置要求呈梅花形或方格形。

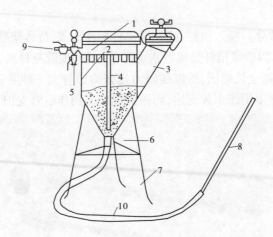

1—贮气间;2—气孔;3—装料口;4—风管;5—隔板
6—出料口;7—支架;8—注浆管;9—进气口;10—输料软管

图 3-31　风动压浆罐

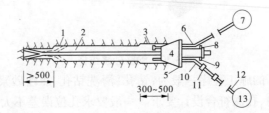

1—锚杆;2—砂浆;3—布包;4—橡皮塞;5—垫板;6—抽气管;7—真空泵;
8—螺帽;9—套筒;10—灌浆管;11—关闭阀;12—高压软管;13—灰浆泵

图 3-32　真空压力灌浆布置 （单位:mm）

　　锚杆的布置参数主要是通过工程类比和现场试验选择。系统锚杆,锚杆深入岩体深度一般为 1.5 ~ 3.5 m,但不一定要深入稳定岩层,当岩层破碎时,用短而密的系统锚杆,同样可取得较好的锚固效果。系统锚杆间距为插入深度的 1/2,但不得大于 1.5 m。局部锚杆,必须插入稳定岩体内,插入深度和间距根据实际情况而定。大于 5 m 的深孔锚杆应做专门设计。

　　4)预应力锚杆加工

　　锚杆杆体加工统一在钢筋加工厂进行,具体加工工艺如下:

　　(1)下料。根据锚杆设计长度、垫板、螺帽厚度、外锚头长度以及张拉设备的工作长度等,确定适当的下料长度下料。

　　(2)加工。下料完毕,根据设计图纸要求进行锚杆头丝扣加工。加工好的锚杆妥善堆放,并对锚杆体丝扣部位予以保护。

　　(3)附件组装。根据设计图纸要求,将隔离架、防腐套管、注浆管、排气导管及止浆器等附件一一组装到位。

　　(4)存放。组装完毕的预应力锚杆体,统一编号并分区堆放,妥善保管,不得破坏隔离架、防腐套管、注浆管、排气导管及其他附件,不得损伤杆体上的丝扣。

　　5) 预应力锚杆施工工艺

　　(1) 孔口找平、插杆。

　　预应力锚杆孔口采用早强砂浆做平整处理,其强度需保证能承受锚杆张拉的最大荷载。

　　锚杆放入锚孔前应清除钻孔内的石屑和岩粉,检查注浆管、排气导管是否畅通,止浆器是否完好。检查完毕将锚杆体缓缓插入孔内,安装锚杆时应一次到位,不得反复抽插。

　　(2) 垫板、螺帽安装。

　　在锚固段灌浆结束后安装承压垫板和螺帽,承压垫板必须平整、牢固,几何尺寸、结构强度满足设计要求。承压面与锚孔轴线垂直。

　　(3) 注浆。

　　使用自由段带套管的预应力锚杆时,在锚固段长度和自由段长度内采取同步灌浆;使用自由段无套管的预应力锚杆时,需二次注浆,第一次灌浆时,必须保证锚固段长度内灌满,但浆液不得流入自由段,锚杆张拉固定后,对自由段进行第二次灌浆。永久性预应力锚杆应采用封孔灌浆,以浆体灌满自由段长度顶部的孔隙。

　　灌浆后,浆体强度未达到设计要求前,预应力锚杆不得受扰动。灌浆材料达到设计强度时,方可切除外露的预应力锚杆,切口位置至外锚具的距离不应小于 100 mm。

　　(4) 张拉。

　　预应力锚杆正式张拉前,先按设计张拉荷载的 20% 进行预张拉。预张拉进行两次,以保证各部位接触"紧密"。

　　预应力锚杆正式张拉须分级加载,起始荷载宜为锚杆拉力设计值的 30% ,分级加载荷载分别为拉力设计值的 0.5、0.75、1.0。超张拉荷载根据试验结果和实际图纸要求确定。超张拉结束,根据设计要求的荷载进行锁定。

　　张拉过程中,荷载每增加一级,均应稳压 5 ~ 10 min,记录位移读数。最后一级试验荷载应维持 10 min。

　　锚杆张拉锁定后的 48 h 内,若发现预应力损失大于设计值的 10% ,需进行补偿张拉。

　　(5) 其他。

　　① 张拉前对张拉设备进行率定。

　　② 所有张拉机具常定期进行校验。

　　③ 张拉过程中保证锚杆轴向受力,必要时可在整板和螺帽之间设置球面垫圈。

　　④ 垫板安装后,定期检查其紧固情况,如有松动,应及时处理。

　　⑤ 对于间距较小的预应力锚杆群,确定合理的张拉分区、分序,以尽量减小锚杆张拉时的相互影响。

　　⑥ 灌浆材料达到设计强度后,方可切除外露的预应力锚杆,切口位置至外锚具的距离不应小于 10 mm。

　　2. 锚筋束施工

　　锚筋束的工艺措施与砂浆锚杆"先插杆后注浆"部分基本相同。施工时注意以下几点:

　　(1) 锚筋束钻孔直径以锚筋束外接圆的直径作为锚杆直径来选择。

　　(2) 锚筋束应焊接牢固,并焊接对中环,对中环的外径比孔径小 10 mm 左右,一个锚筋束至少应有两个对中环。

(3)注浆管和排气管应牢固固定在锚筋束桩体上,随锚筋束桩体一起插入孔中。

3.挂钢筋网施工工艺

挂钢筋网施工先喷3~5cm厚的混凝土,再尽量紧贴岩面挂钢筋网,对有较大凹陷部位,可加设膨胀螺杆拉紧钢丝网,再挂铺钢筋网,并与锚杆和附加插筋(或膨胀螺栓)连接牢固,最后分2~4次施喷达到设计厚度。

(1)按设计要求的钢筋网材质和尺寸在洞外加工场地制作,加工成片,其钢筋直径和网格间距符合图纸规定。

(2)按图纸要求安装钢筋网,施作前,初喷一定厚度混凝土形成钢筋保护层后铺挂,钢筋网与锚杆或其他固定装置连接牢固,且钢筋保护层厚度不得小于2cm。

(3)钢筋网纵横相交处绑扎牢固;钢筋网接长时搭接长度满足规范要求,焊接或绑扎牢固。

(4)钢筋网加工前钢筋要进行校直,钢筋表面不得有裂纹、油污、颗粒或片状锈蚀,确保钢筋质量。

4.喷混凝土施工工艺

1)准备工作

埋设好喷厚控制标志,作业区有足够的通风照明,喷前要检查所有机械设备和管线,确保施工正常。对渗水面做好处理措施,备好处理材料,联系好仓面取样准备。

2)清洗岩面

清除开挖面的浮石、墙脚的石渣和堆积物;处理好光滑开挖面;安设工作平台;用高压风水枪冲洗喷面,对遇水易潮解的泥化岩层,采用压风清扫岩面;埋设控制喷射混凝土厚度的标志;在受喷面滴水部位埋设导管排水,导水效果不好的含水层可设盲沟排水,对淋水处可设截水圈排水。仓面验收以后、开喷以前对有微渗水岩面要进行风吹干燥。

土质边坡除需将边坡和坡脚的松动块石、浮渣清理干净,还应对坡面进行整平压实,然后自坡底开始自下而上分段分片依次进行喷射。严禁在松散土面上喷射混凝土。

3)挂钢筋网和喷混凝土(钢纤维混凝土)施工

挂钢筋网前先喷3~5cm厚的混凝土,再尽量紧贴岩面挂钢筋网,对有较大凹陷部位,可加设膨胀螺杆拉紧钢丝网,再挂铺钢筋网,并与锚杆和附加插筋(或膨胀螺栓)连接牢固,最后分2~4次喷射达到设计厚度。

喷混凝土施工,劳动条件差,喷枪操作劳动强度大,尽量利用机械手操作。如图3-33所示为喷混凝土机械手简图,它适用于大断面隧洞喷混凝土作业。

(1)施工准备。喷射混凝土前,应做好各项准备工作,内容包括:搭建工作平台、检查工作面有无欠挖、撬除危石、清洗岩面和凿毛、钢筋网安装、埋设控制喷射厚度的标记、混凝土干料准备等。

(2)喷枪操作。喷枪操作直接影响喷射混凝土的质量,应注意对以下几个方面的控制:

①喷射区的划分及喷射顺序。当喷射面积较大时,需要进行分段、分区喷射。一般是先墙后拱,自下而上地进行,如图3-34所示。这样可以防止溅落的灰浆黏附于未喷的岩面上,以免影响混凝土与岩面的黏结,同时可以使喷混凝土均匀、密实、平整。

②喷射距离。喷射距离是指喷嘴与受喷面之间的距离。其最佳距离是按混凝土回弹最小和最高强度来确定的,根据喷射试验一般为1m左右。

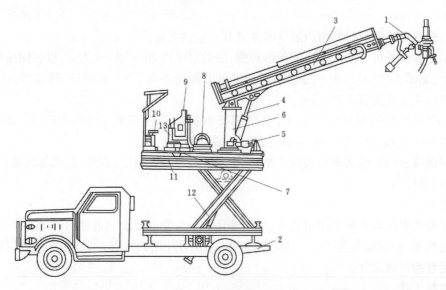

1—喷头;2—汽车;3—大臂;4—大臂俯仰油缸;5—立柱回转油缸;6—立柱;7—冷却系统;
8—动力装置;9—操作台;10—坐椅;11—剪刀架平台;12—剪刀架升起油缸;13—动力油路

图 3-33 喷混凝土机械手

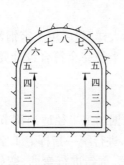

(a)喷射分区

四	⊂10	11	12
三	⊂7	8	9
二	⊂4	5	6
一	⊂1	2	3

(b)侧墙Ⅰ、Ⅱ区喷射顺序

五	⊂1	2	3
六	⊂4	5	6
七	⊂7	8	9
八	10	11	12
七	⊂7	8	9
六	⊂4	5	6
五	⊂1	2	3

(c)顶拱Ⅲ区喷射顺序

图 3-34 喷射区划分

③喷射角度。喷射角度是指喷射方向与喷射面的夹角。一般宜垂直并稍微向刚喷射的部位倾斜(约 10°),以使回弹量最小。如图 3-35(b)所示。

④一次喷射厚度。在设计喷射厚度大于 10 cm 时,一般应分层进行喷射。一次喷射太厚,特别是在喷射拱顶时,往往会因自重而分层脱落;一次喷射也不可太薄,当一次喷射厚度小于最大骨料粒径时,回弹率会迅速增高。当掺有速凝剂时,墙的一次喷射厚度为 7 ~ 10 cm,拱为 5 ~ 7 cm;不掺速凝剂时,墙的一次喷射厚度为 5 ~ 7

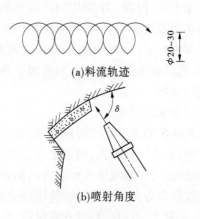

(a)料流轨迹

(b)喷射角度

图 3-35 料流轨迹与喷射角度 (单位:cm)

cm,拱为 3～5 cm。分层喷射的层间间隔时间与水泥品种、施工温度和是否掺有速凝剂等因素有关。较合理的间歇时间为内层终凝并且有一定的强度。

施工时操作人员应使喷嘴呈螺旋形画圈,圈的直径以 20～30 cm 为宜,以一圈压半圈的方式移动,如图 3-35(a)所示。分段喷射长度以沿轴线方向 2～4 m 较好,高度方向以每次喷射不超过 1.5 m 为宜。

有些场合需要喷钢纤维混凝土,要求钢纤维抗拉强度不低于 380 MPa,纤维的直径 0.3～0.5 mm,长度 20～25 mm,掺量为混凝土质量的 3%～6%。

喷射混凝土的质量要求是表面平整,不出现干斑、疏松、脱空、裂隙、露筋等现象,喷射时粉尘少、回弹量小。

4)养护

喷混凝土单位体积水泥用量较大,凝结硬化快。为使混凝土的强度均匀增加,减少或防止不均匀收缩,必须加强养护。一般在喷射 2～4 h 后开始洒水养护,日洒水次数以保持混凝土有足够的湿润为宜。

5.型钢支撑

1)钢架放样

根据不同的工字钢制作半径,制作不同规格的模具。工字钢钢架的制作精度靠模具控制,故对模具的制件精度要求较高,模具制作控制的主要技术指标主要有内外弧长、弦长及半径。

模具制作采用实地放样的方法,先放出模具大样,然后用工字钢弯曲机弯出工字钢,并进行多次校对,直至工字钢的内外弧长度、弦长、半径完全符合设计要求,精确找出接头板所在位置。

2)钢架弯曲、切割

工字钢定长 9 m,用工字钢弯曲机加工,并根据加工半径适当调节液压油缸伸长量。工字钢弯曲过程中,必须由有经验的工人操作电机,进行统一指挥。工字钢经弯曲机后通过模具,并参照模具进行弧度检验,如弧度达不到要求,重新进行弯曲,弯好后,暂时存放在同样的 4 只自制简易钢筋凳上。

弯好一个单元切割一个单元,工字钢切割时可采用量外弧长度、量内弦长度等办法,利用定型卡尺,控制工字钢切割面在径向方向上,然后用矢笔画线,利用氧焊切割,切割时,割枪必须垂直于工字钢,并保证切割面平整,切割完后,对切割面突出的棱角进行打磨。

单根 9 m 长工字钢弯曲结束之前需暂停弯曲,并将下一根 9 m 长工字钢与其进行牢固焊接,然后继续进行弯曲。当班加工剩余的工字钢须抬至存放场地放好,并对工字钢弯曲机进行清扫。

3)接头板焊接

被弯好的工字钢经切割后,检查工字钢弧长,如工字钢偏短,无法焊接接头板,须进行接长处理;如工字钢偏长,则须进行二次切割。工字钢弧度、长度满足设计要求后,将接头板放入卡槽内,对切割线偏离径向方向偏差很小的工字钢,通过接头板进行调节,保证接头板轴线在径向方向。接头板焊缝按规范要求控制。接头板上的螺栓孔必须精确,与工字钢焊接时,必须上、下、左、右对齐固定后,方可进行焊接,焊接完成后,对螺栓孔、接头板面进行打整,减少工字钢组装连接时的误差。

制作好的工字钢半成品需统一存放，并将不同半径、单元的钢架做好标识，便于领用。存放工字钢需下垫上盖。存放场尽量布置在交通方便处，便于钢架搬运。

4）型钢支撑运输

钢架运输采用自卸车运输至施工现场，加工厂在发放钢架时必须按钢架规格认真发放。钢架运至工作面后，须存放于干燥处，禁止堆放在潮湿地面上，并标识清楚。当班技术员架设钢架前必须仔细检查钢架规格，如规格误领，必须立即退回，重新领用。

5）型钢支撑安装

（1）欠挖处理、清除松动岩石。作业人员根据测量放线检查欠挖情况，欠挖 10 cm 以内的，由架设钢筋作业人员采用撬棍或风镐处理，同时对松动石块做撬挖处理。大于 10 cm 的欠挖，由爆破作业人员进行爆破处理后，架设网架人员检查岩石松动情况，清除松动岩石，保证架设钢架时的施工安全。先挖处理结束后，经现场技术人员检查合格方可架设钢架。

（2）架设钢架。架设钢架在架子车上进行。运至现场的工字钢，由 1～2 名工人将工字钢搬运至架设地点，并将工字钢一端用绳子拴紧，工作平台上 3～4 名工人将工字钢提到工作平台上，施工人员根据钢架设计间距及技术交底记录找准定位点，先架设钢架底脚一节，架设底脚一节时，工作平台上先放下底脚一节，下边 2 名工人进行底脚调整，以埋设的参照点进行调整，使钢架准确定位，严格控制底部高程，底部有超欠挖的地方必须处理，工字钢底脚必须垫实，以防围岩变形，引起工字钢下沉，工字钢架设的同时，用 $\phi 25$ 连接钢筋与上一级工字钢进行连接，并与锚杆头焊牢。工字钢对称架设，架设完底脚一节后，进行拱顶一节的架设，架设拱顶一节时，先上好连接螺栓（不上紧），用临时支掉撑住工字钢，用 $\phi 25$ 钢筋与上一级工字钢连接，再对称安装另一节拱顶工字钢，安装完成后检查拱顶、两拱脚与测量参照点引线的误差，再进行局部调整，最后拧紧螺栓。作业人员首先进行自检，检查合格后，通知值班技术人员进行检查。

型钢支撑应装设在衬砌设计断面以外，钢支撑之间采用钢筋网（或钢丝网）制成挡网，以防止岩石掉块。钢丝（筋）网挡网采用焊接或其他方式与钢支撑牢固连接。混凝土施工前，拆除一定范围的钢筋网（或钢丝网），以保证混凝土衬砌尽量填满空隙。

（八）洞室群施工

大型水电站工程中洞室以平、斜、竖的形式相贯，形成庞大的地下洞室群。洞室群主厂房跨度大、边墙高、技术复杂，是控制总工期的关键因素；洞室布置重重叠叠，各洞室平、斜、竖相贯，形成复杂的地下系统工程；主要有主厂房、主变压器洞、尾闸洞、竖井、母线洞、交通洞、引水隧洞及尾水隧洞等；地下厂房系统的开挖、支护、混凝土衬砌土序可实施"立体多层次，平面多工序"的施工工法；地下厂房一般在顶部、中部、底部均设有永久隧桐或施工支洞，为各层施工提供通道；地下厂房洞室群在施工前期通风散烟较困难。

1. 施工程序与施工通道规划原则

1）施工程序

地下厂房洞室群施工前必须制订施工总体方案，并在实施过程中不断优化，地下厂房洞室群施工程序如图 3-36 所示。

2）施工通道规划原则

应根据地下洞室群总体施工规划来确定和选择，以确保各洞室和大洞室各施工层均有通道：①尽可能与永久隧洞相结合；②从永久隧洞或临时通道岔出的附加施工通道；③增设

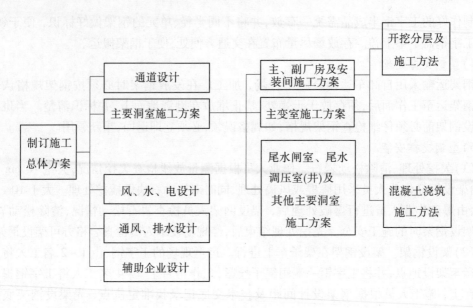

图 3-36　地下厂房系洞室群工程序

临时施工通道;④临时通道与地下厂房等大洞室的交角应尽量接近 90°;⑤特大地下厂房拟布置双通道,形成双工作面施工。

2.地下厂房洞室群的开挖

1)分层原则

地下厂房开挖分层应根据施工通道与地下厂房的结构和施工设备能力综合研究确定。通常分层高度在 6~10 m 范围内。

2)施工规划

地下厂房洞室群中洞室采用立体、平面交叉作业,施工中既相互联系又相互制约。主、副厂房的施工是地下厂房洞室群的关键,制约着整个施工的进度,所以应围绕地下厂房的施工统筹规划整个洞室群的施工,分清主次,形成"平面多工序,立体多层次,多工作面交叉作业"的局面,以实现快速施工。

对地下厂房各层的施工通道和辅助施工通道,均应在该层施工前打通,确保厂房施工不停顿,并在不影响其他层施工的前提下提前进入厂房进行部分开挖。在厂房的每层施土中对钻孔、爆破出渣、锚杆、挂网、安设观测仪器、喷混凝土及混凝土浇筑进行平行流水作业,加快施工进度。施工中还应根据围岩监测的结果调整施工方法、施工程序或围岩的支护方式,以确保施工安全与围岩稳定。

3)开挖方法

地下厂房通常采用自上而下分层开挖与支护,厂房顶拱层采用中(边)导洞超前全断面扩挖跟进的开挖方法,也可分块开挖,拉开距离。二层以下均采用梯段开挖,两侧预留保护层,中间梯段爆破;或边墙预裂,中间梯段爆破。

4)支护方法

地下厂房洞室群多采用锚喷技术来加固围岩,做永久支护。常用水泥砂浆锚杆、自进式锚杆、预应力锚杆和预应力锚索。在临时支护中,除水泥砂浆锚杆外,还有树脂锚杆、水泥速凝锚固锚杆、水压锚杆、楔形锚杆和自进式锚杆、胀壳锚杆和膨胀锚杆等。

锚杆多用液压台车和手风钻造孔,注浆机注浆,多为先注浆后插杆,也可先插杆后注浆。

根据地质条件和部位的重要程度采用不同的支护方法,如喷素混凝土、钢筋网喷混凝土、钢纤维喷混凝土或聚丙烯纤维喷混凝土等。湿喷混凝土采用的速凝剂多为液态,如水玻璃等。喷混凝土的外加剂多为固态粉状。钢纤维混凝土是在混凝土拌和时加入钢纤维,为防止钢纤维结成团,一般用人工均匀撒入拌和机,一般钢纤维添加量为 $70 \sim 85 \ kg/m^3$。

5)顶拱层开挖和支护

厂房顶拱层的开挖高度应根据开挖后底部不妨碍吊顶牛腿锚杆的施工和影响多臂液压台车发挥最佳效率来确定,开挖高度一般在 $7 \sim 10 \ m$ 范围内。

在地质条件较好的地下厂房中,顶拱开挖采用中导洞先行掘进,两侧扩挖跟进的方法。中导洞尺寸一般以一部三臂液压台车可开挖的断面为宜,一般中导洞超前 $15 \sim 20 \ m$。

地质条件较差的地下厂房顶拱,一般采用边导洞超前或分块开挖,拉开开挖距离,及时进行锚喷支护或混凝土衬护,然后开挖中间的岩柱。

6)岩壁梁岩层及岩台开挖、岩壁梁施工

(1)为保证岩壁梁岩层开挖的完整性,通常采用两侧预留保护层,中间用潜孔钻进行梯段爆破的开挖方法。保护层的宽度宜为 $2 \sim 4 \ m$,岩壁梁岩台斜面上部边墙、中部主爆区与两侧预留保护层间应先行预裂,中部开挖 $15 \sim 20 \ m$ 后,两侧预留保护层开挖可跟进。

岩壁梁岩台的开挖(保护层的开挖),边线孔宜采用水平密孔、小药量,隔孔装药进行光面爆破的方法。其他爆破孔也可采用水平密孔、小药量爆破。开挖前应进行专门爆破设计,并进行爆破试验取得最佳爆破参数。爆破松动范围应小于 $50 \ cm$,排炮孔深不宜超过 $3 \ m$。

岩壁梁岩台开挖时应进行爆破振动测试,求出爆破振动经验公式,以控制爆破时混凝土质点振动速度满足安全规程要求(或设计另提出的要求)。

岩壁梁岩台保护层的开挖宜采用水平密孔光面爆破的方法。边线孔距一般宜小于 $50 \ cm$,岩石斜面一般为4孔分成三等份,采用隔孔装药光面爆破。

在岩壁梁岩台保护层的开挖中靠近设计开挖边线的第二排爆破孔可根据岩石的实际情况设计为准光爆孔,以提高边线孔的爆破效果。

岩壁梁岩台保护层的开挖除采用水平密孔光爆外,还可先对岩石斜面内外边墙线进行预裂,然后先开挖中部Ⅰ(见图3-37),采用梯段爆破,再用手风钻开挖斜面以下部分Ⅱ,最后用手风钻水平钻孔把岩石斜面上的三角形岩体Ⅲ开挖完,或从斜面下方自下而上沿斜面钻孔爆破。

(2)岩壁梁锚杆和混凝土施工。岩壁梁锚杆施工前,应将下层的周边进行预裂。锚杆孔位放样应根据岩壁的超挖情况来准确定位。锚杆的孔深应从实际岩面算起的设计锚固深

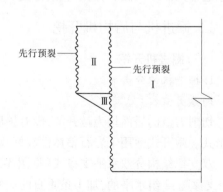

图 3-37　岩壁梁岩台边线预裂示意图

度,不考虑超挖部分。孔位误差、孔深误差、锚杆倾角误差及水平偏角误差应符合有关施工技术规程或设计要求。

锚杆施工应采用全孔注浆、先注浆后插杆的工艺。锚杆应按规范和设计要求进行拉拔试验,拉拔试验的锚杆砂浆龄期至少为 7 d,锚杆的拉拔力按 28 d 龄期计算应满足设计要求。

7)交叉或平行洞室施工

(1)洞与室交叉:①一般应采用小洞贯大洞(室),即小洞提前进入大洞(室),进前加强锚喷支护,然后在厂房内进行锁口;②从厂房里开洞口,则先用超前锚杆进行锁口,然后采用短进尺弱爆破、浅孔多循环及先导洞后扩挖的方法开挖,周边孔采用打密孔和间孔光爆,洞口扩挖好后及时锚喷支护;③母线洞平行布置,相隔距离近,其上有岩壁吊车梁,下有尾水支洞,开挖将对岩壁吊车梁的安全和厂房下游边墙围岩的稳定产生影响,采用相间错开交叉进行开挖。

(2)洞与洞交叉。凡不正交的洞在交叉部位开挖尺寸应先开挖较小洞,采用周边密孔和间孔光爆开挖,开挖一小段后立即做好锚杆支护,然后采用同样的方法开挖较大洞。两洞平行开挖时,爆破时间应错开,当两洞的开挖面间岩体厚度超过 1.5～2.0 倍较小洞径后,爆破时间可不受控制。

8)通风散烟

地下厂房洞室群施工时的通风散烟是制约地下洞室群快速施工的重要因素之一。一般分三期进行通风设计:①所有洞为独头工作面掘进,互相不关联,以轴流风机接力进行强制性负压通风;②所设置的通风竖井及主体工程的一些斜、竖井基本贯通,可形成局部自然通风,原设置的风机可部分拆除,或改为正压通风;③混凝土和机电安装阶段,以自然通风为主,低处洞口进风,高处洞(井)口出风,大部分风机拆除,保留部分风机给予辅助通风。

9)施工排水

地下厂房洞室群施工时废水有开挖期间含油污和含氮氧化合物的废水、混凝土施工时产生的废水和山体渗水。

施工期间的废水,从工作面用水泵或潜水泵先送到附近的排水泵站,然后集中排出洞外,在洞外设立处理废水中油污的设施,并经沉淀后将清水排走。在混凝土施工期间的施工废水通常只需经沉淀后,清水直接排出。

二、掘进机与盾构机开挖

(一)掘进机开挖

1.掘进机的分类

1)敞开式

切削刀盘的后面均为敞开的,没有护盾保护。敞开式又有单支撑结构和双支撑结构两种形式。敞开式适用于岩石整体性较好或中等的情况。

双支撑结构分双水平支撑式(见图3-38)和双X形支撑式两种。双水平支撑方式,共有5个支撑腿:2组水平的,加1条垂直的。双X形支撑方式共有8个支撑腿。

2)护盾式

切削刀盘的后面均被护盾所保护,并且在掘进机后部的全部洞壁都被预制的衬砌管片所保护。护盾式分为单护盾式、双护盾式和三护盾式(见图3-39)。护盾式适用于松散和复杂的岩石条件,当然也能够在岩石条件较好的情况下工作。

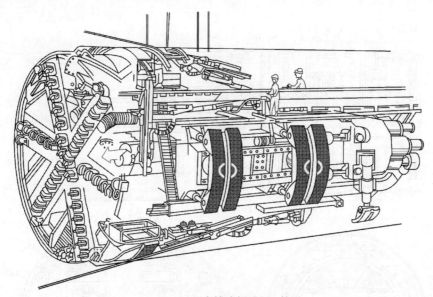

(a) 双支撑式掘进机 (外形)

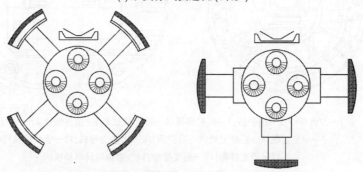

(b) 双支撑式掘进机的支撑结构 (双水平支撑型和双 X 型)

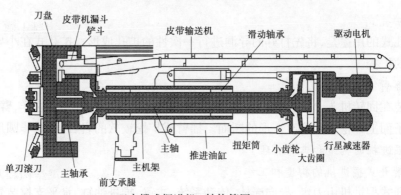

(c) 双支撑式掘进机 (结构简图)

图 3-38　双支撑式掘进机

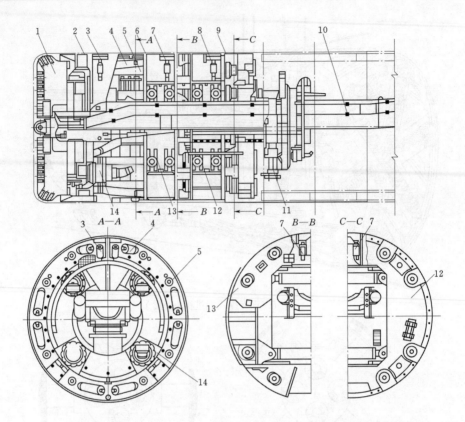

1—刀盘部件;2—前护盾;3—前稳定靴;4—推进油缸1;5—推进油缸2;6—中护盾;
7—中稳定靴;8—后稳定靴;9—后护盾;10—出渣皮带机;11—管片铺设机;
12—后支撑靴;13—前支撑靴;14—刀盘回转驱动机构

图 3-39　三护盾式掘进机

3）护孔式

扩孔式的用途是,将先打好的导洞进行一次性的扩孔成形。扩孔式在小导洞贯通后,进行导洞的扩挖。

4）摇臂式

安装在回转机头上的摇臂,一边随机头做回转运动,一边做摆动,这样,臂架前端的刀具能在掌子面上开挖出圆形或矩形的断面。摇臂式扩挖较软的岩石,开挖非圆形断面的隧洞。

2.掘进机的构造和工作原理

1）敞开式掘进机的构造和工作原理

敞开式掘进机由刀盘、导向壳体、传动系统、主梁、推进油缸、水平支撑装置、后支撑以及出渣皮带机组成(见图 3-40)。

掘进机的掘进循环由掘进作业和换步作业组成。在掘进作业时,伸出水平支撑板撑紧洞壁→收起后支撑→回转刀盘,起动皮带机→推进油缸向前推压刀盘,使盘型滚刀切入岩石,由水平支撑承受刀盘掘进时传来的反作用力和反扭矩→岩石面上被破碎的岩渣在自重下掉落到洞底,由刀盘上的铲斗铲起,然后落入掘进机皮带机向机后输出→当推进油缸将掘进机机头、主梁、后支撑向前推进了一个行程时(见图 3-40 中掘进工况),掘进作业停止,掘

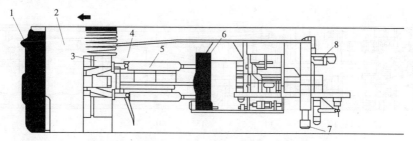

掘进工况:水平支撑撑紧洞壁—收起后支撑—回转刀盘—伸出推进油缸

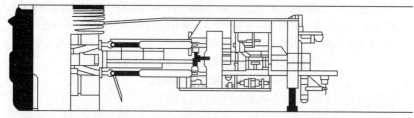

换步工况:停止回转刀盘—伸出后支撑着地—收缩水平支撑—收缩推进油缸

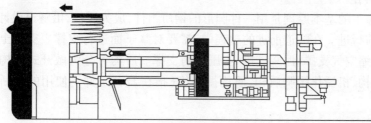

再掘进工况:再伸出水平支撑撑紧洞壁—收起后支撑—回转刀盘—伸出推进油缸

1—刀盘;2—护盾;3—传动系统;4—主梁;5—推进缸;6—水平支撑;7—后支撑;8—胶带机

图 3-40 敞开式掘进机的工作原理

进机开始换步。

在换步作业时,刀盘停止回转→伸出后支撑,撑紧洞壁→收缩水平支撑,使支撑靴板离开洞壁→收缩推进油缸,将水平支撑向前移一个行程(见图 3-40 中换步工况)。

换步结束后,准备再掘进。再伸出水平支撑撑紧洞壁→收起后支撑→回转刀盘→伸出推进油缸,新的一个掘进机行程开始了(见图 3-40 中再掘进工况)。

2)双护盾式掘进机的构造和工作原理

双护盾式掘进机由装切削刀盘的前盾、装支撑装置的后盾(或称主盾)、连接前后盾的伸缩部分和为安装预制混凝土管片的尾盾组成(见图 3-41)。

双护盾掘进机在良好地层和不良地层中的工作方式是不同的。

(1)在自稳并能支撑的岩石中掘进。此时掘进机的辅助推进油缸全部回缩,不参与掘进过程的推进,掘进机的作业与敞开式掘进机一样(见图 3-42 中工况一)。

(2)在能自稳但不能支撑的岩石中掘进。此时,推进油缸处于全收缩状态,并将支撑靴板收缩到与后护盾外圈一致,前后护盾联成一体,就如单护盾掘进机一样掘进(见图 3-42 中工况二)。

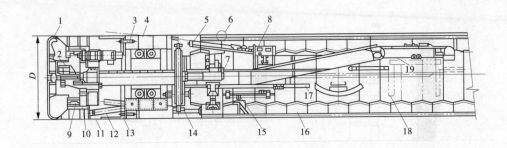

1—刀盘;2—岩渣漏斗;3—铰接油缸;4—支撑护盾;5—超前钻机;6—回填灌浆操作;
7—管片安装器;8—操作盘;9—三轴主轴承与密封装置;10—刀盘支承;11—前护盾;
12—主推进油缸;13—伸缩护盾;14—副推进油缸;15—岩芯钻机;16—管片输送系统;
17—管片吊机梁;18—后配套;19—主机的皮带枪送机

图 3-41　双护盾机构造

(二)盾构机开挖

盾构法隧道施工的基本原理是用一件圆形的钢质组件,成为盾构,沿隧道设计轴线一边开挖土体一边向前行进。在隧道前进的过程中,需要对掌子面进行支撑。支撑土体的方法有机械的面板、压缩空气支撑、泥浆支撑、土压平衡支撑。盾构可分为敞开式盾构或普通盾构、普通闭胸式盾构、机械化闭胸盾构、盾构掘进机(指在岩石条件下使用的全断面岩石掘进机)等四大类。

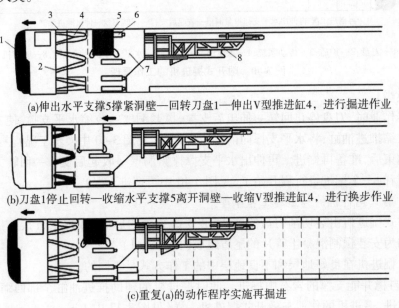

(a)伸出水平支撑5撑紧洞壁—回转刀盘1—伸出V型推进缸4,进行掘进作业

(b)刀盘1停止回转—收缩水平支撑5离开洞壁—收缩V型推进缸4,进行换步作业

(c)重复(a)的动作程序实施再掘进

工况一:稳定可支撑岩石掘进辅助推进,缸处于全收缩状态,不参与掘进

1—刀盘;2—刀盘支撑;3—前护盾;4—"V"形推进缸;
5—水平支撑;6—辅助推进缸;7—后护盾;8—胶带机

图 3-42　双护盾机的工作原理

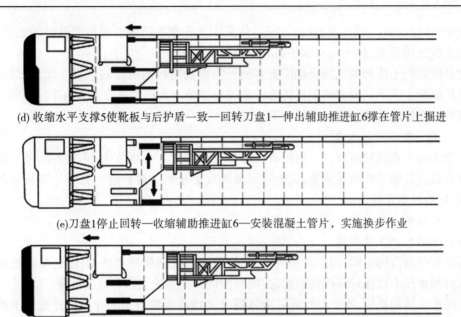

(d) 收缩水平支撑5使靴板与后护盾一致—回转刀盘1—伸出辅助推进缸6撑在管片上掘进

(e)刀盘1停止回转—收缩辅助推进缸6—安装混凝土管片，实施换步作业

(f)回转刀盘1—伸出辅助推进缸6撑在管片上，实施再掘进作业

工况二:稳定不可支撑岩石掘进 V 形推进缸处于全收缩状态,不参与掘进

(本工况即单护盾掘进机掘进作业工况)。

续图 3-42

1. 土压平衡盾构

1)土压平衡盾构的工作原理

土压平衡盾构的原理在于利用土压来支撑和平衡掌子面(见图 3-43)。土压平衡式盾构刀盘的切削面和后面的承压隔板之间的空间称为泥土室。刀盘旋转切削下来的土壤通过刀盘上的开口充满泥土室,与泥土室内的可塑土浆混合。盾构千斤顶的推力通过承压隔板传递到泥土室内的泥土浆上,形成的泥土浆压力作用于开挖面。它起着平衡开挖面处的地下水压、土压,保持开挖面稳定的作用。

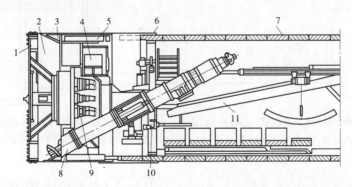

1—切削轮;2—开挖舱;3—压力舱壁;4—压缩空气闸;5—推进油缸;6—盾尾密封;
7—管片;8—螺旋输送机;9—切削轮驱动装置;10—拼装器;11—皮带输送机

图 3-43 土压平衡盾构原理

螺旋输送机从承压隔板的开孔处伸入泥土室进行排土。盾构机的挖掘推进速度和螺旋

输送机单位时间的排土量(或其旋转速度)依靠压力控制系统两者保持着良好的协调,使泥土室内始终充满泥土,且土压与掌子面的压力保持平衡。

对开挖室内土压的测量则会提供更多的开挖面稳定控制所需的信息。现在,都采用安装在承压隔板上下不同位置的土压传感器来进行测量。土压通过改变盾构千斤顶的推进速度或螺旋输送机的旋转速度来进行调节。

2)土压平衡盾构的构造

通常土压平衡盾构由前、中、后护盾三部分壳体组成。中、后护盾间用铰接,基本的装置有切削刀盘及其轴承和驱动装置、泥土室以及螺旋输送机。后护盾下有管片安装机和盾构千斤顶,尾盾处有密封。

2. 泥水盾构

1)泥水盾构的工作原理

与土压平衡盾构不同,泥水盾构机施工时,稳定开挖面靠泥水压力,用它来抵抗开挖面的土压力和水压力以保持开挖面的稳定;同时控制开挖面的变形和地基沉降。

在泥水式盾构机中,支护开挖面的液体同时又作为运输渣土的介质。开挖的土料在开挖室中与支护液混合。然后,开挖土料与悬浮液(膨润土)的混合物被泵送到地面。在地面的泥水处理场中支护液与土料分离。

2)泥水盾构的构造

在构造组成方面,与土压平衡盾构的主要不同是没有螺旋输送机,而用泥浆系统取代。泥浆系统担负着运送渣土、调节泥浆成分和压力的重要作用。泥水盾构有直接控制型泥水盾构、间接控制型、混合式等三种。

直接控制型泥水盾构见图3-44。

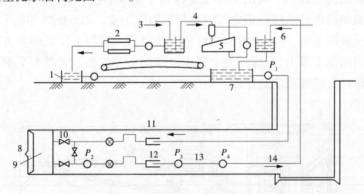

1—清水槽;2—压滤机;3—加药;4—旋流器;5—振动器;6—黏土溶解;7—泥水调整槽;
8—大刀盘;9—泥水室;10—流量计;11—密度计;12—伸缩管;13—供泥管;14—排水管

图3-44 直接控制型泥水盾构

控制泥水室的泥水压力,通常有两种方法:①控制供泥浆泵的转速;②调节节流阀的开口比值。

为保证盾构掘进质量,应在进泥水管路上分别装设流量计和密度计。通过检测的数据,即可算出盾构排土量。将检测到的排土量与理论掘进排土量进行比较,并使实际排土量控制在一定范围内,就可避免和减小地表沉陷。泥水盾构剖面见图3-45。

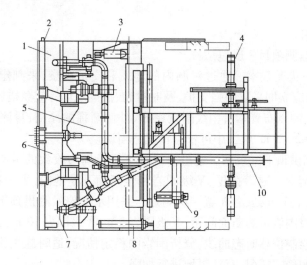

1—泥浆注入口;2—刀盘;3—铰接油缸;4—管片定位装置;5—供浆管;
6—开挖室;7—搅拌器;8—推进油缸;9—管片安装器;10—排渣管

图 3-45　泥水盾构剖面图

3. 掘进机开挖作业

掘进机开始作业之前,应进行整体试运转,运转正常后方可进洞掘进。操作人员应严格按操作规程作业。每天开始掘进前,应对所有设备和部件进行例行检查与维护;每周还应对主要部件和系统进行全面检查与维护。

掘进机起步洞室、检修洞室、拆卸洞室或超过一定长度的岩体软弱洞段,宜按常规钻孔爆破法开挖和进行支护,并应满足掘进机安装及安全通过要求。

采用掘进机开挖的隧洞,洞轴线的水平允许偏差为 ±100 mm,洞底高程允许偏差为 ±60 mm,隧洞开挖轮廓线的允许偏差应满足设计要求。

对开挖后的实际断面尺寸进行跟踪测量,对掘进后的洞段应及时进行地质编录。

掘进机开挖的石渣,应通过与掘进机配套的出渣系统送至洞外,出渣设备的输送能力应满足掘进机最大生产能力的要求。可选用连续胶带机或有轨矿车等出渣方案。

通风系统应进行专门设计,工作面附近的风速应不低于 0.25 m/s。使用掘进机开挖,应保证有足够、稳定的电力供应。

三、地下工程施工安全技术

(一)超前地质预测预报及监测

1. 超前地质预测预报

对于地下工程地质条件复杂多变的项目,成立专业超前地质探测与预报小组,开展综合地质超前预报工作,以指导施工,避免发生地质灾害,保证施工安全。地下工程施工中采用全断面地质素描、地下工程地质超前预报系统分析仪长距离预报、地质雷达及红外线探水仪等综合物探手段,地下工程地下水发育地段及断层破碎带地段采用超前水平钻探、红外线探水仪等措施。根据超前地质预报和施工地质工作获取的地质信息及钻探所揭示的工程地质、水文地质条件,提前推测前方地层岩性及异常情况,及时制定针对性的施工措施,优化施工方案。

2. 施工监测项目

地下工程施工监测项目一般包括：

(1)地质和支护状况观察。通过对洞内的地质和支护观察,来判定隧道的稳定情况。当出现不利迹象时,应立即采取加强支护、及时衬砌、撤离现场等应急措施。

(2)地表量测。测点布置本着中线附近密布、外侧渐稀的原则,量测断面纵向间距 5 ~ 20 m,横向测点间距 2 ~ 5 m,施工中可根据情况适当调整。

(3)周边位移和拱顶下沉观察。通过对拱顶下沉及周边收敛的量测所得变形量分析,来判定隧道的稳定情况。隧道在Ⅳ、Ⅴ级围岩和全断面开挖地段,采用在同一断面内的拱顶、起拱线及墙脚以上 1 m 处,各布置一组测点。采用水准仪量测拱顶下沉,周边收敛仪量测侧壁位移量。各级围岩量测断面间距:Ⅴ级围岩 5 m、Ⅳ级围岩 10 m、Ⅲ级围岩 30 m。

根据量测数据绘制位移时态曲线,分析围岩的稳定情况,适时施做模注衬砌,并向设计部门反馈施工支护的稳定情况,有针对地进行加强。

3. 监测信息反馈及指导施工

根据监测所获得的信息资料,通过处理加工来分析判断围岩、支护的稳定性,并及时反馈到设计、施工中,优化设计(修正支护设计的形式和参数),指导施工(变更施工的方法和采取加强支护的措施)。信息反馈,用以判断围岩和支护的稳定性标准的确定,通过对围岩和支护变形速率的分析和最终位移的预测来实现。而信息化施工则要求以监测结果来评价施工方法和工程质量,进而确定施工技术措施。

(二)常见安全事故及预防措施

地下工程施工保证安全是十分重要的。要搞好施工安全工作,除做好必要的安全教育、促使施工人员重视外,还必须采取相应的技术措施,确保施工顺利进行。

地下工程施工过程中可能产生的安全事故及处理、防止措施简述如下。

1. 塌方

当地下工程通过断层破碎带、节理裂隙密集带、溶洞以及地下水活动的不良岩层时,容易产生塌方事故。特别是当洞室入口处地质条件较差时,更容易产生塌方现象。

防止塌方的主要措施是:详细了解地质情况,加强开挖过程中的检查,及时进行支撑、支护或衬砌。

2. 滑坡

滑坡主要发生在地下工程外明挖部分,一般是因地质条件不良所造成的。

防止滑坡的主要措施是:放缓边坡,并在一定高度设置马道;对裸露岩石进行喷锚处理,防止风化和松动。

3. 涌砂涌水

当隧洞通过地下水发育的软弱地层和一些有高压含水层的不良岩层时,容易产生涌水现象。

防止涌水的措施是:详细了解涌水的地质原因,采取封堵和导、排相结合的措施处理,必要时利用灌浆进行处理。

4. 瓦斯中毒与爆炸

瓦斯类有害气体多产生于深层,特别是含煤的矿层中。防止瓦斯中毒与爆炸的措施是:

加强洞内通风和安全检查,严格控制烟火。

5.小块坠石

爆破后及拆除支撑时都有可能产生小块坠石。

防止小块坠石的措施是:爆破后应做好安全检查工作,将松动的石块清除干净;进洞人员必须戴安全帽。

6.爆破安全事故

因操作不当或未严格执行操作规程和安全规程而发生事故。

防止爆破安全事故的措施是:必须严格执行操作规程和安全规程,加强安全检查,完善爆破报警系统,妥善处理瞎炮。

7.用电安全事故

洞内施工,动力、照明线路多,洞内潮湿,导致漏电或其他用电事故。

防止用电安全事故的措施是:选用绝缘良好的动力、照明供电电线,线路的接头处应采取预防漏电的有效措施,加强用电安全检查。

8.临时支撑失效

因临时支撑的布置、维护不当而发生坍塌事故。

防治措施:重视临时支撑的结构设计和施工,加强临时支撑的维护和管理。

（三）洞口段施工与塌方处理

1.洞口段施工

地下工程洞口地段,往往是比较破碎的覆盖层,而且在降雨时有地面水流下,很容易发生塌方。洞口又是工作人员出入必经之地,必须做到安全可靠。

洞口段施工要做好洞门仰坡的坡顶截水沟、排水沟等防排水工程——用挖掘机挖除表部的土层——下层基岩松动爆破后,采用装载机配合挖掘机开挖——砂浆锚杆支护——挂设钢筋网——喷射混凝土。

（1）地下工程洞口土石方开挖前,先清除边仰坡上的浮土、危石,做好边仰坡的施工排水设施,以防地表水冲刷而造成边仰坡失稳。

（2）按照图纸的要求,在洞口施工前进行边坡、仰坡自上而下的开挖。开挖的过程当中,对松软的上覆盖土层,采用边开挖边支护,加强防护,随时检测、检查山坡的稳定情况;对下面的岩体,采用放小炮,进行松动爆破的开挖方法,通过装载机配合挖掘机进行开挖。

（3）边坡、仰坡开挖完后,对上面的浮石、危石及时进行清除,对坡面凹凸不平的地方,进行整修。

（4）在洞口与暗洞衔接 10 m 范围内的土石方先开挖至隧道上断面标高（拱部以上部分）,作为隧道进洞施工平台

（5）洞口上半断开挖完成后,及时对仰边坡按照设计图纸进行喷锚防护,防止边仰坡下滑失稳等病害的发生。

（6）进洞施工。常用的进洞方式是导洞进洞,即在刷出洞脸后,先架好 5~6 排明箱（明挖部分的支撑）,其上铺以袋装土,厚 1~2 m,并用斜撑顶牢,然后放炮开挖导洞,边挖边架立临时支撑,支撑排架间距 0.5~0.8 m（见图 3-46）,以后再进行扩大部分开挖和衬砌。

此外,地质条件差的地下工程进口段常采用超前管棚施工方法,在进口段边坡开挖支护结束后浇筑导向墙,导向墙内埋设导向管。采用管棚钻机钻孔,钻孔直径 108 mm,仰角上扬

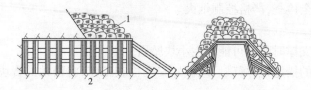

1—土袋；2—明箱

图 3-46 洞口支撑

3°。导管加工按设计要求间距(一般 20 cm)梅花形布置ϕ16 cm 的注浆孔，原地焊接两根，其余接长在孔口安放是逐节焊接节长，管头加工成尖形以便安装。止浆段采用橡胶圈箍套住长管棚，橡胶圈箍外径与钻孔相同，随长管棚一起打进孔内。采用管棚钻机施做管棚。钻机开孔时钻速宜低，钻进 20 cm 后转入正常钻速。引导孔直径应比管棚外径大 15 ~ 20 mm，孔深要大于管长 0.5 m 以上。顶管采用大孔引导和棚管钻进相结合的工艺，即先钻大于棚管直径的引导孔，然后利用钻机的冲击和推力将安装有工作管头的棚管沿引导孔顶进，逐节接长棚管，直至孔底。在安装长管棚之前清孔，清除坍塌碎渣。对清孔后的钻孔进行检查，孔位、孔径、孔深合格后，安装长管棚，用钻机将管棚顶入孔内。初注浆采用水灰比 2:1 的单液水泥浆注浆，正常注浆采用水泥单液浆，水灰比为 0.8:1。当单孔吸浆率大于 20 L/min 时，采用水灰比 0.6:1 的浓浆液注浆；当单孔吸浆率小于 5 L/min 时，采用水灰比 1:1 的浓浆液注浆。单孔注浆达规定值时，即终止注浆；如达不到总注浆量的要求，注浆压力达 15 MPa 时，吸浆很少，则维持该压力 5 min 即终止注浆。采用地质钻孔的方法取芯检查该注浆效果，注浆扩散半径往开挖外侧大于 1.5 m 即认为达到注浆效果。

2. 塌方处理

在不稳定的岩层中开挖隧洞地下工程，常会遇到塌方。塌方一旦发生，首先应突击加固未塌方地段，防止塌方扩大，并为抢险工作提供比较安全的基地。尽快查明塌方的性质和范围，根据具体情况，采取有效措施进行处理。

(1)小塌方，先支后清。对塌方体未将隧洞全部堵塞，塌方的间歇时间较长或塌方基本停止，施工人员尚可进入塌穴进行观察处理的小塌方，再清除之前，必须先将塌方的顶部支撑牢固，再清除塌方。支撑塌穴的方法应因地制宜。对于规模不大的塌方，塌穴高度较低时，可在渣堆上架设木支撑，将塌穴全面支护，边清边倒换成洞底支撑，如图 3-47 所示。

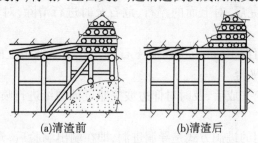

(a)清渣前   (b)清渣后

图 3-47 小塌方先支后清

(2)大塌方，先棚后穿。当塌方量很大，且已将洞口堵塞，或塌方继续不停地扩展，施工人员不易进入塌穴时，可将塌方体视为松软破碎的地层，按先棚后穿的原则进行处理。即先用硬质圆木(直径8～15 cm,长约1 m)向上倾斜打入塌方体中,并架立木支撑,再进行出渣,然后向前打入新的圆木并架立支撑,如此逐步向前推进,如图3-48所示。

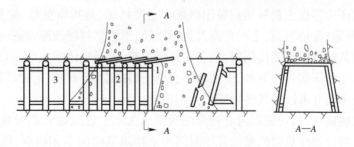

1—圆木杆;2—门框形木支撑;3—纵梁

图3-48　大塌方先棚后穿

第四节　土石方填筑

一、土石坝填筑

按施工方法的不同,土石坝分为填筑碾压、水力冲填、水中倒土和定向爆破等类型。目前仍以填筑碾压式为最多。

碾压式土石坝施工,包括准备作业(如平整场地,修筑道路,架设水、电线路,修建临时用房,清基、排水等),基本作业(如土石料开挖、装运、铺卸、压实等),以及为基本作业提供保证条件的辅助作业(如清除料场的覆盖层、清除杂物、坝面排水、刨毛及加水等)和保证建筑物安全运行而进行的附加作业(如修整坝坡、铺砌块石、种植草皮等)。

由于土石坝施工一般不允许坝顶过水,在河道截流后,必须保证在一个枯水期内将大坝修筑到拦洪高程以上。因此,除应合理确定导流方案外,还需周密研究料场的规划使用,采取有效的施工组织措施,确保上坝强度,使大坝在一个枯水期内达到拦洪高程。

(一)料场规划

土石坝用料量很大,在坝型选择阶段应对土石料场全面调查,在施工前还应结合施工组织设计,对料场做进一步勘探、规划和选择。料场的规划包括空间、时间和质量等方面的全面规划。

空间规划,是指对料场的空间位置、高程进行恰当选择,合理布置。土石料场应尽可能靠近大坝,并有利于重车下坡。坝的上下游、左右岸最好都有料场,以利于各个方向同时向大坝供料,保证坝体均衡上升。用料时,原则上低料低用、高料高用,以减少垂直运输。

时间规划,是指料场的选择要考虑施工强度、季节和坝前水位的变化。在用料规划上力求做到近料和上游易淹的料场先用,远料和下游不易淹的料场后用;含水量高的料场旱季用,含水量低的料场雨季用。上坝强度高时充分利用运距近、开采条件好的料场,上坝强度低时用运距远的料场,以平衡运输任务。在料场使用计划中,还应保留一部分近料场供合龙段填筑和拦洪度汛施工高峰时使用。

料场质与量的规划,是指对料场的质量和储料量进行合理规划。在选择规划和使用料场时,应对料场的地质成因、产状、埋深、储量以及各种物理力学性能指标进行全面勘探试验。

料场规划时还应考虑主要料场和备用料场。主要料场,是指质量好、储量大、运距近的料场,且可常年开采;备用料场,是指在淹没范围以外,当主要料场被淹没或因库水位抬高而导致土料过湿或其他原因不能使用时,在备用料场取料,保证坝体填筑的正常进行。应考虑到开采自然方与上坝压实方的差异,杂物和不合格土料的剔除,开挖、运输、填筑、削坡、施工道路和废料占地不能开采以及其他可能产生的损耗。

为了降低工程成本,料场规划时充分考虑利用永久水工建筑物和临时建筑物的开挖料作为大坝填筑用料。如建筑物的基础开挖时间与上坝填筑时间不相吻合,则应考虑安排必要的堆料场地储备开挖料。

(二)土料的开挖与运输

1.挖运配套方案

土石料挖运方案选择,应根据工程量大小、上坝强度高低、运距远近和可供选择的机械型号、规格等因素,进行综合经济技术比较后确定。一般采用挖掘机挖装,自卸汽车运输。运输道路双线路宽 $5 \sim 5.5$ m,转弯半径不宜小于 50 m,坡度不宜大于 10%。

2.挖运机械配套计算

1)挖运强度的确定

(1)上坝强度 Q_d:

$$Q_d = \frac{V k_a k}{T k_1} \tag{3-13}$$

式中 Q_d——单位时间填筑到坝面上的土方量,按坝面压实成品计,m^3/d;

    V——某时段内填筑到坝面上的土方量,m^3;

    k_a——坝体沉陷影响系数,取 $1.03 \sim 1.05$;

    k——施工不均衡系数,取 $1.2 \sim 1.3$;

    k_1——坝面土料损失系数,取 $0.9 \sim 0.95$;

    T——某时段内的有效施工天数,等于计算时段内的总天数减去法定节假日天数和因雨停工的天数。

(2)运输强度 Q_T:

$$Q_T = \frac{Q_d k_c}{k_2} \tag{3-14}$$

其中

$$k_c = \frac{\gamma_d}{\gamma_y}$$

式中 Q_T——为满足上坝强度要求,单位时间内应运输到坝面上的土方量,按运输松方计,m^3/d;

    k_c——压实影响系数;

    k_1——土料运输损失系数,取 $0.95 \sim 0.99$;

    γ_d、γ_y——坝面土料设计干密度和土料运输松散干密度,g/cm^3。

(3)开挖强度 Q_c:

$$Q_\text{C} = \frac{Q_\text{d}k'_\text{c}}{k_2 k_3} \tag{3-15}$$

其中

$$k'_\text{c} = \frac{\gamma_\text{d}}{\gamma_\text{n}}$$

式中 Q_C——为了满足坝面土方填筑要求,料场土料开挖应达到的强度,m^3/d;

γ_n——料场土料自然干密度,g/cm^3;

k_3——料场土料开挖损失系数,随土料性质和开挖方式而异,取 $0.92 \sim 0.97$。

其他符号意义同前。

2)挖运设备数量的确定

(1)挖掘机需要量 N_c

$$N_\text{c} = \frac{Q_\text{c}}{P_\text{c}} \tag{3-16}$$

式中 N_c——挖掘机需要量,台;

P_c——挖掘机的生产率,$\text{m}^3/(\text{d} \cdot \text{台})$。

(2)与一台挖掘机配套的自卸汽车数 N_a。

合理的配套应满足:当第一辆汽车装满后离开挖掘机到再次回到挖掘地点所消耗的时间,应该等于剩下的 $(N_\text{a} - 1)$ 辆汽车在装车地点所消耗的时间。即

$$(N_\text{a} - 1)(t_\text{装} + t_\text{位}) = t_\text{重} + t_\text{卸} + t_\text{空}$$

则

$$N_\text{a} = \frac{t_\text{装} + t_\text{重} + t_\text{卸} + t_\text{空} + t_\text{位}}{t_\text{装} + t_\text{位}} = \frac{T_\text{循}}{t_\text{装} + t_\text{位}} \tag{3-17}$$

$$t_\text{装} = kmt_\text{挖}$$

$$m = \frac{Qk_\text{s}}{\gamma_\text{料}\, q k_\text{H}}$$

式中 N_a——与一台挖掘机配套的自卸汽车台数;

$T_\text{循}$——自卸汽车一个工作循环时间;

$t_\text{装}$——装车时间;

$t_\text{重}$——重车开行时间;

$t_\text{卸}$——卸车时间;

$t_\text{空}$——空车返回时间;

$t_\text{位}$——空车就位时间;

$t_\text{挖}$——挖掘机一个工作循环时间;

k——装车时间延误系数;

m——装车斗数;

Q——自卸汽车载重量,t;

$\gamma_\text{料}$——料场土料自然密度,t/m^3;

q——挖掘机斗容量,m^3;

k_H——铲斗充盈系数;

k_s——土料的可松性系数。

为了充分发挥挖掘机和自卸汽车的生产效率,合理的装车斗数 m 应为 $3 \sim 5$ 斗。

(三)清基与坝基处理

清基就是把坝基范围内的所有草皮、树木、坟墓、乱石、淤泥、有机质含量大于2%的表土、自然密度小于1.48 g/cm³的细砂和极细砂清除掉,清除深度一般为0.3～0.8 m。对勘探坑,应把坑内积水与杂物全部清除,并用筑坝土料分层回填夯实。

土坝坝体与两岸岸坡的结合部位是土坝施工的薄弱环节,处理不好会引起绕坝渗流和坝体裂缝。因此,岸坡与黏土心墙、斜墙或均质土坝的结合部位均应清理至不透水层。对于岩石岸坡,清理坡度不应陡于1:0.75,并应挖成坡面,不得削成台阶和反坡,也不能有突出的变坡点;在回填前应涂3～5 mm厚的黏土浆,以利结合。如有局部反坡而削坡方量又较大时,可采用混凝土或砌石补坡处理。对于黏土或湿陷性黄土岸坡,清理坡度不应陡于1:1.5。岸坡与坝体的非防渗体的结合部位,清理坡度不得陡于岸坡土在饱水状态下的稳定坡度,并不得有反坡。

对于河床基础,当覆盖层较浅时,一般采用截水墙(槽)处理。截水墙(槽)施工受地下水的影响较大,因此必须注意解决不同施工深度的排水问题,特别应注意防止软弱地基的边坡受地下水影响引起的塌坡。对于施工区内的裂隙水或泉眼,在回填前必须认真处理。

对于截水墙(槽),施工前必须对其建基面进行处理,清除基面上已松动的岩块、石渣等,并用水冲洗干净。坝体土方回填工作应在地基处理和混凝土截水墙浇筑完毕并达到一定强度后进行,回填时只能用小型机具。截水墙两侧的填土,应保持均衡上升,避免因受力不均而引起截水墙断裂。只有当回填土高出截水墙顶部0.5 m后,才允许用羊脚碾压实。

(四)碾压式土石坝坝体填筑与压实

1.坝面作业施工组织

基坑开挖和地基处理结束后即可进行坝体填筑。坝体土方填筑的特点是:作业面狭窄、工种多、工序多、机械设备多,施工干扰大,若组织不好将导致窝工,影响工程进度和施工质量。坝面作业包括铺土、平土、洒水或晾晒(控制含水量)、压实和质量检查等。为了避免施工干扰、充分发挥各不同工序施工机械的生产效率,一般采用流水作业法组织坝面施工。

采用流水作业法组织施工时,首先应根据施工工序将坝面划分成若干工作段或工作面,工作面的划分,应尽可能平行坝轴线方向,以减少垂直坝轴线方向的交接。同时还应考虑平面尺寸适应于压实机械工作条件的需要。然后组织各工种专业施工队依次进入所划分的区段施工。于是,各专业施工队按工序依次连续在同一施工区段施工;对各专业施工队而言,则不停地轮流在各个施工区段完成本专业的施工工作。其结果是完成不同工序的施工机械均由相应的专业施工队来操作,实现了施工专业化,有利于工人操作熟练程度的提高;同时在施工过程中保证了人、机、地三不闲,避免了施工干扰,有利于坝面作业连续、均衡地进行。

由于坝面作业面积的大小随高程而变化,因此施工技术人员应经常根据作业面积变化的情况,采取有效措施,合理地组织坝面流水作业。

2.土方压实方法

1)压实理论

填筑于土坝或土堤上的土方,通过对其压实,可以达到以下目的:提高土体密度,提高土方承载能力;加大土坝或土堤坡角,减小填方断面面积,减少工程量,从而减少工程投资,加快工程进度;提高土方防渗性能,提高土坝或土堤的渗透稳定性。

土坝或土堤填方的稳定性主要取决于土料的内摩擦力和凝聚力。土料的内摩擦力、凝聚力和防渗性能都随填土密实程度的增大而提高。例如某种砂壤土的干密度为 1.4 g/cm³，压实提高到 1.7 g/cm³，其抗压强度可提高 4 倍，渗透系数将降低为原来的 1/2 000。

土体是三相体，即由固相的土粒、液相的水和气相的空气所组成。通常土粒和水是不会被压缩的，土料压实的实质是将水包裹的土粒挤压填充到土粒间的空隙里，排走空气占有的空间，使土料的空隙率减少，密实度提高。所以，土料压实的过程实际上就是在外力作用下土料的三相重新组合的过程。

试验表明，黏性土的主要压实阻力是土体内的凝聚力。在铺土厚度不变的条件下，黏性土的压实效果（干密度）随含水量的增大而增大，当含水量增大到某一临界值时，干密度达到最大，如此时进一步增加土体含水量，干密度反而减小，此临界含水量值称为土体的最优含水量，即相同压实功能时压实效果最大的含水量。当土料中的含水量超过最优含水量后，土体中的空隙体积逐步被水填充，此时作用在土体上的外荷，有一部分作用在水上，因此即使压实功能增加，但由于水的反作用抵消了一部分外荷，被压实土体的体积变化却很小，而呈此起彼伏的状态，土体的压实效果反而降低。

对于非黏性土，压实的主要阻力是颗粒间的摩擦力。由于土料颗粒较粗，单位土体的表面积比黏性土小得多，土体的空隙率小，可压缩性小，土体含水量对压实效果的影响也小，在外力及自重的作用下能迅速排水固结。黏性土颗粒细，孔隙率大，可压缩性也大，由于其透水性较差，所以排水固结速度慢，难以迅速压实。此外，土体颗粒级配的均匀性对压实效果也有影响。颗粒级配不均匀的砂砾料，较级配均匀的砂土易于压实。

2）压实方法

土料的物理力学性能不同，压实时要克服的压实阻力也不同。黏性土的压实主要是克服土体内的凝聚力，非黏性土的压实主要是克服颗粒间的摩擦力。压实机械作用于土体上的外力有静压碾压、夯击和振动碾压三种，如图 3-49 所示。

（1）静压碾压：作用在土体上的外荷不随时间而变化，如图 3-49（a）所示。

（2）夯击：作用在土体上的外力是瞬间冲击力，其大小随时间而变化，如图 3-49（b）所示。

（3）振动碾压：作用在土体上的外力随时间做周期性的变化，如图 3-49（c）所示。

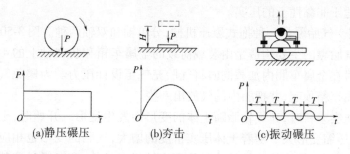

（a）静压碾压　　　　　（b）夯击　　　　　（c）振动碾压

图 3-49　土料压实作用外力示意图

3）压实机械

常用的压实机械如图 3-50 所示。

（1）平碾。平碾的构造如图 3-50（a）所示。钢铁空心滚筒侧面设有加载孔，加载大小根据设计要求而定。平碾碾压质量差、效率低，较少采用。

（2）肋碾。肋碾的构造如图 3-50（b）所示。一般采用钢筋混凝土预制。肋碾单位面积

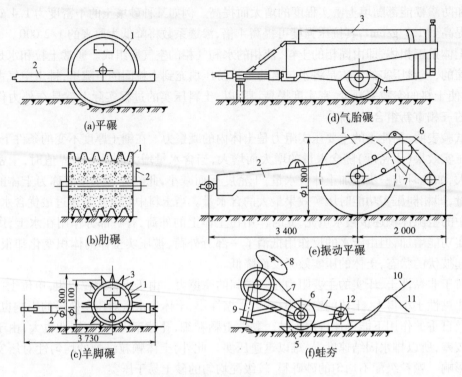

图 3-50　土方压实机械　（单位:mm）

压力较平碾大,压实效果比平碾好,用于黏性土的碾压。

(3)羊脚碾。羊脚碾的构造如图 3-50(c)所示。其碾压滚筒表面设有交错排列的羊脚。钢铁空心滚筒侧面设有加载孔,加载大小根据设计要求而定。

羊脚碾的羊脚插入土中,不仅使羊脚底部的土体受到压实,而且使其侧向土体受到挤压,从而达到均匀压实的效果。碾筒滚动时,表层土体被翻松,有利于上下层间结合。但对于非黏性土,由于插入土体中的羊脚使无黏性颗粒产生向上和侧向移动,会降低压实效果,所以羊脚碾不适于非黏性土的压实。

(4)气胎碾。气胎碾是一种拖式碾压机械,分单轴和双轴两种。图 3-50(d)所示是单轴气胎碾。单轴气胎碾的主要构造是由装载荷载的金属车箱和装在轴上的 4~6 个充气轮胎组成的。碾压时在金属车厢内加载同时将气胎充气至设计压力。为避免气胎损坏,停工时用千斤顶将金属车箱顶起,并把胎内的气放出一些。

气胎碾在压实土料时,充气轮胎随土体的变形而发生变形。开始时,土体很松,轮胎的变形小,土体的压缩变形大。随着土体压实密度的增大,气胎的变形也相应增大,气胎与土体的接触面积也增大,始终能保持较均匀的压实效果。另外,还可通过调整气胎内压,来控制作用于土体上的最大应力不致超过土料的极限抗压强度。增加轮胎上的荷重后,由于轮胎的变形调节,压实面积也相应增加,所以平均压实应力的变化并不大。因此,气胎的荷重可以增加到很大的数值。而对于平碾和羊脚碾,由于碾辊是刚性的,不能适应土壤的变形,当荷载过大就会使碾辊的接触应力超过土壤的极限抗压强度,而使土壤结构遭到破坏。

气胎碾既适宜于压实黏性土,又适宜于压实非黏性土,适用条件好,压实效率高,是一种十分有效的压实机械。

（5）振动碾。振动碾—种振动和碾压相结合的压实机械，如图3-50(e)所示。它是由柴油机带动与机身相连的轴旋转，使装在轴上的偏心块产生旋转，迫使碾辊产生高频振动。振动功能以压力波的形式传递到土体内。非黏性土料在振动作用下，内摩擦力迅速降低，同时由于颗粒不均匀，振动过程中粗颗粒质量大、惯性力大，细颗粒质量小、惯性力小。粗细颗粒由于惯性力的差异而产生相对移动，细颗粒填入粗颗粒间的空隙，使土体密实。而对于黏性土，由于土粒比较均匀，在振动作用下，不能取得像非黏性土那样的压实效果。

以上碾压机械碾压实土料的方法有两种：圈转套压法和进退错距法，如图3-51(a)、(b)所示。

圈转套压法：碾压机械从填方一侧开始，转弯后沿压实区域中心线另一侧返回，逐圈错距，以螺旋形线路移动进行压实。这种方法适用于碾压工作面大，多台碾具同时碾压，生产效率高。但转弯处重复碾压过多，容易引起超压剪切破坏，转角处易漏压，难以保证工程质量。

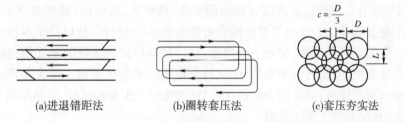

（a）进退错距法　　　　　　（b）圈转套压法　　　　　　（c）套压夯实法

图3-51　碾压机械压实方法

进退错距法：碾压机械沿直线错距进行往复碾压。这种方法操作简便，碾压、铺土和质检等工序协调，便于分段流水作业，压实质量容易保证。此法适用于工作面狭窄的情况。

错距宽度 b(m)按下式计算：

$$b = B/n \tag{3-18}$$

式中　B——碾辊净宽，m；

　　　n——设计碾压遍数。

（6）蛙夯。夯击机械是利用冲击作用来压实土方，具有单位压力大、作用时间短的特点，既可用来压实黏性土，也可用来压实非黏性土，如图3-50(f)所示。蛙夯由电动机带动偏心块旋转，在离心力的作用下带动夯头上下跳动而夯击土层。夯击作业时各夯之间要套压，如图3-50(c)所示。一般用于施工场地狭窄、碾压机械难以施工的部位。

4）压实机械的选择

黏性土料黏结力是主要的，要求压实作用外力能克服黏结力；非黏性土料内摩擦力是主要的，要求压实作用外力能克服颗粒间的内摩擦力，选择压实机械主要考虑以下原则：

（1）适应筑坝材料的特性。黏性土应优先选用气胎碾、羊脚碾，砾质土宜用气胎碾、夯板，堆石与含有特大粒径（大于500 mm）的砂卵石宜用振动碾。碾压层较大的黏性土、砾质土可使用振动碾。

（2）应与土料含水量、原状土的结构状态和设计压实标准相适应。对含水量高于最优含水量1% ~2%的土料，宜用气胎碾压实；当重黏土的含水量低于最优含水量，原状土天然密度高并接近设计标准，宜用重型羊脚碾、夯板；当含水量很高且要求的压实标准低时，黏性土也可选用轻型的肋型碾、平碾。

（3）应与施工强度大小、工作面宽窄和施工季节相适应。气胎碾、振动碾适用于生产强度要求高和抢时间的雨季作业；夯击机械宜用于坝体与岸坡或刚性建筑物的接触带、边角和沟槽等狭窄地带。冬季作业选择大功率、高效能的机械。

（4）施工队伍现有装备和施工经验等。

3.碾压试验

筑坝材料必须通过碾压试验确定合适的压实机具、压实方法、压实参数及其他处理措施，并核实设计填筑标准的合理性。试验应在填筑施工前一个月完成。

1）压实参数和试验组合

（1）压实参数。压实参数包括机械参数和施工参数两大类。当压实设备型号选定后，机械参数已基本确定。施工参数有铺料厚度、碾压遍数、行车速度、土料含水率、堆石料加水量等。

（2）试验组合。试验组合方法有经验确定法、循环法、淘汰法（逐步收敛法）和综合法，一般多采用逐步收敛法。试验参数的组合可参照表3-18进行。按以往工程经验，初步拟定各个参数。先固定其他参数，变动一个参数，通过试验得出该参数的最优值；然后固定此最优参数和其他参数，变动另一个参数，用试验求得第二个最优参数。依次类推，使每一个参数通过试验求得最优值；最后用全部最优参数，再进行一次复核试验，若结果满足设计、施工要求，即可将其定为施工碾压参数。

表 3-18　各种碾压试验设备的碾压参数组合

碾压机械	凸块振动碾 （压实黏性土及砾质土）	轮胎碾	振动平碾 （压实堆石和砂砾料）
机械参数	碾重（选择 1 种）	轮胎的气压、碾重（选择 3 种）	碾重（选择 1 种）
施工参数	1. 选 3 种铺土厚度； 2. 选 3 种碾压遍数； 3. 选 3 种含水率	1. 选 3 种铺土厚度； 2. 选 3 种碾压遍数； 3. 选 3 种含水率	1. 选 3 种铺土厚度； 2. 选 3 种碾压遍数； 3. 洒水及不洒水
复核试验参数	按最优参数进行	按最优参数进行	按最优参数进行
全部试验组数	10	16	9

2）土料碾压试验

（1）场地选择与布置。

根据工程实际情况，土料碾压试验场地选在土料场附近地势平缓、坚实的地段。在试验开始前，要对试验区进行平整、压实，然后在试验区内铺筑一层厚 30 cm 的土料场土料。按照试验的方法程序进行铺筑、碾压、检验，并达到设计要求的质量标准。场地布置如图 3-52 所示。

（2）选择一 60 m×6 m 的条形试验区，如图 3-53 所示。将此条带分为 15 m 长的 4 等分。

同一种土质、同一种含水率的土料，在试验前一次备足。土料的天然含水率如果接近土的标准击实的最优含水率，则应以天然含水率为基础进行备料；如果天然含水率与最优含水率相差较大，则一般制备以下几种含水率的土料：

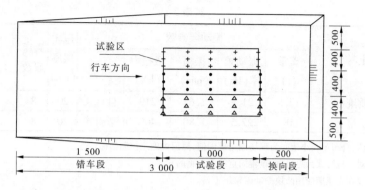

注:对于每一种铺土厚度和含水量,分区域分别采用不同的碾压遍数,并检测其压
　实效果,直到达到设计要求。

图中"+、○、△"分别为不同碾压遍数区域的取样点。

图 3-52　土料碾压试验场地布置图　（单位:cm）

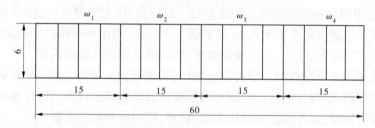

图 3-53　土料压实试验场地布置示意图　（单位:m）

①低于最优含水率 2% ~ 3% ;

②与最优含水率相等;

③高于最优含水率 1% ~ 2%（砾质土可为 2% ~ 4%）。

对同一种含水率的黏性土料各段含水量依次为 ω_1、ω_2、ω_3、ω_4,控制其误差不超过 1%。对黏性土,试验含水量可定为:$\omega_1 = \omega_p - 4\%$;$\omega_2 = \omega_p - 2\%$;$\omega_3 = \omega_p$;$\omega_4 = \omega_p + 2\%$（$\omega_p$ 为土料的塑限）。

（3）碾压试验参数的选择。

表 3-19 为国内一些工程凸块振动碾压实土料参数工程实例,可供参考。

表 3-19　凸块振动碾压实土料参数工程实例

坝名	土料	振动碾参数					压实层厚（cm）	碾压遍数	干密度（g/cm³）	要求压实度（%）
		碾重（t）	振动频率（Hz）	振幅（mm）	激振力（kN）	碾型				
鲁布革	砂页岩风化料	9	25.4	1.4	222.4	自行式	20	12	1.44 ~ 1.52	96
石头河	粉质黏土、重粉质壤土	8.1	30	1.85	190	牵引式	18	8	1.68	97
小浪底	中、重粉质壤土,粉质黏土	17	21.7	1.65	315.8	自行式	25	6	1.676 ~ 1.692	100

续表 3-19

坝名	土料	振动碾参数					压实层厚(cm)	碾压遍数	干密度(g/cm³)	要求压实度(%)
		碾重(t)	振动频率(Hz)	振幅(mm)	激振力(kN)	碾型				
黑河	粉质壤土	17.5	21.8	1.65	319	自行式	20	8	1.68	99
黑河	粉质壤土	18	27.5	1.80	400	牵引式	20	8	1.68	99

注:1. 干密度栏内,鲁布革及小浪底为现场测定范围值,黑河为施工控制指标。

2. 表中碾重对于自行式为总机重,碾辊筒重约为总重的 65%。

3. 石头河坝仅在完建期使用凸块振动碾碾压土料。

一般黏性土料每段沿长边等分为 4 块,每块规定其碾压遍数分别为 n_1、n_2、n_3、n_4。

(4)碾压与测试。

采用选定的配套施工机械,按进占法铺料。铺料厚度一般为 25 ~ 50 cm,其误差不得超过 5 cm。用进退错距法依次碾压。测定翻松土层厚度、压实层厚度、土样含水率和干密度。取样点位距试验块边沿距不小于 4 m(轮胎碾可小些)。每个试验块取样数量 10 ~ 15 个,复核试验所需则应增至约 30 个,并在现场取样,在试验室测定其渗透系数。

现场描述填土上下层面结合是否良好,有无光面及剪力破坏现象,有无粘碾及壅土、弹簧土表面龟裂等情况,碾压前后的实际土层厚度以及运输碾压设备的工作情况等。

复核试验完毕后,取样测定土的压实度、抗剪、压缩性和渗透系数。

(5)成果整理。

整理含水率、干密度与渗透系数的关系,计算压实度。绘制不同铺土厚度、不同碾压遍数时的干密度与含水率的关系曲线。绘制最优参数时的干密度、含水率的频率分配曲线与累计频率曲线。对砂质土(包括掺合土),除按黏性土绘制相关曲线外,尚应绘制砾石(>5 mm)含量与干密度的关系曲线。

3)堆石料或砂砾料碾压试验

(1)碾压试验参数的初选。

堆石料采用振动平碾压实,一般是根据已建工程的经验选择设备型号和工作参数。压实参数工程实例见表 3-20。

表 3-20　堆石料振动碾压实参数工程实例

坝名	料名	总质量(t)	铺料厚度(cm)	最大粒径(cm)	碾压遍数	压实干密度(g/cm³)	振动碾形式
碧口			100 ~ 150	60 ~ 80	4 ~ 6	2.10	牵引式
石头河			100 ~ 150	80	6	2.13	牵引式
升钟	风化砂岩	13.5	80	55	8	1.90	牵引式
小浪底	石英细砂岩	17	100	< 100	6	2.104 ~ 2.228	自行式
黑河	砂卵石	17.5	100	< 60	8	2.24(水上) 2.22(水下)	自行式
菲尔泽	石灰岩	13.5	200	50	4	1.83 ~ 2.12	牵引式

注:1. 自行式碾辊筒重约为总重的 0.65 倍。

2. 压实干密度栏内,小浪底及菲尔泽两坝为实测范围值,其余为施工控制值。

3. 根据碾压试验成果,已有面板堆石坝工程采用 20 ~ 25 t 牵引式振动碾。

(2)试验场地。

碎(砾)石土每个试验组合面积不小于 6.0 m×10.0 m(宽×长),堆石及漂石不小于 6.0 m×15.0 m(宽×长)。试验区两侧(垂直行车方向)应预留出一个碾宽。顺碾方向的两端应预留 4.0~5.0 m 作为停车和错车非试验区。试验场地示例如图 3-54 所示。按要求厚度铺料后,先静压 2 遍,然后用颜色标出观测网点,测量各测点高程,计算实际铺料厚度。

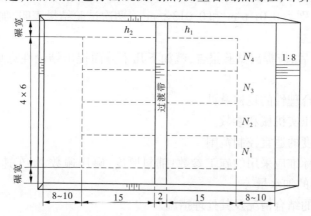

图 3-54　堆石料碾压场地布置　(单位:m)

(3)铺料碾压测试。

按规定要求依次碾压铺料,每压 2 遍后用挖坑灌水法取样测定其干密度,每一组合至少 3 个;也可在观测点上测定其高程一次,直至沉降率基本停止增长。最后用试坑灌水法测定其压实干密度及颗粒级配。如果测定沉降量,测点方格网点距 2.0 m×1.5 m。

(4)成果整理。

计算不同碾压遍数的沉降率、换算干密度和孔隙率;绘制各种铺土厚度的碾压遍数和干密度或沉降率的关系曲线。

4)堆石料加水试验

土石坝设计及施工规范要求,堆石料要加水碾压。碾压试验中应做加水量为 0%、10%、20% 的比较试验,以确定施工中采用的加水量。对软化系数大的坚硬岩石,也应通过加水与不加水的对比试验,确定加水效果。小浪底工程堆石料为石英细砂岩,软化系数 0.83,考虑到堆石加水与否涉及施工方法、工程质量、施工进度及合同问题,特进行了两次加水与不加水对比试验。

(1)试验条件和测试内容。试验均在堆石填筑面上进行。每次试验都选定岩性近似的两块场地。第一次试验加水区 20 m×30 m,不加水区 10 m×30 m;第二次两个试验区均为 5 m×30 m。堆石填筑层厚按 1 m 控制,每层用 17 t 自行式振动平碾碾压 6 遍,加水量按填筑量的 50% 控制。测试内容,主要按 2 m×2 m 方格网测量各点铺料前后及加水碾压或不加水碾压后的高程,用试坑灌水法测量各块堆石压实后的密度和用筛分法测颗粒级配等数据。

(2)试验资料的对比分析。

变形比较:第一次试验加水区和不加水区实际铺料层厚分别为 105 cm、88.8 cm,压实沉降分别为 4.2 cm、3.9 cm,沉降变形率分别为 4%、4.4%,加水比不加水沉降变形率小

0.4%。第二次试验加水区和不加水区实际铺料厚度分别为 92.1 cm、86.8 cm,压实沉降分别为 3.2 cm、3.1 cm,沉降变形率分别为 3.47%、3.57%,加水比不加水沉降变形率仅小 0.1%。

密度比较:第一次试验成果,一个试验室测定两种干密度相等,另一个试验室测定的结果是加水后密度比加水前的增加 0.006 t/m³;第二次试验的两个试验室测定成果,加水比不加水密度增加值分别为 0.01 t/m³ 和 0.013 t/m³。两次试验结果表明,加水效果不明显。

5)碾压试验报告

碾压试验结束后,应提出试验报告,就如下几个方面提出结论性意见,并就有关问题提出建议。

(1)设计标准合理性的复核意见。

(2)应采用的压实机械和参数。

(3)填筑干密度的适宜控制范围。

(4)达到设计标准应采用的施工参数:铺料厚度、碾压遍数、行车速度、错车方式、黏性土含水率及堆石料的加水量等。

(5)上下土层的结合情况及其处理措施。

(6)其他施工措施与施工方法,如铺料方式、平土、刨毛等。

4. 坝面铺土压实

铺土宜沿坝轴线方向进行,厚度要均匀,超径土块应打碎,石块应剔除。在防渗体上用自卸汽车铺土时,宜用进占法倒退铺土,使汽车在松土上行驶,以免在压实的土层上开行而产生超压剪切破坏。在坝面上每隔 40~60 m 应设置专用道口,以免汽车因穿越反滤层将反滤料带入防渗体内,造成土料与反滤料混淆,影响坝体质量。

按要求厚度铺土平土,是保证工程质量的关键。用自卸汽车运料上坝,由于卸料集中,应采用推土机平土。具体操作时可采用“算方上料、定点卸料、随卸随平、铺平把关、插杆检查”的措施,铺填中不应使坝面起伏不平,避免降雨积水。黏土心墙坝或斜墙坝坝面铺筑时应向上游倾斜 1%~2%;均质坝应使坝面中部凸起,并分别向上下游倾斜 1%~2% 的坡度,以便排除降水。

黏土心墙坝或斜墙坝的施工,土料与反滤料可采用平起施工法。根据其先后顺序,又分为先土后砂法和先砂后土法。

先土后砂法是先填压三层土料再铺一层反滤料,并将反滤料与土料整平,然后对土砂边沿部分进行压实,如图 3-55(a)所示。由于土料表面高于反滤料,土料的卸、散、平、压都是在无侧限的情况下进行的,很容易形成超坡。在采用羊脚碾压实时,要预留 30~50 cm 的松土边,应避免因土料伸入反滤层而加大清理工作。

先砂后土法是先在反滤料的控制边线内用反滤料堆筑一小堤,如图 3-55(b)所示。为了便于土料收坡,保证反滤料的宽度,每填一层土料,随即用反滤料补齐土料收坡留下的三角体,并进行人工捣实,以利于土砂边线的控制。由于土料在有侧限的情况下压实,松土边很少,仅 20~30 cm,故采用较多。

无论是先砂后土法还是先土后砂法,土料边沿仍有一定宽度未压实合格,所以需要每填筑三层土料后用夯实机具夯实一次土砂的结合部位,夯实时宜先夯土边一侧,合格后再夯反滤料一侧,切忌交替夯实,以免影响质量。例如某水库,铺筑黏土心墙与反滤料时采用先砂

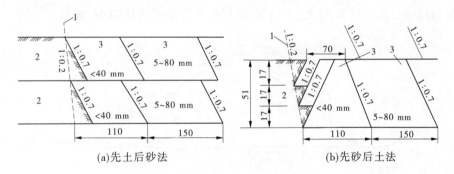

(a)先土后砂法　　　　　　　　　　(b)先砂后土法

1—土砂设计边线;2—心墙;3—反滤料

图 3-55　土砂平起施工示意图　(单位:cm)

后土法施工。自卸汽车将混合料和砂先后卸在坝面当前施工位置,人工(洒白灰线控制堆筑范围)将反滤料整理成 0.5 ~ 0.6 m 高的小堤,然后填筑 2 ~ 3 层土料,使土料与反滤料齐平,再用振动碾将反滤料碾压 8 遍。为了解决土砂结合部位土料干密度偏小的问题,在施工中采取了以下措施:用羊脚碾碾压土料时,要求拖拉机履带紧沿砂堤开行,但不允许压上砂堤;在正常情况下,靠砂带第一层土料有 10 ~ 15 cm 宽干密度不够,第二层有 10 ~ 25 cm 宽干密度不够,施工中要求用人工挖除这些干密度不够的土料,并移砂铺填;碾压反滤料时应超过砂界至少 0.5 m 宽,取得了较好的效果。

　　在塑性心墙坝施工时,应注意心墙与坝壳的均衡上升,若心墙上升太快,易干裂而影响质量;若坝壳上升太快,则会造成施工困难。塑性斜墙坝施工,应待坝壳填筑到一定高度甚至达到设计高度后,再填筑斜墙土料,尽量使坝壳沉陷在防渗体施工前发生,从而避免防渗体在施工后出现裂缝。对于已筑好的斜墙,应立即在上面铺好保护层,以防干裂。

　　若黏性土含水量偏低或偏高,可进行洒水或晾晒。洒水或晾晒工作主要在料场进行。如必须在坝面洒水,应力求"少、勤、匀",以保证压实效果。为使水分能尽快分布到填筑土层中,可在铺土前洒 1/3 的水,其余 2/3 在铺好后再洒。洒水后应停歇一段时间,使水分在土层中均匀分布后再进行碾压。对非黏性土料,为防止运输过程中脱水过量,加水工作主要在坝面进行。石渣料和砂砾料压实前应充分加水,确保压实质量。

　　土料的压实是坝面施工中最重要的工作之一,坝面作业时,应按一定次序进行,以免发生漏压或过分重压。只有在压实合格后,才能铺填新料。压实参数应通过现场试验确定。碾压可按进退错距法或圈转套压法进行,碾压方向必须与坝轴线平行,相邻两次碾压必须有一定的重叠宽度。对因汽车上坝或压实机具压实后的土料表层形成的光面,必须进行刨毛处理,一般要求刨毛深度为 4 ~ 5 cm。

(五)混凝土面板堆石坝堆石填筑

　　混凝土面板堆石坝是近期发展起来的一种新坝型,它具有工程量小、工期短、投资省、施工简便、运行安全等优点。近 30 年来,由于设计理论和施工机械、施工方法的发展,更显出面板堆石坝在各类坝型中的竞争优势。

　　1. 坝体材料分区

　　面板堆石坝上游有薄层防渗面板,面板可以是钢筋混凝土的,也可以是柔性沥青混凝土的。坝体主要是堆石结构。

根据面板堆石坝不同部位的受力情况,将坝体进行分区,如图 3-56 所示。

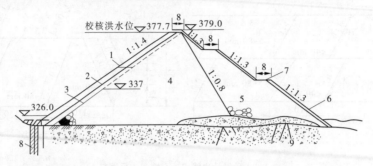

1—混凝土面板;2—垫层区;3—过渡区;4—主堆石区;5—下游堆石区;
6—干砌石护坡;7—上坝公路;8—灌浆帷幕;9—砂砾石

图 3-56　面板堆石坝标准剖面图

(1)垫层区。主要作用是为面板提供平整、密实的基础,将面板承受的水压力均匀传递给主堆石体。要求压实后具有低压缩性、高抗剪强度、内部渗透稳定,渗透系数为 10^{-3} cm/s 左右,以及具有良好施工特性的材料。

垫层区料要求采用级配良好、石质新鲜的碎石。

(2)过渡区。主要作用是保护垫层区在高水头作用下不产生破坏。其粒径、级配要求符合垫层料与主堆石料间的反滤要求。一般最大粒径不超过 350 ~ 400 mm。

(3)主堆石区。主要作用是维持坝体稳定。要求石质坚硬,级配良好,允许存在少量分散的风化料,该区粒径一般为 600 ~ 800 mm。

(4)次堆石区。主要作用是保护主堆石体和下游边坡的稳定。要求采用较大石料填筑,允许有少量分散的风化石料,粒径一般为 1 000 ~ 1 200 mm。由于该区的沉陷对面板的影响很小,故对填筑石料的要求可放宽一些。

2. 堆石坝填筑工艺

堆石坝填筑可采用自卸汽车后退法或进占法卸料,推土机摊平。

后退法汽车在压实的坝面上行驶,可减轻轮胎磨损,但推土机摊平工作量很大,影响施工进度。垫层料的摊铺一般采用后退法,以减少物料的分离。

进占法自卸汽车在未碾压的石料上行驶,轮胎磨损较严重,卸料时会造成一定分离,但不影响施工质量,推土机摊平工作量可大大减小,施工进度快。

主堆石体、次堆石体和过渡料一般采用自行式或拖式振动碾压实。垫层料由于粒径较小,且位于斜坡面,可采用斜坡振动碾压实或用夯击机械夯实,局部边角地带人工夯实。为了改善垫层料的碾压效果,可在垫层料表面铺填一薄层砂浆,既可达到固坡的目的,又可利用碾压砂浆进行临时度汛,以争取工期。

3. 堆石坝填筑压实参数

堆石体填料粒径一般为 600 ~ 1 200 mm,铺填厚度根据粒径的大小而不同,一般为 60 ~ 120 cm,少数可达 150 cm 以上。振动碾压实,压实遍数随碾重不同而异,一般为 4 ~ 6 遍,个别可达 8 遍。

垫层料最大粒径为 150 ~ 300 mm,铺填厚度一般为 25 ~ 45 cm,振动碾压实,压实遍数通常为 4 遍,个别 6 ~ 8 遍。

堆石坝坝壳石料粒径较大,一般为 1 000~1 500 mm,铺填厚度在 1 m 以上,压实遍数为 2~4 遍。

不同部位的堆石料压实干密度均在 2.10~2.30 g/cm³。压实参数应根据设计压实效果,在施工现场进行碾压试验后确定。

二、堤防施工

(一)施工准备

1. 填土表面清基

土方填筑前,先将地表基础面杂物、杂草、树根、表层腐殖土、泥炭土、洞穴等全部清除干净,清理范围超过设计基面边线外 50 cm;高低结合处每填一层前先用推土机沿堤轴线推成台阶状,交接宽度不小于 50 cm,地表先进行压实及基础处理,测量出地面标高、断面尺寸,经验收合格后,方可进行回填。

2. 土料采运

回填土料首先利用开挖利用土料,不够部分才用料场土料。

3. 土方填筑机械配置

土方开挖机械选用反铲挖掘机,土方运输主要选用自卸车,土方压实采用振动压路机、人工配合电动冲击式打夯机夯实。

(二)施工工艺流程及方法

1. 土方填筑碾压施工工艺流程

土方填筑每一工作面填筑分段施工,每段作业面长度根据现场施工强度和技术要求确定。土方填筑碾压施工工艺流程如图 3-57 所示。

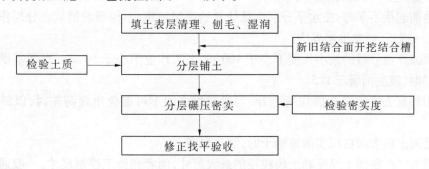

图 3-57　土方填筑碾压施工工艺流程

填筑方向由下游向上游进行,每一工作面填土原则上由低往高逐层填筑施工,每一作业面按照横向施工程序施工,如图 3-58 所示。

2. 土方填筑碾压施工方法

土方回填铺料方法采用自卸车运输、推土机平土,即汽车在已压实的刨毛土层上卸料,用推土机向前进占平料。填土由低往高分层填筑施工,每一层填土铺料厚度小于 30~40 cm,实际厚度由压实试验确定;填土宽度比设计边线超宽不少于 50 cm 的余量,到最后两层时,超宽宽度应再加大,以方便运输车辆会车。

雨后填筑新料时应清除表面浮土,同时减薄铺料厚度;推土机平料过程中,应及时检查铺层厚度,发现超厚部位要立即进行处理,要求平土厚度均匀,表层平整,为机械压实创造条

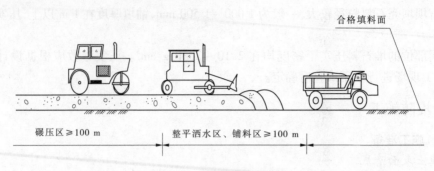

图 3-58　土方填筑施工图

件。推土机平整完一段填土,即可进入下一段平土,对平整好的这一层土料,采用 10 ~ 15 t 重型振动压路机进行分段碾压,行车速度为 2 km/h,压实遍数初步定为 4 ~ 6 遍,准确数由现场试验来确定。分段碾压时,碾压采取错距方式,相邻两段交接带碾迹应彼此搭接,顺碾压方向,搭接宽度不小于 0.3 m,垂直碾压方向搭接长度应不小于 3 m。

黏性土的铺料与碾压工序必须连续进行,如需短时间停工,其表面风干土层应经常洒水湿润,保持含水量在设计控制范围内。碾压完成后即进行刨毛(深 1 ~ 2 cm)处理并洒水至表面湿润,此道工序完成质检合格后即可进行下一层土料的填筑。

(三)铺料及压实作业的施工要点

1.土料铺填

(1)铺料前必须清除结合部位的各种杂物、杂草、洞穴、浮土等,清除表土厚度以能清干净杂物、杂草、表层浮土为准。将土料铺至规定部位,严禁将砂(砾)料或其他透水料与黏性土料混杂,填筑土料中的杂质应予清除。

(2)地面起伏不平时,按水平分层由低处开始逐层填筑,不得顺坡铺填。分层作业面统一铺盖,统一碾压,严禁出现界沟。

(3)机械作业分段的最小长度不小于 100 m,人工作业不小于 50 m。当坝基横断面坡度陡于 1∶5 时,坡度削缓于 1∶5。

(4)相邻施工段的作业面均衡上升,当段与段之间不可避免出现高差时,以斜坡面相接。

(5)已铺土料表面在压实前被晒干时,洒水湿润。

(6)铺料时控制铺土厚度和土块粒径的最大尺寸,两者和施工控制尺寸,一般通过压实试验确定。

(7)铺料至坝边时,在设计边线外侧各超填一定余量,人工铺料宜为 10 ~ 20 cm,机械铺料宜为 30 ~ 50 cm。

2.碾压作业

(1)施工前先做碾压试验,验证碾压质量能否达到设计干密度值,并根据碾压试验确定出碾压参数的各项指标。

(2)分段填筑,各段设立标志,以防漏压、欠压和过压。上、下层的分段接缝位置错开。

(3)碾压机械行走方向平行于坝轴线。分段、分片碾压,相邻作业面的搭接碾压宽度,平行坝轴线方向不小于 0.5 m,垂直坝轴线方向不小于 3 m。

(4)机械碾压时控制行车速度,平碾和振动碾为 2 km/h,铲运机为 2 挡。

（5）若发现局部"弹簧土"、层间光面、层间中空、干松土层或剪切破坏等质量问题，及时进行处理，并经检验合格后，方准铺填新土。

（6）机械碾压不到的部位，辅以夯具夯实，夯实时采用连环套打法夯实，夯迹双向套压，夯压夯 1/3，行压行 1/3；分段、分片夯压时，夯迹搭压宽度应不小于 1/3 夯径。

3. 结合面处理

结合面处理时，彻底清除各种工程物料和疏松土层。施工过程中发现各种洞穴、废涵管、软土、砂砾（均质堤）及冒水冒砂等隐患时，要采取可靠的方法进行处理。相邻作业面均匀上升，以减少施工接缝；分段间有高差的连接，垂直坝轴线方向的接缝以斜面相接，坡度采用 1:3 ~ 1:5。

纵向接缝采用平台和斜坡相间形式，结合面的新老土料，均严格控制土块尺寸、铺土厚度及含水量，并加强压实控制，确保接合质量。

斜坡结合面上，随填筑面上升进行削坡直至合格层；坡面经刨毛处理，并使含水量控制在规定范围内，然后铺填新土进行压实。压实时跨缝搭接碾压，搭压宽度不小于 3 m。

（四）防冲体及沉排施工

1. 防冲体施工

1）散抛石施工

（1）抛石网格划分。

水下抛石施工一般采用网格抛石法。即施工前将抛石水域划分为矩形网格，将设计抛石工程量计入相应网格中去，在施工过程中再按照预先划分的网格及其工程量进行抛投，这样就能从抛投量和抛投均匀性两方面有效地控制施工质量。

一般采用抛石船横向移位方式完成断面抛石，抛石施工时，石料从运石船有效装载区域两侧船舷抛出，抛投断面的宽度与抛石船有效装载长度基本相同。为便于网格抛石施工，网格纵向长度与抛石断面宽度一致。

（2）施工测量放样。

根据设计图纸给定的断面控制点和抛石网格划分，结合岸坡地形，采用全站仪精确定位，确定抛石网格断面线上的起抛控制点和方向控制点，每个控制点均应设置控制桩表示，见图 3-59。

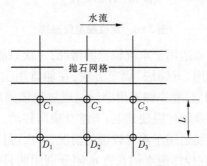

C—起抛石控制点；D—方向控制点

图 3-59　抛石网格控制点布置示意图

图 3-59 中 C 点为网格线上的起抛石控制点，是确定和测量抛石网格横向间距的基点；D 点为网格线方向控制点，确定横向网格线的延伸方向。C、D 点间保持一定距离 L，L 值应适

当取大,以保证控制精度。若起抛控制点 C 因地形原因设置标记有困难,则可以向岸坡方向适当平移。抛石网格控制标记设置应牢靠,要便于观测使用,施工中要注意妥善保护。

(3)抛投试验。

抛石作业前进行抛投试验,通过试验获得在施工水域内不同重量块石在不同流速和水深时的落点漂移规律。先对试验区域内的水流流速、水深进行测量,再对每个典型的块石进行称重,然后测定单个块石的漂距,如此重复对不同重量的块石在不同流速、不同水深条件下进行漂距的测定,测出多组数据,最后整理出试验成果。在此基础上通过对试验成果的分析,选择适用于施工水域的经验公式,或编制适用于该工程的"抛石位移查对表"。

(4)水下断面测量。

水下抛石层厚度是护岸工程质量验收的检测项目之一,检测值通过抛前抛后水下地形测量结果分析计算得出。

抛前地形测量应在正式抛石前施测,抛石后的地形测量应在抛后立刻进行,以使其成果能较真实地反映抛前抛后的实际情况。水下抛石地形测量除按 1:200 的比例绘制平面地形图外,还应按规定沿岸线 20 ~ 50 m 测一横断面,每个横断面间隔 5 ~ 10 m 的水平距离应有一个测点,对抛前、抛后及设计抛石坡度线套绘进行对比,要求抛后剖面线的每个测点与设计线相应位置的测点误差控制在要求范围内。

(5)定位船定位。

定位船一般要求采用 200 t 以上的钢质船,定位形式有单船竖一字形定位、单船横一字形定位和双船 L 形定位 3 种,如图 3-60 所示。

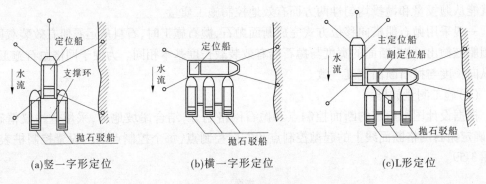

(a)竖一字形定位   (b)横一字形定位   (c)L形定位

图 3-60   定位船定位形式

①单船竖一字形定位主要适用于水流较急的情况,一次只能挂靠 1 ~ 2 艘抛石驳船进行抛投。定位船沿顺水方向采用"五锚法"固定方法,在船首用主锚固定,在船体前半部和后半部分别用锚呈"八"字形固定,靠岸侧采用钢丝绳通过地锚固定在岸上。定位船的位移则利用船前后绞盘绞动定位锚及钢丝绳使其上、下游及横向移动。

②单船横一字形定位主要适用于水流较缓的情况,一次可挂靠多艘抛石驳船进行抛投。定位船采用"四锚法"固定,在船体迎水侧及背水侧分别用两只锚呈"八"字形斜拉固定,靠岸侧两只锚直接固定于岸上。

③双船 L 形定位综合了前两种定位方式的优点,采用的是将两条船固定成"L"形,主定位船平行于水流方向,副定位船垂直于水流方向。适用于不同水流流速,一次可挂靠多艘抛石驳船进行抛投。在同一抛投横断面位移时,主定位船固定不动,绞动副定位船使其上、下

游及横向移动。

准确定位之前,须进行水深、流速等参数的
测量,以便计算漂距,确定抛投提前量。

(6)抛石档位划定和挂档作业方法

在抛石船船舷处于平行于水流方向时,人工
抛投石块覆盖区域的宽度一般为船舷下向外1~
2 m。如图3-61所示。

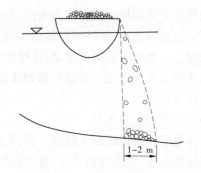

图3-61　抛石覆盖区域示意图

为避免抛石过程中抛石位移间距过大,出现
块石抛投不均匀,甚至出现空缺的情况,一般在
施工前,均应预先按照抛石覆盖宽度指定出抛石
横向位移档位。在施工过程中,一方面,按照抛
投档位间距在定位船上做出相应标记,以控制抛石船按档位挂靠和位移,确保不出现抛石空
当区;另一方面,还须将设计抛石工程量细化为档位抛投量,并编制水下抛石档位记录表,用
于施工现场作业调度,以便于控制施工质量。

(7)抛石作业。

档位抛投量和网格抛投量应依据设计方量进行控制,按照"总量控制、局部调整"的原
则施工。机械抛投时严格按设计量和船载石方量标记分层挖抛,保证平缓移车和均匀抛投
到位,严禁沿船舷推块石入江;对于人工抛投,严格控制档位内超抛或欠抛。

2)石笼防冲体施工

当现场石块体积较小,抛投后可能被水冲走时,可采用抛投石笼的方法。

抛石笼应从险情严重的部位开始,并连续抛投至一定高度。在抛投过程中,需不断检测
抛投面坡度,一般应使该坡度达到1:1。

预先编织、扎结钢丝网、钢筋网或竹网,在现场充填石料,形成石笼。石笼体积一般为
$1.0 \sim 2.5 \ m^3$。

抛投石笼一般在距水面较近的坝顶或堤坡平台上,或船只上实施。船上抛笼,可将船只
锚定在抛笼地点直接下投,以便较准确地抛至预计地点。在流速较大的情况下,可同时从坝
顶和船只上抛笼,以增加抛投速度。

抛笼完成以后,应全面进行一次水下探摸,将笼与笼接头不严之处,用大石块抛填补齐。

3)土工袋(包)防冲体

在缺乏石料的地方,可利用编织袋充填土料进行抛投护脚。每个土袋重量一般在50 kg
以上,袋子装土的充填度为70% ~80%,以充填砂土、砂壤土为好,充填完毕后用钢丝或尼
龙绳绑扎封口。

可从船只上或从堤岸上用滑板导滑抛投,层层叠压。如流速过高,可将2~3个土袋捆
扎连成一体抛投。在施工过程中,需先抛一部分土袋将水面以下深槽底部填平。抛袋要在
整个深槽范围内进行,层层交错排列,顺坡上抛,坡度1:1,直至达到要求的高度。在土袋护
体坡面上,还需抛投石块和石笼,以作为保护。在施工中,要严防坚硬物扎破、撕裂袋子。

4)抛柳石枕

对淘刷较严重、基础冲塌较多的情况,仅抛投石块抢护效果不佳。常可采用抛柳石枕抢
护。柳石枕的长度视工地条件和需要而定,一般长10 m左右,最短不小于3 m,直径0.8~

1.0 m。柳、石体积比约为2:1,也可根据流速大小适当调整比例。

抛枕前要先探摸冲淘部位的情况,要从抢护部位稍上游推枕,以便柳石枕入水后有藏头的地方。若分段推枕,最好同时进行,以便衔接。要避免枕与枕交叉、搁浅、悬空和坡度不顺等现象发生。如河底淘刷严重,应在枕前再加第二层枕。要待枕下沉稳定后,继续加抛,直至抛出水面1.0 m以上。在柳石枕护体面上,还应加抛石块、石笼等,以作为保护。

2.沉排施工

1)铰链混凝土块沉排

排体混凝土块在混凝土预制厂预制,由自卸汽车或运输船运至工地现场拼装。沉排船由甲板驳船连接,船面设钢平台,近岸侧焊制圆弧形钢滑板。船上设拉排梁、卡排梁、拉排卷扬机及提升机械等,另配起重船、运输船、拖轮,用于运输和拼装排体单元。

沉排按纵向自下游往上游进行。起重船将排体单元吊至沉排船上,排首与系排梁相对,提起卡排梁使沉排船向江心移动,排体单元经圆弧形钢滑板徐徐沉入水下。拉排梁用于控制下滑速度,卡排梁卡住排体单元的最后两行排体,以连接下一排体单元,如此反复,直到全部沉放完成。排体沉放完成后,挂接在水位变幅区已铺好的最下一行排体上。

施工时视水位情况,陆上沉排部分可采用人工铺设。对常年水位变幅区,先铺无纺布,在无纺布以上铺0.3 m厚的碎石,再压上排体。水位变幅区以下排体下面铺设涤纶布,与排体一起施工。

2)土工织物软体沉排

(1)排布与网绳制作。

冰上和浅(旱)滩地铺排时,在按设计要求范围内清除尖刺物、平整好冰面的地面后,按要求间距布设纵横网绳,再铺上事先制好的排片(或就地缝排布),并在结点处用尼龙绳将绳网与排布缠结在一起。采取水中铺排时,则事先将网绳与排布按同样方法连结。采用套筒固定网绳时,则将网绳穿入套筒中。

(2)排体沉放。排体沉放主要有以下4种方法:

①浅滩作业。浅滩作业是指水流流速小、水深不大于1 m或干滩条件下进行软体排施工,其中也包括例如闸下游和导流低坝上下游无水或浅水情况。

在旱滩情况下,施工简单,各道工序都可在现场用机械或人工完成。但排布必须及时保护,不得暴露时间过长。在浅水的条件下,将排头固定在岸坡上,顺坡向河中牵拉,然后在船上抛投。

②船上沉排。水上沉排一般都是采用船上沉排。岸坡软体排的沉放一般是单块排的排首一端固定在岸坡上,然后,沉排船逐渐后退,直至将全部排长落在岸坡上。依次自下游向上游逐块沉放。如图3-62所示。整体压载(如联锁板块)的软体排,在船上将压载与排布连好,同时沉放。若用散载,则先将拼好的单块排布放在驳船上捆扎预压块,叠好,再按以上方式沉排,然后抛压重或在沉排过程中散抛,最后补抛。充砂软体排可在排袋沉放过程中同时充砂。

③卷筒沉放法。卷筒沉放法适用于水深和流速小、排长不大(一般20 m以内)的场合,在船或木排上设一滚筒,将软排卷在滚筒上,一端固定于岸坡上或水底,拉动滚筒或靠自重顺坡下滑将排布展开,再抛压载。这种方法所用的排宽受卷筒宽度限制不能过大,搭接较多。

图3-62　护岸软体排沉放示意图

④冰上沉排法。寒冷地区进行河岸底脚软体排防护时,利用冬季河流结冰的特点,采取冰上沉排是最为简单有效和节省的办法。冰上施工宜在冻结期或融解初期进行。冰上沉排采取强迫沉排方法,特别是在深水中和单块排体面积很大的情况下,以控制排体能均匀下沉,加快沉排速度。强迫沉排法是在排体制好后,即同时在其上下游两侧开冰槽,排尾前端约0.5 m处沿宽度方向每隔2 m开冰眼。冰槽和冰眼均不得打穿,根据事先测得的当地冰层厚度,留10~15 cm。待所有冰槽和冰眼开好后,立即并同时打穿。此时,河水随之溢出。由于水的浮托力迅速减小,加之水温的作用,冰层在排体压重作用下很快断裂,排体能基本均匀地迅速下沉。

第五节　吹填与疏浚

一、吹填

(一)施工设备

吹填主体设备是挖泥船,依靠其泥泵的吸、排作用,将泥驳运来的泥沙,经冲水稀释后成为输移的泥浆,通过吸泥头、泥泵和排泥管,吹送到预计填筑的堤防堤段或压渗平台位置。吹填辅助设备包括泥驳、锚艇、拖轮、输泥/排泥管、接力泵等。

(二)施工方法

1.绞吸式挖泥船直接吹填施工

1)水力冲填

迎水面、背水面堤坡边各布设1艘(组)挖泥船,输泥管来回沿堤中心线两侧冲填,直至达到吹填设计要求,然后让堤基沥水固结。

2)沉淀池轮回分边充填

(1)当堤基吹填土沥水固结达到一定厚度(一般为30~50 cm)时,沿堤内、外坡脚修筑一级子堤,子堤内外坡1:1.5,再据吹填堤段长度按每300~400 m分隔成沉淀池。

(2)在修筑子堤的同时,在与子堤相垂直方向每隔20 m交错埋置两层直径0.5 m的柴枕1个,以利吹填泥浆沥水固结;或者在沉淀池开挖一底宽1.5 m溢流口,用草垫和塑料薄膜铺护口底及溢流坡,以减少冲刷。

3)人工填筑和整形固顶

当吹填堤身发现膨胀或滑坡时,立即采取人工开沟沥水,以利固结稳定。待固结稳定、堤身下沉一定尺寸,加高至设计高程,并整形修坡达到设计要求。

2.斗式挖泥船挖泥装泥驳、吹泥船吹填施工

1)链斗式挖泥船锚缆斜向横挖法

链斗式挖泥船锚缆斜向横挖法适用于水域条件好、挖泥船不受挖槽宽度及边缘水深限

制的场合。

施工时,一般需抛设 5 只锚,即首主锚和左、右舷前、后共 4 只边锚;顺流施工或在有往复流处施工时需加抛 1 只尾锚。当挖泥船接近挖槽中线起点的上游(一般距起点 600～1 000 m)时,抛出首主锚(如为顺流施工,则先抛出尾锚,然后下移至起点附近抛出左、右侧的前、后边锚。首主锚锚缆一般抛出较长,需在船首前 80～100 m 处用一小方船将锚缆托起,以增加挖泥船横向摆动的宽度。锚抛好后,调整锚缆,使挖泥船处于挖槽起点,即可放下斗桥,左、右摆动挖泥。向右侧横摆时,挖泥船纵轴线与挖槽中心线向右或较小角度使泥斗偏向挖泥船前进方向,以便更好地充泥。当所挖槽底达到设计要求时,绞进主锚缆,使挖泥船前进一段距离,再继续横摆挖泥。充泥泥斗向上运行至上导轮后,即折返向下运行,此时泥斗中泥沙自动倒入泥阱内,再通过溜泥槽将泥沙排送至系泊于挖泥船左或右舷的泥驳中,泥驳装满后通过拖船拖带或自航至指定地点抛泥。

2)链斗式挖泥船锚缆扇形横挖法

链斗式挖泥船锚缆扇形横挖法适用于挖槽狭窄、挖槽边缘水深小于挖泥船吃水深度的场合。

施工时抛锚方法基本与斜向横挖法相同,但在任何情况下必须抛 6 只锚,施工时利用 2 只后边锚缆和尾锚缆控制船尾,类似绞吸式挖泥船的三缆定位法;此时收放前左、右边锚缆,可使挖泥船以船尾为固定点,左、右横摆挖泥,其余施工方法与斜向横挖法相同。

3)链斗式挖泥船锚缆十字形横挖法

链斗式挖泥船锚缆十字形横挖法适用于挖槽特别狭窄、挖槽边缘水深小于挖泥船吃水深度的场合。

施工时抛锚方法与斜向横挖法相同。施工时挖泥船以船的中心作为摆动中心,当船首向右侧摆动时,船尾则向左侧摆动,反之船首向左侧摆动时,船尾则向右侧摆动。在有限的挖槽宽度内,挖泥纵轴线与挖槽中心线所构成的交角比扇形横挖法要大,便于泥斗挖掘挖槽边缘的泥土。其余施工方法与斜向横挖法相同。

4)链斗式挖泥船锚缆平行横挖法

链斗式挖泥船锚缆平行横挖法适用于流速较大的工况。

施工时抛锚方法与斜向挖法相同。施工中挖泥船横摆时其纵轴线与挖槽中心线保持平行,以减少所受的水流冲击力。其余施工方法与斜向横挖法相同。

5)抓斗式挖泥船锚缆纵挖法

抓斗式挖泥船锚缆纵挖法适用于流速不大、水深较浅以及有往复潮流区的场合。

抓斗式挖泥船挖泥时船身并不移动,抛锚主要为稳住船身,并便于前移。施工时一般抛锚 5 只;在单向水流区,船首抛 2 只八字锚,船尾抛左、右后边锚和尾锚各 1 只(也可只抛 2 只八字锚);在往复水流区,船首抛首锚和左、右前边锚各 1 只船尾抛 2 只八字锚,在流速较大的往复流地区,也可以抛 1 只锚,即抛左、右后边锚和尾锚各 1 只。山区河流多用抓斗式挖泥船进行疏浚,此处河床底质以岩石或卵石为主,且流速较大,锚不容易抓住,遇此不能抛锚情况,可将缆绳直接系于岸上的巨石、石梁或人工的系缆物上,需布设缆绳数量视当地情况而定;布设的缆绳需穿越航道时,应改用一段缆条,保证航道内的缆条都紧贴河底。锚缆抛设好后,将挖泥船移至挖槽起点,下斗挖泥,通过可旋转的起重机械,将充泥的抓斗提升出水面,并旋转至系泊于船侧的泥驳卸泥,完后再旋转至下一施挖位置下斗挖泥。泥驳装满后,由拖轮拖至指定的地点抛泥。挖泥船抓斗施挖轨迹,是以旋转机械为中心横向于挖槽的弧形,能施挖的宽度取决于抓斗至旋转中心的距离。当挖完圆弧上需挖的泥后,绞进锚缆,使挖泥船移动一个前移距,再重复依次下斗挖泥。抓斗式挖泥船一次能挖的宽度有限,常不能满足挖槽要求的宽度,需将挖槽分成等于挖泥船能挖宽度的若干条,挖泥船纵向挖完第一条后,再退回至起挖断面处施挖第二条、第三条……。

6) 自航抓斗式挖泥船锚缆横挖法

抛锚方法与链斗式挖泥船的横挖法相同。施工时挖泥船做间歇性的横向摆动,利用抓斗抓取泥沙,开挖成横垄沟。挖泥船在挖槽边线定好船位后,下放抓斗在船的一侧进行挖泥,当到达要求深度后,将挖泥船横移一段距离,再下斗挖泥,如此循环,直至挖至挖槽的另一边线,完成本垄沟作业,再绞进挖泥船进行下一垄沟作业;每一船位能挖的宽度由抓斗机性能决定,在可能条件下,尽量挖宽一些,以减少移船次数。自航抓斗一般有两个或两个以上的抓斗机,多个抓斗机可相互配合,如每个抓斗机各挖一条垄沟;或一个抓斗机挖上层,另一个抓斗机在船的另一舷挖同一垄沟的下层。自航抓斗一般在本船配备有泥舱,抓起泥沙可直接置于泥舱内。泥舱装满后,需解缆自航至指定地点卸泥,然后驶回原地,捞起缆绳系好再行挖泥。

7) 铲斗式挖泥船钢桩纵挖法

铲斗式挖泥船钢桩纵挖法适用于狭小水域的卵石、碎石、大小块石、硬黏石、珊瑚礁、粗砂以及胶结密实的混合物、风化岩与爆破后的岩石诸介质挖掘。

铲斗式挖泥船下铲挖泥时产生的反作用力甚大,同时还要受风、水流的压力,因此需利用 3 根钢桩来固定船位;在船身受力过大,钢桩难以控制住船位时,还可以使用锚缆配合。挖泥船在施工起点下桩定位后,以两根前桩为支撑点,用抬船绞车将船向上绞起一定高度,即利用钢桩自重加部分船重,能更好地控制船位。抬船一定高度并定位后,即可下斗挖泥,铲斗充泥后提升出水面,并旋转至系泊于船侧的泥驳卸泥,卸完泥后再旋转至下一施挖位置下斗挖泥。泥驳装满后由拖船拖至指定地点抛泥。铲斗施挖的轨迹,是以旋转机械为中心横向于挖槽的弧形,能施挖的宽度取决于铲斗至旋转中心的距离。当挖完圆弧上需挖的泥后,使挖泥船恢复漂浮状态,将铲斗向正前方抛出,提出两根前桩,此时将沉于水底的铲斗向船首收回,船体即相应地向前运动,尾桩亦随之发生倾斜(根据倾斜角度和桩尖至水面的距离可计算出前移的数值)。当船前移达到要求的前移距后,放下两根前桩,将尾桩提出再垂直放下,即完成一次前移作业(如为反铲,则将铲斗不是收回而是推出,进行后移作业)。船移好后,即可进行下一轮抬船、挖泥等作业。铲斗式挖泥船一次能挖的宽度有限,常不能满足挖槽要求的宽度,需将挖槽分成等于挖泥船能挖宽度的若干条,挖泥船纵向挖完第一条后,再退回至起挖断面处施挖第二条、第三条……。挖泥船退回时,可采用上述类似反铲的后移作业法,或由拖船协助。

3. 耙吸式挖泥船自挖自吹施工

1) 固定码头吹填法

固定码头吹填法适宜在吹填工程位于已有港航码头附近的场合,利用自航式、自带泥舱、一边航行一边挖泥的耙吸式挖泥船挖泥。把吸盘放入河底,通过泥泵的真空作用,使耙头与吸泥管自河底吸取泥浆进入挖泥船的泥舱中,泥舱满载后,起耙航行至固定码头,挖泥船通过冲水于泥舱并自行吸出进行吹填。

2) 泥驳作浮码头和吊管船吹填法

泥驳作浮码头和吊管船吹填法适宜无固定码头、耙吸式挖泥船自挖自吹工况条件。

施工方法与固定码头吹填法基本相同。不同之处在于靠泊的码头上一个是固定的码头,而本法是浮动的码头。两者相比较,同样方量的挖泥吹填所花费的工时,浮动码头相对要多一些。

3) 双浮筒系泊岸吹填法

双浮筒系泊岸吹填法适宜于各种水域的自航耙吸式自挖自吹挖泥船施工工况条件。

施工时,在吹填区附近深水域设置两个系船浮筒供耙吸式挖泥船系泊,并与一艘小方驳改装成接管船,通过配备的起吊装置和快速接头,供挖泥船和陆端排泥管接卡和吹泥时以调节船管与岸管的高差之用。其他施工方法均与上述两工法相同。

4. 耙吸式挖泥船—储泥坑—绞吸式挖泥船挖出吹填

采用耙吸式挖泥船挖泥、运泥,倒入储泥坑,用绞吸式挖泥船挖出吹填施工。

二、疏浚

疏浚为疏通、扩宽或浚深河湖等水域,用人力或机械进行水下土石方开挖工程。疏浚工程广泛应用于以下工程:①开挖新航道、港口和运河;②浚深、加宽和清理现有航道和港口;③疏通河道、渠道,水库清淤;④开挖码头、船坞、船闸等水工建筑物基坑;⑤结合疏浚进行吹填造地、填海等工程;⑥清除水下障碍物。用疏浚的方法,挖深河流或海湾的浅段以提高航道通航或排洪能力;将开挖航道或港池的疏浚土吹填到附近的低洼地进行造地。

(一)排泥管线布置

选用挖泥船施工时考虑排泥管线位置,排泥管管材、管径,在距离河岸的水域上采用浮管形式,在河岸距离排泥场吹泥点的岸上采用岸管形式,排泥管管口伸出排泥场围堰坡脚外的距离不小于 5 m,并高出排泥面 0.5 m 以上。

(二)排泥管线敷设

1. 水上浮管铺设

在铺设水上浮筒排泥管时,浮管根据水流、风向布设呈近似流线形弯曲、平滑的弧形,不可形成死弯,保证适度的曲率半径,防止半径过小或死弯造成管路破坏,并结合自然条件,水流及风速影响,每隔 50 m 左右铺设浮筒锚,防止浮筒大幅度摆动和弯曲,浮箱在重载之下仍露出水面之上,以便维修。浮筒排泥管在使用过程中做到气密性良好,无跑、冒、滴、漏现象。水上排泥管线在风浪、流速较大时,铺设长度为 300 ~ 500 m。

2. 陆上排泥岸管

岸管铺设时,以平坦、顺直、排高最小、转弯段顺畅的原则选线,接头处紧固严密,不漏泥滴水。在疏浚过程中,根据排泥距离随时增减排泥管线长度,以减少排泥阻力损失,提高施工效率。

管线穿越道路处,施工时结合现场实际情况埋设在道路之下或架设管桥,确保交通安全畅通,并树立安全警示标志,安排专门人员进行执勤,保证道路的通行顺畅和管道的安全防护工作,施工完成后撤离管道,并将道路恢复至原貌。

排泥管线铺设时正确掌握工程特点,使排泥管线铺设合理,排泥畅通,排泥口尽量远离泄水口,确保泥浆充分沉积和不影响围堰边坡稳定。

3. 水陆管接头

在水陆管线连接处和水下管线连接处应设双向管子锚和三向管子锚加以固定，水陆管接头采用柔性接头形式，陆上由错位固定水陆接头，以避免水流等其他原因造成损坏。

4. 潜管

潜管敷设前，先对水下潜管的预定位置（包括其前、后各 50 m 范围）进行测量，摸清水下地形。水下潜管的连结方式分钢性和柔性两种。钢性连结使用带有法兰的吹管直接连结而成，柔性管线一般每隔几节吹泥管配一橡胶软管接头连结而成。潜管上升段和下段的坡度不太陡，其两端点站，在管路上配备充、排气阀和水阀等设备。沉放后，两端应下锚固定，并设警戒标志。水下管的拆除是通过空压机对管内充气，使管线内产生浮力大于管线的总重量来完成水下管起浮、拆除的。

潜管敷设前，必须对潜管进行加压试验，如存在漏水、漏气，要重新进行敷设。

（三）陆上排泥区围堰及隔埂施工

1. 土围堰施工

从地势最低处开始按水平方向分层填筑，分层采用推土机碾压。推土机碾压不到的地方辅以蛙式打夯机压实，并预留一定的沉降量。当堰高大于 4 m，或在软基上以及用较高含水量土料修筑围堰时，采取分期填筑方式，并在地基、坡面上设置沉降和位移观测点，并随时进行观察、分析。

2. 石围堰施工

石围堰选用级配良好且有较好抗风化、抗侵蚀性能的石料。抛石前先在底部铺设土工布，后抛填的方法，以减少沉降量。填筑方式采取分层平抛，每层平抛的厚度不大于 2.5 m，抛投时大小搭配。

3. 袋装土围堰施工

袋装土围堰施工时，各袋装料量大致相等，袋装土的饱满度控制在 75%～85%，袋口扎紧系牢。土袋排放整齐、规则，接缝处上、下层交错搭接，压实排放。

4. 隔埂施工

排泥场内每隔 200～300 m 加筑中间隔埂，隔埂顶宽 1.5 m，隔埂应交叉布置，以使泥浆流淌分布均匀，避免弃土高差过大。隔埂顶高程与排泥高程一致。隔埂施工在围堰施工完成按设计断面尺寸进行。挖掘机从隔埂两边直接取土筑培，取土位置离开隔埂坡脚 3 m，两边坡采用推土机压实。

（四）排泥场泄水口施工

泄水口一般采用工字钢作为框架，并加斜支撑。泄水口结构形式见图 3-63。

开敞溢流堰式与围堰施工同时进行。溢流堰下游开挖排水通道至下游河道，并铺设丙纶编织布或聚氯乙烯薄膜等抗冲击材料护底。铺设时是先从下游开始分条铺设，条与条之间保持足够的搭接长度，且保证上游条压下游条，并用袋装土压紧，防止土工织物或薄膜被泄流冲走，围堰坡脚和排水通道被水流淘刷。

在施工过程中，泄水口的泄流冲刷附近的山坡、田地和建筑物时，须做好消能设施。

随着施工进度的推进和泥面的抬高，为减少排泥区的泥沙流失，逐渐增加闸板抬高堰顶溢流高程，每次增加幅度不大于 20 cm。

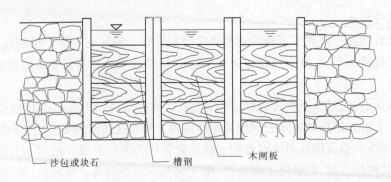

沙包或块石　　　　　槽钢　　　木闸板

图 3-63　开敞溢流堰泄水口

(五)排水渠与截水沟

围堰外开挖截水(渗)沟,以截排雨水、污水等,避免环境污染,防止水土流失。截水沟施工时使之纵坡顺适,沟底平整,排水畅通,不积水。

(六)挖泥船疏浚方法

1.生产试验

1)清水试验

在疏浚施工前,为检查机械设备是否完好,各管线路径是否符合要求,进行清水试验,观测管道有无大幅度摆动、管道是否密封、有无漏水现象。

2)绞吸式挖泥船挖泥厚度试验

清淤施工前进行挖泥船绞切试验,按不同的绞刀厚度开挖,观测不同绞切厚度下的含泥量,用回声测深仪实测开挖后地形,选择经济绞切或挖深厚度实施开挖。

3)绞吸式挖泥船进桩距离试验

疏浚施工前进行挖泥船进桩距离试验,采用挖泥船的不同进桩距离试开挖,用回声测探仪实测开挖后地形,在该工程疏浚土质条件下选择经济进桩距离实施开挖,并保证不形成漏挖。

2.疏浚施工

当水流速小于 0.5 m/s 时,绞吸式挖泥船采用顺流开挖;当流速大于 0.5 m/s 时,采用逆流开挖。

挖泥过程中通过船上的卫星定位系统实施精确定位,根据实测水位,通过船上配备的挖深测量与指示装置精确控制挖泥深度。

绞吸式挖泥船分条开挖时,为保持有一个相对稳定的排泥距离,从距排泥区远的一侧开始,依次由远到近分条开挖,条与条之间应重叠 2 m 以上,以免形成欠挖土埂。

为形成河道设计边坡,挖泥船进行水下边坡开挖时,采取下超上欠、超欠基本平衡的阶梯开挖法,超、欠面积比控制在 1~1.5 范围内,避免出现边坡超挖或欠挖现象。

(七)水力冲挖机组疏浚

(1)架设水力冲挖机组所需电源,电源与施工区距离不小于 400 m。电缆线路接头采用防水胶带扎紧密,并全部架空,距地面高度 0.6 m,沿河湖边电缆线路距地面高度 3.5 m。

(2)将冲挖取土内积水排至或补水至适当深度(0.5 m 左右),再布设水力冲挖机组。

(3)施工时采用逆向拉行冲挖的施工方法,使冲挖水流的方向与排水管的方向相反,防止冲挖过程中杂物滞留,同时便于人工捡拾,并有效地防止杂物进入管道造成堵塞。

第六节　砌体工程施工

一、垫层料(反滤层)及土工膜铺设

(一)垫层料(反滤层)铺设

砌体铺砌前,应先铺设一层厚为 100 ~ 200 mm 的砂砾垫层。铺设垫层前,应将地基平整夯实,砂砾垫层厚度应均匀,其密实度应大于 90%。

在干砌石砌筑前应铺设砂砾反滤层,其作用是将块石垫平,不致使砌体表面凹凸不平,减少其对水流的摩阻力;减少水流或降水对砌体基础土壤的冲刷;防止地下渗水逸出时带走基础土粒,避免砌筑面下陷变形。反滤层的各层厚度、铺设位置、材料级配和粒径以及含泥量均应满足规范要求,铺设时应与砌石施工配合,自下而上,随铺随砌,接头处各层之间的连接要层次清楚,防止层间错动或混淆。

(二)土工膜铺设

复合土工膜是在塑料薄膜的一侧或两侧贴以土工织物,以此保护防渗薄膜不受破坏,增加土工膜与土体之间的摩擦力,防止土工膜滑移,提高铺贴稳定性。复合防渗土工膜有一布一膜、二布一膜等形式。复合土工膜具有极高的抗拉、抗撕裂能力;其良好的柔性,使因基面凸凹不平产生的应力得以很快分散,适应变形的能力强;由于土工织物具有一定的透水性,使土工膜与土体接触面上的孔隙水压力和浮托力易于消散;土工膜有一定的保温作用,减小了土体冻胀对土工膜的破坏。为了减少阳光照射,增加其抗老化性能,土工膜要采用埋入法铺设。

施工时,先用粒径较小的砂土或黏土找平基础,然后铺设土工膜。土工膜不要绷得太紧,两端埋入土体部分呈波纹状,最后在所铺的土工膜上用砂或黏土铺一层 10 cm 厚的过渡层,再砌上 20 ~ 30 cm 厚的块石或预制混凝土块作防冲保护层。施工时应防止块石直接砸在土工膜上,最好是边铺膜边进行保护层的施工。

土工膜的接缝处理是关键工序。一般接缝方式有:①搭接,一般要求搭接长度在 15 cm以上;②缝合后用防水涂料处理;③热焊,用于较厚的无纺布基材;④黏接,用与土工膜配套供应的黏合剂涂在要连接的部位,在压力作用下进行黏合,使接缝达到最终强度。

二、干砌石施工

(一)干砌石的砌石要求

砌石工程应在基础验收及结合面处理合格后方可施工。砌筑前,在基础面上放出墙身中线及边线。放样立标,拉线砌筑。干砌石使用材料应按施工图纸要求采用合适的砌筑料。石料使用前应洗除表面泥土和水锈杂质。砌体缝口应砌紧,底部应垫稳填实,与周边砌石靠紧,严禁架空。宜采用立砌法,不得叠砌和浮塞;叠砌是指用薄石重叠,双层砌筑,浮塞是指砌体的缝口,加塞时未经砸紧。石料最小边厚不宜小于 15 cm。不得有通缝和上下层垂直对缝,错缝不得小于 10 cm。砌筑时缝隙不应大于 2 cm,三角缝不应大于 3 cm,表面平整度不应大于 3 cm。明缝要用小片石填塞紧密,一般以手拉不出为宜。不得在外露面用块石砌筑,而中间以小石填心;不得在砌筑层面以小块石、片石找平。在梯形沟、渠的施工中,宜先底后坡,先中间后两边,由下而上砌筑。对矩形而言,可先侧墙后底部。

(二)干砌石砌筑

1.砌筑前的准备工作

1)备料

在砌石施工中,为缩短场内运距,避免停工待料,砌筑前应尽量按照工程部位及需要数量分片备料,并提前将石块的水锈、淤泥洗刷干净。

2)基础清理

砌石前应将基础开挖至设计高程,淤泥、腐殖土以及混杂的建筑残渣应清除干净,必要时将坡面或底面夯实,然后才能进行铺砌。

3)铺设反滤层

在干砌石砌筑前应铺设砂砾反滤层,其作用是将块石垫平,不致使砌体表面凹凸不平,减少其对水流的摩阻力;减少水流或降水对砌体基础土壤的冲刷;防止地下渗水逸出时带走基础土粒,避免砌筑面下陷变形。

反滤层的各层厚度、铺设位置、材料级配和粒径以及含泥量均应满足规范要求,铺设时应与砌石施工配合,自下而上,随铺随砌,接头处各层之间的连接要层次清楚,防止层间错动或混淆。

2.施工方法

干砌块石常采用的施工方法有花缝砌筑法和平缝砌筑法两种。

花缝砌筑法多用于干砌片(毛)石。砌筑时,依石块原有形状,使尖对拐、拐对尖,相互联系砌成。砌石不分层,一般多将大面向上,如图 3-64 所示。这种砌法的缺点是底部空虚,容易被水流淘刷变形,稳定性较差,且不能避免重缝、叠缝、翘口等毛病。但此法优点是表面比较平整,故可用于流速不大、不承受风浪淘刷的渠道护坡工程。

平缝砌筑法一般多适用于干砌块石的施工,如图 3-65 所示。砌筑时将石块宽面与坡面竖向垂直,与横向平行。砌筑前,安放一块石块必须先进行试放,不合适处应用小锤修整,使石缝紧密,最好不塞或少塞石子。这种砌法横向设有通缝,但竖向直缝必须错开。若砌缝底部或块石拐角处有空隙,则应选用适当的片石塞满填紧,以防止底部砂砾垫层由缝隙淘出,造成坍塌。

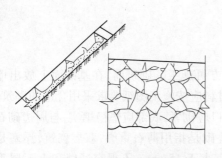

图 3-64　花缝砌筑法示意图

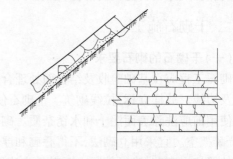

图 3-65　平缝砌筑法示意图

干砌块石是依靠块石之间的摩擦力来维持其整体稳定的。若砌体发生局部移动或变形,将会导致整体破坏。边口部位是最易损坏的地方,所以,封边工作十分重要。对护坡水下部分的封边,常采用大块石单层或双层干砌封边,然后将边外部分用黏土回填夯实,有时也可采用浆砌石埂进行封边。对护披水上部分的顶部封边,则常采用比较大的方正块石砌成40 cm左右宽度的平台,平台后所留的空隙用黏土回填分层夯实。对于挡土墙、闸翼墙等重力式墙身顶部,一般用混凝土封闭。

3.干砌石常见质量施工缺陷

干砌石施工缺陷主要有缝口不紧、底部空虚、鼓心凹肚、重缝、飞缝、飞口(用很薄的边口未经砸掉便砌在坡上)、翘口(上下两块都是一边厚一边薄,石料的薄口部分互相搭接)、悬石(两石相接不是面的接触,而是点的接触)、浮塞叠砌、严重蜂窝以及轮廓尺寸走样等(见图3-66)。

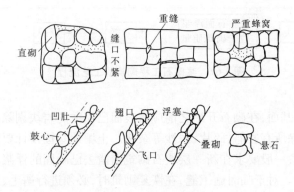

图3-66　干砌石缺陷

4.干砌石施工质量控制要点

(1)干砌石工程在施工前,应进行基础清理工作。

(2)凡受水流冲刷和浪击作用的干砌石工程中采用竖立砌法(石块的长边与水平面或斜面呈垂直方向)砌筑,以期空隙为最小。

(3)干砌块石的墙体露出面必须设丁石(拉结石),丁石要均匀分布。同一层的丁石长度,如墙厚等于或小于40 cm时,丁石长度应等于墙厚;如墙厚大于40 cm,则要求同一层内外的丁石相互交错搭接,搭接长度不小于15 cm,其中一块的长度不小于墙厚的2/3。

(4)护坡干砌石应自坡脚开始自下而上进行。

(5)砌体缝口要砌紧,空隙应用小石填塞紧密,防止砌体在受到水流的冲刷或外力撞击时滑脱沉陷,以保持砌体的坚固性。一般规定干砌石砌体空隙率应不超过30%~50%。

(6)干砌石护坡的每一块石顶面一般不应低于设计位置5 cm,不高出设计位置15 cm。

三、浆砌石施工

(一)浆砌石的砌筑要求

浆砌石施工的砌筑要领可概括为"平、稳、满、错"四个字。平,同一层面大致砌平,相邻石块的高差宜小于2~3 cm;稳,单块石料的安砌务求自身稳定;满,灰缝饱满密实,严禁石块间直接接触;错,相邻石块应错缝砌筑,尤其不允许顺水流方向通缝。

砌筑前先检查地基处理是否符合标准。在基岩上浆砌时,先要把岩面清洗干净;块石砌稳后,不得再从底部撬动,以保证石块下部砂浆饱满,砌筑中,同一层面应保持平衡升高,如砌好的块石内砂浆已初凝,严禁用重锤敲击或强烈振动;砂浆终凝后立即进行勾缝处理,勾缝前先清除缝内松散浆料,缝深 3 ~ 5 cm;施工前先洒水保持缝内干净潮湿,勾缝时需仔细把砂浆压入缝内,重要砌体在砂浆初凝后,再第二次压缝,以防止塌落和干缩造成的细缝。勾缝应做到深、净、实、紧、平。

(二)浆砌石砌筑

1. 砌筑工艺

浆砌石工程砌筑的工艺流程如图 3-67 所示。

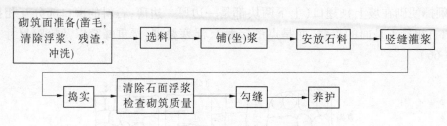

图 3-67　浆砌石工程砌筑的工艺流程

1)铺筑面准备

对开挖成形的岩基面,在砌石开始之前应将表面已松散的岩块剔除,具有光滑表面的岩石须人工凿毛,并清除所有岩屑、碎片、泥沙等杂物。土壤地基按设计要求处理。

对于水平施工缝,一般要求在新一层块石砌筑前凿去已凝固的浮浆,并进行清扫、冲洗,使新旧砌体紧密结合。对于临时施工缝,在恢复砌筑时,必须进行凿毛、冲洗处理。

2)选料

砌筑所用石料,应是质地均匀、没有裂缝、没有明显风化迹象、不含杂质的坚硬石料。严寒地区使用的石料,还要求具有一定的抗冻性。

3)铺(坐)浆

对于块石砌体,由于砌筑面参差不齐,必须逐块坐浆、逐块安砌,在操作时还须认真调整,务使坐浆密实,以免形成空洞。坐浆一般只宜比砌石超前 0.5 ~ 1 m,坐浆应与砌筑相配合。

4)安放石料

把洗净的湿润石料安放在坐浆面上,用铁锤轻击石面,使坐浆开始溢出为度。石料之间的砌缝宽度应严格控制,采用水泥砂浆砌筑时,块石的灰缝厚度一般为 2 ~ 4 cm,料石的灰缝厚度为 0.5 ~ 2 cm,采用小石混凝土砌筑时,一般为所用骨料最大粒径的 2 ~ 2.5 倍。安放石料时应注意,不能产生细石架空现象。

5)竖缝灌浆

安放石料后,应及时进行竖缝灌浆。一般灌浆与石面齐平,水泥砂浆用捣插棒捣实,待上层摊铺坐浆时一并填满。

6)振捣

水泥砂浆常用捣棒人工插捣,小石混凝土一般采用插入式振动器振捣。应注意对角缝的振捣,防止重振或漏振。

每一层铺砌完 24 ~ 36 h 后(视气温及水泥种类、胶结材料强度等级而定),即可冲洗,准备上一层的铺砌。

2. 浆砌石砌筑要点

1) 毛石砌体砌筑要点

毛石砌体采用铺浆法砌筑,砂浆必须饱满,叠砌面的黏灰面积应大于80%;砌体的灰缝厚度宜为20~30 mm,石块间不得有相互接触现象。毛石砌体宜分皮卧砌,各皮石块间应通过对毛石自然形状进行敲打修整,使其能与先砌毛石基本吻合。

毛石块之间的较大空隙,应先填塞砂浆,然后嵌实碎石块,不得反其道而行之,即采用先摆好碎石块然后填塞砂浆的方法。毛石应上下错缝,内外搭砌。不得采用外面侧立毛石,中间填心的砌筑方法;同时也不允许出现过桥石(仅在两端搭砌的石块)、铲口石(尖石倾斜向外的石块)和斧刃石(尖石向下的石头)。砌筑毛石基础的第一皮石块应坐浆,并将石块的大面向下,同时,毛石基础的转角处、交接处应用较大的平毛石砌筑。砌筑毛石墙体的第一皮及转角处、交接处和洞口,应采用较大的平毛石。

2) 料石砌体砌筑要点

料石砌体也应该采用铺浆法砌筑。石砌体的砂浆铺设厚度应略高于规定的灰缝厚度,其高出厚度:细料石宜为3~5 mm,粗料石、毛料石宜为6~8 mm。砌体的灰缝厚度:细料石砌体不宜大于5 mm,粗料石、毛料石砌体不宜大于20 mm。料石基础的第一皮料石应坐浆丁砌,以上各层料石可按一顺一丁进行砌筑。料石墙体厚度等于一块料石宽度时,可采用全顺砌筑形式;料石墙体等于两块料石宽度时,可采用两顺一丁或丁顺组砌的形式。

在料石和毛石或砖的组合墙中,料石砌体、毛石砌体、砖砌体应同时砌筑,并每隔2~3皮料石层用"丁砌层"与毛石砌体或砖砌体拉结砌合。"丁砌层"的长度宜与组合墙厚度相同。

3. 勾缝与分缝

1) 坡面勾缝

石砌体表面进行勾缝的目的,主要是加强砌体整体性,同时还可增加砌体的抗渗能力,另外也美化外观。勾缝按其形式可分为凹缝、平缝、凸缝等,如图3-68所示。凹缝又可分为半圆凹缝、平凹缝,凸缝可分为平凸缝、半圆凸缝、三角凸缝等。

勾缝的程序是在砌体砂浆未凝固以前,先沿砌缝将灰缝剔深20~30 mm形成缝槽,待砌

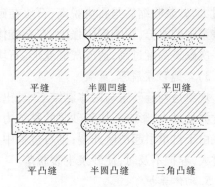

图3-68　石砌体勾缝形式

体完成砂浆凝固以后再进行勾缝。勾缝前,应将缝槽冲洗干净,自上而下,不整齐处应修整。勾缝的砂浆宜用水泥砂浆,砂用细砂。砂浆稠度要掌握好,过稠勾出缝来表面粗糙不光滑,过稀容易坍落走样。最好不使用火山灰质水泥,因为这种水泥干缩性大,勾缝容易开裂。砂浆强度等级应符合设计规定,一般应高于原砌体的砂浆强度等级。

勾凹缝时,先用铁钎子将缝修凿整齐,再在墙面上浇水湿润,然后将浆勾入缝内,再用板条或绳子压成凹缝,用灰抿赶压光平。凹缝多用于石料方正、砌得整齐的墙面。勾平缝时,先在墙面洒水,使缝槽湿润后,将砂浆勾于缝中赶光压平,使砂浆压住石边,即成平缝。勾凸缝时,先浇水润湿缝槽,用砂浆打底与石面相平,而后用扫把扫出麻面,待砂浆初凝后抹第二

层,其厚度约为 1 cm,然后用灰抿拉出凸缝形状。凸缝多用于不平整石料。砌缝不平时,把凸缝移动一点,可使表面美观。

砌体的隐蔽回填部分,可不专门做勾缝处理,但有时为了加强防渗,应事前在砌筑过程中,用原浆将砌缝填实抹平。

2)伸缩缝

浆砌体常因地基不均匀沉陷或砌体热胀冷缩可能导致产生裂缝。为避免砌体发生裂缝,一般在设计中均要在建筑物某些接头处设置伸缩缝(沉陷缝)。施工时,可按照设计规定的厚度、尺寸及不同材料做成缝板。缝板有油毛毡(一般常用三层油毛毡刷沥青制成)、沥青杉板(杉板两面刷沥青)等,其厚度为设计缝宽,一般均砌在缝中。如采用前者,则需先立样架,将伸缩缝一边的砌体砌筑平整,然后贴上油毡,再砌另一边;如采用沥青杉板做缝板,最好是架好缝板,两面同时等高砌筑,不需再立样架。

4.浆砌石常见施工质量缺陷

1)竖向通缝

现象为用乱毛石砌筑的墙体,顶头缝上下皮贯通,在转角和丁字墙接槎处常发现。主要形成原因:乱毛石形状不规则、大小不等,组砌时须考虑左右、上下、前后的交接,难度较大,往往忽视上下各皮顶头缝的位置,而未错开。临时间断处分段施工时留槎不正确,在墙角和丁字墙接槎处留直槎。

2)砂浆不饱满

现象为石砌体中石块和砂浆黏结不牢。有明显的孔隙;石块之间没有砂浆,而直接接触;卧缝浆铺得不严等,致使石砌体的承载能力降低和整体性差。原因有:石砌体砌筑时灰缝过大,砂浆收缩后与石块脱离;石块在砌筑时不洒水,在气温高而干燥季节施工时,石块吸收砂浆中的水分,影响砌体强度;在石砌体砌筑时,采用灌浆法施工,造成砂浆不饱满;砌体的一次砌筑高度过高,造成灰缝变形、石块错动;砂浆初凝后被上皮石块碰掉。

3)勾缝砂浆脱落、开裂

现象是勾缝砂浆与砌体黏结不牢,出现缝隙,易造成渗水甚至漏水。原因有:砂浆中的砂含泥量过大,影响石块和砂浆的黏结力;石砌体灰缝过宽,而又采用原浆勾缝的施工方法,砂浆由于自重引起滑坠开裂;砌石过程中未及时刮缝,或勾缝前缝内积灰未清除;砂浆含泥量过大,养护不及时,使砂浆干裂脱落。

5.砌体养护

浆砌石砌体完成后,须用麻袋或草覆盖,并经常洒水养护,保持表面潮湿。养护时间一般不少于 5~7 d,冬季期间不再洒水,而应用保温材料覆盖保温。在砌体未达到要求的强度之前,不得在其上任意堆放重物或修凿石块,以免砌体受振动破坏。

四、混凝土预制块砌体施工

(一)预制块制作

混凝土预制块护坡一般采用套塑模进行预制块的生产。预制块要求尺寸准确、整齐统一、棱角分明、表面清洁平整。

(二)混凝土预制块储存、搬运

(1)混凝土预制块浇筑成型达48 h后,应及时堆放,以免占用场地,但堆放时应轻拿轻放,堆放整齐有序。

(2)混凝土预制块在搬运过程中要切实做到人工装车、卸车。装车时混凝土预制块应相互挤紧,以免在运输过程中撞坏;卸车时做到轻拿轻放,禁止野蛮装卸,不允许自卸车直接翻倒卸混凝土预制块。

(3)混凝土预制块在运输过程中,应匀速行驶,避免大的颠簸,确保混凝土预制块不受损坏。

(三)坡面修整及砂垫层铺筑

修坡时应严格控制坡比,坡面修整采用人工拉线修整,坡面土料不足部分人工填筑并洒水夯实,使之达到验收条件,随后进行砂垫层铺筑,砂垫层厚 10 cm,人工挑运至坡面,自下而上铺平并压实。

(四)土工布的铺设

土工布的铺设搭接宽度必须大于 40 cm,铺设长度要有一定富余量,保证土工布铺设后不影响护坡的断面尺寸,最后将铺设后的土工用 U 形钉固定,防止预制块砌筑过程中土工布滑动变形。

(五)预制混凝土砌筑

混凝土预制块铺设重点是控制好两条线和一个面,两条线是坡顶线和底脚线,一个面是铺砌面。保证上述两条线的顺畅和护砌面的平整,对整个护坡外观质量的评价至关重要。

预制混凝土块砌筑必须按从下往上的顺序砌筑,砌筑应平整、咬合紧密。砌筑时依放样桩纵向拉线控制坡比,横向拉线控制平整度,使平整度达到设计要求。混凝土预制块铺筑应平整、稳定、缝线规则;坡面平整度用 2 m 靠尺检测凹凸不超过 1 cm;预制块砌筑完后,应经一场降雨或使混凝土块落实调整其平整度后用砂浆勾缝,勾缝前先洒水,将预制块湿润,用钢丝钩将缝隙掏干净,确保水泥砂浆把缝塞满,勾缝要求表面抹平,整齐美观,勾缝后应及时洒水养护,养护期不少于一周,缝线整齐、统一。

五、排水及伸缩缝施工

(一)排水

护坡(挡土墙)应做好排水。挡土墙排水设施的作用在于疏干墙后土体中的水和防止地表水下渗后积水,以免墙后积水致使墙身承受额外的静水压力;减少季节性冰冻地区填料的冻胀压力;消除黏性土填料浸水后的膨胀压力。护坡(挡土墙)的排水措施通常由地面排水和墙身排水两部分组成。地面排水主要是防止地表水渗入墙后土体或地基,地面排水措施如下:

(1)设置地面排水沟,截引地表水。

(2)夯实回填土顶面和地表松土,防止雨水和地面水下渗,必要时可设铺砌层。

(3)挡土墙趾前的边沟应予以铺砌加固,以防止边沟水渗入基础。

护坡(挡土墙)排水主要是为了排除墙后积水,通常在墙身的适当高度处布置一排或数排泄水孔,如图 3-69 所示。泄水孔的进水口部分应设置粗粒料反滤层,以防孔道淤塞。泄水孔应有向外倾斜的坡度。在特殊情况下,墙后填土采用全封闭防水,一般不设泄水孔。干砌挡土墙可不设泄水孔。

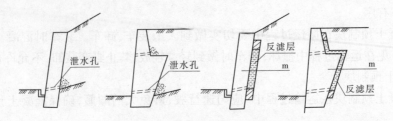

图 3-69　挡土墙泄水孔及反滤层

（二）伸缩缝

为避免因地基不均匀沉陷而引起墙身开裂,根据地基地质条件的变化和护坡或墙高、墙身断面的变化情况需设置沉降缝。一般将沉降缝和伸缩缝合并设置,每隔 10~25 m 设置一道,如图 3-70 所示。缝宽为 2~3 cm,自墙顶做到基底。缝内沿墙的内、外、顶三边填塞沥青麻筋或沥青木板,塞入深度不小于 0.2 m。

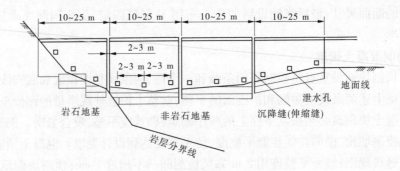

图 3-70　沉降缝与伸缩缝

六、钢丝笼填石护坡(雷诺护坡)施工

雷诺护垫也叫石笼护垫、格宾护垫,是指由机编双绞合六边形金属网面构成的厚度远小于长度和宽度的垫形工程构件。雷诺护垫中装入块石等填充料后连接成一体,成为主要用于堤防、岸坡、海漫等的防冲刷结构,既可防止河岸遭水流、风浪侵袭而破坏,又实现了水体与坡下土体间的自然对流交换功能,达到生态平衡。

雷诺护垫材质有镀锌钢丝、PVC 保护层镀锌钢丝、锌铝混合稀土合金钢丝等。雷诺护垫为机械生产,出厂时已组装、压塑,和网盖一起打包。所有雷诺护垫不论是折叠绑扎还是卷的,都是一个独立体。网垫在工厂折叠压塑打包后便于装船处理,网垫的主体部分和网盖可以分别绑扎。绑丝以卷的形式提供。环形纽扣装入盒中一起运输,应放在干燥的环境中。

现场安装时将折叠好的格宾护垫置于平实的地面展开,压平多余的折痕,将前后面板、底板、隔板立起到一定位置,呈箱体形状。相邻网箱的上下四角以双股组合丝连接,上下框线或折线绑扎并使用螺旋固定丝绞合收紧连结。边缘突出部分需折叠压平。将每个网箱六个面及隔断组装完整,确保各个网面平整,然后放在正确的位置上。

将雷诺护垫的边缘与其他部分用钢丝连结起来,在每个护垫安装好后,将雷诺护垫放在指定位置,再将各个网垫连接起来。为了保持整体架构便于连接,可在空箱连接后再装石料。

第四章　地基处理及基础工程

地基是承载建筑物全部荷载的土层或岩层,地基必须坚固、稳定而可靠;基础是建筑物的组成部分,是建筑物的承重构件,它支撑着其上部建筑物的全部荷载,并将这些荷载及自重传给地基。

第一节　地基处理

一、概述

当建筑物的地基存在着强度不足、压缩性过大或不均匀时,为保证建筑物的安全与正常使用,应对地基进行处理。

(一)地基处理的目的

在软弱地基上建造工程,可能会发生沉降或差异沉降特大、大范围地基沉降、地基剪切破坏、承载力不足、地基液化、地基渗漏、管涌等一系列问题。地基处理的目的就是针对这些问题,采取适当的措施来改善地基条件。地基处理措施主要包括以下五个方面:

(1)改善剪切特性。地基的剪切破坏以及在土压力作用下的稳定性,取决于地基土的抗剪强度。因此,为了防止剪切破坏以及减轻土压力,需要采取一定措施以增加地基土的抗剪强度。

(2)改善压缩特性。需要研究采用何种措施以提高地基土的压缩模量,借以减少地基土的沉降。另外,防止侧向流动(塑性流动)产生的剪切变形,也是改善剪切特性的目的之一。

(3)改善透水特性。由于在地下水的运动中所出现的问题,因此需要研究采取何种措施使地基土变成不透水或减轻其水压力。

(4)改善动力特性。地震时饱和松散粉细砂(包括一部分粉土)将会产生液化。为此,需要研究采取何种措施防止地基土液化,并改善其振动特性以提高地基的抗震性能。

(5)改善特殊土的不良地基特性。主要是消除或减少黄土的湿陷性和膨胀土的胀缩性等特殊土的不良地基的特性。

(二)地基处理分类

地基处理方法一般可分为碾压及夯实、换土垫层、排水固结、振密挤密、置换及拌入、加筋等。

二、地基处理方法

(一)换填地基

换填地基是指将地基内软土清除,用稳定性好的土、石回填并压实或夯实。一般采用的是开挖换填砂和砂砾石,即采用砂或砂砾石(碎石)混合物,经分层夯实,作为地基的持力层,提高基础下部地基强度,并通过垫层的压力扩散作用降低地基的压应力,减少变形量,如图4-1所示。砂垫层还可起到排水作用,地基土中的孔隙水可通过垫层快速排出,能加速下部土层的沉降和固结。

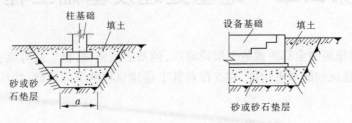

图4-1 砂和砂石地基施工做法

(二)夯实地基

夯实地基采用较多的是重锤夯实地基和强夯法地基。

重锤夯实是利用起重机械将夯锤提升到一定高度,然后自由落下,重复夯击基土表面,使地基表面形成一层比较密实的硬壳层,从而使地基得到加固。适于地下水位在0.8 m以上、稍湿的黏性土、沙土、饱和度 $S_r \leq 60$ 的湿陷性黄土、杂填土以及分层填土地基的加固处理,但当夯击对邻近建筑物有影响,或地下水位高于有效夯实深度时,不宜采用。重锤表面夯实的加固深度一般为1.2~2.0 m。湿陷性黄土地基经重锤表面夯实后,透水性会显著降低,可消除湿陷性,地基土密度增大,强度可提高30%;对杂填土则可以减少其不均匀性,提高承载力。

强夯法是用起重机械吊起重8~30 t的夯锤,从6~30 m高处自由落下,以强大的冲击能量夯击地基土,使土中出现冲击波和冲击应力,迫使土层孔隙压缩,土体局部液化,在夯击点周围产生裂隙,形成良好的排水通道,孔隙水和气体逸出,使土粒重新排列,经时效压密达到固结,从而提高地基承载力,降低其压缩性的一种有效的地基加固方法。

(三)挤密桩地基

挤密桩法是用冲击或振动方法,把圆柱形钢质桩管打入原地基,拔出后形成桩孔,然后进行素土、灰土、石灰土、水泥土等物料的回填和夯实,从而达到形成增大直径的桩体,并同原地基一起形成复合地基。其特点在于不取土,挤压原地基成孔;回填物料时,夯实物料进一步扩孔。

灰土、素土等挤密桩法适用于处理地下水位以上的湿陷性黄土、素填土和杂填土等地基,可处理地基的深度为5~20 m。当以消除地基土的湿陷性为主要目的时,宜选用素土挤密桩法。当以提高地基土的承载力或增强其水稳性为主要目的时,宜选用灰土挤密桩法。当地基土的含水量大于24%、饱和度大于65%时,不宜选用灰土挤密桩法或素土挤密桩法。

1.灰土桩地基

灰土挤密桩是利用锤击将钢管打入土中侧向挤密成孔,将管拔出后,在桩孔中分层回填2:8或3:7灰土夯实而成,与桩间土共同组成复合地基以承受上部荷载。

2.砂石桩地基

砂桩和砂石桩统称砂石桩,是指用振动、冲击或水冲等方式在软弱地基中成孔后,再将砂或砂卵石(或砾石、碎石)挤压入土孔中,形成大直径的砂或砂卵石(碎石)所构成的密实桩体,它是处理软弱地基的一种常用方法。

3. 水泥粉煤灰碎石桩地基

水泥粉煤灰碎石桩(简称 CFG 桩)是在碎石桩的基础上掺入适量石屑、粉煤灰和少量水泥,加水拌和后制成具有一定强度的桩体。其骨料仍为碎石,用掺入石屑的方法来改善颗粒级配;用掺入粉煤灰的方法来改善混合料的和易性,并利用其活性减少水泥用量;用掺入少量水泥的方法使其具有一定的黏结强度。CFG 桩适于多层和高层建筑地基,如沙土、粉土、松散填土、粉质黏土、黏土、淤泥质黏土等的处理。

4. 夯实水泥土复合地基

夯实水泥土复合地基是用洛阳铲或螺旋钻机成孔,在孔中分层填入水泥、土混合料,经夯实成桩,与桩间土共同组成复合地基。夯实水泥土复合地基具有提高地基承载力(50% ~ 100%),降低压缩性;材料易于解决;施工机具设备、工艺简单,施工方便,工效高,地基处理费用低等优点。它适于加固地下水位以上、天然含水量为 12% ~ 23%、厚度在 10 m 以内的新填土、杂填土、湿陷性黄土以及含水率较大的软弱土地基。

5. 振冲地基

振冲地基又称振冲桩复合地基,是以起重机吊起振冲器,启动潜水电机带动偏心块,使振冲器产生高频振动,同时开动水泵,通过喷嘴喷射高压水成孔,然后分批填以砂石骨料形成一根根桩体,桩体与原地基构成的复合地基。振冲地基法是提高地基承载力,减小地基沉降和沉降差的一种快速、经济、有效的加固方法。

(四)注浆地基

1. 水泥注浆地基

水泥注浆地基是将水泥浆通过压浆泵、灌浆管均匀地注入土体中,以填充、渗透和挤密等方式驱走岩石裂隙中或土颗粒间的水分和气体,并填充其位置,硬化后将岩土胶结成一个整体,形成一个强度大、压缩性低、抗渗性高和稳定性良好的新的岩土体,从而使地基得到加固。水泥注浆地基可以防止或减少渗透和不均匀沉降,在建筑工程中应用较为广泛。

水泥注浆适用于软黏土、粉土、新近沉积黏性土、沙土提高强度的加固和渗透系数大于 2 ~ 10 cm/s 的土层的止水加固以及已建工程局部松软地基的加固。

1)高压旋喷地基施工

高压喷射注浆法就是利用钻机把带有喷嘴的注浆管钻入(或置入)至土层预定的深度,以 20 ~ 40 MPa 的压力把浆液或水从喷嘴中喷射出来,形成喷射流冲击破坏土层及预定形状的空间,当能量大、速度快和脉动状的喷射流的动压力大于土层结构强度时,土颗粒便从土层中剥落下来,一部分细粒土随浆液或水冒出地面,其余土颗粒在射流的冲击力、离心力和重力等作用下,与浆液搅拌混合,并按一定的浆土比例和质量大小,有规律地重新排列。这样注入的浆液将冲下的部分土混合凝结成加固体,从而达到加固土体的目的。

2)深层搅拌地基施工

水泥土搅拌法是以水泥作为固化剂的主剂,通过特制的搅拌机械边钻边往软土中喷射浆液或雾状粉体,在地基深处将软土和固化剂(浆液或粉体)强制搅拌,使喷入软土中的固化剂与软土充分拌和在一起,利用固化剂和软土之间产生的一系列物理化学反应形成抗压强度比天然土强度高得多,并具有整体性、水稳定性和一定强度的水泥加固土桩柱体,由若干根这类加固土桩柱体和桩间土构成复合地基,从而达到提高地基承载力和增大变形模量的目的。

2. 硅化注浆地基

硅化注浆地基是将以硅酸钠(水玻璃)为主剂的混合溶液(或水玻璃水泥浆)通过注浆管均匀地注入地层,浆液赶走土粒间或岩土裂隙中的水分和空气,并将岩土胶结成一整体,形成强度较大、防水性能较好的结石体,从而使地基得到加强。

(五)预压地基

预压法是在建筑物建造前,对建筑场地进行预压,使土体中的水排出,逐渐固结,地基发生沉降,同时强度逐步提高的方法。预压法适用于处理淤泥质土、淤泥和冲填土等饱和黏性土地基。可使地基的沉降在加载预压期间基本完成或大部分完成,使建筑物在使用期间不致产生过大的沉降和沉降差。同时,可增加地基土的抗剪强度,从而提高地基的承载力和稳定性。

1. 砂井堆载预压地基

砂井堆载预压地基是在软弱地基中用钢管打孔,灌砂设置砂井作为竖向排水通道,并在砂井顶部设置砂垫层作为水平排水通道,在砂垫层上部压载以增加土中附加应力,使土体中孔隙水较快地通过砂井和砂垫层排出,从而加速土体固结,使地基得到加固。

2. 袋装砂井堆载预压地基

袋装砂井堆载预压地基是在普通砂井堆载预压基础上改良和发展的一种新方法。袋装砂井直径根据所承担的排水量和施工工艺要求决定,一般采用 7~12 cm,间距为 1.5~2.0 m,井径比为 15~25。袋装砂井长度应较砂井孔长度长 50 cm,使其放入井孔内后可露出地面,以便埋入排水砂垫层中。

3. 塑料排水带堆载预压地基

塑料排水带堆载预压地基是先将带状塑料排水带用插板机插入软弱土层中,组成垂直和水平排水体系,然后在地基表面堆载预压(或真空预压),土中孔隙水沿塑料带的沟槽上升溢出地面,从而加速了软弱地基的沉降过程,使地基得到压密加固。

4. 真空预压地基

真空预压法是以大气压力作为预压载荷,它是先在需加固的软土地基表面铺设一层透水砂垫层或砂砾层,再在其上覆盖一层不透气的塑料薄膜或橡胶布,将四周密封好,使其与大气隔绝,在砂垫层内埋设渗水管道,然后与真空泵连通进行抽气,使透水材料保持较高的真空度,在土的孔隙水中产生负的孔隙水压力,将土中孔隙水和空气逐渐吸出,从而使土体固结。对于渗透系数小的软黏土,为加速孔隙水的排出,也可在加固部位设置砂井、袋装砂井或塑料板等竖向排水系统。

(六)土工合成材料地基

1. 土工织物地基

土工织物地基又称土工聚合物地基、土工合成材料地基,是在软弱地基中或边坡上埋设土工织物作为加筋,使其形成弹性复合土体,起到排水、反滤、隔离、加固和补强等方面的作用,以提高土体承载力,减少沉降和增加地基的稳定。

2. 加劲土地基

加劲土地基是由填土和填土中布置一定量的带状筋体(或称拉筋)以及直立的墙面板三部分组成的一个整体的复合结构。这种结构内部存在着墙面土压力、拉筋的拉力以及填土与拉筋间的摩擦力等相互作用的内力,并维持互相平衡,从而可保证这个复合结构的内部稳定。同时这一复合体又能抵抗拉筋尾部后面填土所产生的侧压力,使整个复合结构保持稳定。

三、灌浆施工

(一)水泥灌浆

1.帷幕灌浆

1)钻孔

帷幕灌浆孔宜采用回转式钻机和金刚石钻头或硬质合金钻头钻进,帷幕灌浆钻孔位置与设计位置的偏差不得超过规范要求。因故变更孔位时,应征得设计部门同意。实际孔位应有记录,孔深应符合设计规定,帷幕灌浆孔宜选用较小的孔径,钻孔孔壁应平直完整。帷幕灌浆钻孔必须保证孔向准确。钻机安装必须平正稳固,钻孔宜埋设孔口管,钻机立轴和孔口管的方向必须与设计孔向一致;钻进应采用较长的粗径钻具并适当地控制钻进压力。帷幕灌浆孔应进行孔斜测量,发现偏斜超过要求应及时纠正或采取补救措施。

钻灌浆孔时应对岩层、岩性以及孔内各种情况进行详细记录。钻孔遇有洞穴、塌孔或掉钻难以钻进时,可先进行灌浆处理,而后继续钻进。如发现集中漏水,应查明漏水部位、漏水量和漏水原因,经处理后,再行钻进。钻进结束等待灌浆或灌浆结束等待钻进时,孔口均应堵盖,妥加保护。

2)冲洗

(1)洗孔。

灌浆孔(段)在灌浆前应进行钻孔冲洗,孔内沉积厚度不得超过 20 cm。帷幕灌浆孔(段)在灌浆前宜采用压力水进行裂隙冲洗,直至回水清净。冲洗压力可为灌浆压力的80%,但该值不大于 1 MPa。

洗孔的目的是将残存在孔底岩粉和黏附在孔壁上的岩粉、铁砂碎屑等杂质冲出孔外,以免堵塞裂隙的通道口而影响灌浆质量。钻孔钻到预定的段深并取出岩芯后,将钻具下到孔底,用大流量水进行冲洗,直至回水变清。

(2)冲洗。

冲洗的目的是用压力水将岩石裂隙或空洞中所充填的松软、风化的泥质充填物冲出孔外,或是将充填物推移到需要灌浆处理的范围外,这样裂隙被冲洗干净后,利于浆液流进裂隙并与裂隙接触面胶结,起到防渗和固结的作用。使用压力水冲洗时,在钻孔内一定深度需要放置灌浆塞。

冲洗有单孔冲洗和群孔冲洗两种方式。

单孔冲洗仅能冲净钻孔本身和钻孔周围较小范围内裂隙中的填充物,因此此法适用于较完整的、裂隙发育程度较轻、充填物情况不严重的岩层。

单孔冲洗有以下几种方法:

①高压冲洗。整个过程在大的压力下进行,以便将裂隙中的充填物向远处推移或压实,但要防止岩层抬动变形。如果渗漏量大,升不起压力,就尽量增大流量,加大流速,增强水流冲刷能力,使之能挟带充填物走得远些。

②高压脉动冲洗。首先用高压冲洗,压力为灌浆压力的80% ~100%,连续冲洗5 ~10 min 后,将孔口压力迅速降到零,形成反向脉冲流,将裂隙中的碎屑带出,回水呈浑浊色。当

回水变清后,升压用高压冲洗,如此一升一降,反复冲洗,直至回水洁净后,延续 10~20 min。

③扬水冲洗。将管子下到孔底,上接风管,通入压缩空气,使孔内的水和空气混合,由于混合水体的密度轻,将孔内的水向上喷出孔外,孔内的碎屑随之喷出孔外。

④群孔冲洗。群孔冲洗是把两个以上的孔组成一组进行冲洗,可以把组内各钻孔之间岩石裂隙中的充填物清除出孔外。如图 4-2 所示。群孔冲洗主要是使用压缩空气和压力水。冲洗时,轮换地向某一个或几个孔内压入气、压力水或气水混合体,使之由另一个孔或另几个孔出水,直到各孔喷出的水是清水后停止。

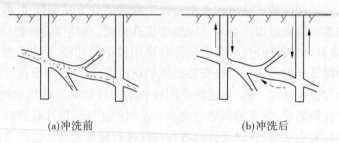

(a)冲洗前　　　　　　　　　(b)冲洗后

图 4-2　群孔冲洗裂缝示意图

3)压水试验

压水试验的目的是测定围岩吸水性,核定围岩渗透性。

帷幕灌浆采用自上而下分段灌浆法时,先导孔应自上而下分段进行压水试验,各次序灌浆孔的各灌浆段在灌浆前宜进行简易压水试验。

压水试验应在裂隙冲洗后进行。简易压水试验可在裂隙冲洗后或结合裂隙冲洗进行。压力可为灌浆压力的 80%,该值若大于 1 MPa,采用 1 MPa。压水 20 min,每 5 min 测读一次压入流量,取最后的流量值作为计算流量,其成果以透水率表示。帷幕灌浆采用自下而上分段灌浆法时,先导孔仍应自上而下分段进行压水试验。各次序灌浆孔在灌浆前全孔应进行一次钻孔冲洗和裂隙冲洗。除孔底段外,各灌浆段在灌浆前可不进行裂隙冲洗和简易压水试验。

4)灌浆施工

(1)灌浆的施工次序。

灌浆施工次序划分的原则是逐序缩小孔距,即钻孔逐渐加密。这样浆液逐渐挤密压实,可以促进灌浆帷幕的连续性;能够逐序升高灌浆压力,有利于浆液的扩散和提高浆液结石的密实性;根据各次序孔的单位注入量和单位吸水量的分析,可起到反映灌浆情况和灌浆质量的作用,为增、减灌浆孔提供依据;减少邻孔串浆现象,有利于施工。

大坝的岩石基础帷幕灌浆通常由一排孔、二排孔、三排孔所构成,多于三排孔的比较少。

①单排孔帷幕施工(同二、三、多排帷幕孔的同一排上灌浆孔的施工次序),首先钻灌第Ⅰ次序孔,然后钻灌第Ⅱ次序孔,最后钻灌第Ⅲ次序孔。

②由两排孔组成的帷幕,先钻灌下游排,后钻灌上游排。

③由三排或多排孔组成的帷幕,先钻灌下游排,再钻灌上游排,最后钻灌中间排。

(2)灌浆的施工方法。

基岩灌浆方式有循环式和纯压式两种。帷幕灌浆应优先采用循环式,射浆管距孔底不得大于 50 cm;浅孔固结灌浆可采用纯压式。

帷幕灌浆段长一般可为 5~6 m,岩体完整时可适当加长,但最长不应大于 10 m;岩体破碎孔壁不稳时,段长应缩短。混凝土结构和基岩接触处的灌浆段段长宜为 2~3 m。

采用自上而下分段灌浆法时,灌浆塞应阻塞在各灌浆段段顶以上 0.5 m 处,防止漏灌。

采用自下而上分段灌浆法时,如灌浆段的长度超过 10 m,则宜对该段采取补救措施。

混凝土与基岩接触段应先行单独灌注并待凝,待凝时间不宜少于 24 h,其余灌浆段灌浆结束后一般可不待凝。灌浆前孔口涌水、灌浆后返浆或遇地质条件复杂等情况宜待凝,待凝时间应根据工程具体情况确定。

先导孔各孔段可在进行压水试验后及时进行灌浆,也可在全孔压水试验完成之后自下而上分段灌浆。

单孔灌浆一般采用全孔一次灌浆和全孔分段灌浆方法。

全孔一次灌浆是把全孔作为一段来进行灌浆。一般在孔深不超过 6 m 的浅孔、地质条件良好、岩石完整、渗漏较小的情况下,无其他特殊要求,可考虑全孔一次灌浆,孔径也可以尽量减小。

全孔分段灌浆根据钻孔各段的钻进和灌浆的相互顺序,又分为以下几种方法:

①自上而下分段灌浆。就是自上而下逐段钻进,随段位安设灌浆塞,逐段灌浆的一种施工方法。这种方法适宜在岩石破碎、孔壁不稳固、孔径不均匀、竖向节理、裂隙发育、渗漏情况严重的情况下采用。施工程序为:钻进(一段)→冲洗→简易压水试验→灌浆待凝→钻进(下一段)。

②自下而上分段灌浆。就是将钻孔一直钻到设计孔深,然后自下而上逐段进行灌浆。这种方法适宜岩石比较坚硬、完整,裂隙不很发育,渗透性不甚大的情况。在此类岩石中进行灌浆时,采用自下而上灌浆可使工序简化,钻进、灌浆两个工序各自连续施工;无须待凝,节省时间,工效较高。

③综合分段灌浆法。综合自上而下与自下而上相结合的分段灌浆法。有时由于上部岩层裂隙多,又比较破碎,上部地质条件差的部位先采用自上而下分段灌浆法,其后再采用综合分段灌浆法。

④小孔径钻孔、孔口封闭、无栓塞、自上而下分段灌浆法。就是把灌浆塞设置在孔口,自上而下分进,逐段灌浆并不待凝的一种分段灌浆法。孔口应设置一定厚度的混凝土盖重。全部孔段均能自行复灌,工艺简单,免去了起、下塞工序和塞堵不严的麻烦,不需要待凝,节省时间,发生孔内事故可能性较小。

(3)灌浆压力的确定。

灌浆压力应根据工程等级、灌浆部位的地质条件和承受水头等情况进行分析计算,并结合工程类比确定。重要工程的灌浆压力应通过现场灌浆试验论证。在施工过程中,灌浆压力可根据具体情况进行调整。灌浆压力的改变应征得设计单位同意。

由于浆液的扩散能力与灌浆压力的大小密切相关,采用较高的灌浆压力,可以减少钻孔数,且有助于提高可灌性,使强度和不透水性等得到改善。当孔隙被某些软弱材料充填时,较高灌浆压力能在充填物中造成劈裂灌注,提高灌浆效果。随着灌浆基础处理技术和机械设备的完善配套,6.0~10 MPa 的高压灌浆在采用提高灌浆压力措施和浇筑混凝土盖板处理后,在大型工程中应用较广。但当灌浆压力超过地层的压重和强度而没采取相应措施时,有可能导致地基及其上部结构的破坏。因此,一般情况下,以不使地层结构破坏或发生局部的和少量的破坏,作为确定地基允许灌浆压力的基本原则。

灌浆压力宜通过灌浆试验确定。灌浆试验时,一般将压力升到一定数值而注浆量突然增大时的这一压力作为确定灌浆压力的依据(临界压力)。

采用循环式灌浆,压力表应安装在孔口回浆管路上;采用纯压式灌浆,压力表应安装在孔口进浆管路上。压力读数宜读压力表指针摆动的中值,当灌浆压力为 5 MPa 或大于 5 MPa 时,也可读峰值。压力表指针摆动范围应小于灌浆压力的20%,摆动幅度宜做记录。灌浆应尽快达到设计压力,但注入率大时应分级升压。

如缺乏试验资料,做灌浆试验前须预定一个试验数值确定灌浆压力。考虑灌浆方法和地质条件的经验公式为

$$[p_c] = p_0 + mD \tag{4-1}$$

式中　$[p_c]$——容许灌浆压力,MPa;

　　　　p_0——表面段容许灌浆压力,MPa;

　　　　m——灌浆段每增加 1 m,容许增加的压力,MPa/m;

　　　　D——灌浆段深度,m。

灌浆过程中根据工程情况和地质条件,灌浆压力的提升可采用一次升压法或分级升压法。

①一次升压法。

灌浆开始将压力尽快地升到规定压力,单位吸浆量不限。在规定压力下,每一级浓度浆液的累计吸浆量达到一定限度后,调换浆液配合比,逐级加浓,随着浆液浓度的逐级增加,裂隙逐渐被填充,单位吸浆量将逐渐减少,直至达到结束标准,即灌浆结束。

此法适用于透水性不大、裂隙不甚发育的较坚硬、完整岩石的灌浆。

②分级升压法。

在灌浆过程中,将压力分为几个阶段,逐级升高到规定的压力值。灌浆开始如果吸浆量大,使用最低一级的灌浆压力,当单位吸浆量减少到一定限度(下限),则将压力升高一级,当单位吸浆量又减少到下限时,再升高一级压力,如此进行下去,直到现在规定压力下,灌至单位吸浆量减少到结束标准时,即可结束灌浆。

在灌浆过程中,在某一级压力下,如果单位吸浆量超过一定限度(上限),则应降低一级压力进行灌浆,待单位吸浆量达到下限值时,再提高到原一级压力,继续灌浆。单位吸浆量的上限、下限,可根据岩石的透水性、在帷幕中不同部位及灌浆次序而定。一般上限定为60 ~ 80 L/min,下限定为30 ~ 40 L/min。

此法仅是在遇到基础岩石透水严重,吸浆量大的情况下采用。

(4)浆液变换。

灌注普通水泥浆液时,浆液水灰比可分为5、3、2、1、0.8、0.5 等六个比级,灌注时由稀至浓逐级变换。灌注细水泥浆液时,浆液水灰比可采用2、1、0.6 或 2、0.8、0.6 三个比级。

根据工程情况和地质条件,也可灌注单一比级的稳定浆液,或混合浆液、膏状浆液等,其浆液的成分、配合比以及灌注方法应通过室内浆材试验和现场灌浆试验确定。

当采用多级水灰比浆液灌注时,浆液变换原则如下:

①当灌浆压力保持不变、注入率持续减小,或注入率不变而压力持续升高时,不得改变水灰比。

②当某级浆液注入量已达 300 L 以上,或灌浆时间已达 30 min,而灌浆压力和注入率均无改变或改变不显著时,应采用浓一级的水灰比。

③当注入率大于 30 L/min 时,可根据具体情况越级变浓。

灌浆过程中,灌浆压力或注入率突然改变较大时,应立即查明原因,采取相应的措施进行处理。

灌浆过程也可采用灌浆强度值控制,其最大灌浆压力、最大单位注入量、灌浆强度指数、浆液配合比、灌浆过程控制和灌浆结束条件等,应通过试验确定。

2.坝基固结灌浆

固结灌浆一般是在岩石表层钻孔,经灌浆将岩石固结。破碎、多裂隙的岩石经固结后,其弹性模量和抗压强度均有明显的提高,可以增强岩石的均质性,减少不均匀沉陷,降低岩石的透水性能。

1)固结灌浆布置

固结灌浆的范围主要根据大坝基础的地质条件、岩石破碎情况、坝型和基础岩石应力条件而定。对于重力坝,基础岩石比较良好时,一般仅在坝基内的上游和下游应力大的地区进行固结灌浆;坝基岩石普遍较差,而坝又较高的情况下,则多进行坝基全面的固结灌浆。此外,在裂隙多、岩石破碎和泥化夹层集中的地区要着重进行固结灌浆。有的工程甚至在坝基以外的一定范围内,也进行固结灌浆。对于拱坝,因作用于基础岩石上的荷载较大,且较集中,因此一般多是整个坝基进行固结灌浆,特别是两岸受拱坝推力大的坝肩拱座基础,更需要加强固结灌浆工作。

(1)固结灌浆孔的布设。

固结灌浆孔的布设常采用的形式有方格形、梅花形和六角形,也有采用菱形或其他形式的,如图 4-3 ~ 图 4-5 所示。

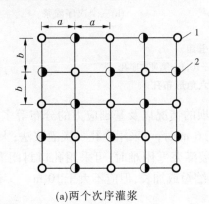

(a)两个次序灌浆

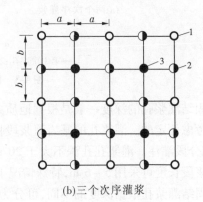

(b)三个次序灌浆

a—孔距;b—排距

1—第 I 次序孔;2—第 II 次序孔;3—第 III 次序孔

图 4-3 固结灌浆方格形布孔

由于岩石的破碎情况、节理发育程度、裂隙的状态、宽度和方向的不同,孔距也不同。大坝固结灌浆最终孔距一般在 3 ~ 6 m,而排距等于或略小于孔距。

(2)固结灌浆孔的深度。

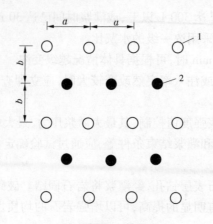

a—孔距;b—排距

1—第Ⅰ次序孔;2—第Ⅱ次序孔

图4-4　固结灌浆梅花形布孔

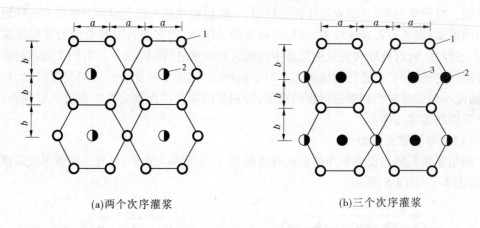

(a)两个次序灌浆　　　　　　　　　　　　(b)三个次序灌浆

a—孔距;b—排距

1—第Ⅰ次序孔;2—第Ⅱ次序孔;3—第Ⅲ次序孔

图4-5　固结灌浆六角形布孔

固结灌浆孔的深度一般是根据地质条件、大坝的情况以及基础应力的分布等多种条件综合考虑而定的。灌浆孔的基岩灌浆段长不大于 6 m 时,可采用全孔一次灌浆法;大于 6 m 时,宜分段灌注。灌浆孔孔深不大于 20 m,且安装灌浆塞困难时,可采用孔口封闭灌浆法。各灌浆段长度可采用 5 ~ 6 m,特殊情况下可适当缩短或加长,但应不大于 10 m。

固结灌浆孔依据深度的不同,可分为三类:

①浅孔固结灌浆。

浅孔固结灌浆是为了普遍加固表层岩石,固结灌浆面积大、范围广。孔深多为 6 m 以内,可采用风钻钻孔,全孔一次灌浆法灌浆。

②中深孔固结灌浆。

中深孔固结灌浆是为了加固基础较深处的软弱破碎带以及基础岩石承受荷载较大的部位。孔深 5 ~ 15 m,可采用大型风钻或其他钻孔方法,孔径多为 50 ~ 65 mm。灌浆方法可视具体地质条件采用全孔一次灌浆或分段灌浆。

③深孔固结灌浆。

在基础岩石深处有破碎带或软弱夹层、裂隙密集且深,而坝又比较高,基础应力也较大的情况下,常需要进行深孔固结灌浆。孔深 15 m 以上,常用钻机进行钻孔,孔径多为 75 ~ 91 mm,采用分段灌浆法灌浆。

2) 钻孔冲洗及压水试验

(1)钻孔冲洗。

固结灌浆施工,钻孔冲洗十分重要,特别是在地质条件较差、岩石破碎、含有泥质充填物的地带,更应重视这一工作。冲洗的方法有单孔冲洗和群孔冲洗两种。固结灌浆孔应采用压力水进行裂隙冲洗,直至回水清净,冲洗压力可为灌浆压力的 80%。地质条件复杂,多孔串通以及设计对裂隙冲洗有特殊要求时,冲洗方法宜通过现场灌浆试验或由设计确定。

(2)压水试验。

固结灌浆孔灌浆前的压水试验应在裂隙冲洗后进行,试验孔数不宜少于总孔数的 5%,选用一个压力阶段,压力值可采用该灌浆段灌浆压力的 80%(或 100%)。压水的同时,要注意观测岩石的抬动和岩面集中漏水情况,以便在灌浆时调整灌浆压力和浆液浓度。

3) 固结灌浆施工

(1)固结灌浆施工时间及次序。

①固结灌浆施工时间。

固结灌浆工作很重要,工程量也常较大,是筑坝施工中一个必要的工序。固结灌浆施工最好是在基础岩石表面浇筑有混凝土盖板或有一定厚度混凝土,且已达到其设计强度的 50% 后进行。

②固结灌浆施工次序。

固结灌浆施工的特点是"围、挤、压",就是先将灌浆区圈围住,再在中间插孔灌浆挤密,最后逐序压实。这样易于保证灌浆质量。固结灌浆的施工次序必须遵循逐渐加密的原则。先钻灌第 I 次序孔,再钻灌第 II 次序孔,依次类推。这样可以随着各次序孔的施工,及时地检查灌浆效果。

浅孔固结灌浆,在地质条件比较好、岩石又较为完整的情况下,灌浆施工可采用两个次序进行。

深孔和中深孔固结灌浆,为保证灌浆质量,以三个次序施工为宜。

(2)固结灌浆施工方法。

固结灌浆施工以一台灌浆机灌一个孔为宜。必要时可以考虑将几个吸浆量小的灌浆孔并联灌浆,严禁串联灌浆。并联灌浆的孔数不宜多于 4 个。

固结灌浆宜采用循环灌浆法。可根据孔深及岩石完整情况采用一次灌浆法或分段灌浆法。

(3)灌浆压力。

灌浆压力直接影响着灌浆的效果,在可能的情况下,以采用较大的压力为好。但浅孔固结灌浆受地层条件及混凝土盖板强度的限制,往往灌浆压力较低。

一般情况下,浅孔固结灌浆压力,在坝体混凝土浇筑前灌浆时,可采用 0.2 ~ 0.5 MPa,浇筑 1.5 ~ 3 m 厚混凝土后再行灌浆时,可采用 0.3 ~ 0.7 MPa。在地质条件差或软弱岩石地区,根据具体情况还可适当降低灌浆压力。深孔固结灌浆,各孔段的灌浆压力值可参考帷幕灌浆孔选定压力的方法来确定。

比较重要的或规模较大的基础灌浆工程,宜在施工前先进行灌浆试验,用以选定各项技术参数,其中也包括确定适宜的灌浆压力。

固结灌浆过程中,要严格控制灌浆压力。循环式灌浆法是通过调节回浆流量来控制灌浆压力的;纯压式灌浆法则是直接调节压入流量。固结灌浆当吸浆量较小时,可采用"一次升压法",尽快达到规定的灌浆压力,而在吸浆量较大时,可采用"分级升压法",缓慢地升到规定的灌浆压力。

(4)浆液配比。

固结灌浆的浆液水灰比可采用2、1、0.8、0.5四个比级。灌浆开始时,一般采用稀浆开始灌注,根据单位吸浆量的变化,逐渐加浓。固结灌浆液浓度的变换比帷幕灌浆可简单一些。灌浆开始后,尽快地将压力升高到规定值,灌注 500 ~ 600 L,单位吸浆量减少不明显时,即可将浓度加大一级。在单位吸浆量很大,压力升不上去的情况下,也应采用限制进浆量的办法。

(5)固结灌浆结束标准与封孔。

各灌浆段灌浆的结束条件应根据地质条件和工程要求确定。一般情况下,当灌浆段在最大设计压力下,注入率不大于 1 L/min 后,继续灌注 30 min,即可结束灌浆。

固结灌浆孔封孔可采用导管注浆法或全孔灌浆法。

4)固结灌浆效果检查

固结灌浆质量检查的方法和标准应视工程的具体情况和灌浆的目的而定。一般情况下应进行压水试验检查,要求测定弹性模量的地段,应进行岩体波速或静弹性模量测试检查。

固结灌浆工程的质量检查采用钻孔压水试验的方法,检测时间可在灌浆完成 7 d 或 3 d 以后,检查孔的数量不宜少于灌浆孔总数的 5%。工程质量合格标准为:单元工程内检查孔试段合格率应在 85% 以上,不合格孔段的透水率值不超过设计规定值的 150%,且不集中。

岩体波速和静弹性模量测试,应分别在该部位灌浆结束 14 d 和 28 d 后进行。

3. 高压喷射灌浆

1)高压喷射灌浆类型

根据使用机具设备的不同,高压喷射注浆法可分为单管法、二重管法和三重管法。在施工中,根据工程需要和机具设备条件选用。

(1)单管法。单管法用一根单管喷射高压水泥浆液作为喷射流。由于高压浆液喷射流在土中衰减大,破碎土的射程较短,成桩直径较小,一般为 0.3 ~ 0.8 m。

(2)二重管法。二重管法用同轴双通道的二重注浆管,复合喷射高压水泥浆液和压缩空气两种介质。以浆液作为喷射流,但在其外围环绕着一圈空气流成为复合喷射流,破坏土体的能量显著加大,成桩直径一般为 1.0 m 左右。

(3)三重管法。三重管法用分别输送水、气、浆三种介质的同轴三重注浆管,使高压水流和在其外围环绕着的一圈空气流组成复合喷射流,冲切土体,形成较大的空隙,再由高压浆流填充空隙。三重管法成桩直径较大,一般为 1.0 ~ 2.0 m,但成桩强度相对较低(0.9 ~ 1.2 MPa)。

加固体的形状与喷射流移动方向有关,有旋转喷射(简称旋喷)、定向喷射(简称定喷)和摆动喷射(简称摆喷)三种注浆形式。加固形状可分为柱状、壁状和块状。作为地基加固,一般采用旋喷注浆形式。

2)机具设备

高压喷射注浆的施工机具设备由高压发生装置、钻机注浆、特种钻杆和高压管路等四部分组成。因喷射种类不同,使用的机具设备和数量不同。主要包括钻机、高压泵、泥浆泵、空压机、浆液搅拌器、注浆管、喷嘴、操纵控制系统、高压管路系统、材料储存系统等。

3)材料

旋喷使用新鲜无结块42.5 MPa普通硅酸盐水泥。水泥浆液的水灰比一般可取1:1～1.5:1,常用1:1。根据需要可加入适量的速凝、悬浮或防冻等外加剂及掺合料。

4)施工要点

(1)单管法、双管法和三管法喷射注浆的施工程序基本一致,即机具就位、贯入喷射注浆管、喷射注浆、拔管及冲洗等。施工工艺流程如图4-6所示。

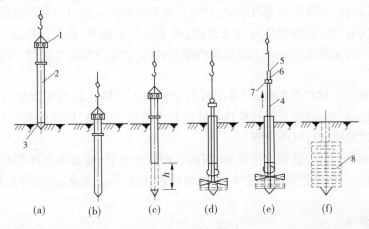

(a)振动沉桩机就位,放桩靴,立套管,安振动锤;(b)套管沉入设计深度;(c)拔起一段套管,使下段露出地面(使h>要求的旋喷长度);(d)卸上段套管,套管中插入三重管,边旋、边喷、边提升;(e)自动提升喷射注浆管;(f)拔出喷射注浆管与套管,下部形成圆柱喷射桩加固体

1—振动锤;2—钢套管;3—桩靴;4—三重管;5—浆液胶管;6—高压水胶管;7—压缩空气胶管;8—喷射桩加固体

图4-6 三重管高压喷射注浆施工程序

(2)高压喷射注浆单管法及二重管法的高压水泥浆液射流和三重管法高压水射流的压力宜大于20 MPa,三重管法使用的低压水泥浆液流压力宜大于1 MPa,气流压力宜取0.7 MPa,提升速度可取0.1～0.25 m/min。

(3)施工前应根据现场环境和地下埋设物的位置等情况,复核高压喷射注浆的设计孔位。

(4)钻机与高压注浆泵的距离不宜过远,要求钻机安放保持水平,钻杆保持垂直,其倾斜度不得大于1.5%,水平位置偏差不大于50 mm。

(5)单管法和二重管法可用注浆管射水成孔至设计深度后,再一边提升一边进行喷射注浆。三重管法施工须预先用钻机或振动打桩机钻成直径150～200 mm的孔,然后将三重注浆管插入孔内。如因塌孔插入困难,可用低压(小于1 MPa)水冲孔喷下,但须把高压水喷嘴用塑料布包裹,以免泥土堵塞。

(6)插入旋喷管后先做高压水射水试验,合格后按旋喷、定喷或摆喷的工艺要求和选定的参数,由下而上进行喷射注浆,注浆管分段提升的搭接长度不得小于 100 mm。

(7)当采用三重管法旋喷,开始时,先送高压水,再送水泥浆和压缩空气,在一般情况下,压缩空气可晚送 30 s。在桩底部边旋转边喷射 1 min 后,再边旋转、边提升、边喷射。

(8)对需要扩大加固范围或提高强度的工程,可采取复喷措施,即先喷一遍清水再喷一遍或两遍水泥浆。

(9)高压喷射注浆时,先应达到预定的喷射压力、喷浆量后再逐渐提升注浆管。中间发生压力骤然下降或上升故障时,应停止提升和旋喷,以防桩体中断,并立即检查排除故障。

(10)高压喷射注浆时,当冒浆量大于注浆量的 20% 或不冒浆,应查明原因。

冒浆量过大的主要原因是有效喷射范围与注浆量不相适应,注浆量大大超出喷浆固结所需的浆量。减少冒浆量可采取的措施有:提高喷射压力,适当缩小喷嘴孔径,加快提升和旋转速度。对于冒出地面的浆液,若能迅速地进行过滤、沉淀除去杂质和调整浓度,可予以回收利用。但回收的浆液中难免有砂粒,只有三重管喷射注浆法可以利用冒浆再注浆。

不冒浆的主要原因是地层中有较大空隙,可采取的措施有:在浆液中掺入适量的速凝剂,缩短固结时间,使浆液在一定土层范围内凝固;在空隙地段增大注浆量,填满空隙后再继续正常喷浆。

(11)当处理既有建筑地基时,应采取速凝浆液或大间隔孔旋喷和冒浆回灌等措施,以防旋喷过程中地基产生附加变形和地基与基础间出现脱空现象,影响被加固建筑及邻近建筑。同时应对建筑物进行沉降观测。

(12)喷到桩高后应迅速拔出注浆管,用清水冲洗注浆管、输浆液管路等机具,防止凝固堵塞,采用的方法一般是把浆液换成水,在地面喷射,以便把泥浆泵、注浆管和软管内的浆液全部排除。

(二)黏土灌浆

1.土坝劈裂灌浆

1)水力劈裂原理

土坝劈裂灌浆是利用"水力劈裂原理",对存在隐患或质量不良的土坝在坝轴线上钻孔、加压灌注泥浆形成新的防渗墙体的加固方法。土坝体沿坝轴线劈裂灌浆后,在泥浆自重和浆、坝互压的作用下,固结成为与坝体牢固结合的防渗墙体,堵截渗漏;与劈裂缝贯通的原有裂隙及孔洞在灌浆中得到充填,可提高坝体的整体性;通过浆、坝互压和干松土体的湿陷作用,部分坝体得到压密,可改善坝体的应力状态,提高其变形稳定性。

位于河槽段的均质土坝或黏土心墙坝,其横断面基本对称,当上游水位较低时,荷载也基本对称,施以灌浆压力,土体就会沿纵断面开裂。如能维持该压力,裂缝就会由于其尖端的拉应力集中作用而不断延伸(水力劈裂),从而形成一个相当大的劈裂缝。

劈裂灌浆裂缝的扩展是多次灌浆形成的,因此浆脉也是逐次加厚的。一般单孔灌浆次数不少于 5 次,有时多达 10 次,每次劈裂宽度较小,可以确保坝体安全。

基于劈裂灌浆的原理,只要施加足够的灌浆压力,任何土坝都是可灌的,但只在下列情况下才考虑采用劈裂灌浆:①松堆土坝;②坝体浸润线过高;③坝体外部、内部有裂缝或大面积的弱应力区(拉应力区、低压应力区);④分期施工土坝的分层和接头处有软弱带及透水层;⑤土坝内有较多生物洞穴等。

2）浆液的选择

根据灌浆要求、坝型、土料隐患性质和隐患大小等因素选择。

3）劈裂灌浆施工

劈裂灌浆施工的基本要求是：土坝分段，区别对待；单排布孔，分序钻灌；孔底注浆，全孔灌注；综合控制，少灌多复。

（1）灌浆分区段。

土坝灌浆一般根据坝体质量、小主应力分布、裂缝及洞穴位置、地形等情况，将坝体区分为河槽段、岸坡段、曲线段及特殊坝段（裂缝集中、洞穴、塌陷和施工结合部位等），提出不同的要求，采用不同的灌浆方法施灌。

河槽段属平面应变状态，小主应力面是过坝轴线的铅直面，可采用较大孔距、较大压力进行劈裂灌浆。岸坡段由于坝底不规则，属于空间应力状态，坝轴线处的小主应力面可能是与坝轴线斜交或正交的铅直面，如灌浆导致贯穿上、下游的劈裂则是不利的，所以应压缩孔距，采用小于 0.05 MPa 的低压灌注，用较稠的浆液逐孔轮流慢速灌注，并在较大裂缝的两侧增加 2~3 排梅花形副孔，用充填法灌注。曲线坝段的小主应力面偏离坝轴线（切线方向），应沿坝轴线弧线加密钻孔，逐孔轮流灌注，单孔每次灌浆量应小于 5 m³，控制孔口压力 ≤ 0.05 MPa，轮灌几次后，每孔都发生沿切线的小劈裂缝，裂缝互相连通后，灌浆量才可逐渐加大，直至灌完，形成与弯曲坝轴线一致的泥浆防渗帷幕。

（2）单孔分序钻灌。

单排布孔是劈裂灌浆特有的布孔方式。单排布孔可以在坝体内纵向劈裂，构造防渗帷幕，工程集中，简便有效。

钻孔遵循分序加密的原则，一般分为三序。第一序孔的间距一般采用坝高的 2/3 左右，土坝高、质量差、黏性低时，可用较大的间距。当定向劈裂无把握时，可用一序密孔，多次轮灌。

孔深应大于坝体隐患深度 2~3 m。如果坝体质量普遍较差，孔深可接近坝高，但坝基为透水性地层时，孔深不得超过坝高的 2/3，以免劈裂贯通坝基，造成大量泥浆损失。孔径一般以 5~10 cm 为宜，太细则阻力大，易堵塞。钻孔采用干钻或少量注水的湿钻，应保证不出现初始裂缝，影响沿坝轴线劈裂。

（3）全孔一次性灌注。

全孔灌注应将注浆管底下至离孔底 0.5~1.0 m 处，不设阻浆塞，浆液从底口处压入坝体。泥浆劈裂作用自孔底开始，沿小主应力面向左右、上下发展。孔底注浆可以施加较大灌浆压力，使坝体内部劈裂，能把较多的泥浆压入坝体，更好地促进浆、坝互压，有利于提高坝体和浆脉的密度。孔底注浆控制适度，可以做到"内劈外不劈"。

浆液自管口涌出，在整个劈裂范围流动和充填，灌浆压力和注浆量虽大，但过程缓慢容易控制。全孔灌注是劈裂灌浆安全进行的重要保证。

（4）少灌多复灌浆。

如土坝坝体同时全线劈裂或劈裂过长，短时间内灌入大量泥浆，会使坝肩位移和坝顶裂缝发展过快，坝体变形接近屈服，将危及坝体安全。

要达到确保安全的目的，对灌浆必须进行综合控制。即对最大灌浆压力，每次灌浆量、坝肩水平位移量、坝顶裂缝宽度及复灌间隔时间等均应予以控制。非劈裂的灌浆控制压力应小于钻孔起裂压力,无资料时,该值可用 0.6 ~ 0.7 倍土柱重。

第一序孔灌浆量应占总灌浆量的 60% 以上,所需灌浆次数多一些。第二、三序孔主要起均匀帷幕厚度的作用;因坝体质量不均,并且初灌时吃浆量大,以后吃浆渐少,故每次灌入量不能按平均值控制,一般最大为控制灌浆量的 2 倍。坝体灌浆将引起位移,对大坝稳定不利。一般坝肩的位移最明显,应控制在 3 cm 以内,以确保坝体安全。复灌多次后坝顶即将产生裂缝,长度应控制在一序孔间距内,宽度控制在 3 cm 内,以每次停灌后裂缝能回弹闭合为宜。

为安全起见,灌浆应安排在低水位时进行,库水位应低于主要隐患部位。无可见裂缝的中小型土坝,可以在浸润线以下灌浆。

2. 锥探灌浆

锥探灌浆主要用于低土坝和堤防工程,利用锥探机机械作用于带锥型钻头的钻杆上,挤压土质堤坝成孔。然后用掺加了灭蚁的浆液对土质堤坝内部缺陷进行微压灌注,对堤坝防渗加固、白蚁除治有良好的效果。

(1)钻孔孔径为 25 ~ 35 mm,锥探钻孔的开孔位置与孔位误差一般不得大于 10 cm。

(2)造孔应保持铅直,孔深偏斜不得大于孔深的 2%,灌浆孔布置呈梅花型。应用干法造孔,不得用清水循环钻进。在吃浆量大的堤段,应增加复灌次数。

(3)锥孔应当天锥当天灌,灌浆时要一次灌满,防止孔眼搁置时间长,空隙堵塞,影响灌浆效果。

(4)当浆液升至孔口,经连续复灌 3 次不再流动时,即可终灌。

3. 化学灌浆

化学灌浆是将一定的化学材料(无机或有机材料)配制成真溶液,用化学灌浆泵等压送设备将其灌入地层或缝隙内,使其渗透、扩散、胶凝或固化,以增加地层强度、降低地层渗透性、防止地层变形和进行混凝土建筑物裂缝修补的一项加固基础、防水堵漏和混凝土缺陷补强技术。

1)施工要求

化学灌浆材料品种较多,性能各异。化学灌浆材料性能应符合下列要求:

(1)浆液稳定性好,在常温、常压下存放一定时间其基本性质不变。

(2)浆液是真溶液,黏度小,流动性、可灌性好。

(3)浆液的凝胶或固化时间可在一定范围内按需要进行调节和控制,凝胶过程可瞬间完成。

(4)凝胶体或固结体的耐久性好,不受气温、湿度变化和酸、碱或某些微生物侵蚀的影响。

(5)浆液在凝胶或固化时收缩率小或不收缩。

(6)凝胶体或固结体有良好的抗渗性能。

(7)固结体的抗压、抗拉强度高,不会龟裂,特别是与被灌体有较好的黏结强度。

(8)浆液对灌浆设备、管路无腐蚀,易于清洗。

(9)浆液无毒、无臭,不易燃、易爆,对环境不造成污染,对人体无害。

(10)浆液配制方便,灌浆工艺操作简便。

2）化学灌浆施工工艺

化学灌浆材料种类较多，主要的有水玻璃类、丙烯酰胺类、丙烯酸盐类、聚氨酯类、环氧树脂类、甲基丙烯酸甲酸类等。常用的有聚氨酯类、环氧类、丙烯酸盐类、水玻璃类。下面介绍聚氨酯类化学灌浆施工工艺。

（1）裂缝（结构缝、施工缝）处理。

裂缝（结构缝、施工缝）处理施工程序为：检查漏水部位—清理缝面污物—骑缝粘贴灌浆嘴（或打孔）—封缝—压水（风）试漏—修补、封闭漏水点—用风吹出缝内积水—灌丙酮—赶水（有渗水的裂缝）—紧接着灌浆材（自下而上，出浓浆关闭）—并浆—灌浆结束后，用丙酮清洗灌浆泵和用具—浆液固化后凿除灌浆嘴（管），用丙酮清洗水泥砂浆封闭、抹平。

（2）灌浆。

裂缝的处理一般进浆量较少，可采用手揿泵或压浆桶进行灌浆。

灌浆采用自下而上方式，在灌浆过程中当有孔出浓浆时，就扎紧孔口出浆管，继续灌注。在规定的压力下并浆 10～20 min，直到灌浆结束。对没有出浆的孔要进行补灌。

（3）浆液的储存。

①浆液要储存在阴凉干燥处，避高温、潮湿。②现场使用，桶盖打开后，倒浆时，当一桶浆未倒完，要及时盖紧桶盖，防止水气进入桶内，影响浆液储存稳定性。因为浆液对水气（空气中的）很敏感。对灌浆中未灌完的剩余浆液，要用空桶收集起来，下次再用，不要倒回原浆的桶中，防止剩余浆液在灌浆中有水气进入影响原桶浆的稳定。

四、防渗墙施工

防渗墙是一种修建在松散透水层或土石坝（堰）中起防渗作用的地下连续墙。按墙体材料，防渗墙可分为普通混凝土防渗墙、钢筋混凝土防渗墙、黏土混凝土防渗墙、塑性混凝土防渗墙和灰浆防渗墙；按墙体结构形式，可分为槽孔型防渗墙、桩柱型防渗墙和混合型防渗墙三类，其中槽孔型防渗墙使用更加广泛；按成槽方法，可分为钻挖成槽防渗墙、射水成槽防渗墙、链斗成槽防渗墙和锯槽防渗墙。

（一）深层搅拌法

1.深层搅拌法成墙

深层搅拌法是用搅拌机具将松散土层与注入的水泥浆一起搅拌，使土体固结成水泥土桩，桩与桩搭接形成水泥土防渗墙。搅拌机有单头、双头、三头、五头、六头之分，多头机具工效较高，更能保证墙体的完整性。多头小直径桩截渗技术，运用特制的多头小直径深层搅拌桩机把水泥浆喷入土体并搅拌形成水泥土墙，用水泥土墙作为防渗墙达到截渗目的。水泥土的固化过程有以下物理化学反应：①水泥的水解和水化反应，减少了软土中的含水量，增加了颗粒之间的黏结力；②离子交换与团粒化反应，可以形成坚固的联合体；③硬凝反应，增加水泥土的强度和足够的水稳定性；④碳酸化反应，能进一步提高水泥土的强度。

使用多头小直径深层搅拌桩机，通过主机的动力传动装置，带动主机上的多个并列的钻杆转动，并以一定的推进力使钻杆的钻头向土层推进到设计深度；然后提升搅拌至孔口，在上述过程中，通过水泥浆泵将水泥浆由高压输浆管输进钻杆，经钻头喷入土体中，在钻进和提升的同时，水泥浆与原土充分拌和。桩机纵移就位调平，多次重复上述过程形成一道防渗墙。

深层搅拌法可用于黏土、壤土、砂土及含砾(小于 50 mm)不大于 15% 的砂砾土,其成墙厚度为 10 ～ 30 cm,深度可达 20 m。

2. 锯槽搅拌连续成墙

锯槽搅拌连续成墙施工工艺,应用于堤防地基防渗、深基坑施工防渗及支护工程。一般成墙深度为 10 ～ 50 m,厚度 40 ～ 80 cm,固化后墙体渗透系数达 10^{-8} ～ 10^{-7} cm/s。施工效率达 400 ～ 500 $m^2/($台·d$)$。

锯槽搅拌连续成墙工法是将链式切削器插入土层中,靠链式切削器的转动沿水平方向掘削前进,形成连续的沟槽,同时将固化灰浆从切削器的端部喷出,与土在原地搅拌混合,形成水泥土地下连续墙,其成槽、搅拌为连续作业,墙体完全连续,可不分段施工,避免了常规施工方法分槽段施工槽孔搭接处产生薄弱环节的缺点。

锯槽搅拌连续成墙工法在堤防工程中主要适用于堤身土不实、堤基相对透水层较厚的工程,采用锯槽搅拌连续成墙工法建造地下连续墙,可加固堤身、截断堤身和堤基相对透水层内的渗流。该工法主要适用地层为黏性土、砂壤土、砾质土、砂砾石等地层及其相互交错的地层,适用范围较广。

3. SMW 工法成墙

SMW 工法亦称新型水泥土搅拌桩墙,即在水泥土桩内插入 H 型钢等(多数为 H 型钢,亦有插入拉森式钢板桩、钢管等),将承受荷载与防渗挡水结合起来,使之成为同时具有受力与抗渗两种功能的支护结构的一种新颖的桩排式地下连续墙。水泥土搅拌桩有很高的止水性,可以充分发挥挡水作用,但强度不高;在插入型钢(H 型钢)之后,强度与刚度增大,可根据土、水压力的大小确定型钢的规格和强度,通过以上两者的复合作用,形成基坑挡土、防水的侧向支护结构,当其工作功能完成后,可以取出型钢重复使用,这就大大地降低了工程造价。

适用该技术的土层为砂土、壤土和黏土。其成墙厚度为 20 ～ 85 cm,成墙深度达 10 ～ 60 m。

(二)置换法

置换法是利用机械在松散土层中开槽,并填充具有防渗能力的材料,从而形成一道连续的防渗墙。填充槽体的防渗材料品种较多,隐蔽工程应用的为塑性混凝土。开槽机具和方法有液压抓斗、射水法、锯槽法和气举(导管)反循环法等。置换法成墙质量好且成墙深度大,且与深搅法互为补充。

1. 抓斗法成墙

抓斗法是利用改进的液压抓斗形成薄壁槽孔,并在施工形成的槽孔内灌注或铺设防渗材料,从而形成连续的防渗墙(刚性或柔性)。该技术适用于任何地层,且施工深度大,目前成墙厚度为 30 ～ 40 cm,墙体最大深度可达 30 ～ 40 m。

某堤段实施的防渗墙是采用此法成墙,成墙深度 18 ～ 30 m,墙厚 30 cm。采用液压抓斗法造孔,槽孔抓取时一般使用膨润土或黏土泥浆护壁以防槽壁坍塌。造槽孔分 I 、II 期工序,I 期槽孔成槽后,将接头管置入槽孔两端,依据初凝时间、浇筑混凝土的速度、气温等因素,确定起拔时间,全部拔出后形成接头子孔,等 II 期槽孔浇筑时,混凝土嵌入 I 期槽孔形成连续墙。成墙 28 d 后,渗透系数 <10^{-1} cm/s,抗压强度 >2.0 MPa。

2. 气举反循环成墙

气举反循环法技术先进、设备简单、开槽连续、质量可靠,是近年防渗墙施工的一项新技术,工效高、成墙连续,在隐蔽工程防渗墙施工中,将喷气管接在冲击器上,压缩的气体通过管路到达孔底,压缩气体挟带碎渣返回孔口,达到进尺的目的。地层适应性强,特别适用于砂层及砂卵石层。

液压抓斗地下连续墙施工时,有个别槽孔混凝土浇筑前或浇筑过程中因等待来料时间过长,泥浆中原本悬浮的细小砂粒慢慢沉淀下来,当混凝土浇筑至槽孔上部(墙顶向下 5 m 以上,下同)时,由于混凝土的冲击力减小、混凝土顶面沉淀物比重加大、上部混凝土的流动性随浇筑时间增加而变小等原因,而导致浇筑导管埋深过小,混凝土由原来的内部举升式变为覆盖式上升,结果有部分沉淀被包裹在混凝土中或被挤推至槽孔两端,造成质量缺陷。墙体浇筑过程中,虽采用潜水泵抽吸沉淀物,但效果不甚理想。

采用气举反循环清孔法,压缩空气经输气管道进入空气扩散室,经进气孔与反循环泥浆管内泥浆混合且体积膨胀,在进气孔以上的泥浆管内(简称气浆混合室)产生比重较小的气、浆混合流,而泥浆管外的泥浆由于没有掺入空气,因此比重较大,这样混合室内外泥浆由于比重不同而产生压力差,在此压力差及气体膨胀产生的抬升作用下稠泥浆和沉渣按一定方式循环,从而达到清渣和换浆作用。反循环驱动压力随混合室的沉没深度增加而增加,沉没深度不大时,排出沉渣效率不高,沉没深度小于 10 m 时工作不正常,此时气举反循环应与其他循环方式(可增设真空泵)组合使用。当采用高压空气压缩机时,可使沉没深度增加,从而使驱动压力增大,因此可以用于较深孔的清渣。

待液压抓斗成槽结束,端头洗刷(刷壁,双序槽孔开挖时使用)和抓斗清孔完成后,开始下设反循环排浆管及输气管,其连接应确保不漏气,排浆管下端距孔底(沉渣顶面)20 ~ 30 cm,随后开启空压机供气,并向孔内补充新鲜泥浆,孔内吸取出的泥浆排放至沉淀池以备回收利用。清孔过程中,可缓慢来回移动排浆管(有起吊设备时),直至排出泥浆的各项性能指标满足要求后停止清孔。

3. 射水法成墙

射水法是利用一种特制的成槽器具,以高压水作为动力,使地层形成冲蚀、剥落,并形成槽孔。在施工形成的槽孔内,浇筑混凝土或塑性混凝土,以及灌注各种柔性砂浆,或铺设防渗土工膜,从而形成一个完整的防渗墙(刚性或柔性)。

其工艺原理是通过压力水及成型器的共同作用切割地层并成型,然后回灌混凝土浇筑成墙。施工上可采用正、反两种循环法。正循环是利用槽孔中水土混合物回流将槽孔中泥砂带出地面,适用于土质、砂质地层,墙深一般不超过 14 m;反循环是在正循环基础上增加 1 台砂砾泵,在造孔的同时,启动砂砾泵,利用砂砾泵将槽孔中的水、土、砂砾混合物抽出槽孔,溢出的混合物经沉渣池沉淀后,泥浆水流回灰渣箱循环使用,反循环工艺适用于砂卵石层。

工艺流程是:放样对中、配制泥浆、造孔成槽固壁、清孔、混凝土浇筑。施工中分二序进行,先施工单号一序槽孔。待单号混凝土槽孔初凝后,再施工双号二序槽孔,双号二序孔清孔时需开启成型器侧向喷嘴,以清洗单序槽孔侧边黏土。

该技术的适用地层为黏土、亚黏土、淤泥、砂层,以及粒径小于 20 mm、含砾量少的砂砾层。其建造深度主要受机械自身能力的限制,目前成墙厚度为 22 ~ 45 cm,墙体的最大深度可达 20 ~ 30 m。其不足之处是地层适应性较差,在砂砾石层中成槽有一定困难,施工质量受到施工水平的影响,易出现分叉现象。

4. 锯槽法成墙

锯槽法(链锯法)是利用一种特制的切削刀具对地层进行切削,并形成槽孔,不同之处仅在于弃渣方式。在施工形成的槽体内灌注或铺设防渗材料,从而形成连续的防渗墙(刚性或柔性)。

锯槽机安装在现场铺设的两道钢轨上,可沿钢轨行驶。锯槽机工作时由液压缸产生运动,带动装有切削刀排的刀杆做上下往复运动,切削土体,向前移动。切削掉的土体落入槽孔底部,再由反循环排渣系统排出槽孔,使槽孔形成空腔。为防止槽孔坍塌,使用泥浆固壁,连续不断地成槽,从而形成一个规则连续的长方形槽。根据不同的工程设计和使用要求,还可安置不同长度、宽度的刀排,开出不同深度、宽度的槽孔。槽内可根据工程设计要求,充填不同的墙体材料,形成薄壁帷幕墙体。

该技术适用于黏土、粉质黏土及砂土,不适用于砂砾石层和老黏土。其成墙厚度为15 ~ 40 cm,成墙深度为10 ~40 m。该技术能够实现连续成槽与成墙,具有成槽质量好、墙体连续无分叉现象等优点,其不足之处是成墙深度相对较小。

(三)挤压法

挤压法是通过设备将刀具或模具振动挤压到土体中,起拔时形成空间并同时注入浆液建造防渗墙。其最大特点是成墙效率高,振动切槽法和振动沉模法是最具代表性的方法。

1. 振动切槽成墙

振动切槽法是用大功率振动器,将一个具有一定厚度和长度的切头切入到预定深度,再起出地面,在切入和起拔的同时,向已切成的槽内灌入设定的防渗材料,如水泥浆、水泥砂浆、混凝土、塑性混凝土等,从而形成防渗墙的技术。切成第一段槽后,在紧邻第一槽的位置再连续切第二段槽,为保持相邻槽的连续性,在切头和振管上设有导正和纠斜机械,相邻槽段间,还有0.3~0.4 m的重复切入段。形成单个槽段的时间只有10~20 min,远远小于浆液的初凝时间,槽段间不存在任何接缝,这些措施和特点使建成的地下连续墙完整、连续可靠。切槽法建墙的深度可达20 m,它适合于建厚10 cm左右的薄墙,依工程和地层的特点,也可建厚10~30 cm的防渗墙。选用不同的灌入材料可使墙体具有不同的技术指标,既可满足防渗和加固的要求,又可适当降低工程费用。

切槽法系利用振动挤入成槽,适用于可以挤入的松软地层,如标贯击数小于20的黏性土层、粉细砂层、砂层和薄层的砂卵石层。在挤密成槽的过程中,对槽两侧的地层有明显的挤密效果,其单侧的影响范围可达槽宽的3~5倍。

采用挤入成槽法,成槽后直接灌入防渗材料,不用泥浆护壁,减少了施工工序,其废渣、废浆也少,施工现场文明。

2. 振动沉模成墙

振动沉模防渗板墙主要利用振动锤的强大垂直激振力,将空腹模板沉入土层,随即向空腹内注满浆液,当振动模板提升时,浆液在模板内产生连续振捣作用,在重力作用下,浆液从模板下端注入槽孔内,模板和浆液起到了护壁作用。它采用挤压土体成槽工艺,不但不释放土体应力,且能将两侧各30 cm左右土体挤压密实,提高抗渗能力。它采用两块模板联合施工工艺,通过特殊的构造,先沉入地层的模板成为后沉入地层模板的导向板,两块模板板板相扣,保证了各单板体在一个平面内紧密结合成墙。每块单板体施工从振动沉模到灌注完成一般在 10 min 左右,浆液初凝前可完成多个单板的施工。

在相邻模板反复振动下,单板墙接头处的浆液在初凝之前能渗溶为一体,不仅不存在接缝问题,还使接缝处得到加厚,保证了整体板墙的连续性、完整性。本工艺主要用于砂、砂性土、黏性土、淤泥质土等地层中,墙厚 8 ~ 25 cm,但成墙深度不能超过 20 m。机械正常状态下,本工艺每日一套设备可造槽 200 ~ 500 m^2。

较其他造槽地连墙而言,成墙、浇筑合二为一,省去了护壁泥浆系统和接头处理,具有工效高、墙体连续可靠、造价低、无废浆、无污染、成墙原理简明、质检方法简便、设备较简单等优点。该技术适用土层、砂层、含卵石少的砂砾石层。

第二节　基础工程

基础工程指采用工程措施,改变或改善基础的天然条件,使之符合设计要求的工程。

基础按受力特点及材料性能,可分为刚性基础(砖基础、灰土基础、三合土基础、毛石基础、混凝土基础、毛石混凝土基础)和柔性基础(钢筋混凝土基础);按埋置深度,可分为浅基础、深基础,埋置深度不超过 5 m 者称为浅基础,大于 5 m 者称为深基础;按构造的方式,可分为独立基础、条形基础、满堂基础和桩基础。

下面介绍水利水电工程常用的桩基础和沉井基础。

一、桩基础施工

(一)灌注桩施工

混凝土灌注桩是直接在施工现场桩位上成孔,然后在孔内安装钢筋笼,浇筑混凝土成桩。与预制桩相比,灌注桩具有不受地层变化限制、不需要接桩和截桩、节约钢材、振动小、噪声小等特点,但施工工艺复杂,影响质量的因素较多。灌注桩按成孔方法分为泥浆护壁成孔灌注桩、干作业钻孔灌注桩、人工挖孔灌注桩、沉管灌注桩等。近年来出现了夯扩桩、管内泵压桩、变径桩等新工艺,特别是变径桩,将信息化技术引入桩基础中。

1. 泥浆护壁成孔灌注桩

泥浆护壁成孔是利用原土自然造浆或人工造浆浆液进行护壁,通过循环泥浆将被钻头切下的土块携带排出孔外成孔,然后安装绑扎好的钢筋笼,用导管法水下灌注混凝土沉桩。

1)施工准备

(1)埋设护筒。

护筒具有导正钻具、控制桩位、隔离地面水渗漏、防止孔口坍塌、抬高孔内静压水头和固定钢筋笼等作用,应认真埋设。

护筒是用厚度为 4 ~ 8 mm 的钢板制成的圆筒,其内径应大于钻头直径 100 mm,护筒的长度以 1.5 m 为宜,在护筒的上、中、下各加一道加劲筋,顶端焊两个吊环,其中一个吊环供起吊之用,另一个吊环是用于绑扎钢筋笼吊杆,压制钢筋笼的上浮,护筒顶端同时正交刻四道槽,以便挂十字线,以备验护筒、验孔之用。在其上部开设 1 个或 2 个溢浆孔,便于泥浆溢出,进行回收和循环利用。

埋设时,先放出桩位中心点,在护筒外 80 ~ 100 cm 的过中心点的正交十字线上埋设控制桩,然后在桩位外挖出比护筒大 60 cm 的圆坑,深度为 2.0 m,在坑底填筑 20 cm 厚的黏土,夯实,然后将护筒用钢丝绳对称吊放进孔内,在护筒上找出护筒的圆心(可拉正交十字线),然后通过控制桩放样,找出桩位中心,移动护筒,使护筒的中心与桩位中心重合,同时用水平尺(或吊线坠)校验护筒竖直后,在护筒周围回填含水量适合的黏土,分层夯实,夯填时要防止护筒偏斜,护筒埋设后,要检查护筒中心偏差和孔口标高。当中心偏差符合要求后,可钻机就位开钻。

(2)制备泥浆。

泥浆的主要作用有:泥浆在桩孔内吸附在孔壁上,将土壁上的孔隙填补密实,避免孔内壁漏水,保证护筒内水压的稳定;泥浆比重大,可加大孔内水压力,可以稳固土壁、防止塌孔;泥浆有一定的黏度,通过循环泥浆可使切削碎的泥石渣屑悬浮起来后被排走,起到携砂、排土的作用;泥浆对钻头有冷却和润滑作用。

(3)钢筋笼的制作。

钢筋笼的制作场地应选择在运输和就位都比较方便的场所,在现场内进行制作和加工。钢筋进场后应按钢筋的不同型号、不同直径、不同长度分别进行堆放。

2)成孔

桩架安装就位后,挖泥浆槽、沉淀池,接通水电,安装水电设备,制备符合要求的泥浆。用第一节钻杆(每节钻杆长约5 m,按钻进深度用钢销连接)的一端接好钻机,另一端接上钢丝绳,吊起潜水钻,对准埋设的护筒,悬离地面,先空钻然后慢慢钻入土中,注入泥浆,待整个潜水钻入土,观察机架是否垂直平稳,检查钻杆是否平直后,再正常钻进。

泥浆护壁成孔灌注桩的成孔方法按成孔机械分类有回转钻机成孔、潜水钻机成孔、冲击钻机成孔、冲抓锥成孔等,其中以钻机成孔应用最多。

(1)回转钻机成孔。

回转钻机是由动力装置带动钻机回转装置转动,再由其带动带有钻头的钻杆移动,由钻头切削土层。回转钻机适用于地下水位较高的软、硬土层,如淤泥、黏性土、沙土、软质岩层。

回转钻机的钻孔方式根据泥浆循环方式的不同,分为正循环回转钻机成孔和反循环回转钻机成孔。

①正循环回转钻机成孔。

正循环回转钻机成孔的工艺原理如图4-7所示,由空心钻杆内部通入泥浆或高压水,从钻杆底部喷出,携带钻下的土渣沿孔壁向上流动,由孔口将土渣带出流入泥浆池。

正循环钻机成孔的泥浆循环系统有自流回灌式和泵送回灌式两种。泥浆循环系统由泥浆池、沉淀池、循环槽、泥浆泵、除砂器等设施设备组成,并设有排水、清洗、排渣等设施。泥浆池和沉淀池应组合设置。一个泥浆池配置的沉淀池不宜少于两个。泥浆池的容积宜为单个桩孔容积的1.2~1.5倍,每个沉淀池的最小容积不宜小于6 m^3。

②反循环回转钻机成孔。

反循环回转钻机成孔的工艺原理如图4-8所示。泥浆带渣流动的方向与正循环回转钻机成孔的情形相反。反循环工艺的泥浆上流的速度较快,能携带较大的土渣。

反循环钻机成孔一般采用泵吸反循环钻进。其泥浆循环系统由泥浆池、沉淀池、循环槽、砂石泵、除渣设备等组成,并设有排水、清洗、排废浆等设施。

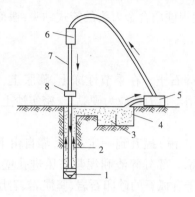

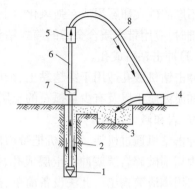

1—钻头;2—泥浆循环方向;3—沉淀池;
4—泥浆池;5—泥浆泵;6—水龙头;
7—钻杆;8—钻机回转装置

图 4-7　正循环回转钻机成孔的工艺原理

1—钻头;2—新泥浆流向;3—沉淀池;
4—砂石泵;5—水龙头;6—钻杆;
7—钻机回转装置;8—混合液流向

图 4-8　反循环回转钻机成孔的工艺原理

（2）潜水钻机成孔。

潜水钻机成孔的示意图如图 4-9 所示。潜水钻机是一种将动力、变速机构和钻头连在一起加以密封,潜入水中工作的一种体积小而轻的钻机,这种钻机的钻头有多种形式,以适应不同的桩径和不同土层的需要。钻头可带有合金刀齿,靠电动机带动刀齿旋转切削土层或岩层。钻头靠桩架悬吊吊杆定位,钻孔时钻杆不旋转,仅钻头部分将切削下来的泥渣通过泥浆循环排出孔外。钻机桩架轻便,移动灵活,钻进速度快,噪声小,钻孔直径为 500～1 500 mm,钻孔深度可达 50 m 以上。

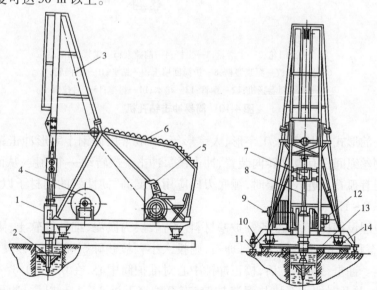

1—钻头;2—主机;3—电缆和水管卷筒;4—钢丝绳;5—遮阳板;6—配电箱;7—活动导向;
8—方钻杆;9—进水口;10—枕木;11—支腿;12—卷扬机;13—轻轨;14—行走车轮

图 4-9　潜水钻机成孔示意图

潜水钻机成孔适用于黏性土、淤泥、淤泥质土、沙土等钻进,也可钻入岩层,尤其适用于在地下水位较高的土层中成孔。当钻一般黏性土、淤泥、淤泥质土及沙土时,宜用笼式钻头;

穿过不厚的砂夹卵石层或在强风化岩上钻进时,可镶焊硬质合金刀头的笼式钻头;遇孤石或旧基础时,应用带硬质合金齿的筒式钻头。

（3）冲击钻机成孔。

冲击钻机成孔适用于穿越黏土、杂填土、沙土和碎石土。在季节性冻土、膨胀土、黄土、淤泥和淤泥质土以及有少量孤石的土层中有可能采用。持力层应为硬黏土、密实沙土、碎石土、软质岩和微风化岩。

冲击钻机通过机架、卷扬机把带刃的重钻头（冲击锤）提升到一定高度,靠自由下落的冲击力切削破碎岩层或冲击土层成孔,如图 4-10 所示。部分碎渣和泥浆挤压进孔壁,大部分碎渣用掏渣筒掏出。此法设备简单、操作方便,对于有孤石的砂卵石岩、坚质岩、岩层均可成孔。

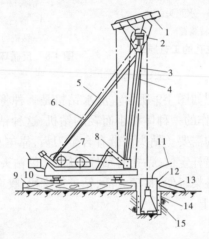

1—副滑轮;2—主滑轮;3—主杆;4—前拉索;5—供浆管;
6—溢流口;7—泥浆渡槽;8—护筒回填土;9—钻头;10—导向轮;
11—双滚筒卷扬机;12—钢管;13—垫木;14—斜撑;15—后拉索

图 4-10　简易冲击钻孔机

冲击钻头的形式有十字形、工字形、人字形等,一般常用铸钢十字形冲击钻头。在钻头锥顶与提升钢丝绳间设有自动转向装置,冲击锤每冲击一次转动一个角度,从而保证桩孔冲成圆孔。当遇有孤石及进入岩层时,锤底刃口应用硬度高、韧性好的钢材予以镶焊或栓接。锤重一般为 $1.0 \sim 1.5$ t。

冲孔前应埋设钢护筒,并准备好护壁材料。若表层为淤泥、细砂等软土,则在筒内加入小块片石、砾石和黏土;若表层为砂砾卵石,则投入小颗粒砂砾石和黏土,以便冲击造浆,并使孔壁挤密实。冲击钻机就位后,校正冲锤中心对准护筒中心,在 $0.4 \sim 0.8$ m 的冲程范围内应低提密冲,并及时加入石块与泥浆护壁,直至护筒下沉 $3 \sim 4$ m 以后,冲程可以提高到 $1.5 \sim 2.0$ m,转入正常冲击,随时测定并控制泥浆的相对密度。

（4）冲抓锥成孔。

冲抓锥锥头上有一重铁块和活动抓片,通过机架和卷扬机将冲抓锥提升到一定高度,下落时松开卷筒刹车,抓片张开,锥头便自由下落冲入土中,然后开动卷扬机提升锥头,这时抓片闭合抓土,如图 4-11 所示,抓土后冲抓锥整体提升到地面上卸去土渣,依次循环成孔。

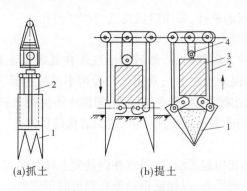

(a)抓土　　　　　(b)提土

1—连杆;2—抓土;3—滑轮组;4—压重

图4-11　冲抓锥锥头

冲抓锥成孔的施工过程、护筒安装要求、泥浆护壁循环等与冲击成孔施工相同。

冲抓锥成孔直径为450～600 mm,孔深可达 10 m,冲抓高度宜控制在1.0～1.5 m,适用于松软土层(沙土、黏土)中冲孔,但遇到坚硬土层时宜换用冲击钻施工。

3)清孔

成孔后,必须保证桩孔进入设计持力层深度。当孔达到设计要求后,即进行验孔和清孔。验孔是用探测器检查桩位、直径、深度和孔道情况;清孔即清除孔底沉渣、淤泥浮土,以减少桩基的沉降量,提高承载能力。清孔的方法有以下几种。

(1)抽浆法。

抽浆清孔比较彻底,适用于各种钻孔方法的摩擦桩、支承桩和嵌岩桩,但孔壁易坍塌的钻孔使用抽浆法清孔时,操作要注意防止坍孔。

①用反循环方法成孔时,泥浆的密度一般控制在 1.1 g/cm³以下,孔壁不易形成泥皮,钻孔终孔后,只需将钻头稍提起空转,并维持反循环 5～15 min 就可完全清除孔底沉淀土。

②正循环成孔,空气吸泥机清孔。空气吸泥机可以把灌注水下混凝土的导管作为吸泥管,气压为 0.5 MPa,使管内形成强大的高压气流向上涌,同时不断地补足清水,被搅动的泥渣随气流上涌从喷口排出,直至喷出清水。对稳定性较差的孔壁,应采用泥浆循环法清孔或抽筒排渣,清孔后的泥浆的相对密度应控制在 1.15～1.25;原土造浆的孔,清孔后泥浆的密度一般控制在 1.1 g/cm³左右,在清孔时,必须及时补充足够的泥浆,并保持浆面稳定。

正循环成孔清孔完毕后,将特别弯管拆除,装上漏斗,即可开始灌注水下混凝土。用反循环钻机成孔时,也可等安好灌浆导管后再用反循环方法清孔,以清除下钢筋笼和灌浆导管过程中沉淀的钻渣。

(2)换浆法。

采用泥浆泵,通过钻杆以中速向孔底压入密度为 1.15 g/cm³左右、含砂率小于 4% 的泥浆,把孔内悬浮钻渣多的泥浆替换出来。对正循环回转钻来说,不需另加机具,且孔内仍为泥浆护壁,不易坍孔。但本法缺点较多,首先,若有较大泥团掉入孔底很难清除;其次,相对密度小的泥浆会从孔底流入孔中,轻重不同的泥浆在孔内会产生对流运动,要花费很长的时间才能降低孔内泥浆的相对密度,清孔所花时间较长。当泥浆含砂率较高时,不能用清水清孔,以免砂粒沉淀而达不到清孔目的。

(3)掏渣法。

主要针对冲抓法所成的桩孔,采用掏渣筒进行掏渣清孔。

（4）用砂浆置换钻渣清孔法。

先用抽渣筒尽量清除大颗粒钻渣,然后以活底箱在孔底灌注 0.6 m 厚的特殊砂浆（相对密度较小,能浮在拌和混凝土之上）;采用比孔径稍小的搅拌器,慢速搅拌孔底砂浆,使其与孔底残留钻渣混合;吊出搅拌器,插入钢筋笼,灌注水下混凝土;连续灌注的混凝土把混有钻渣并浮在混凝土之上的砂浆一直推到孔口,达到清孔的目的。

4）钢筋笼吊放

（1）起吊钢筋笼采用扁担起吊法,起吊点在钢筋笼上部箍筋与主筋连接处,吊点对称。

（2）钢筋笼设置 3 个起吊点,以保证钢筋笼在起吊时不变形。

（3）吊放钢筋笼入孔时,实行"一、二、三"的原则,即一人指挥、二人扶钢筋笼、三人搭接,施工时应对准孔位,保持垂直,轻放、慢放入孔,不得左右旋转。若遇阻碍应停止下放,查明原因进行处理。严禁高提猛落和强制下入。

（4）对于 20 m 以下钢筋笼采用整根加工、一次性吊装的方法,20 m 以上的钢筋笼分成两节加工,采用孔口焊接的方法;钢筋在同一节内的接头采用帮条焊连接,接头错开 1 000 mm 或 35d（d 为钢筋直径）的较大值。螺旋筋与主筋采用点焊,加劲筋与主筋采用点焊,加劲筋接头采用单面焊 10d。

（5）放钢筋笼时,要求有技术人员在场,以控制钢筋笼的桩顶标高及防止钢筋笼上浮等问题。

（6）成型钢筋笼在吊放、运输、安装时,应采取防变形措施。

（7）按编号顺序,逐节垂直吊焊,上下节笼各主筋应对准校正,采用对称施焊,按设计图要求,在加强筋处对称焊接保护层定位钢板,按图纸补加螺旋筋,确认合格后,方可下入。

（8）钢筋笼安装入孔时,应保持垂直状态,避免碰撞孔壁,徐徐下入,若中途遇阻不得强行墩放（可适当转向起下）。如果仍无效果,则应起笼扫孔重新下入。

（9）钢筋笼按确认长度下入后,应保证笼顶在孔内居中,吊筋均匀受力,牢靠固定。

5）水下浇筑混凝土

在灌注桩、地下连续墙等基础工程中,常要直接在水下浇筑混凝土。其方法是将密封连接的钢管（或强度较高的硬质非金属管）作为水下混凝土的灌注通道（导管）,其底部以适当的深度埋在灌入的混凝土拌和物内,在一定的落差压力作用下,形成连续密实的混凝土桩身,如图 4-12 所示。

（1）导管灌注的主要机具。

导管灌注的主要机具有:向下输送混凝土用的导管;导管进料用的漏斗;储存量大时还应配备储料斗;首批隔离混凝土控制器具,如滑阀、隔水塞和底盖等;升降安装导管、漏斗的设备,如灌注平台等。

①导管。

导管由每段长度为 1.5 ~ 2.5 m（脚管为 2 ~ 3 m）、管径为 200 ~ 300 mm、厚度为 3 ~ 6 mm 的钢管用法兰盘加止水胶垫用螺栓连接而成。导管要确保连接严密、不漏水。

导管应具有足够的强度和刚度,便于搬运、安装和拆卸。导管的分节长度为 3 m,最底端一节导管的长度应为 4.0 ~ 6.0 m,为了配合导管柱的长度,上部导管的长度可以是 2 m、1 m、0.5 m 或 0.3 m。导管应具有良好的密封性。导管采用法兰盘连接,用橡胶 O 形密封圈

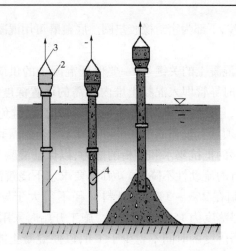

1—导管;2—盛料漏斗;3—提升机具;4—球塞

图4-12　导管法浇筑水下混凝土

密封。法兰盘的外径宜比导管外径大 100 mm 左右,法兰盘的厚度宜为 12～16 mm,在其周围对称设置的连接螺栓孔不少于 6 个,连接螺栓的直径不小于 12 mm。最下端一节导管底部不设法兰盘,宜以钢板套圈在外围加固。为避免提升导管时法兰挂住钢筋笼,可设锥形护罩。每节导管应平直,其定长偏差不得超过管长的 0.5%。导管连接部位内径偏差不大于 2 mm,内壁应光滑平整。将单节导管连接为导管柱时,其轴线偏差不得超过 ±10 mm。导管加工完后,应对其尺寸规格、接头构造和加工质量进行认真检查,并应进行连接、过阀(塞)和充水试验,以保证其密闭性合格和在水下作业时导管不漏水。检验水压一般为 0.6～1.0 MPa,以不漏水为合格。

②盛料漏斗和储料斗。

盛料漏斗位于导管顶端,漏斗上方装有振动设备以防混凝土在导管中阻塞。提升机具用来控制导管的提升与下降,常用的提升机具有卷扬机、电动葫芦、起重机等。

导管顶部应设置漏斗。漏斗的设置高度应适用操作的需要,并应在灌注到最后阶段,特别时灌注接近桩顶部位时,能满足对导管内混凝土柱高度的需要,保证上部桩身的灌注质量。混凝土柱的高度,在桩顶低于桩孔中的水位时,一般应比该水位至少高出 2.0 m,在桩顶高于桩孔水位时,一般应比桩顶至少高 0.5 m。

储料斗应有足够的容量以储存混凝土(初存量),以保证首批灌入的混凝土(初灌量)能达到要求的埋管深度。漏斗与储料斗用 4～6 mm 厚的钢板制作,要求不漏浆及挂浆,漏泄顺畅、彻底。

③隔水塞、滑阀和底盖。

隔水塞一般采用软木、橡胶、泡沫塑料等制成,其直径比导管内径小 15～20 mm。例如,混凝土隔水塞宜制成圆柱形,采用 3～5 mm 厚的橡胶垫圈密封,其直径宜比导管内径大 5～6 mm,混凝土强度不低于 C30。

隔水塞也可用硬木制成球状塞,在球的直径处钉上橡胶垫圈,表面涂上润滑油脂制成。此外,隔水塞还可用钢板塞、泡沫塑料和球胆等制成。不管由何种材料制成,隔水塞在灌注混凝土时应能舒畅下落和排出。

为保证隔水塞具有良好的隔水性能和能顺利地从导管内排出,隔水塞应表面光滑,形状尺寸规整。滑阀采用钢制叶片,下部为密封橡胶垫圈。底盖既可用混凝土制成,也可用钢制成。

(2)水下混凝土灌注。

采用导管法浇筑水下混凝土的关键是:一要保证混凝土的供应量大于导管内混凝土必须保持的高度和开始浇筑时导管埋入混凝土堆内必需的埋置深度所要求的混凝土量;二要严格控制导管的提升高度,且只能上下升降,不能左右移动,以避免造成管内发生返水事故。

水下浇筑的混凝土必须具有较强的流动性和黏聚性,能依靠其自重和自身的流动能力来实现摊平与密实,有足够的抵抗泌水和离析的能力,以保证混凝土在堆内扩展过程中不离析,且在一定时间内其原有的流动性不降低。因此,要求水下浇筑混凝土中水泥的用量及砂率宜适当增加,泌水率控制在 2% ~ 3%;粗骨料粒径不得大于导管的 1/5 或钢筋间距的 1/4,并不宜超过 40 mm;坍落度为 150 ~ 180 mm。施工开始时采用低坍落度,正常施工时则用较大的坍落度,且维持坍落度的时间不得少于 1 h,以便混凝土能在一段较长的时间内靠其自身的流动能力来实现其密实成型。

灌注前应根据桩径、桩长和灌注量,合理选择导管和起吊运输等机具设备的规格、型号。每根导管的作用半径一般不大于 3 m,所浇混凝土的覆盖面积不宜大于 30 m²,当面积过大时,可用多根导管同时浇筑。

导管吊入孔时,应将橡胶圈或胶皮垫安放周整、严密,确保密封良好。导管在桩孔内的位置应保持居中,防止跑管,撞坏钢筋笼并损坏导管。导管底部距孔底(孔底沉渣面)高度,以能放出隔水塞及首批混凝土为度,一般为 300 ~ 500 mm。导管全部入孔后,计算导管柱总长和导管底部位置,并再次测定孔底沉渣厚度,若超过规定,应再次清孔。

施工顺序为:放钢筋笼→安设导管→使滑阀(或隔水塞)与导管内水面紧贴→灌注首批混凝土→连续不断灌注直至桩顶→拔出护筒。

①灌注首批混凝土。

在灌注首批混凝土之前,最好先配制 0.1 ~ 0.3 m³ 的水泥砂浆放入滑阀(隔水塞)以上的导管和漏斗中,然后放入混凝土,确认初灌量备足后,即可剪断铁丝,借助混凝土的重量排出导管内的水,使滑阀(隔水塞)留在孔底,灌入首批混凝土。

首批灌注混凝土的数量应能满足导管埋入混凝土中 1.2 m 以上。首批灌注混凝土数量应按图 4-13 和式(4-2)计算。

混凝土浇筑应从最深处开始,相邻导管下口的标高差不应超过导管间距的 1/20 ~ 1/15,并保证混凝土表面均匀上升。

$$V \geq \frac{\pi d^2 h_1}{4} + \frac{k\pi D^2 h_2}{4} \tag{4-2}$$

$$h_1 = (h - h_2) r_w / r_c$$

式中　V——混凝土初灌量,m³;

　　　h_1——导管内混凝土柱与管外泥浆柱平衡所需高度,m;

　　　h——桩孔深度,m;

　　　r_w——泥浆密度;

　　　r_c——混凝土密度,取 2 300 kg/m³;

　　　h_2——初灌混凝土下灌后导管外混凝土面的高度,取 1.3 ~ 1.8 m;

　　　d——导管内径,m;

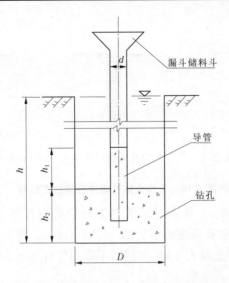

图 4-13　首批灌注混凝土数量计算例图

　　D——桩孔直径，m；

　　k——充盈系数，取 1.3。

　　②连续灌注混凝土。

　　首批混凝土灌注正常后，应连续不断灌注混凝土，严禁中途停工。在灌注过程中，应经常用测锤探测混凝土面的上升高度，并适时提升、逐级拆卸导管，保持导管的合理埋深。探测次数一般不宜少于所适用的导管节数，并应在每次起升导管前，探测一次管内外混凝土面的高度。遇特别情况(局部严重超径、缩径、漏失层位和灌注量特别大时的桩孔等)时应增加探测次数，同时观察返水情况，以正确分析和判定孔内的情况。

　　在水下灌注混凝土时，应根据实际情况严格控制导管的最小埋深，以保证桩身混凝土的连续均匀，使其不会裹入混凝土上面的浮浆皮和土块等，防止出现断桩现象。对导管的最大埋深，则以能使管内混凝土顺畅流出，便于导管起升和减少灌注提管、拆管的辅助作业时间来确定。最大埋深不宜超过最下端一节导管的长度。灌注接近桩顶部位时，为确保桩顶混凝土质量，漏斗及导管的高度应严格按有关规定执行。

　　混凝土灌注的上升速度不得小于 2 m/h。灌注时间必须控制在埋入导管中的混凝土不丧失流动性时间。必要时可掺入适量缓凝剂。

　　③桩顶混凝土的浇筑。

　　桩顶的灌注标高按照设计要求，且应高于设计标高 1.0 m 以上，以便清除桩顶部的浮浆渣层。桩顶灌注完毕后，应立即探测桩顶面的实际标高，常用带有标尺的钢杆和装有可开闭的活门钢盒组成的取样器探测取样，以判断桩顶的混凝土面。

　　2. 干作业钻孔灌注桩

　　干作业钻孔灌注桩是先用钻机在桩位处钻孔，然后在桩孔内放入钢筋骨架，再灌注混凝土而成的桩。其施工过程如图 4-14 所示。

　　1) 施工机械

　　干作业成孔一般采用螺旋钻机钻孔，如图 4-15、图 4-16 所示。螺旋钻机根据钻杆形式不同可分为整体式螺旋、装配式长螺旋和短螺旋三种。螺旋钻杆是一种动力旋动钻杆，它是

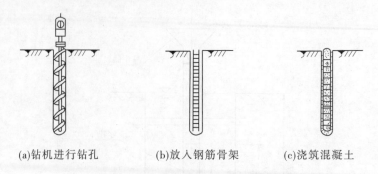

(a)钻机进行钻孔　　　(b)放入钢筋骨架　　　(c)浇筑混凝土

图 4-14　干作业钻孔灌注桩的施工过程

利用钻头的螺旋叶旋转削土,土块由钻头旋转上升而带出孔外。螺旋钻头的外径分别为 400 mm、500 mm、600 mm,钻孔深度相应为 12 m、10 m、8 m。螺旋钻机适用于成孔深度内没有地下水的一般黏土层、沙土及人工填土地基,不适用于有地下水的土层和淤泥质土。

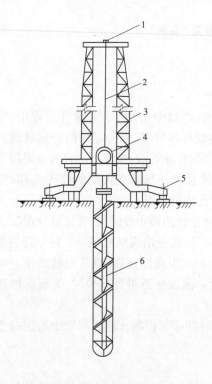

1—导向滑轮;2—钢丝绳;3—龙门导架;
4—动力箱;5—千斤顶支腿;6—螺旋钻杆

图 4-15　全螺旋钻机

图 4-16　液压步履式长螺旋钻机

2)施工工艺

干作业钻孔灌注桩的施工步骤为:螺旋钻机就位对中→钻进成孔、排土→钻至预定深度、停钻→起钻,测孔深、孔斜、孔径→清理孔底虚土→钻机移位→安放钢筋笼→安放混凝土溜筒→灌注混凝土成桩→桩头养护。

(1)钻孔。

钻机就位后,钻杆垂直对准桩位中心,开钻时先慢后快,减少钻杆的摇晃,及时纠正钻孔的偏斜或位移。钻孔时,螺旋刀片旋转削土,削下的土沿整个钻杆螺旋叶片上升而涌出孔外,钻杆可逐节接长直至钻到设计要求规定的深度。在钻孔过程中,若遇到硬物或软岩,应减速慢钻或提起钻头反复钻,穿透后再正常进钻。在砂卵石、卵石或淤泥质土夹层中成孔时,这些土层的土壁不能直立,易造成塌孔,这时钻孔可钻至塌孔下 1 ~ 2 m,用低强度等级的混凝土回填至塌孔 1 m 以上,待混凝土初凝后,再钻至设计要求深度,也可用 3 : 7 夯实灰土回填代替混凝土进行处理。

(2)清孔。

钻孔至规定要求深度后,孔底一般都有较厚的虚土,需要进行专门的处理。清孔的目的是将孔内的浮土、虚土取出,减小桩的沉降。常用的方法是采用 25 ~ 30 kg 的重锤对孔底虚土进行夯实,或投入低坍落度的素混凝土,再用重锤夯实;或是使钻机在原深处空转清土,然后停止旋转,提钻卸土。

(3)钢筋混凝土施工。

桩孔钻成并清孔后,先吊放钢筋笼,后浇筑混凝土。

钢筋骨架的主筋、箍筋、直径、根数、间距及主筋保护层均应符合设计规定,应绑扎牢固,防止变形。用导向钢筋将其送入孔内,同时防止泥土杂物掉进孔内。

钢筋骨架就位后,为防止孔壁坍塌,避免雨水冲刷,应及时浇筑混凝土。即使土层较好,没有雨水冲刷,从成孔至混凝土浇筑的时间间隔也不得超过 24 h。灌注桩的混凝土坍落度一般采用 80 ~ 100 mm,混凝土应连续浇筑,分层浇筑、分层捣实,每层厚度为 50 ~ 60 cm。当混凝土浇筑到桩顶时,应适当超过桩顶标高,以保证在凿除浮浆层后,桩顶标高和质量能符合设计要求。

3. 人工挖孔灌注桩

人工挖孔灌注桩是采用人工挖掘方法成孔,然后放置钢筋笼,浇筑混凝土而成的桩基础,如图 4-17 所示。施工布置如图 4-18 所示。

1)施工设备

人工挖孔灌注桩的施工设备、工具一般可根据孔径、孔深和现场具体情况选用,常用的有电动葫芦(或手摇轳辘)、潜水泵、鼓风机、护壁钢模板、提土桶及镐、锹、土筐等挖运工具等。

2)施工工艺

施工时,为确保挖土成孔的施工安全,必须考虑预防孔壁坍塌和流沙发生的措施。因此,施工前应根据地质水文资料确定出合理的护壁措施和降排水方案。

(1)挖土。

挖土是人工挖孔的一道主要工序,采用由上向下分段开挖的方法,每施工段的挖土高度取决于孔壁的直立能力,一般取 0.8 ~ 1.0 m 为一个施工段,开挖井孔直径为设计桩径加混凝土护壁厚度。挖土时应事先编制好防治地下水方案,避免产生渗水、冒水、塌孔、挤偏桩位等不良后果。在挖土过程中遇地下水时,若地下水不多,可采用桩孔内降水法,用潜水泵将水抽出孔外。若出现流沙现象,则首先应考虑采用缩短护壁分节和抢挖、抢浇筑护壁混凝土的办法,若此法不行,就必须沿孔壁打板桩或用高压泵在孔壁冒水处灌注水玻璃水泥砂浆。当地下水较丰富时,宜采用孔外布井点降水法,即在周围布置管井,在管井内不断抽水使地下水位降至桩孔底以下 1.0 ~ 2.0 m。

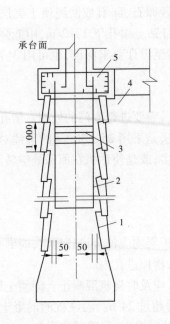

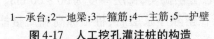

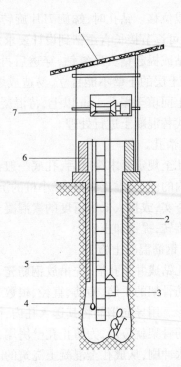

1—承台;2—地梁;3—箍筋;4—主筋;5—护壁

图 4-17　人工挖孔灌注桩的构造

1—遮雨棚;2—混凝土护壁;3—装土铁桶;4—低压照明灯;
5—应急钢爬梯;6—砖砌井圈;7—电动辘轳提升机

图 4-18　人工挖孔桩施工

当桩孔挖到设计深度,并检查孔底土质已达到设计要求后,在孔底挖成扩大头。待桩孔全部成型后,用潜水泵抽出孔底的积水,然后立即浇筑混凝土。

（2）护壁。

护壁方法很多,可以采用现浇混凝土护壁、沉井护壁、喷射混凝土护壁等。

现浇混凝土护壁法施工即分段开挖、分段浇筑混凝土护壁,此法既能防止孔壁坍塌,又能起到防水作用。为防止坍孔和保证操作安全,对直径在 1.2 m 以上的桩孔多设混凝土支护,每节高度为 0.9 ~ 1.0 m,厚度为 8 ~ 15 cm,或加配适量 ϕ6 ~ 10 mm 钢筋,混凝土用 C20 或 C25,如图 4-19 所示。护壁制作主要分为支设护壁模板和浇筑护壁混凝土两个步骤。对直径在 1.2 m 以下的桩孔,井口砌 1/4 砖或 1/2 砖护圈(高度为 1.2 m),下部遇有不良土体时用半砖护砌。孔口第一节护壁应高出地面 10 ~ 20 cm,以防止泥水、机具、杂物等掉进孔内。

护壁施工采用工具式活动钢模板(由 4 ~ 8 块活动钢模板组合而成)支撑有锥度的内模。内模支设后,将用角钢和钢板制成的两半圆形合成的操作平台吊放入桩孔内,置于内模板顶部,以放置料具和浇筑混凝土操作之用。

护壁混凝土的浇筑采用钢筋插实,也可通过敲击模板或用竹竿、木棒反复插捣。不得在桩孔水淹没模板的情况下灌注混凝土。若遇土质差的部位,为保证护壁混凝土的密实,应根据土层的渗水情况使用速凝剂,以保证护壁混凝土快速达到设计强度的要求。

护壁混凝土内模拆除宜在 12 h 之后进行,当发现护壁有蜂窝、渗水的现象时,应及时补强加以堵塞或导流,防止孔外水通过护壁流入桩子内,造成事故。当护壁混凝土强度达到 1

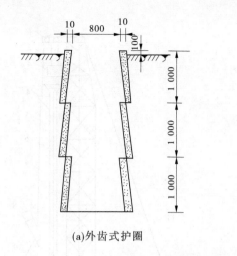

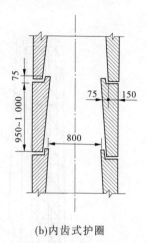

(a)外齿式护圈

(b)内齿式护圈

图 4-19　钢筋混凝土护壁形式　（单位：mm）

MPa(常温下约 24 h)时可拆除模板,开挖下段的土方,再支模浇筑护壁混凝土,如此循环,直至挖到设计要求的深度。

（3）放置钢筋笼。

桩孔挖好并经有关人员验收合格后,即可根据设计的要求放置钢筋笼。钢筋笼在放置前,要清除其上的油污、泥土等杂物,防止将杂物带入孔内,并再次测量孔底虚土厚度,按要求清除。

（4）浇筑桩身混凝土。

钢筋笼吊入验收合格后应立即浇筑桩身混凝土。灌注混凝土时,混凝土必须通过溜槽;当落距超过 3 m 时,应采用串桶,串桶末端距孔底高度不宜大于 2 m;也可采用导管泵送;混凝土宜采用插入式振捣器振实。当桩孔内渗水量不大时,在抽除孔内积水后,用串筒法浇筑混凝土。如果桩孔内渗水量过大,积水过多不便排干时,则应采用导管法水下浇筑混凝土。

（5）照明、通风、排水和防毒检查。①在孔内挖土时,应有照明和通风设施。照明采用 12 V 低压防水灯。通风设施采用 1.5 kW 鼓风机,配以直径为 100 mm 的送风管,出风口离开挖面 80 cm 左右。②对无流沙威胁但孔内有地下水渗出的情况,应在孔内设坑,用潜水泵抽排。有人在孔内作业时,不得抽水。③地下水位较高时,应在场地内布置几个降水井(可先将几个桩孔快速掘进作为降水井),用来降低地下水位,保证含水层开挖时无水或水量较小。④每天开工前检查孔底积水是否已被抽干,试验孔内是否存在有毒、有害气体,保持孔内的通风,准备好防毒面具等。为预防有害气体或缺氧,可对孔内气体进行抽样检测。凡一次检测的有毒含量超过容许值时,应立即停止作业,进行除毒工作。

4.沉管灌注桩

沉管灌注桩是利用锤击打桩设备或振动沉桩设备,将带有钢筋混凝土的桩尖(或钢板靴)或带有活瓣式桩靴的钢管沉入土中(钢管直径应与桩的设计尺寸一致),造成桩孔,然后放入钢筋骨架并浇筑混凝土,随之拔出套管,利用拔管时的振动将混凝土捣实,便形成所需要的灌注桩。利用锤击沉桩设备沉管、拔管成桩,称为锤击沉管灌注桩,如图 4-20 所示;利用振动器振动沉管、拔管成桩,称为振动沉管灌注桩,如图 4-21 所示。

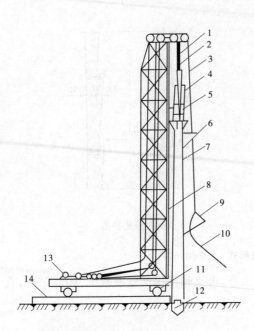 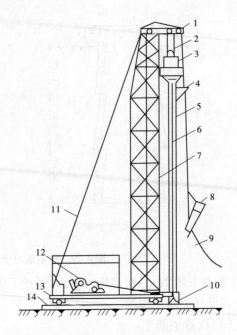

1—桩锤钢丝绳;2—桩管滑轮组;3—吊斗钢丝绳;
4—桩锤;5—桩帽;6—混凝土漏斗;7—桩管;
8—桩架;9—混凝土吊斗;10—回绳;11—行驶用
钢管;12—预制桩靴;13—卷扬机;14—枕木

图 4-20　锤击沉管灌注桩

1—导向滑轮;2—滑轮组;3—激振器;4—混凝土漏斗;
5—桩管;6—加压钢丝绳;7—桩管;8—混凝土吊斗;
9—回绳;10—活瓣桩尖;11—缆风绳;
12—卷扬机;13—行驶用钢管;14—枕木

图 4-21　振动沉管灌注桩

1)锤击沉管灌注桩

锤击沉管灌注桩适用于一般黏性土、淤泥质土和人工填土地基。其施工过程为:就位(a)→沉套管(b)→初灌混凝土(c)→放置钢筋笼、灌注混凝土(d)→拔管成桩(e),如图 4-22 所示。

锤击沉管灌注桩的施工要点如下:

(1)桩尖与桩管接口处应垫麻(或草绳)垫圈,以防地下水渗入管内和作缓冲层。沉管时先用低锤锤击,观察无偏移后,再开始正常施打。

(2)拔管前应先锤击或振动套管,在测得混凝土确已流出套管时方可拔管。

(3)桩管内的混凝土应尽量填满,拔管时要均匀,保持连续密锤轻击,并控制拔管速度,一般土层以不大于 1 m/min 为宜;软弱土层与软硬交界处,应控制在 0.8 m/min 以内为宜。

(4)在管底未拔到桩顶设计标高前,倒打或轻击不得中断,并注意保持管内的混凝土始终略高于地面,直到全管拔出。

(5)桩的中心距在 5 倍桩管外径以内或小于 2 m 时,均应跳打施工;中间空出的桩须待邻桩混凝土达到设计强度的 50%以后,方可施打。

2)振动沉管灌注桩

振动沉管灌注桩采用激振器或振动冲击沉管,施工过程为:桩机就位(a)→沉管(b)→上料(c)→拔出钢管(d)→在顶部混凝土内插入短钢筋并浇满混凝土(e),如图 4-23 所示。振动沉管灌注桩宜用于一般黏性土、淤泥质土及人工填土地基,更适用于沙土、稍密及中密

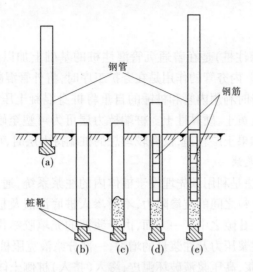

图 4-22　沉管灌注桩的施工过程

的碎石土地基。

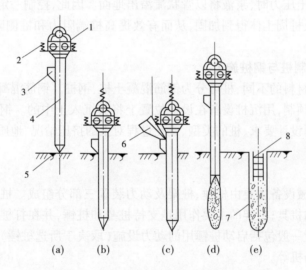

1—振动锤;2—加压减振弹簧;3—加料口;4—桩管;
5—活瓣桩尖;6—上料口;7—混凝土桩;8—短钢筋骨架

图 4-23　振动套管成孔灌注桩的成桩过程

振动沉管灌注桩的施工要点如下。

(1)桩机就位。将桩尖活瓣合拢对准桩位中心,利用振动器及桩管自重把桩尖压入土中。

(2)沉管。开动振动箱,桩管即在强迫振动下迅速沉入土中。沉管过程中,应经常探测管内有无水或泥浆,如发现水、泥浆较多,应拔出桩管,用砂回填桩孔后方可重新沉管。

(3)上料。桩管沉到设计标高后停止振动,放入钢筋笼,再上料斗将混凝土灌入桩管内,一般应灌满桩管或略高于地面。

(4)拔管。开始拔管时,应先启动振动箱 8~10 min,并用吊铊测得桩尖活瓣确已张开,混凝土确已从桩管中流出以后,卷扬机方可开始抽拔桩管,边振边拔。拔管速度应控制在

1.5 m/min 以内。

5. 夯扩桩

夯扩桩(夯压成型灌注桩)是在普通沉管灌注桩的基础上加以改进,增加一根内夯管,使桩端扩大的一种桩型。内夯管的作用是在夯扩工序时,将外管混凝土夯出管外,并在桩端形成扩大头;在施工桩身时利用内管和桩锤的自重将桩身混凝土压实。夯扩桩适用于一般黏性土、淤泥、淤泥质土、黄土、硬黏性土。桩端持力层可为可塑至硬塑粉质黏土、粉土或沙土,且具有一定厚度。如果土层较差,没有较理想的桩端持力层时,可采用二次或三次夯扩。

6. PPG 灌注桩后压浆法

PPG 灌注桩后压浆法是利用预先埋设于桩体内的注浆系统,通过高压注浆泵将高压浆液压入桩底,浆液克服土粒之间的抗渗阻力,不断渗入桩底沉渣及桩底周围土体孔隙中,排走孔隙中的水分,充填于孔隙之中。一方面,由于浆液的充填胶结作用,在桩底形成一个扩大头。另一方面,随着注浆压力及注浆量的增加,一部分浆液克服桩侧摩阻力及上覆土压力沿桩土界面不断向上泛浆,高压浆液破坏泥皮,渗入(挤入)桩侧土体,使桩周松动(软化)的土体得到挤密加强。浆液不断向上运动,上覆土压力不断减小,当浆液向上传递的反力大于桩侧摩阻力及上覆土压力时,浆液将以管状流溢出地面。因此,控制一定的注浆压力和注浆量,可使桩底土体及桩周土体得到加固,从而有效提高桩端阻力和桩侧阻力,达到大幅度提高承载力的目的。

(二)混凝土预制桩与钢桩施工

预制桩按桩体材料的不同,桩可分为钢筋混凝土桩、钢桩。钢筋混凝土预制桩是在预制构件厂或施工现场预制,用沉桩设备在设计位置上将其沉入土中的。钢筋混凝土预制桩施工前,应根据施工图设计要求、桩的类型、成孔过程对土的挤压情况、地质探测和试桩等资料制订施工方案。

1. 锤击沉桩

打桩所用的机械设备主要由桩锤、桩架及动力装置三部分组成。桩锤是对桩施加冲击力,将桩打入土中的机具;桩架的主要作用是支持桩身和桩锤,并在打桩过程中保持桩的方向不偏移;动力装置一般包括启动桩锤用的动力设施(取决于所选桩锤),如采用蒸汽锤,则需配蒸汽锅炉、卷扬机等。

打桩施工是确保桩基工程质量的重要环节。主要工艺过程如下。

1)吊桩就位

打桩机就位后,先将桩锤和桩帽吊起,其高度应超过桩顶,并固定在桩架上,然后吊桩并送至导杆内,垂直对准桩位,在桩的自重和锤重的压力下,缓缓送下插入土中,桩插入时的垂直度偏差不得超过 0.5%。桩插入土后即可固定桩帽和桩锤,使桩身、桩帽、桩锤在同一铅垂线上,确保桩能垂直下沉。在桩锤和桩帽之间应加弹性衬垫,如硬木、麻袋、草垫等;桩帽和桩顶周围四边应有 5~10 mm 的间隙,以防损伤桩顶。

2)打桩

打桩开始时,采用短距轻击,一般为 0.5~0.8 m,以保证桩能正常沉入土中。待桩入土一定深度(1~2 m)且桩尖不易产生偏移时,再按要求的落距连续锤击。这样可以保证桩位的准确和桩身的垂直。打桩时宜用重锤低击,这样桩锤对桩头的冲击小,回弹也小,桩头不易损坏,大部分能量都用于克服桩身与土的摩阻力和桩尖阻力,桩能较快地沉入土中。用落

锤或单动汽锤打桩时,最大落距不宜大于 1 m。用柴
油锤时,应使锤跳动正常。在整个打桩过程中,应做好
测量和记录工作,遇有贯入度剧变,桩身突然发生倾
斜、移位或有严重回弹,桩顶或桩身出现严重裂缝或破
碎等异常情况时,应暂停打桩,及时研究处理。

3)送桩

当桩顶标高低于地面时,借助送桩器将桩顶送入
土中的工序称为送桩。送桩时桩与送桩管的纵轴线应
在同一直线上,锤击送桩将桩送入土中,送桩结束,拔
出送桩管后,桩孔应及时回填或加盖。如图 4-24 所
示。

4)接桩

钢筋混凝土预制长桩受运输条件和桩架高度的限
制,一般分成若干节预制,分节打入,在现场进行接桩。
常用的接桩方法有焊接法、法兰接法和硫黄胶泥锚接
法等,如图 4-25 所示。

5)截桩

当预制钢筋混凝土桩的桩顶露出地面并影响后续

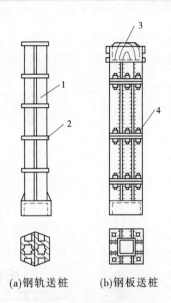

(a)钢轨送桩   (b)钢板送桩

1—钢轨;2—15 mm 厚钢板箍;
3—硬木垫;4—连接螺栓

图 4-24 钢送桩构造

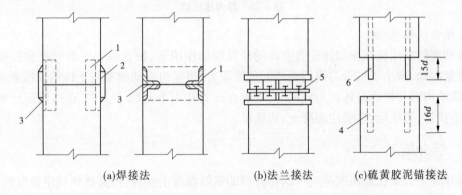

(a)焊接法   (b)法兰接法   (c)硫黄胶泥锚接法

1—角钢与主筋焊接;2—钢板;3—焊缝;5—浆锚孔;6—预埋法兰;7—预埋锚筋;d—锚栓直径

图 4-25 桩的接头形式

桩施工时,应立即截桩头。截桩头前,应测量桩顶标高,将桩头多余部分凿去。截桩一般可
采用人工或风动工具(如风镐等)来完成。截桩时不得把桩身混凝土打裂,并保证桩身主筋
伸入承台内,其锚固长度必须符合设计规定。一般桩身主筋伸入混凝土承台内的长度,受拉
时不少于 25 倍主筋直径,受压时不少于 15 倍主筋直径。主筋上黏着的混凝土碎块要清除
干净。

2. 静力压桩

静力压桩是在软土地基上利用静力压桩机或液压压桩机用无振动的静力压力(自重和
配重)将预制桩压入土中的工艺。静力压桩可减少噪声和振动。静力压桩机如图 4-26 所
示,其工作原理是通过安置在压桩机上的卷扬机的牵引,由钢丝绳、滑轮及桥梁将整个桩机
的自重力(800 ~ 1 500 kN)反压在桩顶上,以克服桩身下沉时与土的摩擦力,迫使预制桩下沉。

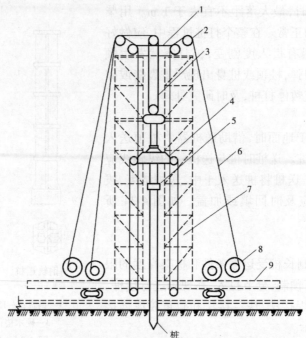

1—桩架顶梁；2—导向滑轮；3—提升滑轮组；4—压梁；5—桩帽；
6—钢丝绳；7—压桩滑轮组；8—卷扬机；9—底盘

图 4-26　静力压桩机

3. 振动沉桩

振动沉管灌注桩在振动锤竖直方向的往复振动作用下，桩管以一定的频率和振幅产生竖向往复振动，减小了桩管与周围土体间的摩阻力，当强迫振动频率与土体的自振频率相同时，土体结构因共振而破坏。与此同时，桩管在压力作用下而沉入土中，在达到设计要求深度后，边拔管、边振动、边灌注混凝土、边成桩。

二、沉井施工

沉井施工时先在地面或基坑内制作开口的钢筋混凝土井身，待其达到规定强度后，在井身内部分层挖土运出，随着挖土和土面的降低，沉井井身自重或在其他措施协助下克服与土壁间的摩阻力和刃脚反力，不断下沉，直至设计标高就位，然后进行封底。

按制造沉井的材料可分为混凝土沉井、钢筋混凝土沉井和钢沉井等。以下介绍混凝土沉井的施工方法。

（一）沉井构造

沉井一般由井壁、刃脚、隔墙、井孔、凹槽、封底和顶板等组成，有时井壁中还预埋射水管等其他部分，如图 4-27 所示。

（二）沉井制作

1. 刃脚支设

沉井下部为刃脚，其支设方式取决于沉井重量、施工荷载和地基承载力。常用的方法有垫架法、砖砌垫座和土模。

在软弱地基上浇筑较重、较大的沉井，常用垫架法（见图 4-28（a））。采用垫架法施工

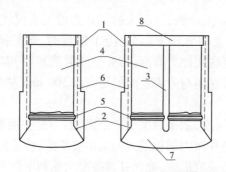

1—井壁;2—刃脚;3—隔墙;4—井孔;
5—凹槽;6—射水管组;7—封底混凝土;8—顶板

图 4-27　沉井构造

时,应计算井身一次浇筑高度,使其不超过地基承载力,其下砂垫层厚度亦需计算确定。直径(或边长)不超过 8 m 的较小的沉井,土质较好时可采用砖垫座(见图 4-28(b))。对重量轻的小型沉井,土质较好时,可选用砂垫、灰土垫或直接在地层上挖槽作成土模(见图 4-28(c)),土模表面及刃脚底面的地面上,均应铺筑一层 2 ~ 3 cm 水泥砂浆,砂垫层表面涂隔离剂。

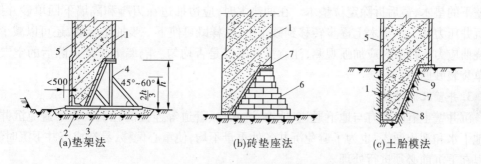

(a)垫架法　　　　　　　(b)砖垫座法　　　　　　　(c)土胎模法

1—刃脚;2—砂垫层;3—枕木;4—垫架;5—模板;
6—砖垫座;7—水泥砂浆抹面;8—刷隔离层;9—土胎模

图 4-28　沉井刃脚支设

　　刃脚支设用得较多的是垫架法。采用垫架法时,先在刃脚处铺设砂垫层,再在其上铺枕木和垫架。枕木应使顶面在同一水平面上,用水准仪找平,高差宜不超过 10 mm,在枕木间用砂填实,枕心中心应与刃脚中心线重合。

　　2. 井壁制作

　　沉井制作可在修建构筑物的地面上进行,亦可在基坑中进行,如在水中施工,还可在人工筑岛上进行。应用较多的是在基坑中制作。

　　沉井施工有下列几种方式:一次制作、一次下沉;分节制作、一次下沉;分节制作、分节下沉。如沉井过高,下沉时易倾斜,宜分节制作、分节下沉。沉井分节制作的高度,应保证其稳定性并能使其顺利下沉。采用分节制作、一次下沉时,制作高度不宜大于沉井短边或直径,总高度超过 12 m 时,需有可靠的计算依据和采取确保稳定的措施。

　　分节下沉的沉井接高前,应进行稳定性计算,如不符合要求,可根据计算结果采取井内留土、填砂(土)、灌水等稳定措施。

井壁模板可用组合式定型模板,高度大的沉井亦可用滑模浇筑。沉井井筒外壁要求平整、光滑、垂直,严禁外倾(上口大于下口)。分节制作时,水平接缝需做成凸凹型,以利防水。如沉井内有隔墙,隔墙底面比刃脚高,与井壁同时浇筑时,需在隔墙下立排架或用砂堤支设隔墙底模。隔墙、横梁底面与刃脚底面的距离以 500 mm 左右为宜。

(三)沉井下沉

沉井由地表沉至设计深度,主要取决于三个因素:一是井筒要有足够自重和刚度,能克服地层摩阻力而下沉;二是井筒内部被围入的地层要挖除,使井筒仅受外侧压力和下沉的阻力;三是从设计和施工方面采取措施,确保井筒按要求顺利下沉。下沉过程也是问题最集中的时段,必须精心组织,精心施工。

1. 下沉验算

沉井下沉,其自重必须克服井壁与土间的摩阻力和刃脚、隔墙、横梁下的反力,采取不排水下沉时,尚需克服水的浮力。因此,为使沉井能顺利下沉,需验算沉井自重是否满足下沉的要求。

2. 垫架、排架拆除

大型沉井应待混凝土达到设计强度的 100% 时可拆除垫架,拆除时应分组、依次、对称、同步地进行。抽除次序是:拆内模→拆外模→拆隔墙下支撑和底模→拆隔墙下的垫木→拆井壁下的垫木,最后拆除定位垫木。在抽垫木时,应边抽边在刃脚和隔墙下回填砂并捣实,使沉井压力从支承垫木上逐步转移到砂土上,这样既可使下一步抽垫容易,还可以减少沉井的挠曲应力。抽除时应加强观测,注意沉井下沉是否均匀。隔墙下排架拆除后的空穴部分用草袋装砂回填。

3. 井壁孔洞处理

沉井壁上有时留有与地下通道、地沟、进水口、管道等连接的孔洞。为了避免沉井下沉时地下水和泥土涌入,也为了避免沉井各处重量不均,使重心偏移,易造成沉井下沉时倾斜,所以在下沉前必须进行处理。

对较大孔洞,制作时可在洞口预埋钢框、螺栓,用钢板、方木封闭,中填与空洞混凝土重量相等的砂石或铁块配重。沉井封底后拆除封闭钢板、挡木等。

4. 沉井下沉施工

沉井下沉有排水下沉和不排水下沉两种方案。一般应采用排水下沉,当土质条件较差,可能发生涌土、涌砂、冒水或沉井产生位移、倾斜及终沉阶段有超沉可能时,才向沉井内灌水,采用不排水下沉。

1)排水挖土下沉

(1)排水方法。

①明沟、集水井排水。在沉井内离刃脚 2~3 m 挖一圈排水明沟,设 3~4 个集水井,深度比地下水深 1~1.5 m。沟和井底深度随沉井挖土而不断加深,在井内或井壁上设水泵,将地下水排出井外。为了不影响井内挖土操作和避免经常搬动水泵,一般采取在井壁上预埋铁件,焊钢操作平台安设水泵,或设木吊架安设水泵。如果井内渗水量很少,则可直接在井内设高扬程潜水泵将地下水排出井外。

②井点降水。当地质条件较差,有流砂发生的情况时,可在沉井外部周围设置轻型井点、喷射井点或深井井点以降低地下水位,使井内保持干土开挖。

③井点与明沟排水相结合的方法。在沉井外部周围设井点截水;部分潜水,在沉井内再辅以明沟、集水井用泵排水。

(2)排水下沉。

排水下沉挖土常用的方法有人工或用风动工具挖土、在沉井内用小型反铲挖土机挖土、在地面用抓斗挖土机挖土。

挖土应分层、均匀、对称地进行,使沉井能均匀竖直下沉。有底架、隔墙分格的沉井,各孔挖土面高差不宜超过 1 m。如下沉系数较大,一般先挖中间部分,沿沉井刃脚周围保留土堤,使沉井挤土下沉;如下沉系数较小,应事先根据情况分别采用泥浆润滑套、空气幕或其他减阻措施,使沉井连续下沉,避免长时间停歇。井孔中间宜保留适当高度的土体,不得将中间部分开挖过深。

2)不排水下沉挖土

不排水下沉方法有用抓斗在水中取土、用水力冲射器冲刷土、用空气吸泥机吸泥土、用水中吸泥机吸水中泥土等。一般采用抓斗、水力吸泥机或水力冲射空气吸泥等方法在水下挖土。

(1)抓斗挖土。

用吊车吊抓斗挖掘井底中央部分的土,使之形成锅底。在砾石类土或砂中,一般当锅底比刃脚低 1~1.5 m 时,沉井即可靠自重下沉,而将刃脚下土挤向中央锅底,再从井孔中继续抓土,沉井即可继续下沉。在黏质土或紧密土中,刃脚下土不易向中央坍落,则应配以射水管冲土(见图 4-29(a))。沉井由多个井孔组成时,每个井孔宜配备一台抓斗。如用一台抓斗抓土时,应对称逐孔轮流进行,使其均匀下沉,各井孔内土面高差不宜大于 0.5 m。

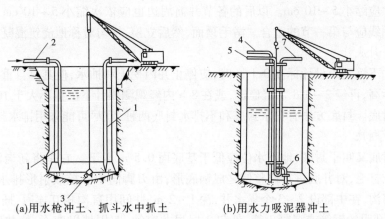

(a)用水枪冲土、抓斗水中抓土　　　(b)用水力吸泥器冲土

1—水枪;2—胶管;3—多瓣抓斗;4—供水管;5—冲刷管;6—排泥管;7—水力吸泥导管

图 4-29　用水枪和水力吸泥器水中冲土

(2)水力机械冲土。

用高压水泵将高压水流通过进水管分别送进沉井内的高压水枪和水力吸泥机,利用高压水枪射出的高压水流冲刷土层,使其形成一定稠度的泥浆。泥浆汇流至集泥坑,然后用水力吸泥机或空气吸泥机将泥浆吸出,从排泥管排出井外(见图 4-29(b))。

冲土顺序为先中央后四周,并沿刃脚留出土台,最后对称分层冲挖。尽量保持沉井受力均匀,不得冲空刃脚踏面下的土层。冲黏性土时,宜使喷嘴接近 90° 的角度冲刷立面,将立面底部冲刷成缺口使之坍落。施工时,应使高压水枪冲入井底,所造成的泥浆量和渗入的水量与水力吸泥机吸入的泥浆量保持平衡。

水力吸泥机冲土主要适用于粉质黏土、粉土、粉细砂土。使用时不受水深限制,但其出土效率则随水压、水量的增加而提高,必要时应向沉井内注水,以加高井内水位。在淤泥或浮土中使用水力吸泥时,应保持沉井内水位高出井外水位 1 ~ 2 m。

(3)沉井的辅助下沉。

常用的辅助下沉方法有射水下沉法和触变泥浆护壁下沉法等。

射水下沉法是用预先安设在沉井外壁的水枪,借助高压水冲刷土层,使沉井下沉。

触变泥浆护壁下沉法是在沉井外壁制成宽度为 10 ~ 20 cm 的台阶作为泥浆槽,泥浆用泥浆泵、砂浆泵或气压罐通过预埋在井壁体内或设在井内的垂直压浆管压入,使外井壁泥浆槽内充满触变泥浆,其液面接近于自然地面。在沉井下沉到设计标高后,将水泥浆、水泥砂浆或其他材料从泥浆套底部压入,使泥浆被压进的材料挤出。水泥浆、水泥砂浆等凝固后,沉井即可稳定。

(4)井内土方运出。

通常在沉井边设置塔式起重机或履带式起重机等,将土装入吊斗内,用起重机吊出井外,卸入自卸汽车运至弃土处。

(四)沉井接高及封底

1.沉井接高

第一节沉井下沉至顶面距地面还剩 1 ~ 2 m 时,应停止挖土,保持第一节沉井位置正直。第二节沉井高度可与底节相同(5 ~ 7 m)。为了减少外井壁与周边土石的摩擦力,第二节井筒周边尺寸应缩小 5 ~ 10 cm。以后的各节井筒周边也应依次缩小 5 ~ 10 cm。第二节沉井的竖向中轴线应与第一节的重合。凿毛顶面,然后立模,均匀对称地浇筑混凝土。

2.沉井封底

当沉井下沉到距设计标高 0.1 m 时,应停止井内挖土和抽水,使其靠自重下沉至设计或接近设计标高,再经 2 ~ 3 d 下沉稳定,或在 8 h 内经观测累计下沉量不大于 10 mm 时,即可进行沉井封底。封底方法有排水封底和不排水封底两种,宜尽可能采用排水封底。

1)排水封底

排水封底又叫干封底,地下水位应低于基底面 0.5 m 以下。它是将新老混凝土接触面冲刷干净或打毛,对井底进行修整使之成锅底形,由刃脚向中心挖放射形排水沟,填以卵石做成滤水暗沟,在中部设 2 ~ 3 个集水井,深 1 ~ 2 m,井间用盲沟相互连通,插入 $\phi 600 ~ 800$ mm 四周带孔眼的钢管或混凝土管,外包 2 层尼龙窗纱,四周填以卵石,使井底的水流汇集在井中,用潜水泵排出(见图 4-30)。

封底一般铺一层 150 ~ 500 mm 厚碎石或卵石层,再在其上浇一层厚 0.5 ~ 1.5 m 的混凝土垫层。当垫层达到 50% 设计强度后开始绑扎钢筋,两端应伸入刃脚或凹槽内,浇筑上层底板混凝土。

2)不排水封底

当井底涌水量很大或出现流砂现象时,沉井应在水下进行封底。待沉井基本稳定后,将井底浮泥清除干净,新老混凝土接触面用水枪冲刷干净,并抛毛石,铺碎石垫层。水下混凝土封底可采用导管法浇筑。若灌注面积大,可用多根导管,按先周围后中间、先低后高的顺

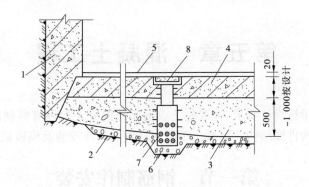

1—沉井;2—卵石盲沟;3—封底混凝土;4—底板;5—砂浆面层;6—集水井;

7—ϕ600~800 mm 带孔钢或混凝土管,外包尼龙网;8—法兰盘盖

图4-30 沉井封底

序进行灌注,使混凝土保持大致相同的标高。各根导管的有效扩散半径应互相搭接,并能盖满井底全部范围。在灌注过程中,应注意混凝土的堆高和扩展情况,正确地调整坍落度和导管埋深,使流动坡度不陡于1:5。混凝土面的最终灌注高度应比设计提高15 cm以上。

待水下封底混凝土达到所需强度后,方可从沉井内抽水,检查封底情况,进行检漏补修,按排水封底方法施工上部钢筋混凝土底板。

第五章　混凝土工程

混凝土工程是指按设计要求,将混凝土或钢筋和混凝土两种材料利用模板浇筑而成的各种形状和大小的构件或结构。混凝土工程包括钢筋制作安装及模板施工、混凝土施工等。

第一节　钢筋制作安装

一、钢筋下料和配料

钢筋的配料是指识读工程图纸、计算钢筋下料长度和编制配筋表。

(一)钢筋下料长度

1.钢筋长度

施工图(钢筋图)中所指的钢筋长度是钢筋外缘至外缘之间的长度,即外包尺寸。

2.混凝土保护层厚度

混凝土保护层厚度是指受力钢筋外缘至混凝土表面的距离,其作用是保护钢筋在混凝土中不被锈蚀。混凝土的保护层厚度,一般用水泥砂浆垫块或塑料卡垫在钢筋与模板之间来控制。

3.钢筋接头增加值

由于钢筋直条的供货长度一般为6~10 m,而有的钢筋混凝土结构的尺寸很大,需要对钢筋进行接长。钢筋接头增加值见表5-1~表5-3。

表 5-1　绑扎接头最小搭接长度

项次	钢筋类型	混凝土设计龄期抗压强度标准值(MPa)									
		15		20		25		30、35		≥40	
		受拉	受压	受拉	受压	受拉	受压	受拉	受压	受拉	受压
1	HPB300 光圆钢筋	$50d$	$35d$	$40d$	$25d$	$30d$	$20d$	$25d$	$20d$	$25d$	$20d$
2	HRB400 月牙纹钢筋	—	—	$55d$	$40d$	$50d$	$35d$	$40d$	$30d$	$35d$	$25d$
3	冷轧带肋钢筋	—	—	$50d$	$35d$	$40d$	$30d$	$35d$	$25d$	$30d$	$20d$

注:1.月牙纹钢筋直径 $d>25$ mm 时,最小搭接长度按表中数值增加 $5d$。

2.表中 HPB300 光圆钢筋的最小锚固长度值不包括端部弯钩长度,当受压钢筋为 HPB300 光圆钢筋,末端又无弯钩时,其搭接长度不小于 $30d$。

3.如在施工中分不清受压区或受拉区时,搭接长度按受拉区处理。

表 5-2　钢筋对焊长度损失值　　　　　　　　(单位:mm)

钢筋直径	<16	16~25	>25
损失值	20	25	30

表 5-3　钢筋搭接焊最小搭接长度

焊接类型	HPB300	HRB400
双面焊	4d	5d
单面焊	8d	10d

4. 弯曲量度差值

钢筋有弯曲时,在弯曲处的内侧发生收缩,而外皮却出现延伸,而中心线则保持原有尺寸。钢筋长度的度量方法系指外包尺寸,因此钢筋弯曲后,存在一个量度差值,在计算下料长度时必须加以扣除。根据理论推理和实践经验,见表5-4。

表 5-4　钢筋弯曲量度差值

钢筋弯起角度(°)	30	45	60	90	135
钢筋弯曲调整值	0.35d	0.54d	0.85d	1.75d	2.5d

5. 钢筋弯钩增加值

弯钩形式最常用的有半圆弯钩、直弯钩和斜弯钩。受力钢筋的弯钩和弯折应符合下列要求:

(1)HPB300 钢筋末端应做 180°弯钩,其弯弧内直径不应小于钢筋直径的 2.5 倍,弯钩的弯后平直部分长度不应小于钢筋直径的 3 倍。

(2)当设计要求钢筋末端需做 135°弯钩时,HRB400 钢筋的弯弧内直径不应小于钢筋直径的 4 倍,弯钩的弯后平直部分长度应符合设计要求。

(3)钢筋做不大于 90°的弯折时,弯折处的弯弧内直径不应小于钢筋直径的 5 倍,见表 5-5。

表 5-5　钢筋弯钩增加

弯钩类型		弯钩		
		180°	135°	90°
增加长度	HPB300	6.25d	4.9d	3.5d

注:HPB300 光圆钢筋弯曲直径按 2.5d 计。

(4)除焊接封闭环式箍筋外,箍筋的末端应作弯钩,弯钩形式应符合设计要求,当无具体要求时,应符合下列要求:

①箍筋弯钩的弯弧内直径除应满足上述要求外,尚应不小于受力钢筋直径。

②箍筋弯钩的弯折角度:对一般结构不应小于 90°,对于有抗震等要求的结构应为 135°。

③箍筋弯后平直部分长度:对一般结构不宜小于箍筋直径的 5 倍;对于有抗震要求的结构,不应小于箍筋直径的 10 倍。

为了箍筋计算方便,一般将箍筋的弯钩增加长度、弯折减少长度两项合并成一箍筋调整值,见表5-6。计算时将箍筋外包尺寸或内皮尺寸加上箍筋调整值即为箍筋下料长度。

表 5-6　箍筋调整值

箍筋量度方法	箍筋直径(mm)			
	4 ~ 5	6	8	10 ~ 12
量外包尺寸	40	50	60	70
量内皮尺寸	80	100	120	150 ~ 170

6. 钢筋下料长度计算

直筋下料长度 = 构件长度 + 搭接长度 - 保护层厚度 + 弯钩增加长度

弯起筋下料长度 = 直段长度 + 斜段长度 + 搭接长度 - 弯折减少长度 + 弯钩增加长度

箍筋下料长度 = 直段长度 + 弯钩增加长度 - 弯折减少长度 = 箍筋周长 + 箍筋调整值

【案例 5-1】　在某钢筋混凝土结构中,现在取一跨钢筋混凝土梁 L - 1,其配筋均按 HPB300 级钢筋考虑,如图 5-1 所示。试计算该梁钢筋的下料长度,给出钢筋配料单。

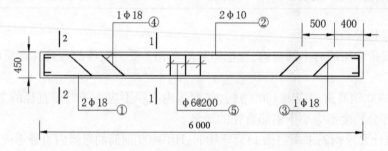

图 5-1　某钢筋混凝土结构钢筋图　(单位:mm)

解:梁两端的保护层厚度取 10 mm,上下保护层厚度取 25 mm。

(1)①号钢筋为 2 Φ 18,下料长度为:

直钢筋下料长度 = 构件长 - 保护层厚度 + 末端弯钩增加长度

$$= 6\ 000 - 10 \times 2 + (6.25 \times 18) \times 2 = 6\ 205(\text{mm})$$

(2)②号钢筋为 2 Φ 10,下料长度为:

直钢筋下料长度 = 构件长 - 保护层厚度 + 末端弯钩增加长度

$$= 6\ 000 - 10 \times 2 + (6.25 \times 10) \times 2 = 6\ 105(\text{mm})$$

(3)③号钢筋为 1 Φ 18,下料长度为:

端部平直段长 $= 400 - 10 = 390(\text{mm})$

斜段长 $= (450 - 25 \times 2) \div \sin 45° = 566(\text{mm})$

中间直段长 $= 6\ 000 - 10 \times 2 - 390 \times 2 - 400 \times 2 = 4\ 400(\text{mm})$

钢筋下料长度 = 外包尺寸 + 端部弯钩 - 量度差值(45°)

$$= [2 \times (390 + 566) + 4\ 400] + (6.25 \times 18) \times 2 - (0.5 \times 18) \times 4$$

$$= (1\ 912 + 4\ 400) + 225 - 36 = 6\ 501\ \text{mm}$$

(4)④号钢筋为 1 Φ 18,下料长度为:

端部平直段长 $= (400 + 500) - 10 = 890 (\text{mm})$

斜段长 $= (450 - 25 \times 2) \div \sin 45° = 566 (\text{mm})$

中间直段长 $= 6\,000 - 10 \times 2 - 890 \times 2 - 400 \times 2 = 3\,400 (\text{mm})$

钢筋下料长度 $=$ 外包尺寸 $+$ 端部弯钩 $-$ 量度差值 $(45°)$

$= [2 \times (890 + 566) + 3\,400] + (6.25 \times 18) \times 2 - (0.5 \times 18) \times 4$

$= 6\,312 + 225 - 36 = 6\,501 (\text{mm})$

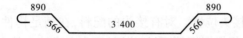

（5）⑤号钢筋为 $\phi 6$，下料长度为：

宽度外包尺寸 $= (200 - 2 \times 25) + 2 \times 6 = 162 (\text{mm})$

长度外包尺寸 $= (450 - 2 \times 25) + 2 \times 6 = 412 (\text{mm})$

箍筋下料长度 $= 2 \times (162 + 412) + 14 \times 6 - 3 \times (2 \times 6)$

$= 1\,148 + 84 - 36 = 1\,196 (\text{mm})$

箍筋数量 $= (6\,000 - 10 \times 2) \div 200 + 1 \approx 31 (\text{个})$

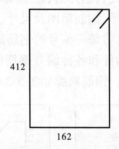

（6）钢筋加工配料单。

钢筋加工配料单如表5-7所示。

表5-7　钢筋加工配料单

构件名称	钢筋编号	计算简图	直径（mm）	级别	下料长度（mm）	单位根数	合计根数	质量（kg）
构件:L-1 位置:②-③ 数量:5	①		18	HPB300	6 205	2	10	123
	②		10	HPB300	6 105	2	10	37.5
	③		18	HPB300	6 501	1	5	64.7
	④		18	HPB300	6 501	1	5	64.7
	⑤		6	HPB300	1 196	31	165	44.0
备注	合计:$\phi 6$ 钢筋质量 $= 44.0\,\text{kg}$；$\phi 10$ 钢筋质量 $= 37.5\,\text{kg}$；$\phi 18$ 钢筋质量 $= 252.4\,\text{kg}$。							

（二）钢筋配料

钢筋配料是钢筋加工中的一项重要工作，合理地配料能使钢筋得到最大限度的利用，并使钢筋的安装和绑扎工作简单化。钢筋配料是依据钢筋表合理安排同规格、同品种的下料，使钢筋的出厂规格长度能够得以充分利用，或库存各种规格和长度的钢筋得以充分利用。

（1）归整相同规格和材质的钢筋。下料长度计算完毕后，把相同规格和材质的钢筋进行归整和组合，同时根据现有钢筋的长度和能够及时采购到的钢筋的长度进行合理组合加工。

（2）合理利用钢筋的接头位置。对有接头的配料，在满足构件中接头的对焊或搭接长度，接头错开的前提下，必须根据钢筋原材料的长度来考虑接头的布置。要充分考虑原材料被截下来的一段长度的合理使用，如果能够使一根钢筋正好分成几段钢筋的下料长度，则是最佳方案。但往往难以做到，所以在配料时，要尽量地使被截下的一段能够长一些，这样才不致使余料成为废料，使钢筋能得到充分利用。

（3）钢筋配料应注意的事项。配料计算时，要考虑钢筋的形状和尺寸在满足设计要求的前提下，要有利于加工安装；配料时，要考虑施工需要的附加钢筋。如板双层钢筋中保证上层钢筋位置的撑脚、墩墙双层钢筋中固定钢筋间距的撑铁、柱钢筋骨架增加四面斜撑等。

根据钢筋下料长度计算结果和配料选择后，汇总编制钢筋配单。在钢筋配料单中必须反映出工程部位、构件名称、钢筋编号、钢筋简图及尺寸、钢筋直径、钢号、数量、下料长度、钢筋重量等。列入加工计划的配料单，将每一编号的钢筋制作一块料牌作为钢筋加工的依据，并在安装中作为区别各工程部位、构件和各种编号钢筋的标志。钢筋配料单和料牌应严格校核，必须准确无误，以免返工浪费。钢筋料牌如图 5-2 所示。

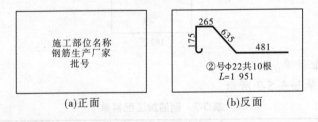

(a)正面   (b)反面

图 5-2　钢筋料牌

（三）钢筋替换

若以另一种钢号或直径的钢筋代替设计文件中规定的钢筋，应遵守以下规定：

（1）应按钢筋承载力设计值相等的原则进行，钢筋代换后应满足规范规定的钢筋间距、锚固长度、最小钢筋直径等构造要求。

（2）以高一级钢筋代换低一级钢筋时，采用改变钢筋直径的方法而不宜采用改变钢筋根数的办法来减少钢筋截面面积。

用同钢号某直径钢筋代替另一种直径的钢筋时，其直径变化范围不宜超过 4 mm，变更后钢筋总截面面积与设计文件规定的截面面积之比不得小于 98% 或大于 103%。

设计主筋采取同钢号的钢筋代换时应保持间距不变，可以用直径比设计钢筋直径大一级和小一级的两种型号钢筋间隔配置代换。

二、钢筋加工

(一)钢筋除锈调直

钢筋由于保管不善或存放时间过久,就会受潮生锈。在生锈初期,钢筋表面呈黄褐色,称水锈或色锈,这种水锈除在焊点附近必须清除外,一般可不处理;但是当钢筋锈蚀进一步发展,钢筋表面已形成一层锈皮,受锤击或碰撞可见其剥落,这种铁锈不能很好地和混凝土黏结,影响钢筋和混凝土的握裹力,并且在混凝土中继续发展,需要清除。

钢筋在使用前必须经过调直,否则会影响钢筋受力,甚至会使混凝土提前产生裂缝,如未调直直接下料,会影响钢筋的下料长度,并影响后续工序的质量。钢筋的机械调直可用钢筋调直机、弯筋机、卷扬机等调直。

(二)钢筋切断

钢筋切断有人工剪断、机械切断、氧气切割 3 种方法。直径大于 40 mm 的钢筋一般用氧气切割。

钢筋切断机是用来把钢筋原材料或已调直的钢筋切断,其主要类型有机械式、液压式和手持式钢筋切断机。机械式钢筋切断机有偏心轴立式、凸轮式和曲柄连杆式等形式。

(三)钢筋弯曲成型

钢筋弯曲成型是将已切断、配好的钢筋,弯曲成所规定的形状尺寸,是钢筋加工的一道主要工序。钢筋弯曲成型要求加工的钢筋形状正确,平面上没有翘曲不平的现象,便于绑扎安装。

1. 钢筋弯钩和弯折的有关规定

1)受力钢筋

(1)HPB300 级钢筋末端应做 180°弯钩,其弯弧内直径不应小于钢筋直径的 2.5 倍,弯钩的弯后平直部分长度不应小于钢筋直径的 3 倍,如图 5-3(a)所示。

(2)当设计要求钢筋末端需做 135°弯钩时如图 5-3(b)所示,HRB400 级钢筋的弯弧内直径不应小于钢筋直径的 4 倍,弯钩的弯后平直部分长度应符合设计要求。

(3)钢筋做不大于 90°的弯折时,弯折处的弯弧内直径不应小于钢筋直径的 5 倍。

2)箍筋

除焊接封闭环式箍筋外,箍筋的末端应做弯钩。弯钩形式应符合设计要求;当设计无具体要求时,应符合下列规定:

(1)箍筋弯钩的弯弧内直径除应满足上述要求外,尚应不小于受力钢筋的直径。

(2)箍筋弯钩的弯折角度:对一般结构,不应小于 90°;对有抗震等要求的结构应为135°,如图 5-4 所示。

(3)箍筋弯后的平直部分长度:对一般结构,不宜小于箍筋直径的 5 倍;对有抗震等要求的结构,不应小于箍筋直径的 10 倍。

2. 钢筋弯曲设备

钢筋弯曲成型有手工和机械弯曲成型两种方法。钢筋弯曲机有机械钢筋弯曲机、液压钢筋弯曲机和钢筋弯箍机等几种形式。机械钢筋弯曲机按工作原理分为齿轮式及蜗轮蜗杆式钢筋弯曲机两种。

图 5-3　受力钢筋弯折　　　　　　　　　　图 5-4　箍筋示意

3. 弯曲成型工艺

1) 画线

钢筋弯曲前,对形状复杂的钢筋(如弯起钢筋),根据钢筋料牌上标明的尺寸,用石笔将各弯曲点位置画出。画线时应注意以下几点:

(1)根据不同的弯曲角度扣除弯曲调整值,其扣法是从相邻两段长度中各扣一半。

(2)钢筋端部带半圆弯钩时,该段长度画线时增加 $0.5d$(d 为钢筋直径)。

(3)画线工作宜从钢筋中线开始向两边进行;两边不对称的钢筋,也可从钢筋一端开始画线,如画到另一端有出入时,则应重新调整。

【案例 5-2】　某工程有一根直径 20 mm 的弯起钢筋,其所需的形状和尺寸如图 5-5 所示。画线方法如下。

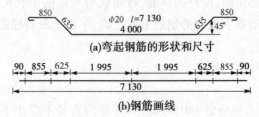

(a)弯起钢筋的形状和尺寸

(b)钢筋画线

图 5-5　弯起钢筋的画线　(单位:mm)

第一步在钢筋中心线上画第一道线。

第二步取中段 $4\,000/2 - 0.5d/2 = 1\,995(\text{mm})$,画第二道线。

第三步取斜段 $635 - 2 \times 0.5d/2 = 625(\text{mm})$,画第三道线。

第四步取直段 $850 - 0.5d/2 + 0.5d = 855(\text{mm})$,画第四道线。

上述画线方法仅供参考。第一根钢筋成型后应与设计尺寸校对一遍,完全符合后再成批生产。

2) 钢筋弯曲成型

(1)钢筋弯曲机成型。钢筋在弯曲机上成型时如图 5-6 所示,心轴直径应是钢筋直径的 2.5~5.0 倍,成型轴宜加偏心轴套,以便适应不同直径的钢筋弯曲需要。弯曲细钢筋时,为了使弯弧一侧的钢筋保持平直,挡铁轴宜做成可变挡架或固定挡架(加铁板调整)。

钢筋弯曲点线和心轴的关系如图 5-7 所示。由于成型轴和心轴在同时转动,就会带动钢筋向前滑移。因此,钢筋弯 90°时,弯曲点线约与心轴内边缘齐;弯 180°时,弯曲点线距心轴内边缘为 $(1.0~1.5)d$。

(2)数控钢筋弯曲机成型。如图 5-8 所示,数控钢筋弯曲机是由工业计算机精确控制弯曲以替代人工弯曲的机械,最大能加工 ϕ32 mm 螺纹钢。采用专用控制系统,结合触摸屏控

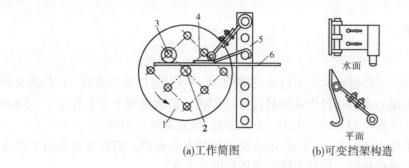

(a)工作简图　　　　　(b)可变挡架构造

1—工作盘；2—心轴；3—成型轴；4—可变挡架；5—插座；6—钢筋

图5-6　钢筋弯曲成型

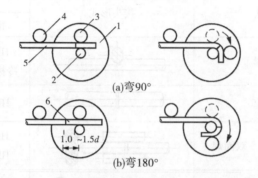

(a)弯90°

(b)弯180°

1—工作盘；2—心轴；3—成型轴；4—固定挡铁；5—钢筋；6—弯曲点线

图5-7　弯曲点线与心轴关系

制界面，操作方便，电控程序内可储存上百种图形数据库。弯曲主轴由伺服控制，弯曲精度高，一次性可弯曲多根钢筋，是传统加工设备生产能力的 10 倍以上。

图5-8　数控钢筋弯曲机

三、钢筋的连接

（一）钢筋焊接

采用焊接代替绑扎,可改善结构受力性能,提高工效,节约钢材,降低成本。结构的某些部位,如轴心受拉和小偏心受拉构件中的钢筋接头应焊接。普通混凝土中直径大于 22 mm 的 HPB300 级钢筋、直径大于 25 mm 的 HRB400 级钢筋,均宜采用焊接接头。

钢筋的焊接,应采用闪光对焊、电弧焊、电渣压力焊和电阻点焊。钢筋与钢板的 T 形连接,宜采用埋弧压力焊或电弧焊。焊接方法及适用范围见表5-8。

表 5-8　焊接方法及适用范围

项次	焊接方法			接头形式	适用范围	
					钢筋级别	直径(mm)
1	电阻点焊				HPB300 级 冷拔低碳钢丝	6 ~ 14 3 ~ 5
2	闪光对焊				HRB400 级	10 ~ 40
3	电弧焊	帮条焊	双面焊		HPB300 级 HRB400 级	10 ~ 40
			单面焊		HPB300 级 HRB400 级	10 ~ 40
		搭接焊	双面焊		HPB300 级	10 ~ 40
			单面焊		HPB300 级	10 ~ 40
		熔槽帮条焊			HPB300 级 HRB400 级	25 ~ 40
		坡口焊	平焊		HPB300 级 HRB400 级	18 ~ 40
			立焊		HPB300 级 HRB400 级	18 ~ 40
		钢筋与钢板搭接焊			HPB300 级	8 ~ 40

续表 5-8

项次	焊接方法		接头形式	适用范围	
				钢筋级别	直径(mm)
3	电弧焊	预埋件 T 形接头电弧焊	贴角焊	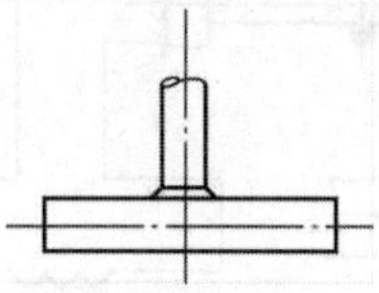 HPB300 级	6 ~ 16
			穿孔塞焊	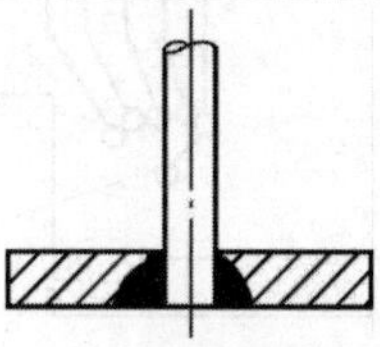 HPB300 级	≥18
4	电渣压力焊			 HPB300 级	14 ~ 40
5	预埋 T 形接头埋弧压力焊			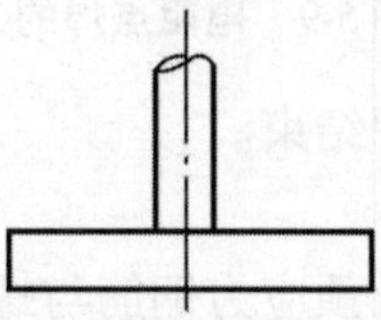 HPB300 级	6 ~ 20

　　钢筋的焊接质量与钢材的可焊性、焊接工艺有关。在相同的焊接工艺条件下，能获得良好焊接质量的钢材，称其在这种条件下的可焊性好；相反，则称其在这种工艺条件下的可焊性差。钢筋的可焊性与其含碳及含合金元素的数量有关。含碳、锰数量增加，则可焊性差；加入适量的钛，可改善焊接性能。焊接参数和操作水平亦影响焊接质量，即使可焊性差的钢材，若焊接工艺适宜，亦可获得良好的焊接质量。

　　1. 钢筋点焊

　　电阻点焊主要用于焊接钢筋网片、钢筋骨架。

　　电阻点焊的工作原理如图 5-9 所示，将已除锈的钢筋交叉点放在点焊机的两电极间，使钢筋通电发热至一定温度后，加压使焊点金属焊合。常用点焊机有单点点焊机、多点点焊机和悬挂式点焊机，施工现场还可采用手提式点焊机。电阻点焊的主要工艺参数有电流强度、通电时间和电极压力。电流强度和通电时间一般均宜采用电流强度大、通电时间短的参数，电极压力则根据钢筋级别和直径选择。

　　电阻点焊的焊点应进行外观检查和强度试验，热轧钢筋的焊点应进行抗剪试验。冷处理钢筋除进行抗剪试验外，还应进行抗拉试验。

　　点焊时，将表面清理好的钢筋叠合在一起，放在两个电极之间预压夹紧，使两根钢筋交接点紧密接触。当踏下脚踏板时，带动压紧机构使上电极压紧钢筋，同时断路器也接通电路，电流经变压器次级线圈引到电极，接触点处在极短的时间内产生大量的电阻热，使钢筋加热到熔化状态，在压力作用下两根钢筋交叉焊接在一起。当放松脚踏板时，电极松开，断

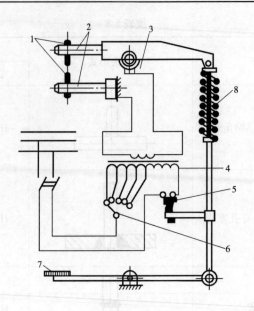

1—电极;2—电极臂;3—变压器的次级线圈;4—变压器的初级线圈;

5—断路器;6—变压器的调节开关;7—踏板;8—压紧机构

图 5-9　电阻点焊的工作原理

路器随着杠杆下降,断开电路,点焊结束。

2. 钢筋闪光对焊

闪光对焊广泛用于钢筋接长及预应力钢筋与螺丝端杆的焊接。热轧钢筋的焊接宜优先用闪光对焊,条件不可能时才用电弧焊。

如图 5-10 所示,钢筋闪光对焊是利用对焊机使两段钢筋接触,通过低电压的强电流,待钢筋被加热到一定温度变软后,进行轴向加压顶锻,形成对焊接头。钢筋闪光对焊焊接工艺应根据具体情况选择:钢筋直径较小,可采用连续闪光焊;钢筋直径较大,端面比较平整,宜

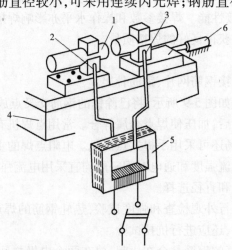

1—焊接的钢筋;2—固定电极;3—可动电极;

4—机座;5—变压器;6—手动顶压机构

图 5-10　钢筋闪光对接原理

采用预热闪光焊;端面不够平整,宜采用闪光—预热—闪光焊。

(1)连续闪光焊。这种焊接工艺过程是将待焊钢筋夹紧在电极钳口上后,闭合电源,使两钢筋端面轻微接触。由于钢筋端部不平,开始只有一点或数点接触,接触面小而电流密度和接触电阻很大,接触点很快熔化并产生金属蒸气飞溅,形成闪光现象。闪光一开始,即缓慢移动钢筋,形成连续闪光过程,同时接头也被加热。待接头烧平、闪去杂质和氧化膜、白热熔化时,随即施加轴向压力迅速进行顶锻,使两根钢筋焊牢。

(2)预热闪光焊。施焊时先闭合电源,然后使两钢筋端面交替地接触和分开。这时钢筋端面间隙中即发出断续的闪光,形成预热过程。当钢筋达到预热温度后进入闪光阶段,随后顶锻而成。

(3)闪光—预热—闪光焊。在预热闪光焊前加一次闪光过程。目的是使不平整的钢筋端面烧化平整。使预热均匀,然后按预热闪光焊操作。

焊接大直径的钢筋(直径25 mm以上),多用预热闪光焊与闪光—预热—闪光焊。

采用连续闪光焊时,应合理选择调伸长度、烧化留量、顶锻留量以及变压器级数等;采用闪光—预热—闪光焊时,除上述参数外,还应包括一次烧化留量、二次烧化留量、预热留量和预热时间等参数。焊接不同直径的钢筋时,其截面比值不宜超过1.5。焊接参数按大直径的钢筋选择。负温下焊接时,由于冷却快,易产生冷脆现象,内应力也大。为此,负温下焊接应减小温度梯度和冷却速度。

3.电弧焊接

钢筋电弧焊是以焊条作为一极,钢筋为另一极,利用焊接电流通过产生的电弧热进行焊接的一种熔焊方法。电弧焊具有设备简单、操作灵活、成本低等特点,且焊接性能好,但工作条件差、效率低。适用于构件厂内和施工现场焊接碳素钢、低合金结构钢、不锈钢、耐热钢和对铸铁的补焊,可在各种条件下进行各种位置的焊接。电弧焊又分手弧焊、埋弧压力焊等。

1)手弧焊

手弧焊是利用手工操纵焊条进行焊接的一种电弧焊。手弧焊用的焊机有交流弧焊机(焊接变压器)、直流弧焊机(焊接发电机)等。手弧焊用的焊机是一台额定电流500 A以下的弧焊电源:交流变压器或直流发电机,辅助设备有焊钳、焊接电缆、面罩、敲渣锤、钢丝刷和焊条保温筒等。

电弧焊是利用弧焊机使焊条与焊件之间产生高温电弧,使焊条和电弧燃烧范围内的焊件熔化,待其凝固,便形成焊缝或接头。钢筋电弧焊可分搭接焊、帮条焊、坡口焊和熔槽帮条焊4种接头形式。下面介绍帮条焊、搭接焊和坡口焊。

(1)帮条焊接头。适用于焊接直径10~40 mm的各级热轧钢筋。帮条宜采用与主筋同级别、同直径的钢筋制作。如帮条级别与主筋相同,帮条的直径可比主筋直径小一个规格,如帮条直径与主筋相同,帮条钢筋的级别可比主筋低一个级别。

(2)搭接焊接头。只适用于焊接直径10~40 mm的HPB300级钢筋。焊接时,宜采用双面焊,如图5-11所示。不能进行双面焊时,也可采用单面焊。搭接长度应与帮条长度相同。

钢筋帮条接头或搭接接头的焊缝厚度 h 应不小于0.3倍钢筋直径;焊缝宽度 b 不小于0.7倍钢筋直径,焊缝尺寸如图5-12所示。

(3)坡口焊接头。有平焊和立焊两种。这种接头比上两种接头节约钢材,适用于在现

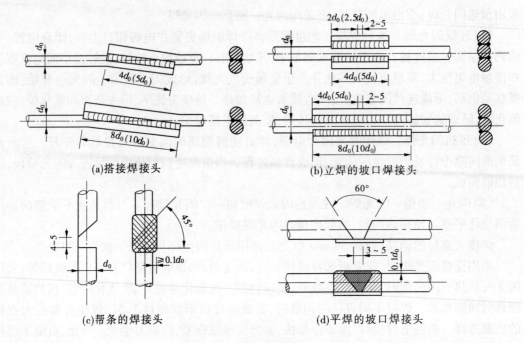

(a)搭接焊接头　　　　　　　(b)立焊的坡口焊接头

(c)帮条的焊接头　　　　　　(d)平焊的坡口焊接头

图 5-11　钢筋电弧焊的接头形式

场焊接装配整体式构件接头中直径 18～40 mm 的各级热轧钢筋。

　　焊接电流的大小应根据钢筋直径和焊条的直径进行选择。

　　帮条焊、搭接焊和坡口焊的焊接接头,除应进行外观质量检查外,亦需抽样做拉力试验。如对焊接质量有怀疑或发现异常情况,还应进行非破损方式(X 射线、γ 射线、超声波探伤等)检验。

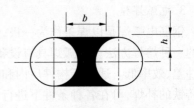

b—焊接宽度;h—焊缝厚度

图 5-12　焊接尺寸示意图

　　2)埋弧压力焊

　　埋弧压力焊是将钢筋与钢板安放成 T 形形状,利用焊接电流通过时在焊剂层下产生电弧,形成熔池,加压完成的一种压焊方法。具有生产效率高、质量好等优点,适用于各种预埋件、T 形接头、钢筋与钢板的焊接。

　　埋弧压力焊机是由交流弧焊机作为电源的埋弧压力焊机的基本构造。如图 5-13 所示,主要由焊接电源、焊接机构和控制系统 3 部分组成。其工作线圈(副线圈)分别接入活动电极(钢筋夹头)及固定电极(电磁吸铁盘)。焊机结构采用摇臂式,摇臂固定在立柱上,可做左右回转活动;摇臂本身可做前后移动,以使焊接时能取得所需要的工作位置。摇臂末端装有可上下移动的工作头,其下端是用导电材料制成的偏心夹头,夹头接工作线圈,成活动电极。工作平台上装有平面型电磁吸铁盘,拟焊钢板放置其上,接通电源,能被吸住而固定不动。

　　在埋弧压力焊时,钢筋与钢板之间引燃电弧之后,由于电弧作用使局部用材及部分焊剂熔化和蒸发,蒸发气体形成了一个空腔,空腔被熔化的焊剂所形成的熔渣包围,焊接电弧就在这个空腔内燃烧,在焊接电弧热的作用下,熔化的钢筋端部和钢板金属形成焊接熔池。待

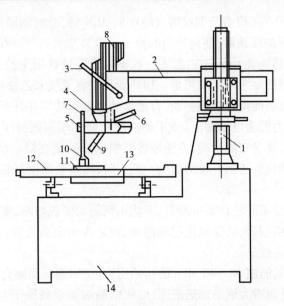

1—立柱;2—摇臂;3—压柄;4—工作头;5—钢筋夹头;
6—手柄;7—钢筋;8—焊剂料箱;9—焊剂漏口;10—铁圈;
11—预埋钢板;12—工作平台;13—焊剂储斗;14—机座

图5-13　埋弧压力焊机

钢筋整个截面均匀加热到一定温度,将钢筋向下顶压,随即切断焊接电源,冷却凝固后形成焊接接头。

4.气压焊接

气压焊是利用氧气和乙炔,按一定的比例混合燃烧的火焰,将被焊钢筋两端加热,使其达到热塑状态,经施加适当压力,使其接合的固相焊接法。钢筋气压焊适用于 14 ~ 40 mm 热轧钢筋,也能进行不同直径钢筋间的焊接,还可用于型轨焊接。

钢筋气压焊接机由供气装置(氧气瓶、溶解乙炔瓶等)、多嘴环管加热器、加压器(油泵、顶压油缸等)、焊接夹具及压接器等组成,如图5-14 所示。

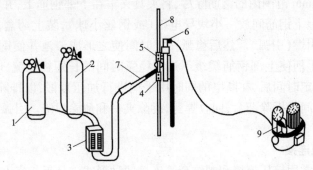

1—乙炔;2—氧气;3—流量计;4—固定卡具;5—活动卡具;
6—压节器;7—加热器与焊炬;8—被焊接的钢筋;9—电动油泵

图5-14　钢筋气压焊接设备示意图

气压焊接钢筋是利用乙炔和氧气的混合气体燃烧的高温火焰对已有初始压力的两根钢筋端面接合处加热,使钢筋端部产生塑性变形,并促使钢筋端面的金属原子互相扩散,当钢筋加热到 1 250 ~ 1 350 ℃（相当于钢材熔点的 0.8 ~ 0.9 倍,此时钢筋加热部位呈橘黄色,有白亮闪光出现）时进行加压顶锻,使钢筋内的原子得以再结晶而焊接在一起。

加热系统中的加热能源是氧气和乙炔。系统中的流量计用来控制氧气和乙炔的输入量,焊接不同直径的钢筋要求不同的流量。加热器用来将氧气和乙炔混合后,从喷火嘴喷出火焰加热钢筋,要求火焰能均匀加热钢筋,有足够的温度和功率并且安全可靠。

加压系统中的压力源为电动油泵（或手动油泵）,使加压顶锻时压力平稳。压接器是气压焊的主要设备之一,要求它能准确、方便地将两根钢筋固定在同一轴线上,并将油泵产生的压力均匀地传递给钢筋,达到焊接的目的。施工时,压接器需反复装拆,要求它重量轻、构造简单和装拆方便。

气压焊接的钢筋要用砂轮切割机断料,不能用钢筋切断机切断,要求端面与钢筋轴线垂直。焊接前应打磨钢筋端面,清除氧化层和污物,使之现出金属光泽,并立即喷涂一薄层焊接活化剂保护端面不再被氧化。

钢筋加热前先对钢筋施 30 ~ 40 MPa 的初始压力,使钢筋端面贴合。当加热到缝隙密合后,上下摆动加热器适当增大钢筋加热范围,促使钢筋端面金属原子互相渗透,也便于加压顶锻。加压顶锻的压应力为 34 ~ 40 MPa,使焊接部位产生塑性变形。直径小于 22 mm 的筋可以一次顶锻成型,大直径钢筋可以进行二次顶锻。

5. 电渣压力焊

现浇钢筋混凝土框架结构中竖向钢筋的连接,宜采用自动或手工电渣压力焊进行焊接（直径 14 ~ 40 mm 的 HPB300 级钢筋）。

钢筋电渣压力焊是将两根钢筋安放成竖向对接形式,利用焊接电流通过两钢筋端面间隙,在焊剂层下形成电弧过程和电渣过程,产生电弧热和电阻热,熔化钢筋,加压完成的一种焊接方法。钢筋电渣压力焊机操作方便、效率高,适用于竖向或斜向受力钢筋的连接,钢筋级别为 HPB300 级,直径为 14 ~ 40 mm。电渣压力焊设备包括电源、控制箱、焊接夹具、焊剂盒。自动电渣压力焊的设备还包括控制系统及操作箱。焊接夹具如图 5-15 所示,焊接夹具应具有一定刚度,要求坚固、灵巧,上下钳口同心,上下钢筋的轴线应尽量一致。焊接时,先将钢筋端部约 120 mm 范围内的钢筋除尽,将夹具夹牢在下部钢筋上,并将上部钢筋扶直夹牢于活动电极中,上下钢筋间放一小块导电剂（或钢丝小球）,装上药盒,装满焊药,接通电路,用手柄使电弧引燃（引弧）。然后稳弧一定时间使之形成渣池并使钢筋熔化（稳弧）,随着钢筋的熔化,用手柄使上部钢筋缓缓下送。稳弧时间的长短视电流、电压和钢筋直径而定。当稳弧达到规定时间后,在断电的同时用手柄进行加压顶锻,以排除夹渣气泡,形成接头。待冷却一定时间后拆除药盒,回收焊药,拆除夹具和清除焊渣。引弧、稳弧、顶锻这 3 个过程连续进行。

（二）钢筋机械连接

钢筋机械连接常用挤压连接和螺纹套管连接两种形式。是近年来大直径钢筋现场连接的主要方法。钢筋挤压连接亦称钢筋套管冷压连接。它是将需连接的变形钢筋插入特制钢套筒内,利用液压驱动的挤压机进行径向或轴向挤压,使钢套筒产生塑性变形,使它紧紧咬住变形钢筋实现连接。钢筋套管螺纹连接有锥套管和直套管螺纹两种形式,目前常用直套管螺纹。

直螺纹钢筋连接是通过滚轮将钢筋端头部分压圆并一次性滚出螺纹和套筒通过螺纹连

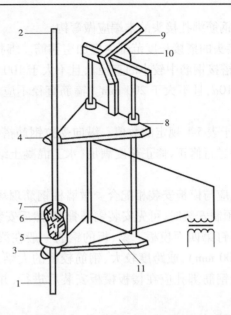

1—钢筋;2—活动电极;3—焊剂;4—导电焊剂;5 —焊剂盒;
6—固定电极;7—钢筋;8—标尺;9—操纵杆;10—变压器
图 5-15　焊接夹具构造示意图

接形成的钢筋机械接头。直螺纹钢筋连接工艺流程为:确定滚丝机位置→钢筋调直、切割机下料→丝头加工→丝头质量检查(套丝帽保护)→用机械扳手进行套筒与丝头连接→接头连接后质量检查→钢筋直螺纹接头送检。

(三)绑扎接头

钢筋的接长、钢筋骨架或钢筋网的成型应优先采用焊接或机械连接,如果不能采用焊接(如缺乏电焊机或焊机功率不够)或骨架过大过重不便于运输安装时,可采用绑扎的方法。钢筋绑扎一般采用 20 ~ 22 号铁丝,铁丝过硬时,可经退火处理。绑扎时应注意钢筋位置是否准确,绑扎是否牢固,搭接长度及绑扎点位置是否符合规范要求。板和墙的钢筋网,除靠近外围两行钢筋的相交点全部扎牢外,中间部分的相交点可相隔交错扎牢,但必须保证受力钢筋不位移。双向受力的钢筋,须全部扎牢;梁和柱的箍筋,除设计有特殊要求外,应与受力钢筋垂直设置。箍筋弯钩叠合处,应沿受力钢筋方向错开设置;柱中的竖向钢筋搭接时,角部钢筋的弯钩应与模板成 45°(多边形柱为模板内角的平分角,圆形柱应与模板切线垂直);弯钩与模板的角度最小不得小于 15°。

当受力钢筋采用机械连接接头或焊接接头时,设置在同一构件内的接头宜相互错开。同一构件中相邻纵向受力钢筋的绑扎搭接接头宜相互错开。钢筋搭接处,应在中心和两端用铁丝扎牢。在受拉区域内,HPB300 级钢筋绑扎接头的末端应做弯钩。绑扎搭接接头中钢筋的横向净距不应小于钢筋直径,且不应小于 25 mm;钢筋绑扎搭接接头连接区段的长度为 $1.3l_i$(l_i 为搭接长度),凡搭接接头中点位于该连接区段长度内的搭接接头均属于同一连接区段。同一连接区段内,纵向钢筋搭接接头面积百分率为该区段内有搭接接头的纵向受力钢筋截面面积与全部纵向受力钢筋截面面积的比值;同一连接区段内,纵向受拉钢筋搭接接头面积百分率应符合规范要求。

钢筋绑扎搭接长度按下列规定确定:

（1）受拉区域内光圆钢筋绑扎接头的末端应做弯钩。

（2）梁、柱钢筋绑扎接头的搭接长度范围内应加密箍筋。绑扎接头为受拉钢筋时，箍筋间距不应大于 $5d$（d 为两搭接钢筋中较小的直径），且不大于 100 mm；绑扎接头为受压钢筋时，其箍筋间距不应大于 $10d$，且不大于 200 mm。箍筋直径不应小于较大搭接钢筋直径的 0.25 倍。

（3）搭接长度不应小于表 5-1 规定的数值。纵向受拉钢筋搭接长度还应根据搭接接头连接区段接头面积百分率进行修正，修正长度满足《水工混凝土结构设计规范》（SL 191）的要求。

钢筋安装或现场绑扎应与模板安装相配合。墩墙柱钢筋现场绑扎时，一般在模板安装前进行；墩墙柱钢筋采用预制安装时，可先安装钢筋骨架，然后安装柱模板，或先安装三面模板，待钢筋骨架安装后，再钉第四面模板。梁、板的钢筋一般在梁横板安装后，再安装或绑扎；断面高度较大（大于 600 mm），或跨度较大、钢筋较密的大梁，可留一面侧模，待钢筋安装或绑扎完后再钉。楼板钢筋绑扎应在楼板模板安装后进行，并应按设计先画线，然后摆料、绑扎。

目前有的工地采用了钢筋绑扎机，它是一种手持式电池类钢筋快速捆扎工具（见图 5-16）。它是一种智能化工具，内置微控制器，能自动完成钢筋捆扎的所有步骤。钢筋绑扎机主要由机体、专用线盘、电池盒、充电器四部分组成。目前按可以适应的范围分，主要有 24 mm、40 mm、65 mm 等几个主要型号，可以捆扎的最大范围分别可以达到 24 mm、40 mm、65 mm。该产品中的中小型号需要消耗 0.8 mm 的镀锌铁丝，铁丝被绕在一个特制的线盘里面，线盘在装入机器里面就可以操作使用了。每卷铁丝大概长 95～100 m。而机器根据型号或者设定的不同，可以捆扎 2 圈或者 3 圈，这样每卷线盘可以捆扎 150～270 个钢筋点数。

图 5-16　钢筋绑扎机

四、止水及预埋件安装

（一）止水安装

水工建筑物止水带一般采用橡胶和塑料止水带、金属止水带、涂覆型止水带等。

1. 橡胶和塑料止水带

橡胶和 PVC 止水带的厚度宜为 6 ~ 12 mm。当水压力和接缝位移较大时,应在止水带下设置支撑体。橡胶或 PVC 止水带嵌入混凝土中的宽度一般为 120 ~ 260 mm。中心变形型止水带一侧应有不少于 2 个止水带肋,肋高、肋宽不宜小于止水带的厚度。作用水头高于 100 m 时宜采用复合型止水带。

橡胶和 PVC 止水带在运输、储存和施工过程中,应防止日光直晒、雨雪浸淋,并不得与油脂、酸、碱等物质接触。在使用前应清除橡胶或 PVC 止水带表面的油渍、污染物,修复或更换破损的止水带。橡胶止水带接头应采用硫化连接,接头内不得有气泡、夹渣或渗水,中心部分应黏结紧密、连续。PVC 止水带接头应采用热焊连接,搭接长度应大于 150 mm。

橡胶或 PVC 止水带应采用模板夹紧,并用专门措施保证在安装中不偏移。隧洞管片用接缝止水带均在洞外安装好,要用黏结剂将止水带固定在预留槽内。

2. 金属止水带

金属止水带现采用铜止水带、不锈钢止水带。

铜止水带的厚度宜为 0.8 ~ 1.2 mm。作用水头高于 140 m 时宜采用复合型铜止水带。使用铜带材加工止水带时,抗拉强度应不小于 205 MPa,伸长率应不小于 20%。

不锈钢止水带的拉伸强度应不小于 205 MPa,伸长率应不小于 35%,其化学成分和物理力学性能须满足《不锈钢冷轧钢板和钢带》(GB/T 3280)的要求。

成型的金属止水带在搬运、安装时,不得扭曲、损坏。安装前,应将其表面浮皮、锈污、油漆、油渍等清除干净。铜止水带宜采用带材在现场加工,以减少接头。加工模具、加工工艺方法应确保尺寸准确和止水带不被破坏。铜止水带的连接宜采用对缝焊接或搭接焊接。对缝焊接应用单面双道焊缝;搭接焊接宜双面焊接,搭接长度应大于 20 mm。铜止水带宜用黄铜焊条焊接,焊接时应对垫片进行防火、防熔蚀保护。不锈钢止水带宜用钨极氩弧焊焊接。

金属止水带安装时,应用模板夹紧等措施固定牢靠,安装准确。应采取有效措施,防止浇筑混凝土时水泥浆进入金属止水带的鼻子空腔、止水带与垫片间的间隙;防止金属止水带鼻子外侧与混凝土黏结。

3. 涂覆型止水带

涂覆型止水带涂覆材料有单组分聚脲、双组分聚脲等材料。

涂覆型止水带的厚度应不小于 4 mm,单侧与混凝土黏接的宽度应不小于 150 mm。当水压力和接缝位移较大时,应在涂覆型止水带下设置支撑体。

涂覆型止水带施工应按基面处理、界面剂涂刷和聚脲涂覆的工序进行,每道工序应经检查合格后,方可进行下道工序的施工。

涂覆型止水带基层处理采用抛丸或打磨、清洗等手段清除基层表面浮浆、灰尘、油污;用修补材料对基层破损、孔洞、裂缝等缺陷进行修补处理;对连接的型材止水带表面,应用有机溶剂清理干净。界面剂应按供应商要求的配比和配量配制,并混合均匀。界面剂可采用涂刷、辊涂或刮涂的方法涂覆,涂覆的界面剂应薄而均匀,无漏涂、无堆积;涂覆范围应大于聚脲涂覆范围;界面剂涂刷完成后,应采取措施防止灰尘、溶剂、杂物等污染表面。

聚脲涂层内应增设胎基布。聚脲应单向均匀涂刷,按设计要求进行收边处理。斜面或立面宜采用多遍涂刷,一次涂刷厚度不宜大于 1 mm,后序涂刷应在前一道涂刷的聚脲表干后再进行,直至厚度达到设计要求。两次涂刷聚脲作业面之间的搭接宽度应不小于 50 mm。单组分聚脲包装桶打开后应在规定时间内用完。双组分聚脲涂刷作业前应将 A 料和 B 料按比例混合均匀,混合料涂刷时间宜控制在 40 min 以内用完,不得添加任何物质。

涂刷过程中,作业面不得被水、灰尘及杂物污染。涂层施工完成后 4 h 内不宜与水接触,48 h 内防止外力冲击。

(二)预埋件安装

水工混凝土的预埋铁件主要有锚固或支承的插筋、地脚螺栓、锚筋,为结构安装支撑用的支座;吊环、锚环等。

1. 预埋插筋、地脚螺栓

预埋插筋、地脚螺栓均按设计要求埋设。常用的插筋埋设方法有三种,如图 5-17 所示。

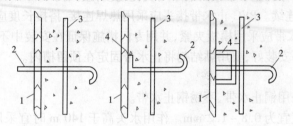

1—模板;2—插筋;3—预埋木盒;4—固定钉;5—结构钢筋

图 5-17　插筋埋设方法

对于精度要求较高的地脚螺栓的埋设,常用的方法如图 5-18 所示。预埋螺栓时,可采用样板固定,并用黄油涂满螺牙,用薄膜或纸包裹。

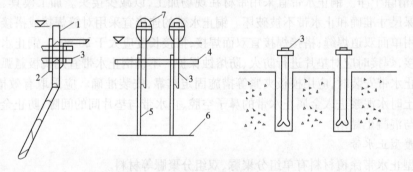

1—模板;2—垫板;3—地脚螺栓;4—结构钢筋;

5—支撑钢筋;6—建筑缝;7—保护套

图 5-18　地脚螺栓的埋设方法

2. 预埋锚筋

1)锚筋一般要求

基础锚筋通常采用钢筋加工成锚筋,为提高锚固力,其端部均开叉加钢楔,钢筋直径一般不小于 25 mm、不大于 32 mm,多选用 28 mm。锚筋锚固长度应满足设计要求。

2)锚筋埋设要求和方法

(1)锚筋的埋设要求钢筋与砂浆、砂浆与孔壁结合紧密,孔内砂浆应有足够的强度,以适应锚筋和孔壁岩石的强度。

(2)锚筋埋设方法分先插筋后填砂浆和先灌满砂浆后插筋两种。采用先插筋后填砂浆的方法时,孔位与锚筋直径之差应大于 25 mm;采用先灌满砂浆后插筋方法时,孔位与锚筋直径之差应大于 15 mm。

3.预埋梁支座

梁支座的埋设误差一般控制标准：支座面的平整度允许误差 ±0.2 mm，两端支座面高差允许误差 ±5 mm，平面位置允许误差 ±10 mm。

当支座面板面积大于 25 cm×25 cm，应在支座上均匀布置 2～6 个排气（水）孔，孔径 20 mm 左右，并预先钻好，不应在现场用氧气烧割。

支座的埋设一般采用二期施工方法，即先在一期混凝土中预埋插筋进行支座安装和固定，然后浇筑二期混凝土完成埋设。

4.预埋吊环

吊环的埋设形式根据构件的结构尺寸、重量等因素确定，如图 5-19 所示。

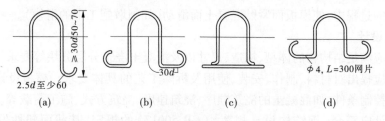

图 5-19　吊环的埋设形式　（单位：mm）

吊环埋设要求如下：

（1）吊环采用 HPB300 级钢筋加工成型，端部加弯钩。

（2）吊环埋入部分表面不得有油漆、污物和浮锈。

（3）吊环应居构件中间埋入，并不得歪斜。

（4）露出之环圈不宜太高太矮，以保证卡环装拆方便为度，一般高度为 15 cm 左右或按设计要求预留。

（5）构件起吊强度应满足规范要求，否则不得使用吊环，在混凝土浇筑中和浇筑后凝固过程中，不得晃动或使吊环受力。

第二节　模板施工

一、模板工程

（一）模板的基本要求与分类

1.模板的基本要求

（1）应保证混凝土结构和构件浇筑后的各部分形状和尺寸以及相互位置的准确性。

（2）具有足够的稳定性、刚度及强度。

（3）装拆方便，能够多次周转使用，形式要尽量做到标准化、系列化。

（4）接缝应不易漏浆，表面要光洁平整。

（5）所用材料受潮后不易变形。

2.模板分类

（1）按模板形状分有平面模板和曲面模板。平面模板又称为侧面模板，主要用于结构物垂直面。曲面模板用于廊道、隧洞、溢流面和某些形状特殊的部位，如进水口扭曲面、蜗壳、尾水管等。

（2）按模板材料分有木模板、竹模板、钢模板、铝合金模板、混凝土预制模板、塑料模板、橡胶模板等。

（3）按模板受力条件分有承重模板和侧面模板。承重模板主要承受混凝土重量和施工中的垂直荷载,侧面模板主要承受新浇混凝土的侧压力。侧面模板按其支承受力方式,又分为简支模板、悬臂模板和半悬臂模板。

（4）按模板使用特点分有固定式、拆移式、移动式和滑动式。固定式用于形状特殊的部位,不能重复使用。后三种模板都能重复使用,或连续使用在形状一致的部位。但其使用方式有所不同:拆移式模板需要拆散移动;移动式模板的车架装有行走轮,可沿专用轨道使模板整体移动（如隧洞施工中的钢模台车）;滑动式模板是以千斤顶或卷扬机为动力,可在混凝土连续浇筑的过程中,使模板面紧贴混凝土面滑动（如闸墩施工中的滑模）。

（二）模板设计

模板设计应满足结构物的体型、构造、尺寸以及混凝土浇筑分层分块等要求。

模板设计应提出对材料、制作、安装、使用及拆除工艺的具体要求。模板设计图纸应标明设计荷载及控制条件,如混凝土的浇筑顺序、浇筑速度、浇筑方式、施工荷载等。

钢模板设计应符合《钢结构设计规范》（GB 50017）的规定,其截面塑性发展系数为1.0;其荷载设计值可按0.90的折减系数进行折减。采用冷弯薄壁型钢应符合《冷弯薄壁型钢结构技术规范》（GB 50018）的规定,其荷载设计值不应折减。木模板设计应符合《木结构设计标准》（GB 5000）的规定;当木材含水率小于25%时,其荷载设计值可按0.90的折减系数进行折减。其他材料的模板设计应符合有关的专门规定。

1.计算模板时的荷载标准值

模板设计时应考虑下列荷载的组合:

（1）模板自身重力。

模板自重标准值,应根据模板设计图纸确定。肋形楼板及无梁楼板模板的自重标准值,可按表5-9采用。

表5-9　楼板模板自重标准值

（单位:kN/m²）

项次	模板及构件的种类	定型组合钢模板	木模板
1	平板的模板及楞木	0.5	0.3
2	楼板模板（其中包括梁的模板）	0.75	0.5
3	楼板模板（楼层高度4 m以下）	1.1	0.75

（2）新浇混凝土的重力。

新浇混凝土自重标准值,对普通混凝土可采用24 kN/m³,对其他混凝土可根据实际表观密度确定。

（3）钢筋和预埋件的重力。

钢筋自重标准值,应根据设计图纸确定。对一般梁板结构,每立方米钢筋混凝土的钢筋自重标准值可采用下列数值:楼板,1.1 kN;梁,1.5 kN。

（4）工作人员及仓面机具的重力。

施工人员和设备荷载标准值应按下列规定取值:

①计算模板及直接支承模板的小楞时,对均布荷载取2.5 kN/m²,另应以集中荷载2.5

kN 进行验算,比较两者所取得的弯矩值,按其中较大者采用。

②计算直接支承小楞结构构件时,均布荷载取 1.5 kN/m²。

③计算支架立柱及其他支承结构构件时,均布荷载取 1.0 kN/m²。

对大型浇筑设备上料平台、混凝土输送泵等按实际情况计算。混凝土集料高度超过 100 mm 以上者按实际高度计算。模板单块宽度小于 150 mm 时,集中荷载可分布在相邻的两块板上。

(5)振捣混凝土时产生的荷载。

振捣混凝土时产生的荷载标准值,对水平面模板可采用 2.0 kN/m²,对垂直面模板可采用 4.0 kN/m²(作用范围在新浇筑混凝土侧压力的有效压头高度之内)。

(6)新浇混凝土的侧压力。

影响新浇混凝土对模板侧压力的因素主要有混凝土材料种类、温度、浇筑速度、振捣方式、凝结速度等。此外,还与混凝土塌落度大小、构件厚度等有关。

①新浇混凝土对模板侧面的压力标准值应按下列规定取值:

当采用内部振捣器振捣,新浇筑的普通混凝土作用于模板的最大侧压力,可按式(5-1)和式(5-2)计算,并取较小值。

$$F = 0.22\gamma_c t_0 \beta_1 \beta_2 V^{\frac{1}{2}} \tag{5-1}$$
$$F = \gamma_c H \tag{5-2}$$

式中　F——新浇混凝土的最大侧压力,kN/m²;

γ_c——混凝土的重力密度,kN/m³;

t_0——新浇混凝土的初凝时间,h,可按实测确定,当缺乏资料时,可采用 $t_0 = 200/(T+15)$ 计算(T 为混凝土的温度);

V——混凝土的浇筑速度,m/h;

H——混凝土侧压力计算位置处至新浇混凝土顶面的总高度,m;

β_1——外加剂影响修正系数,不掺外加剂时取 1.0,掺具有缓凝作用的外加剂时取 1.2;

β_2——混凝土坍落度影响修正系数,坍落度小于 3 cm 时取 0.85,5~9 cm 时取 1.0,11~15 cm 时取 1.15。

②混凝土侧压力的计算分布图,薄壁混凝土如图 5-20 所示,大体积混凝土如图 5-21 所示。图中 h 为有效压头高度,$h = F/\gamma_c$(m)。

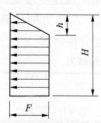
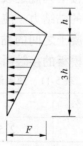

图 5-20　薄壁混凝土侧压力分布图　　图 5-21　大体积混凝土侧压力分布图

③重要部位的模板承受新浇混凝土的侧压力,应通过实测确定。

(7)新浇混凝土的浮托力。

新浇筑混凝土的浮托力应由试验确定。当没有试验资料时,可采用模板受浮面水平投影面积每平方米承受浮托力 15 kN 进行估算。

(8)混凝土卸料时产生的荷载。

混凝土卸料时对模板产生的冲击荷载,应通过实测确定。当没有实测资料时,对垂直面模板产生的水平荷载标准值可按表 5-10 采用。

表 5-10   混凝土卸料时产生的水平荷载标准值   (单位:kN/m^2)

向模板中供料的方法	水平荷载
溜槽、串筒或导管	2
用容量小于 1 m^3 的运输器具	6
用容量为 1~3 m^3 的运输器具	8
用容量大于 3 m^3 的运输器具	10

注:作用范围在有效压头高度以内。

(9)风荷载。

垂直于建筑物表面上的风荷载标准值按下述规定计算,其基本风压与相关系数取值见《建筑结构荷载规范》(GB 50009)。

①当计算主要承重结构时:

$$W_k = \beta_z \mu_s \mu_z \omega_0 \tag{5-3}$$

式中 W_k ——风荷载标准值,kN/m^2;

β_z ——高度 Z 处的风振系数;

μ_s ——风荷载体型系数;

μ_z ——风压高度变化系数;

ω_0 ——基本风压,kN/m^2。

②当计算围护结构时:

$$W_k = \beta_{gz} \mu_s \mu_z \omega_0 \tag{5-4}$$

式中 β_{gz} ——高度 Z 处的阵风系数。

(10)其他荷载。

其他荷载标准值按下列规定取值:

①混凝土与模板的黏结力。使用竖向预制混凝土模板时,如浇筑速度较低,可考虑预制混凝土模板与新浇混凝土之间的黏结力,其值可按表 5-11 采用。黏结力的计算,应按新浇混凝土与预制混凝土模板的接触面积及预计各铺层龄期,沿高度分层计算。

表 5-11   预制混凝土模板与新浇混凝土之间的黏结力

混凝土龄期(h)	4	8	16	32
黏结力(kN/m^2)	2.5	5.4	7.8	27.4

②混凝土与模板的摩阻力。设计滑动模板时需考虑,钢模板取 1.5~3.0 kN/m^2,调坡时取 2.0~4.0 kN/m^2。

③雪荷载。结构物水平投影面上的雪荷载标准值,按式(5-5)计算。其基本雪压与相关

系数取值见《建筑结构荷载规范》(GB 50009)。

$$S_k = \mu_r S_0 \tag{5-5}$$

式中　S_k——雪荷载标准值,kN/m^2;

　　　μ_r——建筑物面积雪分布系数;

　　　S_0——基本雪压,kN/m^2。

2. 计算模板时的荷载分项系数

计算模板时的荷载设计值,应采用荷载标准值乘以相应的荷载分项系数求得。

荷载分项系数应按表 5-12 采用。

表 5-12　荷载分项系数

项次	荷载类别	荷载分项系数
1	模板自重	1.2
2	新浇混凝土自重	
3	钢筋自重	
4	施工人员及施工设备荷载	1.4
5	振捣混凝土时产生的荷载	
6	新浇混凝土对模板侧面的压力	1.2
7	倾倒混凝土时产生的荷载	1.4

3. 模板的荷载组合

计算模板的刚度和强度时,应根据模板种类及施工的具体情况,按表 5-13 的荷载组合进行计算(特殊荷载按可能发生的情况计算)。

表 5-13　常用模板的荷载组合

项次	模板种类	基本荷载组合(数字为计算模板时的荷载标准值中的序号)	
1	薄板、薄壳的底模板	(1)+(2)+(3)+(4)	(1)+(2)+(3)+(4)
2	厚板、梁和拱的底模板	(1)+(2)+(3)+(4)+(5)	(1)+(2)+(3)+(4)+(5)
3	梁、拱、柱(边长≤300 mm)、墙(厚≤400 mm)的侧面垂直模板	(5)+(6)	(6)
4	大体积结构、柱(边长>300 mm)、墙(厚>400 mm)的侧面垂直模板	(6)+(8)	(6)+(8)
5	悬臂模板	(1)+(2)+(3)+(4)+(5)+(8)	(1)+(2)+(3)+(4)+(5)+(8)
6	隧洞衬砌模板台车	(1)+(2)+(3)+(4)+(5)+(6)+(7)	(1)+(2)+(3)+(4)+(6)+(7)

注:1. 当模板承受倾倒混凝土时产生的荷载对模板的承载能力和变形有较大影响时,考虑荷载(8)。

2. 根据工程实践情况,合理考虑荷载(9)和荷载(10)。

4. 模板刚度验算

验算模板刚度时,其最大变形不应超过下列允许值:

(1)结构外露面模板为模板构件计算跨度的 1/400。

(2)结构隐蔽面模板为模板构件计算跨度的 1/250。

(3)支架的压缩变形值或弹性挠度值为相应的结构计算跨度的 1/1 000。

5. 承重模板结构的抗倾稳定性核算

承重模板结构的抗倾稳定性,应按下列要求核算:

(1)倾覆力矩,应采用下列三项中的最大值:

①风荷载,按《建筑结构荷载规范》(GB 50009)确定。

②实际可能发生的最大水平作用力。

③作用于承重模板边缘 1 500 N/m 的水平力。

(2)稳定力矩,模板自重折减系数为 0.8;如同时安装钢筋,应包括钢筋的重量。活荷载按其对抗倾覆稳定最不利的分布计算。

(3)抗倾稳定系数,应大于 1.4。

6. 其他设计要求

除悬臂模板外,竖向模板与内倾模板应设置撑杆或拉杆,以保证模板的稳定性。

梁跨大于 4 m 时,设计应规定承重模板的预拱值。

多层结构物上层结构的模板支承在下层结构上时,应验算下层结构的实际强度和承载能力。

模板锚固件应避开结构受力钢筋,模板附件的安全系数应按表 5-14 采用。

表 5-14　模板附件的最小安全系数

附件名称	结构型式	安全系数
模板拉杆及锚固头	所有使用的模板	2.0
模板锚固件	仅支承模板重量和混凝土压力的模板	2.0
	支承模板和混凝土重量、施工活荷载和冲击荷载的模板	3.0
模板吊耳	所有使用的模板	4.0

(三)模板的基本形式

1. 拆移式模板

1)定型组合钢模板

定型组合钢模板系列包括钢模板、连接件、支承件三部分。其中,钢模板包括平面钢模板和拐角模板,连接件有 U 形卡、L 形插销、钩头螺栓、紧固螺栓、蝶形扣件等,支承件有圆钢管、薄壁矩形钢管、内卷边槽钢、单管伸缩支撑等。

(1)钢模板的规格和型号。

钢模板包括平面模板、阳角模板、阴角模板和连接角模,如图 5-22 所示。单块钢模板由面板、边框和加劲肋焊接而成。面板厚 2.3 mm 或 2.5 mm,边框和加劲肋上面按一定距离(如 150 mm)钻孔,可利用 U 形卡和 L 形插销等拼装成大块模板。

钢模板的宽度以 100 mm 为基础,50 mm 进级,宽度 300 mm 和 250 mm 的模板有纵肋;

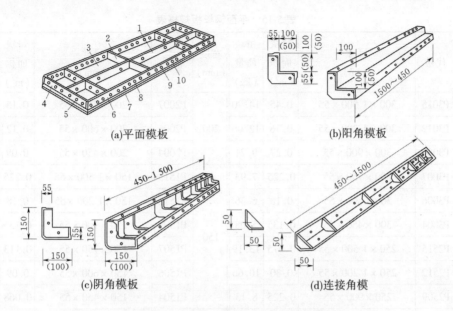

(a)平面模板　　　　　　　　　　　　(b)阳角模板

(c)阴角模板　　　　　　　　　　　　(d)连接角模

1—中纵肋；2—中横肋；3—面板；4—横肋；5—插销孔；
6—纵肋；7—凸棱；8—凸鼓；9—U 形卡孔；10—钉子孔

图 5-22　钢模板类型图　（单位：mm）

长度以 450 mm 为基础，150 mm 进级；高度皆为 55 mm。其规格和型号已做到标准化、系列化。用 P 代表平面模板，Y 代表阳角模板，E 代表阴角模板，J 代表连接角模。如型号为 P3015 的钢模板，P 表示平面模板，30150 表示宽×长为 300 mm×500 mm，如表 5-15 所示。又如型号为 Y1015 的钢模板，Y 表示阳角模板，1015 表示宽×长为 100 mm×1 500 mm。如拼装时出现不足模数的空隙时，用镶嵌木条补缺，用钉子或螺拴将木条与板块边框上的孔洞连接。

（2）连接件。

①U 形卡。它用于钢模板之间的连接与锁定，使钢模板拼装密合。U 形卡安装间距一般不大于 300 mm，即每隔一孔卡插一个，安装方向一顺一倒相互交错，如图 5-23 所示。

②L 形插销。它插入模板两端边框的插销孔内，用于增强钢模板纵向拼接的刚度和保证接头处板面平整。

③钩头螺栓。用于钢模板与内、外钢楞之间的连接固定，使之成为整体，安装间距一般不大于 600 mm，长度应与采用的钢楞尺寸相适应。

④对拉螺栓。用来保持模板与模板之间的设计厚度并承受混凝土侧压力及水平荷载，使模板不致变形。

⑤紧固螺栓。用于紧固钢模板内外钢楞，增强组合模板的整体刚度，长度与采用的钢楞尺寸相适应。

⑥扣件。用于将钢模板与钢楞紧固，与其他的配件一起将钢模板拼装成整体。按钢楞的不同形状尺寸，分别采用碟形扣件和 3 形扣件，其规格分为大小两种。

（3）支承件。

配件的支承件包括钢楞、柱箍、梁卡具、圈梁卡、钢管架、斜撑、组合支柱、钢管脚手支架、平面可调桁架和曲面可变桁架等。

表 5-15　平面钢模板规格表

宽度（mm）	代号	尺寸（mm）	每块面积（m²）	每块质量（kg）	宽度（mm）	代号	尺寸（mm）	每块面积（m²）	每块质量（kg）
300	P3015	300×1 500×55	0.45	14.90	200	P2007	200×750×55	0.15	5.25
	P3012	300×1 200×55	0.36	12.06		P2006	200×600×55	0.12	4.17
	P3009	300×900×55	0.27	9.21		P2004	200×450×55	0.09	3.34
	P3007	300×750×55	0.225	7.93	150	P1515	150×1 500×55	0.225	9.01
	P3006	300×600×55	0.18	6.36		P1512	150×1 200×55	0.18	6.47
	P3004	300×450×55	0.135	5.08		P1509	150×900×55	0.135	4.93
250	P2515	250×1 500×55	0.375	13.19		P1507	150×750×55	0.113	4.23
	P2512	250×1 200×55	0.30	10.66		P1506	150×600×55	0.09	3.40
	P2509	250×900×55	0.225	8.13		P1504	150×450×55	0.068	2.69
	P2507	250×750×55	0.188	6.98	100	P1015	100×1 500×55	0.15	6.36
	P2506	250×600×55	0.15	5.60		P1012	100×1 200×55	0.12	5.13
	P2504	250×450×55	0.133	4.45		P1009	100×900×55	0.09	3.90
200	P2015	200×1 500×55	0.03	9.76		P1007	100×750×55	0.075	3.33
	P2012	200×1 200×55	0.24	7.91		P1006	100×600×55	0.06	2.67
	P2009	200×900×55	0.18	6.03		P1004	100×450×55	0.045	2.11

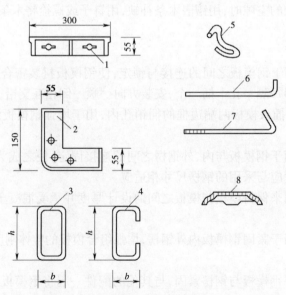

1—平面钢模板;2—拐角钢模板;3—薄壁矩形钢管;4—内卷边槽钢;
5—U 形卡;6—L 形插销;7—钩头螺栓;8—蝶形扣件

图 5-23　定型组合钢模板系列　（单位:mm）

2）木模板

木模板制作方便、拼装随意，尤其适用于外形复杂或异形的混凝土构件。此外，因其导热系数小，对混凝土冬期施工有一定的保温作用。

木模板的木材主要采用松木和杉木，其含水率不宜过高，以免干裂，材质不宜低于三等材。木模板的基本元件是拼板，它由板条和拼条（木档）组成，如图 5-24 所示。板条厚 25 ~ 50 mm，宽度不宜超过 200 mm，以保证在干缩时，缝隙均匀，浇水后缝隙要严密且板条不翘曲，但梁底板的板条宽度不受限制，以免漏浆。拼条截面尺寸为 25 mm × 35 mm ~ 50 mm × 50 mm，拼条间距根据施工荷载大小及板条的厚度而定，一般取 400 ~ 500 mm。

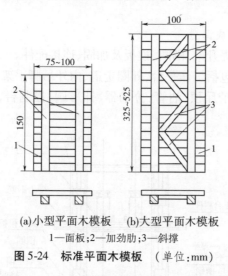

(a)小型平面木模板　　(b)大型平面木模板

1—面板；2—加劲肋；3—斜撑

图 5-24　标准平面木模板　（单位：mm）

3）胶合板模板

模板用的胶合板通常由 5、7、9、11 层等奇数层单板经热压固化而胶合成形，一般采用竹胶模板。相邻层的纹理方向相互垂直，通常最外层表板的纹理方向和胶合板板面的长向平行。因此，整张胶合板的长向为强方向，短向为弱方向，使用时必须加以注意。模板用木胶合板的幅面尺寸，一般宽度为 1 200 mm 左右，长度为 2 400 mm 左右，厚 12 ~ 18 mm。适用于高层建筑中的水平模板、剪力墙、垂直墙板。

胶合板用作楼板模板时，常规的支模方法是用 ϕ48.3 mm ×3.6 mm 脚手钢管搭设排架，排架上铺放间距为 400 mm 左右的 50 mm ×100 mm 或 60 mm ×80 mm 木方（俗称 68 方木），作为面板下的楞木。木胶合板常用厚度为 12 mm、18 mm，木方的间距随胶合板厚度做调整。这种支模方法简单易行，现已在施工现场大面积采用。

胶合板用作墙模板时，常规的支模方法是胶合板面板外侧的内楞用 50 mm ×100 mm 或 60 mm ×80 mm 木方，外楞用 ϕ48.3 mm ×3.6 mm 脚手钢管，内外模用"3"形卡及穿墙螺栓拉结。

竹胶模板加工时，首先制订合理的方案，锯片要求是合金锯片，直径 400 mm，120 齿左右，转速 4 000 r/min，要在板下垫实后再锯切，以防出现毛边。竹胶模板前 5 次使用不必涂脱模剂，以后每次应及时清洁板面，保持表面平整、光滑，以增加使用效果和次数。竹胶模板在存储时，板面堆放应下垫方木条，不得与地面接触，保持通风良好，防止日晒雨淋，定期检查。

2.移动式模板

移动式模板是根据建筑物外形轮廓特征,做一段定型模板,在支撑钢架上装上行驶轮,沿建筑物长度方向铺设轨道分段移动,分段浇筑混凝土。

移动式模板移动时,只需顶推模板的花篮螺丝或千斤顶收缩,使模板与混凝土面脱开,模板即可随同钢架移动到拟浇筑部位,再用花篮螺丝或千斤顶调整模板至设计浇筑尺寸。移动式模板多用钢模板作为浇筑混凝土墙和隧洞混凝土衬砌使用。

3.滑动式模板

滑动式模板(简称滑模),是在混凝土连续浇筑过程中,可使模板面紧贴混凝土面滑动的模板。

1)滑板系统装置的组成部分

(1)模板系统。包括提升架、围圈、模板及加固、连接配件。

(2)施工平台系统。包括工作平台、外圈走道、内外吊脚手架。

(3)提升系统。包括千斤顶、油管、分油器、针形阀、控制台、支承杆及测量控制装置。滑模构造如图 5-25 所示。

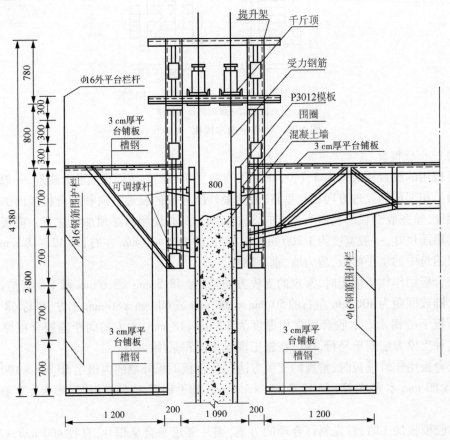

图 5-25　滑模构造示意图 (单位:mm)

2)主要部件构造及作用

(1)提升架。提升架是整个滑模系统的主要受力部分。各项荷载集中传至提升架,最后通过装设在提升架上的千斤顶传至支承杆上。提升架由横梁、立柱、牛腿及外挑架组成。

各部分尺寸及杆件断面应通盘考虑,经计算确定。

（2）围圈。围圈是模板系统的横向连接部分,将模板按工程平面形状组合为整体。围圈也是受力部件,它既承受混凝土侧压力产生的水平推力,又承受模板的重量、滑动时产生的摩阻力等竖向力。在有些滑模系统的设计中,也将施工平台支撑在围圈上。围圈架设在提升架的牛腿上,各种荷载将最终传至提升架上。围圈一般用型钢制作。

（3）模板。模板是混凝土成型的模具,要求板面平整,尺寸准确,刚度适中。模板高度一般为 90～120 cm,宽度为 50 cm,但根据需要也可加工成小于 50 cm 的异形模板。模板通常用钢材制作,也有用其他材料制作的,如钢木组合模板,是用硬质塑料板或玻璃钢等材料作为面板的有机材料复合模板。

（4）施工平台与吊脚手架。施工平台是滑模施工中各工种的作业面及材料、工具的存放场所。施工平台应视建筑物的平面形状、开门大小、操作要求及荷载情况设计。施工平台必须有可靠的强度及必要的刚度,确保施工安全,防止平台变形导致模板倾斜。如果跨度较大时,在平台下应设置承托桁架。

吊脚手架用于对已滑出的混凝土结构进行处理或修补,要求沿结构内外两侧周围布置。吊脚手架的高度一般为 1.8 m,可以设双层或 3 层。吊脚手架要有可靠的安全设备及防护设施。

（5）提升设备。提升设备由液压千斤顶、液压控制台、油路及支承杆组成。支承杆可用直径为 25 mm 的光圆钢筋做支承杆,每根支承杆长度以 3.5～5 m 为宜。支承杆的接头可用螺栓连接或现场用小坡口焊接连接。若回收重复使用,则需要在提升架横梁下附设支承杆套管。如有条件并经设计部门同意,则该支承杆钢筋可以直接打在混凝土中以代替部分结构配筋,可利用 50%～60%。

4.固定式模板

1）混凝土预制模板

混凝土预制模板可以工厂化生产,安装时多依靠自重维持稳定,因而可以节约大量的木材和钢材;因它既是模板,又是建筑物的组成部分,可提高建筑物表面的抗渗、抗冻和稳定性;简化了施工程序,可以加快工程进度。但安装时必须配合吊装设备进行。

混凝土预制模板主要用于挡土墙、大坝垂直部位、坝内廊道等处。施工中应注意模板与新浇混凝土表面结合处的凿毛处理,以保证结合。预制钢筋混凝土整体式廊道模板如图 5-26 所示。

2）压型钢板模板

压型钢板作为组合楼盖施工中的混凝土模板,其主要优点是:薄钢板经压折后,具有良好的结构受力性能,既可部分地或全部地起组合楼板中受拉钢筋作用,又可仅作为浇筑混凝土的永久性模板;特别是楼层较高,又有钢梁时,采用压型钢板模板,楼板浇筑混凝土独立地进行,不影响钢结构施工,上下楼层间无制约关系;不需满堂支撑,无支模和拆模的烦琐作业,施工进度显著加快。

（四）混凝土建筑物模板

1.悬臂钢模板

悬臂钢模板也称多卡模板,广泛用于水利大坝、桥墩、锚碇、混凝土地下土墙、隧道及地下厂房的混凝土衬砌等结构的模板施工。悬臂钢模板由面板、围檩、支承桁架和爬杆等组成

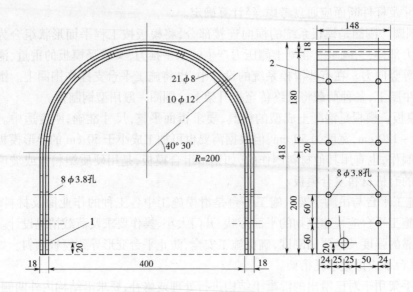

1—坝内排水孔(ϕ20);2—起吊孔($<\phi$8)

图 5-26　预制钢筋混凝土整体式廊道模板　（单位：cm）

（见图 5-27），由于混凝土的侧压力完全由预埋件及支架承担，因此不需要穿墙螺杆，模板不必有另外的加固措施，施工简单、迅速，而且十分经济，混凝土表面光洁，是一种理想的单面墙体模板体系。

2. 移动式模板

移动式模板是根据建筑物外形轮廓特征，做一段定型模板，在支撑钢架上装上行驶轮，沿建筑物长度方向铺设轨道分段移动，分段浇筑混凝土。移动式模板移动时，只需顶推模板的花篮螺丝或千斤顶收缩，使模板与混凝土面脱开，模板即可随同钢架移动到拟浇筑部位，再用花篮螺丝或千斤顶调整模板至设计浇筑尺寸。移动式模板多用钢模，用作浇筑混凝土墙和堆石坝混凝土面板模板（见图 5-28）。

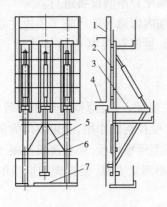

1—面板;2—围檩;3—支承桁架;4—锚杆;
5—爬杆;6—连接杆;7—工作平台

图 5-27　悬臂钢模板

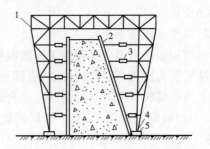

1—支承钢架;2—钢模板;3—花篮螺丝;
4—行驶轮;5—轨道

图 5-28　移动式模板

3.滑升模板

如图5-29所示,某混凝土拱坝采用滑升模板,滑模通过围檩和提升架与主梁相连,再由支撑杆套管与支撑杆相连。由千斤顶顶托向前滑升,通过微调丝杆调节模板倾斜坡度,通过微调丝杆调整准确定位模板,而收分拉杆和收分千斤顶则是完成模板收分的设施。

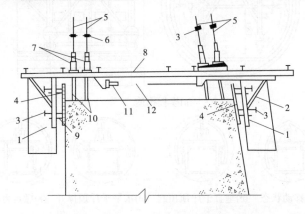

1—提升架;2—调坡丝杆;3—微调丝杆;4—模板面板;5—支撑杆;
6—限位调平器;7—千斤顶;8—次梁和主梁;9—围檩;
10—支撑杆套管;11—收分千斤顶;12—收分拉杆

图 5-29　滑升模板结构示意图

(五)隧洞混凝土衬砌模板

1.钢模台车

钢模台车有边顶拱式、直墙变截面顶拱式、全圆针梁式、全圆穿行式等类型。采用钢模台车浇筑功效比传统模板高30%,装模、脱模速度快2~3倍,同时可提高衬砌施工质量。

钢模台车由钢模和台车两部分组成。图 5-30、图 5-31 所示为圆形隧洞钢模台车。图5-32所示为城门洞形隧洞钢模台车。下面以图5-32所示钢模台车为例,说明其构造和工作原理。

图 5-30　圆形隧洞钢模台车

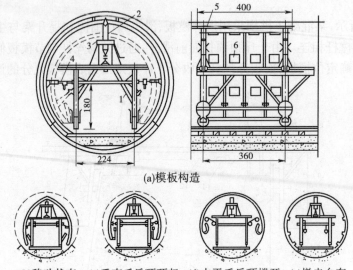

(a)模板构造

(b)移动状态　(c)垂直千斤顶顶起　(d)水平千斤顶撑开　(e)撤走台车

1—车架;2—垂直千斤顶;3—水平螺杆;4—水平千斤顶;5—拼板;6—混凝土进入口

图 5-31　圆形隧洞钢模台车构造　（单位:mm）

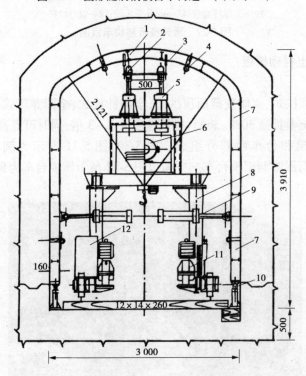

1—顶模;2-托轮;3—连接螺栓;4—连接铰;5—垂直千斤顶;6—油泵操作结构;7—边墙模;
8—车架;9—水平千斤顶;10—定位丝顶;11—行走机构;12—电器控制盘

图 5-32　城门洞形隧洞钢模台车构造　（单位:mm）

1) 钢模

钢模由顶模、边墙模板组成,模板之间用铰连接,可以向内折叠,模板就位后,用固定螺栓紧固,形成整体框架。每组钢模都留有进人口及混凝土进料口。

2)台车

台车由车架、行走机构、水平千斤顶、垂直千斤顶及液压操作机构等主要部件组成。台车主要用来运输、安装和拆卸钢模。它的4个液压垂直千斤顶上的托轮,用来托住钢模兼调整钢模位置,使钢模中心与隧洞中心一致。连接螺栓将钢模与台车连接起来。脱模时,千斤顶将顶模向下拉。液压操作机械是产生和分配高压油的装置。台车行走可通过电动机和减速器来驱动,也可以采用卷扬机、钢丝绳牵引。

隧洞混凝土衬砌,先浇筑底板混凝土,底板混凝土达到一定强度后,铺设台车轨道。轨道铺设要求平直,以便台车定位。

钢模安装,第一次从立模开始,以后每次从拆模开始,按照拆模→转运→立模顺序作业。具体操作过程是:先拆除钢模的钢管丝杆对撑,将台车开入要拆的钢模下,将垂直千斤顶油缸活塞杆升起,把托轮架与顶模下的连接螺栓固定,同时,将两边墙钢模与台车上的水平千斤顶连接好。先用水平千斤顶使边墙钢模脱离混凝土面,随后下降顶拱钢模,使钢模完全脱离混凝土面并有一定空隙,台车载着拆下的钢模转移到新的工作面定位、调整、固定。

2.针梁模板

圆形隧洞衬砌,过去一直是将衬砌截面分成上下两部分,分两次浇筑,或者是分底拱、边墙、顶拱三部分三次浇筑,形成两条(或四条)平行洞轴线的通长施工缝。针梁钢模台车是为了隧洞的整体衬砌而设计的。针梁台车衬砌隧洞全圆断面底、边、顶一次性成型,立模、拆模用液压油缸执行,定位找正由底座竖向油缸和调平油缸执行。台车为自行式,安装在台车上的卷扬机使钢模和针梁做相对运动,台车便可向前移动。

针梁模板是较先进的全断面一次成型模板,下面以某工程为例介绍针梁模板的构造和施工工艺,它利用两个多段长的型钢制作的方梁(针梁),通过千斤顶,一端固定在已浇混凝土面上,另一端固定在开挖岩面上,其中一段浇筑混凝土,另一段进行下一浇筑面的准备工作(如进行钢筋施工),如图5-33所示。

(1)钢模。钢模全长15 m,由10节1.5 m长的模板用螺栓连接而成,每节模板环向由1块底模、2块边拱模、1块顶拱模铰接成整体。模板外径8.02 m。模板上布置40个450 mm×600 mm的窗口,供进料、进人及检查用,另外设置40个小孔供埋设灌浆管用,顶拱模上布置3个混凝土输送泵尾管注入口。整个模板重76 t,一次移动15 m。

(2)针梁。针梁既是钢模的受力支撑,又是钢模移动时的行走轨道,全长38 m,是两个衬砌段长度再加上布置前后支座所需长度之和。针梁宽2.4 m、高2.35 m,是大型钢肋板桁架组合结构。针梁重38 t。针梁靠千斤顶支撑。

(3)千斤顶。分支座千斤顶和抗浮千斤顶。前支座千斤顶和后支座千斤顶用来支撑针梁,通过调节,帮助大梁及钢模定位。前抗浮千斤顶和后抗浮千斤顶在混凝土浇筑时阻止钢模向上浮动。

(4)移动装置。移动装置为卷扬机钢丝绳牵引,牵引力2.24 t,行走速度2.9 m/min。全套针梁模板重150 t。针梁模板就位状态如图5-34(a)所示。在就位状态,进行混凝土浇筑。

混凝土浇筑结束后6 h(根据混凝土凝固程序确定),针梁可以行走。先收起前后支座千斤顶,针梁模板全部重量由已成形的混凝土承担;然后,收缩抗浮千斤顶及侧向稳定螺杆,放松针梁下方的千斤顶定位螺栓,便于针梁行走;再用卷扬机牵引,针梁以钢模作轨道向前

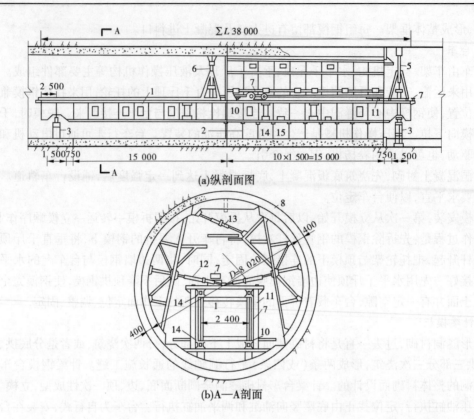

1—大梁;2—钢模;3—前支座液压千斤顶;4—后支座液压千斤顶;5—前抗浮液压千斤顶;

6—后抗浮液压千斤顶;7—行走装置系统;8—混凝土衬砌;9—大梁梁框;10—装在梁顶下的行走轮;

11—手动螺栓千斤顶(伸缩边模);12—手动螺栓千斤顶(伸缩边模);13—手动螺栓千斤顶(伸缩顶模);

14—钢轨;15—千斤顶定位螺栓

图 5-33　针梁模板　(单位:mm)

移动 15 m,如图 5-34(b)所示;针梁到位后,仍用前后支座千斤顶支撑,使针梁处于稳定状态,如图 5-34(c)所示。

混凝土浇筑结束后 12~14 h(针梁移动后 6~8 h),钢模可以脱模,其过程如图 5-34(d)所示。脱模后,钢模以针梁作轨道,在卷扬机牵引下,向前移动 15 m,如图 5-34(e)所示。

脱膜后,及时清扫模板表面,涂刷脱模剂,将钢模定位。

(六)模板安装与拆除

1.模板安装

安装模板之前,应事先熟悉设计图纸,掌握建筑物结构的形状尺寸,并根据现场条件,初步考虑好立模及支撑的程序,以及与钢筋绑扎、混凝土浇捣等工序的配合,尽量避免工种之间的相互干扰。

模板的安装包括放样、立模、支撑加固、吊正找平、尺寸校核、堵设缝隙及清仓去污等工序。在安装过程中,应注意下述事项:

(1)模板竖立后,须切实校正位置和尺寸,垂直方向用垂球校对,水平长度用钢尺丈量两次以上,务使模板的尺寸符合设计标准。

(2)模板各结合点与支撑必须坚固紧密,牢固可靠,尤其是采用振捣器捣固的结构部

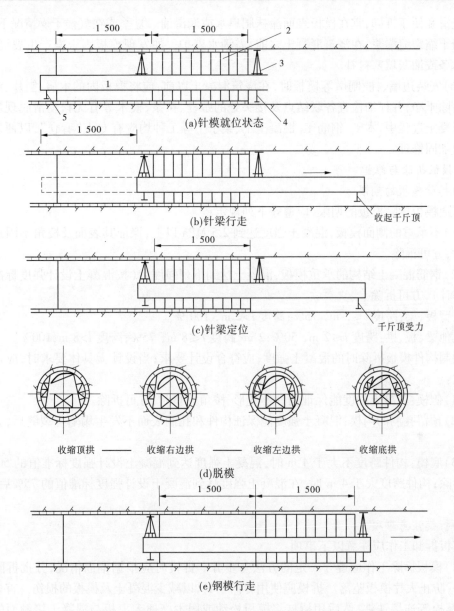

(a)针模就位状态

(b)针梁行走

收起千斤顶

(c)针梁定位

千斤顶受力

收缩顶拱 —— 收缩右边拱 —— 收缩左边拱 —— 收缩底拱

(d)脱模

(e)钢模行走

1—针梁;2—钢模;3—前抗浮平台;4—前支座千斤顶;5—后支座千斤顶

图 5-34 针梁模板运行过程 (单位:cm)

位,更应注意,以免在浇捣过程中发生裂缝、鼓肚等不良情况。但为了增加模板的周转次数,减少模板拆模损耗,模板结构的安装应力求简便,尽量少用圆钉,多用螺栓、木楔、拉条等进行加固联结。

(3)凡属承重的梁板结构,跨度大于 4 m 以上时,由于地基的沉陷和支撑结构的压缩变形,跨中应预留起拱高度,每米增高 3 mm,两边逐渐减少,至两端同原设计高程等高。

(4)为避免拆模时建筑物受到冲击或震动,安装模板时,撑柱下端应设置硬木楔形垫块,所用支撑不得直接支承于地面,应安装在坚实的桩基或垫板上,使撑木有足够的支承面积,以免沉陷变形。

(5)模板安装完毕,最好立即浇筑混凝土,以防日晒雨淋导致模板变形。为保证混凝土表面光滑和便于拆卸,宜在模板表面涂抹肥皂水或润滑油。夏季或在气候干燥情况下,为防止模板干缩裂缝漏浆,在浇筑混凝土之前,需洒水养护。如发现模板因干燥产生裂缝,应事先用木条或油灰填塞衬补。

(6)安装边墙、柱、闸墩等模板时,在浇筑混凝土以前,应将模板内的木屑、刨片、泥块等杂物清除干净,并仔细检查各联结点及接头处的螺栓、拉条、楔木等有无松动滑脱现象。在浇筑混凝土过程中,木工、钢筋工、混凝土工、架子工等工种均应有专人"看仓",以便发现问题随时加固修理。

2.模板拆除与维护

1)拆除模板的期限

普通模板拆除模板的期限,应遵守下列规定:

(1)不承重的侧面模板,混凝土强度达到 2.5 MPa 以上,保证其表面及棱角不因拆模而损坏时,方可拆除。

(2)钢筋混凝土结构的承重模板,混凝土达到下列强度后(按混凝土设计强度标准值的百分率计),方可拆除。

悬臂板、梁:跨度 $l \leqslant 2$ m, 75%;跨度 $l > 2$ m, 100 %。

其他梁、板、拱:跨度 $l \leqslant 2$ m, 50%;2 m<跨度 $l \leqslant 8$ m, 75%;跨度 $l > 8$ m,100%。

预制构件模板拆除时的混凝土强度,应符合设计要求;当设计无具体要求时,应遵守下列规定:

(1)侧模:混凝土强度能保证构件不变形、棱角完整时,方可拆除。

(2)预留孔洞的内模:混凝土强度能保证构件和孔洞表面不发生塌陷与裂缝后,方可拆除。

(3)底模:构件跨度不大于 4 m 时,混凝土强度达到混凝土设计强度标准值的 50%后,方可拆除;构件跨度大于 4 m 时,在混凝土强度达到混凝土设计强度标准值的 75%后,方可拆除。

2)拆模注意事项

模板拆卸工作应注意以下事项:

(1)模板拆除工作应遵守一定的方法与步骤。拆模时应根据锚固情况,分批拆除锚固连接件,防止大片模板坠落。拆模应使用专门工具,以减少混凝土及模板的损伤。首先去掉扒钉、螺栓等连接铁件,然后用撬杠将模板松动或用木楔插入模板与混凝土接触面的缝隙中,以锤击木楔,使模板与混凝土面逐渐分离。拆模时,禁止用重锤直接敲击模板,以免使建筑物受到强烈震动或将模板毁坏。

(2)拆模的顺序及方法应按相关规定进行。当无规定时,模板拆除可采取先支的后拆、后支的先拆,先拆非承重模板、后拆承重模板的顺序,并应从上而下进行拆除。

(3)拆卸拱形模板时,应先将支柱下的木楔缓慢放松,使拱架徐徐下降,避免新拱因模板突然大幅度下沉而担负全部自重,并应从跨中点向两端同时对称拆卸。拆卸跨度较大的拱模时,则需从拱顶中部分段分期向两端对称拆卸。

(4)高空拆卸模板时,不得将模板自高处摔下,而应用绳索吊卸,以防砸坏模板或发生事故。

(5)对于大体积混凝土,为了防止拆模后混凝土表面温度骤然下降而产生表面裂缝,应考虑外界温度的变化而确定拆模时间,并应避免早、晚或夜间拆模。

3)模板的保养与维护

当模板拆卸完毕后,应将附着在板面上的混凝土砂浆洗凿干净,损坏部分需加修整,板上的圆钉应及时拔除(部分可以回收使用),以免刺脚伤人。卸下的螺栓应与螺帽、垫圈等拧在一起,并加黄油防锈。扒钉、铁丝等物均应收捡归仓,不得丢失。所有模板应按规格分放,妥加保管,以备下次立模周转使用。

模板应设仓库存放,并防锈。大型模板堆放时,应垫放平稳,以防变形,必要时应加固。

二、脚手架工程

操作脚手架是为了保证各施工过程顺利进行而搭设的工作平台。按搭设的位置分为外脚手架、里脚手架;按材料不同可分为木脚手架、竹脚手架、钢管脚手架;按构造形式分为立杆式脚手架、桥式脚手架、门式脚手架、悬吊式脚手架、挂式脚手架、挑式脚手架、爬式脚手架。

(一)扣件式钢管脚手架

1.钢管扣件式脚手架的一般构造

钢管扣件式脚手架主要由钢管和扣件组成。主要杆件有立杆、大横杆、小横杆、斜杆和底座、连墙杆等。

(1)杆件。钢管一般用 ϕ48.3 mm、厚3.6 mm的电焊钢管。用于立杆、大横杆和斜杆的钢管长为4~6.5 m,小横杆长为2.1~2.3 m。钢管扣件脚手架的基本形式有双排式和单排式两种,其构造如图5-35所示。

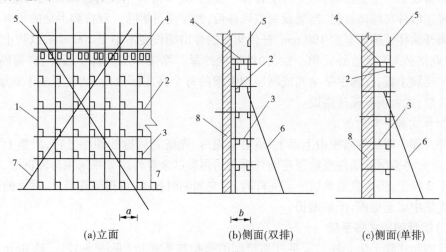

(a)立面 (b)侧面(双排) (c)侧面(单排)

1—立杆;2—大横杆;3—小横杆;4—脚手板;5—栏杆;6—抛撑;7—剪刀撑;8—砖墙

图5-35 钢管扣件式脚手架基本构造

(2)底座。扣件式钢管脚手架的底座,是由套管和底板焊成。套管一般用外径57 mm,壁厚3.5 mm的钢管(或用外径为60 mm,壁厚3~4 mm的钢管),长为150 mm。底板一般用边长(或直径)150 mm,厚为5 mm的钢板。

(3)扣件。扣件是用铸铁锻制而成,螺栓用Q235钢制成,其形式有三种,如图5-36所示。

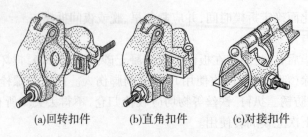

(a)回转扣件　　　　(b)直角扣件　　　　(c)对接扣件

图 5-36　扣件形式

①回转扣件。回转扣件用于连接扣紧呈任意角度相交的杆件,如立杆与十字盖的连接。

②直角扣件。直角扣件又称十字扣件,用于连接扣紧两根垂直相交的杆件,如立杆与顺水杆、排木的连接。

③对接扣件。对接扣件又称一字扣件,用于两根杆件的对接接长,如立杆、顺水杆的接长。

2.扣件式钢管脚手架的搭设与拆除

1)扣件式钢管脚手架的搭设

架的搭设要求钢管的规格相同,地基平整夯实;对高层建筑物脚手架的基础要进行验算,脚手架地基的四周排水畅通,立杆底端要设底座或垫木。通常脚手架搭设顺序为:放置纵向扫地杆→横向扫地杆→立杆→第一步纵向水平杆(大横杆)→第一步横向水平杆(小横杆)→ 连墙件(或加抛撑)→第二步纵向水平杆(大横杆)→第二步横向水平杆(小横杆)……

开始搭设第一节立杆时,每 6 跨应暂设一根抛撑,当搭设至设有连墙件的构造层时,应立即设置连墙件与墙体连接,当装设两道墙件后,抛撑便可拆除。双排脚手架的小横杆靠墙一端应离开墙体装饰面至少 100 mm,杆件相交的伸出端长度不小于 100 mm,以防止杆件滑脱;扣件规格必须与钢管外径相一致,扣件螺栓拧紧。除操作层的脚手板外,宜每隔 1.2 m 高满铺一层脚手板,在脚手架全高或高层脚手架的每个高度区段内,铺板不多于 6 层,作业不超过 3 层,或者根据设计搭设。

2)扣件式脚手架的拆除

扣件式脚手架的拆除按由上而下、后搭者先拆、先搭者后拆的顺序进行,严禁上下同时拆除,以及先将整层连墙件或数层连墙件拆除后再拆其余杆件。如果采用分段拆除,其高差不应大于 2 步架,当拆除至最后一节立杆时,应先加临时抛撑,后拆除连墙件,拆下的材料应及时分类集中运至地面,严禁抛扔。

(二)钢管碗扣式脚手架

钢管碗扣式脚手架立杆与水平杆靠特制的碗扣接头连接(见图 5-37)。碗扣分上碗扣和下碗扣,下碗扣焊在钢管上,上碗扣对应地套在钢管上,其销槽对准焊在钢管上的限位销即能上下滑动。连接时,只需将横杆接头插入下碗扣内,将上碗扣沿限位销扣下,并顺时针旋转,靠上碗扣螺旋面使之与限位销顶紧,从而将横杆与立杆牢固地连在一起,形成框架结构。碗扣式接头可同时连接 4 根横杆,横杆可相互垂直,亦可组成其他角度,因而可以搭设各种形式的脚手架,特别适合于搭设扇形表面及高层建筑施工和装修施工两用外脚手架,还可作为模板的支撑。脚手架立杆碗扣节点应按 6 m 模数设置。立杆上应设有接长用套管及连接销孔。

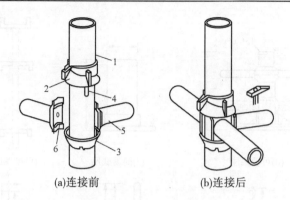

(a)连接前　　　　　　　　　(b)连接后

1—立杆;2—上碗扣;3—下碗扣;

4—限位销;5—横杆;6—横杆接头

图 5-37　碗扣接头连接

(三)门型脚手架

门型脚手架又称多功能门型脚手架,是目前国际上应用最普遍的脚手架之一。作为高层建筑施工的脚手架及各种支撑物件,它具有安全、经济、架设拆除效率高等特点。

门型脚手架由门式框架、剪刀撑和水平梁架或脚手板构成基本单元,如图 5-38(a) 所示。将基本单元连接起来即构成整片脚手架,如图 5-38 (b) 所示。门型脚手架的主要部件如图 5-39 所示。

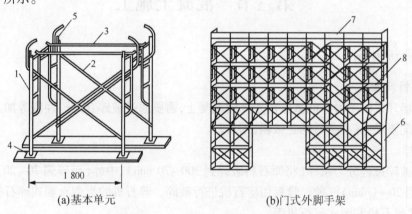

(a)基本单元　　　　　　　　　　　　(b)门式外脚手架

1—门式框架;2—剪刀撑;3—水平梁架;4—螺旋基脚;

5—连接器;6—梯子;7—栏杆;8—脚手板

图 5-38　门式钢管脚手架

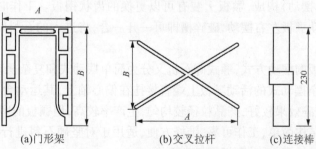

(a)门形架　　　　　(b)交叉拉杆　　　　　(c)连接棒

图 5-39　门型脚手架的主要部件

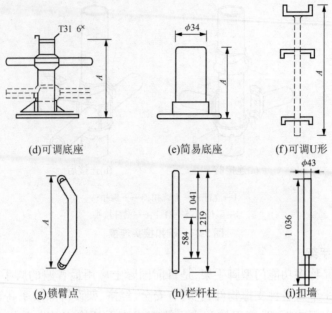

(d)可调底座　　　　　(e)简易底座　　　　　(f)可调U形

(g)锁臂点　　　　　(h)栏杆柱　　　　　(i)扣墙

续图 5-39

第三节　混凝土施工

一、骨料制备

(一)骨料加工

从料场开采的毛料不能直接用于拌制混凝土,需要通过破碎、筛分、冲洗等加工过程,制成符合级配要求、除去杂质的各级粗、细骨料。

1.破碎

骨料破碎过程分为粗碎(将原石料破碎到 300~70 mm)、中碎(破碎到 70~20 mm)和细碎(破碎到 20~1 mm)三种。骨料用碎石机进行破碎。碎石机的类型有颚式碎石机、锥式碎石机、辊式碎石机和锤式碎石机等。

1)颚式碎石机

颚式碎石机称为夹板式碎石机,其构造如图 5-40 所示。它的破碎槽由两块颚板(一块固定,另一块可以摆动)构成,颚板上装有可以更换的齿状钢板。工作时,由传动装置带动偏心轮作用使活动颚板左右摆动,破碎槽即可一开一合,将进入的石料轧碎,从下端出料口漏出。

按照活动颚板的摆动方式,颚式碎石机又分为简单摆动式和复杂摆动式两种,其工作原理如图 5-41。复杂摆动式的活动颚板上端直接挂在偏心轴上,其运动含左右摆动和上下摆动两个方向,故破碎效果较好,产品粒径较均匀,生产率较高,但颚板的磨损较快。

颚式碎石机结构简单,工作可靠,维修方便,适用于对坚硬石料进行粗碎或中碎。但成品料中针片状含量较多,活动颚板需经常更换。

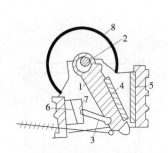

1、4—活动颚板;2—偏心轮;3—撑板;
5—固定颚板;6、7—调节用楔形机构;8—偏心轮

图 5-40　颚式碎石机

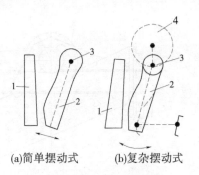

(a)简单摆动式　　　(b)复杂摆动式

1—固定颚板;2—活动颚板;
3—悬挂点;4—悬挂点轨迹

图 5-41　颚式碎石机工作原理

2) 锥式碎石机

锥式碎石机的破碎室由内、外锥体之间的空隙构成。活动的内锥体装在偏心主轴上,外锥体固定在机架上,如图 5-42 所示。工作时,由传动装置带动主轴旋转,使内锥体做偏心转动,将石料碾压破碎并从破碎室下端出料槽滑出。

锥式碎石机是一种大型碎石机械,碎石效果好,破碎的石料较方正,生产率高,单位产品能耗低,适用于对坚硬石料进行中碎或细碎。但其结构复杂,体形和重量都较大,安装维修不方便。

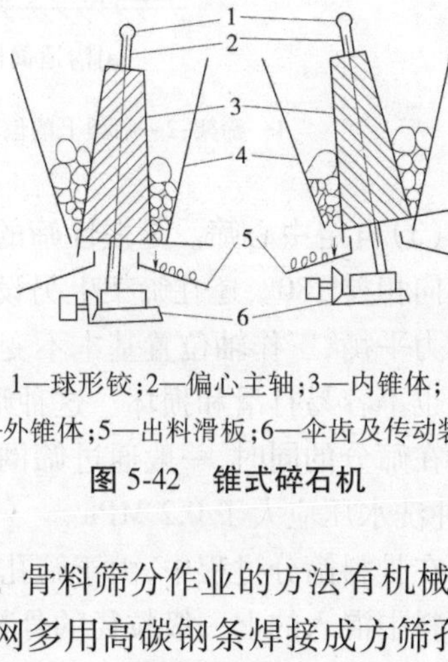

3) 辊式碎石机和锤式碎石机

辊式碎石机是用两个相对转动的滚轴轧碎石块,锤式碎石机是用带锤子的圆盘在回转时击碎石块。适用于破碎软的和脆的岩石,常担任骨料细碎任务。

1—球形铰;2—偏心主轴;3—内锥体;
4—外锥体;5—出料滑板;6—伞齿及传动装置

图 5-42　锥式碎石机

2. 筛分与冲洗

筛分是将天然或人工的混合砂石料,按粒径大小进行分级。冲洗是在筛分过程中清除骨料中夹杂的泥土。骨料筛分作业的方法有机械和人工两种。大中型工程一般采用机械筛分。机械筛分的筛网多用高碳钢条焊接成方筛孔,筛孔边长分别为 112 mm、75 mm、38 mm、19 mm、5 mm,可以筛分 120 mm、80 mm、40 mm、20 mm、5 mm 的各级粗骨料,当筛网倾斜安装时,为保证筛分粒径,尚需将筛孔尺寸适当加大。

（1）偏心轴振动筛。又称为偏心筛,其构造如图 5-43 所示。它主要由固定机架、活动筛架、筛网、偏心轴及电动机等组成。筛网的振动,是利用偏心轴旋转时的惯性作用,偏心轴安装在固定机架上的一对滚珠轴承中,由电动机通过皮带轮带动,可在轴承中旋转。活动筛架通过另一对滚珠轴承悬装在偏心轴上。筛架上装有两层不同筛孔的筛网,可筛分三级不同粒径的骨料。偏心筛适用于筛分粗、中颗粒,常担任第一道筛分任务。

（2）惯性振动筛。又称为惯性筛,其构造如图 5-44 所示。它的偏心轴(或带偏心块的旋转轴)安装在活动筛架上,筛架与固定机架之间用板簧相联。筛网振动靠的是筛架上偏心轴的惯性作用。

惯性筛的特点是弹性振动,振幅小,随来料多少而变化,容易因来料过多而堵塞筛孔,故要求来料均匀。适用于中、细颗粒筛分。

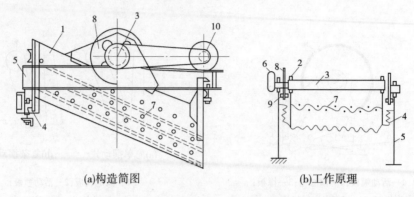

(a)构造简图　　　　　　　　(b)工作原理

1—活动筛架;2—筛架上的轴承;3—偏心轴;4—弹簧;5—固定机架;

6—皮带轮;7—筛网;8—平衡轮;9—平衡块;10—电动机

图 5-43　偏心轴振动筛

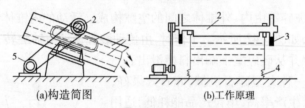

(a)构造简图　　　　　　　　(b)工作原理

1—筛架;2—筛架上的偏心轴;3—调整振幅用的配重盘;4—消振板簧;5—电动机

图 5-44　惯性振动筛

（3）自定中心筛。是惯性筛的一种改进形式。它在偏心轴上配偏心块,使之与轴偏心距方向相差 180°,还在筛架上另设皮带轮工作轴(中心线)。工作时向上和向下的离心力保持动力平衡,工作轴位置基本不变。皮带轮只做回转运动,传给固定机架的振动力较小,皮带轮也不容易打滑和损坏。这种筛因皮带轮中心基本不变,故称为自定中心筛。

在筛分的同时,一般通过筛网上安装的几排带喷水孔的压力水管,不断对骨料进行冲洗,冲洗水压应大于 0.2 MPa。

在骨料筛分过程中,由于筛孔偏大、筛网磨损、破裂等因素,往往产生超径骨料,即下一级骨料中混入的上一级粒径的骨料。相反,由于筛孔偏小或堵塞、喂料过多、筛网倾角过大等因素,往往产生逊径骨料,即上一级骨料中混入的下一级粒径的骨料。超径和逊径骨料的百分率(按重量计)是筛分作业的质量控制指标。要求超径石不大于 5%,逊径石不大于 10%。

3.制砂

粗骨料筛洗后的砂水混合物进入沉砂池(箱),泥浆和杂质通过沉砂池(箱)上的溢水口溢出,较重的砂颗粒沉入底部,通过洗砂设备即可制砂。常用的洗砂设备是螺旋洗砂机,其结构如图 5-45 所示。它是一个倾斜安放的半圆形洗砂槽,槽内装有 1~2 根附有螺旋叶片的旋转主轴。斜槽以 18°~20° 的倾斜角安放,低端进砂,高端进水。由于螺旋叶片的旋转,使被洗的砂受到搅拌,并移向高端出料口,洗涤水则不断从高端通入,污水从低端的溢水口排出。

当天然砂数量不足时,可采用棒磨机制备人工砂。将小石投入装有钢棒的棒磨机滚筒内,靠滚筒旋转带动钢棒挤压小石而成砂。

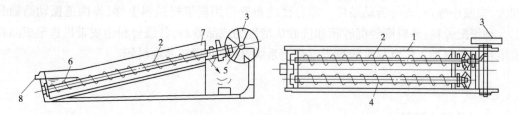

1—洗砂槽;2—带螺旋叶片的旋转轴;3—驱动机构;4—螺旋叶片;
5—皮带机(净砂出口);6—加料口;7—清水注入口;8—污水溢水口

图 5-45　螺旋洗砂机

(二)骨料加工厂

把骨料破碎、筛分、冲洗、运输和堆放等一系列生产过程集中布置,称为骨料加工厂。当采用天然骨料时,加工的主要作业是筛分和冲洗;当采用人工骨料时,主要作业是破碎、筛分、冲洗和棒磨制砂。

大中型工程常设置筛分楼,利用楼内安装的 2～4 套筛、洗机械,专门对骨料进行筛分和冲洗的联合作业,其设备布置和工艺流程如图 5-46 所示。

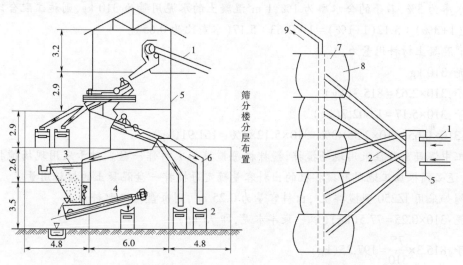

1—进料皮带机;2—出料皮带机;3—沉砂箱;4—洗砂机;5—筛分楼;
6—溜槽;7—隔墙;8—砂料;9—成品料堆

图 5-46　筛分楼布置和工艺流程　(尺寸:m;料径:mm)

进入筛分楼的砂石混合料,首先经过预筛分,剔出粒径大于 150 mm(或 120 mm)的超径石。经过预筛分运来的砂石混合料,由皮带机输送至筛分楼,再经过两台筛分机筛分和冲洗,四层筛网(一台筛分机设有两层不同筛孔的筛网)筛出了 5 种粒径不同的骨料,即特大石、大石、中石、小石、砂,其中特大石在最上一层筛网上不能过筛,首先被筛分出,砂、淤泥和冲洗水则通过最下一层筛网进入沉砂箱,砂落入洗砂机中,经淘洗后可得到清洁的砂。经过筛分的各级骨料,分别由皮带机运送到净料堆储存,以供混凝土制备的需要。

骨料加工厂的布置应充分利用地形,减少基建工程量。有利于及时供料,减少弃料。成品获得率高,通常要求达到 85%～90%。当成品获得率低时,应考虑利用弃料二次破碎,构成闭路生产循环。在粗碎时多为开路,在中、细碎时采用闭路循环。骨料加工厂振动声响特别大,应减小噪声,改善劳动条件。筛分楼的布置常用皮带机送料上楼,经两道振动筛筛分出 5 种级配骨料,砂料则经沉砂箱和洗砂机清洗为成品砂料,各级骨料由皮带机送至成品料堆堆存。骨料加工厂宜尽可能靠近混凝土系统,以便共用成品堆料场。

二、混凝土生产

(一)混凝土配料

配料是按设计要求,称量每次拌和混凝土的材料用量。配料的精度直接影响混凝土质量。混凝土配料要求采用重量配料法,即是将砂、石、水泥、掺合料按重量计量,水和外加剂溶液按重量折算成体积计量。施工规范对配料精度(按重量百分比计)的要求是:水泥、掺合料、水、外加剂溶液为±1%,砂石料为±2%。

设计配合比中的加水量根据水灰比计算确定,并以饱和面干状态的砂为标准。由于水灰比对混凝土强度和耐久性影响极为重大,绝不能任意变更;施工采用的砂,其含水量又往往较高,在配料时采用的加水量,应扣除砂表面含水量及外加剂中的水量。

【案例 5-3】　已知 C20 混凝土的试验室配合比为 1∶2.55∶5.12,水灰比为 0.65,经测定砂的含水率为 3%,石子的含水率为 1%,1 m³ 混凝土的水泥用量为 310 kg,则施工配合比为 1∶2.55(1+3%)∶5.12(1+1%)= 1∶2.63∶5.17(水灰比为 0.65)。

1 m³ 混凝土材料用量为:

水泥:310 kg

砂子:310×2.63=815.3(kg)

石子:310×5.17=1 602.7(kg)

水:310×0.65−310×2.55×3%−310×5.12×1%=161.91(kg)

施工中混凝土往往采用现场搅拌,搅拌机每搅拌一次叫作一盘。对于采用现场搅拌混凝土时,还必须根据工地现有搅拌机的出料容量确定每搅拌一盘混凝土的材料用量。

本例如采用 JZ250 型搅拌机,出料容量为 0.25 m³,则每盘施工配料为:

水泥:310×0.25=77.5(kg)(取一袋半水泥,即 75 kg)

$$砂子:815.3×\frac{75}{310}=197.25(kg)$$

$$石子:1\ 602.7×\frac{75}{310}=387.75(kg)$$

$$水:161.91×\frac{75}{310}=39.17(kg)$$

(二)混凝土拌和

用拌和机拌和混凝土较广泛,能提高拌和质量和生产率。拌和机械有自落式和强制式两种,如表 5-16 所示。

1.混凝土搅拌机的安装

1)搅拌机的运输

搅拌机运输时,应将进料斗提升到上止点,并用保险铁链锁住。轮胎式搅拌机的搬运可用机动车拖行,但其拖行速度不得超过 15 km/h。如在不平的道路上行驶,速度还应降低。

表 5-16　混凝土搅拌机的类型

自落式		强制式			
双锥式		立轴式			卧轴式 （单轴双轴）
反转出料	倾翻出料	涡浆式	行星式		
			定盘式	盘转式	

2）搅拌机的安装

按施工组织设计确定的搅拌机安放位置，根据施工季节情况搭设搅拌机工作棚，棚外开挖排除清洗搅拌机废水的排水沟，保持操作场地的整洁。

固定式搅拌机应安装在牢固的台座上。当长期使用时，应埋置地脚螺栓；如短期使用，可在机座下铺设木枕并找平放稳。

某些类型的搅拌机须在上料斗的最低点挖上料地坑，上料轨道应伸入坑内，斗口与地面齐平，斗底与地面之间加一层缓冲垫木，料斗上升时靠滚轮在轨道中运行，并由斗底向搅拌筒中卸料。

按搅拌机产品说明书的要求进行安装调试，检查机械部分、电气部分、气动控制部分等是否能正常工作。

2.搅拌机的使用

1）搅拌机使用前的检查

搅拌机使用前应按照"十字作业法"（清洁、润滑、调整、紧固、防腐）的要求检查离合器、制动器、钢丝绳等各个系统和部位，是否机件齐全、机构灵活、运转正常，如表 5-17 所示，并按规定位置加注润滑油脂。检查电源电压，电压升降幅度不得超过搅拌电气设备规定的5%。随后进行空转检查，如表 5-18 所示，检查搅拌机旋转方向是否与机身箭头一致，空车运转是否达到要求值。供水系统的水压、水量满足要求。在确认以上情况正常后，搅拌筒内加清水搅拌 3 min，然后将水放出，再投料搅拌。

表 5-17　搅拌机正常运转的技术条件

序号	项目	技术条件
1	安装	撑脚应均匀受力，轮胎应架空。如预计使用时间较长时，可改用枕木或砌体支撑。固定式的搅拌机应安装在固定基础上，安装时按规定找平
2	供水	放水时间应小于搅拌时间全程的 50%
3	上料系统	1.料斗载重时，卷扬机能在任何位置上可靠地制动； 2.料斗及溜槽无材料滞留； 3.料斗滚轮与上料轨道密合，行走顺畅； 4.上止点有限位开关及挡车； 5.钢丝绳无破损，表面有润滑脂

续表 5-17

序号	项目	技术条件
4	搅拌系统	1.传动系统运转灵活,无异常音响,轴承不发热; 2.液压部件及减速箱不漏油; 3.鼓筒、出浆门、搅拌轴轴端,不得有明显的漏浆; 4.搅拌筒内、搅拌叶无浆渣堆积; 5.经常检查配水系统
5	出浆系统	每拌出浆的残留量不大于出料容量的 5%
6	紧固件	完整、齐全、不松动
7	电路	线头搭接紧密,有接地装置、漏电开关

表 5-18　混凝土搅拌前对设备的检查

序号	设备名称	检查项目
1	送料装置	1.散装水泥管道及气动吹送装置; 2.送料拉铲、皮带、链斗、抓斗及其配件; 3.上述设备间的相互配合
2	计量装置	1.水泥、砂、石子、水、外加剂等计量装置的灵活性和准确性; 2.称量设备有无阻塞; 3.盛料容器是否黏附残渣,卸料后有无滞留; 4.下料时冲量的调整
3	搅拌机	1.进料系统和卸料系统的顺畅性; 2.传动系统是否紧凑; 3.筒体内有无积浆残渣,衬板是否完整; 4.搅拌叶片的完整和牢靠程度

2)开盘操作

在完成上述检查工作后,即可进行开盘搅拌,为不改变混凝土的设计配合比,补偿黏附在筒壁、叶片上的砂浆,第一盘应减少石子约 30%,或多加水泥、砂各 15%。

3)正常运转

(1)投料顺序。

普通混凝土一般采用一次投料法或两次投料法。一次投料法是按砂(石子)—水泥—石子(砂)的次序投料,并在搅拌的同时加入全部拌和水进行搅拌;二次投料法是先将石子投入拌和筒并加入部分拌和用水进行搅拌,清除前一盘拌和料黏附在筒壁上的残余,然后将砂、水泥及剩余的拌和用水投入搅拌筒内继续拌和。

(2)搅拌时间。

混凝土搅拌质量直接和搅拌时间有关,搅拌时间应满足表 5-19 的要求。

表 5-19　混凝土最少拌和时间

拌和机容量 Q(m³)	最大骨料粒径 (mm)	最少拌和时间(s)	
		自落式拌和机	强制式拌和机
0.75<Q≤1	80	90	60
1<Q≤3	150	120	75
Q>3	150	150	90

注:1.入机拌和量在拌和机额定容量的110%以内。

2.掺加掺合料、外加剂和加冰时建议延长拌和时间,出机口的混凝土拌和物中不要有冰块。

3.掺纤维、硅粉的混凝土其拌和时间根据试验确定。

(3)操作要点。

搅拌机操作要点如表 5-20 所示。

表 5-20　搅拌机操作要点

序号	项目	操作要点
1	进料	1.应防止砂、石落入运转机构; 2.进料容量不得超载; 3.进料时避免水泥先进,避免水泥黏结机体
2	运行	1.注意声响,如有异常,应立即检查; 2.运行中经常检查紧固件及搅拌叶,防止松动或变形
3	安全	1.上料斗升降区严禁任何人通过或停留,检修或清理该场地时,用链条或锁闩将上料斗扣牢; 2.进料手柄在非工作时间或工作人员暂时离开时,必须用保险环扣紧; 3.出浆时操作人员应手不离开操作手柄,防止手柄自动回弹伤人(强制式机更要重视); 4.出浆后,上料前,应将出浆手柄用安全钩扣牢,方可上料搅拌; 5.停机下班,应将电源拉断,关好开关箱; 6.冬季施工下班,应将水箱、管道内的存水排清
4	停电或机械故障	1.快硬、早强、高强混凝土,及时将机内拌和物掏清; 2.普通混凝土,在停拌 45 min 内将拌和物掏清; 3.缓凝混凝土,根据缓凝时间,在初凝前将拌和物掏清; 4.掏料时,应将电源拉断,防止突然来电

(4)搅拌质量检查。

混凝土拌和物的搅拌质量应经常检查,混凝土拌和物颜色均匀一致,无明显的砂粒、砂团及水泥团,石子完全被砂浆所包裹,说明其搅拌质量较好。

4)停机

每班作业后应对搅拌机进行全面清洗,并在搅拌筒内放入清水及石子运转 10~15 min后放出,再用竹扫帚洗刷外壁。搅拌筒内不得有积水,以免筒壁及叶片生锈,如遇冰冻季节应放尽水箱及水泵中的存水,以防冻裂。

每天工作完毕后,搅拌机料斗应放至最低位置,不准悬于半空。电源必须切断,锁好电闸箱,保证各机构处于空位。

（三）混凝土拌和站（楼）

搅拌机仅仅是对原材料进行搅拌，而从原材进入、储存、混凝土搅拌、输出配料等一系列工序，要由混凝土工厂（商品混凝土站）来承担。立式布置的混凝土工厂习惯上叫搅拌（拌和）楼，水平布置的叫搅拌（拌和）站。搅拌站既可是固定式，也可做成移动式。搅拌楼布置紧凑，占地面积小，生产能力高，易于隔热保温，适合大型工程大量混凝土生产。搅拌站便于安装、搬迁，适于量少、分散、使用时间短的工程项目。如图 5-47、图 5-48 所示。

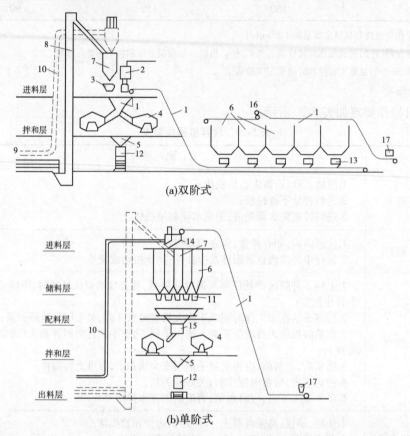

(a)双阶式

(b)单阶式

1—皮带机；2—水箱及量水器；3—水泥料斗及磅秤；4—搅拌机；5—出料斗；6—骨料仓；
7—水泥仓；8—斗式提升机；9—螺旋输送机；10—风动水泥管道；11—骨料斗；
12—混凝土吊罐；13—配料器；14—回转漏斗；15—回转式喂料器；16—卸料小车；17—进料斗

图 5-47　混凝土搅拌楼布置

三、混凝土运输

（一）混凝土运输要求

（1）运输设备应不吸水、不漏浆，运输过程中不发生混凝土拌和物分离、严重泌水及过多降低坍落度。

（2）同时运输两种以上强度等级的混凝土时，应在运输设备上设置标志，以免混淆。

（3）混凝土浇筑应保持连续性，尽量缩短运输时间、减少转运次数。混凝土浇筑允许间歇时间应通过试验确定，无试验资料时可按表 5-21 控制。因故中断且超过允许间歇时间，但混凝土尚能重塑者，可继续浇筑，否则应按施工缝处理。

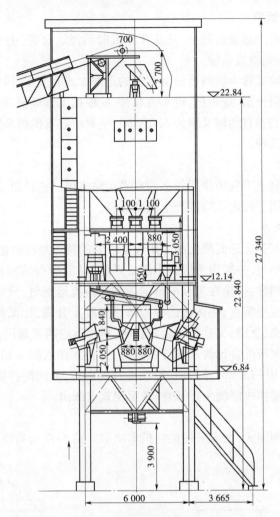

图 5-48 3×1.5 m³ 自落式搅拌楼 （单位：mm）

表 5-21 混凝土浇筑允许间歇时间

混凝土浇筑时的气温（℃）	允许间歇时间（min）	
	普通硅酸盐水泥、中热硅酸盐水泥、硅酸盐水泥	低热矿渣硅酸盐水泥、矿渣硅酸盐水泥、火山灰质硅酸盐水泥
20~30	90	120
10~20	135	180
5~10	195	—

（4）运输道路基本平坦，避免拌和物振动、离析、分层。

（5）混凝土运输工具及浇筑地点，必要时应有遮盖或保温设施，以避免因日晒、雨淋、受冻而影响混凝土的质量。

（6）混凝土拌和物自由下落高度以不大于 2 m 为宜，超过此界限时应采用缓降措施。

(二)混凝土水平运输

混凝土运输包括两个运输过程:一是从拌和机前到浇筑仓前,主要是水平运输;二是从浇筑仓前到仓内,主要是垂直运输。

混凝土的水平运输又称为供料运输。常用的运输方式有人工、机动翻斗车、混凝土搅拌运输车、自卸汽车、混凝土泵、皮带机、机车等几种,应根据工程规模、施工场地宽窄和设备供应情况选用。混凝土的垂直运输又称为入仓运输,主要由起重机械来完成,常见的起重机有履带式、门机、塔机等几种。

1.机动翻斗车

机动翻斗车是混凝土工程中使用较多的水平运输机械。它轻便灵活、转弯半径小、速度快且能自动卸料。适用于短途运输混凝土或砂石料。

2.混凝土搅拌运输车

混凝土搅拌运输车是运送混凝土的专用设备。它的特点是在运量大、运距远的情况下,能保证混凝土的质量均匀,一般用于混凝土制备点(商品混凝土站)与浇筑点距离较远时使用。它的运送方式有两种:一是在 10 km 范围内做短距离运送时,只做运输工具使用,即将拌和好的混凝土接送至浇筑点,在运输途中为防止混凝土分离,让搅拌筒只做低速搅动,使混凝土拌和物不致分离、凝结;二是在运距较长时,搅拌运输两者兼用,即先在混凝土拌和站将干料——砂、石、水泥按配合比装入搅拌鼓筒内,并将水注入配水箱,开始只做干料运送,然后在到达距使用点 10~15 min 路程时,启动搅拌筒回转,并向搅拌筒注入定量的水,这样在运输途中边运输边搅拌成混凝土拌和物,送至浇筑点卸出。

3.轨道式料罐车

有轨料罐车均为侧卸式,大多采用柴油机车牵引。图 5-49 为有轨牵引侧卸式混凝土运输车。

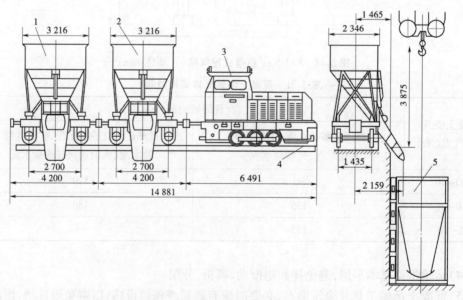

1—Ⅰ号混凝土运输车;2—Ⅱ号混凝土运输车;3—JM150 内燃机车;4—钢轨;5—缆机吊罐

图 5-49　有轨牵引侧卸式混凝土运输车　(单位:mm)

4.无轨的轮胎自行式侧向卸料料罐车

无轨的轮胎自行式侧向卸料料罐车如图 5-50 所示。

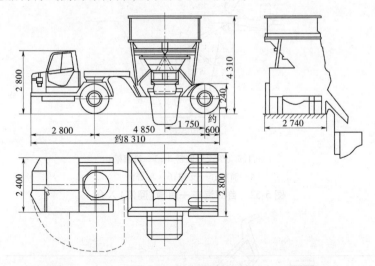

图 5-50 无轨的轮胎自行式侧向卸料料罐车 （单位:mm）

5.自卸汽车运输

（1）自卸汽车—栈桥—溜筒。如图 5-51 所示,用组合钢筋柱或预制混凝土柱作立柱,用钢轨梁和面板作桥面构成栈桥,下挂溜筒,自卸汽车通过溜筒入仓。它要求坝体能比较均匀地上升,浇筑块之间高差不大。这种方式可从拌和楼一直运至栈桥卸料,生产率高。

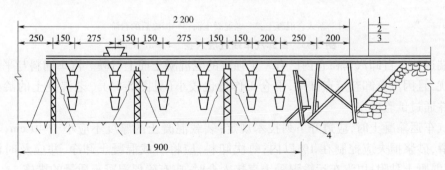

1—护轮木;2—木板;3—钢轨;4—模板
图 5-51 自卸汽车—栈桥入仓 （单位:mm）

（2）自卸汽车—履带式起重机。自卸汽车自拌和楼受料后运至基坑后转至混凝土卧罐,再用履带式起重机吊运入仓。履带式起重机可利用土石方机械改装。

（3）自卸汽车—溜槽(溜筒)。自卸汽车转溜槽(溜筒)入仓适用于狭窄、深塘混凝土回填。斜溜槽的坡度一般在 1∶1 左右,混凝土的坍落度一般为 6 cm 左右。每道溜槽控制的浇筑宽度 5~6 m(见图 5-52)。

（4）自卸汽车直接入仓。

①端进法。端进法是在刚捣实的混凝土面上铺厚 6~8 mm 的钢垫板,自卸汽车在其上驶入仓内卸料浇筑,如图 5-53 所示。浇筑层厚度不超过 1.5 m。端进法要求混凝土坍落度小于 3~4 cm,最好是干硬性混凝土。

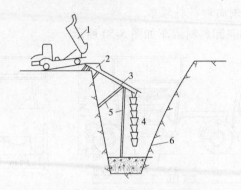

1—自卸汽车;2—储料斗;3—斜溜槽;
4—溜筒;5—支撑;6—基岩面

图 5-52　自卸汽车—溜槽(溜筒)入仓

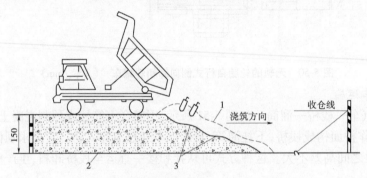

1—新入仓混凝土;2—老混凝土面;3—振捣后的台阶

图 5-53　自卸汽车端进法入仓　(单位:cm)

②端退法。自卸汽车在仓内已有一定强度的老混凝土面上行驶。汽车铺料与平仓振捣互不干扰,且因汽车卸料定点准确,平仓工作量也较小(见图 5-54)。老混凝土的龄期应据施工条件通过试验确定。

用汽车运输凝土时,应遵守下列技术规定:装载混凝土的厚度不应小于 40 cm,车箱应严密平滑,砂浆损失应控制在 1%以内;每次卸料,应将所载混凝土卸净,并应及时清洗车箱,以免混凝土黏附;以汽车运输混凝土直接入仓时,应有确保混凝土质量的措施。

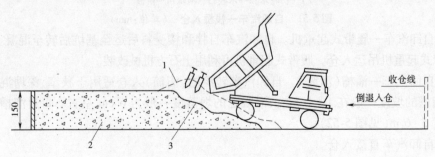

1—新入仓混凝土;2—老混凝土面;3—振捣后的台阶

图 5-54　自卸汽车端退法入仓　(单位:cm)

6.铁路运输

大型工程多采用铁路平台列车运输混凝土,以保证相当大的运输强度。

铁路运输常用机车拖挂数节平台列车,上放混凝土立式吊罐2~4个,直接到拌和楼装料。列车上预留1个罐的空位,以备转运时放置起重机吊回的空罐。这种运输方法,有利于提高机车和起重机的效率,缩短混凝土运输时间,如图5-55所示。

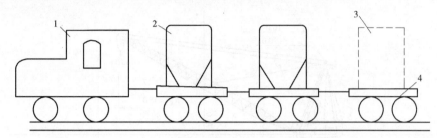

1—机车;2—混凝土罐;3—放回空罐位置;4—平台车
图 5-55　机车拖运混凝土立罐

(三)混凝土垂直运输

1.履带式起重机

履带式起重机多由挖掘机改装而成。它的提升高度不大,控制范围比门机小。但起重量大、转移灵活、适应工地狭窄的地形,在开工初期能及早投入使用,生产率高,适用于浇筑高程较低部位。

2.门式起重机

门式起重机(门机)是一种大型移动式起重设备。它的下部为一钢结构门架,门架底部装有车轮,可沿轨道移动。门架下有足够的净空,能并列通行2列运输混凝土的平台列车。门架上面的机身包括起重臂、回转工作台、滑轮组(或臂架连杆)、支架及平衡重等。整个机身可通过转盘的齿轮作用,水平回转360°。该机运行灵活、移动方便,起重臂能在负荷下水平转动,但不能在负荷下变幅。变幅是在非工作时,利用钢索滑轮组使起重臂改变倾角来完成。图5-56为高架门机,起重高度可达60~70 m。

3.塔式起重机

塔式起重机(简称塔机)是在门架上装置高达数十米的钢架塔身,用以增加起吊高度。其起重臂多是水平的,起重小车钩可沿起重臂水平移动,用以改变起重幅度,如图5-57所示。

为增加门、塔机的控制范围和增大浇筑高度,为起重混凝土运输提供开行线路,使之与浇筑工作面分开,常需布置栈桥。大坝施工栈桥的布置方式如图5-58所示。

栈桥桥墩结构有混凝土墩、钢结构墩、预制混凝土墩块(用后拆除)等,如图5-59所示。

为节约材料,常把起重机安放在已浇筑的坝身混凝土上,即所谓"蹲块"来代替栈桥。随着坝体上升,分次倒换位置或预先浇好混凝土墩作为栈桥墩。

4.缆式起重机

缆式起重机(简称缆机)由一套凌空架设的缆索系统、起重小车、主塔架、副塔架等组成,如图5-60所示。主塔内设有机房和操纵室,并用对讲机和工业电视与现场联系,以保证缆机的运行。

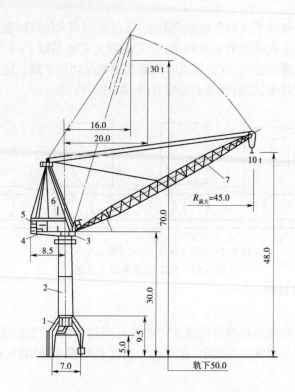

1—门架;2—圆筒形高架塔身;3—回转盘;4—机房;5—平衡重;6—操纵台;7—起重臂

图 5-56 10/30 t 高架门机 （单位:m）

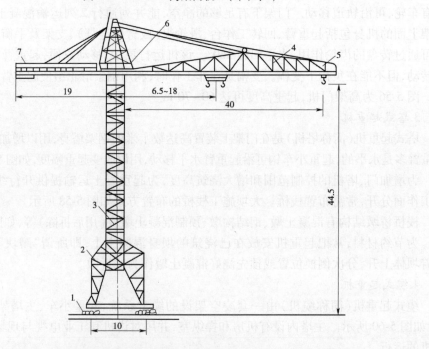

1—车轮;2—门架;3—塔身;4—伸臂;5—起重小车;6—回转塔架;7—平衡重

图 5-57 10/25 t 塔式起重机 （单位:m）

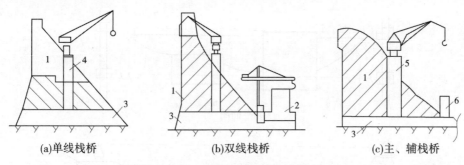

(a)单线栈桥　　　　(b)双线栈桥　　　　(c)主、辅栈桥

1—坝体;2—厂房;3—由辅助浇筑方案完成的部位;4—分两次升高的栈桥;5—主栈桥;6—辅助栈桥

图 5-58　大坝施工栈桥布置方式

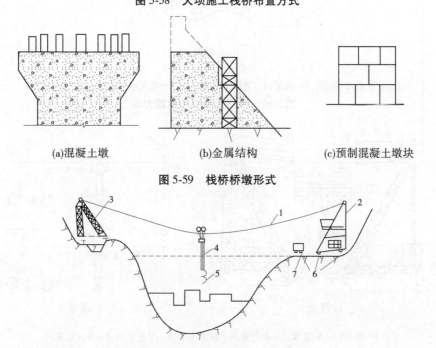

(a)混凝土墩　　　　(b)金属结构　　　　(c)预制混凝土墩块

图 5-59　栈桥桥墩形式

1—承重索;2—首塔;3—尾塔;4—起重索;5—吊钩;6—起重机轨道;7—混凝土运输车辆

图 5-60　缆式起重机布置图

缆机适用于狭窄河床的混凝土坝浇筑。缆索系统为缆机的主要组成部分,它包括承重索、起重索、牵引索和各种辅助索。承重索两端系在主塔和副塔的顶部,承受很大的拉力,通常用高强钢丝束制成,是缆索系统中的主起重索,垂直方向设置升降起重钩,牵引起重小车沿承重索移动。塔架为三角形空间结构,分别布置在两岸缆机平台上。缆机的类型,一般按主、副塔的移动情况划分,有固定式、平移式和辐射式三种,图5-61为平行式缆机。缆机构造如图5-62所示。

5.长臂反铲

长臂反铲浇筑混凝土时,将混凝土卸入储料斗中,反铲在储料斗中将混凝土挖运入仓。

按混凝土作业中反铲与料斗的相对位置分以下三种形式:

(1)反铲与料斗同在一水平面上。这种形式作业时一般作业面较为开阔,反铲与料斗的摆放十分灵活。在浇好的混凝土面上进行作业时应注意不要将仓面污染,尽可能使用马

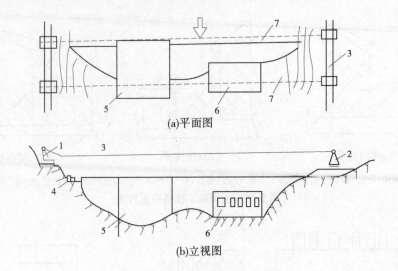

(a)平面图

(b)立视图

1—首塔索;2—尾塔;3—轨道;4—混凝土运输车辆;5—溢流坝;6—厂房;7—控制范围

图 5-61　平行式缆机浇筑重力坝

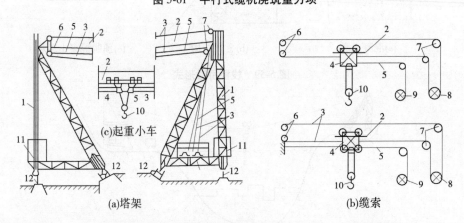

(a)塔架　　　　　　　　　　　　　　(b)缆索

1—塔架;2—承重索;3—牵引索;4—起重小车;5—起重索;6、7—导向滑轮;
8—牵引绞车;9—起重卷扬机;10—吊钩;11—压重;12—轨道

图 5-62　缆机构造

道配合,料斗放置考虑反铲作业的便利情况一般不放得太远或太近。

(2)反铲在下,料斗在上。此种布置方式一般出现在下挖深度不是很大的结构物边角或是窄氏形结构物的基础仓位上,此种布置方式适应于两个基础面高差在反铲最大卸料范围内。在砂卵石地基上应用时还应考虑足够的水平安全距离(一般在 1.0 m 以上),作业时应设专人在料斗旁指挥反铲司机进行挖料作业,以防安全事故的发生。

(3)反铲在上,料斗在下。这种操作方式一般出现在仓位低于开挖陡坎或分层分块浇筑时对较高层仓位浇筑中。要求陡坎或混凝土层面的高差在反铲最大挖掘深度范围内,否则需要适当填筑以满足此要求,当高差过大时,不宜采用反铲浇筑此种形式布置,料斗在可能的情况下应尽量靠近陡坎或混凝土竖向分缝线。

(四)混凝土综合运输

1.带式输送机

带式输送机由于其作业连续,输送能力大,可以成层均匀布料。

1）小型串联接力输送机系列

由多台串联的运输机组成，接力输送，一般采用铝合金机架，环形带，如图5-63所示为总体布置图。这种机型结构较简单，重量轻，可以用人工移位，适用于浇筑一般面积较小的混凝土结构物。

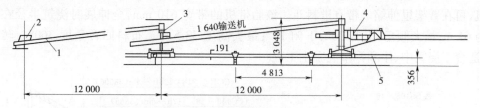

1—皮带输送机；2—受料斗；3—全回转移位支架；4—浇筑布料机；5—导轨

图5-63　串联接力输送机系列安装图（单位：mm）

2）回转式仓面布料浇筑机组

用于仓面浇筑的回转带式布料机，具有伸缩、俯仰功能。一般采用环形带和铝合金机架，与供料带机组成一个系统。向上输送的最大倾角可达25°，向下输送倾角可达-10°，带宽有457 mm、610 mm两种，有立柱安装、支架安装及导轨安装3种方式。导轨安装时能沿导轨进行移位。立柱式可绕仓面立柱回转。65 m×24 m型布料机可浇筑40 m×40 m的仓面。当需浇筑更长的坝块时，可用两台或多台布料机接力。立柱通常插在下层已浇混凝土的预留孔内，在待浇层的立柱外面用对开的预制混凝土管保护。新浇的混凝土块就以混凝土管为内模在仓内留下一个孔洞，作为上一个浇筑块的预留插孔。布料机可以利用起重机将仓面布料机，从一个浇筑块转移至另一浇筑块。仓面布料机的最大输送能力可达276~420 m³/h，输送最大粒径达80 mm的混凝土。回转式仓面布料机的外形见图5-64。

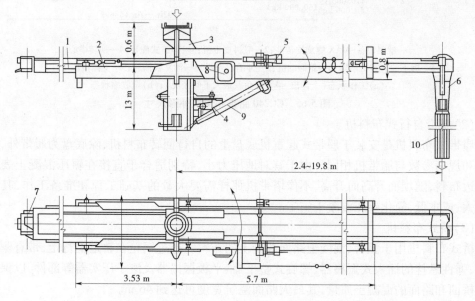

1—伸缩皮带输送机；2—机架；3—进料斗；4—回转机构；5—伸缩机构；
6—出料斗；7—驱动电动机；8—电气控制箱；9—故障机构；10—出料橡胶管

图5-64　回转式仓面布料机

3) 自行式布料机

自行式带浇筑机有安装在汽车、轮胎或履带起重机底盘上三种机型。

(1) 胎带机。

CC200-24 胎带机是安装在轮胎起重机底盘上的回转布料机,如图 5-65 所示,共有 3 节带机,可在臂架里伸缩。带有进料斗。该胎带机的带宽 610 mm,全伸展时浇筑半径在水平时为 61 m;最大倾角:上升 30°,下俯 15°;最大高度 33.5 m。布料回转角度 360°。转移方便,适合于浇筑中、小和零星混凝土工程。

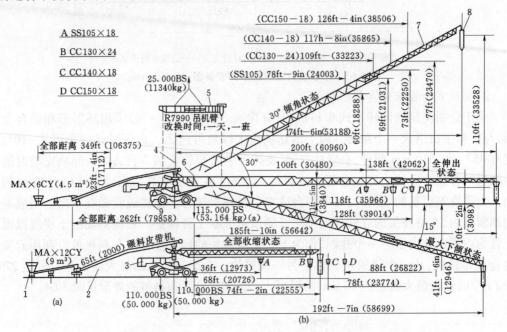

1—喂料设备-MAX 螺旋推送斗;2—喂料皮带机;3—伸缩式配重;4—回转中心;
5—拆下的起重机吊臂;6—俯仰油缸;7—伸缩皮带机;8—溜斗及溜管;9—支撑液压千斤顶
(a) 工作状态(全伸出、最大仰角及最大下倾工况);(b) 全收缩状态

图 5-65   CC240 胎带布料机外形尺寸

(2) 履带自行式布料机。

履带式布料机是安装于履带式起重机底盘上的自行回转布料机,除底盘为履带外,其余结构和规格参数与胎带机相同。由于其对地压力小,特别适合于直接在辗压混凝土表面边行走边布料,随坝面升高而升高,不像塔带机那样需要大量的基础工程和准备工作,其布料范围大、成本低,简化碾压混凝土施工。

(3) 桥式布料机。

桥式布料机用于涵管、混凝土路面混凝土的布料。通过钢轮在轨道上行走,带有侧面卸料器、弹性悬挂的插入式振捣器、螺旋式整平器、平板振捣器及滚子压实器等部件,以保证浇筑的桥面和路面的混凝土质量,其最大路面浇筑宽度可达到 46 m。

(4) 面板和斜坡布料机。

布料机呈斜面布置,坡顶及坡脚各安装一根行走轨道,按斜面结构要求,设置一桁架梁,来支承斜向输送机及振捣、整平装置,在导轨上移动,以保证面板混凝土质量和外部体形尺寸。这种布料机最大斜面长度可达 46 m,最大坡角 30°,混凝土布料能力 230 m³/h。

（5）塔带式布料机。

塔带式布料机基本形式是一台固定的水平臂塔机和两台悬吊在塔机臂架上的内外布料机组成的大型机械手,既有塔机的功能,又可借小车水平移动、吊钩的升降,使臂架和内外布料机绕各自的关节旋转,由于布料机的俯仰,可在很大覆盖范围内实现水平和垂直输送混凝土,进行均匀成层布料。塔柱还可随坝面或附壁支点的升高而接高,因此也适于高坝施工。浇筑能力不受高程和水平距离的影响,始终保持高强度,这是传统的缆机和门塔机所做不到的。如图 5-66、图 5-67 所示。

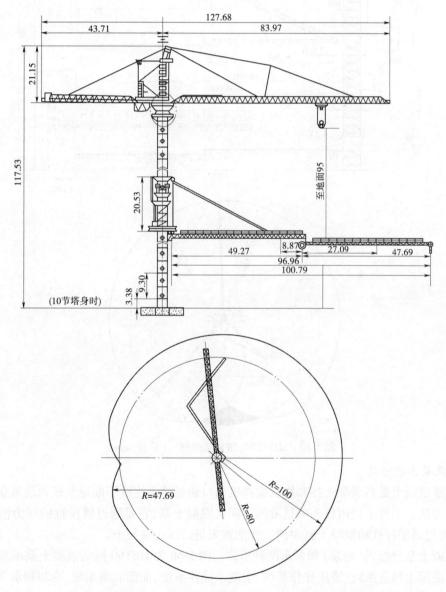

图 5-66　TC-2400 塔带机外形 （单位:m）

塔带机的操作室均装备有现代化的电气控制和无线电遥控设备及电话等通信工具,同时有模拟和数字指示卸料内外布料机的倾角、回转角度、侧向重力矩与带速以及具有自动停机的功能。这些设备为塔带机的运行提供了安全、可靠和良好的运行保证。

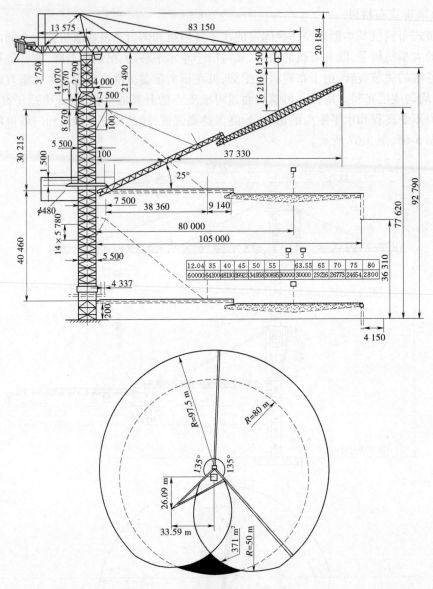

图 5-67　MD-2200 塔带机外形 （单位：mm）

2.混凝土输送泵

泵送混凝土是将混凝土拌和物从搅拌机出口通过管道连续不断地泵送到浇筑仓面的一种施工方法。工程上使用较多的是液压活塞式混凝土泵，它是通过液压缸的压力油推动活塞，再通过活塞杆推动混凝土缸中的工作活塞来进行压送混凝土。

混凝土泵分拖式（地泵）和泵车两种形式。图 5-68 为 HBT60 拖式混凝土泵示意图。它主要由混凝土泵送系统、液压操作系统、混凝土搅拌系统、油脂润滑系统、冷却和水泵清洗系统以及用来安装和支承上述系统的金属结构车架、车桥、支脚和导向轮等组成。

（五）混凝土辅助设备运输

运输混凝土的辅助设备有吊罐、骨料斗、溜槽、溜管等。用于混凝土装料、卸料和转运入仓，对于保证混凝土质量和运输工作顺利进行起着相当大的作用。

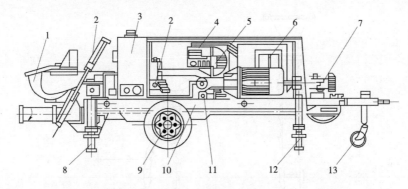

1—料斗;2—集流阀组;3—油箱;4—操作盘;5—冷却器;6—电器柜;7—水泵;
8—后支脚;9—车桥;10—车架;11—排出量手轮;12—前支脚;13—导向轮
图 5-68　HBT60 拖式混凝土泵

1.溜槽与振动溜槽

溜槽为钢制槽子(钢模),可从皮带机、自卸汽车、斗车等受料,将混凝土转送入仓。其坡度可由试验确定,常采用45°左右。当卸料高度过大时,可采用振动溜槽。振动溜槽装有振动器,单节长 4~6 m,拼装总长可达 30 m,其输送坡度由于振动器的作用可放缓至 15°~20°。采用溜槽时,应在溜槽末端加设 1~2 节溜管或挡板(见图 5-69),以防止混凝土料在下滑过程中分离。

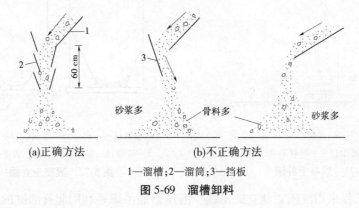

(a)正确方法　　　　(b)不正确方法
1—溜槽;2—溜筒;3—挡板
图 5-69　溜槽卸料

2.溜管与振动溜管

溜管(溜筒)由多节铁皮管串挂而成。每节长 0.8~1 m,上大下小,相邻管节铰挂在一起,可以拖动,如图 5-70 所示。采用溜管卸料可起到缓冲消能作用,以防止混凝土料分离和破碎。

溜管卸料时,其出口离浇筑面的高差应不大于 1.5 m,并利用拉索拖动均匀卸料,但应使溜管出口段约 2 m 长与浇筑面保持垂直,以避免混凝土料分离。随着混凝土浇筑面的上升,可逐节拆卸溜管下端的管节。溜管卸料多用于断面小、钢筋密的浇筑部位,其卸料半径为 1~1.5 m,卸料高度不大于 10 m。

振动溜管与普通溜管相似,但每隔 4~8 m 的距离装有一个振动器,以防止混凝土料中途堵塞,其卸料高度可达 10~20 m。

3.吊罐

吊罐有卧罐和立罐之分。卧罐通过自卸汽车受料,立罐置于平台列车直接在搅拌楼出料口受料(见图 5-71、图 5-72)。

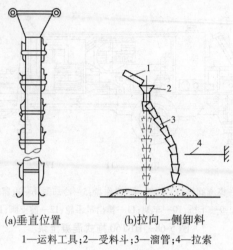

(a)垂直位置　　　　　(b)拉向一侧卸料

1—运料工具;2—受料斗;3—溜管;4—拉索

图 5-70　溜筒

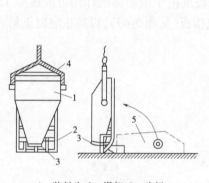

1—装料斗;2—滑架;3—斗门;
4—吊梁;5—平卧状态

图 5-71　混凝土卧罐

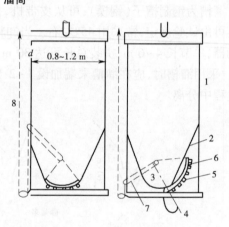

1—金属桶;2—料斗;3—出料口;4—橡皮垫;
5—辊轴;6—扇形活门;7—手柄;8—拉索

图 5-72　混凝土立罐

　　目前大型工程采用液压蓄能立式吊罐。液压蓄能吊罐系利用起升油缸的起吊力使液压系统产生压力油,专供操作机构开门时使用。油缸活塞杆的回位则由两根蓄能拉伸弹簧来完成。每次起升油缸吸足油后,大约可连续开(关)下料弧门 3 次。如图 5-73 所示。

　　4.负压溜槽

　　负压溜槽是一种结构简单的混凝土输送设备,它能够在斜坡上快速、安全地向下输送混凝土,如图 5-74 所示。混凝土拌和物经汽车或皮带机输送至溜槽骨料斗,然后由溜槽输送至仓面接料汽车,这样就能完成整个大坝的混凝土运输任务。这种设备结构简单,不需要外加动力,输送能力很强,是一种适应于深山峡谷地形筑坝的经济高效的混凝土输送手段。负压溜槽的适用坡度为 1:1~1:0.75,适用高差 100 m。

　　负压溜槽由受料料斗、垂直加速段、溜槽体和出料口弯头等部分组成。

　　(1)料斗。料斗由斗体和液动弧门组成。斗体容量为 6~16 m³。料斗具有受料骨料和整条运输系统的调控作用。

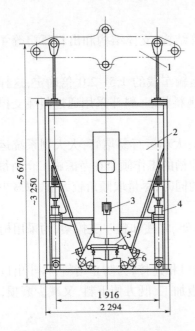

1—缆机横梁板；2—罐体；3—手动换向阀；
4—蓄能油缸；5—启闭油缸；6—下料弧门

图 5-73　HG 系列液压蓄能式
混凝土吊罐（单位：mm）

图 5-74　负压溜槽

（2）垂直加速段。物料从料斗出口处速度为零，而为保证混凝土进入溜槽槽体后能够顺利下行，必须使物料具有一定的初速度。

（3）槽体。槽体是负压溜槽的主体部分，由刚性槽体、柔性盖带和压带装置等组成。负压溜槽的负压大小取决于混凝土的流速，流速大小取决于开度 k（自然状态下过流断面最大高度 H 与刚性槽体半径 R 之比）。当需要调节不同的开度 k 时，可通过张紧或放松柔性盖带实现。

（4）出料口（弯头）。混凝土在负压溜槽出口处的速度一般为 $10\sim15$ m/s（沿溜槽槽体轴线方向），如果直接泄出，会产生巨大冲击力，损坏仓内的受料设备，且物料容易飞溅，影响安全。增设弯头后，使混凝土改变流向，出口速度方向由沿槽体轴向变为垂直向下。

在密封管道内通过定量流体，当外界条件发生变化时，管道内的压力同时发生变化。流速增大，压力减少；反之，流速减小，压力增大。当混凝土在负压溜槽内流动时，由于重力作用，流速逐渐增大，导致密封的溜槽内压力减小，与外界大气压力形成一定负压差。由于负压差作用，使混凝土速度减小时，密封溜槽内压力增加，与外界大气压的压差减小，混凝土加速。当不存在负压作用时，混凝土下行，只有与刚性槽体的摩擦力阻止混凝土下行，混凝土呈等截面下行。产生负压后，混凝土就非等截面下行，而是呈周期性波浪形下行，可保证混凝土运输质量。

5.满管溜槽

满管溜槽料斗通过皮带机或其他运输工具受料直接入仓，仓内满管溜槽出口处汽车或其他设备倒运入仓。如某工程碾压混凝土采用满管溜槽系统入仓，满管溜槽尺寸为 700 mm×700 mm 箱式溜管，倾角 48°，20 m³ 料斗悬挂在混凝土墩墙上，设计输送强度>200 m³/h，最大安装长度 63.5 m,落差 54 m。

满管溜槽输送系统结构设计包括进料料斗、满管结构、支撑结构和出料弧门等 4 个部分。

(1)进料料斗。进料料斗容积按照仓面的接料运输车载的 1.5~2.0 倍确定,这样可以保证系统运行时溜槽的连续性以及溜管中始终处于满料状态,料斗采用通过料斗支撑架与混凝土基础连接。

(2)满管结构。溜管直径在 600~1 000 mm 选择,太小运行易堵管,太大则系统运行荷载大,对桁架结构要求高,制造成本大大提高。满管溜槽的工作倾角在考虑施工仓面每层的上升高度、桁架的长度、地形特征等相关的布置参数的同时,尽量取倾角较大值,以减少堵管概率。

(3)支撑结构。满管溜槽支撑结构包括满管支撑架、立柱和料斗支撑架,均采用桁架结构。支撑结构随混凝土上升逐节拆除。

(4)出料弧门。满管进口处弯管节直接与料斗出口相连接,为防止堵料,料斗出口处可设置一小型振动器;出料弧门一般采用 10 mm 厚钢板加工,既方便下料,又减少磨损,弧门控制由液压装置控制。

四、混凝土浇筑与养护

(一)施工准备

混凝土施工准备工作的主要项目有基础处理、施工缝处理、设置卸料入仓的辅助设备、模板、钢筋的架设、预埋件及观测设备的埋设、施工人员的组织、浇筑设备及其辅助设施的布置、浇筑前的检查验收等。

1.基础处理

土基应先将开挖基础时预留下来的保护层挖除,并清除杂物,然后用碎石垫底,盖上湿砂,再进行压实,浇 8~12 cm 厚素混凝土垫层。砂砾地基应清除杂物,整平基础面,并浇筑 10~20 cm 厚素混凝土垫层。

对于岩基,一般要求清除到质地坚硬的新鲜岩面,然后进行整修。整修是用铁撬等工具去掉表面松软岩石、棱角和反坡,并用高压水冲洗,压缩空气吹扫。若岩面上有油污、灰浆及其黏结的杂物,还应采用钢丝刷反复刷洗,直至岩面清洁。清洗后的岩基在混凝土浇筑前应保持洁净和湿润。

当有地下水时,要认真处理,否则会影响混凝土的质量。处理方法是:做截水墙,拦截渗水,引入集水井排出;对基岩进行必要的固结灌浆,以封堵裂缝,阻止渗水;沿周边打排水孔,导出地下水,在浇筑混凝土时埋管,用水泵抽出孔内积水,直至混凝土初凝,7 d 后灌浆封孔;将底层砂浆和混凝土的水灰比适当降低。

2.施工缝处理

施工缝是指浇筑块之间新老混凝土之间的结合面。为了保证建筑物的整体性,在新混凝土浇筑前,必须将老混凝土表面的水泥膜(又称乳皮)清除干净,并使其表面新鲜整洁、有石子半露的麻面,以利于新老混凝土的紧密结合。但对于要进行接缝灌浆处理的纵缝面,可不凿毛,只需冲洗干净即可。

施工缝的处理方法有以下几种:

（1）风砂枪喷毛。将经过筛选的粗砂和水装入密封的砂箱，并通入压缩空气。高压空气混合水砂，经喷砂喷出，把混凝土表面喷毛。一般在混凝土浇后24~48 h开始喷毛，视气温和混凝土强度增长情况而定。如能在混凝土表层喷洒缓凝剂，则可减少喷毛的难度。

（2）高压水冲毛。在混凝土凝结后但尚未完全硬化以前，用高压水（压力0.1~0.25 MPa）冲刷混凝土表面，形成毛面，对龄期稍长的，可用压力更高的水（压力0.4~0.6 MPa），有时配以钢丝刷刷毛。高压水冲毛关键是掌握冲毛时机，过早会使混凝土表面松散和冲去表面混凝土；过迟则混凝土变硬，不仅增加工作困难，而且不能保证质量。一般春秋季节，在浇筑完毕后10~16 h开始，夏季掌握在6~10 h，冬季则在18~24 h后进行。如在新浇混凝土表面洒刷缓凝剂，则延长冲毛时间。

（3）刷毛机刷毛。在大而平坦的仓面上，可用刷毛机刷毛，它装有旋转的粗钢丝刷和吸收浮渣的装置，利用粗钢丝刷的旋转刷毛并利用吸渣装置吸收浮渣。

喷毛、冲毛和刷毛适用于尚未完全凝固的混凝土水平缝面的处理。全部处理完后，需用高压水清洗干净，要求缝面无尘无渣，然后再盖上麻袋或草袋进行养护。

（4）风镐凿毛或人工凿毛。已经凝固的混凝土利用风镐凿毛或石工工具凿毛，凿深1~2 cm，然后用压力水冲净。凿毛多用于垂直缝。

仓面清扫应在即将浇筑前进行，以清除施工缝上的垃圾、浮渣和灰尘，并用压力水冲洗干净。

3.仓面准备

浇筑仓面的准备工作，包括机具设备、劳动组合、照明、风水电供应、所需混凝土原材料的准备等，应事先安排就绪，仓面施工的脚手架、工作平台、安全网、安全标识等应检查是否牢固，电源开关、动力线路是否符合安全规定。

仓位的浇筑高程、上升速度、特殊部位的浇筑方法和质量要求等技术问题，须事先进行技术交底。

地基或施工缝处理完毕并养护一定时间，已浇好的混凝土强度达到2.5 MPa后，即可在仓面进行放线，安装模板、钢筋和预埋件，架设脚手等作业。

4.模板、钢筋及预埋件检查

开仓浇筑前，必须按照设计图纸和施工规范的要求，对仓面安设的模板、钢筋及预埋件进行全面检查验收，签发合格证。

（1）模板检查。主要检查模板的架立位置与尺寸是否准确，模板及其支架是否牢固稳定，固定模板用的拉条是否弯曲等。模板板面要求洁净、密缝并涂刷脱模剂。

（2）钢筋检查。主要检查钢筋的数量、规格、间距、保护层、接头位置与搭接长度是否符合设计要求。要求焊接或绑扎接头必须牢固，安装后的钢筋网应有足够的刚度和稳定性，钢筋表面应清洁。

（3）预埋件检查。对预埋管道、止水片、止浆片、预埋铁件、冷却水管和预埋观测仪器等，主要检查其数量、安装位置和牢固程度。

（二）混凝土浇筑

1.铺料

开始浇筑前，要在岩面或老混凝土面上，先铺一层2~3 cm厚的水泥砂浆（接缝砂浆），以保证新混凝土与基岩或老混凝土结合良好。砂浆的水灰比应较混凝土水灰比减少0.03~

0.05。混凝土的浇筑,应按一定厚度、次序、方向分层推进。

铺料厚度应根据拌和能力、运输距离、浇筑速度、气温及振捣器的性能等因素确定。一般情况下,浇筑层的允许最大厚度不应超过表 5-22 规定的数值,如采用低流态混凝土及大型强力振捣设备,其浇筑层厚度应根据试验确定。

表 5-22　混凝土浇筑层的允许最大铺料厚度

项次	振捣器类别或结构类型		浇筑层的允许最大铺料厚度
1	插入式	电动硬轴振捣器	振捣器工作长度的 0.8 倍
		软轴振捣器	振捣器工作长度的 1.25 倍
2	表面式	在无筋或单层钢筋结构中	250 mm
		在双层钢筋结构中	120 mm

混凝土入仓时,应尽量使混凝土按先低后高进行,并注意分料,不要过分集中。要求:①仓内有低塘或料面,应按先低后高进行卸料,以免泌水集中带走灰浆。②由迎水面至背水面把泌水赶至背水面部分,然后处理集中的泌水。③根据混凝土强度等级分区,先高强度后低强度进行下料,以防止减少高强度区的断面。④要适应结构物特点。如浇筑块内有廊道、钢管或埋件的仓位,卸料必须两侧平起,廊道、钢管两侧的混凝土高差不得超过铺料的层厚(一般为 30~50 cm)。

常用的铺料方法有以下三种:

(1)平层浇筑法。

平层浇筑法是混凝土按水平层连续地逐层铺填,第一层浇完后再浇第二层,依次类推,直至达到设计高度,如图 5-75(a)所示。

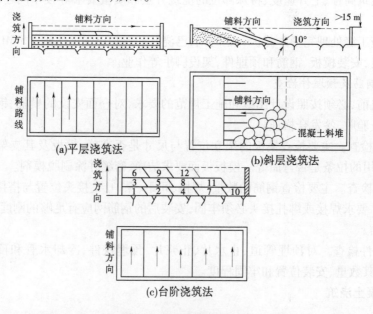

图 5-75　混凝土浇筑方法

平层浇筑法,因浇筑层之间的接触面积大(等于整个仓面面积),应注意防止出现冷缝

（铺填上层混凝土时，下层混凝土已经初凝）。为了避免产生冷缝，仓面面积 A 和浇筑层厚度 h 必须满足

$$Ah \leqslant KQ(t_2 - t_1)$$

式中　A——浇筑仓面最大水平面积，m^2；

　　　h——浇筑厚度，取决于振捣器的工作深度，一般为 $0.3 \sim 0.5\,m$；

　　　K——时间延误系数，可取 $0.8 \sim 0.85$；

　　　Q——混凝土浇筑的实际生产能力，m^3/h；

　　　t_2——混凝土初凝时间，h；

　　　t_1——混凝土运输、浇筑所占时间，h。

平层铺料法实际应用较多，有以下特点：①铺料的接头明显，混凝土便于振捣，不易漏振；②平层铺料法能较好地保持老混凝土面的清洁，保证新老混凝土之间的结合质量；③适用于不同坍落度的混凝土；④适用于有廊道、竖井、钢管等结构的混凝土。

（2）斜层浇筑法。

当浇筑仓面面积较大，而混凝土拌和、运输能力有限时，采用平层浇筑法容易产生冷缝时，可用斜层浇筑法和台阶浇筑法。

斜层浇筑法是在浇筑仓面，从一端向另一端推进，推进中及时覆盖，以免发生冷缝。斜层坡度不超过 $10°$，否则在平仓振捣时易使砂浆流动，骨料分离，下层已捣实的混凝土也可能产生错动。如图 5-75（b）所示。浇筑块高度一般限制在 $1.5\,m$ 左右。当浇筑块较薄，且对混凝土采取预冷措施时，斜层浇筑法是较常见的方法，因浇筑过程中混凝土冷量损失较小。

（3）台阶浇筑法。

台阶浇筑法是从块体短边一端向另一端铺料，边前进、边加高，逐步向前推进并形成明显的台阶，直至把整个仓位浇到收仓高程。浇筑坝体迎水面仓位时，应顺坝轴线方向铺料。如图 5-75（c）所示。

施工要求如下：①浇筑块的台阶层数以 $3 \sim 5$ 层为宜，层数过多，易使下层混凝土错动，并使浇筑仓内平仓振捣机械上下频率调动，容易造成漏振。②浇筑过程中，要求台阶层次分明。铺料厚度一般为 $0.3 \sim 0.5\,m$，台阶宽度应大于 $1.0\,m$，长度应大于 $2 \sim 3\,m$，坡度不大于 $1：2$。③水平施工缝只能逐步覆盖，必须注意保持老混凝土面的湿润和清洁。接缝砂浆在老混凝土面上边摊铺边浇混凝土。④平仓振捣时注意防止混凝土分离和漏振。⑤在浇筑中，如因机械和停电等故障而中止工作时，要做好停仓准备，即必须在混凝土初凝前，把接头处混凝土振捣密实。

2.平仓

平仓是把卸入仓内成堆的混凝土摊平到要求的均匀厚度。平仓不好会造成离析，使骨料架空，严重影响混凝土质量。

1）人工平仓

人工平仓用铁锹，平仓距离不超过 $3\,m$。只适用在靠近模板和钢筋较密的部位、水平止水和止浆片底部、门槽、机组预埋件等空间狭小的二期混凝土、预埋件、观测设备周围等场合。

2)振捣器平仓

振捣器平仓时应将振捣器斜插入混凝土料堆下部,使混凝土向操作者位置移动,然后一次一次地插向料堆上部,直至混凝土摊平到规定的厚度。如将振捣器垂直插入料堆顶部,平仓工效固然较高,但易造成粗骨料沿锥体四周下滑,砂浆则集中在中间形成砂浆窝,影响混凝土的匀质性。经过振动摊平的混凝土表面可能已经泛出砂浆,但内部并未完全捣实,切不可将平仓和振捣合二为一,影响浇筑质量。

3.振捣

混凝土振捣主要采用振捣器进行,振捣器产生小振幅、高频率的振动,使混凝土在其振动的作用下,内摩擦力和黏结力大大降低,使干稠的混凝土获得了流动性,在重力的作用下骨料互相滑动而紧密排列,空隙由砂浆所填满,空气被排出,从而使混凝土密实,并填满模板内部空间,且与钢筋紧密结合。

混凝土振捣器的分类如图5-76所示。

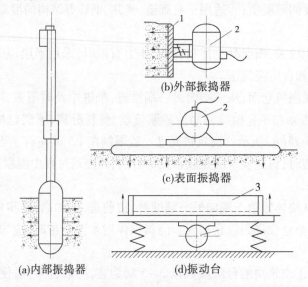

1—模板;2—振动器;3—振动台
图 5-76 混凝土振捣器

混凝土坝施工中混凝土的平仓振捣除采用常规的施工方法外,一些大型工程在无筋混凝土仓面常采用平仓振捣机作业,采用类似于推土机的装置进行平仓,采用成组的硬轴振捣器进行振捣,用以提高作业效率,如图5-77所示。

1)插入式振捣器的使用

振捣在平仓之后立即进行,此时混凝土流动性好,振捣容易,捣实质量好。振捣器的选用,对于素混凝土或钢筋稀疏的部位,宜用大直径的振捣棒;坍落度小的干硬性混凝土,宜选用高频和振幅较大的振捣器。振捣作业路线保持一致,并顺序依次进行,以防漏振。振捣棒尽可能垂直地插入混凝土中。如振捣棒较长或把手位置较高,垂直插入感到操作不便时,也可略带倾斜,但与水平面夹角不宜小于45°,且每次倾斜方向应保持一致,否则下部混凝土将会发生漏振。这时作用轴线应平行,如不平行也会出现漏振点(见图5-78)。

振捣棒应快插、慢拔。插入过慢,上部混凝土先捣实,就会阻止下部混凝土中的空气和

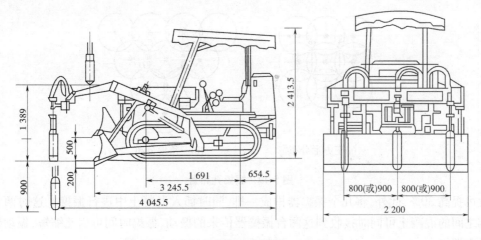

图 5-77 PCY-50 型平仓振捣机 （单位：mm）

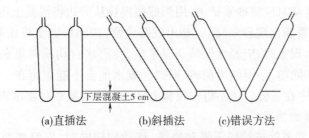

(a)直插法 (b)斜插法 (c)错误方法

图 5-78 插入式振捣器操作示意图

多余的水分向上逸出；拔得过快，周围混凝土来不及填铺振捣棒留下的孔洞，将在每一层混凝土的上半部留下只有砂浆而无骨料的砂浆柱，影响混凝土的强度。为使上下层混凝土振捣密实均匀，可将振捣棒上下抽动，抽动幅度为 5~10 cm。振捣棒的插入深度，在振捣第一层混凝土时，以振捣器头部不碰到基岩或老混凝土面，但相距不超过 5 cm 为宜；振捣上层混凝土时，则应插入下层混凝土 5 cm 左右，使上下两层结合良好。在斜坡上浇筑混凝土时，振捣棒仍应垂直插入，并且应先振低处，再振高处，否则在振捣低处的混凝土时，已捣实的高处混凝土会自行向下流动，致使密实性受到破坏。软轴振捣棒插入深度为棒长的 3/4，过深软轴和振捣棒结合处容易损坏。

振捣棒在每一孔位的振捣时间，以混凝土不再显著下沉，水分和气泡不再逸出并开始泛浆为准。振捣时间和混凝土坍落度、石子类型及最大粒径、振捣器的性能等因素有关，一般为 20~30 s。振捣时间过长，不但降低工效，且使砂浆上浮过多，石子集中下部，混凝土产生离析，严重时，整个浇筑层呈"千层饼"状态。

振捣器的插入间距控制在振捣器有效作用半径的 1.5 倍以内，实际操作时也可根据振捣后在混凝土表面留下的圆形泛浆区域能否在正方形排列（直线行列移动）的 4 个振捣孔径的中点［见图 5-79(a)中的 A、B、C、D 点］，或三角形排列（交错行列移动）的 3 个振捣孔位的中点［见图 5-79(b)中的 A、B、C、D、E、F 点］相互衔接来判断。在模板边、预埋件周围、布置有钢筋的部位以及两罐（或两车）混凝土卸料的交界处，宜适当减小插入间距，以加强振捣，但不宜小于振捣棒有效作用半径的 1/2，并注意不能触及钢筋、模板及预埋件。

为提高工效，振捣棒插入孔位尽可能呈三角形分布。据计算，三角形分布较正方形分布

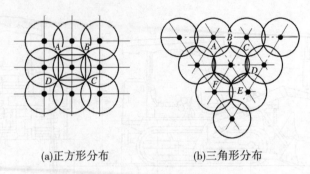

(a)正方形分布　　　　　　　(b)三角形分布

图 5-79　振捣孔布置

工效可提高 30%,此外,将几个振捣器排成一排,同时插入混凝土中进行振捣。这时两台振捣器之间的混凝土可同时接收到这两台振捣器传来的振动,振捣时间可因此缩短,振动作用半径也即加大。

振捣时出现砂浆窝时应将砂浆铲出,用脚或振捣棒从旁边将混凝土压送至该处填补,不可将别处石子移来(重新出现砂浆窝)。如出现石子窝,按同样方法将松散石子铲出同样填补。振捣中发现泌水现象时,应经常保持仓面平整,使泌水自动流向集水地点,并用人工掏除。泌水未引走或掏除前,不得继续铺料、振捣。集水地点不能固定在一处,应逐层变换掏水位置,以防弱点集中在一处。也不得在模板上开洞引水自流或将泌水表层砂浆排出仓外。

2)外部式振捣器的使用

(1)平板式振捣器要保持拉绳干燥和绝缘,移动和转向时,应蹬踏平板两端,不得蹬踏电机。操作时可通过倒顺开关控制电机的旋转方向,使振捣器的电机旋转方向正转或反转从而使振捣器自动地向前或向后移动。沿铺料路线逐行进行振捣,两行之间要搭接 5 cm 左右,以防漏振。

振捣时间仍以混凝土拌和物停止下沉、表面平整,往上返浆且已达到均匀状态并充满模壳时,表明已振实,可转移作业面。时间一般为 30 s 左右。在转移作业面时,要注意电缆线勿被模板、钢筋露头等挂住,防止拉断或造成触电事故。

振捣混凝土时,一般横向和竖向各振捣一遍即可,第一遍主要是密实,第二遍是使表面平整,其中第二遍是在已振捣密实的混凝土面上快速拖行。

(2)附着式振捣器安装时应保证转轴水平或垂直,如图 5-80 所示。在一个模板上安装多台附着式振捣器同时进行作业时,各振捣器频率必须保持一致,相对安装的振捣器的位置应错开。振捣器所装置的构件模板,要坚固牢靠,构件的面积应与振捣器的额定振动板面积相适应。

(三)混凝土养护与保护

1.混凝土养护

混凝土浇筑完毕后,在一个相当长的时间内,应保持其适当的温度和足够的湿度,以造成混凝土良好的硬化条件,这就是混凝土的养护工作。混凝土表面水分不断蒸发,如不设法防止水分损失,水化作用未能充分进行,混凝土的强度将受到影响,还可能产生干缩裂缝。因此,混凝土养护的目的,一是创造有利条件,使水泥充分水化,加速混凝土的硬化;二是防止混凝土成型后因暴晒、风吹、干燥等自然因素影响,出现不正常的收缩、裂缝等现象。

混凝土的养护方法分为自然养护和热养护两类,如表 5-23 所示。

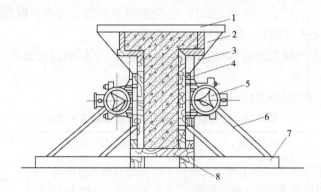

1—模板面卡;2—模板;3—角撑;4—夹木枋;5—附着式振捣器;6—斜撑;7—底模枋;8—纵向底枋

图 5-80　附着式振捣器的安装

表 5-23　混凝土的养护

类别	名称	说明
自然养护	洒水(喷雾)养护	在混凝土面不断洒水(喷雾),保持其表面湿润
	覆盖浇水养护	在混凝土面覆盖湿麻袋、草袋、湿砂、锯末等,不断洒水保持其表面湿润
	围水养护	四周围成土埝,将水蓄在混凝土表面
	铺膜养护	在混凝土表面铺上薄膜,阻止水分蒸发
	喷膜养护	在混凝土表面喷上薄膜,阻止水分蒸发
热养护	蒸汽养护	利用热蒸气对混凝土进行湿热养护
	热水(热油)养护	将水或油加热,将构件搁置在其上养护
	电热养护	对模板加热或微波加热养护
	太阳能养护	利用各种罩、窑、集热箱等封闭装置对构件进行养护

水工混凝土表面养护应注意以下几点:

(1)混凝土浇筑完毕初凝前,应避免仓面积水、阳光暴晒。

(2)混凝土初凝后可采用洒水或流水等方式养护。

(3)混凝土养护应连续进行,养护期间混凝土表面及所有侧面始终保持湿润。

混凝土养护时间按设计要求执行,不宜少于 28 d,对重要部位和利用后期强度的混凝土以及其他有特殊要求的部位应延长养护时间。

2.混凝土保护

1)混凝土表面保护的目的和作用

(1)在低温季节,混凝土表面保护可减小混凝土表层温度梯度及内外温差,保持混凝土表面温度,防止产生裂缝。

(2)在高温季节,对混凝土表面进行保护,可防止外界高温热量向混凝土倒灌。如某工程用 4 cm 厚棉被套及一层塑料布覆盖新浇混凝土顶面,它较不设覆盖的混凝土表层气温低 7~8 ℃。

（3）减小混凝土表层温度年变化幅度，可防止因年变幅过大产生混凝土开裂。

（4）防止混凝土产生超冷，避免产生贯穿裂缝。

（5）延缓混凝土的降温速度，以减小新老混凝土上、下层的约束温差。

2）表面保护的分类

按持续时间分类如表 5-24 所示。

表 5-24　按持续时间分类混凝土表面保护方式

分类	保护目的	保护持续时间	保温部位
短期保护	防止混凝土早期由于寒潮或拆模等引起温度骤降而发生表面裂缝	根据当地气温情况，经论证确定。一般 3～15 d	浇筑块侧面、顶面
长期保护	减小气温年变化的影响	数月至数年	坝体上、下游面或长期外露面
冬季保护	防裂及防冻	根据不同需要，延至整个冬季	浇筑块侧面、顶面

3）表面保护材料选择选用原则

根据混凝土表面保护的目的不同（防冻和防裂或兼而有之），应选择不同的保护措施。一般情况，防冻是短期的，而防裂是长期的。所以，在选用保护材料及其结构形式时，要注意长短期结合。

尽量选用不易燃、吸湿性小、耐久和便于施工的材料。目前主要采用聚苯乙烯泡沫塑料板、保温被、聚乙烯气垫薄膜、聚乙烯泡沫塑料板等。大坝工程的保温防裂通常是采用泡沫塑料板与纸板保温相结合的形式；或者是采用泡沫塑料板加聚氯乙烯薄膜结合聚苯乙烯泡沫塑料板、保温被、聚乙烯气垫薄膜、聚乙烯泡沫塑料被等形式。

4）保护层结构形式的选用

（1）需长期保护的侧面，保护层应放在模板的内侧，或者用保护层代替模板的面板。在保护材料内侧应放一层油毡纸或塑料布，防止保护材料吸收混凝土中的水分。这种保护的优点是，拆模时只把模板或模板的承重架拆除，保护层仍留在混凝土表面，这样，既能保证模板的周转使用，又避免了二次保护的工作。

（2）短期保护的侧面，依照保护要求和保护材料的放热系数确定保护层的结构形式，在寒冷地区最好采用组合式保护。

五、混凝土温度控制

（一）大体积混凝土温度控制

《大体积混凝土施工规范》（GB 50496）对大体积混凝土定义是：混凝土结构物实体最小几何尺寸不小于 1 m 的大体量混凝土，或预计会因混凝土中胶凝材料水化引起的温度变化和收缩而导致有害裂缝产生的混凝土。《水工混凝土施工规范》（SL 677）定义是：浇筑块体尺寸较大，需要考虑采取温度控制措施以减少裂缝发生概率的混凝土。

混凝土温控的基本目的是防止混凝土发生温度裂缝，以保证建筑物的整体性和耐久性。

温控和防裂的主要措施有降低混凝土水化热温升、降低混凝土浇筑温度、混凝土人工冷却散热和表面保护等。大体积混凝土要求控制水泥水化产生的热量及伴随发生的体积变化,尽量减少温度裂缝。

1.混凝土温度变化过程

水泥在凝结硬化过程中,会放出大量的水化热。水泥在开始凝结时放热较快,以后逐渐变慢,普通水泥最初 3 d 放出的总热量占总水化热的 50% 以上。水泥水化热与龄期的关系曲线如图 5-81 所示。图中 Q_0 为水泥的最终发热量(J/kg),其中 m 为系数,它与水泥品种及混凝土入仓温度有关。

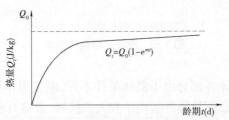

图 5-81　水泥水化热与龄期关系曲线

混凝土的温度随水化热的逐渐释放而升高,当散热条件较好时,水化热造成的最高温度升高值并不大,也不致使混凝土产生较大裂缝。而当混凝土的浇筑块尺寸较大时,其散热条件较差,由于混凝土导热性能不良,水化热基本上都积蓄在浇筑块内,从而引起混凝土温度明显升高,有时混凝土块体中部温度可达 $60 \sim 80$ ℃。由于混凝土温度高于外界气温,随着时间的延续,热量慢慢向外界散发,块体内温度逐渐下降。这种自然散热过程甚为漫长,大约要经历几年以至几十年的时间水化热才能基本消失。此后,块体温度即趋近于稳定状态。在稳定期内,坝体内部温度基本稳定,而表层混凝土温度则随外界温度的变化呈周期性波动。由此可见,大体积混凝土温度变化一般经历升温期、冷却期和稳定期三个时期(见图 5-82)。

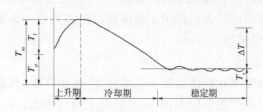

图 5-82　大体积混凝土温度变化过程

由图 5-82 可知

$$\Delta T = T_m - T_f = T_p + T_r - T_f$$

由于稳定温度 T_f 值变化不大,所以要减少温差,就必须采取措施降低混凝土入仓温度 T_p 和混凝土的最大温升 T_r。

2.温度应力与温度裂缝

混凝土温度的变化会引起混凝土体积变化,即温度变形。而温度变形一旦受到约束不能自由伸缩时,就必然引起温度应力。若为压应力,通常无大的危害;若为拉应力,当超过混凝土抗拉强度极限时,就会产生温度裂缝,如图 5-83 所示。

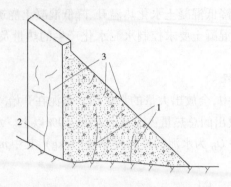

1—贯穿裂缝；2—深层裂缝；3—表面裂缝
图 5-83　混凝土坝裂缝形式

1）表面裂缝

大体积混凝土结构块体各部分由于散热条件不同，温度也不同，块体内部散热条件差，温度较高，持续时间也较长；而块体外表由于和大气接触，散热方便，冷却迅速。当表面混凝土冷却收缩时，就会受到内部尚未收缩的混凝土的约束产生表面温度拉应力，当它超过混凝土的抗拉极限强度时，就会产生裂缝。

一般表面裂缝方向不规则，数量较多，但短而浅，深度小于 1 m，缝宽小于 0.5 mm。有的后来还会随着坝体内部温度降低而自行闭合。因而对一般结构威胁较小。但在混凝土坝体上游面或其他有防渗要求的部位，表面裂缝形成了渗透途径，在渗水压力作用下，裂缝易于发展；在基础部位，表面裂缝还可能与其他裂缝相连，发展成为贯穿裂缝。这些对建筑物的安全运行都是不利的，因此必须采取一些措施，防止表面裂缝的产生和发展。

防止表面裂缝的产生，最根本的是把内外温差控制在一定范围内。防止表面裂缝还应注意防止混凝土表面温度骤降（冷击）。冷击主要是冷风寒潮袭击和低温下拆模引起的，这时会形成较大的内外温差，最容易发生表面裂缝。因此，在冬季不要急于拆模，对新浇混凝土的表面，当温度骤降前应进行表面保护。表面保护措施可采用保温模板、挂保温泡沫板、覆盖聚乙烯或聚氨酯保温被等。

2）深层裂缝和贯穿裂缝

混凝土凝结硬化初期，水化热使混凝土温度升高，体积膨胀，基础部位混凝土由于受基岩的约束，不能自由变形而产生压应力，但此时混凝土塑性较大，所以压应力很低。随着混凝土温度的逐渐下降，体积也随之收缩，这时混凝土已硬化，并与基础岩石黏结牢固，受基础岩石的约束不能自由收缩，而使混凝土内部除抵消了原有的压应力外，还产生了拉应力，当拉应力超过混凝土的抗拉极限强度时，就产生裂缝。裂缝方向大致垂直于岩面，自下而上开展，缝宽较大（可达 1~3 mm），延伸长，切割深（缝深可达 3~5 m），称之为深层裂缝。当平行坝轴线出现时，常常贯穿整个坝段，则称为贯穿裂缝。

基础贯穿裂缝对建筑物安全运行是很危险的，因为这种裂缝发生后，就会把建筑物分割成独立的块体，使建筑物的整体性遭到破坏，坝内应力发生不利变化，特别对于大坝上游坝踵处将出现较大的拉应力，甚至危及大坝安全。

防止产生基础贯穿裂缝，关键是控制混凝土的温差，通常基础容许温差的控制范围如表 5-25 所示。

表 5-25　　基础容许温差 ΔT　　　　　　　　　（单位:℃）

浇筑块边长 L(m)		<16	17~20	21~30	31~40	通仓长块
离基础面高度 h(m)	$(0~0.2)L$	26~25	24~22	22~19	19~16	16~14
	$(0.2~0.4)L$	28~27	26~25	25~22	22~19	19~17

　　混凝土浇筑块经过长期停歇后,在长龄期老混凝土上浇筑新混凝土时,老混凝土也会对新混凝土起约束作用,产生温度应力,可能导致新混凝土产生裂缝,所以新老混凝土间的内部温差(上下层温差),也必须进行控制,一般允许温差为 15~20 ℃。

　　3.大体积混凝土温度控制的措施

　　1)减少混凝土发热量

　　(1)采用水化热低的水泥。采用水化热较低的中热硅酸盐水泥、低热硅酸盐水泥、矿渣硅酸盐水泥及低热微膨胀水泥等。

　　(2)降低水泥用量。采用掺合料;调整骨料级配,增大骨料粒径;采用低流态混凝土或无坍落度干硬性贫混凝土;掺外加剂(减水剂、加气剂);其他措施,如采用埋石混凝土;坝体分区使用不同强度等级的混凝土;利用混凝土的后期强度。

　　2)降低混凝土的入仓温度

　　(1)料场措施,如加大骨料堆积高度、搭盖凉棚、喷水雾降温(石子)。

　　(2)冷水或加冰拌和。

　　(3)预冷骨料。水冷,如喷水冷却、浸水冷却;气冷,在供料廊道中通冷气。

　　3)加速混凝土散热

　　(1)表面自然散热。

　　采用薄层浇筑,浇筑层厚度采用 3~5 m,在基础地面或老混凝土面上可以浇 1~2 m 的薄层,上、下层间歇时间宜为 5~10 d。浇筑块的浇筑顺序应间隔进行,尽量延长两相邻块的间隔时间,以利侧面散热。

　　(2)人工强迫散热——埋冷却水管。

　　利用预埋的冷却水管通低温水以散热降温。冷却水管的作用有:①一期冷却混凝土浇后立即通水,以降低混凝土的最高温升。②二期冷却在接缝灌浆时将坝体温度降至灌浆温度,扩张缝隙以利灌浆。

　　(二)常态混凝土坝分缝分块浇筑

　　1.混凝土坝分层分块浇筑

　　常态混凝土坝根据结构特点、形状及应力情况进行分层分块浇筑,分缝应避免应力集中、结构薄弱部位。

　　混凝土坝的浇筑块是用垂直于坝轴线的横缝和平行于坝轴线的纵缝以及水平缝划分而成的。分缝方式有垂直纵缝法、错缝法、斜缝法、通仓浇筑法等,如图 5-84、图 5-85 所示。

　　(1)纵缝法。用垂直纵缝把坝段分成独立的柱状体,因此又叫柱状分块。它的优点是温度控制容易,混凝土浇筑工艺较简单,各柱状块可分别上升,彼此干扰小,施工安排灵活,但为保证坝体的整体性,必须进行接缝灌浆;模板工作量大,施工复杂。纵缝间距一般为 20~40 m,以便降温后接缝有一定的张开度,便于接缝灌浆。

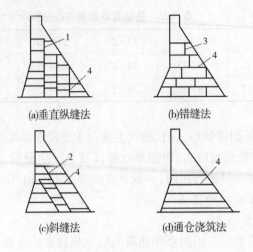

(a)垂直纵缝法　　　　　　(b)错缝法

(c)斜缝法　　　　　　(d)通仓浇筑法

1—纵缝;2—斜缝;3—错缝;4—水平缝

图 5-84　混凝土坝的分缝分块

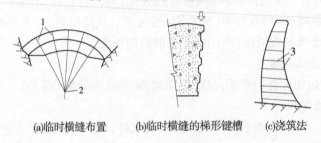

(a)临时横缝布置　　(b)临时横缝的梯形键槽　　(c)浇筑法

1—临时横缝;2—拱心;3—水平缝

图 5-85　拱坝浇筑的分缝分块

为了传递剪应力的需要,在纵缝面上设置键槽,并需要在坝体到达稳定温度后进行接缝灌浆,以增加其传递剪应力的能力,提高坝体的整体性和刚度。

(2)斜缝法。一般只在中低坝采用,斜缝一般沿平行于坝体第二主应力方向设置,缝面剪应力很小,只要设置缝面键槽,不必进行接缝灌浆,斜缝法往往是为了便于坝内埋管的安装,或利用斜缝形成临时挡洪面采用的。但斜缝法施工干扰大,斜缝顶并缝处容易产生应力集中,斜缝前后浇筑块的高差和温差需严格控制,否则会产生很大的温度应力。

(3)通缝法。通缝法即通仓浇筑法,它不设纵缝,混凝土浇筑按整个坝段分层进行;一般不需埋设冷却水管。同时由于浇筑仓面大,便于大规模机械化施工,简化了施工程序,特别是大量减少模板作业工作量,施工速度快,但因其浇筑块长度大,容易产生温度裂缝,所以温度控制要求比较严格。

2.纵缝接缝灌浆

混凝土坝用纵缝分块进行浇筑,属于临时施工缝,有利于坝体温度控制和浇筑块分别上升,但为了恢复大坝的整体性,必须对纵缝进行接缝灌浆。坝体横缝是否进行灌浆,因坝型和设计要求而异。重力坝的横缝一般为永久温度(沉陷)缝,不需要进行接缝灌浆;拱坝和重力拱坝的横缝,都属于临时施工缝,要进行接缝灌浆。

蓄水前应完成蓄水初期最低库水位以下各灌区的接缝灌浆及其验收工作。蓄水后,各灌区的接缝灌浆应在库水位低于灌区底部高程时进行。

同一高程的纵缝(或横缝)灌区,一个灌区灌浆结束,间歇 3 d 后,其相邻的纵缝(或横缝)灌区方可开始灌浆。若相邻的灌区已具备灌浆条件,可采用同时灌浆方式,也可采用逐区连续灌浆方式。连续灌浆应在前,灌区灌浆结束后,8 h 内开始后一灌区的灌浆,否则仍应间歇 3 d 后进行灌浆。同一坝缝,下一层灌区灌浆结束,间歇 7 d 后,上一层灌区才可开始灌浆。若上、下层灌区均已具备灌浆条件,可采用连续灌浆方式,但上、下层灌区灌浆间隔时间不得超过 4 h,否则仍应间歇 7 d 后进行。

1)灌浆系统布置

接缝灌浆系统应分区布置,每个灌区的高度以 9~12 m 为宜,面积以 200~300 m² 为宜。每个灌区的灌浆系统,一般包括止浆片、排气槽、排气管、进(回)浆管、进浆支管和出浆盒,如图 5-86 所示。其中灌浆管路可采用埋管和拔管两种方法。

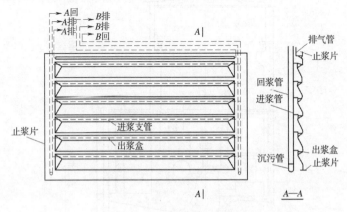

图 5-86　典型灌浆系统布置图

2)接缝灌浆施工

灌浆前必须先进行预灌压水检查,压水压力等于灌浆压力。灌浆前还应对缝面充水浸泡 24 h。然后放净或用风吹净缝内积水,即可开始灌浆。

接缝灌浆的整个施工程序是:缝面冲洗→压水检查→灌浆区事故处理→灌浆→进浆结束。

灌浆过程中,必须严格控制灌浆压力和缝面增开度。灌浆压力应达到设计要求。若灌浆压力尚未达到设计要求,而缝面张开度已达到设计规定值时,则应以缝面张开度为准,控制灌浆压力。灌浆压力采用与排气槽同一高程处的排气管管口的压力。排气管引至廊道,则廊道内排气管管口的灌浆压力值应通过换算确定。排气管堵塞,应以回浆管管口相应压力控制。

浆液水灰比变换可采用 2、1、0.6(或 0.5)三个比级。一般情况下,开始灌注水灰比为 2 的浆液,待排气管出浆后,可改换水灰比为 1 的浆液。当排气管排出的浆液水灰比接近 1 时,可换成水灰比为 0.6(或 0.5)的浆液灌注。当缝面张开度较大,管路畅通,两个排气管单开流量均大于 30 L/min 时,即可灌注水灰比为 1 或 0.6 的浆液。

为尽快使浓浆充填缝面,开灌时,排气管处的阀门应全打开放浆,其他管口应间断放浆。当排气管排出最浓一级浆液时,再调节阀门控制压力,直至结束。所有管口放浆时,均应测定浆液的密度,记录弃浆量。

当排气管出浆达到或接近最浓比级浆液,排气管口压力或缝面张开度达到设计规定值,注入率不大于 0.4 L/min 时,持续 20 min,灌浆即可结束。当排气管出浆不畅或被堵塞时,应在缝面张开度限值内,尽量提高进浆压力,力争达到规定的结束标准。若无效,则在顺灌结束后,应立即从两个排气管中进行倒灌。倒灌时应使用最浓比级浆液,在设计规定的压力下,缝面停止吸浆,持续 10 min 即可结束。

灌浆结束时,应先关闭各管口阀门后再停机,进浆时间不宜少于 8 h。

(三)水电站厂房下部结构大体积混凝土温度控制措施

水电站厂房通常以发电机层为界,分为下部结构和上部结构。下部结构一般为大体积混凝土,包括尾水管、锥管、蜗壳等大的孔洞结构;上部结构一般由钢筋混凝土柱、梁、板等结构组成。如图 5-87 所示。

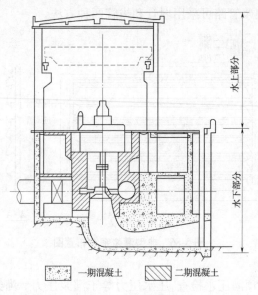

一期混凝土　　　二期混凝土

图 5-87　厂房混凝土

水电站厂房下部结构尺寸大、孔洞多,受力复杂,必须分层分块进行浇筑,如图 5-88 所示。合理的分层分块是削减温度应力、防止或减少混凝土裂缝、保证混凝土施工质量和结构整体性的重要措施。

厂房下部结构分层分块可采用通仓浇筑法、错缝浇筑法、预留宽槽浇筑法、设置封闭块和设置灌浆缝等形式。

1.通仓浇筑法

通仓浇筑法施工可加快进度,有利于结构的整体性。当厂房尺寸小,又可安排在低温季节浇筑时,采用分层通仓浇筑最为有利。对于中型厂房,其顺水流方向的尺寸在 25 m 以下,低温季节虽不能浇筑完毕,但有一定的温控手段时,也可采用这种形式。

2.错缝浇筑法

大型水电站厂房下部结构尺寸较大,多采用错缝浇筑法。错缝搭接范围内的水平施工缝允许有一定的变形,以解除或减少两端的约束而减少块体的温度应力,如图 5-89 所示。在温度和收缩应力作用下,竖直施工缝往往脱开。错缝分块的施工程序对进度有一定影响。

采用错缝分块时,相邻块要均匀上升,以免因垂直收缩的不均匀在搭接处引起竖向裂缝。当采用台阶缝施工时,相邻块高差(各台阶总高度)一般不超过 4~5 m。

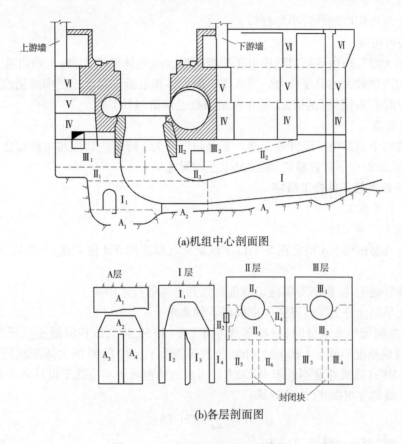

(a)机组中心剖面图

(b)各层剖面图

图 5-88　厂房下部结构分层分块图

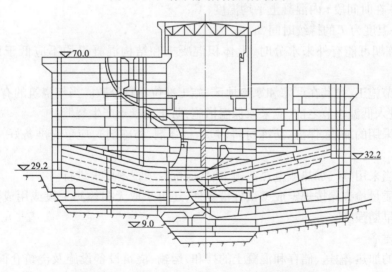

图 5-89　某水电站厂房混凝土分层、错缝示意图

3.预留宽槽浇筑法

对大型厂房,为加快施工进度,减少施工干扰,可在某些部位设置宽槽。槽的宽度一般为 1 m 左右。由于设置宽槽,可减少约束区高度,同时增加散热面,从而减少温度应力。

对预留宽槽,回填应在低温季节施工,届时其周边老混凝土要求冷却到设计要求温度。

回填混凝土应选用收缩性较小的材料。

4.设置封闭块

水电站大型厂房中的框架结构由于顶板跨度大或墩体刚度大,施工期出现显著温度变化时对结构产生较大的温度应力。当采用一般大体积混凝土温度控制措施仍然不能妥善解决时,还需增加"封闭块"的措施,即在框架顶板上预留"封闭块"。

5.设置灌浆缝

对厂房的个别部位可设置灌浆缝。某电站厂房为了降低进口段与主机段之间的宽槽深度,在排沙孔底板以下设置灌浆,灌浆缝以上设置宽槽。

(四)特殊气候条件施工措施

1.低温季节施工

1)低温季节施工的一般要求

日平均气温连续5 d稳定在5 ℃以下或最低气温连续5 d稳定在-3 ℃以下时,应按低温季节施工。

低温季节施工,应编制专项施工措施计划和可靠的技术措施。

混凝土早期允许受冻临界强度应满足下列要求:

(1)受冻期无外来水分时,抗冻等级小于(含)F150的大体积混凝土抗压强度应大于5.0 MPa(或成熟度不低于1 800 ℃·h);抗冻等级大于(含)F200的大体积混凝土抗压强度应大于7.0 MPa(或成熟度不低于1 800 ℃·h);结构混凝土不应低于设计强度的85%。

混凝土成熟度根据式(5-6)计算:

$$N = \sum (T + 15)t \tag{5-6}$$

式中　N——混凝土成熟度,℃·h;

　　　T——在时间段 t 内混凝土平均温度,℃;

　　　t——温度为 T 的持续时间,h。

(2)受冻期可能有外来水分时,大体积混凝土和结构混凝土均不应低于设计强度的85%。

低温季节施工,尤其在严寒和寒冷地区,施工部位不宜分散。当年浇筑的有保温要求的混凝土,在进入低温季节之前,应采取保温措施,防止混凝土产生裂缝。

施工期采用的加热、保温、防冻材料(包括早强剂、防冻剂),应事先准备好,并应有防火措施。

混凝土当采用蒸汽加热或电热法施工时,应按专项技术要求进行。

混凝土质量检查除按规定成型试件检测外,还可采取无损检测手段或用成熟度法随时检查混凝土早期强度。

2)施工准备

原材料的加热、输送、储存和混凝土的拌和、运输、浇筑设备设施及浇筑仓面,均应根据气候条件通过热工计算,采取适宜的保温措施。加热过的骨料及混凝土,应缩短运距,减少倒运次数。

砂石骨料在进入低温季节前宜筛洗完毕。成品料堆应有足够的储备和堆高,并应有防止冰雪和冻结的措施。

当日平均气温稳定在-5 ℃以下时,宜将骨料加热,骨料加热宜采用蒸汽排管法,粗骨料也可直接用蒸汽加热,但不应影响混凝土的水胶比。外加剂溶液不应直接用蒸汽加热,水泥不应直接加热。

拌和混凝土前,应用热水或蒸汽冲洗拌和机,并将积水或冰水排除。拌和水宜采用热水。混凝土的拌和时间应比常温季节适当延长。延长的时间应通过试验确定。

在岩石基础或老混凝土上浇筑混凝土前,应检测表面温度,如为负温,整个仓面应加热至 3 ℃,经检验合格后方可浇筑混凝土。

仓面清理宜采用喷洒温水配合热风枪或机械方法,亦可采用蒸汽枪,不宜采用水枪或风水枪。受冻面处理应符合设计要求。

在软基上浇筑第一层基础混凝土时,应防止与地基接触的混凝土遭受冻害和地基受冻变形。

3)施工方法

低温季节混凝土的施工方法应遵守下列规定:

(1)在温和地区宜采用蓄热法,风沙大的地区应采取防风设施。

(2)在严寒和寒冷地区日平均气温-10 ℃以上时,宜采用蓄热法;日平均气温-20～-10 ℃时可采用综合蓄热法。

(3)日平均气温-20 ℃以下不应施工。

混凝土的浇筑温度应符合设计要求,大体积混凝土的浇筑温度,在温和地区不宜低于 3 ℃;在严寒和寒冷地区不宜低于 5 ℃。

寒冷地区低温季节施工的混凝土掺引气剂时,其含气量可适当增加;有早强要求者,可掺早强剂等,其掺量应经试验确定。

提高混凝土拌和物温度的方法:首先应考虑加热拌和用水;加热拌和用水不能满足浇筑温度要求时,再加热砂石骨料。

砂石骨料不加热时,不应掺混冰雪,表面不应结冰。

拌和用水的温度,不宜超过 60 ℃。超过 60 ℃时,应改变拌和加料顺序,将骨料与水先拌和,然后加入水泥。

浇筑混凝土前和浇筑过程中,应清除钢筋、模板和浇筑设施上附着的冰雪与冻块,不应将冰雪、冻块带入仓内。

在浇筑过程中,应控制并及时调节混凝土的出机口温度,减少波动,保持浇筑温度均匀。控制方法以调节水温为宜。

4)保温与温度观测

混凝土浇筑完毕后,外露表面应及时保温。新老混凝土的接合处和易受冻的边角部分应加强保温。

温和地区和寒冷地区采用蓄热法施工时应遵守下列规定:①保温模板应严密,保温层应搭接到位,尤其在接头处,应搭接牢固。②有孔洞和迎风面的部位,增设挡风保温设施;③浇筑完毕后及时覆盖保温;④使用不易吸潮的保温材料。

低温季节施工的保温模板,除应符合一般模板要求外,还应满足保温要求,所有孔洞缝隙应填塞封堵,保温模板的衔接应严密可靠。

外挂保温层应牢靠地固定于模板上。内贴保温层的表面应平整,且保温层材料强度应满足混凝土表面不变形的要求,并有可靠措施保证其固定在混凝土表面,不因拆模而脱落,必要时应进行混凝土表面等效放热系数的验算。

在低温季节施工的模板，在整个低温期间不宜拆除，如需拆除模板，应遵守下列规定：①混凝土强度应大于允许受冻的临界强度。②不宜在夜间和气温骤降期间拆模。具体拆模时间应满足温控防裂要求：内外温差不大于 20 ℃ 或 2～3 d 内混凝土表面温降不超过 6 ℃，如确需拆模，应及时采取保护措施。③承重模板的拆除时间应经计算确定。④在风沙大的地区，拆模后应采取混凝土表面保湿措施。

施工期间的温度检查应遵守下列规定：①外界气温宜采用自动测温仪器，若采用人工测温，每天应至少测量 6 次。②暖棚内气温每 4 h 至少测量 1 次，以距混凝土面 50 cm 的温度为准，取四边角和中心温度的平均数为暖棚内气温值。③水、外加剂及骨料温度每 1 h 至少测量 1 次；测量水、外加剂溶液和细骨料的温度，温度传感器或温度计插入深度不小于 10 cm，测量粗骨料温度，插入深度不小于 10 cm，并大于骨料粒径 1.5 倍，且周围用细粒径充填。用点温计测量，应自 15 cm 以下取样测量。④混凝土的出机口温度和浇筑温度，每 2 h 至少测量 1 次。温度传感器或温度计插入深度不小于 10 cm。⑤已浇混凝土块体内部温度，浇筑后 7 d 内加强观测，外部混凝土每天观测最高、最低温度；以后可按气温及构件情况定期观测。测温时应观测边角最易降温的部位。⑥气温骤降期间，增加温度观测次数。

2.高温季节施工

1）高温环境对新拌及刚成型混凝土的影响

（1）拌制时，水泥容易出现假凝现象。

（2）运输时，坍落度损失大，捣固或泵送困难。

（3）成型后直接暴晒或干热风影响，混凝土面层急剧干燥，外硬内软，出现塑性裂缝。

（4）昼夜温差较大，易出现温差裂缝。

2）夏季高温期混凝土施工的技术措施

（1）原材料。①掺用外加剂（缓凝剂、减水剂）。②用水化热低的水泥。③供水管埋入水中，贮水池加盖，避免太阳直接暴晒。④当天用的砂、石用防晒棚遮蔽。⑤用深井冷水或冰水拌和，但不能直接加入冰块。

（2）搅拌运输。①送料装置及搅拌机不宜直接暴晒，应有荫棚。②搅拌系统尽量靠近浇筑地点。③动运输设备就遮盖。

（3）模板。①因干缩出现的模板裂缝，应及时填塞。②浇筑前充分将模板淋湿。

（4）浇筑。①适当减小浇筑层厚度，从而减少内部温差。②浇筑后立即用薄膜覆盖，不使水分外逸。③露天预制场宜设置可移动荫棚，避免制品直接暴晒。

3.雨季施工

混凝土工程在雨季施工时，应做好以下准备工作：①砂石料场的排水设施应畅通无阻。②浇筑仓面宜有防雨设施。③运输工具应有防雨及防滑设施。④加强骨料含水量的测定工作，注意调整拌和用水量。

混凝土在无防雨棚仓面小雨中进行浇筑时，应采取以下技术措施：①减少混凝土拌和用水量。②加强仓面积水的排除工作。③做好新浇混凝土面的保持工作。④防止周围雨水流入仓面。

无防雨棚的仓面，在浇筑过程中，如遇大雨、暴雨，应立即停止浇筑，并遮盖混凝土表面。雨后必须先行排除仓内积水，受雨水冲刷的部位应立即处理。如停止浇筑的混凝土尚未超出允许间歇时间或还能重塑时,应加砂浆继续浇筑,否则应按施工缝处理。

对抗冲、耐磨、需要抹面部位及其他高强度混凝土,不允许在雨下施工。

第四节 预应力钢筋混凝土施工

一、先张法预应力混凝土施工

先张法是在浇筑混凝土之前张拉钢筋(钢丝)产生预应力。预应力混凝土板生产工艺流程如图 5-90 所示。先张法一般用于预制构件厂生产定型的中小型构件。

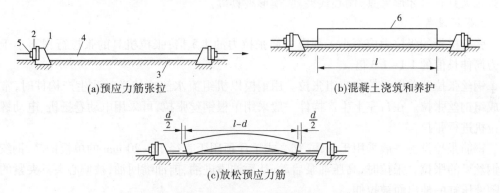

(a)预应力筋张拉　　　　　　(b)混凝土浇筑和养护

(c)放松预应力筋

1—台座;2—横梁;3—台面;4—预应力筋;5—夹具;6—构件

图 5-90　先张法生产示意图

先张法生产时,可采用台座法和机组流水法。采用台座法时,预应力筋的张拉、锚固,混凝土的浇筑、养护及预应力筋放松等均在台座上进行;预应力筋放松前,其拉力由台座承受。采用机组流水法时,构件连同钢模通过固定的机组,按流水方式完成(张拉、锚固、混凝土浇筑和养护)每一生产过程;预应力筋放松前,其拉力由钢模承受。

(一)先张法施工准备

1.台座

台座由台面、横梁和承力结构等组成,是先张法生产的主要设备。预应力筋张拉、锚固,混凝土浇筑、振捣和养护及预应力筋放张等全部施工过程都在台座上完成;预应力筋放松前,台座承受全部预应力筋的拉力。因此,台座应有足够的强度、刚度和稳定性。台座一般采用墩式台座和槽式台座。

槽式台座由端柱、传力柱、横梁和台面组成,如图 5-91 所示。槽式台座既可承受拉力,又可做蒸汽养护槽,适用于张拉吨位较高的大型构件,如屋架、吊车梁等。槽式台座需进行强度和稳定性计算。端柱和传力柱的强度按钢筋混凝土结构偏心受压构件计算。槽式台座端柱抗倾覆力矩由端柱、横梁自重力矩及部分张拉力矩组成。

2.夹具

夹具是先张法构件施工时保持预应力筋拉力,并将其固定在张拉台座(或设备)上的临时性锚固装置。按其工作用途不同分为锚固夹具和张拉夹具。

钢丝锚固夹分为圆锥齿板式夹具和镦头夹具;钢筋锚固常用圆套筒三片式夹具,由套筒和夹片组成。

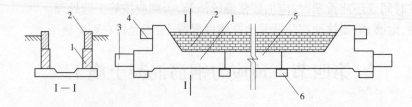

1—钢筋混凝土端柱;2—砖墙;3—下横梁;4—上横梁;5—传力柱;6—柱垫

图 5-91　槽式台座

张拉夹具是夹持住预应力筋后,与张拉机械连接起来进行预应力筋张拉的机具。常用的张拉夹具有月牙形夹具、偏心式夹具、楔形夹具等。

3.张拉设备

张拉机具的张拉力应不小于预应力筋张拉力的 1.5 倍;张拉机具的张拉行程不小于预应力筋伸长值的 1.1~1.3 倍。

钢丝张拉分单根张拉和成组张拉。用钢模以机组流水法或传送带法生产构件时,常采用成组钢丝张拉。在台座上生产构件一般采用单根钢丝张拉,可采用电动卷扬机、电动螺杆张拉机进行张拉。

钢筋张拉设备一般采用千斤顶,穿心式千斤顶用于直径 12~20 mm 的单根钢筋、钢绞线或钢丝束的张拉。张拉时,高压油泵启动,从后油嘴进油,前油嘴回油,被偏心夹具夹紧的钢筋随液压缸的伸出而被拉伸。

(二)先张法施工工艺

1.张拉控制应力和张拉程序

张拉控制应力是指在张拉预应力筋时所达到的规定应力,应按设计规定采用。控制应力的数值直接影响预应力的效果。施工中采用超张拉工艺,使超张拉应力比控制应力提高 3%~5%。

预应力筋的张拉控制应力,应符合设计要求。施工中预应力筋需要超张拉时,可比设计要求提高 3%~5%,但其最大张拉控制应力不得超过规定值。

张拉程序可按下列之一进行:

$$0 \rightarrow 105\%\sigma_{con} \xrightarrow{\text{持荷 2 min}} \sigma_{con}$$

或

$$0 \rightarrow 103\%\sigma_{con}$$

式中　σ_{con}——预应力筋的张拉控制应力,MPa。

为了减少应力松弛损失,预应力钢筋宜采用 $0 \rightarrow 105\%\sigma_{con} \xrightarrow{\text{持荷 2 min}} \sigma_{con}$。预应力钢丝张拉工作量大时,宜采用一次张拉程序 $0 \rightarrow 103\%\sigma_{con}$。

张拉设备应配套校验,以确定张拉力与仪表读数的关系曲线,保证张拉力的准确,每半年校验一次。设备出现反常现象或检修后应重新校验。张拉设备宜定岗负责,专人专用。

2.预应力筋(丝)的铺设

长线台座面(或胎模)在铺放钢丝前,应清扫并涂刷隔离剂。一般涂刷皂角水溶性隔离剂,易干燥,污染钢筋易清除。涂刷均匀不得漏涂,待其干燥后,铺设预应力筋,一端用夹具锚固在台座横梁的定位承力板上,另一端卡在台座张拉端的承力板上待张拉。在生产过程中,应防止雨水或养护水冲刷掉台面隔离剂。

（三）预应力筋的张拉

1.张拉前的准备

查预应力筋的品种、级别、规格、数量(排数、根数)是否符合设计要求;预应力筋的外观质量应全数检查,预应力筋应符合展开后平顺,没有弯折,表面无裂纹、小刺、机械损伤、氧化铁皮和油污等;张拉设备是否完好,测力装置是否校核准确;横梁、定位承力板是否贴合及严密稳固;预应力筋张拉后,对设计位置的偏差不得大于 5 mm,也不得大于构件截面最短边长的 4%;在已张拉钢筋(丝)上进行绑扎钢筋、安装预埋铁件、支撑安装模板等操作时,要防止踩踏、敲击或碰撞钢丝。

2.混凝土的浇筑与养护

为了减少混凝土的收缩和徐变引起的预应力损失,在确定混凝土配合比时,应优先选用干缩性小的水泥,采用低水灰比,控制水泥用量,对骨料采取良好的级配等技术措施。预应力钢丝张拉、绑扎钢筋、预埋铁件安装及立模工作完成后,应立即浇筑混凝土,每条生产线应一次连续浇筑完成。振捣时要避免碰撞钢丝。混凝土未达到一定强度前,不要碰撞或踩踏钢丝。混凝土浇筑后立即覆盖进行养护。当预应力混凝上采用湿热养护时,要尽量减少由于温度升高而引起的预应力损失。

（四）预应力筋放张

1.放张顺序

预应力筋放张时,应缓慢放松锚固装置,使各根预应力筋缓慢放松;预应力筋放张顺序应符合设计要求,当设计未规定时,要求承受轴心预应力构件的所有预应力筋应同时放张;承受偏心预压力构件,应先同时放张预压力较小区域的预应力筋,再同时放张预压力较大区域的预应力筋。长线台座生产的钢弦构件,剪断钢丝宜从台座中部开始;叠层生产的预应力构件,宜按自上而下的顺序进行放松;板类构件放松时,从两边逐渐向中心进行。

2.放张方法

对于中小型预应力混凝土构件,预应力丝的放张宜从生产线中间处开始,以减少回弹量且有利于脱模;对于构件,应从外向内对称、交错逐根放张,以免构件扭转、端部开裂或钢丝断裂。放张单根预应力筋,一般采用千斤顶放张,构件预应力筋较多时,整批同时放张可采用砂箱、楔块等放松装置。

二、后张法预应力混凝土施工

后张法是在混凝土浇筑的过程中,预留孔道,待混凝土构件达到设计强度后,在孔道内穿主要受力钢筋,张拉锚固建立预应力,并在孔道内进行压力灌浆,用水泥浆包裹保护预应力钢筋。其工艺流程如图 5-92 所示。

（一）预应力筋锚具和张拉机具

1.单根粗钢筋锚具

单根粗钢筋的预应力筋,如果采用一端张拉,则在张拉端用螺丝端杆锚具,固定端用帮条锚具或镦头锚具;如果采用两端张拉,则两端均用螺丝端杆锚具。螺丝端杆锚具如图 5-93所示。镦头锚具由镦头和垫板组成。

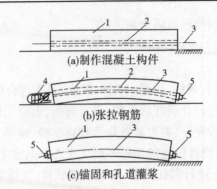

(a)制作混凝土构件

(b)张拉钢筋

(c)锚固和孔道灌浆

1—混凝土构件;2—预留孔道;3—预应力筋;4—千斤顶;5—锚具

图 5-92　预应力混凝土后张法生产示意图

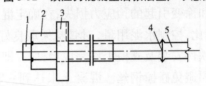

1—端杆;2—螺母;3—垫板;4—焊接接头;5—钢筋

图 5-93　螺丝端杆锚具

2.张拉设备

与螺丝端杆锚具配套的张拉设备为拉杆式千斤顶。常用的有 YL20 型、YL60 型油压千斤顶。YL60 型千斤顶是一种通用型的拉杆式液压千斤顶,适用于张拉采用螺丝端杆锚具的粗钢筋、锥形螺杆锚具的钢丝束及镦头锚具的钢筋束。

3.钢筋束、钢绞线锚具

钢筋束、钢绞线采用的锚具有 JM 型、XM 型、QM 型和镦头锚具。JM 型锚具由锚环与夹片组成。

4.钢丝束锚具

钢丝束用作预应力筋时,由几根到几十根直径 3~5 mm 的平行碳素钢丝组成。其固定端采用钢丝束镦头锚具,张拉端锚具可采用钢质锥形锚具、锥形螺杆锚具、XM 型锚具。锥形螺杆锚具用于锚固 14、16、20、24 或 28 根直径为 5 mm 的碳素钢丝。

锥形螺杆锚具、钢丝束镦头锚具宜采用拉杆式千斤顶(YL60 型)或穿心式千斤顶(YC60 型)张拉锚固。钢质锥形锚具应用锥锚式双作用千斤顶(常用 YZ60 型)张拉锚固。

(二)预应力筋制作

1.单根粗钢筋预应力筋制作

单根粗钢筋预应力筋的制作,包括配料、对焊、冷拉等工序。预应力筋的下料长度应计算确定,计算时要考虑结构构件的孔道长度、锚具厚度、千斤顶长度、焊接接头或镦头的预留量、冷拉伸长值、弹性回缩值等。如图 5-94 所示,两端用螺丝端杆锚具预应力筋的下料长度按式(5-7)计算:

$$L = \frac{l_1 + 2(l_2 - l_3)}{1 + \gamma - \delta} + n\Delta \qquad (5-7)$$

式中　L——预应力筋钢筋部分的下料长度,mm;

l_1——构件孔道长度,mm;

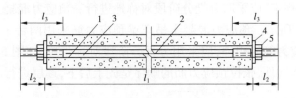

1—螺丝端杆;2—预应力钢筋;3—对焊接头;4—垫板;5—螺母

图 5-94　粗钢筋下料长度计算示意图

l_2——螺丝端杆锚具处露在构件孔道的长度,一般取 120~150 mm;

l_3——螺丝端杆锚具长度,mm;

γ——预应力筋的冷拉率(由试验确定);

δ——预应力筋的冷拉弹性回缩率,一般为 0.4%~0.6%;

n——对焊接头数量;

Δ——每个对焊接头的压缩量(可取 1 倍预应力筋直径),mm。

2.钢筋束、钢绞线的制作

钢筋束所用钢筋是成圆盘供应,不需对焊接头。钢筋束或钢绞线束预应力筋的制作包括开盘冷拉、下料、编束等工序。预应力钢筋束下料应在冷拉后进行。当采用镦头锚具时,则应增加镦头工序。

3.钢丝束制作

钢丝束制作一般有调直、下料、编束和安装锚具等工序。当用钢质锥形锚具、XM 型锚具时,钢丝束的制作和下料长度计算基本上与预应力钢筋束相同。钢丝束镦头锚固体系,如采用镦头锚具一端张拉时,应考虑钢丝束张拉锚固后螺母位于锚环中部。用钢丝束镦头锚具锚固钢丝束时,其下料长度力求精确。编束是为了防止钢筋扭结。采用镦头锚具时,将内圈和外圈钢丝分别用铁丝按次序编排成片,然后将内圈放在外圈内绑扎成钢丝束。

(三)后张法施工工艺

后张法施工工艺与预应力施工有关的是孔道留设、预应力筋张拉和孔道灌浆 3 部分。

1.孔道留设

构件中留设孔道主要为穿预应力钢筋(束)及张拉锚固后灌浆用。孔道留设要求:孔道直径应保证预应力筋(束)能顺利穿过;孔道应按设计要求的位置、尺寸埋设准确、牢固,浇筑混凝土时不应出现移位和变形;在设计规定位置上留设灌浆孔;在曲线孔道的曲线波峰部位应设置排气兼泌水管,必要时可在最低点设置排水管;灌浆孔及泌水管的孔径应能保证浆液畅通。

预留孔道形状有直线形、曲线形和折线形,孔道留设方法有钢管抽芯法、胶管抽芯法和预埋管法。

2.预应力筋张拉

1)预应力筋的张拉控制应力

预应力筋的张拉控制应力应符合设计要求,施工时预应力筋需超张拉,可比设计要求提高 3%~5%。

2)预应力筋张拉顺序

将成束的预应力筋一头对齐,按顺序编号套在穿束器上。预应力筋张拉顺序应按设计规定进行;如设计无规定,应采取分批分阶段对称地进行。预应力混凝土屋架下弦预应力筋张拉顺序,如图 5-95 所示。预应力混凝土吊车梁预应力筋采用两台千斤顶的张拉顺序,对配有多根不对称预应力筋的构件,应采用分批分阶段对称张拉,如图 5-96 所示。平卧重叠浇筑的预应力混凝土构件,张拉预应力筋的顺序是先上后下,逐层进行。

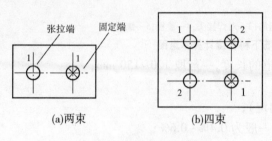

1,2—预应力筋的分批张拉顺序

图 5-95 下弦杆预应力筋张拉顺序

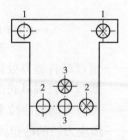

1,2,3—预应力筋的分批张拉顺序

图 5-96 吊车梁预应力筋的张拉顺序

3)预应力筋张拉程序

预应力筋的张拉程序,主要根据构件类型、张锚体系、松弛损失取值等因素来确定。用超张拉方法减少预应力筋的松弛损失时,预应力筋的张拉程序宜为

$$0 \rightarrow 105\%\sigma_{con} \xrightarrow{\text{持荷 2 min}} \sigma_{con}$$

如果预应力筋张拉吨位不大,根数很多,而设计中又要求采取超张拉以减少应力松弛损失时,其张拉程序可为

$$0 \rightarrow 103\%\sigma_{con}$$

4)预应力筋的张拉方法

对于曲线预应力筋和长度大于 24 m 的直线预应力筋,应采用两端同时张拉的方法;长度等于或小于 24 m 的直线预应力筋,可一端张拉,但张拉端宜分别设置在构件两端。对预埋波纹管孔道曲线预应力筋和长度大于 30 m 的直线预应力筋宜在两端张拉,长度等于或小于 30 m 的直线预应力筋可在一端张拉。安装张拉设备时,对于直线预应力筋,应使张拉力的作用线与孔道中心线重合;对于曲线预应力筋,应使张拉力的作用线与孔道中心线末端的切线方向重合。

3.孔道灌浆

应力筋张拉后,应立即用灰浆泵将水泥浆压灌到预应力孔道中去。灌浆用水泥浆应有足够的黏结力,且应有较大的流动性、较小的干缩性和泌水性。灌浆前,用压力水冲洗和湿润孔道。灌浆顺序应先下后上,以免上层孔道漏浆把下层孔道堵塞。灌浆工作应缓慢均匀连续进行,不得中断。

三、无黏结预应力混凝土施工

无黏结预应力混凝土无须预留管道进行灌浆,而是将无黏结预应力筋同普通钢筋一样铺设在结构模板设计位置上,用20~22 号铁丝与非预应力钢丝绑扎牢靠后浇筑混凝土;待混凝土达到设计强度后,对无黏结预应力筋进行张拉和锚固,借助于构件两端锚具传递预压应力。

（一）无黏结预应力筋

无黏结预应力筋是由 7 根 φ5 高强钢丝组成的钢丝束或扭结成的钢绞线,通过专门设备涂包涂料层和包裹外包层构成的。涂料层一般采用防腐沥青。无黏结预应力混凝土中,锚具必须具有可靠的锚固能力,要求不低于无黏结预应力筋抗拉强度的 95%。

（二）无黏结预应力筋的铺放与定位

铺设双向配筋的无黏结预应力筋时,应先铺设标高低的钢丝束,再铺设标高较高的钢丝束,以避免两个方向钢丝束相互穿插。无黏结预应力筋应在绑扎完底筋以后进行铺放。无黏结预应力筋应铺放在电线管下面。

无黏结预应力筋常用钢丝束镦头锚具和钢绞线夹片式锚具。无黏结钢丝束镦头锚具张拉端钢丝束从外包层抽拉出来,穿过锚杯孔眼镦粗头。无黏结钢绞线夹片式锚具常采用 XM 型锚具,其固定端采用压花成型埋置在设计部位,待混凝土强度等级达到设计强度后,方能形成可靠的黏结式锚头。

混凝土强度达到设计强度时才能进行张拉。张拉程序采用 $0 \rightarrow 103\% \sigma_{con}$。张拉顺序应根据设计顺序,先铺设的先张拉,后铺设的后张拉。锚具外包浇筑钢筋混凝土圈梁。

四、电热法施工工艺

电热法是利用钢筋热胀冷缩原理来张拉预应力筋的一种施工方法。电热法适用于冷拉 HRB400、RRB400 钢筋或钢丝配筋的先张法、后张法和模外张拉构件。

第五节　装配式钢筋混凝土结构施工

一、混凝土构件预制

（一）预制混凝土构件制作工艺

预制构件的制作过程包括模板的制作与安装,钢筋的制作与安装,混凝土的制备、运输,构件的浇筑振捣和养护、脱模与堆放等。

根据生产过程中组织构件成型和养护的不同特点,预制构件制作工艺可分为台座法、机组流水法和传送带流水法 3 种。

1.台座法

台座是表面光滑平整的混凝土地坪、胎模或混凝土槽。构件的成型、养护、脱模等生产过程都在台座上进行。

2.机组流水法

机组流水法是在车间内,根据生产工艺的要求将整个车间划分为几个工段,每个工段皆配备相应的工人和机具设备,构件的成型、养护、脱模等生产过程分别在有关的工段循序完成。

3.传送带流水法

模板在一条呈封闭环形的传送带上移动,各个生产过程都是在沿传送带循序分布的各个工作区中进行。

（二）预制混凝土构件模板

现场就地制作预制构件常用的模板有胎模、重叠支模、水平拉模等。预制厂制作预制构件常用的模板有固定式胎模、拉模、折页式钢模等。

1.胎模

胎模是指用砖或混凝土材料筑成构件外形的底模，它通常用木模作为边模。多用于生产预制梁、柱、槽形板及大型屋面板等构件，如图5-97所示。

2.重叠支模

重叠支模如图5-98(a)所示，即利用先预制好的构件作底模，沿构件两侧安装侧模板后再制作同类构件。对于矩形、梯形柱和梁以及预制桩，还可以采用间隔重叠法施工，以节省侧模板，如图5-98(b)所示。

3.水平拉模

拉模由钢制外框架、内框架侧模与芯管、前后端头板、振动器、卷扬机抽芯装置等部分组成。内框架侧模、芯管和前端头板组装为一个整体，可整体抽芯和脱膜。

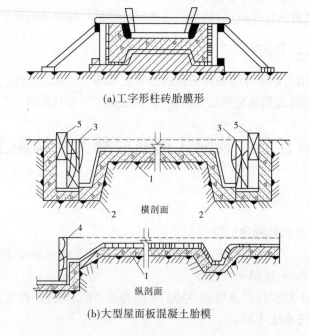

(a)工字形柱砖胎膜形

横剖面

纵剖面

(b)大型屋面板混凝土胎模

1—胎模；2—65×5方木；3—侧模；4—端模；5—木楔

图5-97 胎模

（三）预制混凝土构件的成型

预制混凝土构件常用的成型的方法有振动法、挤压法、离心法等。

1.振动法

用台座法制作构件，使用插入式振动器和表面振动器振捣。加压的方法分为静态加压法和动态加压法。前者用一压板加压，后者是在压板上加设振动器加压。

2.挤压法

用挤压法连续生产空心板有两种切断方法：一种是在混凝土达到可以放松预应力筋的强度时，用钢筋混凝土切割机整体切断；另一种是在混凝土初凝前用灰铲手工操作或用气割

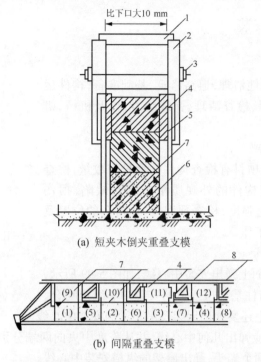

(a) 短夹木倒夹重叠支模

(b) 间隔重叠支模

1—临时撑头;2—短夹木;3—M12螺栓;4—侧模;5—支脚;
6—已捣构件;7—隔离剂或隔离层;8—卡具

图 5-98　重叠支模法

法、水冲法把混凝土切断。

3.离心法

离心法是将装有混凝土的模板放在离心机上,使模板以一定转速绕自身的纵轴旋转,模板内的混凝土由于离心力作用而远离纵轴,均匀分布于模板内壁,并将混凝土中的部分水分挤出,使混凝土密实。

(四)预制混凝土构件的养护

预制构件的养护方法有自然养护、蒸汽养护、热拌混凝土热模养护、太阳能养护、远红外线养护等。自然养护成本低,简单易行,但养护时间长,模板周转率低,占用场地大。蒸汽养护可缩短养护时间,模板周转率相应提高,占用场地大大减少。蒸汽养护是将构件放置在有饱和蒸汽或蒸汽与空气混合物的养护室(或窑)内,在较高温度和湿度的环境中进行养护,以加速混凝土的硬化,使之在较短的时间内达到规定的强度标准值。

(五)预制混凝土构件成品堆放

混凝土强度达到设计强度后方可起吊。先用撬棍将构件轻轻撬松脱离底模,然后起吊归堆。构件的移运方法和支撑位置应符合构件的受力情况,防止损伤。构件堆放应符合下列要求:

(1)堆放场地应平整夯实,并有排水措施。

(2)构件应按吊装顺序,以刚度较大的方向堆放稳定。

(3)重叠堆放的构件,标志应向外,堆垛高度应按构件强度、地面承载力、垫木强度及堆垛的稳定性确定,各层垫木的位置,应在同一垂直线上。

二、混凝土构件安装

（一）准备工作

准备工作主要有场地清理，道路修筑，基础准备，构件运输、排放，构件拼装加固、检查清理、弹线编号，以及机械、机具的准备工作等。

1. 构件的检查与清理

构件的检查与清理项目有检查构件的型号与数量，检查构件的截面尺寸，检查构件的外观质量（变形、缺陷、损伤等），检查构件的混凝土强度，检查预埋件、预留孔的位置及质量等，并做相应清理工作。

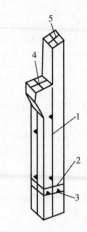

1—柱子中心线；2—地坪标高线；
3—基础顶面线；4—吊车梁对位线；
5—柱顶中心线

图 5-99 柱子弹线

2. 构件的弹线与编号

（1）柱子要在 3 个面上弹出安装中心线，如图 5-99 所示，所弹中心线的位置应与柱基杯口面上的安装中心线相吻合。此外，在柱顶与牛腿面上还要弹出屋架及吊车梁的安装中心线。

（2）屋架上弦顶面应弹出几何中心线，并从跨度中央向两端分别弹出天窗架、屋面板的安装位置线，在屋架的两个端头，弹出屋架的纵横安装中心线。

（3）在梁的两端及顶面弹出安装中心线。在弹线的同时，应按图样对构件进行编号，号码要写在明显部位。不易辨别上下左右的构件，应在构件上标明记号，以免安装时将方向搞错。

3. 混凝土杯形基础的准备工作

检查杯口的尺寸，再在基础顶面弹出十字交叉的安装中心线，用红油漆画上三角形标志。为保证柱子安装之后牛腿面的标高符合设计要求，在杯内壁测设一水平线，如图 5-100 所示，并对杯底标高进行一次抄平与调整，以使柱子安装后其牛腿面标高能符合设计要求。如图 5-101 所示，柱基调整时先用尺测出杯底实际标高 H_1（小柱测中间一点，大柱测四个角点）。牛腿面设计标高 H_2 与杯底实际标高的差，就是柱脚底面至牛腿面应有的长度 l_1，再与柱实际长度 l_2 相比（其差值就是制作误差），即可算出杯底标高调整值 ΔH，结合柱脚底面平整程度，用水泥砂浆或细石混凝土将杯底垫至所需高度。标高允许偏差为 ±10 mm。

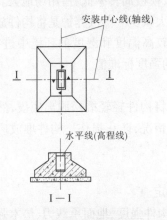

图 5-100 基础弹线

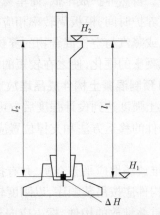

图 5-101 柱基抄平与调整

4.构件运输

一些质量不大而数量较多的定型构件,如屋面板、连系梁、轻型吊车梁等,宜在预制厂预制,用汽车将构件运至施工现场。起吊运输时,必须保证构件的强度符合要求,吊点位置符合设计规定;构件支垫的位置要正确,数量要适当,每一构件的支垫数量一般不超过2个支撑处,且上下层支垫应在同一垂线上。运输过程中,要确保构件不倾倒、不损坏、不变形。构件的运输顺序、堆放位置应按施工组织设计的要求和规定进行,以免增加构件的二次搬运。

(二)构件的吊装工艺

装配式单层工业厂房的结构安装构件有柱子、吊车梁、基础梁、连系梁、屋架、天窗架、屋面板及支撑等。构件的吊装工艺包括绑扎、吊升、对位、临时固定、校正、最后固定等工序。

1.柱子吊装

(1)绑扎。柱的绑扎方法、绑扎位置和绑扎点数,应根据柱的形状、长度、截面、配筋、起吊方法和起重机性能等确定。常用的绑扎方法有一点绑扎斜吊法(见图5-102)、一点绑扎直吊法、两点绑扎斜吊法、两点绑扎直吊法。

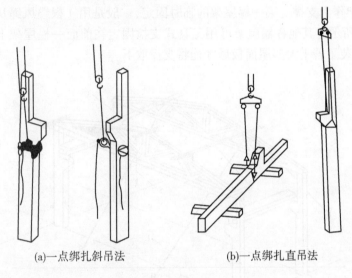

(a)一点绑扎斜吊法　　　　　　(b)一点绑扎直吊法

图5-102　柱子一点绑扎法

(2)吊升。柱子的吊升方法,应根据柱子的重量、长度、起重机的性能和现场条件而定。单机吊装时,一般有旋转法和滑行法两种。

(3)对位和固定。柱的对位与临时固定的方法是:当柱脚插入杯口后,并不立即降至杯底,而是停在离杯底30~50 mm处。此时,用8只楔块从柱的四边放入杯口,并用撬棍撬动柱脚,使柱的吊装准线对准杯口上的准线,使柱基本保持垂直。对位后,将8只楔块略加打紧,放松吊钩,让柱靠自重下沉至杯底,如准线位置符合要求,立即用大锤将楔块打紧,将柱临时固定。然后起重机即可完全放钩,拆除绑扎索具。

柱的位置经过检查校正后,应立即进行最后固定。方法是在柱脚与杯口的空隙中灌注细石混凝土,所用混凝土的强度等级可比原构件混凝土强度等级高一级。混凝土的浇筑分两次进行。第一次浇筑混凝土至楔块下端,当混凝土强度达到25%设计强度时,即可拔去楔块,将杯口浇满混凝土并捣实。

2.吊车梁安装

吊车梁的安装必须在柱子杯口浇筑的混凝土强度达到70%以后进行。吊车梁一般基本保持水平吊装,当就位后要校正标高、平面位置和垂直度。吊车梁的标高如果误差不大,可在吊装轨道时,在吊车梁上面用水泥砂浆找平。平面位置,可根据吊车梁的定位轴线拉钢丝通线,用撬棍分别拨正。吊车梁的垂直度则可在梁的两端支撑面上用斜垫铁纠正。吊车梁校正之后,应立即按设计图样用电焊最后固定。

3.屋架安装

屋架多在施工现场平卧浇筑,在屋架吊装前应当将屋架扶直、就位。钢筋混凝土屋架的侧面刚度较差,扶直时极易扭曲,造成屋架损伤,必须特别注意。扶直屋架时起重机的吊钩应对准屋架中心,吊索应左右对称,吊索与水平面的夹角不小于45°。

屋架起吊后应基本保持平衡。吊至柱顶后,应使屋架的端头轴线与柱顶轴线重合,然后落位并加以临时固定。

第一榀屋架的临时固定必须十分可靠,因为它是单片结构,且第二榀屋架的临时固定还要以第一榀屋架作为支撑。第一榀屋架的临时固定,一般是用4根缆风绳从两边把屋架拉牢,如图5-103所示。其他各榀屋架可用工具式支撑固定在前面一榀屋架上,待屋架校正、最后固定,并安装了若干大型屋面板后才能将支撑取下。

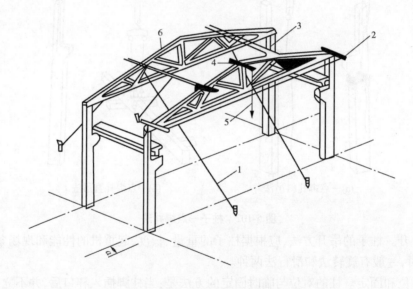

1—缆风绳;2、3—挂线木尺;4—屋架校正器;5—线锤;6—屋架

图 5-103　屋架的临时固定

4.屋面板的安装

屋面板一般埋有吊环,起吊时应使4根吊索拉力相等,使屋面板保持水平。屋面板安装时,应自两边檐口左右对称地逐块铺向屋脊,避免屋架承半边荷载。屋面板就位后,应立即进行电焊固定。

第六节　其他混凝土施工

一、碾压混凝土

(一)碾压混凝土的材料

1.水泥

碾压混凝土一般掺掺合材料,水泥应优先采用硅酸盐水泥和普通水泥。

2.掺合材料

掺合材料一般采用粉煤灰,它可改善碾压混凝土的和易性和降低水化热温升。粉煤灰的作用一是填充骨料的空隙,二是与水泥水化反应的生成物进行二次水化反应,其二次水化反应进程较慢,所以一般碾压混凝土设计龄期常为 90 d、180 d,以利用后期强度。

3.骨料

碾压混凝土所用骨料同普通混凝土,其中粗骨料最大粒径的选择应考虑骨料级配、碾压机械、铺料厚度和混凝土拌和物分离等因素,一般不超过 80 mm。

4.外加剂和拌和水

碾压混凝土采用的外加剂和拌和水同普通混凝土。

(二)碾压混凝土拌和物的性质

1.碾压混凝土的稠度

碾压混凝土为干硬性混凝土,在一定的振动条件下,碾压混凝土达到一个临界时间后混凝土迅速液化,这个临界时间称为稠度(VC 值,单位:s)。稠度是碾压混凝土拌和物的一个重要特性,对不同振动特性的振动碾和不同的碾压层厚度应有与之相适应的混凝土稠度,方能保证混凝土的质量。影响 VC 值的因素有以下几个:①用水量;②粗骨料用量及特性;③砂率及砂性质;④粉煤灰品质;⑤外加剂。

2.碾压混凝土的表观密度

碾压混凝土的表观密度一般指振实后的表观密度。它随着用水量和振动时间不同而变化,对应最大表观密度的用水量为最优用水量。施工现场一般用核子密度仪测定碾压混凝土的表观密度来控制碾压质量。

3.碾压混凝土的的离析性

碾压混凝土的离析有两种形式:一是粗骨料从拌和物中分离出来,一般称为骨料分离;二是水泥浆或拌和水从拌和物中分离出来,一般称为泌水。

1)骨料分离

由于碾压混凝土拌和物干硬、松散,灰浆黏附作用较小,极易发生骨料分离。分离的混凝土均匀性与密实性较差,层间结合薄弱,水平碾压缝易漏水。

碾压混凝土施工时改善骨料分离的技术措施有以下几项:①优选抗分离性好的混凝土混合比;②多次薄层铺料一次碾压;③减少卸料、装车时的跌落和堆料高度;④采用防止或减少分离的铺料和平仓方法;⑤各机构出口设置缓冲设施。

2)泌水

泌水主要是在碾压完成后,水泥及粉煤灰颗粒在骨料之间的空隙中下沉,水被排挤上升,从混凝土表面析出。泌水使混凝土上层水分增加,水胶比增大,强度降低,而下层正好相反,这样同一层混凝土上弱下强,均匀性较差;减弱上下层之间的层间结合;为渗水提供通道,降低了结构的抗渗性。为减少泌水,混凝土配合比设计时予以控制,拌和时严格按要求配料,运输和卸料时采取措施以防泌水。

(三)碾压混凝土坝施工

碾压混凝土坝的施工一般不设与坝轴线平行的纵缝,而与坝轴线垂直的横缝是在混凝土浇筑碾压后尚未充分凝固时用切割混凝土的方法设置,或者在混凝土摊铺后用切缝机压入锌钢片形成横缝。碾压混凝土坝一般在上游面设置常态混凝土防渗层,防止内部碾压混凝土的层间渗透;有防冻要求的坝,下游面亦用常态混凝土;为提高溢流面的抗冲耐磨性能,一般也采用强度等级较高的抗冲耐磨常态混凝土,形成"金包银"的结构形式,为了增大施工场面,避免施工干扰,增加碾压混凝土在整个混凝土坝体方量中的比重,应尽量减少坝内孔洞,少设廊道。

碾压混凝土坝的施工工艺程序为:初浇层铺砂浆→汽车运输入仓→平仓机平仓→振动压实机压实→振动切缝机切缝→切完缝再沿缝无振碾压两遍。

1.混凝土拌和

碾压混凝土的拌和采用双锥形倾翻出料搅拌机或强制式搅拌机。拌和时间较普通混凝土要延长。

对开始拌和出机的碾压混凝土应加强监控,应尽量连续作业,以保证其 RCC 拌和物的质量。

配料、拌和过程中出现漏水、漏液和电子秤飘移时,应及时检修,严重影响混凝土质量时应临时停机修理。

2.混凝土运输

碾压混凝土的运输常用以下几种方式:①自卸汽车直接运料至坝面散料;②缆机吊运立罐或卧罐入仓;③皮带机运至坝面,用摊铺机或推土机铺料。

3.仓面作业

仓面上施工的所有设备,应放在暂不施工时均应停放在不影响施工或现场指挥员指定的位置上,进入仓面的其他人员,行走路线或停留位置不得影响正常施工。

仓面施工的整个过程均应保持仓面的干净,无杂物、油污。凡进入碾压混凝土施工仓面的人员,都必须将鞋子黏着的泥土、油污清理干净,禁止向仓面抛撒任何杂物。仓面在碾压混凝土不断上升过程中的模板施工中,立模人员必须把木屑、马丁或钉子及时清除仓外,以免影响混凝土质量和损坏入仓汽车的轮胎。

1)浇筑面处理

碾压混凝土的浇筑面要除去表面浮皮、浮石和清除其他杂物,用高压水冲洗干净。在准备好的浇筑面上铺上砂浆或小石混凝土,然后摊铺混凝土。砂浆或小石混凝土的摊铺范围以 1~2 h 内能浇筑完混凝土的区域为准。

洒铺水泥浆时,应做到洒铺区内干净,无积水。洒铺的水泥浆体不宜过早,应在该条带卸料之前分段进行,不允许洒铺水泥浆后,长时间未覆盖混凝土。水泥浆铺设应均匀,不漏铺,沿上游模板一线应适当地铺厚一些,以增强层间结合的效果。

2)卸料与平仓

卸料平仓方向与坝轴线平行。

平仓厚度由碾压混凝土的浇筑仓面大小及碾压厚度决定。铺料厚度控制在允许偏差范围内,一般控制在±3 cm以内;即每层摊铺厚度为(35±3)cm,压实厚度为30 cm左右。开仓前,将各层铺料层高控制线(高度35 cm)用红油漆标在先浇混凝土面、左侧岸坡坡面及模板(模板安装校正完成后,涂刷脱模剂之前)上,每5 m距离标出一排摊铺厚度控制线,以便控制铺料厚度。摊铺线标识比要求摊铺厚度线高出2 cm,实际施工则要求露出摊铺标识线1~2 cm。

严格控制摊铺面积,保证下层混凝土在允许层间间隔时间内摊铺覆盖,并根据周边平仓线进行拉线检查,如有超出规定值的部位,必须重新平仓,局部不平的采用人工辅助铺平。

预埋件如止水片(带)、观测仪器、模板、集水井等周边采用人工铺料,以免使预埋件损坏或移位。

汽车在碾压混凝土仓面行驶时,应平稳慢行,避免在仓内急刹车、急转弯等有损已施工混凝土质量的操作。汽车在仓面的卸料位置由仓面现场指挥持旗指定,司机必须服从指挥,卸料方法应采用二次卸料在平仓条带上。

必须严格控制靠模板条带的卸料与平仓。卸料堆边缘与模板距离不应小于1 m。与模板接触带采用人工铺料,反弹后集中的骨料必须分散开。

卸料平仓时应严格控制二级配混凝土和三级配混凝土的分界线,其误差不得超过1 m。

3)混凝土振动碾压

混凝土的碾压采用振动碾,在振动碾碾压不到之处用平板振动器振动。碾压厚度和碾压遍数综合考虑配合比、硬化速度、压实程度、作业能力、温度控制等,通过试验确定。

振动碾作业的行走速度一般采用1~1.5 km/h。碾压方向在上游迎水面2~6 m范围防渗区混凝土碾压方向一定要垂直水流方向,其余部位碾压方向同卸料平仓方向,碾压混凝土采用逐条带搭接法碾压,碾压条带间的搭接宽度为10~20 cm,接头部位重叠碾压宽度1.0~3.0 m。碾压层内铺筑条带边缘,碾压时预留20~30 cm宽度与下一条带同时碾压。对条带的开始和结束部位必须进行补碾。两条碾压条带间因碾压作业形成的高差,一般应采取无振慢速碾压1~2遍做压平处理。每次碾压作业开始后,应派人对局部石集中的片区,及时摊铺碾压混凝土拌和物的细料,以消除局骨料集中和架空。碾压混凝土从拌和至碾压完毕,要求2 h内完成,不允许入仓或平仓后的碾压混凝土拌和物长时间暴露,以免VC值的损失。碾压混凝土的层间允许间隔时间必须控制在混凝土的初凝时间以内。

碾压时以碾具不下沉、混凝土表面水泥浆上浮等现象来判定。当用表面型核子密度仪测得的表观密度达到规定指标时,即可停碾。

4)成缝工艺

大坝横缝采用先碾后切方式。碾压试验切缝采用切缝机进行切缝,具体工艺要求如下:

(1)放线。切缝前,先测量定位,拉线,沿定位线切缝,以利混凝土成缝整齐。

(2)切缝时段。每一碾压层碾压完毕、经检测合格后,切缝机按照缝面线进行切缝,宜在混凝土初凝前完成。

(3)切缝深度。切缝深度控制在25 cm左右(压实厚度为30 cm),不允许将碾压层切透。

（4）填缝。成缝后，缝内人工填塞干砂，并用钢钎（钢棒）分层捣实，填充物距压实面 1～2 cm；填砂过程中，不得污染仓面。

5）变态混凝土施工工艺

（1）铺料。采用平仓机（推土机）辅以人工分两次摊铺平整，顶面低于碾压混凝土面 3～5 cm；变态混凝土应随着碾压混凝土浇筑逐层施工，层厚与碾压混凝土相同。相邻部位碾压混凝土与变态混凝土施工顺序为先施工碾压混凝土，后施工变态混凝土。

（2）加浆。变态混凝土加浆是一道极其关键的施工工艺，直接关系到变态混凝土质量。主要控制以下两个环节：①加浆方式。可采用顶部"挖槽"加浆法或底部加浆法等施工，以达到加浆的均匀性。②定量加浆。目前主要采用"容器法"人工定量加浆，存在人为影响因素和难以有效控制的缺点，应加强控制。

加浆方式：在已经摊铺好的碾压混凝土上（变态混凝土部位上）由人工采用钉耙挖槽形成或摊铺碾压混凝土时就摊铺成稍低的槽状。

（3）加浆量标准。加浆量按混凝土体积的 6.0% 控制，变态混凝土坍落度控制在 3 cm 以内。灰浆洒铺应均匀、不漏铺，洒铺时不得向模板直接洒铺，溅到模板上的灰浆应立即处理干净。

（4）振捣。采用 ϕ100 mm 高频振捣器按梅花型线路有序振捣；止水片、埋件、仪器周边采用 ϕ50 mm 软轴式振捣器振捣密实。灰浆掺入混凝土内 10～15 min 后开始振捣，加浆到振捣完毕控制在 40 min 内，振捣应插入下层混凝土 5～10 cm。止水部位仔细振捣，以免产生渗水通道，同时注意避免止水变位。

（5）为保证碾压混凝土与变态混凝土区域的良好结合，在变态混凝土振捣完成后，与碾压混凝土结合部位搭接 20 cm（搭接宽度应大于 20 cm），再用手扶式振动碾进行骑缝碾压平整（无振碾 1～2 遍）。

（6）输送灰浆时，应与变态混凝土施工速度相适应，防止浆液沉淀和泌水。

6）异种混凝土施工工艺

异种混凝土结合，即不同类别的两种混凝土相结合，如碾压混凝土与常态混凝土的结合、变态混凝土与常态混凝土的结合等。

（1）常态混凝土与碾压混凝土交叉施工，按先碾压后常态的步骤进行。两种混凝土均应在常态混凝土的初凝时间内振捣或碾压完毕。

（2）对于异种碾压混凝土结合部，采用高频插入式振捣器振捣后，再用大型振动碾进行骑缝碾压 2～3 遍或小型振动碾碾压 25～28 遍。

7）层、缝面处理

碾压混凝土施工存在着许多碾压层面和水平施工缝面，而整个碾压混凝土块体必须浇筑得充分连续一致，使之成为一个整体，不出现层间薄弱面和渗水通道。为此，碾压混凝土层面、缝面必须进行必要的处理，以提高碾压混凝土层缝面结合质量。

（1）碾压混凝土层面处理。

碾压混凝土层面处理是解决层间结合强度和层面抗渗问题的关键，层面处理的主要衡量标准（尺度）是层面抗剪强度和抗渗指标。不同的层面状况、不同的层间间隔时间及质量要求采用不同的层面处理方式。

正常层面处理（上层碾压混凝土在允许层间间隔时间之内浇筑上层碾压混凝土的层

面)要求如下：①避免层面碾压混凝土骨料分离状况，不让大骨料集中在层面上，以免被压碎后形成层间薄弱面和渗漏通道。②层面产生泌水现象时，应立即人工用桶、瓢等工具将水排出，并控制 VC 值。③如出现表面失水现象，应采用仓面喷雾或振动碾轮洒水湿润。④如碾压完毕的层面被仓面施工机械扰动破坏，立即整平处理并补碾密实。⑤对于上游防渗区域的碾压混凝土层面在铺筑上层碾压混凝土前铺一层水泥净浆。⑥碾压混凝土层面保持清洁，如被机械油污染的挖除被污染的碾压混凝土，重新铺筑碾压密实。⑦防止外来水流入层面，并做好防雨工作。

超过终凝时间的碾压混凝土层面称为冷缝，间隔时间在 24 h 以内，仍以铺砂浆垫层的方式处理；间隔时间超过 24 h，视同冷缝，按施工缝面处理。

检验碾压混凝土层面质量的简易方法为钻孔取芯样，对芯样获得率、层面折断率、密度、外观等质量进行评定。通过芯样试件的抗剪试验得到抗剪强度，通过孔内分段压水试验检验层、缝面的透水率。

(2)碾压混凝土缝面处理。

碾压混凝土缝面处理是指其水平施工缝和施工过程中出现的冷缝面的处理。碾压混凝土水平施工缝是指施工完成一个碾压混凝土升程后而做一定间歇产生的碾压混凝土缝面。碾压混凝土缝面是坝体的薄弱面，容易成为渗水通道，必须严格处理，以确保缝面结合强度和提高抗渗能力。碾压混凝土缝面处理方法与常态混凝土相同。

8)表面养护及保护工艺

(1)水平施工间歇面或冷缝面养护至下一层混凝土开始浇筑，侧面永久暴露面养护时间不低于 28 d，棱角部位必须加强养护。

碾压混凝土因为存在二次水化反应，养护时间比普通混凝土更长，养护时间应符合设计或规范规定的时间。混凝土停止浇筑后，采用全仓面旋转式喷雾降温，坝面均采用喷淋养生，当仓内温度低于 15 ℃时喷雾停止。另外，对喷雾头要采取措施防止形成水滴淌在混凝土面上，确保雾状。

(2)连续铺筑施工的层面不进行湿养护，如果表层干燥，可用喷雾机或冲毛机适当喷雾，以改善小环境的气候。

(3)低温季节进行碾压混凝土施工时，每层碾压完成应及时铺盖保温材料进行防护。

(4)碾压混凝土施工过程中应做好防风、雨、雪措施。

(5)道路入仓口位置的填筑碎石顶面再用铺垫钢板等措施进行防护，以减少运输设备对边角部位混凝土的频繁扰动。

(6)混凝土强度未达到 4.5 MPa 前运输设备不得碾压混凝土表面，如果必须碾压，必须铺垫钢板或垫石渣进行防护。

二、泵送混凝土

(一)泵送混凝土的配合比

泵送混凝土除满足普通混凝土有关要求外，还应具备可泵性。可泵性与胶凝材料类型、砂级配及砂率、石子颗粒大小及级配、水灰比及外加剂品种与掺量等因素有关。

1.原材料要求

1)胶凝材料

(1)水泥。采用保水性好的水泥。泵送混凝土可选用硅酸盐水泥、普通水泥、矿渣水泥、粉煤灰水泥,不宜采用火山灰水泥。泵送大体积混凝土时,应选用水化热低的水泥。

(2)粉煤灰。为节约水泥,保证混凝土拌和物具有必要的可泵性,在配制泵送混凝土时可掺入一定数量粉煤灰。粉煤灰质量应符合标准。

泵送混凝土的用水量与水泥及矿物掺和料的总量之比不宜大于 0.60,水泥和矿物掺合料的总量不宜小于 300 kg/m³,砂率宜为 35%~45%,掺用引气型外加剂时,其混凝土含气量不宜大于 4%。胶凝材料用量建议采用表 5-26 中的数据。

表 5-26　泵送混凝土胶凝材料用量最小值　　　　　　　　　（单位:kg/m³）

泵送条件	输送管直径(mm)			输送管水平折算距离(m)		
	100	125	150	<60	60~150	>150
胶凝材料用量	300	290	280	280	290	300

2)骨料

粗骨料的最大粒径与输送管径之比,当泵送高度在 50 m 以下时,对碎石不宜大于1:3,对卵石不宜大于 1:2.5;泵送高度在 50~100 m 时,对碎石不宜大于 1:4,对卵石不宜大于1:3;泵送高度在 100 m 以上时,对碎石不宜大于 1:5,对卵石不宜大于 1:4。粗骨料应采用连续级配,且针片状颗粒含量不宜大于 10%。宜采用中砂,其通过 0.315 mm 筛孔的颗粒含量不应小于 15%。

3)外加剂

为节约水泥及改善可泵性,常采用减水剂及泵送剂。泵送混凝土适用于需要采用泵送工艺混凝土的高层建筑,超缓凝泵送剂用于大体积混凝土,含防冻组分的泵送剂适用于冬季施工混凝土。

2.坍落度

规范要求进泵混凝土拌和物坍落度一般宜为 8~14 cm。但如果石子粒径适宜、级配良好、配合比适当,坍落度为 5~20 cm 的混凝土也可泵送。当管道转弯较多时,由于弯管、接头多,压力损失大,应适当加大坍落度。向下泵送时,为防止混凝土因自重下滑而引起堵管,坍落度应适当减小。向上泵送时,为避免过大的倒流压力,坍落度亦不能过大。

(二)泵送混凝土施工

1.施工准备

1)混凝土泵的安装

(1)混凝土泵安装应水平,场地应平坦坚实,尤其是支腿支承处。严禁左右倾斜和安装在斜坡上,如地基不平,应整平夯实。

(2)应尽量安装在靠近施工现场。若使用混凝土搅拌运输车供料,还应注意车道和进出方便。

(3)长期使用时需在混凝土泵上方搭设工棚。

(4)混凝土泵安装应牢固:①支腿升起后,插销必须插准并锁紧并防止振动松脱。②布管后应在混凝土泵出口转弯的弯管和锥管处,用钢钎固定。必要时还可用钢丝绳固定在地面上,如图 5-104 所示。

2) 管道安装

泵送混凝土布管,应根据工程施工场地特点、最大骨料粒径、混凝土泵型号、输送距离及输送难易程度等进行选择与配置。布管时,应尽量缩短管线长度,少用弯管和软管;在同一条管线中,应采用相同管径的混凝土管;同时采用新、旧配管时,应将新管布置在泵送压力较大处,管线应固定牢靠,管接头应严密,不得漏浆;应使用无龟裂、无凸凹损伤和无弯折的配管。

(1) 混凝土输送管的使用要求。①管径。输送管的管径取决于泵送混凝土粗骨料的最大粒径。如表 5-27 所示。②管壁厚度。管壁厚度应与泵送压力相适应。使用管壁太薄的配管,作业中会产生爆管,使用前应清理检查。太薄的管应装在前端出口处。

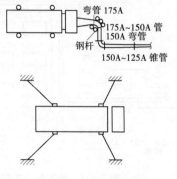

图 5-104　混凝土泵的安装固定

表 5-27　泵送管道及配件

类别		单位	规格
直管	管径	mm	100、125、150、175、200
	长度	m	4、3、2、1
弯管	水平角		15°、30°、45°、60°、90°
	曲率半径	m	0.5、1.0
锥形管		mm	200→175、175→150、150→125、125→100
布料管	管径	mm	与主管相同
	长度	mm	约 6 000

(2) 布管。混凝土输送管线宜直,转弯宜缓,以减少压力损失;接头应严密,防止漏水漏浆;浇筑点应先远后近(管道只拆不接,方便工作);前端软管应垂直放置,不宜水平布置使用。如需水平放置,切忌弯曲角过大,以防爆管。管道应合理固定,不影响交通运输,不搞乱已绑扎好的钢筋,不使模板振动;管道、弯头、零配件应有备品,可随时更换。垂直向上布管时,为减轻混凝土泵出口处压力,宜使地面水平管长度不小于垂直管长度的 1/4,一般不宜少于 15 m。如条件限制,可增加弯管或环形管满足要求。当垂直输送距离较大时,应在混凝土泵机"Y"形管出料口 3~6 m 处的输送管根部设置销阀管(亦称插管),以防混凝土拌和物反流,如图 5-105 所示。

斜向下布管时,当高差大于 20 m 时,应在斜管下端设置 5 倍高差长度的水平管;如条件限制,可增加弯管或环形管满足以上要求,如图 5-106 所示。

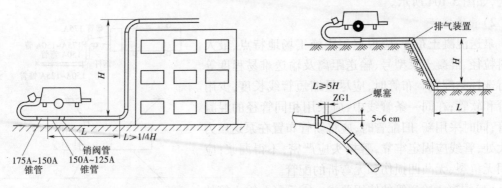

图 5-105　垂直向上布管　　　　　　　　图 5-106　倾斜向下布管

当坡度大于 20°时,应在斜管上端设排气装置。泵送混凝土时,应先把排气阀打开,待输送管下段混凝土有了一定压力时,方可关闭排气阀。

3)混凝土泵空转

混凝土泵压送作业前应空运转,方法是将排出量手轮旋至最大排量,给料斗加足水空转 10 min 以上。

4)管道润滑剂的压送

混凝土泵开始连续泵送前要对配管泵送润滑剂。润滑剂有砂浆和水泥浆两种,一般常采用砂浆。砂浆的压送方法如下:

(1)配好砂浆。按设计配合比配制好砂浆。

(2)将砂浆倒入料斗,并调整排出量手轮至 $20\sim 30$ m^3/h 处,然后进行压送。当砂浆即将压送完毕时,即可倒入混凝土,直接转入正常压送。

(3)砂浆压送时出现堵塞时,可拆下最前面的一节配管,将其内部脱水块取出,接好配管,即可正常运转。

2.混凝土的压送

1)混凝土压送

开始压送混凝土时,应使混凝土泵低速运转,注意观察混凝土泵的输送压力和各部位的工作情况,在确认混凝土泵各部位工作正常后,才提高混凝土泵的运转速度,加大行程,转入正常压送。

如管路有向下倾斜下降段,要将排气阀门打开,在倾斜段起点塞一个用湿麻袋或泡沫塑料球做成的软塞,以防止混凝土拌和物自由下降或分离。塞子被压送的混凝土推送,直到输送管全部充满混凝土后,关闭排气阀门。

正常压送时,要保持连续压送,尽量避免压送中断。静停时间越长,混凝土分离现象就会越严重。当中断后再继续压送时,输送管上部泌水就会被排走,最后剩下的下沉粗骨料就易造成输送管的堵塞。

泵送时,受料斗内应经常有足够的混凝土,防止吸入空气造成阻塞。

2)压送中断措施

浇灌中断是允许的,但不得随意留施工缝。浇灌停歇压送中断期内,应采取一定的技术措施,防止输送管内混凝土离析或凝结而引起管路的堵塞。压送中断的时间,一般应限制在1 h 之内,夏季还应缩短。压送中断期内混凝土泵必须进行间隔推动,每隔 4~5 min 一次,每次进行不少于 4 个行程的正、反转推动,以防止输送管的混凝土离析或凝结。如泵机停机时间超过 45 min,应将存留在导管内的混凝土排出,并加以清洗。

3)压送管路堵塞及其预防、处理

(1)堵管原因。在混凝土压送过程中,输送管路由于混凝土拌和物品质不良、可泵性差、输送管路配管设计不合理、异物堵塞、混凝土泵操作方法不当等原因,常常造成管路堵塞。坍落度大、黏滞性不足、泌水多的混凝土拌和物容易产生离析,在泵压作用下,水泥浆体容易流失,而粗骨料下沉后推动困难,很容易造成输送管路的堵塞。在输送管路中混凝土流动阻力增大的部位(如"Y"形管、锥形管及弯管等部位)也极易发生堵塞。

向下倾斜配管时,当下倾配管下端阻压管长度不足,在使用大坍落度混凝土时,在下倾管处,混凝土会呈自由下流状态,在自流状态下混凝土易发生离析而引起输送管路的堵塞。由于对进料斗、输送管检查不严及压送过程中对骨料的管理不良,使混凝土拌和物中混入了大粒径的石块、砖块及短钢筋等而引起管路的堵塞。

混凝土泵操作不当,也易造成管路堵塞。操作时要注意观察混凝土泵在压送过程中的工作状态。压送困难、泵的输送压力异常及管路振动增大等现象都是堵塞的先兆,若在这种异常情况下,仍然强制高速压送,就易造成堵管。堵管原因如表 5-28 所示。

表 5-28 输送管堵塞原因

项目	堵塞原因
混凝土拌和物质量	1.坍落度不稳定; 2.砂用量较少; 3.石料粒径、级配超过规定; 4.搅拌后停留时间超过规定; 5.砂石分布不匀
泵送管道	1.使用了弯曲半径太小的弯管; 2.使用了锥度太大的锥形管; 3.配管凹陷或接口未对齐; 4.管子和管接头漏水
操纵方法	1.混凝土排量过大; 2.待料或停机时间过长
混凝土泵	1.滑阀磨损过大; 2.活塞密封和输送缸磨损过大; 3.液压系统调整不当,动作不协调

(2)堵管的预防。防止输送管路堵塞,除混凝土配合比设计要满足可泵性的要求,配管设计要合理,加强混凝土拌制、运输、供应过程的管路确保混凝土的质量外,在混凝土压送时,还应采取以下预防措施:①严格控制混凝土的质量。对和易性和匀质性不符合要求的混凝土不得入泵,禁止使用已经离析或拌制后超过 90 min 而未经任何处理的混凝土。②严格

按操作规程的规定操作。在混凝土输送过程中,当出现压送困难、泵的输送压力升高、输送管路振动增大等现象时,混凝土泵的操作人员首先应放慢压送速度,进行正、反转往复推动,辅助人员用木锤敲击弯管、锥形管等易发生堵塞的部位,切不可强制高速压送。

(3)堵管的排除。堵管后,应迅速找出堵管部位,及时排除。首先用木锤敲击管路,敲击时声音闷响说明已堵管。待混凝土泵卸压后,即可拆卸堵塞管段,取出管内堵塞混凝土。然后对剩余管段进行试压送,确认再无堵管后,才可以重新接管。

重新接入管路的各管段接头扣件的螺栓先不要拧紧(安装时应加防漏垫片),应待重新开始压送混凝土,把新接管段内的空气从管段的接头处排尽后,方可把各管段接头扣件的螺丝拧紧。

三、水下混凝土

在陆上拌制而在水下浇筑(灌注)和凝结硬化的混凝土,称为水下浇筑混凝土。水下浇筑混凝土可用导管法、泵压法、开底容器法、倾注法、装袋叠层法等施工方法。导管(包括刚性导管和柔性导管)法和泵压法使用较为普遍,适用于不同深度的静水区及大规模水下工程浇筑。开底容器法适用于混凝土量少的零星工程。倾注法适用于水深小于 2 m 的浅水区。装袋叠层法适用于整体性要求较低的抢险堵漏工程。

(一)水下混凝土组成材料

水下混凝土分为普通水下混凝土和水下不分散混凝土两种。水下浇筑混凝土主要依靠混凝土自身质量流动摊平,靠混凝土自身质量及水压密实,并逐渐硬化,具有强度。因此,水下浇筑混凝土具有较大的坍落度、较好的黏聚性,以便于施工并防止骨料分离。

用导管法浇筑的混凝土,其粗骨料最大粒径小于导管直径的 1/4,拌和物坍落度宜达到 150~200 mm;用泵压法施工的混凝土,其粗骨料最大粒径宜小于管径的 1/3,拌和物坍落度应达 120~150 mm。为了使拌和物具有较好的黏聚性,防止骨料分离,水下浇筑混凝土的砂率宜较大,一般为 40%~47%。为了保证混凝土拌和物的黏聚性和其在水下的不分散性,掺用某些高分子水溶性酯类外加剂,可配制出水下不分散混凝土。

(二)导管法施工

在灌注桩、地下连续墙等基础工程中,常要直接在水下浇筑混凝土。其方法是利用导管输送混凝土并使之与环境水隔离,依靠管中混凝土的自重,压管口周围的混凝土在已浇筑的混凝土内部流动、扩散,以完成混凝土的浇筑工作。

(三)压浆混凝土施工

压浆混凝土又称预填骨料压浆混凝土,它是将组成混凝土的粗骨料预先填入立好的模板中,尽可能振实以后,再利用灌浆泵把水泥砂浆压入,凝固而成结石。这种施工方法适用于钢筋稠密、预埋件复杂、不容易浇筑和捣固的部位。也可以用在混凝土缺陷的修补和钢筋混凝土的加固工程。洞室衬砌封拱或钢板衬砌回填混凝土时,用这种方法施工,可以明显减轻仓内作业的工作强度和干扰。

压浆混凝土的粗骨料一般宜采用多级中断级配,最大粒径尽可能采用最大值,最小一级的粒径不得小于 2 mm,保持适当的空隙以便压浆。砂料宜使用细砂,其细度模数最好控制在 1.2~2.4,大于 2.5 mm 的颗粒应予筛除。

压浆混凝土的配合比,应根据预先用试验方法求得的压浆混凝土强度与砂浆强度的关系确定,然后根据砂浆的要求强度确定砂浆的配合比。压浆混凝土的砂浆应具有良好的和易性和相当的流动度。为改善和易性,应掺入粉煤灰等活性掺合料及减水剂等。为使砂浆在初凝前略产生膨胀,还可以掺入适量的膨胀剂。

采用压浆混凝土施工,应从工程的最下部开始,逐渐上升,而且不得间断。灌浆压力一般采用 2~5 个大气压;砂浆的上升速度以保持在 50~100 cm/h 为宜。

压浆管在填放粗骨料时同时埋入,而且还应同时埋设观测管,以便观测施工中砂浆的上升情况。管路布置时,应尽可能缩短管道长度和减少弯角。压浆管的内径一般为 2.5~3.8 cm,间距为 1.5~2.0 m。砂浆的输送,可以采用柱塞式或隔膜式灰浆泵。为防止粗粒料混入,砂浆入泵口应设置 5 mm×5 mm 筛孔的过滤筛子。

为检查压浆混凝土的质量,在达到设计龄期后,可钻取混凝土芯进行混凝土的物理力学性能试验。

压浆混凝土施工不需掺粗骨料进行搅拌,可以减少拌和量 50% 以上。由于粗骨料互相接触形成骨架,能减少水泥砂浆用量,因而可以使干缩减少。这种方法适宜于水下混凝土浇筑,浇筑的水泥砂浆从底部逐层向上挤,可以把水挤走,容易保证质量。用于维修工程,如果在砂浆中加入膨胀剂,可以使接触面很好黏结。存在的问题是早期强度较低,模板工程要求质量高;否则,会造成漏浆,影响质量。

(四)水下不分散混凝土施工

水下不分散混凝土,就是掺入混凝土外加剂——絮凝剂后具有水下抗分散性的混凝土,它着眼于混凝土本身性质的改善,在尚未硬化的状态下即使受到水的冲刷也不分散,并能在水下形成优质、均匀的混凝土体。

1.混凝土搅拌

水下不分散混凝土的搅拌方式有两种,一种是将絮凝剂与水泥、骨料等同时加入进行搅拌;另一种是将絮凝剂与其他材料一起进行干拌,而后再加水搅拌。搅拌时间,根据所用搅拌机的形式及絮凝剂的种类有所不同。例如,强制搅拌机须 1~3 min,可倾式搅拌机须 1~6 min。

2.运输及浇筑

由于水下不分散混凝土的黏稠性强,与普通混凝土相比,在运输及浇筑中造成材料离析及和易性等的变化较小,同时水下不分散混凝土的抗分散性较好,不易产生因骨料离析而引起的堵泵、卡管现象。因此,水下浇筑混凝土,适于使用混凝土导管、混凝土泵以及开底容器浇注。

水下不分散混凝土应连续浇筑。当施工过程中不得不停顿时,续浇的时间间隔不宜超过水下不分散混凝土初凝时间。

当水下混凝土表面露出水面后再用普通混凝土继续浇筑时,应将先浇筑的水下不分散混凝土表面上的残留水分除掉,并趁着该混凝土还有流动性时立即续浇普通混凝土。此时,应将普通混凝土振实。

四、自密实混凝土

自密实混凝土是高性能混凝土的一种,混凝土拌和物具有很高的流动性而不离散、不泌水,能靠自重自行填充模板内空间,且对于密集的钢筋和形体复杂的结构都具有良好的填充性,能在不经振捣(或略作插捣)的情况下,形成密实的混凝土结构,并且具有良好的力学性能和耐久性能。

(一)自密实混凝土拌和物

自密实混凝土使用新型混凝土外加剂和掺用大量的活性细掺合料,通过胶结料、粗细骨料的选择与搭配,进行精心的配合比设计,使混凝土的屈服应力减少到适宜范围,同时又具有足够的塑性黏度,使骨料悬浮于水泥浆中,混凝土拌和物既具有高流动性,又不离析、泌水,在自重下填充模板内空间,并形成均匀、密实的结构。

1.自密实混凝土拌和物的工作性

自密实混凝土拌和物工作性包括流动性、抗离析性、间隙通过性和自填充性。这与一般普通混凝土拌和物的工作性要求是不同的。其中,自填充性是最终结果,其受流动性、抗离析性和间隙通过性的影响,更是间隙通过性好坏的必然结果,间隙通过性是混凝土拌和物抗堵塞的能力,受流动性、抗离析性的支配,且受混凝土外部条件(工程部位的配筋率、模板尺寸等)的影响,它是拌和物工作性的核心内容,而流动性和抗离析性是影响间隙通过性的主要因素。

1)坍落度试验

试验设备及方法与普通混凝土相同,唯一的区别在于一次装模,插捣 5 次。测试的指标有坍落度 S、坍落扩展度 D、坍落扩展速度(t_{d50}:坍落扩展至 50 cm 的时间),另外还要观察坍落扩展后的状态予以观察。

坍落度 S 和坍落扩展度 D 与屈服应力有关,反映了拌和物的变形能力和流动性。坍落扩展速度反映了拌和物的黏性,与塑性黏度相关;坍落扩展快,反映黏度小,反之,黏度大。

自密实混凝土的坍落度 S 一般应控制在 250~270 mm,不大于 280 mm;坍落扩展度 D 应控制在 550~750 mm;坍落扩展速度 t_{d50} 一般在 2~8 s;坍落扩展后,粗骨料应不偏于扩展混凝土的中心部位,浆体和游离水不偏于扩展混凝土的四周。

2)"倒坍落度筒"试验

它是利用倒置的坍落度筒测定筒内混凝土拌和物自由下落流出至排空的时间 t_s,作为衡量自密实混凝土拌和物可泵性的一种方法。这种方法试验条件简单、操作简便。

自密实混凝土的"倒坍落度筒"试验的 t_s 一般应控制在 3~12 s。

2.自密实混凝土的原材料

1)骨料

为了使自密实混凝土有好的黏聚性和流动性,砂浆的含量就较大,砂率就较大,并且为了减小用水量,细骨料宜选用细度模数大(2.7~3.2 mm)的偏粗中砂,砂子的含泥量和泥块含量也应很小。

2)外加剂

自密实混凝土由于其流动性高,黏聚性、保塑性好,水泥浆体丰富,拌制用水量就大,为了降低胶凝材料的用量和保证混凝土具有足够的强度,就必须掺用高效的混凝土减水剂,来降低用水量和水泥用量,以获得较低的水灰比,使混凝土结构具有所需要的强度。因此,高效的混凝土减水剂是配制自密实混凝土的一种关键原材料。另外,根据工程的实际情况,为了增加混凝土结构的密实性和耐久性,还可掺入一定量的混凝土膨胀剂。

3）胶凝材料

根据自密实混凝土的性能要求,适于配制自密实混凝土的胶凝材料应具有以下特性:①和外加剂相容性好,有较低需水性,能获得低水灰比下的流动性、黏聚性保塑性良好的浆体;②能提供足够的强度;③水化热低、水化发热速度小;④早期强度发展满足需要。由此可见,单一的水泥胶凝材料已无法满足要求,解决的途径是将水泥和活性细掺合料适当匹配复合来满足自密实混凝土对胶凝材料的需要。

3.自密实混凝土的配合比设计

自密实混凝土配合比首先要满足工作性能的需要,工作性能的关键是抗离析的能力和填充性,其次,混凝土凝结硬化后,其力学性能和耐久性指标也应满足结构的工作需要。

当具有很高流动性的混凝土拌和物流动时,在拥挤和狭窄的部位,粗大的颗粒在频繁的接触中很容易成拱,阻塞流动;低黏度的砂浆在通过粗骨料的空隙时,砂子很可能被阻塞在骨料之间,只有浆体或水通过间隙。因此,混凝土拌和物的堵塞行为是和离析、泌水密切相关的。流变性能良好的自密实混凝土拌和物应当具备两个要素,即较小的粗骨料含量和足够黏度的砂浆。其中粗骨料体积含量是控制自密实混凝土离析的一个重要因素。具有较少粗骨料含量的拌和物对流动堵塞有较高的抵抗力,但是粗骨料含量过小又会使混凝土硬化后的弹性模量下降较多并产生较大的收缩,因此在满足工作性要求的前提下,应当尽量增加粗骨料用量。一般 1 m³ 自密实混凝土中粗骨料的松散体积为 0.50~0.55 m³ 比较适宜。

（二）自密实混凝土的搅拌和运输

搅拌投料顺序为:投入粗骨料→细骨料→喷淋加水 W_1→水泥→掺合料→剩余水 W_2。搅拌 30 s 后加入高效减水剂,搅拌 90 s 后出料。

自密实混凝土的运送及卸料时间控制在 2 h 以内,以保证自密实混凝土的高流动性。

（三）自密实混凝土的浇筑和养护

1.浇筑

自密实混凝土浇筑时应控制好浇筑速度,不能过快。要防止过量空气的卷入或混凝土供应不足而中断浇筑。因为随着浇筑速度的增加,免振自密实混凝土比一般混凝土输送阻力的增加明显增大,且呈非线性增长,故为保证混凝土质量,浇筑时应保持缓和而连续的浇筑。

浇筑时在浇筑范围内尽可能减少浇筑分层（分层厚度取为 1 m）,使混凝土的重力作用得以充分发挥,并尽量不破坏混凝土的整体黏聚性。

2.养护

自密实混凝土浇筑完毕后,梁面采用无纺布进行覆盖,柱面采用双层塑料布包裹,以防止水分散失,终凝后立即洒水养护,不间断保持湿润状态。

养护时间不少于 28 d,混凝土表面与内部温差小于 25 ℃。

五、埋石及堆石混凝土施工

（一）埋石混凝土施工

混凝土施工中,为节约水泥,降低混凝土的水化热,常埋设大量块石。埋设块石的混凝土即称为埋石混凝土。

埋石混凝土对埋放块石的质量要求是:石料无风化现象和裂隙,完整,形状方正,并经冲洗干净风干。块石大小不宜小于 300~400 mm。

埋石混凝土的埋石方法采用单个埋设法,即先铺一层混凝土,然后将块石均匀地摆上,块石与块石之间必须有一定距离。

(1)先埋后振法。即铺填混凝土后,先将块石摆好,然后将振捣器插入混凝土内振捣。先埋后振法的块石间距不得小于混凝土粗骨料最大粒径的 2 倍。由于施工中有时块石供应赶不上混凝土的浇筑,特别是人工抬石入仓更难与混凝土铺设取得有节奏的配合,因此先埋后振法容易使混凝土放置时间过长,失去塑性,造成混凝土振动不良,块石未能很好地沉放于混凝土内等质量事故。

(2)先振后埋法。即铺好混凝土后即进行振捣,然后再摆块石。这样人工抬石比较省力,块石间的间距可以大大缩短,只要彼此不靠即可。块石摆好后再进行第二次的混凝土的铺填和振捣。

从埋石混凝土施工质量来看,先埋后振比先振后埋法要好,因为块石是借振动作用挤压到混凝土内去的。为保证质量,应尽可能不采用先振后埋法。

埋石混凝土块石表面凸凹不平,振捣时低洼处水分难于排出,形成块石表面水分过多;水泥砂浆泌出的水分往往集中于块石底部;混凝土本身的分离,粗骨料下降,水分上升,形成上部松散层;埋石延长了混凝土的停置时间,使它失去塑性,以致难于捣实。这些原因会造成块石与混凝土的胶结强度难以完全得到保证,容易造成渗漏事故。因此,迎水面附近 1.5 m 内,应用普通防渗混凝土,不埋块石;基础附近 1.0 m 内,廊道、大孔洞周围 1.0 m 内,模板附近 0.3 m 内,钢筋和止水片附近 0.15 m 内,都要采用普通混凝土,不埋块石。

(二)堆石混凝土施工

堆石混凝土是利用自密实混凝土的高流动、抗分离性能好以及自流动的特点,在粒径较大的块石(在实际工程中可采用块石粒径在 300 mm 以上)内随机充填自密实混凝土而形成的混凝土堆石体。它具有水泥用量少、水化温升小、综合成本低、施工速度快、良好的体积稳定性、层间抗剪能力强等优点,在筑坝试验中已取得了初步的成果。

1.堆石混凝土浇筑仓面处理

(1)基岩面要求:清除松动块石、杂物、泥土等,冲洗干净且无积水。对于从建基面开始浇筑的堆石混凝土,宜采用抛石型堆石混凝土施工方法。

(2)仓面控制标准:自密实混凝土浇筑宜以大量块石高出浇筑面 50~150 mm 为限,加强层面结合。

(3)无防渗要求部位:清洗干净无杂物,可简单拉毛处理。

(4)有防渗要求部位:需凿毛处理。无杂物,无乳皮或毛面,表面清洗干净、无积水。

2.入仓堆石要求

(1)堆石混凝土所用的堆石材料应新鲜、完整、质地坚硬,不得有剥落层和裂纹。堆石料粒径不宜小于 300 mm,不宜超过 1.0 m,当采用 150~300 mm 粒径的堆石料时应进行论证;堆石料最大粒径不应超过结构断面最小边长的 1/4、厚度的 1/2。

(2)堆石材料按照饱和抗压强度划分为 6 级,即不小于 80 MPa、70 MPa、60 MPa、50 MPa 和 40 MPa。

(3)堆石料含泥量、泥块含量应符合表 5-29 的指标要求。

表 5-29　堆石料指标要求

项目	含泥量	泥块含量
指标	≤0.5%	不允许

（4）码砌块石时,对入仓块石进行选择性摆放,并保证外侧块石与外侧模板之间空隙在 5~8 cm 为宜。

3.混凝土拌制

自密实混凝土一般采用硅酸盐水泥、普通硅酸盐水泥配制,其混凝土和易性、匀质性好,混凝土硬化时间短。一般水泥用量为 $350~450$ kg/m^3。一般掺用粉煤灰。选用高效减水剂或高性能减水剂,可使商品混凝土获得适宜的黏度和良好的黏聚性、流动性、保塑性。

自密实混凝土宜使用强制式拌和机,当采用其他类型的搅拌设备时,应根据需要适当延长搅拌时间。

4.混凝土浇筑

混凝土采用混凝土输送泵输送至仓面,对仓面较长的情况,按照 $3~4$ m 方块内至少设置一个下料点。为防止浇筑高度不一致对模板产生影响,必须保证平衡浇筑上升,并保证供料强度,以免下一铺料层在未初凝的情况下及时覆盖。

自密实混凝土平衡浇筑至表面出现外溢,块石满足 80%左右尖角出露 5 cm 以上为宜,以便下一仓面与之结合良好。

5.混凝土养护

堆石混凝土浇筑完成 72 h 后,模板方可拆除。采用清水进行喷雾养护,对低温天气,采用保温被覆盖养护,其养护时间不得低于 28 d。

六、模袋混凝土

土工模袋混凝土是将大流动性混凝土灌入铺设的模袋中,多余水分从织物空隙渗出后,固化形成的整体结构。模袋混凝土的模袋由土工合成材料缝制而成的连续或单独的双层袋状材料,层间以扣带和系绳相连。模袋混凝土采用大流动性混凝土。

（一）模袋加工和铺设

1.模袋加工

加工前应对用于加工模袋的土工合成材料进行检查验收。用于模袋加工的布料不允许有大于 0.5 cm 的破损、并列 2 根以上的断纱和缺纱等重大缺陷,对个别轻微缺陷点应用黏合胶修补好;模袋布的表面缺陷处理、模袋的规格尺寸和缝制质量应在出厂前检查合格。

模袋按其平面尺寸分为标准型和异型两种,标准型模袋的加工尺寸宜按设计坡长(宽度)分段(长度)加工,异型模袋的尺寸可根据地形测量的结果进行加工,并预留一定的伸缩量。

单幅模袋布在堤坝横断面方向上应整块制作加工,不准搭接或缝接,在堤坝轴线(纵向)方向采用包缝法拼接(二道锦纶线,针距≤7 mm),其宽度依据加工制作条件和施工条件而定,拼接缝制后强度不低于原织物强度的 60%。

模袋上下层的扣带间距应经现场试验确定,一般采用 20 cm×20 cm 为宜;系绳长度按照设计厚度绑扎。

每幅模袋设不少于 2 个充灌口,一般在平台靠斜坡边和斜坡上各设 1 个。每个充灌口应缝制一只袖口,缝制应采用叠加链型缝合法,用于与配套充灌管路可靠有效连接。充灌口位置、间距、袖口长、直径应符合设计要求。

2.模袋铺设

模袋铺设应按先上游后下游、先深水后浅水、先标准断面后异形断面的次序进行。模袋铺展应采用机械与人工结合。在浅水区(水深 1.0 m 内)或旱地用人工铺展;在水深超过 2.0 m 的水区以驳船或浮动平台机械铺设为主,由潜水员配合作业。

为提高模袋的抗滑稳定性,铺设时应将缝制好的模袋卷按单元顺序置于定位桩外侧,在模袋上缘穿管孔中穿入钢管后,通过拉紧装置与定位桩相连。

铺设模袋时,应充分考虑收缩余量,保证相邻模袋充分搭接准确覆盖。模袋铺设后应拉紧上缘固定绳索,并及时充填混凝土。

铺展模袋时,应边铺边压砂袋或碎石袋,对于受风浪影响较大的坡面,砂石袋宜用绳索连接成串,间距一般为 1~2 m。

铺设模袋的数量应比预计充灌的模袋多 1 个单元,以便与下一批铺设的模袋缝接。

相邻模袋应用双股线缝接紧密。接缝处底部铺设的土工织物滤层与模袋布搭接宽度不应小于 50 cm,并应顺直平整。

(二) 混凝土灌注

模袋混凝土应按先深水后浅水、先标准断面后异形断面的次序,由已充填的相邻模袋开始,沿自下而上,从两侧向中间的顺序,依次充填。顺水流方向宜采用先上游后下游的施工顺序开展。

充填宜采用低流量泵灌,泵灌速度宜为 10~15 m³/h,泵灌压力宜为 0.2~0.3 MPa。

充灌近饱满时,应暂停 5~10 min,待模袋中水分和空气析出后,再灌泵至饱满。

每幅模袋充灌应一次性连续完成,如因故中断,间歇时间应符合规范要求。

遇模袋内混凝土流动不畅,无法到达预定部位,或需找平时,在混凝土初凝前,可采用人工由上向下踩压混凝土处理。

水上模袋在充灌前应充分湿润,充灌后应立即将表面附着灰渣冲洗干净,混凝土终凝前人员不得进入,不得堆压物体。

水上模袋混凝土浇筑完毕后,应及时连续养护。养护时间不宜少于 28 d,养护期内应保持模袋表面湿润。

七、沥青混凝土

(一) 沥青混合料的制备与运输

1.原材料加热

桶装沥青宜采用沥青脱桶设备脱桶、脱水。沥青应采用导热油间接加热,沥青加热时应控制加热温度。熔化沥青时,加热罐的容积应留有余地。熔化的沥青应通过管道自流或用沥青泵送至保温罐。

沥青脱水温度应控制为 120 ℃±10 ℃,沥青加热温度应根据沥青混合料出机口温度确定,宜为 160 ℃±10 ℃。加热过程中,沥青针入度的降低不宜超过 10%。保温时间不宜超过

24 h。

骨料的烘干加热宜采用内热式加热滚筒进行,滚筒倾角可通过试验确定。

冷骨料应均匀连续地进入烘干加热筒加热。骨料的加热控制,应根据季节、气温的变化进行调整,骨料加热温度不应高出热沥青温度 20 ℃,宜为 160 ℃±10 ℃。

矿粉如需加热,加热温度宜为 70~90 ℃。

2.沥青混合料的配料

沥青混合料应根据试验室签发的配料单进行配料,矿料应以干燥状态的质量为准。

3.沥青混合料的拌和

在拌制沥青混合料前,应预先对拌和楼系统进行预热,拌和时拌和机内温度不应低于100 ℃。

拌制沥青混合料时,应先将骨料与填料干拌 15~25 s,再加入热沥青一起拌和。应拌和均匀,使沥青裹覆骨料良好。拌和时间应通过试验确定。

沥青混合料的出机口温度,应满足摊铺和碾压温度的要求。

4.沥青混合料的运输

沥青混合料运输应根据不同的工程,选择合适的运输方式。运料车辆的容积和数量,应与沥青混合料的拌和能力及摊铺机械的生产能力相适应。沥青混合料运输道路应具备足够的转弯半径,路面平整;应减少转运次数,缩短运输时间。

沥青混合料运输车辆应相对固定,并采取保温防漏措施。运输容器在使用前可涂刷一层防黏剂,防黏剂不得对沥青混合料有损害或起化学反应,其涂刷量由现场试验确定。运输容器停用时应及时清理干净。运输机具应保证沥青混合料在卸料、运输及转料过程中不发生离析、分层现象。在转运或卸料时,出口处沥青混合料自由落差应小于 1.5 m。

沥青混合料在斜坡上的运输,宜采用专用的斜坡喂料车;当斜坡长度较短或工程规模较小时,可由摊铺机直接运料或其他专用机械运输。

(二)沥青混凝土面板铺筑

1.基本要求

沥青混凝土面板一次铺筑的斜坡长度应根据施工条件、施工设备情况等确定,不宜超过120 m。当斜坡过长或有度汛拦洪要求时,可将面板沿斜坡按不同高程分区,每区按铺筑条带由一岸依次至另一岸。铺完一个工作区域后再铺上面相邻的区域。各区间的横向接缝应处理。

沥青混凝土面板铺筑应根据不同的施工条件,选择不同的机械。斜坡上的运料、摊铺、碾压机械宜采用移动式卷扬台车牵引;当采用其他方式牵引时,应锚定牵引设备,防止倾翻。大型机械不能铺筑的部位,可采用小型机械或人工铺筑。

沥青混合料摊铺机的料斗和振动碾的滚筒等宜涂刷防黏剂,所有沥青混合料施工机具用后应及时清理干净。

铺筑复式断面的排水层时,可先分段铺筑排水沥青混合料,再用防渗沥青混合料铺筑预留的隔水带。

2.垫层施工

在铺筑垫层前,应按设计要求对施工面进行整修和压实,对土质施工面应喷洒除草剂,其喷洒时间及喷洒量应通过试验确定。

垫层坡面应平整,在 2 m 长度范围内,碎石(或卵、砾石)垫层应小于 30 mm,垫层料的最大粒径、级配、细料含量等应满足设计要求。

碎石(或卵、砾石)垫层坡面按设计的粒料级配分层填筑压实。压实时用振动碾顺坡碾压,上行有振碾压,下行无振碾压,碾压遍数按设计的压实度要求通过碾压试验确定,其压实度或相对密度应满足设计要求。

铺筑沥青混合料前,应在垫层的表面喷涂一层乳化沥青或稀释沥青。一次喷涂面积应与沥青混合料的铺筑面积相适应。喷涂后,禁止人员、设备行走。待其干燥后,方可铺筑沥青混合料。

乳化沥青或稀释沥青的喷涂宜采用喷洒方式分条带进行。

3.沥青混合料的摊铺

沥青混凝土面板应按设计的结构分层,沿垂直坝轴线方向依摊铺宽度分成条带,由低处向高处摊铺。

沥青混合料的摊铺宜采用专用摊铺机,摊铺速度应满足施工强度和温度控制要求。最佳摊铺速度以 1~2 m/min 为宜,或通过现场试验确定。

沥青混合料的摊铺厚度应根据设计要求通过现场试验确定。当单一结构层厚度在 100 mm 以下时,可采用一层摊铺;大于 100 mm 时,应根据现场试验确定摊铺层数及摊铺厚度。

4.沥青混合料的碾压

沥青混合料应采用专用振动碾碾压,宜先用附在摊铺机后的小于 1.5 t 的振动碾或振动器进行初次碾压,待摊铺机从摊铺条幅上移出后,再用 3~6 t 的振动碾进行二次碾压。振动碾单位宽度的静碾重可按表 5-30 控制。若摊铺机没有初压设备,可直接用 3~6 t 的振动碾进行碾压。

表 5-30   单位宽度的静碾重

碾压类别	初次碾压	二次碾压
单位宽度碾重(kg/cm)	1~6	6~20

沥青混合料碾压时应控制碾压温度,初碾温度控制为 120~150 ℃,终碾温度控制为 80~120 ℃,最佳碾压温度应由试验确定。当没有试验成果时,可根据沥青的针入度按表 5-31 选用。气温低时,应选大值。

表 5-31   沥青混合料碾压温度   (单位:℃)

项目	针入度(0.1 mm)		一般控制范围
	60~80	80~120	
最佳碾压温度	150~145	135	
初次碾压温度	125~120	110	150~120
二次碾压温度	100~95	85	120~80

沥青混合料碾压工序应采用上行振动碾压、下行无振碾压,振动碾在行进过程中要保持匀速,不宜骤停骤起,振动碾滚筒应保持潮湿。碾压结束后,面板表面应进行无振碾压收光。

施工接缝处及碾压条带之间重叠碾压宽度应不小于 150 mm。

5.施工接缝与层间处理

防渗层铺设时应减少纵、横向接缝。采用分层铺筑时,各区段、各条带间的上下层接缝应相互错开。横缝的错距应大于 1 m,纵缝的错距应为条带宽度的 1/3~1/2。接缝宜采用斜面平接,夹角宜为 45°。

防渗层的施工接缝可按如下规定处理:

当已摊铺碾压完毕的条带接缝处的温度高于 80 ℃ 时,防渗层的施工接缝可直接摊铺,不需进行处理;当温度低于 80 ℃ 时按冷缝处理,应在接缝表面涂热沥青,并用红外线加热器烘烤至 100 ℃±10 ℃ 后再进行摊铺碾压;在新条带摊铺前,对受灰尘等污染的条带边缘施工接缝,应清扫干净;污染严重的应予清除;施工接缝新条带冷却后,可在接缝表面涂热沥青,再用红外线加热器烘烤后夯实压平。

使用加热器加热施工接缝时,其接缝表面温度应控制为 100 ℃±10 ℃,防止温度过高使沥青老化。对防渗层的施工接缝,应进行渗透性能检测。

上下层的施工间隔时间以不超过 48 h 为宜。当铺筑上一层时,下层层面应干燥、洁净。

防渗层上、下铺筑层之间应喷涂一薄层乳化沥青、稀释沥青或热沥青。当用乳化沥青或稀释沥青时,应待喷涂液(喷涂后 12~24 h)干燥后进行摊铺。

(三)沥青混凝土心墙铺筑

1.铺筑前的准备

沥青混凝土心墙施工前,对底部混凝土基座的连接面的处理应按设计要求施工。

坝基防渗工程的施工,除在廊道内进行帷幕灌浆外,宜在沥青混凝土施工前完成。心墙与坝基防渗工程必须同时施工时,应做好施工规划,合理布置场地,减少施工干扰。

2.模板

沥青混合料机械摊铺施工前,应调整摊铺机的钢模宽度以满足设计要求。

沥青混合料人工摊铺段宜采用钢模,并应保证心墙有效断面尺寸。

人工架设的钢模应牢固、拼接严密、尺寸准确、拆卸方便。钢模定位后的中心线距心墙设计中心线的偏差应小于±5 mm。

沥青混合料填入钢模前,应先进行过渡料预碾压。沥青混合料碾压之前,应先将钢模拔出并及时将表面黏附物清除干净。

3.过渡料铺筑

当采用专用摊铺机施工时,过渡料的摊铺宽度和厚度应由摊铺机自动调节。摊铺机无法摊铺的部位,应采用人工配合其他施工机械补铺。

人工摊铺段过渡料填筑前,应采用防雨布等遮盖心墙表面。遮盖宽度应超出两侧模板300 mm 以上。

心墙两侧的过渡层应对称铺填压实,以免钢模移动。距钢模边 150~200 mm 的过渡料应待钢模拆除后,与心墙同步碾压。

心墙两侧的过渡料应采用 3 t 以下的小型振动碾碾压。碾压遍数根据设计密度要求通过试验确定。

心墙两侧过渡料压实后的高程宜略低于心墙沥青混凝土以利排水。

4.沥青混合料的摊铺

沥青混凝土心墙及过渡料应与坝壳料填筑同步上升,心墙及过渡料与相邻坝壳料的填筑高差应不大于 800 mm。

沥青混合料的摊铺宜采用专用摊铺机,摊铺速度以 1~3 m/min 为宜,或通过现场摊铺试验确定。专用机械难以铺筑的部位或小型工程缺乏专用机械时,可采用人工摊铺,用小型机械压实。

沥青混合料摊铺厚度宜为 200~300 mm。机械摊铺时,应经常检测和校正摊铺机的控制系统。人工摊铺时,每次铺筑前应根据沥青混凝土心墙和过渡层的结构要求及施工要求调校铺筑宽度、厚度等相关参数。

连续铺筑 2 层及以上沥青混凝土时,下层沥青混凝土表面温度应降至 90 ℃以下后方可摊铺上层沥青混合料。

沥青混合料的入仓温度宜控制在 140~170 ℃,或通过试验确定。

5.沥青混合料的碾压

沥青混合料碾压应采用专用振动碾,宜选用小于 1.5 t 的振动碾。沥青混合料与过渡料的碾压宜按先过渡料后沥青混合料的次序或按试验确定的次序进行。

沥青混合料的碾压应先用无振碾压,再用有振碾压,碾压速度宜控制为 20~ 30 m/min;碾压遍数应通过试验确定。前后两段交接处应重叠碾压 300~500 mm。碾压时振动碾不得急刹车或横跨心墙行走。

沥青混合料碾压时应控制碾压温度,初碾温度不宜低于 130 ℃,终碾温度不低于 110 ℃,最佳碾压温度由试验确定。

对不合格沥青混合料应清除,在清除废料时应减小对下部沥青混凝土的扰动。

当振动碾碾轮宽度小于沥青混凝土心墙宽度时宜采用贴缝碾压,当振动碾碾轮宽度大于沥青混凝土心墙宽度时宜采用单边骑缝碾压。

各种机械不得直接跨越心墙。在心墙两侧 2 m 范围内,不得使用 10 t 以上的大型机械作业。

6.施工接缝及层面处理

与沥青混凝土相接的水泥混凝土表面应采取冲毛、刷毛等措施,将其表面的浮浆、乳皮、废渣及黏附污物等全部清理干净,并使表面干燥。

经处理后的水泥混凝土表面,应均匀喷涂 1~2 遍稀释沥青,待稀释沥青干涸后,再铺设一层沥青砂浆。

沥青混凝土心墙宜全线保持同一高程施工,以避免横缝。当无法避免横缝时,其结合部应做成缓于 1∶3 的斜坡,上、下层横缝应错开 2 m 以上。

在已压实的心墙上继续铺筑前,应将结合面清理干净。污染面宜采用压缩空气喷吹清除。如喷吹不能完全清除,可用红外线加热器烘烤污染面,使其软化后铲除。当沥青混凝土心墙层面温度低于 70 ℃时,应采用红外线加热器加热至 70~100 ℃。

沥青混凝土表面停歇时间较长时,应采取遮盖保护措施。继续铺筑时应将结合面清理干净,使其干燥并加热至 70 ℃以上后,方可铺筑沥青混合料。必要时可在层面上均匀喷涂一层稀释沥青,待稀释沥青干涸后再铺筑上层沥青混合料。

沥青混凝土心墙钻孔取芯后留下的孔洞应及时回填,回场时应先将钻孔吹洗干净,蘸干孔内积水,用管式红外加热器将孔壁烘干并使沥青混凝土表面温度达到 70 ℃以上,再用热沥青混合料按 50 mm 层厚分层回填击实。

八、纤维混凝土

纤维混凝土是以混凝土为基材,外掺各种纤维材料而成的水泥基复合材料。纤维一般可分为两类:一类为高弹性模量的纤维,包括玻璃纤维、钢纤维和碳纤维等;另一类为低弹性模量的纤维,如尼龙、聚丙烯、人造丝以及植物纤维等。目前,实际工程中使用的纤维混凝土有钢纤维混凝土、玻璃纤维混凝土、聚丙烯纤维混凝土及石棉水泥制品等。

(一)钢纤维混凝土

普通钢纤维混凝土,主要用低碳钢钢纤维;耐热钢纤维混凝土等则用不锈钢钢纤维。

钢纤维的外形有长直圆截面、扁平截面两端带弯钩、两端断面较大的哑铃形及方截面螺旋形等多种。长直形圆截面钢纤维的直径一般为 0.25~0.75 mm,长度为 20~60 mm。扁平截面两端有钩的钢纤维,厚为 0.15~0.40 mm,宽 0.5~0.9 mm,长度也是 20~60 mm。钢纤维掺量以体积率表示,一般为 0.5%~2.0%。

钢纤维混凝土物理力学性能显著优于素混凝土。如适当纤维掺量的钢纤维混凝土抗压强度可提高 15%~25%,抗拉强度可提高 30%~50%,抗弯强度可提高 50%~100%,韧性可提高 10~50 倍,抗冲击强度可提高 2~9 倍。耐磨性、耐疲劳性等也有明显增加。

钢纤维混凝土广泛应用于道路工程、机场地坪及跑道、防爆及防振结构,以及要求抗裂、抗冲刷和抗气蚀的溢流面、地下洞室的衬砌等。施工方法除普通的浇筑法外,还可用泵送灌注法、喷射法及作预制构件。

(二)聚丙烯纤维混凝土及碳纤维增强混凝土

聚丙烯纤维(也称丙纶纤维),可单丝或以捻丝形状掺于水泥混凝土中,纤维长度 10~100 mm 者较好,通常掺入量为 0.40%~0.45%(体积比)。聚丙烯纤维的价格便宜,但其弹性模量仅为普通混凝土的 1/4,对混凝土增强效果并不显著,但可显著提高混凝土的抗冲击能力和疲劳强度。

碳纤维是由石油沥青或合成高分子材料经氧化、碳化等工艺生产出的。碳纤维属高强度、高弹性模量的纤维,作为一种新材料,广泛应用于国防、航天、造船、机械工业等尖端工程。碳纤维增强水泥混凝土具有高强、高抗裂、高抗冲击韧性、高耐磨等多种优越性能。

(三)玻璃纤维混凝土

普通玻璃纤维易受水泥中碱性物质的腐蚀,不能用于配制玻璃纤维混凝土。因此,玻璃纤维混凝土是采用抗碱玻璃纤维和低碱水泥配制而成的。

抗碱玻璃纤维是由含一定量氧化铝的玻璃制成的。抗碱玻璃纤维有无捻粗纱和网格布两种形式。无捻粗纱可切割成任意长度的短纤维单丝,其直径为 0.012~0.014 mm,掺入纤维体积率为 2%~5%。把它与水泥浆等拌和后可浇筑成混凝土构件,也可用喷射法成型;网格布可用铺网喷浆法施工,纤维体积率为 2%~3%。

水泥应采用碱度低、水泥石结构致密的硫铝酸盐水泥。

第六章 金属结构工程

金属结构设备安装工程主要包括闸门、启闭机、拦污栅、升船机等设备安装,以及引水工程的钢管制作及安装等。

第一节 闸门安装

一、钢闸门基本知识

(一)闸门类型

1.按闸门的工作性质分类

按闸门工作性质可分为工作闸门、事故闸门、检修闸门和施工导流闸门等。

工作闸门是用于水工建筑物正常运行时,可在动水中启闭,能控制水位和调节流量的闸门。又称主闸门或控制闸门。但也有例外,如船闸主航道上的工作闸门(如人字闸门、横拉闸门等),大都只在静水条件下启闭。这种闸门要求具备水力条件好、止水严密和启闭灵活、可靠等特性。工作闸门应设置在水工建筑物过水水流较平顺的部位,应尽量避免门前横向流和立轴漩涡、门后淹没出流和回流等对闸门运行不利影响。还应避免闸门孔口和门槽顶部同时过水。工作闸门的形式较多,常用的有弧形闸门、平面滚轮闸门、平面链轮闸门及平面滑动闸门等。

事故闸门是设在工作闸门之前、能在动水中截断水流,及时对水道设施所发生的事故进行处理,以防止事故扩大的闸门。设在泄水和引水建筑物工作闸门前的事故闸门,在工作闸门发生故障时,需在动水中关闭孔口,待检修消除故障后,在静水下开放孔口。设在引水发动机组进水口的事故闸门,需在动水中限定时间内快速关闭孔口,这种闸门也称快速闸门。这种闸门一般在动水中关闭和静水中开启。特别重要的进洪闸或泄洪闸常设置事故检修门。事故闸门多数采用平面闸门,行走支撑结构可选用胶合层压木、填充聚四氟乙烯板、钢基铜塑复合材料和增强型尼龙等滑道,以及滚轮和链轮等。这些行走支撑都具有摩擦系数小等特征。

检修闸门是指为检修水工建筑物泄流孔口、进出口水道及其上的有关设施而设置的闸门。它一般均在规定检修时段内使用,因此只需在静水条件下操作启闭。在多孔口前设置检修闸门的数量,应综合考虑工程重要性、工作闸门运用条件以及分批使用进行检修等因素,可以设置少量公用的检修闸门,以满足多孔口的检修要求。为使少数公用闸门适应多孔口的需要,检修闸门常采用移动式启闭机操作,并要求能将闸门整体或分节吊出孔口。一般在各类水闸工作闸门的上游侧设置检修闸门,当下游水位经常淹没底槛时,应设置下游检修闸门。检修闸门的形式有平面闸门、叠梁闸门、拱形闸门、浮式叠梁和浮箱闸门等。

施工导流闸门是用于截堵经历数年施工期过水孔口的闸门。一般在动水条件下关闭孔口。施工导流闸门,应考虑工程施工期和初期发电的各种运行情况,截流下闸应安全可靠。

必要时应有后备措施,并应尽量与永久性闸门共用。

2.按闸门设置的部位分类

按闸门在孔口的位置可分为露顶闸门和潜孔闸门。在孔口关闭位置时,露顶式闸门门叶的上缘高出上游蓄水位,潜孔式闸门门叶的上缘则低于上游蓄水位。

3.按制造闸门的材料分类

按制造闸门的材料和方法分类如图 6-1 所示。

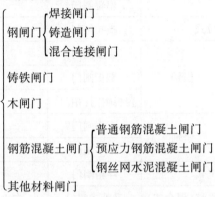

图 6-1　按制造闸门的材料和方法分类

以上分类,实质上指闸门的门叶而言。

当孔口尺寸与水头较小时,采用铸造闸门(铸钢或铸铁)。木闸门因容易漏水及腐烂,目前已不多采用。混凝土闸门具有较好的刚度和整体性,造价较低,在南方一些中小型水利水电工程中使用较多,但闸门自重大,启闭力也较大。

4.按闸门的操作方式分类

机械操作:手动、电动。机械操作的动力可以是多种多样的,一般常用的是电动。人力手动方式仅用于小型工程。

水力操作:半自动、自动。水力操作的闸门,若操作系统与水位升降相联动,闸门能随水位变化自行调节开关的为自动式,若需其他辅助设备才能靠水力操作,则为半自动式。

5.按闸门的构造特征分类

闸门从广义讲包括闸门与阀门。闸门按面板的形状和闸门的运动或移动方式分类见表 6-1。

(二)平面钢闸门

平面钢闸门一般由活动的门叶结构、门槽埋件结构和启闭机械三大部分组成。本节介绍门叶结构。

以直升式平面钢闸门为例,闸门门叶结构由面板、梁格、纵横向联结系、行走支承装置、导向装置、止水装置、吊耳等组成(见图 6-2、图 6-3)。此外,有些平面钢闸门由于特殊需要还设有吊杆和充水设备。用来开启和封闭孔口而达到活动挡水的门叶结构由门叶承重结构、止水、吊耳和行走支撑装置等组成,而门叶承重结构又包含面板、梁格和纵横向联结系。

1.面板

面板是用一定厚度的钢板拼焊而成的平面式结构,为主要的挡水构件,它一方面直接承受水压力,并把它传给梁格,另一方面它又起到了承重结构的作用。

表 6-1　闸(阀)门按构造特征分类表

挡水闸体型特征	运移方式		闸(阀)门名称	说明
平面形	直升式		滑动闸门	
			定轮闸门	
			链轮闸门	
			串辊闸门	
	横拉式		横拉闸门	
	转动式	横轴	舌瓣闸门	
			翻板闸门	
			盖板闸门(拍门)	
		竖轴	人字闸门	
			一字闸门	
	浮沉式		浮箱闸门	
	直升-转动-平移(混合式)		升卧式闸门	向上游升卧或向下游升卧两种
	横叠式		叠梁闸门	分普通、浮式、叠梁等
	竖排式		排针闸门	
弧形	转动式	横轴	弧形闸门	
			反向弧形闸门	
			下沉式弧形闸门	
		竖轴	立轴式弧形闸门	
扇形	横轴转动式		扇形闸门	铰轴位于下游底槛上
			鼓形闸门	铰轴位于上游底槛上
屋顶形	横轴转动式		屋顶形闸门	又称浮体闸
立式圆管形	部分圆	直升式	拱形闸门	分压拱、拉拱闸门等
	整圆		圆筒闸门	
圆辊形	横向滚动式		圆辊闸门	
球形	滚动式		球形闸门	
壳形	移动式		针形阀	
			管形阀	
			空注阀	
			锥形阀	分外套、内套式两种
			闸阀	
	转动式		蝴蝶阀	分卧轴式、立轴式
			球阀	分单面、双固密封

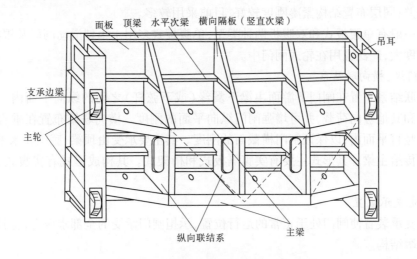

图 6-2　平面闸门门叶结构立体示意图

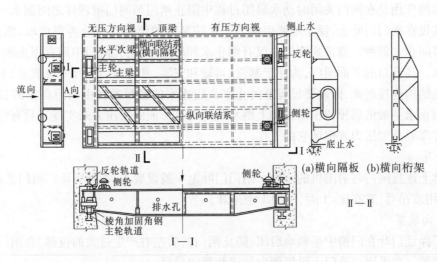

图 6-3　平面闸门门叶结构

面板一般设在上游面,这样可以避免梁格和行走支承浸没在水中而聚积污物,同时可减小闸门底部过水时的振动。

2.梁格

梁格是用来支承面板的主要受力结构,用以缩小面板的跨度和减少面板的厚度。一般由主梁、次梁(包括水平次梁、垂直次梁、顶梁、底梁)和边梁组成。梁格有简式、普通式和复式三种形式。简式梁格的面板是直接由多个主梁来支撑的,面板上的水压力直接通过主梁传递给两侧的边梁。

主梁是闸门的主要受力构件。水压力通过面板传递到主梁上,再由主梁传递给边梁,边梁再通过闸门支承结构将力传递到门槽埋件上。主梁的形式有三种:型钢梁、组合梁、桁架梁。

次梁是用来加强面板强度和刚度的构件,包括水平次梁、垂直次梁、顶梁和底梁,一般均采用型钢制作。主梁与次梁的布置形式有分层布置和同层布置两种。分层布置受力明确,但刚度较差;同层布置结构紧凑刚度较好,目前采用较多。

边梁一般有单腹板式和双腹板两种类型,单腹板式多用于小型滑动闸门及辊柱式闸门;双腹板刚度大,广泛应用在轮式闸门中。

3.闸门纵、横向联结系

纵向联结系布置在闸门下游面主梁下翼缘(或下弦杆)之间的纵向平面内。承受闸门部分自重和其他竖向荷载,并可增强闸门纵向平面的刚度。横向联结布置在垂直于闸门跨度方向的竖直平面内,以保证闸门横截面的刚度。其主要承受由顶梁、底梁和水平次梁传来的压力并传给主梁。其形式主要有实腹隔板式和桁架式。其构成形式有实腹式、桁架式两种。

4.行走支承装置

行走支承装置使闸门处于正常的运行位置,承担闸门承受的全部水压力,将其传递给闸门槽或闸墩结构。

5.止水装置

止水的作用是在闸门关闭时动水启闭过程中阻止闸门与闸门槽埋件之间漏水。止水装置一般装设在闸门门叶上,便于维修更换。止水按装设的位置不同分为顶止水、侧止水、底止水和节间止水四种。露顶式闸门中仅有侧止水和底止水;潜孔闸门中则有顶止水、底止水和侧止水。高孔口的平面闸门,为便于制造、运输和安装,常将闸门门叶分成数节,节间用螺栓或其他结构连接起来,因此要设置节间止水。底止水的密封通常由闸门自重的挤压来保证,顶、侧止水一般依靠预留压缩量和上游水压力对其形成的挤压力来实现。只有特殊构造的止水才需要外加压力来保证它的工作。

6.吊耳

门体上连接闸门与启闭机的零件。闸门门叶上一般设置 1~2 个吊耳。闸门宽高比≥1时,宜采用双吊耳;宽高比<1 时,可用 1 个吊耳。

7.导向装置

为了保证门叶在门槽中平顺地启闭,防止闸门前后左右产生过大的位移,在闸门上要设置导向装置。在平面直升门上设置侧向导座和反向导座。

(三)弧形闸门

弧形闸门一般分露顶式和潜孔式,两者主要区别在于潜孔式弧门有门楣止水,具体结构形式见图 6-4、图 6-5。

(四)人字闸门

人字闸门是一种特殊形式的平面闸门,它由两个各绕垂直轴转动的门叶组成。在关闭时,两个门叶通过斜接柱相互接触、支承而构成人字形;开启时,每个门叶都收靠在导墙的门龛内。人字闸门一般只能在静水中操作,普遍应用于船闸中的工作闸门。

按照门叶梁系布置特征,平面人字闸门可分为横梁式和竖梁式两种。横梁式、竖梁式人字闸门的承重结构都由面板、主梁、次梁、隔板、斜接柱、门轴柱以及斜杆等组成(见图 6-6)。当门叶高宽比>1 时,如大、中型船闸的下闸首,一般采用横梁式;当闸门高宽比<1 时,可采用竖梁式。

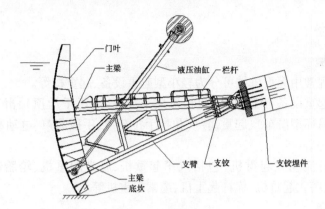

图 6-4　露顶式弧门

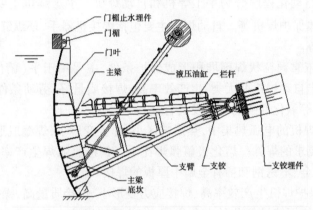

图 6-5　潜孔式弧门

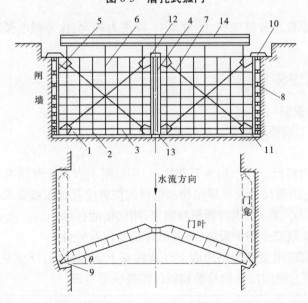

1—钢面板;2—次梁;3—主横梁;4—接缝柱;5—门轴柱;6—纵向联结系;7—斜撑杆;
8—支承装置;9—止水装置;10—顶枢;11—底枢;12—啮合器;13—限位装置;14—工作桥

图 6-6　横梁式人字闸门

二、安装设备

(一)起重机械

结构安装工程常用起重机械可分为轻小型起重设备、起重机等。

常用轻小型起重设备有千斤顶(包括机械千斤顶、液压千斤顶)、滑车(包括吊钩型滑车、链环型滑车、吊环型滑车)、起重葫芦(包括手拉葫芦、手扳葫芦、电动葫芦、气动葫芦、液压葫芦)、卷扬机等等。

常用起重机有流动式起重机(包括汽车起重机、履带起重机、轮胎起重机、随车起重机)、桥式起重机、塔式起重机、桅杆起重机、缆索起重机等。

(二)焊接设备

(1)根据焊接自动化程度分为手工焊机和自动焊机。手工焊机主要有 CO_2 气保焊机、氩弧焊机、混合气体保护焊机等。自动焊机主要包括焊接机器手、环纵缝自动焊机、变位机、焊接中心、龙门焊等。

(2)埋弧焊机依靠颗粒状焊剂堆积形成保护条件,主要用于平(俯位)位置、长焊缝焊接。有自动焊机、半自动焊机两大类,生产效率高、焊接质量好、劳动条件好,不适合薄板焊接,难以焊接铝、钛等氧化性强的金属及其合金。

(3)钨极氩弧焊机的电弧热集中,热影响区小,焊接变形小,焊缝成形好、内外无熔渣和飞溅,适合有清洁要求的焊件。熔化极氩弧焊比手工钨极氩弧焊生产率提高 3~5 倍,最适合铝、镁、铜及其合金,不锈钢和稀有金属中厚板的焊接。

(4)CO_2 气体保护焊机生产效率高、焊接应力变形小、焊接质量高、操作简便。但飞溅较大、弧光辐射强,不能焊接易氧化的有色金属,作业环境风速大于 2 m/s 时,需采取防风措施。

(5)等离子弧焊机具有温度高、能量集中、冲击力较大、比一般电弧稳定、参数调节范围广的特点。

三、平面闸门安装

(一)闸门埋件安装

平面闸门门槽二期预埋件安装程序见图 6-7。

1.施工准备

(1)清除门槽内模板、渣土、积水等杂物,一期混凝土表面全部凿毛,调整预埋插筋或基础螺栓,二期混凝土断面尺寸及预埋锚栓和锚板的位置应符合图纸要求。

(2)设置孔口中心、高程、里程测量控制点,用红铅油标示。

(3)搭设脚手架及安全防护设施,布置电焊机及作业平台。

(4)在闸门孔洞或闸室的两侧边墙上以及底板上预埋锚钩,用以悬吊滑轮组及固定卷扬机,锚钩的预埋结合闸门门体的吊装和就位需要统筹考虑。

2.测量放线

(1)设置金属结构设备及埋件安装专用的孔口中心、高程、里程等测量控制点线,用红铅油明显标示。安装工作开始前,将安装用基准线和基准点的有关资料和控制点位置图提交建设单位审核。

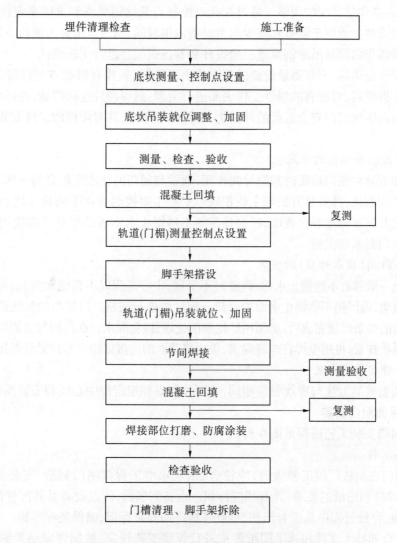

图 6-7 平面闸门门槽二期预埋件安装程序

（2）用于测量高程和安装轴线的基准点及安装用的控制点用红铅油明显标示，设置的中心线架等保留到安装验收合格后才能拆除。

3.埋件底坎安装

底坎吊装之前，按底坎结构将预埋插筋或利用角钢焊成支架，支架面高程一般要低于底坎构件底面 10~50 mm，待底坎就位后留有一定的调整裕度。因底坎是门槽构件安装的基础，装好后必须支撑加固可靠，焊接牢固，以防二期混凝土浇筑振捣时变形。安装主要控制点在于保证底坎工作面的直线度、平面度和位置度。底坎安装回填后用塑料布、沙袋加以防护。

4.埋件主轨安装

主轨是门槽构件的主要承力部件，安装前先在底坎上定出中心位置，并全面检查门槽和胸墙等部位的混凝土尺寸是否符合图纸要求。通过在门槽中搭设"井"字形脚手架，布置垂直爬梯和作业平台，为了便于调整和找正，最下面的一根埋件一般按照制造单根长为一安装单元，单独进行找正。主轨安装主要控制点在于主轨工作面（一般为方钢形式）的保护及其直线度、平面度和位置度的调整。通过在孔口控制点悬挂钢琴线和重锤来定位,用钢板尺、千斤顶测量调整。为便于调整和减少起重设备占用时间,当主轨吊装入槽后,可通过在平台上布置事前制作的简易吊重钢梁或三角拔杆和卷扬机配合进行主轨调试。

埋件安装完毕后,安装测量检验成果形成书面资料,验收合格后方可浇筑二期混凝土。二期混凝土拆模后,对所有的埋件工作表面进行清理,封焊埋件连接焊缝,并仔细打磨焊缝,对门槽范围内影响闸门安全运行的外露物,必须处理干净,并对埋件的最终安装精度进行复测检验。

5.埋件反轨和侧轨的安装

反轨和侧轨在闸门启闭时起到导向作用,通常与闸门的止水座板合为一体,止水座板一般采用不锈钢制成,其安装方法与主轨相同。安装主要控制点在于侧轮导轨和不锈钢止水座板的保护及其平面度和位置度,特别是两侧不锈钢止水座板的相对平面度和位置度公差的控制是闸门封水的关键。

6.埋件门楣(顶水封座)的安装

门楣上一般镶有不锈钢止水面,调整时不平度、中心高程以不锈钢面为准;可在两侧主轨外侧焊一线架,沿门楣不锈钢止水面中心拉一钢丝线进行调整。门楣与两侧轨道的结合部位用相应材质的焊条焊接完成后,必须用砂轮磨削处理,以免漏水。在门楣与两侧轨道相接之处应用连接螺栓拧紧,再用电焊将焊缝焊满,最后将背面的连接螺栓全部拧紧后焊接牢固。

7.埋件锁定装置安装

锁定装置安装方法与底坎安装相同,主要控制好锁定定位中心线和安装高程。

(二)平面闸门安装

平面闸门安装工艺流程见图6-8。

1.准备工作

(1)闸门在制造厂竣工验收时,应符合《水利水电工程钢闸门制造、安装及验收规范》(GB/T 14173)和图纸的要求,并有相应标识。设备到场后,清点设备及其配件的数量,检查构件在运输、存放过程中是否有损伤,检查各构件的安装标记,确保装配准确。

(2)按合同技术文件和施工图纸要求进行焊接工艺评定,根据评定结果编制焊接工艺指导书。

(3)进行图纸审核,制订施工组织设计、质量保证方案以及安全文明施工措施等技术文件。

(4)布置拼装场地,检查起重设备、安装机具、工装应符合施工方案要求。检查施工用的吊具、吊耳、夹具、钢丝绳等应符合规范要求,施工中的用电设备应无漏电安全隐患,施工用的脚手架应安全可靠。

(5)安装前必须将闸门门叶总预拼装的结果与门槽二次回填等强后的测量数据进行比较,并根据其结果做必要的修整。复核单节门叶吊装重量与施工移动式启闭机的实际最大吊重负荷;为保证门叶入槽后节间连接准确、可靠,调整方便,吊装前在底坎上安装临时支撑装置,其高度以500~700 mm为宜,便于基准门叶(底节门叶)的调整,同时必须检查各门叶焊接处的直线度,焊接坡口是否清理干净,定位钢板焊接位置是否正确。

(6)按照安全施工要求在孔口部位设置防护围栏,安装部位搭设脚手架,安装施工部位设置安全警戒标识。

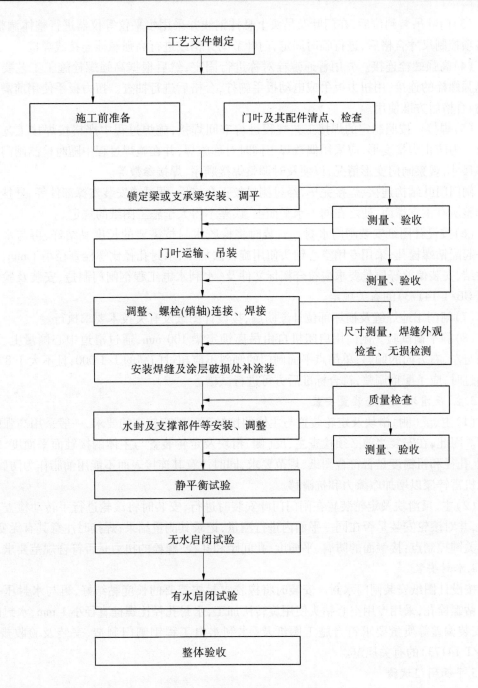

图 6-8　平面闸门安装工艺流程

2.门叶组装

（1）门叶转运及吊装。平面闸门大件均采用平板拖车运输,小型构件采用载重汽车运输,根据现场情况使用门、塔机或汽车吊吊装。

（2）门叶现场拼装主要采用立式拼装法,在闸门拼装部位附近坝面上的合适部位预埋埋件(锚环、铁板凳等),拼装闸门时用以拉缆绳、固定支撑件等,以便调整闸门和起稳定闸门之用。

（3）门叶吊装到位后，在门叶及吊头上悬挂钢线并采用水平仪等仪器进行整体调整，检查各项控制尺寸合格后，进行临时固定，门叶节间穿销或进行高强螺栓连接或焊接。

（4）高强螺栓连接。先用普通螺栓对称进行固定，然后根据高强螺栓施工工艺要求进行高强螺栓的连接，用扭力扳手或电动扳手施拧，合格后进行抽查。扭力扳手使用前需进行校验，合格后方准使用。

（5）焊接。按照制定的焊接工艺规程进行节间焊接，施焊过程中严格按焊接工艺规程执行。为防止焊接变形，应采用偶数焊工同时对称施焊，并在施焊过程中随时检测闸门各项形体尺寸，观察闸门变形情况，以便及时调整焊接顺序、焊接参数等。

闸门门叶结构连接、焊接完毕，经过测量校正合格后，调试或安装支撑部件等，悬挂钢丝线调整所有主支撑面，使之在同一水平面上，误差不得大于施工图纸的规定。

（6）按设计图纸安装闸门水封。安装时将橡胶水封按需要的长度黏结好，再与水封压板一起配钻螺栓孔，采用专用空心钻头使用旋转法加工，水封孔径比螺栓直径小 1 mm，水封的黏结、安装偏差等质量要求应符合招标文件及《水利水电工程钢闸门制造、安装及验收规范》（GB/T 14173）的有关规定。

（7）闸门工地焊缝及损坏部位补漆防腐，按设计图纸及有关技术要求执行。

（8）静平衡试验。闸门用启闭机自由吊离锁定梁 100 mm，通过滑道中心测量上、下游方向与左、右方向的倾斜，单吊点平面闸门的倾斜不应超过门高的 1/1 000，且不大于 8 mm。当超过时，应予配重调整，符合标准后方可进行试槽。

3. 主、反滑块及定轮装置安装

（1）主、反（侧）滑块及定轮装置与主体的接触面间隙有较高的要求，一般采用高强螺栓连接。因此，在安装之前必须检查主、反（侧）滑块及定轮装置与主体的接触面平面度、螺孔间距、孔径和粗糙度是否符合图纸、规范要求，同时注意其连接表面不能用油脂作为防腐，涂装无机富锌漆以增加摩擦力和抗滑移。

（2）主、反滑块及定轮装置在闸门门叶安装时进行，安装时将滚轮进行手转动检查其灵活性，并对滚轮安装是否在同一平面内进行测量，记录其测量结果；焊接时注意其有无变化。安装关键控制点：接触面的防腐、平面度、孔间距和孔径，螺栓的扭力是否符合规范要求。

4. 水封安装

按设计图纸安装闸门水封。安装时将橡胶水封按需要的长度黏结好，再与水封压板一起配钻螺栓孔，采用专用空心钻头使用旋转法加工，水封孔径比螺栓直径小 1 mm，水封的黏结、安装偏差等质量要求符合施工图纸及《水利水电工程钢闸门制造、安装及验收规范》（GB/T 14173）的有关规定。

5. 平面闸门试验

闸门安装完毕，对闸门进行试验和检查。试验前检查并确认吊头、抓梁等动作灵活可靠；充水装置在其行程内升降自如、封闭良好；吊杆的连接情况良好。同时还应检查门槽内影响闸门下闸的杂物等是否清理干净，然后方可试验。平面闸门的试验项目如下：

（1）无水启闭试验。

在无水的状态下，闸门与相应的启闭机等配合进行全行程启闭试验。试验前在滑道支承面涂抹钙基润滑脂，闸门下降和提升过程中用清水冲淋橡胶水封与不锈钢止水板的接触面。试验时检查滑道的运行情况，闸门升降过程中有无卡阻现象，水封橡皮有无损伤。在闸门全关位置,应对闸门水封及充水阀进行漏光检查,止水处应严密,并应配合启闭机试验调整好充水阀的充水开度。

(2)充水试验和静水启闭试验。

无水启闭试验合格后检查闸门与门槽的配合以及橡胶水封的漏水情况。试验时检测闸门在运行中有无振动,闸门全关后底水封与底坎接触是否均匀,充水阀动作是否灵活以及漏水等。

(3)在有条件时,闸门应做动水启闭试验。

四、弧形闸门安装

(一)弧形闸门埋件安装

弧形闸门埋件安装工艺流程见图6-9。

弧门埋件安装与弧门调试/启闭机配合紧密关联,故设计弧门埋件安装工艺流程时必须考虑弧门调试和启闭机安装工作。

弧门及其门槽埋件的安装主要施工程序为:首先安装门槽底坎并回填混凝土,门槽侧轨等安装调整加固后暂不回填混凝土,然后依次安装铰座、支臂、门叶等,等启闭机安装完成后进行弧门的划弧试验,最后回填门槽侧轨的二期混凝土。

1.测量放线

(1)在孔口底板部位及两侧墙上设置测量控制点线,控制点线的设置要能满足支铰、门叶、埋件等的测量控制要求。

(2)用于测量高程和安装轴线的基准点及安装用的控制点用红铅油明显标示,设置的中心线架等保留到安装验收合格后才能拆除。

2.弧门埋件底坎安装

底坎安装时,根据实际情况,在预留安装位置制作托架,底坎吊装后在托架上调整,在一期混凝土插筋或铁板凳上焊接连接圆钢或连接螺栓进行调整,保证其与闸门的相对尺寸偏差。

3.弧门埋件铰座安装

(1)铰座基础螺栓安装。在安装基础螺栓时制作基础螺栓架,基础螺栓架为一模具钢板,模板上按设计图纸的基础螺栓位置布孔,用以保证铰座基础螺栓安装中心的准确性。弧门支铰安装前检查铰座的基础螺栓中心和设计中心的位置偏差是否满足支铰安装要求。

(2)铰座安装。铰座安装前先由测量单位设置铰座安装测量控制点线,铰座轴线控制点可设在两边侧墙上,另在门槽底板上设置后视点。测量控制点线的精度能满足铰座安装精度要求。

弧门铰座常规采用整体吊装法安装。为便于铰座、支臂吊装和调整,在铰座安装位置顶部设吊点、底部设操作平台。

铰座吊至安装位置后,用倒链、拉杆等悬挂在吊点、插筋、支承梁上调整。

铰座安装时用水平仪、经纬仪等仪器,并辅助用钢板尺、钢卷尺、钢线等进行测量,调整其安装偏差符合施工图纸及《水利水电工程钢闸门制造、安装及验收规范》(GB/T 14173)的要求,检查合格后在活动铰与固定铰的接触面涂黄油,用油毡等覆盖,最后回填二期混凝土,并复测其最终安装偏差。

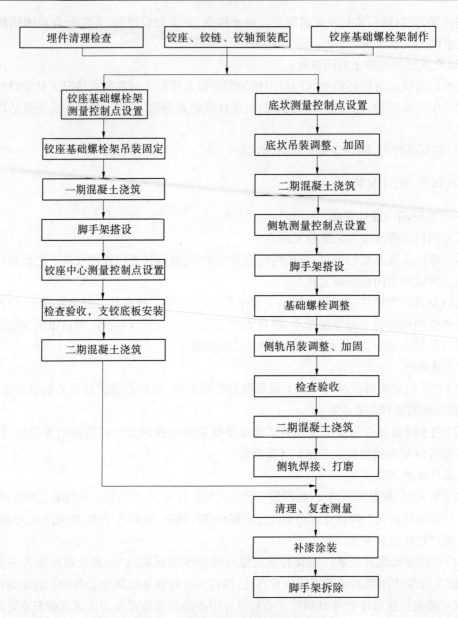

图 6-9 弧形闸门埋件安装工艺流程

4.弧门埋件侧轨安装

先在底坎上定出中心位置,并全面检查门槽和胸墙等部位的混凝土尺寸是否符合图纸要求。安装前在门槽中搭设脚手架,布置垂直爬梯和作业平台,为了便于调整和找正,侧轨按照制造单根长为一安装单元,单根吊运就位找正后,利用千斤顶和丝杠等进行微调,整体检查调整相关尺寸达到规范要求后进行加固,焊接二期埋件与一期埋件连接件和埋件对接处焊缝。

弧门安装施工在深孔部位的,应在混凝土浇筑施工时预先在顶部混凝土适当位置布置预埋件,以便安装吊环滑车倒运埋件就位。

5.弧门埋件门楣安装

门楣调整时,不平度、中心高程以不锈钢平面为准,可在两侧主轨外侧焊一支架,沿门楣不锈钢止水面中心拉一钢丝线进行调整。门楣与两侧轨道的结合部位用相应材质的焊条焊接完成后,必须用砂轮磨削处理,以免漏水。在门楣与两侧轨道相接之处应用连接螺栓拧紧,再用电焊将焊缝焊满,最后将背面的连接螺栓全部拧紧后焊接牢固。

门楣设有止水水封的,按照门楣基座水封调整后,应结合弧门划弧情况,再次检查调整达到规范要求后焊接加固二期埋件与一期埋件连接件。

埋件安装完毕后,安装测量检验成果形成书面资料,验收合格后方可浇筑二期混凝土。二期混凝土拆模后,对所有的埋件工作表面进行清理,封焊埋件连接焊缝,并仔细打磨焊缝,对门槽范围内影响闸门安全运行的外露物,必须处理干净,并对埋件的最终安装精度进行复测检验。

(二)弧形闸门安装

弧门、启闭机及相关土建工程施工的关系及施工程序如图6-10所示。

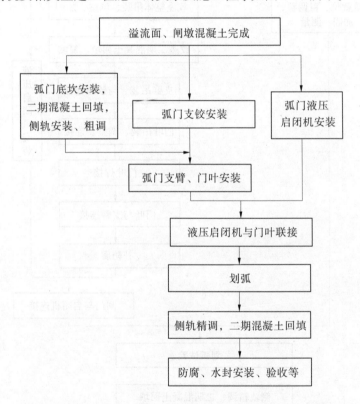

图6-10　弧门、启闭机及相关土建工程施工的关系及施工程序

施工关系及施工程序说明:

溢流面及闸墩浇筑至坝顶后,进行门槽埋件的安装,安装时首先安装底坎,回填二期混凝土后,再安装侧轨等,侧轨安装后先进行粗调并临时固定,等弧门安装划弧后再精调并回填二期混凝土。

闸墩土建施工具备安装条件后,首先安装弧门支铰,回填二期混凝土并达到一定龄期后,安装支臂、门叶。弧门液压启闭机可与弧门同步安装,或根据工期后续安装。

1.安装工艺流程

弧门及其门槽埋件的安装主要施工程序为:首先安装门槽底坎并回填混凝土,门槽侧轨等安装调整加固后暂不回填混凝土,然后依次安装铰座、支臂、门叶等,等启闭机安装完成后进行弧门的划弧试验,最后回填门槽侧轨的二期混凝土。弧门安装工艺流程见图 6-11。

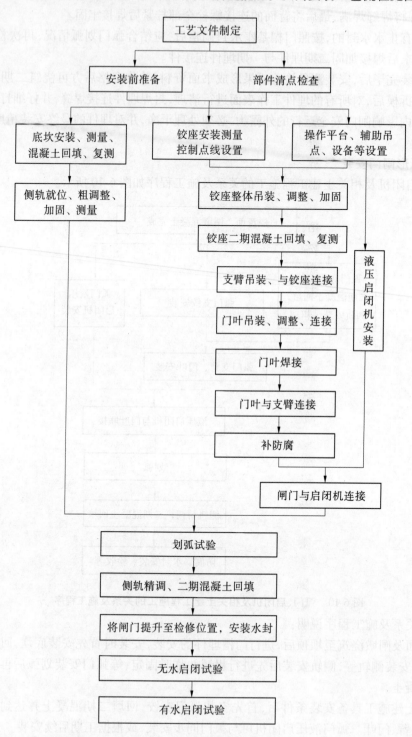

图 6-11　弧门安装工艺流程

2.支铰吊装

弧门支铰拼装为整体,直接用汽车起重机吊装,采用导链等辅助就位。

3.支臂、门叶吊装

1)弧门支臂、门叶吊装步骤

弧门支臂与门叶配合吊装,吊装分如下几步:

第一步,门叶吊装前在门槽二期预留槽内预埋支撑定位块或设工字钢支撑梁,首先吊装下支臂,支臂后端与铰座连接,支臂前端用支架垫起,以待与门叶连接。

第二步,吊装底节门叶,底部用支墩垫起,前端用定位块支撑、调整,与下支臂连接。

第三步,吊装中间几节门叶,用定位块支撑、调整,并与底节门叶进行整体调整、连接。

第四步,吊装上支臂与门叶及铰座连接,然后吊装其余支臂构件。

第五步,吊装其余门叶。

2)支臂安装

弧门支臂均采用单件吊装、现场装配的方法安装,安装时按厂内拼装时所画点线或所焊定位板等进行装配,先可用临时螺栓临时固定,测量其整体结构尺寸满足要求,至与门叶装配整体测量合格后,方可连接永久螺栓和焊接焊缝。

3)门叶拼装

弧门门叶在门槽内工作部位逐节安装,属立式拼装,稳定性差,采取如下措施:

(1)弧门门叶吊装前,在门槽二期预留槽内预埋支撑调整块或设置工字钢支承梁,门叶吊装时在支承梁上设调整垫块或千斤顶等,用于调整和支撑门叶。

(2)门叶吊装时,第一节门叶垫离底坎足够的高度,以便拼装时工作方便。每节门叶吊装后,均要与下部门叶进行整体调整和检查,用样板检查门叶面板弧度,特别要检查门叶节间缝处,合格后方可吊装下一节门叶。全部门叶拼装完成检查整体尺寸合格后,进行螺栓连接或焊接。

(3)门叶焊接前先焊接定位焊缝,并按设计图纸先连接好螺栓、定位板等,焊前检查坡口间隙、角度等是否满足设计及焊接要求,对于局部间隙过大部位,先进行堆焊处理,打磨符合规定要求后,方可焊接。焊接时严格按制定的焊接工艺要求进行焊接,同一条焊缝根据其长度、数量、位置等由2名或4名合格焊工同时对称施焊,焊接过程中随时检查焊接变形情况,以便随时采取措施,改变焊接顺序等,避免门叶焊接变形。焊接完成后进行焊缝外观检查、无损探伤检查等,处理所有缺陷,并对门叶整体结构尺寸再次进行复验。

4)门叶与支臂连接

门叶与支臂连接主要为螺栓连接,连接时先用临时螺栓固定,检测弧门整体安装偏差满足招标文件、施工图纸及国家规范的有关要求后,再用连接螺栓连接,螺栓连接注意如下事项:

(1)所采购的螺栓连接副具有质量证明书或试验报告。

(2)螺栓、螺母和垫圈分类存放,妥善保管,防止锈蚀和损伤。使用高强度螺栓时做好专用标记,以防与普通螺栓相互混用。

(3)连接时用扭力扳手进行初拧和终拧,拧紧力矩按设计要求或根据试验数据。

门叶螺栓连接完成后,按图纸安装支臂连接系,同时拆除临时连接件等。

4.弧形闸门调试

1）划弧试验

等液压启闭机安装、调试并联门后,提升闸门,进行划弧试验,检查弧门与门槽的配合情况,确认无误后回填门槽二期混凝土。

2）水封安装

弧门水封在闸门划弧试验及门槽调试完成以后进行,将闸门提起至检修位置,按设计图纸安装闸门水封。安装时将止水橡皮按需要的长度黏结好,再与水封压板一起配钻螺栓孔,采用专用空心钻头使用旋转法加工,水封孔径比螺栓直径小 1 mm。

3）防腐

闸门、支臂等构件节间预留处及损坏部位补防腐,防腐时表面预处理采用手工钢丝砂轮除锈。

4）无水启闭试验及动水启闭试验

做无水启闭试验及动水启闭试验。检查闸门运行轨迹是否正确,密封性是否良好等。

第二节　启闭机安装

启闭机主要有固定卷扬式启闭机、移动式启闭机、液压启闭机及螺杆启闭机等。本节以固定卷扬式启闭机为例,介绍启闭机安装方法。

固定卷扬式启闭机安装主要工作内容有设备的现场接收、卸车、清点、运输、储存、装配检查、埋设、安装、调试和试运行等,直至涂刷防护漆及工程竣工前的维护。主要安装流程见图 6-12。

一、安装前的施工准备

（一）施工前检查验收

（1）在进行启闭机金属构件安装时,应首先从存放场地调运出进行组装的零件、部件、结构总成或机械总成等,进行拼装检查。检查该启闭机工厂制造件是否齐全,各部件在运输、存放过程中有否损伤;各部件在拼接处的安装标记是否属于本台启闭设备,凡不属于同一套件的不准许组装到一起;在组装检查中发现损伤、缺陷或零件丢失等应进行修整、补齐零件后才准进行安装。

（2）机座和基础螺栓的混凝土,应符合施工详图的要求,启闭机的安装应在混凝土强度至少达到设计的 70% 后进行。

（3）机座、螺栓等预埋件埋设严格按照规范要求、安装说明书以及施工设计详图进行施工。

（4）在安装工作之前,对制造厂到货的设备总成进行检查和必要的解体清洗。对应当灌注滑润油脂的部位,灌足润滑油脂。做好设备现场保护。

（二）土建安装部位交接验收

（1）埋件安装之前,要对土建工程进行安装前的检查与验收。

（2）根据施工图纸的要求,用全站仪、水准仪、经纬仪、卷尺等工具,检查启闭机机座、埋件的安装尺寸及高程,其误差应符合安装图纸及规范要求。

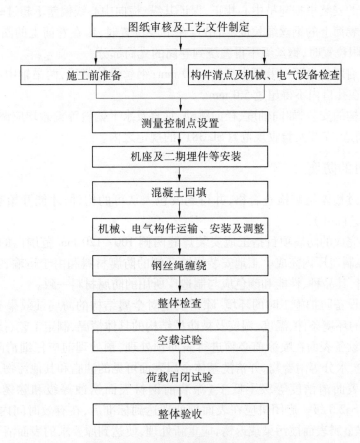

图 6-12　固定卷扬式启闭机安装流程

（3）根据施工图纸检查启闭机组件及埋件，其几何尺寸、焊接质量等应符合设计图纸及规范要求。

（三）设备接货清点、交接验收

启闭机设备主要包括机架总成件、卷筒、减速器、电动机、平衡滑轮组、制动器、电气设备、钢丝绳和吊具等部件。

（1）设备到货后对启闭机设备及附件开箱、清点验收，并做好验收记录。

（2）包装运抵现场的附件，检查包装物是否完整无损，是否与随箱附带的装箱清单内容一致。

（3）检查每批到达现场的组、附件的检验记录，收集整理备查。

（4）观察所有组、附件有无锈蚀及机械损伤，清点所有附件是否齐全。

（5）启闭设备到场必须有出场合格证及相关技术参数资料文件。

（6）按《水利水电工程启闭机制造、安装及验收规范》（SL 381）进行全面检查，保证接收产品全部合格。

二、固定卷扬式启闭机结构安装

（1）检查基础螺栓埋设位置，保证螺栓埋入深度及露出部分的长度准确。

（2）检查启闭机平台高程，保证其偏差不大于 ±5 mm，水平偏差不大于 0.5/1 000。

（3）启闭机的安装根据起吊中心找正，保证其纵、横向中心线偏差不超过±3.0 mm。

（4）缠绕在卷筒上的钢丝绳长度，当吊点在下限位置时，留在卷筒上的圈数不宜少于 4 圈，当吊点在上限位置时，钢丝绳不得缠绕到卷筒的光筒部分。

（5）双吊点启闭机吊距误差不宜超过±3.0 mm；钢丝绳拉紧后，两吊轴中心线应在同一水平上，其高差在孔口内不得超过 5.0 mm。

（6）传动机构的安装，如同轴度、径向跳动、垂直及水平偏斜等偏差均应调整到《水利水电工程启闭机制造、安装及验收规范》（SL 381）的规定之内。

三、启闭机的防腐

（1）只有经过整体组装检查合格，并得到发包人认可的构件，才能开始表面防腐工作（钢材预防腐工艺除外）。

（2）安装需完成的防腐项目指工地安装焊缝两侧 100～120 mm 范围内的防腐工作，其余防腐工作均在制造厂内完成。工地安装焊缝两侧的防腐材料和由于运输、安装撞损需要补修的防腐材料，其品种、性能和颜色应与制造厂所用的防腐材料一致。

（3）启闭机设备防护施工时的环境、除锈质量对金属结构的防腐蚀效果有着重要的影响，应根据具体的环境条件、温度、湿度及被防护结构的具体情况，制定工艺、技术措施。

（4）启闭机设备表面在喷涂前必须进行表面预处理，预处理前应仔细清除锈蚀、氧化皮、焊渣、油污、灰尘、水分等附着物，并清洗基体金属表面可见的油脂和其他污物。采用喷射处理后，基体金属表面清洁度等级不低于《涂装前钢材表面锈蚀等级和除锈等级》（GB/T 8923）中规定的 Sa2.5 级。启闭机应在表面预处理达到标准后，在有效时间内进行喷涂，喷涂前如发现基体金属表面被污染或返锈，应重新处理，使达到原要求的表面清洁度等级。

四、调试试验

卷扬式启闭机的试运转应满足以下要求。

（一）电气设备的试验

电气设备的试验要求按《水利水电工程启闭机制造、安装及验收规范》（SL 381）的规定执行。对采用 PLC 控制的电气控制设备应首先对程序软件进行模拟信号调试正常无误后，再进行联机调试。

（二）空载试验

空载试验是在启闭机不负载的情况下进行的空载运行试验。空载试验应符合设计图纸和《水利水电工程启闭机制造、安装及验收规范》（SL 381）的各项规定。

（1）电气设备通电试验前应认真检查全部接线并应符合图样规定，整个线路的绝缘电阻必须大于 0.5 MΩ 才可开始通电试验。试验中各电动机和电气元件温升不应超过各自的允许值，试验应采用该机自身的电气设备。试验中若触头等元件有烧灼者，应查明原因并予以更换。

（2）启闭机空载试验全行程上、下升降 3 次。对下列电气和机械部分应进行检查和调整：

①电动机运行应平稳，三相电流不平衡度不应超过±10%，并应测出电流值。

②电气设备应无异常现象。

③应检查和调试限位开关（包括充水平压开度接点），开关动作应准确可靠。

④高度指示器和荷重指示器应准确反映行程和重量、到达上下极限位置后,主令开关应能发出信号并自动切断电流,使启闭机停止运转。

⑤所有机械部件运转时,均不应有冲击声和其他异常声音;钢丝绳在任何部位均不得与其他部件相摩擦。

⑥制动闸瓦松闸时应全部打开,间隙应符合要求,并测出松闸电流值。

⑦对快速闸门启闭机利用直流电流松闸时,应分别检查和记录松闸直流电流值和松闸持续 2 min 电磁线圈的温度。

(三)荷载试验

荷载试验是在启闭机负荷或与闸门连接后,在设计操作水头的情况下进行的启闭试验,带荷载试验应针对不同性质闸门的启闭机分别按《水利水电工程启闭机制造、安装及验收规范》(SL 381)的有关规定进行。

应将闸门在门槽内无水或静水中全行程上下升降 2 次;对于动水启闭的工作闸门或动水闭、静水启的事故闸门,应在设计水头动水工况下升降 2 次,对于泵站出口快速闸门,应在设计水头动水工况下,作全行程的快速关闭试验。

负荷试验时应检查下列电气和机械部分:

(1)电动机运行应平稳,三相电流不平衡度不应大于±10%,并应测出电流值。

(2)电气设备应无异常发热现象。

(3)所有保护装置和信号应准确可靠。

(4)所有机械部件在运转中不应有冲击声,开放式齿轮啮合工况应符合要求。

(5)制动器应无打滑、无焦味和无冒烟现象。荷重指示器与高度指示器的读数应能准确反映闸门在不同开度下的启闭力值,误差不得超过±5%。

(6)对于快速闸门启闭机快速开启时间不得超过 2 min;快速关闭的最大速度不得超过 5 m/min;电动机(或调速器)的最大转速不得超过电动机额定转速的 2 倍。离心式调速器的摩擦面,其最高温度不得超过 200 ℃。采用直流电源松闸时,电磁铁线圈的最高温度不得超过 100 ℃。

(7)试验结束后,机构各部分不得有破裂、永久变形、连接松动或损坏。

第三节 压力钢管制作安装

压力钢管按其自身的结构可分为:①无缝钢管,其直径较小,适用于高水头小流量的情况;②焊接钢管,适用于较大直径的情况,焊接钢管由卷制成圆弧形的钢板焊接而成,当管道内水压力及直径较大时,钢板厚度将会越大,其加工比较困难,因而在这种情况下常采用焊接管或无缝钢管外套钢环(称为加劲环),从而使管壁和加劲环共同承受内水压力,以减小管壁钢板的厚度。

一、压力钢管制作

(一)制作下料

1.钢板排料

(1)钢板排料即钢板试切割,是指根据设计图纸,绘制钢板排料图(下料工艺卡),将数控切割机割嘴调整到低压氧,利用切割机上微机内的程序控制割嘴轨迹,进行画线。此步骤不可忽略,特别针对异形管节,通过轨迹和工艺卡对比能够及时发现程序问题,避免下料错误,造成资源浪费。

(2)核对轨迹尺寸和工艺卡标注尺寸,偏差是否满足规范要求,不满足对程序进行修改、调整,满足偏差要求即可进行下料切割。

2.钢板画线

(1)钢板画线后应用油漆分别标出钢管分段、分节、分块的编号,水流方向、水平和垂直中心线,灌浆孔位置,坡口角度以及切割线等符号。

(2)高强度钢不得用锯和凿子、钢印做标记,不得在卷板外侧表面打冲眼,但在下列情况下,深度不大于 0.5 mm 的冲眼标记允许使用:①在卷板内侧表面,用来校核画线准确性的冲眼。②卷板后的外侧表面。

3.下料切割

(1)数控切割机。钢板切割、坡口加工,采用数控切割机切割。

(2)半自动切割机。直管板材(下料形状规则)坡口可以采用半自动氧-乙炔火焰切割机加工,并做打磨修整处理。

4.打磨处理

(1)钢板切割面的溶渣、毛刺和由于切割造成的缺口应用磨光机打磨干净,直至露出金属光泽。

(2)切割时造成的坡口沟槽深度不应大于 0.5 mm,当在 0.5~2 mm 时,应进行砂轮打磨平滑过渡,当大于 2 mm 时,应按要求进行焊补后磨光,所有板材加工后的边缘不得有裂纹、夹层、夹渣和硬化层等缺陷。若有可疑处,应进行磁粉或渗透探伤检查。避免母材缺陷对后续焊接施工造成影响。

(3)当相邻管节钢板厚度差大于 4 mm 时,避免安装后存在台阶,应在下料时考虑将较厚的钢板(外壁厚度差值部分)以 1∶3 的角度加工过渡坡口,加工至较薄钢板的厚度,为后续过渡焊接做准备。过渡坡口一般布置在钢管的外壁,以保持内径不变、过流面平整。

(二)制作卷制

直径小于 5.0 m 的钢管采用单张钢板一次卷制成型,直径 5.0 m 以上的钢管采用卷制 2 个瓦片再组圆焊接成型工艺。根据板材卷制的最大厚度确定卷板机的额定压力,选择卷板机信号。当输入卷制压力小于额定压力时,可以进行冷卷,当输入卷制压力大于额定压力时,可以考虑进行热卷,见图 6-13。

图 6-13　卷制示意图

(1)在卷制钢板进辊前,通过微机输入板材厚度、宽度、卷制内径等参数,微机经数据计算后得出此型号卷板机的输出压力值 A。

(2)初卷。在微机上输入压力值 $B(B<A)$,移动上辊位置同时移动板材,控制上辊沿板

材卷制方向同向旋转进行卷制。

(3)复卷。当板材初卷至端头后,调整上辊进行反方向旋转,缓慢调整上辊位置。

(三)制作组圆

1.工装调整、吊装

根据钢管内径调整米字型工装伸缩杆长度,小于半径 50 mm 左右;利用门式起重机或桥机将卷制合格的瓦片吊装至组圆平台上进行瓦片组圆。

2.组圆

将管节瓦片立于组圆平台进行组圆,采用组圆工装,配合千斤顶调整、内径、错边量、间隙调整至设计图纸和相关标准规范要求的尺寸偏差范围内,用工装(骑马板、夹板)夹紧,并进行定位焊焊接。组圆施工如图 6-14 所示。

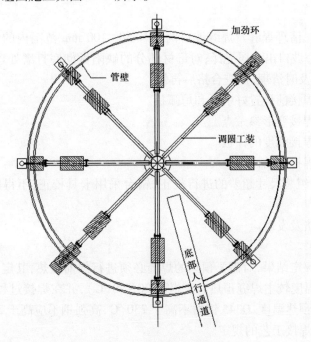

图 6-14 组圆施工示意图

3.定位焊

(1)定位焊可留在二类焊缝内,成为焊接构件的一部分,但不得保留在一类焊缝内,也不得保留在高强钢的任何焊缝内。定位焊在后焊侧坡口内,正缝焊接前,清除定位焊并打磨清除干净。一类、二类定位焊焊接工艺与对焊工要求与正式焊缝相同。

(2)高强钢定位焊长度应在 80 mm 以上,且至少焊两层。

(3)需要预热的钢板定位焊时应对定位焊缝周围 150 mm 进行预热,预热温度要比正缝预热高。

(4)定位焊缝位置应距焊缝端部 30 mm 以上,其长度应在 50 mm 以上,但对标准屈服强度≥650 N/m²,其长度应在 80 mm 以上且至少焊两层,通常定位焊缝间距为 300 mm,厚度不宜大于正式焊缝的一半且不大于 8 mm,定位焊应在后焊一侧的坡口内。

(四)加劲环安装

(1)加劲环拼装前用样板抽查内圆弧度,间隙满足规范要求。

（2）加劲环与钢管外壁的局部间隙应严格控制，不应大于 3 mm，以免焊接引起管壁局部变形，直管段的加劲环组装的极限偏差应符合要求。

（3）加劲环、支撑环、阻水环、止水环的对接焊缝应与钢管纵缝错开 200 mm 以上。

（4）根据混凝土浇筑要求，在加劲环接近管壁处按照设计要求开设排气孔，同时可兼作灌浆管和集水角钢串通孔。

（5）在加劲环、止推环与钢管的连接焊缝（贴角或组合焊缝）和钢管纵缝交叉处，在加劲环止推环内弧侧开半径 25~50 mm 的避缝孔。且避缝孔、串通孔等焊缝端头应进行包角焊。

（6）加劲环的拼装及焊接应在纵缝焊接、探伤、钢管调圆完成后进行，加劲环的焊接先焊接对接缝，再焊接加劲环与管壁的角焊缝。角焊缝焊脚高度应满足图纸设计要求。

（五）制作焊接

1. 焊前准备

（1）焊前清理。清理焊缝及焊缝坡口两侧各 50~100 mm 范围内的氧化皮、铁锈、油污及其他杂物，并打磨坡口出金属光泽；对母材部分的缺陷做彻底打磨处理，并做好记录。每一焊道焊完后也应及时清理，检查合格后再焊。

（2）纵缝埋弧焊接前设置好引弧和熄弧板。

（3）设置测量焊接变形参考点。

（4）准备测量焊接弧度的样板。

（5）准备各项焊接辅助设施。

（6）施焊前，对组装尺寸超差的进行校正，错台采用卡具校正，不得用锤击或其他损坏钢板的器具校正。

（7）焊条的烘焙及发放。

2. 焊接预热

（1）根据工艺评定结果，对需要预热的焊缝必须进行焊前预热，其定位焊缝和主缝均应预热（定位焊预热温度较主焊缝预热温度提高 20~30 ℃），并在焊接过程中保持预热温度；层间温度不应低于预热温度，Q345 钢材不高于 230 ℃，高强钢不应高于 200 ℃。一、二类焊缝预热温度应符合焊接工艺的规定。

（2）焊前需预热的焊缝开始施焊后要连续焊接直至完成，若由于各种原因停止施焊，需对加热部位进行保温直至再次施焊。对因停电等原因造成无法施焊的情况，需经无损检测确信已焊部位无裂纹，并重新按要求预热后方可继续施焊。

（3）采用履带式电加热板进行加热和保温，通过热电偶和温控仪严格控制升温速度、保温温度。

（4）使用表面测温计作为附加手段测定温度。预热时必须均匀加热，预热区的宽度为焊缝两侧各 3 倍钢板厚度范围，且不小于 100 mm。测量温度在距焊缝中心线各 50 mm 处对称测量，每条焊缝测量点间距不大于 2.0 m，且不少于 3 对。

（5）在需要预热焊接的钢板上焊接加劲环、止水环等附属构件时，按焊接工艺评定确定的预热温度或按与焊接主缝相同的预热温度进行预热。

3. 定位焊

（1）定位焊采用手工电弧焊进行。Q345 钢材的定位焊可留在二类焊缝内，构成焊接构件的一部分，但不得保留在一类焊缝内，也不得保留在高强钢的任何焊缝内。不允许保留定位焊的焊缝,定位焊焊在后焊侧坡口内,施焊前,清除定位焊并予以磨平,清除工作不得损伤母材。

(2)定位焊工艺和焊工要求与主缝相同。

(3)高强钢定位焊长度应在 80 mm 以上,且至少焊两层。

(4)施焊前应检查定位焊的质量,如有裂纹、气孔、夹渣等缺陷均应清除。

4.焊接要求

(1)主缝焊接。钢管组圆验收合格后,进行纵缝焊接。焊接时,应严格按确定的焊接工艺实施,不得随意更改工艺参数。为控制焊接变形,较厚板材对接,均开不对称 X 形坡口,采用多层(每层施焊厚度 4~6 mm)、双面施焊;焊前制定焊接顺序并根据实际情况及时调整,焊接过程中用弧度样板进行弧度检查,根据所测的结果,调整焊接顺序。双面焊时,单侧焊完后用碳弧气刨进行背面清根,将焊在清根侧的定位焊缝金属清除。清根后用砂轮机修整刨槽,磨除渗碳层,并做磁粉检查,确保无缺陷后,方可进行背缝焊接。

(2)施焊前,对主要部件的组装进行检查,有偏差时应及时予以校正。

(3)各种焊接材料应按焊接工艺规程的规定进行烘焙和保管。

(4)焊接时,严格按确定的焊接工艺实施,不得随意更改工艺参数。

(5)同一种钢材焊接,低合金钢和高强钢,焊缝金属的力学性能应与母材相当,且焊缝金属的抗拉强度不宜大于母材标准规定的抗拉强度上限值加 30 N/mm^2。

(6)异种钢材焊接时,原则上在钢管加工厂内焊接,按强度低的一侧钢板选择焊接材料,按强度高的一侧钢板选择焊接工艺。

(7)为尽量减少变形和收缩应力,在施焊前选定定位焊焊点和焊接顺序,应从构件受周围约束较大的部位开始焊接,向约束较小的部位推进。

(8)焊接前在焊缝两端设置的引弧板和断弧板上引弧和断弧,严禁在母材上引弧和断弧。定位焊的引弧和断弧应在坡口内进行。埋弧焊主焊板尺寸大于等于 50 mm×100 mm。拆除引、断弧板时不应伤及母材,引、断弧板不得用锤击落,应用氧-乙炔火焰或碳弧气刨切除,并用砂轮打磨成原坡口形式。

(9)每条焊缝一次连续焊完,当因故中断焊接时,应采取防裂措施。在重新焊接前,应将表面清理干净,确认无裂纹后,方可按原工艺继续施焊。

(10)焊接完毕,焊工应自检。自检合格后,在焊缝附近用钢印打上代号,做好记录。高强钢不打钢印,但需当场记录并由焊工签名。

(11)对于加劲环、止推环、阻水环与钢管管壁的全熔透的组合焊缝,除设计规定外,贴管壁侧允许角焊缝焊角为 1/4 环板高度,且不大于 9.0 mm。加劲环焊前检查其与管壁组合间隙,不超过规范限值,以免焊接引起管壁局部变形。加劲环的对接焊缝应与钢管纵缝错开200 mm 以上。

(12)多层焊的层间接头应错开,焊条电弧焊、气体保护焊和自保护药芯焊丝焊接等的焊道接头应错开 25 mm 以上,埋弧焊、熔焊及自动气体保护焊和自保护药芯焊丝自动焊应错开 100 mm 以上。

(13)每条焊缝应一次连续焊完,当因故中断焊接时,应采取防裂措施。在重新焊接前,将表面清理干净,确认无裂纹后,方可按原工艺继续施焊。

(14)施焊时同一条焊缝的多名焊工应尽量保持速度一致。

(15)工卡具等临时构件与母材的连接焊缝距离正式焊缝 30 mm 以上。

(六)涂装

1.表面预处理

(1)表面预处理前,钢材表面焊渣、毛刺、油污、水分等污物应清除干净。

(2)表面预处理采用无尘、洁净、干燥、有棱角的铁砂喷射处理钢板表面。喷射用的压缩空气应经油水分离器处理,除去油、水。

2.涂料涂装

(1)安装环缝坡口两侧各 200 mm 范围内,在表面预处理后,应立即涂刷底漆,干漆膜厚度 100 μm。环缝焊接后,应进行二次除锈,再用人工涂刷或小型高压喷漆机械施喷涂料,管节内支撑拆除后,也应补涂。

(2)施涂前,应根据施工图纸的要求及涂料生产厂的规定进行工艺试验。试验过程中应有生产制造厂的人员负责指导。

(3)厂内组焊后的管节及附件,在厂内防腐车间内完成涂装;现场安装焊缝及表面涂装损坏部位在现场进行涂装。安装环缝两侧各 200 mm 范围内,在车间内进行表面预处理后,应涂刷不会影响焊接质量的车间底漆,环缝焊接后,进行二次除锈,再用人工涂刷或小型高压喷漆机械施喷涂料。

(4)清理后的钢材表面在潮湿气候条件下,涂料应在 4 h 内涂装完成,在晴天和正常大气条件下,涂料涂装时间最长不应超过 12 h。

(5)涂装材料的使用应按施工图纸及制造厂的说明书进行。涂装材料品种以及层数、厚度、间隔时间、调配方法等均应严格执行。

(6)当空气中相对湿度超过 85%,钢板表面温度预计低于大气露点以上 3 ℃或高于 60 ℃以及环境温度低于 10 ℃时,不得进行涂装。

(7)涂装后进行外观检查,涂层表面应光滑、颜色均匀一致,无皱皮、起泡、流挂、针孔、裂纹、漏涂等缺欠。水泥浆层数,厚度应基本一致,黏着牢固,不起粉状。

(8)涂膜附着力应达到设计要求,埋管外壁均匀涂刷一层黏结牢固、不起粉尘的水泥浆,涂后注意养护。

二、压力钢管安装

(一)压力钢管运输

1.压力钢管公路运输

压力钢管公路运输根据钢管直径和重量,综合考虑确定运输道路,一般是指钢管制作厂到洞口卸车部位的运输,对于直径及重量较小的钢管,可以在专门工厂委托制作加工,再运输到现场;对于大型水电站,压力钢管制作安装工程量大,一般在安装现场附近临时建厂,进行制作加工。

压力钢管运输按照钢管在运输车上的状态,分垂直运输和水平运输两种,垂直运输是钢管轴线垂直于地面,水平运输是钢管轴线平行于地面,对于大型压力钢管(直径大于 4 m 以上的钢管),公路运输一般采用垂直运输方式,主要考虑运输安全,降低重心高度;对于直径较小的钢管,一般采用水平运输(安装状态),避免钢管在洞内翻身,提高安装效率。

2.压力钢管洞内运输

压力钢管洞内运输主要包括水平段运输、斜坡段运输、竖井段运输,以及弯管段运输等,如果钢管直径较小,在水平段,可以采用拖车直接运输到位,但是往往洞内运输道路复杂、转弯半径小,所以常用运输方式为洞内运输台车,牵引方式采用卷扬机、滑轮组进行。

3.压力钢管洞内吊装

压力钢管洞内吊装主要设备有洞内布置天锚、竖井门机、洞内简易龙门架,以及汽车吊,也可以利用厂房桥机、尾水闸门井桥机安装尾水肘管和尾水管。

(二)压力钢管定位节安装

(1)测量放点,根据设计要求在现场放出里程、桩号、高程,并在洞内钢拱架上做好标示,标示要用油漆标示清楚,不得在钢管安装中破坏。

(2)定位节钢管运输前,为防止运输和吊装变形,在钢管内进行支撑加固,支撑加固一般采用米字支撑形式,型钢大小根据钢管直径和壁厚进行计算确定。

(3)运输钢管定位节,到位后利用千斤顶和拉紧器进行调整。

(4)调整完成后,再进行测量校核各部位安装尺寸。

(5)测量合格后,调整结束进行定位节加固。定位节加固应对称进行,防止变形,加固后进行复测。

(三)压力钢管中间钢管安装

压力钢管中间节在当定位节混凝土强度达到75%以上时,开始中间节的安装。

1.压力钢管中间节安装工艺

(1)利用平板车将钢管运输到洞内卸车部位。

(2)利用洞内布置的简易龙门架进行钢管的卸车翻身。

(3)利用洞内卷扬将钢管牵引到安装部位。

(4)用台车上的千斤顶将钢管顶升到设计高程。

(5)将调整到位的钢管进行临时固定支撑。

(6)将台车上的支撑机构降落,为台车退出让出空间。

(7)台车退出,钢管进行最终加固,运输台车进入下一安装循环。

2.压力钢管中间节内支撑加固

为保证钢管在运输和安装过程中不产生变形,采取和定位节相同的米字撑内加固。

(四)压力钢管弯管段及渐变段的安装

弯管段及渐变段压力钢管安装工艺与直管段基本相同,但是也有差异,主要是运输过程差异以及安装调整测量的差异。

1.弯管段安装

(1)在运输时要提前测量好弯段硐室尺寸,将多余钢筋以及障碍物清除,为安装做好准备。

(2)弯管段运输台车底部行走机构为万向轮结构,便于转向,车轮要比轨道宽一倍以上,防止运输中与轨道发生碰撞卡死。

(3)在弯管段起始端安装要求高,安装后测量严格控制弯管段起始位置中心点,为确保起始位置准确,弯段第一节可以看作是工艺节,一般要比设计理论长100~150 mm,预留切割量。

（4）根据测量划线，修割起始端钢管，达到设计偏差，为后续钢管安装打下良好基础。

（5）以此安装后续弯管段，由于弯管段安装有累积误差，最好在安装一节后进行全站仪测量，确保安装精度。

（6）在安装完成一半以后，后续钢管可以先运输到位并进行临时拼装后，可以点焊定位，先不要进行焊接，整体安装完成并校核安装尺寸，主要是弯管段出口钢管管口空间尺寸，合格后再进行后续焊接施工，如果发现误差，可以在每节钢管进行调整间隙（在规范允许的范围内），确保弯段最后一节与直管段的误差。

2.渐变段安装

渐变段钢管安装于直管段基本相同，需要注意以下一些事项：

（1）渐变段安装要每节进行测量控制，防止安装偏差。

（2）渐变段在运输安装前，要注意钢管标示的水流方向，由于直径误差较小，肉眼很容易混淆，方向保险起见，需要对钢管大小头进行现场确认。

（3）对于壁厚不同的渐变管，在拼装时沿外壁方向要进行缓坡过渡处理。

（4）对于有些不对称渐变管的安装，难度更大，技术要求更高，在拼装时严格按照在制作时标示的上下左右中心线进行拼装压缝。

（5）钢管切割宜采用全位置 3D 切割仪，确保坡口尺寸及角度的准确性。

（五）压力钢管凑合节的安装

1.整体安装法

整体安装法，就是钢管在加工厂提前制造好，整体运输进洞进行安装。整体安装法的最大特点就是减少洞内拼装和焊接工程量，有利于减小现场焊接应力，但是对现场和它相连的钢管安装精度要求很高，否则将造成拼装误差甚至无法拼装的后果，整体式凑合节多数安装在控制里程的位置，如斜管由下向上安装上弯管时，和上弯管连接的凑合节就可以采用整体式，整体式凑合节和普通钢管一样，但是其长度要比设计值长 150～200 mm，先制成成品管节，现场安装时再根据测量点量出实际需要长度，进行现场切割处理，这节钢管管口的几何中心位置一定要严格控制，以免因误差大而影响下一节钢管的安装质量。

2.瓦片分块法

瓦片分块法是最常用的凑合节安装方法，优点是现场拼装时调整余量大，对相连钢管安装精度要求相对较低，缺点是现场拼装焊接工作量大，最适合直径超过 6 m 以上、整体运输安装有难度的压力钢管安装场合。瓦片式安装方法如下。

1）下料拼装

（1）将凑合节按照设计尺寸在钢管制作厂进行瓦片下料，一般根据钢管直径大小分为 3～4 块，下料前要按照规范将纵缝和环缝错开。

（2）进行瓦片卷制，瓦片宽度要比设计值大 150～200 mm，所有瓦片整体周长要比设计值大 100 mm 左右，卷制完成。

（3）考虑洞内空间尺寸和凑合节体型尺寸、瓦片重量，为吊装方便，尽量将上部瓦片长度缩短，在钢管加工厂制作时要求单个瓦片加劲环可以定位焊临时焊接到钢管外壁，方便运输和加强瓦片强度。

（4）有条件的可以在钢管加工厂内进行试拼装，然后将瓦片进行编号；并且相邻两个瓦片纵缝处设置连接板，利用高强螺栓连接。

（5）将瓦片进行防腐施工，焊接部位预留除锈涂刷坡口专用漆。

2）凑合节运输

运输前利用高强螺栓把瓦片组装成成品管节运输进洞，洞内卸车、吊装、翻身完成后核对水流方向、上下左右中标示是否调整到位，有轨运输到安装部位以后卸掉高强螺栓，将凑合节管节拆成瓦片存放。

3）凑合节安装

（1）画线。待到两侧管节安装完成后，采用测绘法和实物法两种形式进行画线切割。

①测绘法。利用全站仪或手工测量，测出上下游两侧管口之间的距离，把测量数据根据上下左右中的位置反射到瓦片上，再将各点位连接成线段。

②实物法。将凑合节管口一侧与上游侧管口外壁贴紧压缝后用千斤顶打紧，调整下游侧管壁压缝，当内外壁合拢后在凑合节内壁利用划规沿下游侧管口画线，即得到瓦片切割线。

（2）切割。利用半自动切割机或 3D 仿形切割机根据切割线位置进行切割并加工坡口。

（3）拼装。利用制作时的工艺连接板，先将瓦片组装、调圆处理成成品管节，上下游环缝拼装时压缝完成后，在凑合节及已安装管节外壁间隔 45°设置连接板，用高强螺栓连接来形成约束。

4）焊接顺序

三条纵缝焊接→凑合节加劲环焊接（加劲环焊接在纵缝焊接验收合格后进行）→上下游环缝正缝焊接→背缝焊接→正缝焊接→背缝焊接。

5）焊接过程中的锤击消应

封闭环缝除打底的 3 层和盖面的焊缝外，其余焊道焊后立即消除应力，为了避免锤击产生裂纹，锤击用的锤头必须是圆形，其圆弧半径不小于 5 mm，锤击部位必须在焊道的中间，不得锤击焊趾（熔合线）部位，锤击应沿着焊缝方向进行，直到焊缝表面出现麻点。

6）焊接变形监测以及控制

（1）在焊接前在钢管内壁上下左右位置上画好刻度线，以 300 mm 左右为宜，用钢板尺测量度数，在焊接过程中随时监测上下左右变形情况。

（2）在开焊前，测量在小岔上游管口进行测量，在正缝、背缝顺焊接完成后，分别进行测量，监测上游管口是否变形及变形量。

（3）如果瓦片有间隙，则先将间隙塞焊填充后，再进行正式焊接，以减小焊接收缩量。

3.短套管连接法

短套管连接法主要外面是套筒，里面是导流板，套筒长度 500 mm，导流板长度 200 mm，安装时先将外套筒与连接钢管外壁拼装，压缝并调整好间隙、错台等，定位焊进行临时固定，然后将内导流板沿钢管内壁进行拼装，然后检查尺寸，合格后进行焊接，首先焊接套筒一侧的内外焊缝，再焊接另外一侧的内外焊缝，安装导流板关键是将内角焊缝打磨平滑，焊缝间隙均匀，然后贴装并对称、匀速焊接，具体焊接顺序和要求与钢管焊接工艺相同。

第七章　机电设备工程

机电设备安装工程项目主要包括发电设备及安装工程、升压变电设备及安装工程、公用设备及安装工程。发电设备及安装工程由水轮机、发电机、主阀、起重设备、水力机械辅助设备、电气设备等六项内容组成;升压变电设备及安装工程由主变压器、高压电气设备、一次拉线项目组成;公用设备及安装工程包括通信设备、通风采暖设备、机修设备、计算机监控系统、管理自动化系统、全厂接地及保护网、电梯、坝区馈电设备,厂坝区及生活区供水、排水、供热设备,水文、泥沙监测设备,水情自动测报系统设备,外部观测设备,消防设备,交通设备等项目组成。

第一节　水轮机发电机组安装

一、概述

水电站是能将水能转换为电能的综合工程设施。一般包括由挡水、泄水建筑物形成的水库和水电站引水系统、发电厂房、机电设备等。水库的高水位水经引水系统流入厂房推动水轮发电机组发出电能,再经升压变压器、开关站和输电线路输入电网。

水电站一般分为河床式、坝后式、引水式、储能式等。图 7-1 为河床式水电站剖面图。

水电站的核心装备是水轮机发电机组。

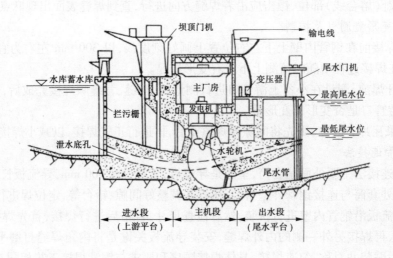

图 7-1　河床式水电站剖面

(一)水轮机按机型

1.混流式

水流从四周沿径向进入转轮,近似轴向流出,应用水头范围:30 ~ 700 m。特点:结构简单、运行稳定且效率高。

2. 轴流式

水流在导叶与转轮之间由径向运动转变为轴向流动,应用水头:3～80 m。特点:适用于中低水头,大流量水电站。可分为轴流定桨、轴流转桨式。

3. 冲击式

转轮始终处于大气中,来自压力钢管的高压水流在进入水轮机之前已经转变为高速射流,冲击转轮叶片做功。水头范围:300～1 700 m。适用于高水头,小流量机组。

(二)水轮发电机结构

水轮发电机结构设计中首先碰到的问题是总体布置形式的选择。总体布置形式有卧式和立式两种。通常小容量水轮发电机多采用卧式,而大中容量的水轮发电机则采用立式。

1. 立式发电机结构

推力轴承位于转子上部的发电机称为悬吊式发电机,推力轴承位于转子下部的发电机称为伞式发电机。无上导轴承的伞式发电机称为全伞式发电机,有上导轴承的伞式发电机称为半伞式发电机。图7-2为混流式水轮机结构图。

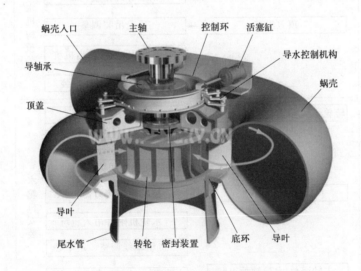

图7-2　混流式水轮机结构图

2. 卧式发电机结构

卧式发电机的特征是容量小、转速高、外形尺寸小、结构紧凑,部件多从制造厂整体到货。因此,机组在安装时组装工作较少,仅对大件进行必要的清扫、检查和测量后即可总装。

3. 发电/电动机的结构

发电/电动机一般均为立式发电机,故其结构与其他常规立式机组相同。对于可逆式发电/电动机,因为具有双向运行的特点,要求推力轴承及转子结构在正、反两个方向运行时,能够同样建立起可靠的楔形油膜及鼓风量。

水轮机类型较多,下面以典型混流式水轮机为例介绍安装方法。

二、水轮机安装程序

混流式水轮机安装程序如图 7-3 所示。

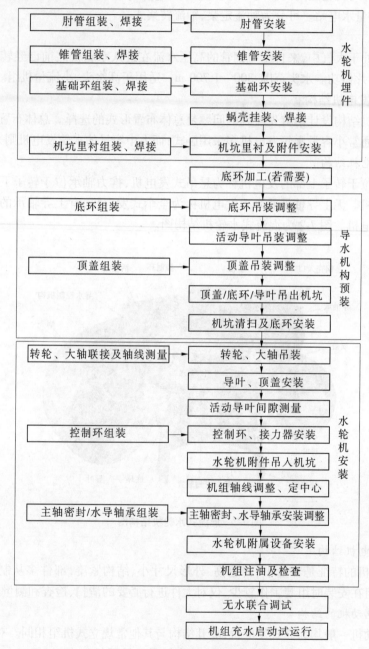

图 7-3 混流式水轮机安装程序

三、埋件安装

水轮机基础埋件组装焊接及安装完成后,均进行尺寸检查,并对安装全过程进行控制;在埋件安装过程中,保护灌浆孔不能被堵塞,并留有排气孔;所有测量管路均采用钢板封堵保护。

埋件工作开展前,组织施工技术人员熟悉图纸及厂家技术要求,编制相应的施工措施,并进行技术交底;测量放置相应的安装中心、高程等控制点线。清理安装基础面,准备安装工器具。

(一)尾水管安装

尾水管里衬为钢板焊接结构,具有尺寸大、板薄、高度高、易变形等特点,在肘管安装之前四周混凝土和锚筋已经浇筑形成。安装程序为:测量放安装控制点、线→肘管出口节组装、安装→依次进行后续管节吊装、调整→肘管调整、焊接、焊缝检查、加固→验收→锥管组拼、吊装→锥管调整、加固→锥管焊接及焊缝检查。

1.尾水肘管安装

以施工测量基准点、水准点及其书面资料为基准,放置肘管安装出口端面基准点。采用施工布置的门机对肘管进行吊装,吊装前调整底部支撑的千斤顶,将其顶面高程调整到合适位置。

吊装肘管出口节,利用千斤顶、手拉葫芦等工具精确调整管节位置。控制管节出口的断面高程及中心线位置,同时复查出口断面尺寸及位置,应符合图纸要求。在各项检查项目均合格后,利用型钢对管节进行可靠加固。

依次吊装肘管其他管节,按照同样方法对其进行调整、加固。

肘管焊缝:安排焊工对肘管焊缝进行对称焊接,焊接完成后按照工艺要求进行探伤检查。

按照图纸设计,安装焊接肘管外部的锚环、锚钩。割制灌浆孔。安装尾水盘型阀一期埋件,进行二期混凝土回填工作,混凝土回填。

2.尾水锥管安装

肘管混凝土回填等强后复查肘管进口端面,应符合要求。利用施工门机对锥管进行吊装,使用手拉葫芦、千斤顶对其进行调整,中心和高程调整好后,将锥管加固,进行肘管、锥管焊缝焊接工作,见图7-4,焊接完成后按照工艺要求进行探伤。凑合节安装待座环安装完成后进行。

尾水管回填时应注意二期混凝土浇筑引起里衬变形情况,若发现里衬变形,应调整浇筑方位和浇筑速度,防止尾水管里衬变形。

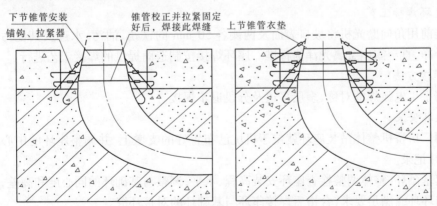

图7-4　尾水锥管下、上节安装示意图

（二）基础环组装及焊接

1. 基础环基础板、螺栓及锚钩预埋件检查

按照图纸尺寸、方位、高程对土建预埋基础环安装基础板、螺栓及地锚等预埋件进行检查，基础板埋设高程、尺寸、方位满足设计及规范要求，锚钩露出混凝土地面高度满足设计要求。

2. 基础环清扫及组装

按照设计图纸方位进行组装。首先对第一瓣基础环设置三个钢支墩，每个钢支墩上布置楔子板一对，起吊基础环第一瓣到钢支墩上找平。

吊装第2瓣基础环慢慢地与第1瓣基础环靠近并穿上螺栓把合，当两瓣基础环靠拢后，检查两瓣的轴向和径向错牙，满足要求后，将定位销打入，检查组合缝间隙符合要求；最后再按要求进行螺栓把合。依次吊装其余分瓣基础环进行组装。

组装完成后对基础环整体数据进行测量并记录，进行检查验收工作，合格后转入焊接工序。

3. 基础环焊接

根据设计及规范要求进行焊缝焊接，完成后对焊缝进行无损检测，并按要求将过流面焊缝表面打磨光滑，焊缝过流面余高不超过2 mm。

基础环焊接后进行尺寸复核，并实测基础环高度尺寸并记录。

4. 基础环安装

利用厂房桥机整体吊装基础环就位于机坑已布置好的支墩上，初步调整基础环高程及其与尾水锥管同心度。

（三）座环安装及焊接

1. 座环组装

分瓣座环安装间组装同基础环组装工艺。

调整座环上、下环板垂直度和水平度；测量座环各环板与基础环同心度。当所有组装尺寸符合要求并验收合格后进行焊接。

2. 座环焊接

1）焊接顺序

座环焊接顺序根据厂家要求进行，原则上先焊接上、下环板的水平对接焊缝，再焊接立向组合焊缝。与蜗壳连接的过渡板对接缝最后焊接。

2）座环焊接工艺

焊接前用角向磨光机将坡口表面及两侧各50 mm的铁锈、油污、水迹及其他污物等打磨清除干净，直至露出金属光泽为标准。座环焊接按制造商提供的焊接工艺进行。

3）焊接方法

采用手工电弧焊的对称、多层多道及分段退步焊接。

3. 座环安装

利用厂房桥机整体吊装座环就位于机坑已布置好的支墩上，并调整座环的中心、高程、水平度，并记录。

顶起基础环，整体调整检查座环安装高程、水平，调整与基础环的同心度和高差，并调整其与基础环环缝满足要求，合格后焊接座环与基础环的对接环缝。

座环与基础环环缝焊接：由4名焊工施焊，彼此间相隔90°，采用分段退焊法施焊，四周对称方向平衡施焊，焊接行进速度保持一致。施焊期间监控焊接变形，用铅垂线检查同心度

和圆度的变化情况,盖面焊要保证无咬边或其他表面缺陷。

焊接过程中须有技术人员和质检员监测焊接变形,并根据焊接变形随时调整焊接顺序,所有的对接焊缝都必须做焊后热处理,后热加温时缓慢均匀升温,后热温度和保温时间按照要求进行,然后缓慢降温。

(四)蜗壳安装及焊接

1.蜗壳挂装控制点设置

根据蜗壳各节方位角度计算出测量点线图,在机坑内用全站仪放到地面上,打上永久标记,作为蜗壳挂装测量控制点,并挂座环中心线;在座环过渡板上焊接挡块。

2.蜗壳拼装

按照蜗壳挂装管节顺序要求进行拼装,拼装前将坡口打磨除锈、清理干净,并标出管节的腰线,在拼装平台上用自制圆规放出拼装节的进水口圆周地样。

首先将单节蜗壳中间瓦块吊放到钢平台拼装位置(凑合节除外),按照地样对中间瓦块进行压缝;然后将两侧瓦块依次吊装就位后与中间瓦块进行组装。检查蜗壳进出水边周长和圆度、开口尺寸、开口边至腰线尺寸,满足要求后使用无缝钢管进行内支撑,支撑位置为离进水边 300～400 mm 处。

蜗壳拼装纵缝焊接方法、焊接工艺与蜗壳安装焊接相同。焊接完探伤合格后,复查蜗壳各项尺寸。单节蜗壳拼装完成后对蜗壳焊缝进行防腐处理,将合格蜗壳倒运至厂房或营地附近的露天存放场。

3.蜗壳挂装

蜗壳挂装顺序:挂装定位节→挂装其余各节→挂装凑合节。原则上对称进行。

1)定位节挂装

定位节挂装程序:首先检查座环及蜗壳节的开口尺寸,其次挂装,再次调整,最后进行验收加固。

定位节吊装到位后,用千斤顶、拉紧器调整其位置,用水平仪、钢卷尺、线锤检测管口的方位、最远点半径、垂直度、高程合格后,在定位节外缘用千斤顶支承,再用拉紧器固定,并在适当位置使用槽钢进行支撑。

2)蜗壳各管节挂装

定位节挂装定位合格后,按蜗壳挂装顺序依次挂装两侧蜗壳管节,每个方向挂装的管节数量将根据所挂的蜗壳重量加以控制和调整。

同时按要求支撑、调整与定位节相邻的管节及焊缝的错牙与间隙。合格后,点焊环缝及与过渡板之间的焊缝,点焊适宜在背缝侧,点焊时用烤枪预热。

由于蜗壳进口及进口以后部分(第三、四象限)管节组装后重量超出门机起吊范围,可采取瓦片挂装的方法进行挂装,具体可参见凑合节挂装方法。

每个挂装方向调整好两条环缝后开始焊接第一条环缝。采取边挂边焊接的方式依次安装其他管节。

四、水轮机安装

在发电机下机架吊入机坑前将检修密封、工作密封、水导轴承、水导油盆支座及附件等吊入机坑。

（一）机组盘车及定中心

配合发电机进行水轮发电机组的盘车，以检查及调整轴线，确保各部位摆度满足《水轮发电机组安装技术规范》（GB/T 8564）的要求。机组盘车及轴线调整好后，进行转动部分定中心工作，转轮与底环处用楔子板周向固定。

（二）主轴密封安装

1. 检修密封安装

按图纸要求进行检修密封的安装，安装前充 0.05 MPa 的压缩空气，在水中作漏气检查无漏气。确认围带无破损后，进行围带安装。围带安装完成后，进行充、排气试验及保压试验，在 1.5 倍工作压力下保压 1 h 压降不超过额定压力的 10%。同时用塞尺检查围带与主轴法兰之间严密贴实，无间隙，排气后，围带要能缩回原位。

2. 工作密封安装

工作密封时需保证以下几点：确保抗磨环、密封环安装水平，抗磨环接缝处调整好无错台；密封环与抗磨环接触面在 70% 以上，局部间隙不超过 0.02 mm。安装完成后，通设计压力水进入密封检查，此时沿圆周均匀支上 4 块百分表测量工作密封上浮是否均匀，上浮量是否达到要求，如达不到要求，需拆卸重新安装。

（三）水导轴承及附件安装

1. 水导油槽安装

水导油盆座相对于主轴轴颈调整好并打紧固定，然后钻、铰定位销钉孔并打入销钉固定水导油盆座。进行轴瓦支承环安装。

挡油圈与油槽底环安装成一体，二者的安装关键点是要确保盘根就位均匀压紧，压缩量要足够。同时调整挡油圈与大轴间隙，确保间隙均匀。

在油盆注入适量煤油，对挡油圈与油槽底环之间的密封进行渗漏试验，如有渗漏，需拆开重新安装直至合格。

2. 轴承安装

准备百分表、小铜锤或铜棒、千斤顶等工器具，对水导瓦表面检查，表面应光滑无毛刺。复测水导瓦支承块与轴颈的同心度，按对称方向进行水导瓦安装工作。

安装水导瓦，调整楔子板、球面支柱、支撑块、限位块、锁定螺栓及螺帽等。架设百分表，以监测确认轴颈位移量，计算其对轴瓦间隙的影响量，原则上轴颈不得有位移。用小铜锤敲击楔子板，使导瓦贴紧轴颈，此时测量楔子板所处的高度，按导瓦设计间隙及楔子板斜度来确定提升楔子高度，调整好后，将其回装，将固定水导轴瓦楔子板螺栓锁紧。

水导轴瓦间隙调整好后，拆卸掉固定机组中心的楔子板及千斤顶，测量确认水导轴瓦总间隙满足设计要求。

3. 附件安装

水导轴承附件主要包括油冷却器、冷却环管、瓦温及油温测量装置、油盆盖板及密封环的安装。冷却器安装前需进行 1.5 倍额定压力严密性耐压试验。

五、水轮发电机安装

（一）概述

水轮发电机是将水轮机旋转的机械能转换成电能的设备，是旋转电机中的三相同步发电机。

1. 水轮发电机、发电/电动机的分类

按水轮发电机组轴的布置方式,分为立式与卧式发电机;立式水轮发电机按推力轴承的位置不同,分为悬吊式与伞式两种,伞型发电机又分为全伞式和半伞式;按电机的运行工况分为发电机和发电/电动机,发电/电动机用于抽水蓄能电站。

2. 水轮发电机、发电/电动机的结构

水轮发电机结构设计中首先碰到的问题是总体布置形式的选择。总体布置形式有卧式和立式。通常小容量水轮发电机多采用卧式,而大中容量的水轮发电机则采用立式。

1)立式发电机结构

推力轴承位于转子上部的发电机称为悬吊式发电机,推力轴承位于转子下部的发电机称为伞式发电机。无上导轴承的伞式发电机称为全伞式发电机,有上导轴承的伞式发电机称为半伞式发电机。

2)卧式发电机结构

卧式发电机的特征是容量小、转速高、外形尺寸小、结构紧凑,部件多从制造厂整体到货。因此,机组在安装时组装工作较少,仅对大件进行必要的清扫、检查和测量后即可总装。

卧式发电机一般有二部导轴承,水轮机有一部导轴承,另有双向受力的推力轴承;但也有发电机和水轮机各一部导轴承加推力轴承的二导结构卧式机组。

3)发电/电动机的结构

一般均为立式发电机,故其结构与其他常规立式机组相同。对于可逆式发电/电动机,因为具有双向运行的特点,要求推力轴承及转子结构在正、反两个方向运行时,能够同样建立起可靠的楔形油膜及鼓风量。

(二)安装流程

悬式水轮发电机安装程序如下:

(1)基础埋设。主要有下风洞盖板的基础件、下机架及定子基础垫板、制动器基础垫板、上机架千斤顶基础垫板等。以上基础件的预埋与混凝土浇注配合进行。

(2)定子安装。在定子机坑内组装定子及下线,调整中心、高程、水平,安装空气冷却器等。为减少与土建及水轮机安装的干扰,也可在机坑外进行定子的组装及下线,待下机架吊装后,将定子整体吊入找正。

(3)吊装下部风洞盖板。待水轮机大件吊入机坑后,吊装下部风洞盖板,按水轮机主轴中心找正和固定。

(4)下机架安装。把已经组装成整体的下机架吊置在基础上,按座环中心或水轮机主轴中心找正并调整高程及水平,浇注基础混凝土。并按总装要求调整制动器顶部高程。

(5)转子安装。在安装间组装转子,将组装好的转子吊入走子,按水轮机主轴中心、高程、水平进行调整;检查发电机空气间隙,校核定子中心,浇注定子基础混凝土。

(6)上机架安装。将已经组装好的上机架吊放于定子上,按发电机主轴调整中心、高程及水平并固定。上机架安装也可在转子吊装前将组装好的机架吊在定子上预装,以水轮机主轴中心为准找正机架中心和高程、水平,同定子机座一起钻,铰销打孔,然后将上机架吊出,待转子吊入定子后再吊入,按定位销孔位置将机架固定。

(7)推力轴承安装。吊装推力轴承座,调整镜板高程及水平,安装推力头,连接推力头

与镜板,将转子落到推力轴承上,初步调整推力轴承受力,发电机单独盘车,调整发电机轴线,测量和调整法兰盘摆度。

（8）发电机主轴与水轮机主轴连接。

（9）机组整体盘车。测量和调整机组总轴线。

（10）推力轴承受力调整。

（11）转动部分的调整和固定。安装各导轴承瓦,按水轮机迷宫环间隙调整并固定转子中心位置,确定各导轴瓦的间隙,检查转动部分与固定部分的各部间隙,安装推力轴承油冷却器及挡油板。

（12）励磁机和永磁机的安装。

（13）附件及零部件的安装。集电环、梯子拦杆、上盖板、油水管路等的安装。

（14）全面清扫、喷漆、检查。

（15）轴承注油。

（16）启动试运转。

上述安装程序如图 7-5 所示。

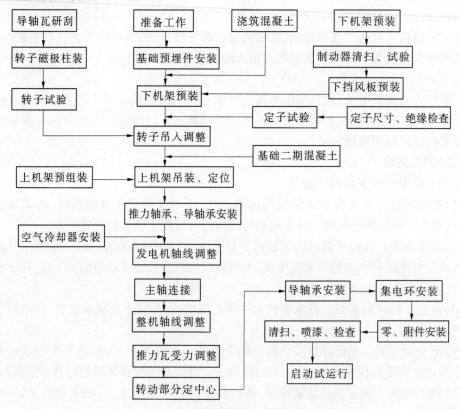

图 7-5　悬式水轮发电机安装程序

（三）定子装配、安装

由于运输条件的限制,当定子直径超过 4 m 时就要进行分瓣运输。运往工地后再将分瓣定子组合成一个整体。

1.机座组合焊接及定位筋安装

1)机座组合与焊接

定子机座在安装间(或机坑)组合时用中心测圆架调整圆度和水平,机座焊接根据实际情况采用手工电弧焊或 CO_2 气体保护焊工艺。焊缝形式根据设计结构的不同分为对接焊缝和搭接焊缝两种。

2)定位筋安装

首先安装基准定位筋,对其绝对半径值、垂直度和表面扭斜都应严格要求。以基准定位筋为基准,再安装其他各条定位筋。由于大型水轮发电机定子定位筋数量较多,为减少定位筋在分度时的累积误差,在基准定位筋安装合格后,定位筋安装调整采用大等分法,等分数值的选择应使得等分后的大弦距在 3～5 m 为宜。取值太大,影响测量精度,取值太小失去大等分分度的意义。最后一根大等分定位筋安装后,复查其与基准定位筋的弦距,并将弦距误差合理分摊到各大等分弦距中。用同样方法安装大等分区内的定位筋。

2.铁芯叠装及压紧

定子铁芯叠装场地应做到防潮防尘,且保持较小的温差(包括时间上、空间上),有条件时应有一个封闭的环境。

定子铁芯叠装的方法应按制造厂技术文件的要求进行。叠装的冲片应清洁、无损、平整,漆膜完好,厚薄均匀。在叠片过程中应可靠地不断地按定位筋、槽样棒(及槽楔槽样棒)定位,并用整形棒整形。同时应严格控制铁芯的半径、圆度、高度、波浪度、垂直度等尺寸。

3.定子吊装及调整

大型定子一般都是在安装场或专用机坑拼装、焊接、叠压完成后将定子吊入机坑,但少部分大机组和一些中小型机组在安装场下完线后将定子整体吊入机坑,此时必须考虑防止整体定子起吊时产生过大变形的问题,起吊设施的布置应使吊起的定子不承受额外的径向力和扭曲力。定子吊入机坑后,依据水轮机座环(或调整后的底环)中心为基准,调整定子铁芯的中心、水平、圆度以及高程,调整方法是使用千斤顶施顶,必要时用桥机助力。

一般在定子中心高程找正后即浇混凝土基础混凝土,也有的定子基础混凝土在转子吊入机坑、机组轴线盘车找正、空气间隙符合设计要求后进行浇筑回填。如用在线圈中通以电流的电动盘车的方式检查轴线时,定子基础混凝土宜在盘车前回填。

(四)转子装配、安装

1.转子吊入

(1)在安装间试吊转子,当吊离地面 100～150 mm 时,先试升降几次,注意检查起重机构运行情况是否良好,同时用框式水平仪在轮毂加工面上检查转子的水平,然后测量转子变形。

(2)试吊正常后,再将转子提升到 1 m 左右。对转子下部进行全面检查,认真清洗和研磨主轴法兰端面,检查法兰螺孔、止口及边缘有无毛刺或凸起,如有则需消除。此外,还需要检查转子磁轭的拉紧螺杆端部是否突出在闸板面外,螺母是否全部点焊等。确认一切合格后,升降到合适高度,将转子运往机坑。

(3)在将转子下落到制动器之前,先将转子吊至机坑上空与定子内孔初步对正然后才能徐徐下落。

当转子将要进入定子时,再仔细找正转子。为避免转子、定子相撞,预先制作 8 根木板条,均匀分布在定、转子间隙内,每根木条都由一个人提着使其在靠近磁极中部的地方上下活动。在下落过程中发现卡住立即报告,指挥行车向相对方向移动转子,几次调整后,即可顺利下降。

转子找正以定子为基准,转子落在制动器上后四周空隙基本均匀即可卸吊具。

2. 转子找正

转子找正以定子为基准,并在转子重量转移到推力轴承上后进行。

1) 高程调整

首先落下制动器,将转子重量转移到推力瓦上测量,如不合适,需再次顶起制动器,然后升降推力瓦的支柱螺栓进行调整,反复 1～2 次即可调好。安装后的转子高程略低于定子铁芯中心线的平均高程。

2) 中心调整

主要通过定、转子空气间隙来进行,先测量上下部分空气间隙,以判断中心偏差的方向。然后顶动导轴承瓦,使镜板滑动产生位移进行调整。

(五) 推力轴承安装

推力轴承调整时大轴处于垂直位置,镜板的高程和水平符合要求,机组的转动部件处于中心位置。

在各块平衡块固定的情况下,起落转子,测量托瓦或上平衡块的变形或应力,根据各块瓦不同的变形和应力调整支柱螺钉,最终使各块瓦的变形和应力偏差符合要求。

发电/电动机的推力轴承的调整保证在镜板吊至推力瓦上后,水平偏差不大于 0.02 mm/m 时,各瓦进出油边两角与镜板间隙平均值之差符合要求。

(六) 机组轴线调整

1. 机组的轴线

轴线是轴的几何中心线。由于水轮发电机结构形式的不同,其轴线的组成也不一样,一般由发电机上段轴、发电机主轴、水轮机轴组成,大型伞式发电机转子大都采用空心无轴结构,因此转子中心体也应属于机组轴线的组成部分。

如果镜板摩擦面与轴线绝对垂直,且各段轴线同心并无折弯,机组在旋转时,机组轴线与旋转中心线重合。但在实际运行过程中,由于制造加工误差和安装时的调整误差,机组的轴线与旋转中心线有一定的偏差。

机组轴线存在偏差,运行时就要产生摆度。轴线找正就是通过盘车的方式,用百分表或位移传感器等仪器测出有关部位的摆度值,经计算分析机组轴线产生摆度的原因、大小和方位,并通过处理,使镜板和轴线的不垂直或连接处的轴线折弯和不同心得以纠正,使轴线摆度减小到允许的范围内。

2. 轴线摆度的检查方式

用盘车的方法检查轴线是最常用的方法,根据机组设计结构的不同,机组的盘车方式可分为整体盘车和分体盘车。整体盘车是指水轮机和发电机的主轴连接完成后进行的水轮发电机组的整体轴线的测量和找正,随着机组加工制造质量和安装水平的提高,一般都采用这种方法;分体盘车是指水轮机和发电机在未连轴状态下,对水轮机和发电机分别进行轴线的测量和找正。当对发电机部分进行盘车时,水轮机主轴和发电机主轴不连接。只有推力头布置在水轮机轴上时才有可能对水轮机单独盘车,此时,转子不吊入机坑。

盘车方式有机械盘车、电动盘车、人力盘车和专用的盘车工具盘车等。

第二节　水泵安装

水泵站是将水由低处抽提至高处的机电设备和建筑设施的综合体。水泵站按用途分为灌溉泵站、排水泵站、排灌结合泵站、供水泵站、加压泵站、多功能泵站等;按能源分为电力泵站、内燃机泵站、水力泵站、太阳能泵站、风力泵站等;按能否移动分为固定式泵站、半固定式泵站和移动式泵站(泵车、泵船);按主泵类型分为离心泵站、轴流泵站和混流泵站等。

水泵站机电设备主要为水泵和电机,辅助设备包括充水、供水、排水、通风、压缩空气、供油、起重、照明和防火等设备,建筑设施包括进水建筑物、泵房、出水建筑物、变电站和管理用房等。图7-6为某泵站布置图。

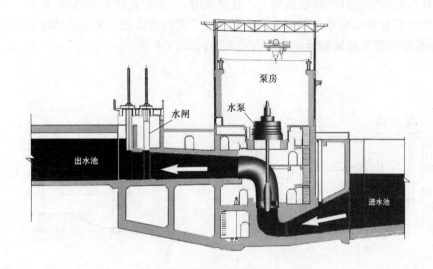

图7-6　立式轴流泵站

根据泵的工作原理划分,泵有离心泵、混流泵、轴流泵、喷射泵、潜水泵等类型。

一、设备验收

设备运到工地后,应组织有关人员检查各项技术文件和资料,检验设备质量和规格数量。

设备的检查包括外观检查、解体检查和试验检查。一般对出厂有验收合格证、包装完整、外观检查未发现异常情况的,只要运输保管符合技术文件的规定,可不进行解体检查。

若对制造质量有怀疑或由于运输、保管不当等原因而影响设备质量,则应进行解体检查。为保证安装质量,对与装配有关的主要尺寸及配合公差应进行校核。

二、土建工程的配合

安装前,土建工程的施工单位应提供主要设备基础及建筑物的验收记录,建筑结构设备基础上的基准线、基准点和水准标高点等技术资料。为保证安装质量和安装工作的顺利进行,安装前机组基础混凝土应达到设计强度的70%以上。泵房内的沟道和地坪已基本做完,并清理干净。泵房已封顶不漏雨雪,门窗能遮蔽风沙。建筑物装修时不影响安装工作的进行,并保证机电设备不受影响。对设固定起重设备的泵房,还应具备行车安装的技术条件。

三、机组基础和预埋件安装

(1)根据设计图纸要求,在泵房内按机组纵横中心线及基础外形尺寸放样。

为便于管道安装,主机组的基础与进出水管道(流道)的相互位置和空间几何尺寸应符合图7-6的要求。

(2)基础浇筑分一次浇筑和二次浇筑两种方法。前者用于小型水泵,后者用于大中型水泵。一次浇筑法是将地脚螺丝在浇筑前预埋,地脚螺丝上部用横木固定在基础木模上,下部按放样的地脚螺丝间距焊在圆钢上。在浇筑时,一次把它浇入基础内,如图7-7所示。

预埋件的材料和型号必须符合设计要求。二次浇筑法是在浇筑基础时预留出地脚螺丝孔,根据放样位置安放地脚螺丝孔木模或木塞,如图7-8所示。

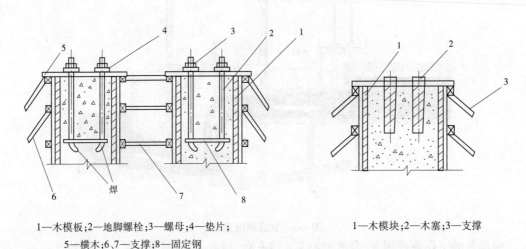

1—木模板;2—地脚螺栓;3—螺母;4—垫片;　　　　　　1—木模块;2—木塞;3—支撑
5—横木;6、7—支撑;8—固定钢

图7-7　一次浇筑法立模图　　　　　图7-8　二次浇筑法地脚螺丝孔的木塞

在浇筑完毕后,在混凝土初凝后终凝前将木塞拔出。预留孔的中心线对基准线的偏差不大于0.005 m,孔壁铅垂度误差不得大于0.010 m,孔壁力求粗糙,机组安装好后再向预留孔内浇筑混凝土或水泥砂浆。灌浆时应采用下浆法施工,并捣固密实,以保证设备的安装精度。

四、立式机组的安装

立式机组一般多采用立式轴流泵,立式轴流泵安装在水泵层的水泵梁上,电机安装在电机层的电机梁上,如图7-9所示。

(一)立式轴流泵安装

立式轴流泵安装工艺流程为:施工准备→底座安装→下座叶轮室安装→吊入水泵转子体→导叶体安装→弯管安装→联轴→轴线调整→轴承安装→主轴密封安装。

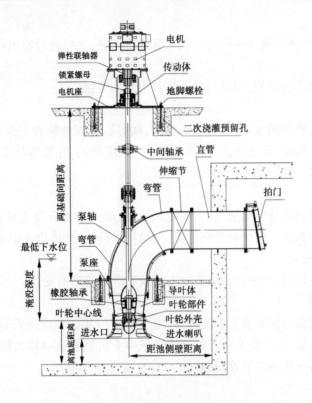

图 7-9　立式轴流泵机组结构

1. 准备工作

检查基座是否清扫干净,复核土建提供的高程、轴线是否符合设计要求,放出泵组 X、Y 轴线,多台机组一次放出,设定各安装高程。中心、高程标记必须采取保护措施。

安装所需工具:$1 \sim 10$ mm 厚 40 mm $\times 100$ mm 垫铁;$1 \sim 10$ mm 厚 40 mm $\times 100$ mm 斜铁;水平仪一套;$0.01 \sim 1$ mm 塞尺;水平尺、游标卡尺、20 cm 卡钳、5 m 盒尺、10 吋平板锉刀、扳手等工具。

2. 底座安装

泵底座是泵组安装的基准件,底座穿入地脚螺栓,吊入水泵机坑,利用千斤顶,楔子调整底座的高程,X、Y 轴线,底座的水平测量用框式水平仪加水平梁测量,使其符合质量标准要求后,经验收合格,并做好记录,便可浇筑二期混凝土。

3. 下座叶轮室安装

底座二期混凝土达到龄期后,可进行下座及叶轮室安装,安装完毕后,做好叶轮室安装的中间阶段检查记录。

4. 吊入水泵转子体

吊入水泵转子体。水泵转子吊装前,应先把转子组装好,叶片的调节机构应在制造厂人员的指导下,严格按图纸组装,叶片角度应与标示角度一致,并尽量使调节机构叶片受力均匀,做好叶片调节机构安装总体检查记录。

5. 导叶体安装

转子吊入后可进行导叶体的安装,做好导叶体安装总体检查,并做好记录。

6. 弯管安装

转子吊入、导叶体安装完毕后可吊入弯管进行安装,之后进行输出段及直管安装。

7. 联轴

电动机单独盘车合格后,可进行电动机及水泵的连接。

8. 轴线调整

联轴后可进行机组的盘车,进行轴线调整,做好轴线调整检查记录。泵组轴线合格后,进行转动部分中心调整,使电机定、转子之间空气间隙均匀,叶轮与叶轮室间间隙均匀,同时满足质量标准要求。

9. 轴承安装

轴线调整到符合质量标准要求后,固定大轴,然后安装水导及上导轴承,轴承间隙的调整应根据设计间隙和摆度值分配单侧间隙。做好水导轴承总体检查记录。

10. 主轴密封安装

轴承间隙调整好后,可进行轴承密封安装及润滑水管路的安装。

(二)电机安装

立式轴流泵配套电机安装工艺流程为:施工准备→基础预埋件安装→下机架、定子、上机架安装→定子安装、转子组装→吊电动机转子→上机架安装→推力轴承安装→联轴→泵组轴线调整→轴承安装→调节器安装。

1. 准备工作

电动机安装前清扫干净基坑,准备好安装用的安装工具,如求心器、楔子板等。

2. 基础预埋件安装

按设计的高程、轴线位置安装基础板。

3. 下机架、定子、上机架安装

采用下机架、定子、上机架预安装工艺,在水泵转轮与转子调入前进行,利用求心器,以安装好的水泵下导轴承座内镗口加工面为基准,求出机组的轴线。电动机下机架、定子、上机架的安装均以该轴线为基准进行安装,调整下机架、定子、上机架的高程、水平和 X、Y 轴线位置,使之符合质量标准要求,然后铰销孔,打入定位销,浇筑二期混凝土。等二期混凝土达到临期后,可吊出上、下机架,再吊入水泵的转轮、弯管。按预安装下机架的定位销孔,安装好下机架。

4. 定子安装、转子组装

定子安装前,要进行定子干燥和耐压试验,做好定子耐压试验的记录,定子安装按预装好的位置进行安装。转子现场装配,要做好转子干燥及耐压试验,做好定子、转子测圆检测记录,转子组装总体检查,转子耐压试验的记录。

5. 吊电动机转子

转子吊装是泵组安装中重要的工序之一,电动机转子是泵组最重要的部件。吊入电动机转子时,要有专人指挥,在定子上方初步找正位置后,再慢慢落下,当转子将要进入定子时,再仔细找正;为避免转子和定子相碰,需用8根木板条(30~40 mm宽,比磁极稍长,厚度为空气间隙的一半)均匀地分布在定子、转子间隙内,每根木条由一人提着,靠近磁极中部上下活动;在转子下落过程中,如发现木条卡住,说明在该方向间隙太小,立即告诉现场指挥,向相反方向移动转子;中心调整几次后,转子可顺利下降,待其即将落在千斤顶上时,要特别注意防止大轴相碰。吊入后以定子为基准进行转子初步找正(控制空气间隙和高程)。

6. 上机架安装

电动机转子吊入后,可进行上机架的安装。按预安装上机架的定位销孔,安装好上机架。

7. 推力轴承安装

推力轴承安装前,推力瓦已经刮瓦,并符合规范要求。推力头与主轴为过渡配合,采用热法,套装前将推力头加热,使孔径膨胀间隙增加 0.6 ~ 1.0 mm,然后再套装。推力轴承安装好以后,可将转子重量转移到推力头上。再调整推力瓦受力,并使镜板处于水平状态,上导轴承临时安装好,使瓦与轴的间隙为 0.05 mm。电动机便可进行单独盘车,合格后进入下一工序。

8. 联轴

转子吊入找正后,电动机盘车合格后,提升水泵主轴,使轴头向内法兰靠拢进行连接。

9. 泵组轴线调整

联轴后,可进行机组的盘车,进行轴线调整,这是泵组安装中一项很重要的工序,盘车时起步要慢,使转动部件按机组运转方向慢慢转动,并在各测点等分处准确停止,然后接触盘车动力,待主轴稳定后,进行读数、记录,电机上导、下导、法兰处相对摆度,水泵水导处相对摆度,绝对摆度值符合质量要求。轴线调整通过修刮推力头与镜板之间的绝缘垫以及泵轴法兰面来进行,做好轴线调整检查记录。泵组轴线合格后,即可进行转动部分中心调整,使电机定转子之间空气间隙均匀,叶轮与叶轮室间间隙均匀,同时满足质量标准要求。

10. 轴承安装

轴线调整到符合质量标准后,固定大轴,然后安装上导及下导轴承。

11. 调节器安装

把调节器安装好,机组的测温元件、机组管路安装好。

五、卧式机组的安装

(一)中心线找正、找平

中心线找正是找正水泵的纵横中心线。先定好基础顶面上的纵横中心线,然后在水泵进、出口法兰面(双吸式离心泵)和轴中心分别吊垂线,调整水泵位置,使垂线与基础上的纵横中心线相吻合。

水平找正是找正水泵纵向水平和横向水平。一般用水平仪或吊垂线,单吸离心泵在泵轴和出口法兰面上进行测量,双吸式离心泵在水泵进、出口法兰面一侧进行测量。

(二)电动机的安装

卧式水泵与电动机大多采用联轴器传动。卧式电动机安装一般以水泵为基准轴,调整电动机轴,使其联轴器和已安装好的水泵联轴器平行同心,且保持一定的间隙,从而达到两轴同轴的要求。

第三节　电气工程施工

一、发电机电压配电设备安装

(一)励磁变压器

(1)变压器运输就位后,根据测量点位,调整好变压器中心位置,并调整变压器水平度和垂直度达到规范要求,然后将变压器基座与基础槽钢焊接牢固。

(2)安装变压器的防护外罩,防护罩的中心与变压器的中心重合,且防护外罩安装垂直,固定牢固。

(3)安装变压器测温保护装置、带电显示器等附件。

(4)按照有关标准及制造厂的技术要求进行现场试验。

(5)变压器安装完毕带电前,应进行全面检查,清除设备积灰及周围其他遗留物。

(二)接地变压器

(1)按照图纸检查埋设基础。

(2)对接地变压器柜内部件进行清扫、调整、电气试验。

(3)进行接地开关的调整,操作应灵活。设备固定可靠,外观完整,电器连接牢固。

(4)设备外壳及接地变接地端与地网连接可靠。

(5)发电机中性点设备安装时,首先对中性点 CT 进行清扫、检查(包括其外观检查、绝缘电阻、极性变比及其他电气试验检查),并做好记录,然后根据图纸进行 CT 的安装。中性点母线的焊接工作由负责主封闭母线施工的焊工承担,质量按母线施工要求进行。

(三)高压开关柜

1. 发电机断路器成套装置安装

(1)根据测量放点安装发电机断路器基础。调整基础埋件不平度(<1 mm/m)、不直度(<1 mm/m)、位置误差(<5 mm)。

(2)调整断路器三相相间中心距离的误差不应大于 5 mm。

(3)安装时,根据制造厂技术规范,进行断路器就位调整,其水平度、垂直度必须符合厂家要求和国家规范。调整后与基础固定牢固。

(4)接线端子的接触表面应平整、清洁、无氧化膜;镀银部分不得挫磨;软连接部分不得有折损、表面凹陷及锈蚀。

(5)断路器安装完成并检查合格后,进行断路器的操作与调整,断路器操作与调整时应先手动操作,后电动操作。

(6)断路器就位、调整完成后,油漆应完整,相色标志正确,接地良好。

(7)按设计要求进行柜内二次电缆配线。

(8)在厂家技术人员指导下进行断路器的各项检查试验及调试项目。

2. 电压互感器及避雷器柜安装

(1)按照厂家安装说明书和《电气装置安装工程电力变压器、油浸电抗器、互感器施工及验收规范》(GBJ 148)、《电气装置安装工程接地装置施工及验收规范》(GB 50169)、《电气装置安装工程盘、柜及二次回路接线施工及验收规范》(GB 50171)等施工规范的规定进行。

(2)基础埋件位置正确、平整,不平度 < 1 mm/m,不直度 < 1 mm/m,位置误差 < 5 mm。

(3)与封闭母线的连接不应使母线及外壳受到机械应力。

(4)互感器的变比分接头位置和极性应正确。

(5)二次接线端子应连接牢固,绝缘良好,标志清晰。

(6)接地可靠、良好。

(四)共箱母线

1. 母线支吊架、设备基础安装

按照施工图纸的要求,根据已经放好的桩号、高程确定每个支吊架、设备基础的安装位置并做好记号。由专业焊工进行母线支吊架等的焊接工作。母线支吊、设备基础安装完成后,由测量人员进行复测,其偏差应符合设计要求。

2. 母线、设备等就位

(1)根据母线、设备的现场运输和吊装方案,将母线、设备安装就位。母线运输到位后,首先要进行母线的矫正工作,运输途中出现的外壳凹陷等缺陷,都要在安装前处理完毕,处理时要用橡皮锤敲打。

(2)母线吊装后拆除临时支撑,安装母线筒内对应的电流互感器,固定牢固可靠,方向正确。

(3)高压开关柜、励磁变压器的就位应在其基础安装验收合格、二期混凝土回填后进行。

(4)设备安装前的试验。母线在吊装前进行分段绝缘测试,测试前母线箱、支持绝缘子应清扫。电流互感器等设备也要在就位前进行有关试验。

3. 母线、设备就位后的调整

(1)母线吊装采用安装现场预埋吊钩或基础板焊吊耳的方式,用倒链起吊至安装高程,利用母线支吊架和脚手架固定母线,防止母线窜动。

(2)母线的调整工作首先调整好与发电机引出线的中心及高程,然后以此为基准,向主变方向安装。

(3)每节共箱母线就位后,先对其进行粗调,要将所有母线全部就位完毕且经过细调使母线各断口以及母线与主变压器、发电机出口的断口距离均符合设计要求后,方可进行共箱母线法兰螺接工作。

(4)调整共箱母线水平度 < 1 mm/m,全长水平度 < 5 mm;垂直度 < 1 mm/m,全长水平度 < 2 mm。

(5)母线导体与各设备端子间的连接采用可拆的铜编织线伸缩节螺栓连接方式,其纵向尺寸误差应不超过 + 5 ~ − 10 mm。外壳与设备端子罩法兰间的连接,纵向尺寸不超过 ± 10 mm。

(6)调整母线时,在保证各接口的距离偏差符合要求的前提下,不使其中一个或几个接口的相对距离偏差过大,要将偏差均匀分配在各断口上。

(7)活动断口导体连接。各导体断口调整结束后,用铜编织线将部分活动断口两侧的母线连接起来。注意连接螺栓应为不锈钢螺栓,接触面涂电力复合脂。螺栓紧固时用力矩扳手紧固。发电机断口、主变断口及各配电设备之间的连线暂不连接,等待母线工频耐压试验后连接。

二、厂用电设备安装

(一)基础型钢安装

(1)将型钢调直,按设计图纸切割下料,按要求除锈。

(2)测量人员根据设计图纸进行放点。

(3)根据测量放点正确安装调平,不直度、水平度、不平行度符合要求。

(4)基础槽钢与埋件采用焊接,焊接牢固可靠,采用两点接地,接地完善。

(5)基础安装合格后,通知土建二期混凝土回填。

(二)低压开关柜

(1)盘柜就位后,调整盘柜,盘柜安装的垂直度、水平偏差、盘面偏差、柜间接缝等质量指标应符合规范要求。对于和基础采用焊接连接的盘柜,即可进行焊接;对于采用螺栓连接的盘柜,则将盘柜底部螺栓孔位置画在基础型钢上,将盘柜移开,在所画位置钻孔、攻丝,再将盘柜就位,安装连接螺栓固定。

(2)柜内设备、精密插件等应在盘柜的屏蔽保护完善之后、调试之前安装,以防损坏。

(三)密集型母线

(1)为了确保密集型母线槽不被污染,密集型母线槽各功能单元的连接部件及活动接头上的铜排表面必须清理干净,外壳内和绝缘子安装前都要擦拭干净,不得有遗留物。

(2)楼板及墙体的预留洞、预埋件应按设计要求的位置预埋预留,相间支撑板应安装牢固,分段绝缘的外壳应做好绝缘措施。

(3)密集型母线槽外壳各连接部位的扭距螺栓需要用力矩扳手紧固,保证各接触面封闭良好。

(4)安装密集型母线槽时,它的整体结构应该横平竖直,垂直敷设时距地面 1.8 m 以上,水平敷设时距地面的高度不小于 2.2 m,母线的拐弯处以及与插接箱的连接处应加支架。

(5)当母线的终端盒、始端盒悬空时,采用支架固定,墙体、顶板上的支架用两条膨胀螺栓固定,膨胀螺栓应加平光垫片和弹簧垫片,母线垂直通过顶板敷设时,应在通过的底板上采用槽钢支撑固定。当封闭式母线跨越建筑物的伸缩缝或沉降缝时,采用适应建筑物结构移动的措施,防止母线连接处水平移动造成断裂,影响母线的正常供配电。

(四)干式变压器

(1)变压器在装卸和运输过程中,应避免冲击和振动。

(2)变压器到货后按有关标准要求进行检查验收,并妥善保管。

(3)设备开箱就位前,变压器室土建施工已结束,场地清理干净。基础槽钢已经验收合格,二期混凝土已回填并达到强度。

(4)变压器就位后,调整各部位尺寸误差,满足有关标准要求。

(5)按厂家技术要求安装温控装置等附件。

(6)按要求安装接地装置。

(7)变压器安装完毕带电前,应进行全面检查,清除设备积灰及周围其他遗留物。

（五）电缆敷设

（1）电缆敷设以人力为主，必要时辅以电缆托辊和卷扬机、吊车等机械工具。

（2）动力电缆和控制电缆分层敷设于各层布置的电缆桥架上，动力电缆应在控制电缆的上面。

（3）电缆敷设完后应在电缆的首端、尾端、转弯及每隔 50 m 处，设有编号、型号及起止点等挂标识牌。

三、油浸式变压器及电抗器安装

（一）储油柜的安装

（1）储油柜安装前，打开侧面封盖，将储油柜内壁用无水乙醇清洗干净。

（2）隔膜袋清洗干净后，用氮气将储油柜中的胶囊或隔膜缓慢充气胀开，用手触摸有弹性最大压力不得超过 19.6 kPa 即可停止充气，封死充气口停放 0.5 h，进行检漏。合格后装入储油柜。安装隔膜袋时，注意将隔膜袋展开平铺在储油柜内，以保证隔膜袋起到呼吸作用。

（3）变压器（电抗器）内检过程中吊装储油柜，用导向棒校准方位，穿入连接螺栓，用力矩扳手对称拧紧全部螺栓。

（4）储油柜吊装结束后，安装油位表，油位表动作灵活，指示正确，油位表的信号接点位置正确，绝缘良好。

（二）套管升高座安装

（1）升高座安装前，在地面用无水乙醇清洗内壁。

（2）拆除变压器器身升高座底座法兰临时盖板，用无水乙醇清洗干净，涂抹密封胶，装密封垫圈。

（3）吊装升高座时，用导向棒校准方位后，穿入螺栓，用力矩扳手对称拧紧。升高座安装方向必须符合厂家技术要求。

（三）安全装置安装

安装前检查安全气道隔膜完整，信号接线正确，接触良好，阀盖和升高座内部清洁，密封良好，压力释放装置的接点动作准确，绝缘良好，用白布蘸无水乙醇清洁连接面且涂抹密封胶，对准方位粘贴密封垫并立即将其吊至安装部位，穿入螺栓，用力矩扳手对称拧紧。

（四）高、低压套管的安装

（1）按变压器（电抗器）套管有关尺寸，制作套管临时支架。

（2）安装前，先将套管竖立吊装到临时支架上，用螺栓固定牢固。用白布蘸无水乙醇将套管瓷件清洗干净后，进行绝缘电阻、介质损耗角正切值和电容值的测量，试验合格后方可吊装。

（3）套管吊装就位后，将紧固螺栓对称拧紧。

（4）按厂家技术资料要求连接高、低压套管引线。

（五）油管路安装

（1）油管路安装前，打开两端的封盖，用细钢丝绑白布蘸无水乙醇清洁管路内壁。

（2）能提前连接的管路，尽量在地面提前连接好。

（3）管路清洗干净后，用临时盖板封好存放。

（4）管路安装前,按出厂时在管路法兰上打的钢号用油漆编号。

（5）管路连接前,涂抹密封胶,安装密封圈,调整好位置,穿入螺栓,用力矩扳手对称拧紧。

（六）控制柜安装

（1）按厂家技术图纸吊装就位,控制柜的垂直度等误差应满足相关规范要求。

（2）控制柜用连接螺栓对称均匀拧紧,固定牢固、可靠。

（3）按设计图纸及厂家技术资料进行电缆敷设及二次配线,配线应整齐、美观。

（七）气体继电器和测量表计的安装

安装前,将气体继电器和测量表计提前交专门校验部门校验。气体继电器水平安装在变压器的油箱与储油柜之间的联管上,其顶盖上标志的箭头指向储油柜,与连通管连接良好,允许储油柜端稍高,但联管的轴线与水平面的倾斜度不得超过 4% ;安装完毕后,打开连接管上的油阀,拧下气塞防尘罩,用手拧松气塞螺母,让空气排出,直到气嘴逸油,再拧紧螺母。温度计安装前校验合格,信号接点动作正确,绕组温度计按厂家规定整定,顶盖上的温度计座内注热变压器油,密封良好。

（八）冷却器的安装

使用吊带将冷却器上端与变压器上部阀门连接,下端安装阀门并与油泵相接,将支撑座安装完成后,开启油系统中的阀门,随同变压器进行抽真空。

四、户内 GIS 设备安装

（一）基础安装

根据设备基础设计桩号、高程,安装调整 GIS 设备基础型钢,使其水平与垂直误差符合设计和厂家技术要求,同时按照厂家要求做好 GIS 设备接地板的安装预埋。要求 GIS 的槽钢基础水平度误差在 1/1 000 内,基础高程误差小于 ±2 mm,基础中心线偏差小于 ±2 mm。GIS 基础放点要与发电机主变采用同一个基准点。测量始终应采用同一把钢卷尺进行。

（二）设备安装

（1）测量与放点、划线及定位方法。基础画线采用全站仪和钢卷尺等测量工具进行。按照 GIS 平面布置图和 GIS 基础图中注明的尺寸,将断路器中心线、主母线中心线及各个间隔中心线单独绘制出来。

（2）设备起吊时必须用尼龙吊带,吊点位置要经过厂家人员许可或按厂家说明书规定。

（3）首先确定安装基准为中间单元,即确定最先就位的间隔。再以左右一字排开的形式进行相邻单元的组合,以减少整体组合安装累积误差。安装基准间隔,应保证基准间隔主母线基础的标高比其他间隔主母线的标高要高,如果不够,要在下面加调整垫片,分别进行三相设备调整和固定。

（4）封闭式组合电器的基准间隔就位后,首先将其调整到安装位置,使设备中心线和母线筒中心线与测量所放线一致。安装时,应以母线筒为基础,逐级安装,将其初步固定在基础上,用水平尺校正母线筒的水平度。完毕后,将该间隔设备底座与基础槽钢用电焊点死。然后回收封闭式组合电器在运输过程中预充的 SF_6 气体,将盆式绝缘子保护罩取下,仔细清理好密封面、密封圈。

（5）将与之相连的第二个母线筒摆正,其母线筒与基准间隔母线筒对正,用无毛纸蘸酒精将母线导体清洗干净,主要是将导体头和与之相连的梅花触头接触面擦洗干净,同时检查母线外壳连接法兰密封面,密封面、槽不得有划痕,并用无毛纸蘸酒精将其擦干净,清洗 O 形密封圈,在密封面、槽、O 形密封圈涂上适量密封脂,装好密封圈,然后用小千斤顶或倒链配合小台车将第二个间隔母线导体头缓缓插入另一侧的梅花触头中,插入过程中导体头和梅花触头不得受额外应力。同时在母线筒外壳连接法兰上的螺孔中插入导向棒,到一定距离时,穿入连接螺栓,并将连接螺栓紧死。注意紧固螺栓必须用力矩扳手,力矩大小应符合规定要求,螺栓要对角均匀上紧;各连接触头要对正,保证接触良好。

(6)在安装第二个间隔时,调整其水平度,使其母线筒法兰与基准间隔的母线筒法兰对正,并保证连接触头的插入深度符合厂家规定。如果装有伸缩节,密封面也应按上述方法做同样处理。

(7)对 GIS 中罐体法兰与盆式绝缘子的连接、罐内导体与绝缘件的连接,应用专用的力矩扳手紧固螺栓,避免螺栓紧固过度或不足,对于竖直安装的盆式绝缘子,紧固螺栓时应有顺序地中心对称紧固的原则,螺栓紧固用的参考力矩符合要求。

(8)在各部件连接前,除去盆式绝缘子的保护罩,绝缘件严禁用手直接接触,必须戴洁净白色的尼龙手套进行清扫。并用无毛纸蘸酒精仔细擦洗盆式绝缘子的表面及内嵌导体的表面,以保证其连接的密封及导体的可靠接触,擦洗完后用吸尘器清理。镀银部分不得挫磨;载流部分表面无凹陷及毛刺,连接螺栓齐全、紧固。对接完毕后,连接螺栓对称用力矩扳手拧紧,并装上密封圈。

(9)更换吸附剂要求。更换吸附剂因吸附剂极易受潮,在其安装前必须经烘干处理。烘干温度为 300 ℃,烘干时间为 4 h,烘干的吸附剂立即装入封闭式组合电器内,装入吸附剂后,要立即启动真空泵对安装吸附剂的气室抽真空,在空气中暴露时间不超过 10 min。若超过 4 h 后都还未抽真空,则需对吸附剂重新进行烘干处理。

(10)制造厂已装配好的电气元件在现场组装时一般不做解体检查,如有缺陷,需在现场解体检查时,应得到制造厂的同意,然后进行。

五、户外敞开式开关站设备安装

(一)隔离开关安装

(1)调整隔离开关的分合闸位置,使分闸角度和合闸后触头间的相对位置、接触情况、备用行程均符合产品技术条件的规定。

(2)对垂直、水平接杆的配制,应符合下列要求:

①拉杆应校直,其弯曲误差不应大于 1 mm。拉杆内径应与连接轴直径相配合,其间隙不应大于 1 mm。

②法兰与拉杆连接时,应保持法兰端面与拉杆轴线垂直,相间连杆应在同一水平线上。

③圆锥销规格与数量均应符合产品说明书要求。销子不得松动,也不得焊死。圆锥销打紧后,两头外露尺寸应不小于 3 mm。

(3)主刀闸与接地开关间的机械连锁必须可靠。此外,在主刀合闸时,地刀窜动提升后,主刀与接地开关最小距离应满足电气最小安全净距要求。

(4)触头间应接触紧密,两侧接触压力应均匀,且符合产品的技术规定。接触情况用 0.05 mm×10 mm 的塞尺进行检查,对于线接触的刀闸应塞不进去;对于面接触的刀闸其插入深度在接触表面宽度为 50 mm 及以下时不超过 4 mm,在接触表面宽度为 60 mm 及以上时不应超过 6 mm。

(5)支柱绝缘子合闸定位螺钉调整尺寸应符合厂家技术规定,所有螺栓应紧固,设备表面清洁。相色标志正确,外壳接地可靠,符合设计要求。

(6)隔离开关的相间误差,应不大于 20 mm。

(7)隔离开关的辅助开关应安装牢固,户外应有防雨措施,动作准确可靠。

(8)隔离开关的防误操作机构必须安装牢固,动作可靠。

(9)在手动分、合闸操作检查无误后,方可进行电动操作。第一次电动操作时,应先将机构转轴处于中间位置,总支操作机构后,电动机的转向应正确,机构动作平稳,无卡阻、冲击等异常现象,限位装置准确、可靠;机构的分、合闸指示应与设备实际分、合闸位置相符。

(二)电流、电压互感器安装

1. 就位

(1)整体起吊时,吊索应固定在规定的吊环上,并应设置防倾倒措施,不得利用瓷裙起吊及碰伤瓷套。

(2)油浸式互感器安装面应水平,并列安装时应排列整齐,同一组互感器的极性方向应一致。

(3)具有吸湿器的互感器,其吸湿剂应干燥,油封油位应正常。呼吸孔的塞子带有垫片时,应将垫片取下。

(4)具有均压环的互感器,均压环应安装牢固、水平,且方向正确。具有保护间隙的,应按制造厂规定调好距离。

(5)零序电流互感器的安装,不应使构架或其他导磁体与互感器铁芯直接接触,或与其构成闭磁回路。

(6)互感器整体倾斜度不得大于高度的 2‰。

(7)安装时二次接线盒或名牌的朝向应符合设计要求并朝向一致。

2. 二次电缆敷设

(1)互感器就位后进行二次电缆敷设,电压互感器的二次接线端子不能短接,电流互感器的二次接线端子要构成回路。穿越互感器铁芯的电缆芯线保护层良好,匝数符合设计要求。

(2)互感器的下列部位应良好接地:分级绝缘的电压互感器,其一次绕组的接地引出端子;电容式电压互感器应按制造厂的规定接地;电容型绝缘的电流互感器一次绕组末屏的引出端子及铁芯引出接地端子;互感器的外壳;电流互感器的备用二次绕组端子先短路后接地。

六、接地安装

(一)接地极施工

1. 接地体的加工

根据设计要求的数量、材料规格进行加工,材料一般采用钢管和角钢切割,长度不应小于 2.5 m。如采用钢管打入地下,应根据土质加工成一定的形状,遇松软土壤时,可切成斜面形,为了避免打入时受力不均使管子歪斜,也可加工成扁尖形;遇土质很硬时,可将尖端加工成圆锥形。如选用角钢时,应采用不小于 40 mm × 40 mm × 4 mm 的角钢,切割长度不应小于 2.5 m,角钢的一端应加工成尖头形状。

2. 挖沟

根据设计图要求,对接地体(网)的线路进行测量弹线,在此线路上挖掘深为 0.8 ~ 1 m、宽为 0.5 m 的沟,沟上部稍宽,底部渐窄,沟底如有石子应清除。

3. 安装接地体(极)

沟挖好后,应立即安装接地体和敷设接地扁钢,防止土方倒塌。先将接地体放在沟的中心线上,打入地中,一般采用手锤打入,一人扶接地体,一人用大锤敲打接地体顶部。为了防止将接地钢管或角钢打劈,可加一护管帽套入接地管端,角钢接地体可采用短角钢(约 100 mm)焊在接地角钢一端。使用手锤敲打接地体时要平稳,锤击接地体正中,不得打偏,应与地面保持垂直,当接地体顶端距离地面 600 mm 时停止打入。

4. 接地体间的扁钢敷设

扁钢敷设前应调直,然后将扁钢放置于沟内,依次将扁钢与接地体用电焊(气焊)焊接。扁钢应侧放而不可平放,侧放时散流电阻较小。扁钢与钢管连接的位置距接地体最高点约 100 mm。焊接时应将扁钢拉直,焊好后清除药皮,刷沥青做防腐处理,并将接地线引出至需要位置,留有足够的连接长度。

(二)接地装置施工

1. 暗敷接地体的安装

(1)埋设在混凝土中的接地扁钢敷设须根据土建进度进行。

(2)等土建仓号具备接地扁钢敷设条件时,按施工图纸,确定接地扁钢的安装位置。关键位置及重要的引出点可由测量放点定位。

(3)接地线的连接采用焊接,焊接牢固无虚焊。

(4)接地体(线)的焊接采用搭接焊时,搭接长度符合下列规定:①扁钢为其宽度的 2 倍(至少 3 个棱边焊接)。②圆钢为其直径的 6 倍。③圆钢与扁钢连接时,其长度为圆钢直径的 6 倍。④焊接完成后,对焊接部位补刷防腐漆进行防腐处理。

(5)在采用放热焊接方式时需注意驱除水气、清洁被熔接物、清洁模具。

(6)接地扁钢敷设位置如有钢筋、钢管等自然接地体,须每隔 1 ~ 2 m 与自然接地体可靠焊接连接一次。

(7)在每个仓号接地扁钢敷设完成后,进行检查验收,并填写相应的施工记录,由验收后才能进行浇筑覆盖。在浇筑过程中,须注意保护,防止扁钢移位或被砸断。同时对预留的接地抽头做好明显的标记。

2. 明敷接地线敷设

在电气设备安装结束后,按照工程接地图纸和电气装置安装图纸,进行电气设备、基础构架、电缆桥架等设备的接地线和明敷接地线的敷设,按下列工艺要求施工:

(1)在土建工程完工后,根据设计图纸,由测量放出基准点。

(2)根据基准点,按施工图纸进行画线,标记出支持件安装位置及接地线走向。

(3)支撑件间的距离,在水平直线部分宜为 0.5 ~ 1.5 m,垂直部分宜为 1.5 ~ 3 m,转弯部分宜为 0.3 ~ 0.5 m。

(4)接地线按水平或垂直敷设,亦可与建筑物倾斜结构平行敷设;在直线段上,不得有高低起伏及弯曲等情况。

（5）接地线沿建筑物墙壁水平敷设时，离地面距离宜为 250～300 mm；接地线与建筑物墙壁间的间隙宜为 10～15 mm。

（6）在接地线跨越建筑物伸缩缝、沉降缝处时，须设置补偿器。

（7）明敷接地线表面涂以 15～100 mm 宽度相等的绿色和黄色相间条纹。

3.设备及金属构件接地连线的安装

（1）设备就位后从设备接地端子引接地线到预留接地抽头上。引线位置不应妨碍设备的拆卸与检修。

（2）接地连线按照设计图纸，根据实际情况采用扁钢或软铜线。

（3）每个电气装置的接地应以单独的接地线与接地干线相连接，不得在一个接地线中穿接几个需要接地的电气装置。

（4）当电缆穿过零序电流互感器时，电缆头的接地线应通过零序电流互感器后接地；由电缆头至穿过零序电流互感器的一段电缆金属护层和接地线应对地绝缘。

（5）避雷器须用最短的接地线与主接地网连接。

（6）全封闭组合电器的外壳按制造厂规定接地；法兰片间采用跨接线连接，并应保证良好的电气通路。

（7）用软铜线做接地线不能采用焊接时，可用螺栓连接紧固，螺栓连接处的接触面须用锉刀和细砂纸清理平整干净，螺栓采用镀锌螺栓。

（8）所有设备接地线安装完成后，在接地线表面涂以 15～100 mm 宽度相等的绿色和黄色相间条纹。当用胶带时，应使用双色胶带。

（三）降阻材料施工

（1）按设计要求进行开挖，垂直接地极一般是安装在地表面下 800～1 000 mm 处铺设，通常要求垂直极长 2 500～3 000 mm。为灌降阻剂，需打直径为 100～150 mm 的孔，一般泥土地面可用简单的窝锹挖孔，也可用钻机。砂石地面一般先挖一个大一些的坑，然后放入直径为 100～150 mm 的模具（钢管），将周围夯实后再将模具抽出。

（2）水平接地极要求在地表下 800～1 000 mm 的深度铺设，开挖与一般施工一样，只是要求在 800～1 000 mm 处开挖 100 mm×100 mm 的小沟，以便安放扁钢和浇注降阻剂，扁钢下部间隔一定的间距放置垫金属块或小石块，让其悬空，使降阻剂完全包裹扁钢。

（3）接地网是由垂直极和水平极组成的整体，因此在垂直孔、水平沟挖好后，将整个接地体焊接连通后方可灌降阻剂。一旦降阻剂灌下后，不可再敲击、搬动扁钢。

（4）将按照产品技术要求调配好的降阻剂轻轻倒入（以防泥石、杂物混入降阻剂中）接地沟、孔内，直至全部无遗漏地包覆住接地极，并初测包覆厚度不小于 40 mm，钻孔四壁充实，不足时要补充。

（5）待降阻剂初凝后，详细检查降阻剂包覆，降阻剂包裹应表面均匀、充分无遗漏、无杂物混入，包覆体厚度最薄处不少于 40 mm，不足时要补充降阻剂。检查无误后，回填无硬物和树枝的细土，厚度要达到 20 mm 以上，然后再加其他土壤并夯实。

七、通信设备安装

(一)设备安装

1. 通信设备机柜安装

(1)依据机房平面布置图核对安装位置、安装方向,定位、画线。对于建好的沟槽,应结合实际情况,适当进行调整,保证施工、维护的方便及整体的美观。

(2)对较大机柜的安装,先拆掉侧板、前后门。

(3)对有防静电地板的机房,机柜不允许直接安装在活动地板上,必须安装在增加的基础上,基础通过膨胀螺栓固定在地面上。

(4)对无防静电地板的机房,可将机柜用4只膨胀螺栓直接固定在地面上;当设备需固定在预埋槽钢基础时,应通过螺栓固定。

(5)设备高低不平时,应用金属垫片垫实调整。垫片不应超过3层,否则更换厚垫片。

(6)细微调整机架位置时用橡皮锤敲击。

(7)机架水平偏差:相邻两盘顶部小于2 mm,成列盘顶部小于5 mm;盘面偏差:相邻两盘边小于1 mm,成列盘面小于5 mm;盘间间隙小于2 mm;机架垂直度:小于1.5 mm/m。设备安装位置应按施工图设计,其偏差不大于10 mm。调整后及时紧固螺栓。

(8)恢复前后门、侧板的安装(注意恢复设备门原有的连接地线)。

(9)将地线汇流排与机房接地排用螺栓可靠连接,将固定好的机柜与地线汇流排用螺栓可靠连接。

(10)各类线缆规格型号应符合设计要求,外观完好,所有电缆剥开外皮处用热缩管保护,保证统一美观。

(11)待所有设备安装完成后,使用柔软干净的清洁布对机柜进行清洁。

2. 高频开关电源及蓄电池安装

(1)确定高频开关电源所有开关都在"OFF"位置,将电池熔丝拔下或将电池输入开关置在"OFF"的位置,将电源设备的正极(+)端与地铜排相连。

(2)安装整流模块,注意三相尽量均分,未安装整流模块的空位置要安装面板。

(3)安装、搬运蓄电池时,避免电池端子与其他导体接触,避免撞击正负极柱,防止电池摔落。

(4)按照自下而上的顺序逐层逐列将蓄电池平稳、整齐地摆放在蓄电池架(或柜体内)。

(5)使用电池连接条、线逐一串、并联接蓄电池。连接前,对连接条或连接线的两端采取绝缘措施,以防连接条或连接线在蓄电池层间、蓄电池与开关电源间穿引时触碰设备,引起短路;电池每列外侧应在一直线上,其偏差不大于3 mm。电池应保持垂直与水平,电池间隔偏差不大于5 mm。

(6)拧紧极柱上的螺丝。

(7)安装完毕后及时检查螺丝松紧程度及电池连接线是否正确。

(8)在电池极柱上涂抹电力复合脂。

(9)用万用表测量蓄电池初始状态的单体电压,每只在2 V以上。测量整组电压,电压在48 V以上,确定电池连线无误。

(10)安装高频开关输入电源到厂用低压盘380 V交流电源连接线。

（11）安装蓄电池组的正极（＋）与高频开关电源的正极（＋）、蓄电池组的负极（－）与高频开关电源负极（－）的直流电缆;引出线相色:正极红色,负极蓝色。

（12）缆线应排列整齐、顺直,无扭绞、交叉,绑扎间隔均匀,松紧适度。

（13）各类线缆规格型号应符合设计要求,外观完好,所有电缆剥开外皮处用热缩管保护,保证统一美观。

（14）测量交流进线电压。

（15）对开关及同一线缆的两端正确标记。

（16）用柔软干净的清洁布和清水擦拭蓄电池盖、壳及面板。

（二）现场布线

1.电缆敷设

（1）敷设前,应先检查光缆（电缆）本身有无变形和损伤。

（2）在光缆（电缆）走向上找一最佳地点,将放线架放置稳定,把光缆（电缆）抬到放线架上,能轻松地推动电缆轴且不出现偏向即可。

（3）找一安全开阔地点,将塑料管尽量拉直（要顺势放劲）,将光缆穿入塑料管中。在塑料管接头处应采用直径略大的塑料管头连接,并用防水胶布缠好。

（4）将已加塑料管保护的光缆（电缆）敷设到电缆沟内,尽可能将光缆（电缆）与电力电缆、控制电缆等分层布放,并绑扎整齐牢固。在电缆沟转角处,弧度不能过小,敷设完毕后,将光缆（电缆）固定在电缆支架上。

（5）光缆（电缆）进入架构区采用直埋方式,要用镀锌钢管进行保护,防止外力损伤和破坏,要求沟深不小于 40 cm。

（6）光缆（高频电缆）引到架构接头盒处或结合滤波器下端时,应穿引上钢管,并在管口处做好防水封堵。

（7）连接高频电缆时,应注意将高频电缆两端的金属编织层分别与载波机和结合滤波器的接地回路端子相连接。

（8）布放光缆（电缆）时,对光缆（电缆）做好标记,防止混乱。

（9）在活动地板下布放的电缆,应注意顺直不凌乱,尽量避免交叉,并且不得堵住送风通道。

2.光端机布线

（1）光端机跳纤须穿软塑料管进行保护。塑料管两头要用塑料胶布包好,以防管头磨损光纤。

（2）防止尾纤连接头防污帽意外脱落,尾纤连接后,防污帽应妥善保存。

（3）做好开关、设备以及线缆的标记,同一线缆的两端应有相同或相对应的标示牌,尾纤的两端应避免以简单的"收""发"等易混淆的说明做标注。

（4）各类线缆（包括电源线、接地线、通信线缆等）规格型号应符合设计要求,中间无接头。不同颜色的缆线区分直流电源极性（红色为正极、蓝色为负极）,黄绿双色线为地线,接地良好。

（5）电源线缆与信号线缆布放路由应尽可能远离,若有交叉,信号线缆应走在上面。线缆应排列整齐、顺直,无扭绞、交叉,拐角圆滑（弯曲半径大于 20 mm）。绑扎间隔均匀,松紧适度。光纤不论在任何处转弯,都要保证最小弯曲半径大于 38 mm。

（6）尾纤应单独固定,尽可能不与其他线缆捆在一起并尽可能减小尾纤的捆扎次数;多余的跳纤应分别在两端机柜内明显处或专用的盘绕构件上盘放。

3.总配线架布线

（1）通信电缆剖头位置应与最初分线组尽量接近,长度应考虑到操作余量,剥离前在缆头试用一下电缆剖刀,检查刀口深浅。

（2）剥开电缆后,在其根部套上热缩管并热缩。

（3）剥离出的芯线对应马上在尾端绞绕几圈,防止松散,造成错对。

（4）对电缆中的任意一对进行对线,以检查电缆是否有损伤及错对。

（5）按色谱顺序分线,在包好的电缆上编好马尾,标记色包组防止混乱。

（6）梳状分线编扎电缆,分线间隔比照卡接模块间距进行编扎,要求线束顺直,分线均匀,均从后侧出线。编线时基线的色谱顺序为白、红、黑、黄、紫,再按照蓝、橙、绿、棕、灰的顺序编线。

（7）将已编好的线对用卡接刀依次连接到 VDF 的模块上,要求基线在前、循环线在后。卡接刀用力适当,方向竖直,操作过程中防止错对、虚接、电缆过紧或过松等现象发生。

（8）上线完毕后,依照电缆色谱顺序进行检查,确认无误后进行对线。

八、自动控制设备安装

自动控制设备一般由监控中心网络、各类设备控制系统、视频监视系统三部分组成的自动化系统,为各类设备调度控制、运行管理及安全操作提供良好的保障。

在监控中心内设置一台数据服务器、一台 Web 服务器、一台视频服务器、若干台终端计算机,与中控室内操作员工作站、视频媒体监控计算机组成一个监控网络 LAN（Local Area Network）,实现系统内数据共享。一方面可以直接查询和控制各类设备、查看上下游水位及降雨量,另一方面也可以查询和监视视频图像。

如闸门启闭控制系统主要是自动监测和启闭机电气控制系统,由操作员工作站（IPC）、后备式不间断电源（UPS）和打印机等组成,与闸门现地控制单元、闸门开度仪、上下游水位计等各类传感器相连接。完成数据的采集、制表统计、存储记录、打印输出以及控制命令的下发,能对系统内的监控要素实现直观、在线控制、查询与管理,包括操作权限、安全、流程和过程的动态描述与分析,旨在保证操作的正确性、可靠性、安全性。

视频监视系统主要是实时监视工程安全运行工况,主要由安装在现场的摄像机、硬盘录像机、监视器（大屏或背投）和视频信号传输电缆及软件组成。监控可以采用视频矩阵切换系统,以实现对摄像、传输、显示及记录等各部分的控制与操作,而整体工程实现全方位监控。

自动控制设备安装方法同前。

第八章　安全监测

安全监测是指为达到水工建筑物安全监测的目的而确定监测部位、监测项目、监测方法、仪器类型和仪器布置并规定监测设施埋设安装、数据采集、资料分析等工作。施工期间具体工作内容有监测仪器设备采购检验、率定、埋设安装、施工期和移交前观测、维护及观测资料整理。

第一节　变形监测设备安装

一、监测觇标埋设

(一)位移标点

块石护坡的土石坝埋设的位移标点形式如图 8-1(a)所示,标点柱身为 $\phi 50$ mm 的铁管。铁管浇筑在混凝土坡的位移标点形式如图 8-1(b)所示,标点柱身和底座为钢筋混凝土结构。标点顶部高出坝面 50～80 cm,底座位于最深冰冻线以下 0.5 m 处。

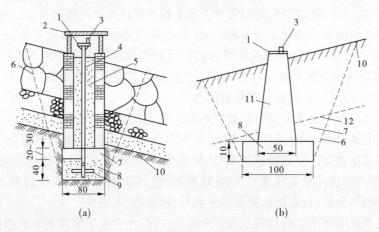

1—观测盘;2—保护盖;3—垂直位移标点;4—ϕ50 mm 铁管;5—填砂;6—开挖线;
7—回填土;8—混凝土底座;9—铁销;10—坝体;11—柱身;12—最深冰冻线

图 8-1　土石坝位移标点结构示意图　(单位:cm)

(二)工作基点

工作基点供安置仪器和照准标志以构成基准线,分固定工作基点和非固定工作基点两种。布设在两岸山坡上的工作基点为固定工作基点。当大坝较长或为折线形坝时,需要在两个固定工作基点之间的坝体上增设工作基点,这种工作基点为非固定工作基点。固定工作基点和非固定工作基点的结构形式相同。

工作基点包括混凝土墩和上部结构两部分。混凝土墩通常由高 100～200 cm、断面 30 cm × 30 cm 的混凝土柱体和长宽各 100 cm、厚 30 cm 的底板组成,如图 8-2 所示。

（三）校核基点

校核基点的结构形式和尺寸与工作基点相同,通常埋设在工作基点附近地基稳定处。

（四）观测盘

位移标点、工作基点和校核基点顶部均要设置供安置观测仪器或测量设备用的观测底盘。其形式,一种是金属托架式,是一种类似经纬仪三角架上的三角形仪器底盘,浇筑混凝土墩时将其埋设在混凝土墩顶部,这种底盘的对中误差较大。另外还有三槽式、三点式强制对中底盘,它们的对中误差较小。此外,对于简易测量法或只用钢尺丈量时,观测底盘上只须刻十字丝即可。

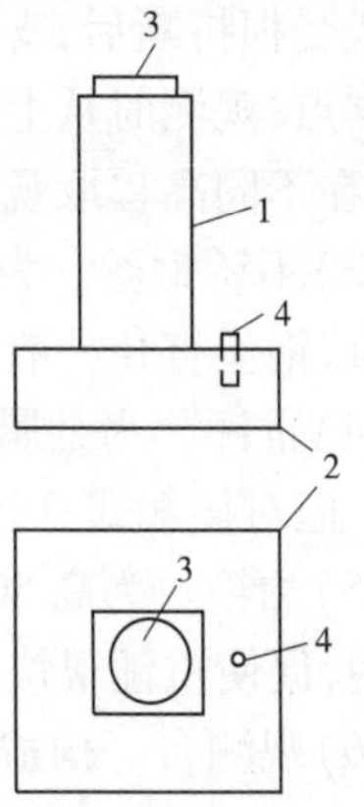

1—混凝土墩;2—底板;
3—观测盘;4—金属标点头
图 8-2　工作基点结构示意图

二、正垂线安装

正垂线是在坝的上部悬挂带重锤的不锈钢丝,利用地球引力使钢丝铅垂这一特点,来测量坝体的水平位移。若在坝体不同高程处设置夹线装置作为测点,从上到下顺次夹紧钢丝上端,即可在坝基观测站测得测点相对坝基的水平位移,从而求得坝体的挠度,这种形式称为多点支承一点观测的正垂线,如图 8-3(a)、(b)所示。如果只在坝顶悬挂钢丝,在坝体不同高程处设置观测点,测量坝顶与各测点的相对水平位移来求得坝体挠度的,称为一点支承多点观测正垂线,如图 8-3(c)、(d)所示。不论是多点支承还是一点支承正垂线,一般由以下几部分构成:

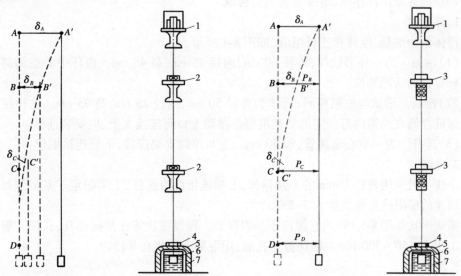

(a) 多点支承关系示意图　(b) 多点支承结构示意图　(c) 一点支承关系示意图　(d) 一点支承结构示意图

1—悬挂装置;2—夹线装置;3—坝体观测点;4—坝底观测点;5—观测墩;6—重锤;7—油箱
图 8-3　正垂线多点支承和一点支承示意图

(1)悬挂装置。供吊挂垂线之用,常固定支撑在靠近坝顶处的廊道壁上或观测井壁上。

(2)夹线装置。固定夹线装置是悬挂垂线的支点,在垂线使用期间,应保持不变。即使在垂线受损折断后,支点亦能保证所换垂线位置不变。活动夹线装置是多点支承一点观测时的支点,观测时从上到下依次夹线。当采用一点支承多点观测形式时,取消活动夹线装置,而在不同高程取观测台。

(3)不锈钢丝。为直径 1 mm 的高强度不锈钢丝。观测仪器为接触式仪器时,需配的重锤较重,钢丝直径一般为 2 mm 左右。

(4)重锤。为金属或混凝土块,其上设有阻尼叶片,重量一般不超过垂线极限拉应力的30%。但对接触式垂线仪,重锤需达 200 ~ 500 kg。

(5)油箱。为高 50 cm、直径大于重锤直径 20 cm 的圆柱桶。内装变压器油,使之起阻尼作用,促使重锤很快静止。

(6)观测台。构造与倒垂线观测台相似。也可从墙壁上埋设型钢安装仪器底座,特别是一点支承多点观测,是在观测井壁的测点位置埋设型钢安置底座。

三、倒垂线法安装

(一)倒垂线法原理

倒垂线是将一根不锈钢丝的下端埋设在大坝地基深层基岩内,上端连接浮体,浮体漂浮于液体上。由于浮力始终铅直向上,故浮体静止的时候,必然与连接浮体的钢丝向下的拉力大小相等、方向相反,亦即钢丝与浮力同在一条铅垂线上。由于钢丝下端埋于不变形的基岩中,因此钢丝就成为空间位置不变的基准线。只要测出坝体测点到钢丝距离的变化量,即为坝体的水平位移。

(二)倒垂线装置

倒垂线装置由浮体组、垂线和观测台构成。

1. 浮体组

浮体组由油箱、浮筒和连杆组成,如图 8-4 所示。

(1)油箱。为一环形铁筒,外径 60 cm、内径 15 cm、高 45 cm。内环中心空洞部分是浮筒连杆穿过的活动部位。

(2)浮筒。形状与油箱相同,尺寸为外径 50 cm、内径 25 cm、高 33 cm。这种结构和尺寸能保证浮筒在油箱内有一定的活动范围。浮筒上口有连接支架,以安装连杆。

(3)连杆。为一空心金属管,长 50 cm。上与浮筒支架连接,下端连接钢丝。

2. 垂线

垂线一般采用直径 1 mm 的不锈钢丝,上端连接浮筒连杆,下端固定于基岩深处的锚块上。钢丝的极限抗拉强度应大于 2 倍浮力。

锚块形状如图 8-5 所示,它埋设于基岩深处。埋设锚块需在基础钻孔,孔深一般为坝高的 1/3,孔径 150 ~ 300 mm。锚块放于孔底,用混凝土浇筑在基础内。

3. 观测台

观测台由混凝土或金属支架构成,中部为直径 15 cm 的圆孔或边长 15 cm 的方孔,以穿过垂线。台面要求水平,设有观测仪底座或其他观测设备。

4. 垂线仪

常见的垂线坐标仪有光学垂线仪、遥测垂线仪两大类。近年来垂线坐标仪发展很快,主要体现在精度的提高(由原来的 1 mm 级提高到 0.1 mm 级)和遥测自动化的日臻完善及可靠性的不断提高。

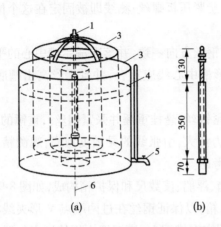
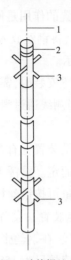

1—连杆；2—浮筒；3—油箱；4—油位指示；5—水嘴；6—钢丝

图8-4 倒垂线浮体组构成示意图 （单位：mm）

1—钢丝；2—连接螺丝；3—支撑

图8-5 倒垂线锚块示意图

四、引张线安装

引张线法一般用于重力坝水平位移观测。在设于坝体两端的基点间拉紧一根钢丝作为基准线，然后测量坝体上各测点相对基准线的偏离值，以计算水平位移量。这根钢丝称为引张线，它相当于视准线法中的视准线，是一条可见的基准线，如图8-6所示。

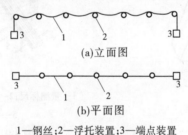

(a)立面图

(b)平面图

1—钢丝；2—浮托装置；3—端点装置

图8-6 引张线法布置图

由于水库大坝长度一般在数十米以上，如果仅靠坝两端的基点来支承钢丝，因其跨度较长，钢丝在本身重力作用下将下垂成悬链状，不便观测。为了解决垂径过大的问题，需在引张线两端加上重锤，使钢丝张紧，并在中间加设若干浮托装置，将钢丝托起近似成一条水平线。因此，引张线观测设备由钢丝、端点装置和测点装置三部分组成。

（1）钢丝。一般采用$\phi 0.8 \sim 1.2$ mm的不锈钢丝，钢丝强度要求不小于1.5 MPa。为了防止风的影响和外界干扰，全部测线需用$\phi 10$ cm的钢管或塑料管保护。正常使用时，钢丝全线不能接触保护管。

（2）端点装置。由混凝土基座、夹线装置、滑轮、线锤连结装置以及重锤等组成，如图8-7所示。

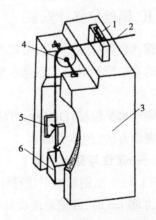

1—夹线装置；2—钢丝；3—混凝土墩；
4—滑轮；5—悬挂装置；6—重锤

图8-7 引张线端点装置

夹线装置的作用是使钢丝始终固定在一个位置上。其构造是在钢质基板上嵌入一个铜质 V 形夹槽，将钢丝放入 V 形槽中，盖上压板，旋紧压板螺丝，测线即被固定在这个位置上，如图 8-8 所示。

夹线装置安装时，需注意 V 形槽中心线与钢丝方向一致，并落在滑轮槽中心的平面上。但要注意，当测线通过滑轮拉紧后，测线与 V 形槽中心线应重合，并且钢丝高出槽底 2 mm 左右。

线锤连结装置上有卷线轴和插销，以便卷紧钢丝，悬挂重锤并张紧钢丝。重锤的重量视钢丝的强度而定。重锤重量愈大，钢丝所受拉力愈大，引张线的灵敏度愈高，观测精度也愈高。重锤重量可按钢丝抗拉强度的 1/3～1/2 考虑。

（3）测点装置。设置在坝体测点上，由水箱、浮船、读数尺和保护箱构成，如图 8-9 所示。浮船支撑钢丝，在钢丝张紧时，浮船不能接触水箱，以保证钢丝在过两端点 V 形夹线槽中心的直线上。读数尺为 150 mm 长的不锈钢尺，固定在槽钢上，槽钢埋入坝体测点位置。安装时应尽可能使各测点钢尺在同一水平面上，误差不超过 ±5 mm。测点也可不设读数尺而采用光学遥测仪器。测点装置一般 20～30 m 设置一个。保护管固定在保护箱上。

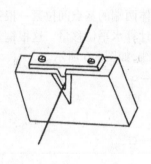

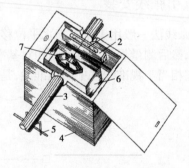

1—量测标尺；2—槽钢；3—保护管；4—保护箱；
5—保护管支架；6—水箱；7—浮船

图 8-8　夹线装置　　　　　　　图 8-9　引张线测点装置

五、钢丝位移计安装

钢丝位移计适用于长期观测土石坝、土堤、边坡等土体内部的位移，是了解被测物体稳定性的有效监测设备。钢丝水平位移计可单独安装，亦可与水管式沉降仪联合安装进行观测。

钢丝水平位移计的埋设方法有两种：一种为挖沟槽埋设方法（坝体内），另一种为不挖沟槽埋设方法（坝体表面）。

（一）定位与基床平整

WLD-1 型钢丝水平位移计采用沟槽埋设方法（坝体内）：在坝面填筑到测点设计高程以上约 80 cm 时，开挖至埋设高程以下 30 cm，开始平整基床做埋设前准备。不挖沟槽埋设方法为（坝体表面）：在坝面填筑到测点设计高程时，开始平整基床做埋设准备。

当按设计要求选择好埋设管线位置后,应精心平整基床,在细粒料坝体中,整平压实达埋设高程;在粗粒料坝体中,应以反滤层做基础填平,人工压实到埋设高程,压实度应与周围的坝体相同。整平后的基床不平整度应不大于±5 mm。

(二)位移计的安装

(1)定位。将测量架安置在观测房内的设计位置上,使侧量标尺方向对准埋设管路的预留孔。从观测房的预留孔开始排列保护钢管,并使保护钢管伸进房内距离测量标尺前端约20 cm。

(2)排列保护钢管。排列保护钢管时,二段钢管在伸缩接头中应相隔约30 cm,在伸缩接头中安装分线盘及相应的配套零件。当排列到设计测点时,应增加安装锚固板及对应编号的分线盘和钢丝夹头。以此法安装至最后一个测点。

(3)排放钢丝。钢丝排放时应先检查钢丝质量,钢丝外表不应有伤痕、折弯、缩径及其他缺陷。在钢丝排放过程中,不得使其扭转和受伤,在施放时,应用专用的引线器牵引。

将钢丝固定于引线器上,利用引线器使钢丝穿过保护钢管、挡泥圈、伸缩接头(甲)、锚固板、伸缩接头(乙)、…,当钢丝到达测点位置时,在分线盘(测点)上安装钢丝夹头,将钢丝夹紧并将余头再用床板固定在分线盘上。

(4)伸缩接头安装。伸缩接头中要安装分线盘及轴承,在测点位置两伸缩接头之间安装锚固板。伸缩接头上的红线标记应向上,以保证钢丝在伸缩接头中处于水平位置。

(5)管线调整。管线定位后要调整其水平度和直线度,可用拉紧的钢丝作准线将管线理直。水平度和直线度均应在±5 mm范围内。管线调整完成后即将所有螺钉紧定,不得有丝毫松动。

(6)测量架安装。管线调整完成后就可以进行测量架安装。先将测量架固定在已浇筑好并已凝固的混凝土台上,用膨胀螺钉固定测量架。侧盘架底框下的混凝土台座应低于底框。然后将钢丝经尺架绕在砝码盘的小盘上,并用压线板将钢丝固定在砝码盘的小盘上。吊重钢丝绳绕在砝码盘的大盘上,并用压线板将钢丝绳固定在砝码盘的大盘上。钢丝和钢丝绳在大、小盘上应各绕三圈。测尺安装好后,即可检查钢丝的联动是否正常,并可进行初步的测试。

(7)浇筑与回填。首先对各个安装环节进行全面检查,再进行一次初步的测试,确认合格后可进行回填。回填的步骤是:首先在锚固板埋设处也就是测点处,立模浇一个能全包住锚固板的钢筋混凝土的块体。块体尺寸应能将锚固板及两端法兰盘全部包进块体内,并捣实。施工中,应防止混凝土砂浆进入伸缩接头与保护钢管之间的缝隙,否则将会影响伸缩接头的滑动。混凝土块体拆模后,即可进行管线四周回填。管线四周回填应十分仔细,必须压实到与四周坝体相同的密实度,在压实中,要防止冲击保护钢管。回填应采用原坝料,靠近仪器周围应用细粒料填充压实。当回填超过仪器顶面1.8 m,即可进行大坝的正常施工填筑。

(8)试测。一切安装正常后,即可进行试测。试测先在砝码盘的大盘上吊重60 kg的砝码,对钢丝进行预拉直(此工作亦可在回填前进行),24 h后改为正常测试的吊重45 kg的砝码。反复多次的加卸荷测试读数值,其重复读数小于2 mm,即可认为安装完成。

第二节　裂缝与接缝监测设备安装

一、测缝标点埋设

（一）单向测缝标点的埋设

在实际应用中，可根据裂缝分布情况，对重要的裂缝，选择有代表性的位置，在裂缝两侧各埋设一个标点；标点采用直径为 20 mm、长约 80 mm 的金属棒，埋入混凝土内 60 mm，外露部分为标点，标点上各有一个保护盖。两标点的距离不得少于 150 mm，用游标卡尺定期地测定两个标点之间距离变化值，以此来掌握裂缝的发展情况，其测量精度一般可达到 0.1 mm，如图 8-10 所示。

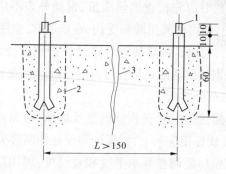

1—标点；2—钻孔线；3—裂缝

图 8-10　单向测缝标点安装示意图　（单位：mm）

（二）三向测缝标点的埋设

三向测缝标点有板式和杆式两种，见图 8-11、图 8-12，目前大多采用板式三向测缝标点。板式三向测缝标点是将两块宽 30 mm、厚 5～7 mm 的金属板，做成相互垂直的 3 个方向的拐角，并在型板上焊三对不锈钢的三棱柱条，用以观测裂缝 3 个方向的变化，用螺栓将型板锚固在混凝土上。用外径游标卡尺测量每对三棱柱条之间的距离变化，即可得三维相对位移。

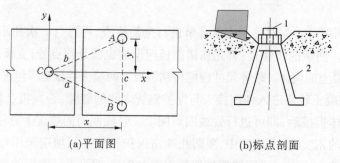

(a)平面图　　　　　(b)标点剖面

1—卡尺测针卡着的小坑；2—钢筋

图 8-11　平面三点式测缝标点结构

二、测缝计、裂缝计安装

（1）在垂直于裂缝的两侧将锚固板平行于裂缝打入土体的预定深度，锚固板平面应与

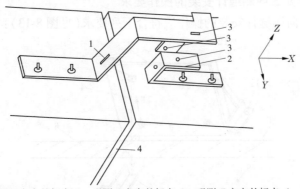

1—观测 X 方向的标点;2—观测 Y 方向的标点;3—观测 Z 方向的标点;4—伸缩缝

图 8-12　立面弯板式测缝标点结构

缝面平行,锚固板的位移计固定端应位于同一个垂直于裂缝的平面内。

(2)将位移计垂直于裂缝安装于锚固板的位移计固定端,调节位移计连杆,使其拉开,预留其闭合开度,并测记位移计的读数。

(3)小心地回填坑槽(井),锚固板和位移计周围应用木榔头轻轻击实,并使回填土体的含水率和密度与原土体的基本一致。回填至位移计以上 50 cm 后,可用人工夯实方法回填。

(4)位移计电缆沿坑槽(井)壁上引至电缆沟,回填完毕后,测记位移计读数。

三、电位器式两向或三向测缝计安装

(1)将测缝计的两个固定支座分别固定在趾板和面板安装基面预埋的固定螺栓上。

(2)安装测缝计支座和测缝计,借助两平板,使一只测缝计垂直于面板;另一只或两只测缝计位于平行于面板的同一平面内。调节接长杆(连杆),拉开测缝计,使其预留可能的闭合间距(或 1/3 ~ 1/2 量程的位置)。

(3)准确测量两向或三向测缝计的起始长度,对于三向测缝计,还应准确测量位于趾板一侧的两测缝计端点的间距。

(4)测记测缝计起始读数。

四、旋转电位器式三向测缝计安装

(一)旋转电位器式三向测缝计安装前的准备工作

旋转电位器式三向测缝计安装前应做好下列准备工作:

(1)按设计做好固定传感器的支架。支架坐标板上的 3 只传感器孔呈直角布置,且之间距离宜相等。

(2)分别在趾板和面板上制作三向测缝计安装基面,两安装平面应处于平行于面板的同一平面上,安装基面混凝土应与趾板和面板牢固结合。在趾板一侧安装基面混凝土中预埋传感器支架的地脚螺栓,在面板一侧安装基面(含面板)混凝土中预埋不锈钢丝支架,不锈钢丝支架宜垂直于面板。

(3)备好两块可呈垂直状的平板。

(4)做好仪器保护罩。

（二）旋转电位器式三向测缝计安装的操作要求

旋转电位器式三向测缝计安装的操作应符合下列要求（见图 8-13）：

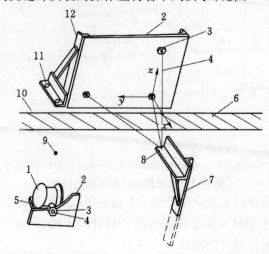

1—位移传感器；2—坐标板；3—传感器固定螺母；4—不锈钢丝；5—传感器托板；6—周边缝；
7—顶埋板（虚线部分埋入面板内）；8—钢丝交点；9—面板；10—趾板；11—地脚螺栓；12—支架

图 8-13　旋转电位器式三向测缝计安装埋设示意图

（1）安装传感器固定支架。借助两平板，使支架的坐标板平面垂直于面板平面。

（2）将 3 只传感器安装固定在坐标板上，并将其钢丝引出和固定在钢丝固定支架上。各传感器的钢丝宜拉至预先设置的可能的闭合长度（或 1/3 ~ 1/2 量程的位置），测记传感器读数。

（3）准确测量 3 只传感器的钢丝初始长度及 3 只传感器之间的距离。

（三）混凝土坝（结构物）裂缝和接缝观测的测缝计安装技术要求

测缝计安装的操作应符合下列要求（见图 8-14）：

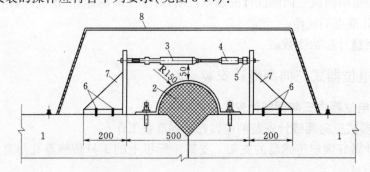

1—面板；2—接缝止水；3—测缝计；4—调整套；5—万向接头；6—固定螺栓；7—支座；8—保护罩

图 8-14　垂直缝杆式位移计（测缝计）安装埋设示意图　（单位：mm）

（1）当测缝计直接安装在混凝土表面时，首先在垂直于裂缝或接缝的两侧置入地脚螺栓，然后安装固定支架，再将测缝计安装在固定支架上；调整加长杆的长度，使测缝计处于适当的张开位置上；最后装上仪器保护罩。

（2）当测缝计安装在过水的混凝土表面时，可在垂直于裂缝或接缝的仪器埋设位置上开凿一个深约 20 cm 的坑槽（对于在建坝，可在埋设位置上将捣实的混凝土挖深约 20 cm 的坑槽);然后将除加长杆弯钩和仪器凸缘盘外全部用多层塑料布包裹的测缝计放入坑槽中,并将其临时固定;再调整加长杆长度,使测缝计处于适当的张开位置上;填入混凝土,并加强混凝土养护。

(3)当测缝计埋设在混凝土内坝缝时,首先在先浇混凝土块上垂直于缝面预埋测缝计套筒;当电缆须从先浇块引出时,应在模板上设置储放仪器和电缆用的储藏箱;将接缝处长约40 cm 的电缆包上绝缘胶带;当后浇块混凝土浇至高出仪器埋设位置20 cm 时,振捣压实后挖去混凝土,露出套筒,打开套筒盖,取出填塞物,安装测缝计,并使之处于适当的张开位置上,回填混凝土。

(4)当测缝计埋设在基岩与混凝土交界面上时,首先在基岩中垂直于交界面造一孔径大于9 cm、深度为50 cm 的孔,在孔中填入大半孔膨胀水泥砂浆,将带有加长杆的套筒压入孔中,使套筒口与孔口平齐,将套筒内填满棉纱,螺纹口涂上机(黄)油,旋上筒盖;待混凝土浇至高出仪器埋设位置约20 cm 时,挖去捣实的混凝土,打开套筒盖,取出填塞物,旋上测缝计,并使之处于适当的张开位置上,回填混凝土。

第三节　渗流监测设备安装

一、渗流压力监测设备安装

(一)在现浇混凝土内埋设

在现浇混凝土内埋设渗压计,通常埋设在采用分层浇筑施工时的混凝土块施工缝上,主要用于监测在库水作用下,沿混凝土施工缝的渗透水压力。

(1)在先浇筑的混凝土块层面上的测点处预留一个直径20 cm、深30 cm 的孔。

(2)在上层混凝土浇筑前,将包裹反滤料的渗压计放入孔中,孔内填满饱和细砂,孔口加一盖板(见图8-15)。

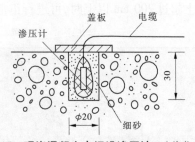

图8-15　现浇混凝土内埋设渗压计　(单位:cm)

(3)理顺电缆,引向测站,测量初值,开始混凝土浇筑。

(二)在混凝土结构物基础上埋设

(1)在基岩上钻一集水孔,孔径5 cm、深100 cm,孔内填以干净的砾石。

(2)将包裹细砂反滤料的渗压计放在集水孔上,在砂包上覆盖砂浆,待砂浆凝固后即可浇筑混凝土(见图8-16)。

(3)记录埋设前后的仪器测值。

注:当混凝土结构物(如混凝土坝)的基础需进行固结灌浆和帷幕灌浆时,因压力灌浆

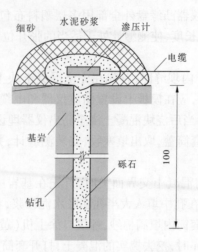

图 8-16　混凝土结构物基础内埋设渗压计 （单位:cm）

的浆液可能堵塞集水孔和仪器进水口,故在灌浆施工之前不宜采用此法安装渗压计。

（三）在土石坝基础上埋设

（1）当土石料填筑高于基础 50～100 cm 时,在测点处暂停填筑,挖去填土,露出 50 cm ×40 cm 的基础。

（2）在底部填 20 cm 厚的砂,放入包裹细砂反滤料的渗压计,再覆盖 20～30 cm 的砂,浇水使砂层饱和。

（3）仪器电缆沿挖好的电缆沟引向观测站。电缆沟宽 50 cm、深 50 cm,电缆线之间应平行排列,呈 S 形向前引伸（见图 8-17）。

（4）用原填筑料分层回填,并用木槌分层击实。回填压实密度和含水量应与坝体设计一致。

（5）仪器和电缆的回填土在 120 cm 以内时,用人工或轻型机械进行压实;填土厚 120～200 cm 时,可用静碾压实;填土超过 200 cm 以上时,可进行正常碾压施工。

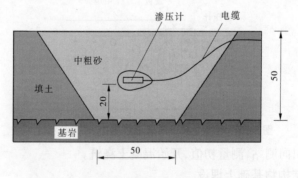

图 8-17　土石坝基础内埋设渗压计 （单位:cm）

（6）记录埋设前后的仪器测值。

（四）在一般土料坝体内埋设

填筑体（如土石坝）在施工期埋设渗压计,可采用坑埋方法;在施工完毕后的运行期埋设渗压计,则可采用钻孔方法。

（1）当土石料填筑高于设计埋设高程 40 cm 时,在测点处暂停填筑,挖出一个底部尺寸

(长×宽)为 30 cm×30 cm、深为 50 cm 的坑,如图 8-18 所示。

(2)在底部填 10 cm 的干净中粗砂,放入包裹细砂反滤料的渗压计,再覆盖 20 cm 的中粗砂,浇水使砂层饱和。

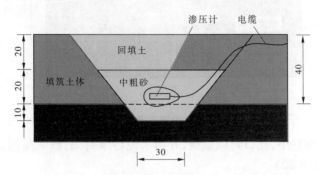

图 8-18 一般土料中埋设渗压计 (单位:cm)

(3)用原填筑料分层回填,并用木槌分层击实。回填压实密度和含水量应与坝体设计一致。对粗颗粒料中的埋设,应采用反滤的形式整平埋设基床和回填土料,由靠近仪器为细料向粗料过渡。

(4)仪器电缆沿挖好的电缆沟引向观测站。电缆沟宽 40 cm、深 40 cm,电缆线之间应平行排列,呈 S 形向前引伸。可根据设计要求,采用套管、槽板等对电缆进行专门的保护。

(5)仪器和电缆的回填土在 120 cm 以内时,用人工或轻型机械进行压实;填土厚 120 ~ 200 cm 时。可用静碾压实;填土超过 200 cm 以上时,可进行正常碾压施工。

(6)记录埋设前后的仪器测值。

(五)在黏性土料坝体内埋设

在黏性土料(土石坝的黏土心墙)中埋设渗压计,当透水石为高进气值时,也可以采用不设反滤料的直接埋设方法。

(1)当土料填筑高于设计埋设高程 50 cm 时,在测点处暂停填筑,挖出一个底部尺寸(长×宽)为 30 cm×30 cm、深为 40 cm 的坑。

(2)在底部用与渗压计直径相同的前端呈锥形的铁棒打入土层中,深度与仪器长度一样,拔出铁棒后,将透水石已饱水的仪器读取初值后迅速插入孔内,并用手加压。仪器压入孔内后,用原填筑料分层回填,并用木槌分层击实。回填压实密度和含水量应与坝体设计一致(见图 8-19)。

(3)同层仪器电缆沿挖好的电缆沟汇集在一起,并在心墙体内沿竖向引至顶部观测站。电缆沟宽 40 cm、深 40 cm,电缆线之间应平行排列,呈 S 形向前引伸。可根据设计要求,采用套管等对电缆进行专门的保护。

(4)仪器和电缆的回填土在 120 cm 以内时,用人工或轻型机械进行压实;填土厚 120 ~ 200 cm 时。可用静碾压实;填土超过 200 cm 以上时,可进行正常碾压施工。

(5)记录埋设前后的仪器测值。

(六)在水平浅孔中埋设

在地下洞室围岩内或边坡岩体表面浅层埋设渗压计,需要采用水平浅孔埋设和集水。浅孔的深度为 50 cm,直径 150 ~ 200 mm。如果孔内无透水裂隙,可根据需要的深度,在孔底套钻一个 30 mm 的小孔,经渗水试验合格后,小孔内填入砾石,在大孔内填含水细砂,将饱

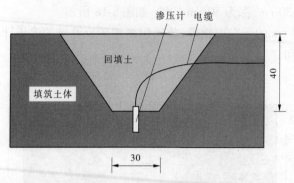

图 8-19　黏性土料中埋设渗压计　（单位：cm）

水的渗压计埋设在细砂中,孔口封以盖板,并用水泥砂浆封固,砂浆凝固后即可浇筑混凝土或填筑土石料(见图 8-20)。

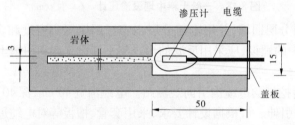

图 8-20　水平浅孔中埋设渗压计　（单位：cm）

(七)在深孔中埋设

在坝基深部、边坡、运行期建筑物内进行渗透水压力监测,需要在钻孔内安装埋设渗压计。钻孔的深度由设计确定,孔径一般不小于 150 mm。岩体钻孔应做压水试验,钻孔位置应根据地质条件和压水试验结果确定。

埋设前测量好孔深,先向孔内倒入 20 ~ 40 cm 厚的中粗砂至仪器埋设高程,然后将带反滤砂包的渗压计放入孔底。如钻孔太深,为防因砂包及电缆自身过重受损,可用钢丝吊住砂包,并把电缆绑在钢丝上进行吊装。经检验合格后,在其上填 20 ~ 40 cm 中粗砂,并使之饱和,再填入 10 ~ 20 cm 细砂,最后在余孔段灌入水泥膨润土浆或预缩水泥砂浆。

可在钻孔内埋设多个渗压计,实现渗透水压力的分层监测。方法同上,但应做好相邻渗压计之间的封闭隔离(见图 8-21)。

当设计为监测建筑物或基础深层的渗透点压力时,应将渗压计封闭在不大于 50 cm 的钻孔渗水段内。

当钻孔岩体的渗透系数很小时,渗压计应埋设在体积较小的集水孔段内。

(八)在测压管中安装

在介质渗透系数较大部位(如土石坝坝壳)的渗透水压力

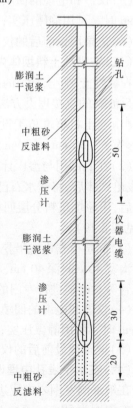

图 8-21　深孔中埋设渗压计

（单位：cm）

监测、混凝土坝的扬压力监测以及大坝两岸的绕坝渗流监测等,通常采用测压管式孔隙压力计。当工程需要实施自动化监测时,可通过在测压管中安装渗压计来实现。

渗压计的典型安装方法是将仪器直接投入测压管中的设计位置,如混凝土坝扬压力孔内安装渗压计(见图 8-22)。当测压管很深时,应采用钢丝或细钢丝绳拴住渗压计,仪器电缆绑在钢丝绳上,缓缓放入测压管中,钢丝绳固定在管口上部。

土石坝的测压管、混凝土坝的绕坝渗流孔管口结构能方便地进行人工比测,并对设备具有良好的防护功能(见图 8-23)。

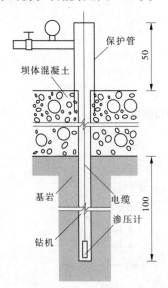

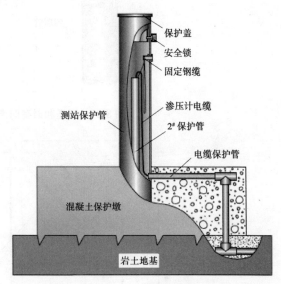

图 8-22　混凝土坝扬压力孔内安装渗压计　　　　图 8-23　无压管口防护
　　　　　　　(单位:cm)

在混凝土坝的扬压力孔测压管,经常表现为有压和时有时无压状态,测压管管口既要能密封以承受压力,而当测压管无压时又要能进行人工比测,因此需要制备专门的管口设备(见图 8-24)。

二、渗流量监测设备安装

(一)电容式量水堰水位计

电容式量水堰水位计根据变面积型电容感应原理设计。当堰上水位发生变化时,采用屏蔽管接地方式改变可变极的电容感应长度,从而使其与中间极间的电容量发生变化,利用比率测量技术,通过测量仪器的中间极与可变极、中间极与固定极之间的电容比值的变化,将堰上水位的变化转换为电容比变化量输出。

(二)三角堰

三角堰材料可选用 PVC、玻璃钢、不锈钢。流量较大时,要相应增加壁厚。三角口处的尺寸准确、缘台平直、光滑;板面光滑、平整、无扭曲;三角堰的中心线要与渠道的中心线重合;三角堰可按图 8-25 加工。

三角堰安装在渠道上如图 8-26 所示。堰板要竖直,要安装在渠道的中轴线上。加工三

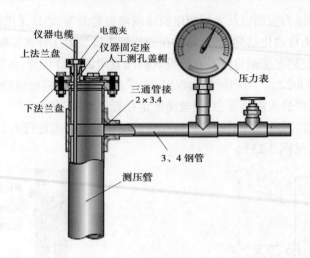

图 8-24　有压和时有时无压的管口装置

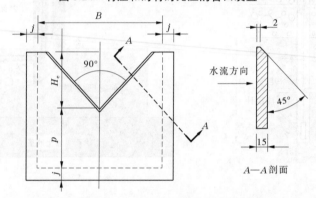

图 8-25　直角三角堰堰板构造　（单位:cm）

角堰时,可以使顶角变成圆角,在确定水位等于零的位置时要注意,三角堰的水位零点应在三角堰的侧边的延长线的交点上。仪表的探头要安装在上游距离堰板 0.5 ~ 1 m 的位置。

第四节　应力应变监测设备安装

应变计的使用场合很多,可以埋设在混凝土内部,也可安装在结构物表面,其工作情况及施工条件亦不尽相同,所以埋设安装方法也不一样,一般有以下几种安装方式。

一、单向应变计的安装

单向应变计可在混凝土振捣或碾压后,在埋设部位挖槽埋设,并用相同混凝土(剔除粒径大于 8 cm 的骨料)人工回填,人工捣实;埋设仪器的角度误差应不超过 1°,位置误差应不超过 2 cm;仪器埋好后,其部位应做明显标记,并留人看护。

二、两向应变计的安装

两向应变计可在混凝土振捣或碾压后,在埋设部位挖槽埋设,并用相同混凝土(剔除粒径大于 8 cm 的骨料)人工回填,人工捣实;两应变计应保持相互垂直,相距 8 ~ 10 cm。埋设

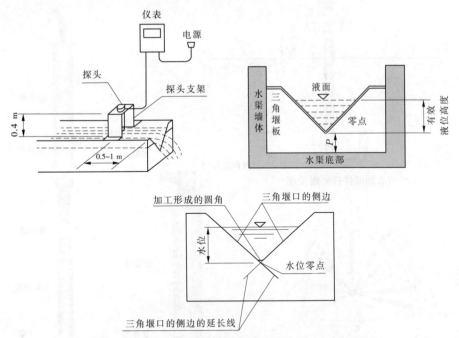

图 8-26　三角堰在渠道上的安装和三角堰的水位零点

仪器的角度误差应不超过 1°，位置误差应不超过 2 cm；两应变计组成的平面应与结构面平行或垂直；仪器埋好后，其部位应做明显标记，并留人看护。

三、应变计组的安装

根据混凝土施工方式的不同，一般在常态混凝土中应变计组的埋设与碾压混凝土中应变计组的埋设方法不尽相同，以下介绍常态混凝土中应变计组的埋设方法。

(1)仪器埋设应设专人负责，运送仪器时要轻拿轻放，埋设仪器要细心操作，保证仪器不损坏和安装位置正确，埋设仪器过程中应进行现场维护。

(2)根据仪器埋设的数量，备齐仪器(已根据设计施工要求接长电缆)和附件(支座、支杆等)，并做好仪器编号和存档工作，同时考虑适当的仪器备用量。

(3)按照埋设点的高程、方位及埋设部位混凝土浇筑进度，将预埋件预埋在先浇注的混凝土层内，预埋件杆外露长度应≥20 cm[见图 8-27(a)]，预埋杆可根据需要适当加长，其螺纹部分应用纱布或牛皮纸包裹好，以免砂浆沾污或碰伤。

(4)当混凝土浇筑到接近埋设高程时，用适当尺寸的挡板挡好埋设点周围的混凝土，取下预埋件螺纹的裹布，安装支座并固定其位置和方向，然后将支杆套管按设计要求的方向装上支座。应变计组仪器编号如图 8-27(b)所示。

(5)将套管上螺帽松开，取出支杆(螺母应套在支杆上)旋入仪器上接座端，拧紧后将支杆套入套管内，将螺帽拧紧[见图 8-27(c)]。

(6)将接好仪器的支杆插入支杆套筒内，借助支杆两端的橡胶圈保证支杆的方向和位置稳定。

(7)按设计编号安装好相应的应变计，应严格控制应变计的安装方向，埋设仪器的角度误差应不超过 1°。定位后将仪器电缆捆扎一起，并按设计去向引到临时或永久观测站。

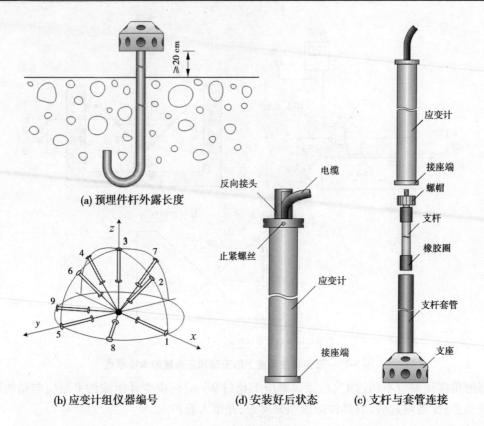

(a) 预埋件杆外露长度

(b) 应变计组仪器编号

(d) 安装好后状态

(c) 支杆与套管连接

图 8-27　应变计组埋设

(8)仪器周围的混凝土,应剔除粒径大于 8 cm 的骨料,从周围慢慢倒入仪器附近,并用人工方法捣实。

(9)埋设过程中应进行现场维护,非工作人员不得进入埋设点 5 m 半径范围以内。仪器埋好后,其部位应做明显标记,并留人看护。

(10)应变计安装完毕后,2 h 测一次,至混凝土终凝后改 4 h 一次测一天,再改 8 h 一次测一天,再改一天测一次,逐渐减少至施工期正常观测频次。应变计的观测时间应与相应的无应力计相同。

为减少和避免约束应力的影响,应变计应埋设在浇筑层的中部,该层与上、下层混凝土浇筑时间间歇不应超过 10 d。

第五节　施工期安全监测

大坝施工期安全监测主要分施工期、完工期、初运行(初蓄水)几个阶段,各阶段监测内容如下:

(1)施工期:监测仪器(考证表、质量评定表、记录表),施工期监测报告(月报或季报)。

(2)完工期:在沉降观测期或蓄水验收前,半年或每个季度一个监测仪器运行报告;监测仪器埋设完成后,或完工期后的监测报告。

(3)初运行:一般为一个汛期,或完工验收之日起 5 个月内的初蓄水运行报告整编。

一、监测

(一)巡视检查

巡视检查应该从施工期到运行期,应根据大坝的具体情况和特点制定检查程序,携带必要的工具(如摄像机、照相机、望远镜、对讲机等)或具备一定的检查条件后进行。巡视检查中若发现大坝有损伤、原有缺陷有进一步发展、坝岸坡有滑移崩塌征兆或其他异常迹象,应分析原因。

巡视检查应做好记录,每次检查均应按各类检查规定的程序做好现场填表和记录,必要时应附有略图、素描或照片。

巡视检查的主要内容如下。

1. 坝体

(1)相邻坝段之间的错动。

(2)伸缩缝开合情况和止水的工作状况。

(3)上下游坝面、宽缝内及廊道壁上有无裂缝,裂缝中漏水情况。

(4)混凝土有无破损。

(5)混凝土有无溶蚀、水流侵蚀或冻融现象。

(6)坝体排水孔的工作状态,渗漏水的漏水量和水质有无显著变化。

(7)坝顶防浪墙有无开裂、损坏情况。

2. 坝基和坝肩

(1)基础岩体有无挤压、错动、松动和鼓出。

(2)坝体与基岩(或岸坡)结合处有无错动、开裂、脱离及渗水等情况。

(3)两岸坝肩区有无裂缝、滑坡、溶蚀及绕渗等情况。

(4)基础排水及渗流监测设施的工作状况、渗漏水的漏水量及浑浊度有无变化。

3. 泄水建筑物

(1)溢流段的闸墩、边墙、胸墙、溢流面(洞身)、工作桥等处有无裂缝和损伤。

(2)消能设施有无磨损冲蚀和淤积情况。

(3)下游河床及岸坡的冲刷和淤积情况。

(4)水流流态。

(5)上游拦污设施的情况。

4. 近坝区岸坡

(1)地下水露头及绕坝渗流情况。

(2)岸坡有无冲刷、塌陷、裂缝及滑移迹象。

5. 现场设施的保护、防护

在监测过程中,如果测点埋设的位置、方法不合适,需要采取相应保护措施的测点没有做好保护工作,监测点就可能遭到破坏,导致监测工作无法正常进行。所以,也应该把对监测点的保护作为整个监测项目的一个重点之一。在编制监测方案时,要充分考虑周边环境对测点的影响,制订最为安全、可行的方案。

(1)为保障监测仪器埋设的成功,在仪器埋设的全过程中,应重视维护工作。维护工作应根据现场条件情况设专人负责,或由仪器埋设人员兼任。

（2）仪器在仓号内安装定位后，混凝土或砾土料介质未覆盖前应严格看管，以防止人或机械碰撞仪器或牵动电缆。

（3）混凝土浇筑时，仪器周围 50 cm 范围内的混凝土应剔除大骨料后细心地进行人工捣实，不得用振捣器或机械，振捣器须离开仪器 1 m 以上并且不能直接触及焊接有仪器的钢筋。在仪器周围混凝土入仓、振捣过程中连续测读仪器，如测读出现异常立即查找原因并排除。

（4）仪器顶部安全覆盖层，即为恢复正常施工的仪器顶部浇筑材料厚度，混凝土不得小于 0.6 m。

（5）为防止电缆牵动仪器，仪器电缆引设一般均应绑固于钢筋或其他固定不动物体上，特别是垂直上引必须绑固牢靠。电缆由上部向下部引设时必须设导管，导管直径与电缆根数关系可参照有关规定确定。

（6）仪器电缆跨缝时应采用伸缩节等措施处理，以防止缝面张开时拉断电缆。

（二）观测

（1）使用直读式接收仪表进行观测时，每月应对仪表进行一次准确度检验。如需更换仪表，应先检验是否有互换性。

（2）认真填写观测记录，注明仪器异常、仪表或装置故障、电缆剪短或接长及集线箱检修等情况。

（3）仪器设备保护。电缆的编号牌应防止锈蚀、混淆或丢失，电缆长度不得随意改变。必须改变电缆长度时，应在改变长度前后读取监测值，并做好记录。集线箱及测控装置应保持干燥。

（4）仪器埋设后，必须确定基准值，基准值应根据混凝土的特性、仪器的性能及周围的温度等，从初期各次合格的观测值中选定。

（三）信息化施工与信息反馈

信息化监测和反馈基本流程如下：

（1）采集数据，对数据进行初步分析，初步判断监测对象安全，如果情况可疑，应及时进行分析，并做进一步监测验证。

（2）数据录入计算机，进行数据处理。

（3）生成成果报告，项目总工审核、批准。

（4）如果处理计算过程中发现监测数值过大，达到警戒值，应加大监测频率，采取控制位移变形的施工措施。

（5）如果监测数值过大，达到了控制值，立即紧急通知施工单位，并启动相关的预案，上报相关单位，会同相关专家制定合理措施，直到措施得当，危险解除，可以施工为止。

（6）在工程施工监测过程中应加强监测数据的反馈工作，按有关规程、规范的三级管理制度方式运作。监测成果报告应按时向相关单位提交日报、周报、月报及分析结论和监测总结报告。

根据上述预测对观测对象和周边环境的安全状况进行评估，做到信息化施工。其监测反馈程序如图 8-28 所示。

（四）监测控制值与警戒值

当实际变形值达到最大允许变形值的一定比例（如 70%）时，须向有关单位发出预警，

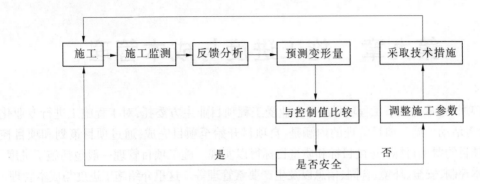

图8-28　监测反馈程序

且施工单位必须召开专题会议研究变形原因,采取必要的措施控制变形继续发展;当达到最大变形允许值时,应发出报警,当首次报警后,若测点以较大的速率继续下沉变形,应视情况继续报警,此时必须报告给相关单位,并组织专家现场召开专题会议研究处理措施,采取措施控制变形继续发展。

二、资料整理和整编

(1)巡视检查、人工监测和自动化监测均应做好所采集数据(或所检查情况)的记录。记录应有固定的格式,数据和情况的记载应准确、清晰、齐全,应记入监测日期、责任人姓名及监测条件的必要说明。

(2)应做好原始监测数据的记录、检验,监测物理量的计算、填表和绘图,初步分析和异常值的判识等日常资料整理工作。

(3)监测资料除在计算机磁、光载体内存储外,尚应打印出主要图表供查用。

(4)每年汛前必须将上一年度的监测资料整编完毕。资料整编应包括整理后资料的审定及编印等工作。

三、资料分析

(1)资料分析的项目、内容和方法应根据实际情况而定,但对于变形量、渗漏量、扬压力(扬压力非大坝基本荷载者除外)及巡视检查的资料必须进行分析。首次蓄水时的分析工作可根据资料条件及实际需要酌情处理。

(2)资料分析通常用比较法、作图法、特征值统计法及数学模型法。使用数学模型法作定量分析时,应同时用其他方法进行定性分析,加以验证。

(3)资料分析应分析了解各监测物理量的大小、变化规律、趋势及效应量与原因量之间(或几个效应量之间)的关系和相关的程度。有条件时,还应建立效应量与原因量之间的数学模型,借以解释监测量的变化规律,在此基础上判断各监测物理量的变化和趋势是否正常、是否符合技术要求;并应对各项监测成果进行综合分析,揭示大坝的异常情况和不安全因素;评估大坝的工作状态,并确定安全监控指标,预报将来的变化。

(4)资料分析后,提出资料分析报告。

(5)监测报告和整编资料,应按档案管理规定,及时存档。

第九章　施工进度与成本管理

　　施工项目管理是从事工程项目施工企业受工程项目业主方委托,对工程施工进行专业化管理和服务活动。施工项目管理的内涵是:自项目开始至项目完成,通过项目策划和项目控制,以使项目的费用目标、进度目标和质量目标得以实现。施工项目管理一般包括施工进度、质量、成本控制,安全、环境、合同、信息以及生产要素管理等。这里介绍施工进度与成本管理。

第一节　施工进度管理

一、网络计划技术

(一)网络计划技术的基本原理

　　网络计划技术的基本原理是应用网络图形来表示一项计划中各项工作的开展顺序及其相互之间的关系;通过网络图进行时间参数的计算,找出计划中的关键工作和关键线路,通过不断改进网络计划,寻求最优方案,以最小的消耗取得最大的经济效果。

　　网络计划技术的基本模型是网络图。网络图是指由箭线和节点组成的,用来表示工作流程的有限、有向、有序的网络图形。网络计划是用网络图表达任务构成、工作顺序,并加注工作时间参数的进度计划。

　　采用网络计划技术编制施工进度计划的一般步骤是:收集原始资料,绘制网络图;分析各施工过程或工序在网络图中的地位,计算网络参数;找出关键作业和关键线路,根据决策要求,对网络计划进行优化控制,选择最优方案;计划实施的过程中进行定期检查,调整修订。

(二)双代号网络计划

1. 双代号网络图的三要素

　　双代号网络图是由若干表示工作或工序(或施工过程)的箭线和节点组成,每一个工作或工序(或施工过程)都由一根箭线和两个节点表示,根据施工顺序和相互关系,将一项计划用上述符号从左向右绘制而成的网状图形,称为双代号网络图,如图 9-1 和图 9-2 所示。

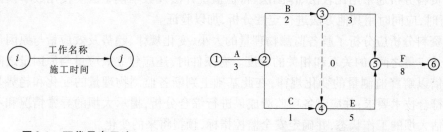

图 9-1　双代号表示法　　　　　　　图 9-2　双代号网络图

双代号网络图由箭线、节点、线路三个要素组成。其含义和特点介绍如下。

2. 箭线

(1)在双代号网络图中,一根箭线表示一项工作。

工作是指把计划任务根据实际需要粗细程度划分而成子项目,是一项要消耗一定时间,而且大多数情况下也要消耗人力、材料等的活动,是网络计划构成的最基本单元(也可称活动、工序或过程)。工作根据一项计划(或工程)的规模不同,其划分的粗细程度、大小范围也不同。如对于一个规模较大的建设项目来讲,一项工作可能代表一个单位工程或一个构筑物;如对于一个单位工程,一项工作可能只代表一个分部工作。如预制混凝土构件由支模板、绑钢筋、浇混凝土等工作组成。

工作通常可以分为三种:需要消耗时间和资源的工作(如混合结构中的砌筑砖外墙);只消耗时间而不消耗资源的工作(如混凝土的养护);既不消耗时间,也不消耗资源的工作。前两种是实际存在的工作,称为"实工作";后一种是人为的虚设工作,只表示相邻前后工作之间的逻辑关系,通常称其为"虚工作"。

虚工作在双代号网络计划中起施工过程之间区分、逻辑连接或逻辑间断的作用。双代号网络图中用两个代号代表一个工作,若两个工作用同一个代号,则不能明确表示出该代号表示的那项工作,就用虚工作加以区分。双代号网络图借助虚工作正确表达工作之间的工艺关系和组织关系两种逻辑关系。虚工作逻辑简断作用指的是当网络图中间节点有逻辑错误时,在出现逻辑错误节点间改变箭头方向或增设新节点,用虚工作断路,切断无关系的工作。

(2)实工作用实箭线表示。工作的名称写在箭线的上面,完成工作所需要的时间写在箭线的下面。箭尾表示工作的开始,箭头表示工作的结束。圆圈中的两个号码代表这项工作的名称,由于是两个号表示一项工作,故称为双代号表示法,由双代号表示法构成的网络图称为双代号网络。

(3)虚工作用虚箭线表示。如图9-2中的③--→④并。这种虚箭线没有工作名称,不占用时间,不消耗资源,只解决工作之间的连接问题。

(4)箭线的长短不按比例绘制。即其长短不表示工作持续时间的长短。箭线的方向在原则上是任意的,但为使图形整齐、醒目,一般应画成水平直线或垂直折线。

(5)双代号网络图中,就某一工作而言,紧靠其前面的工作称紧前工作,紧靠其后面的工作叫紧后工作,该工作本身则称为本工作,与之平行的工作称为平行工作,如图9-3所示。

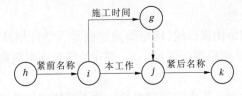

图9-3 工作间的关系表示图

3. 节点

(1)网络图中表示工作或工序开始、结束或连接关系的圆圈称为节点。节点表示前道工序的结束和后道工序的开始。一项计划的网络图中的节点有开始节点、中间节点、结束节点三类。网络图的第一个节点为开始节点,表示一项计划的开始;网络图的最后一个节点称为结束节点,表示一项计划的结束;其余都称为中间节点,任何一个中间节点既是其紧前工作的结束节点,又是其紧后工作的开始节点,如图9-4。

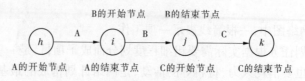

图 9-4　节点示意图

（2）节点只是一个"瞬间"，它既不消耗时间，也不消耗资源。

（3）网络图中的每个节点都要编号。编号方法是：从开始点开始，从小到大，自左向右，从上到下，用阿拉伯数字表示。编号原则是：每一个箭尾节点的号码 i 必须小于箭头节点的号码 $j(i<j)$，编号可连续，也可隔号不连续，但所有节点的编号不能重复。

4.线路

网络图中从起点节点开始，沿箭线方向连续通过一系列箭线与节点，最后到达终点节点的通路称为线路。每一条线路都有自己确定的完成时间，它等于该线路上各项工作持续时间的总和，也是完成这条线路上所有工作的计划工期。工期最长的线路称为关键线路（或主要矛盾线）。位于关键线路上的工作称为关键工作。

如图 9-5 中从开始①至结束⑥共有三条线路①→②→④→⑤→⑥、①→②→③→⑤→⑥和①→②→③→④→⑤→⑥。其中时间之和最大的线路为①→②→③→④→⑤→⑥，工期为 15 d，是关键线路。关键线路用粗箭线或双箭线标出，以区别于其他非关键线路。在一项网络计划中，至少有一条关键线路，有时会出现几条关键线路。关键线路在一定条件下会发生变化，关键线路可能会转变成为非关键线路，而非关键线路也可能转化为关键线路。

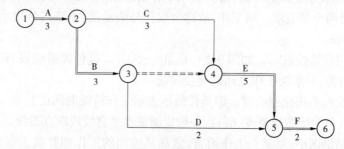

图 9-5　某工程双代号网络计划

5.双代号网络图的绘制

网络计划必须通过网络图来反映，网络图的绘制是网络计划技术的基础。要正确绘制网络图，就必须正确地反映网络图的逻辑关系，遵守绘图的基本规则。

1）网络图各种逻辑关系

网络图的逻辑关系是指工作中客观存在的一种先后顺序关系和施工组织要求的相互制约、相互依赖的关系。在表示水利水电工程施工计划的网络图中，这种顺序可分为两大类：一类是反映施工工艺的关系，称工艺逻辑；另一类是反映施工组织上的关系，称为组织逻辑。工艺逻辑是由施工工艺所决定的各个施工过程之间客观存在的先后顺序关系，其顺序一般是固定的，有的是绝对不能颠倒的。组织逻辑是在施工组织安排中，综合考虑各种因素，在各施工过程之间主观安排的先后顺序关系。这种关系不受施工工艺的限制，不由工程性质本身决定，在保证施工质量、安全和工期等前提下，可以人为安排。

在网络图中，各工序之间在逻辑关系上的关系是变化多端的。表 9-1 中所列的是双代号网络图与单代号网络图中常见的一些逻辑关系及其表示方法,工序名称均以字母来表示。

表 9-1 双、单代号网络图中常见的各种工序逻辑关系及表示方法

序号	双代号表示方法	工序之间的逻辑关系	单代号表示方法
1	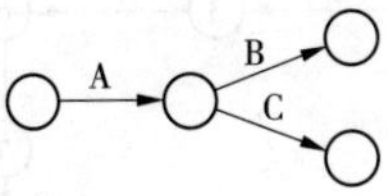	A完成后同时进行B和C	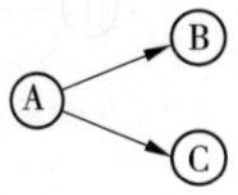
2	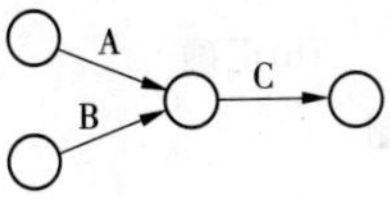	A、B均完成后进行C	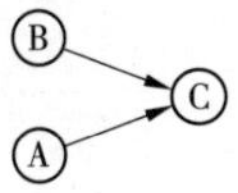
3	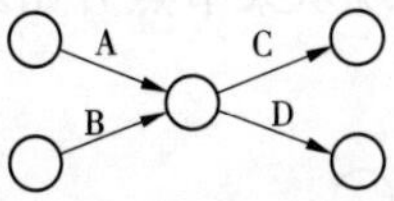	A、B均完成后同时进行C和D	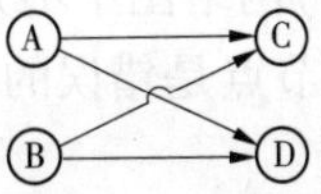
4	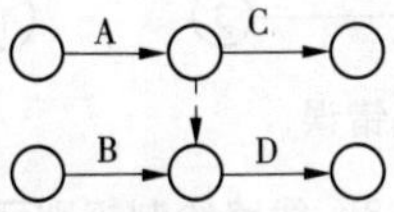	A完成后进行C; A、B均完成后进行D	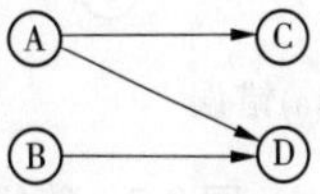
5	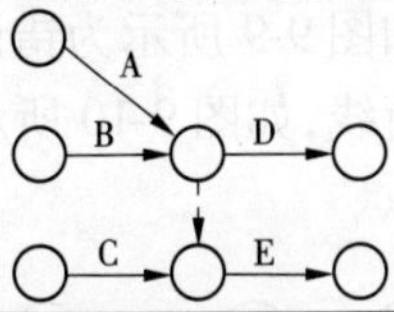	A、B均完成后进行D; A、B、C均完成后进行E	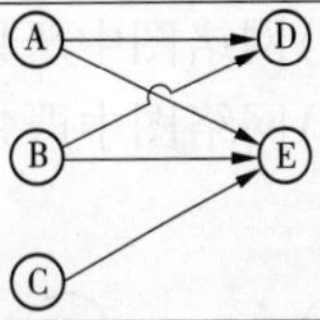
6	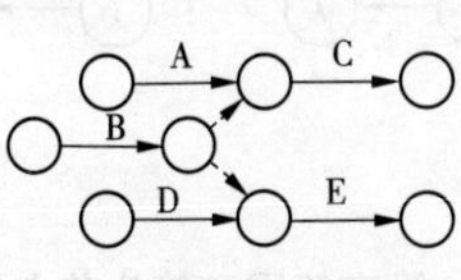	A、B均完成后进行C; B、D均完成后进行E	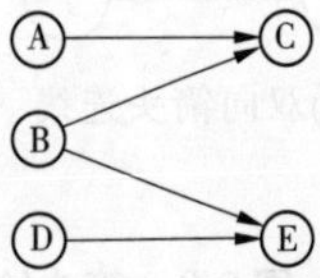
7	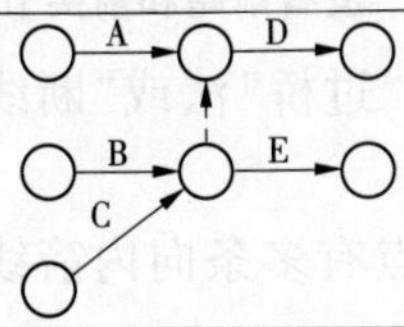	A、B、C均完成后进行D; B、C均完成后进行E	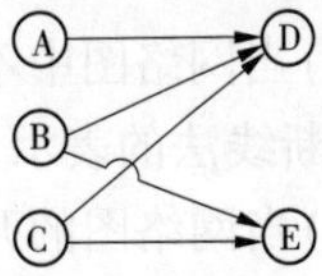
8	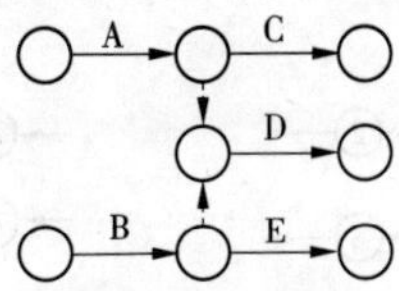	A完成后进行C; A、B均完成后进行D; B完成后进行E	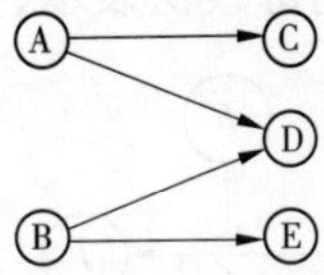
9	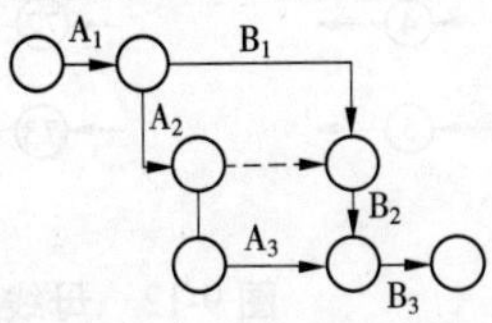	A、B两道工序分3个施工段施工; A_1完成后进行A_2、B_1; A_2完成后进行A_3; A_2、B_1均完成后进行B_2; A_3、B_2均完成后进行B_3	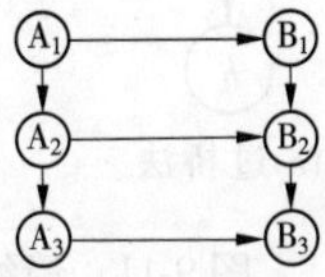

2) 双代号网络图绘制原则

（1）网络图必须能正确表示各工序的逻辑关系。

（2）一张网络图只允许有一个起点节点和一个终点节点，如图9-6所示。

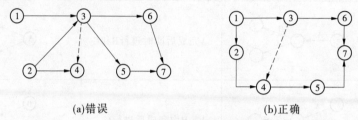

(a)错误   (b)正确

图9-6　节点绘制规则示意图

（3）同一计划网络图中不允许出现编号相同的箭线，如图9-7所示。

（4）网络图中不允许出现闭合回路。如图9-8(a)出现从某节点开始经过其他节点，又回到原节点是错误的，正确的是图9-8(b)。

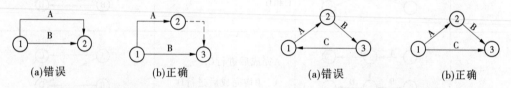

(a)错误   (b)正确   (a)错误   (b)正确

图9-7　箭线绘制规则示意图   图9-8　线路绘制规则示意图

（5）网络图中严禁出现双向箭头和无箭头的连线。如图9-9所示为错误的表示方法。

（6）网络图中严禁出现没有箭尾节点或箭头节点的箭线，如图9-10所示。

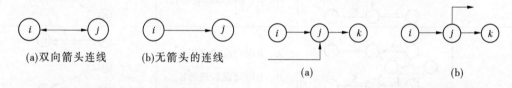

(a)双向箭头连线   (b)无箭头的连线   (a)   (b)

图9-9　箭头绘制规则示意图   图9-10　没有箭尾和箭头节点的箭线

（7）当网络图中不可避免地出现箭线交叉时，应采用"过桥"法或"断线"法来表示。过桥法及断线法的表示，如图9-11所示。

（8）当网络图的开始节点有多条外向箭线或结束节点有多条向内箭线时，为使图形简洁，可用母线法表示，如图9-12所示。

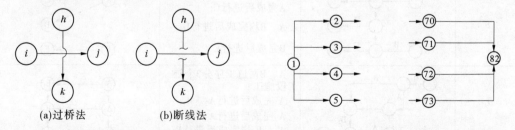

(a)过桥法   (b)断线法

图9-11　箭线交叉的表示方法   图9-12　母线法

3）双代号网络图绘制步骤

（1）根据各项工作之间的逻辑关系，从左到右充分利用虚工作正确绘制网络计划草图。

（2）检查各项工作之间的逻辑关系是否正确，网络图的绘制是否符合绘图规则要求。

（3）整理网络图，使网络图条理清楚、层次分明。

6.双代号网络图时间参数计算

计算网络图时间参数的目的是找出关键线路，使得在工作中能抓住主要矛盾，向关键线路要时间；计算非关键线路上的富余时间，明确其存在多少机动时间，向非关键线路要劳力、要资源；确定总工期，对工程进度做到心中有数。

1）网络计划中各项作业持续时间的确定

一般网络计划中作业时间的确定有两种方法，即肯定型和非肯定型。

（1）肯定型。查劳动定额确定。

（2）非肯定型。在实际工作中，每项作业的持续时间往往发生变化，难以确定，故按非肯定型考虑比较合理。

非肯定型确定作业时间时，设法估计三种时间（三时估计法）：

①最乐观的时间 a：安排计划时，认为最理想的工期。

②最可能的时间 b：实现的机会相对较大的工期。

③最悲观的时间 c：安排计划时，认为施工不顺利、条件不理想时所需的工期。

然后计算期望平均值 M，即为作业持续时间：

$$M = (a + 4b + c)/6 \tag{9-1}$$

求出 M 后，就可以将非肯定型问题转化成肯定型问题进行计算。

2）网络图时间参数的内容和表示法

网络图时间参数常用的有 9 个，其内容及表示符号如下：

（1）TE_i——i 节点的最早时间；

（2）TL_i——i 节点的最迟时间；

（3）ES_{i-j}——$i-j$ 工作的最早开始时间；

（4）EF_{i-j}——$i-j$ 工作的最早完成时间；

（5）LS_{i-j}——$i-j$ 工作的最迟开始时间；

（6）LF_{i-j}——$i-j$ 工作的最迟完成时间；

（7）FF_{i-j}——$i-j$ 工作的自由时差；

（8）TF_{i-j}——$i-j$ 工作的总时差；

（9）D_{i-j}——$i-j$ 工作的持续时间。

计算双代号网络图的时间参数的方法有分析计算法、图上计算法、表上计算法、矩阵计算法、电算法等。在此仅介绍图上计算法，该法适用于工作较少的网络图。图上计算法标注的方法如图 9-13 所示。

3）图上计算法计算双代号网络图时间参数的方法、步骤

（1）节点最早时间（TE）。

节点时间是指某个瞬时或时点，最早时间的含义是该节点前面工作全部完成后其工作最早此时才可能开始。其计算规则是从网络图的起始节点开始，沿箭头方向逐点向后计算，直至结束节点。方法是"顺着箭头方向相加，逢箭头相碰的节点取最大值"。

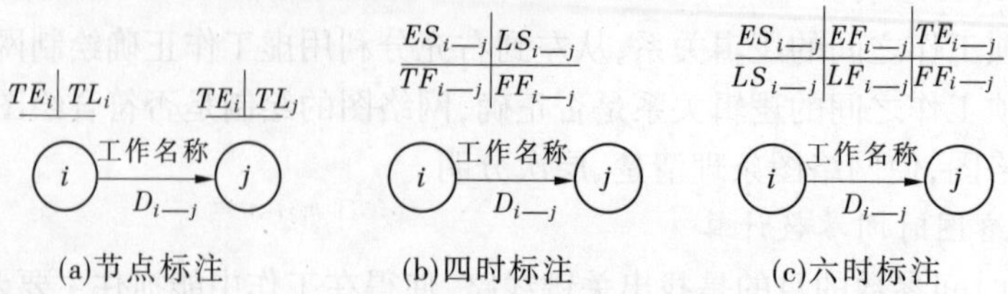

图 9-13　时间参数标注法

①起始节点的最早时间 $TE_i = 0$。

②中间节点的最早时间 $TE_j = \max[TE_i + D_{i-j}]$。

（2）节点最迟时间（TL）。

节点最迟时间的含义是其前各工序最迟此时必须完成。其计算规则是从网络图终点节点开始，逆箭头方向逐点向前计算直至起始节点。方法是"逆着箭线方向相减，逢箭尾相碰的节点取最小值"。

①终点节点的最迟时间：$TL_n = TE_n$（或规定工期）。

②中间节点的最迟时间：$TL_i = \min[TL_j - D_{i-j}]$。

（3）工作最早开始时间（ES）。

工作最早可能开始时间的含义是该工作最早此时才能开始。它受该工作开始节点最早时间控制，即等于该工作起始节点最早时间。

$$ES_{i-j} = 0(i = 1) \quad ES_{i-j} = TE_i = \max[ES_{h-i} + D_{h-i}] \tag{9-2}$$

（4）工作最早完成时间（EF）。

其含义是该工作最早此时才能结束，它受该工作开始节点最早时间控制，即等于该工作起点最早时间加上该项工作的持续时间。

$$EF_{i-j} = TE_i + D_{i-j} = ES_{i-j} + D_{i-j} \tag{9-3}$$

（5）工作最迟完成时间（LF）。

其含义是该工作此时必须完成。它受工作结束节点最迟时间控制，即等于该项工作结束节点的最迟时间。

$$LF_{i-j} = TL_j = \min[LF_{j-k} - D_{j-k}] \tag{9-4}$$

以终点节点（$j = n$）为箭头节点的工作的 LF_{i-j} 应按网络计划的计划工期（T_p）确定。

$$LF_{i-n} = T_p = \max[EF_{i-n}] \tag{9-5}$$

（6）工作最迟开始时间（LS）。

其含义是该工作最迟此时必须开始。它受该工作结束节点最迟时间控制，即等于该工作结束节点的最迟时间减去该工作持续时间。

$$LS_{i-j} = TL_i - D_{i-j} = LF_{i-j} - D_{i-j} \tag{9-6}$$

（7）工作总时差（TF）。

其含义是该工作可能利用的最大机动时间。在这个时间范围内若延长或推迟本工作时间，不会影响总工期。求出节点或工作的开始和完成时间参数后，即可计算该工作总时差。其数值等于该工作结束节点的最迟时间减去该工作开始节点的最早时间，再减去该工作的持续时间。

$$TF_{i-j} = TL_i - TE_i - D_{i-j} = LF_{i-j} - EF_{i-j} = LS_{i-j} - ES_{i-j} \tag{9-7}$$

总时差主要用于控制计划总工期和判断关键工作。凡是总时差为最小的工作就是关键工作，其余工作就是非关键工作。

（8）工作自由时差（FF）。

其含义是在不影响后续工作按最早可能开始时间开始的前提下，该工作能够自由支配的机动时间。其数值等于紧后工作最早开始时间减去本工作最早完成时间差值的最小值。

$$FF_{i-j} = \min[ES_{j-k} - EF_{i-j}] \tag{9-8}$$

4）确定关键线路

计算上述时间参数的最终目的是找出关键线路。关键线路表示工程施工中的主要矛盾。要合理调配人力、物力，集中力量保证关键工作的按时完工，以防延误工程进度。关键工作一般用双箭线或粗黑箭线表示。关键线路的确定方法对于简单的网络图可由所有线路中历时最长的线路来确定。也可以根据时间参数的计算由总时差来确定关键工作，将关键工作依次连接起来组成的线路即为关键线路。对于稍复杂的网络图，可采用标号法确定关键线路，具体方法如下：

（1）设网络计划始点节点①的标号值为零：

$$b_1 = 0$$

（2）其他节点的标号值等于以该节点为完成节点的各个工作的开始节点标号值加其持续时间之和的最大值，即

$$b_j = \max[b_i + D_{i-j}] \tag{9-9}$$

从网络计划的始点节点顺着箭线方向按节点编号从小到大的顺序逐次算出标号值，并标注在节点上方。宜用双标号法进行标注，即用源节点（得出标号值的节点）作为第一标号，用标号值作为第二标号。

（3）将节点都标号后，从网络计划终点节点开始，从右向左按源节点寻求出关键线路。网络计划终点节点的标号值即为计算工期。

7. 双代号时标网络计划

1）双代号时标网络图的基本概念

双代号时标网络计划（以下简称时标网络计划）是以时间为坐标尺度绘制的网络计划。时标的时间单位应根据需要在编制网络计划之前确定，可为小时、天、周、旬、月或季等。时标网络计划的坐标体系可以采用计算坐标体系、工作日坐标体系和日历坐标体系，如图 9-14 所示。

在时标网络计划中，以实箭线表示工作，实箭线的水平投影长度表示该工作的持续时间；以虚箭线表示虚工作，由于虚工作的持续时间为零，故虚箭线只能垂直画；以波形线表示工作与其紧后工作之间的时间间隔。双代号时标网络图可以用最早开始时间绘制，也可以用最迟完成时间绘制，工程实践中宜按各项工作的最早开始时间编制。

2）双代号时标网络图的绘制方法

时标网络计划的绘制方法有间接绘制法和直接绘制法两种。

（1）间接绘制法。

所谓间接绘制法，是指先根据无时标的网络计划草图计算其时间参数并确定关键线路，然后在时标网络计划表中进行绘制。在绘制时，应先将所有节点按其最早时间定位在时标

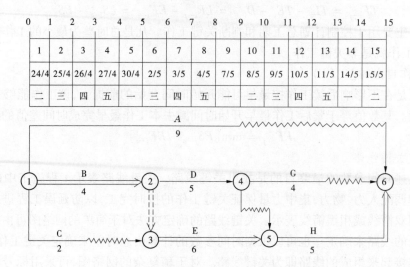

图 9-14　具有三种坐标体系的时标网络图

网络计划表中的相应位置,然后用规定线型(实箭线和虚箭线)按比例绘出工作和虚工作。当某些工作箭线的长度不足以到达该工作的完成节点时,须用波形线补足,箭头应画在与该工作完成节点的连接处。

　　(2)直接绘制法。

　　直接绘制法不需绘出时标网络计划而直接绘制时标网络计划。

　　绘制步骤如下:①将始点节点定位在时标表的起始刻度线上。②按工作持续时间在时标表上绘制以网络计划始点节点为开始节点的工作的箭线。③其他工作的开始节点必须在该工作的全部紧前工作都绘出后,定位在这些紧前工作最晚完成的时间刻度上。某些工作的箭线长度不足以达到该节点时,用波形线补足,箭头画在波形线与节点连接处。④用上述方法自左至右依次确定其他节点位置,直至网络计划终点节点定位绘完网络计划的终点节点是在无紧后工作的工作全部绘出后,定位在最晚完成的时间刻度上。

　　时标网络计划的关键线路可由终点节点逆箭线方向朝始点节点逐次进行判定,自终至始都不出现波形线的线路即为关键线路。

　　3)双代号时标网络图时间参数的确定

　　时标网络计划 6 个主要时间参数确定的步骤如下:

　　(1)从图上直接确定出最早开始时间、最早完成时间和时间间隔。

　　(2)其他时间参数的确定。①最迟开始时间:将每项工作箭线最大可能地向后推移之后(波纹线理解为其长度可压缩为零的理想弹簧),该工作箭线的开始时刻对应的时标值即为该工作的最迟开始时间。②最迟完成时间:将每项工作箭线最大可能地向后推移之后,该工作结束节点中心对应的时标值即为该工作的最迟完成时间。③自由时差:每根箭线后的波形线长度即为该工作自由时差。④总时差:工作后所有线路波纹线长度之和的最小值为该工作的总时差。

　　(3)关键线路的确定。

　　关键线路:凡自始至终不出现波形线的线路即为关键线路。

　　【实例 9-1】　已知网络计划如图 9-15 所示,试用标号法确定其关键线路。

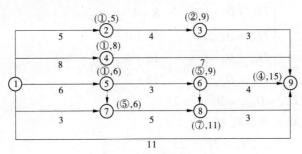

图 9-15　时标网络计划

解:对网络计划进行标号。各节点的标号值计算如下,并标注在图 9-16 中。

$b_1 = 0$

$b_2 = b_1 + D_{1-2} = 0 + 5 = 5$

$b_3 = b_2 + D_{2-3} = 5 + 4 = 9$

$b_4 = b_1 + D_{1-4} = 0 + 8 = 8$

$b_5 = b_1 + D_{1-5} = 0 + 6 = 6$

$b_6 = b_5 + D_{5-6} = 6 + 3 = 9$

$b_7 = \max[\,b_1 + D_{1-7}, (b_5 + D_{5-7})\,] = \max[\,(0+3),(6+0)\,] = 6$

$b_8 = \max[\,b_7 + D_{7-8}, (b_6 + D_{6-8})\,] = \max[\,(6+5),(9+0)\,] = 11$

$b_9 = \max[\,b_3 + D_{3-9}, (b_4 + D_{4-9}), (b_6 + D_{6-9}), (b_8 + D_{8-9}), (b_1 + D_{1-9})\,]$

　　　$\max[\,(9+3),(8+7),(9+4),(11+3),(0+11)\,] = 15$

根据源节点(节点的第一个标号)从右向左寻求出关键线路为①—④—⑨。画出用双线箭线标示出关键线路的标时网络计划,如图 9-16 所示。

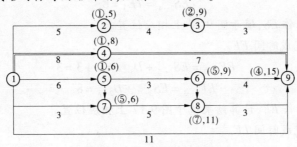

图 9-16　对节点进行标号

【**实例 9-2**】　根据图 9-17 所示网络图,用图上计算法计算其节点的时间参数 *TE* 和 *TF*,计算工作的时间参数 *ES*、*EF*、*LS*、*LF*、*TF*、*FF*,并用双箭线表示关键线路,计算总工期 *T*。

解:(1)计算节点最早时间参数 *TE*。

　　　$TE_1 = 0$

　　　$TE_2 = TE_1 + D_{1-2} = 0 + 3 = 3$

　　　$TE_3 = TE_2 + D_{2-3} = 3 + 5 = 8$

　　　$TE_4 = TE_3 + D_{3-4} = 16$

　　　$TE_5 = \max\begin{bmatrix} TE_3 + D_{3-5} \\ TE_4 + D_{4-5} \end{bmatrix} = \max\begin{bmatrix} 8+2 \\ 16+0 \end{bmatrix} = 16$

$$TE_6 = \max\begin{bmatrix} TE_3 + D_{3-6} \\ TE_4 + D_{4-6} \end{bmatrix} = \max\begin{bmatrix} 8+4 \\ 16+0 \end{bmatrix} = 16$$

$$TE_7 = \max\begin{bmatrix} TE_5 + D_{5-7} \\ TE_6 + D_{6-7} \end{bmatrix} = \max\begin{bmatrix} 16+4 \\ 16+2 \end{bmatrix} = 20$$

$$TE_8 = TE_7 + D_{7-8} = 20 + 5 = 25$$

（2）计算节点最迟时间参数 TL。

$$TL_8 = TE_8 = 25$$

$$TL_7 = TL_8 - D_{7-8} = 20$$

$$TL_6 = TL_7 - D_{6-7} = 18$$

$$TL_5 = TL_7 - D_{5-7} = 16$$

$$TL_4 = \min\begin{bmatrix} TL_5 - D_{4-5} \\ TL_6 - D_{4-6} \end{bmatrix} = \min\begin{bmatrix} 16-0 \\ 18-0 \end{bmatrix} = 16$$

$$TL_3 = \min\begin{bmatrix} TL_4 - D_{3-4} \\ TL_5 - D_{3-5} \\ TL_6 - D_{3-6} \end{bmatrix} = \min\begin{bmatrix} 16-8 \\ 16-2 \\ 18-4 \end{bmatrix} = 8$$

$$TL_2 = TL_3 - D_{2-3} = 3$$

$$TL_1 = TL_2 - D_{1-2} = 0$$

（3）工作最早可能开始时间 ES。

$$ES_{1-2} = TE_1 = 0$$

$$ES_{2-3} = TE_2 = 3$$

$$ES_{3-4} = TE_3 = 8$$

同理，可得各工作 ES，填于图 9-17 上相应位置。

（4）工作最早完成时间 EF。

$$EF_{1-2} = ES_{1-2} + D_{1-2} = 0 + 3 = 3$$

$$EF_{2-3} = ES_{2-3} + D_{2-3} = 8$$

同理，可得各工作 EF，计算结果填于图 9-17 上相应位置。

（5）工作最迟完成时间 LF。

$$LF_{1-2} = TL_2 = 3$$

$$LF_{2-3} = TL_3 = 8$$

同理，可得各工作 LF，将结果填于图 9-17 上相应位置。

（6）工作最迟开始时间 LS。

$$LS_{1-2} = LF_{1-2} - D_{1-2} = 3 - 3 = 0$$

$$LS_{3-6} = TL_6 - D_{3-6} = 18 - 4 = 14$$

同理，可得各工作 LS，将结果填于图 9-17 上相应位置。

（7）计算工作总时差 TF。

$$TF_{1-2} = LS_{1-2} - ES_{1-2} = 0$$

$$TF_{3-6} = LS_{3-6} - ES_{3-6} = 6$$

同理，可得各工作 TF，将结果标于图 9-17 上。

(8) 计算工作自由时差 FF。

$$FF_{1-2} = ES_{2-3} - EF_{1-2} = 3 - 3 = 0$$
$$FF_{3-6} = ES_{6-7} - EF_{3-6} = 16 - 12 = 4$$
$$FF_{3-5} = ES_{5-7} - EF_{3-5} = 16 - 10 = 6$$

同理,可得其他参数,将结果标于图 9-17 上。

(9) 确定关键线路和总工期 T。

凡总时差为最小的工作均为关键工作,用双箭线或粗黑箭线表示。由关键工作组成的线路即为关键线路。本题的关键线路为:

$$① \xrightarrow{\text{A}}_{3} ② \xrightarrow{\text{B}}_{5} ③ \xrightarrow{\text{C}}_{8} ④ --→ ⑤ \xrightarrow{\text{F}}_{4} ⑦ \xrightarrow{\text{H}}_{5} ⑧$$

关键线路上各工作的时间和即为总工期,如图 9-17 所示。

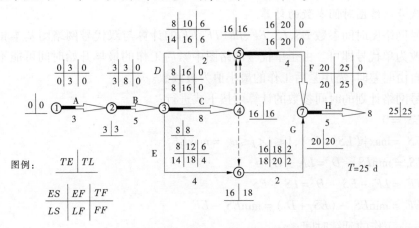

图 9-17 双代号网络图时间参数计算示例

(三) 单代号网络计划

1. 单代号网络计划的基本概念

单代号网络图是网络计划的另一种表示方法。单代号网络图的一个节点代表一项工作(节点代号、工作名称、作业时间都标注在节点圆圈或方框内,见图 9-18),而箭线仅表示各项工作之间的逻辑关系。因此,箭线既不占用时间,也不消耗资源,仅用来表示工作之间的顺序关系。用这种表示方法把一项计划中所有工作按先后顺序和其相互之间的逻辑关系,从左至右绘制而成的图形,称为单代号网络图(见图 9-19)。用这种网络图表示的计划叫作单代号网络计划。

2. 单代号网络图的绘制

单代号网络图和双代号网络图所表达的计划内容是一致的,两者的区别仅在于绘图的符号不同。单代号网络图箭线的含义是表示顺序关系,节点表示一项工作;而双代号网络图的箭线表示的是一项工作,节点表示联系。在双代号网络图中出现较多的虚工作,而单代号网络图没有虚工作。

绘制单代号网络图的方法和步骤如下:

(1) 根据已知的紧前工作确定出其紧后工作。

(2) 确定出各工作的节点位置号。可令无紧前工作的工作节点位置号为零,其他工作

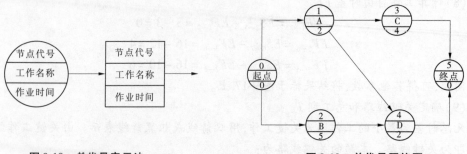

图 9-18　单代号表示法　　　　　　图 9-19　单代号网络图

的节点位置号等于其紧前工作的节点位置号的最大值加 1。

（3）根据节点位置号和逻辑关系绘出网络图。

3. 单代号网络图时间参数的计算

单代号网络图时间参数 ES、LS、EF、LF、TF、FF 的计算与双代号网络图基本相同,只需把双代号改为单代号即可。由于单代号网络图中紧后工作的最早开始时间可能不相等,因而在计算自由时差时,需用紧后工作的最小值为被减数。

单代号网络计划的时间参数的计算可按下式进行:

$$ES_1 = 0$$

$$ES_j = \max\{(ES_i + D_i), 1 \leq i < j \leq n\} = \max EF_i$$

$$LS_i = \min LS_i - D_i = LF_i - D_i$$

$$TF_i = LF_i - ES_i - D_i = LS_i - ES_i$$

$$EF_i = \min ES_i - (ES_i + D_i) = \min ES_j - EF_i$$

式中　D_i——工作的延续时间;

　　　ES_j——工作的最早开始时间;

　　　EF_i——工作的最早完成时间;

　　　LS_i——工作的最迟开始时间;

　　　LF_i——工作的最迟完成时间;

　　　TF_i——工作 i 的总时差;

　　　FF_i——工作 i 的自由时差。

网络计划结束节点所代表的工作的最迟完成时间应等于计划工期,即 $LF = T$;工作最迟完成时间等于该工作的紧后工作的最迟开始时间的最小值,即

$$LF_i = \min LS_j = \min\{LF_j - D_j\} \quad (i < j)$$

【实例 9-3】已知单代号网络图如图 9-20 所示,试计算其时间参数。

解:（1）计算工作最早可能开始时间。

图 9-20 所示的网络计划中有虚拟的起点节点和终点节点,其工作延续时间均为零。起点节点的 $ES_0 = 0$,其余工作最早可能开始时间计算如下(顺箭线方向):

$$ES_2 = ES_3 = ES_1 + D_1 = 0 + 0 = 0$$

$$ES_4 = ES_2 + D_2 = 0 + 2 = 2$$

$$ES_5 = \max\{ES_2 + D_2, ES_3 + D_3\} = 4$$

$$ES_6 = ES_3 + D_3 = 0 + 4 = 4$$

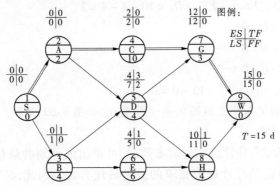

图9-20　图上计算单代号网络图时间参数

$$ES_7 = \max\{ES_4 + D_4, ES_5 + D_5\} = 12$$

$$ES_8 = \max\{ES_5 + D_5, ES_6 + D_6\} = 10$$

$$ES_9 = \max\{ES_7 + D_7, ES_8 + D_8\} = 15$$

计划总工期等于终点节点的最早开始时间与其延续时间之和,即 $T = ES_9 + D_9 = 15 + 0$
$= 15(\text{d})$。

(2)计算工作最迟必须开始时间。

终点节点(最后工作)的最迟必须开始时间,是用总工期减本工作的延续时间之差。即
$LS = T - D_9 = 15 - 0 = 15(\text{d})$,其余工作的最迟必须开始时间计算如下(逆箭线方向):

$$LS_8 = LS_9 - D_8 = 15 - 4 = 11$$

$$LS_7 = LS_9 - D_7 = 15 - 3 = 12$$

$$LS_6 = LS_8 - D_6 = 11 - 6 = 5$$

$$LS_5 = \min\{LS_8, LS_7\} - D_5 = 11 - 4 = 7$$

$$LS_4 = LS_7 - D_4 = 12 - 10 = 2$$

$$LS_3 = \min\{LS_6, LS_5\} - D_3 = 5 - 4 = 1$$

$$LS_2 = \min\{LS_4, LS_5\} - D_2 = 2 - 2 = 0$$

$$LS_1 = \min\{LS_2, LS_3\} - D_1 = 0 - 0 = 0$$

(3)计算工作总时差。

$$TF_1 = LS_1 - ES_1 = 0 - 0 = 0$$

$$TF_2 = 0, TF_3 = 1 - 0 = 1$$

$$TF_4 = 2 - 2 = 0, TF_5 = 7 - 4 = 3$$

$$TF_6 = 5 - 4 = 1, TF_7 = 12 - 12 = 0$$

$$TF_8 = 11 - 10 = 1, TF_9 = 15 - 15 = 0$$

对总时差最小的工作用双箭线或粗黑箭线连接起来,即为关键线路。本例关键线路为
①—②—④—⑦—⑨。

(4)计算工作自由时差。

$$EF_1 = \min\{ES_2, ES_3\} - ES_1 - D_1 = 0$$

$$EF_2 = \min\{ES_4, ES_5\} - ES_2 - D_2 = 0$$

$$EF_3 = 4 - 4 - 0 = 0$$

$$EF_4 = 12 - 2 - 10 = 0$$

$$EF_5 = \min\{ES_8, ES_7\} - ES_5 - D_5 = 10 - 4 - 4 = 2$$
$$EF_6 = 10 - 4 - 6 = 0$$
$$EF_7 = 10 - 4 - 6 = 0$$
$$EF_8 = 10 - 4 - 6 = 0$$
$$EF_9 = T - ES_9 - D_9 = 15 - 15 - 0 = 0$$

以上计算结果分别记入节点边图例所示位置处,如图 9-20 所示。

(四)网络计划的优化

在绘制好网络计划图,并计算完时间参数后,可得出该计划的最初方案,此方案是一种可行的方案,但并不一定是符合规定要求的或是最优方案。因此,必须进行网络计划的优化。

所谓网络计划的优化,是指在满足既定约束的条件下,按某一目标,通过不断改进网络计划来寻求满意方案。网络计划的优化目标应按计划任务的需要和条件选定,包括工期目标、费用目标和资源目标。根据优化目标的不同,网络计划的优化可分为工期优化、费用优化和资源优化三种。

1. 工期优化

工期优化的目的是使网络计划满足要求工期,保证按期完成工程任务。

网络计划工期优化的基本方法是在不改变网络计划中各项工作之间逻辑关系的前提下,通过压缩关键工作的持续时间来达到优化目标。在工期优化过程中,按照经济合理的原则,不能将关键工作压缩成非关键工作。此外,当工期优化过程中出现多条关键线路时,必须将各条关键线路的总持续时间压缩相同数值;否则,不能有效地缩短工期。

网络计划的工期优化可按下列步骤进行:

(1)确定初始网络计划的计算工期和关键线路。

(2)按要求工期计算应缩短的时间。

(3)选择应缩短持续时间的关键工作。选择压缩对象时宜在关键工作中考虑下列因素:①缩短持续时间对质量和安全影响不大的工作;②有充足备用资源的工作;③缩短持续时间所需增加的费用最少的工作。

(4)将所选定的关键工作的持续时间压缩至最短,并重新确定计算工期和关键线路。若被压缩的工作变成非关键工作,则应延长其持续时间,使之仍为关键工作。

注意:一般情况下,双代号网络计划图中箭线下方括号外数字为工作的正常持续时间,括号内数字为最短持续时间;箭线上方括号内数字为优选系数,该系数综合考虑质量、安全和费用增加等情况而确定。选择关键工作压缩其持续时间时,应选择优选系数最小的关键工作。若需要同时压缩多个关键工作的持续时间,则它们的优选系数之和(组合优选系数)最小者应优先作为压缩对象。

(5)当计算工期仍超过要求工期时,则重复上述步骤(2)~(4),直至计算工期满足要求工期或计算工期已不能再缩短。

(6)当所有关键工作的持续时间都已达到其能缩短的极限而寻求不到继续缩短工期的方案,但网络计划的计算工期仍不能满足要求工期时,应对网络计划的原技术方案、组织方案进行调整,或对要求工期重新审定。

在网络计划中,关键线路控制着任务的总工期,因此缩短工期的着眼点应是关键线路。

但是采用硬性压缩关键工作的持续时间的方法并不是好方法。在网络计划的时间优化中，缩短工期主要是通过调整工作组织措施来实现。具体可以采用以下几种方法：

(1)将串联工作调整为平行工作。

(2)将串联工作调整为交叉工作。

(3)相应地推迟非关键工作的开始时间。

(4)相应地延长非关键线路中工作的工作时间。

(5)从计划外增加资源。

【实例9-4】 某工程网络计划如图9-21所示,假定上级指令工期为100 d,试优化。途中括号内数据为工作最短持续时间。

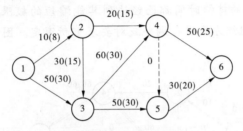

正常持续时间(最短持续时间)

图9-21　某工程网络计划

解:(1)计算并找出网络计划的关键线路及关键工作。用工作正常持续时间计算节点的最早时间和最迟时间,如图9-22所示。其中关键线路用双实线表示,为1—3—4—6。计算工期为160 d。

(2)计算需要缩短的工期。根据指令性工期要求需要缩短60 d。

(3)确定各关键工作能缩短的持续时间。根据图9-22中数据,关键工作1—3可以缩短20 d,3—4可以缩短30 d,4—6可以缩短25 d,共计可以缩短75 d。

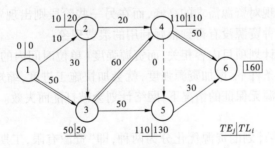

图9-22　某工程网络计划

(4)选择关键工作(应选择缩短持续时间对质量和安全影响不大;有充足备用资源和缩短持续时间所需增加费用最少的工作)。调整其持续时间,并重新计算网络计划的计算工期。

在本例中考虑缩短工作4—6增加劳动力较多,故仅缩短10 d,重新计算网络计划工期如图9-23所示。其中关键线路为1—2—3—5—6,关键工作为1—2、2—3、3—5、5—6。

(5)若计算工期仍超过要求工期,则重复以上步骤,直到满足工期要求或已不能再压缩为止。图9-23所示计划工期与上级下达的指令性工期相比尚需压缩20 d。综合考虑后,选

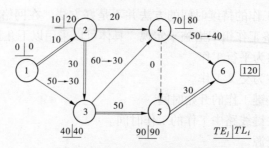

图 9-23　第一次调整后网络计划

择工作 2—3、3—5 各压缩 10 d。重新计算网络计划,如图 9-24 所示。

(6)当所有关键工作的持续时间都已经达到其能缩短的极限而工期仍不能满足要求时,应对计划的原技术、组织方案进行调整或对要求重新审定。图 9-24 便是满足规定工期要求的网络计划。

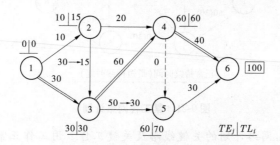

图 9-24　第二次调整后的网络计划

2. 资源优化

资源是为了完成某项作业所需的人力、材料、机械设备和资金等的统称。一项计划要按期完成,往往会受到资源的限制,在实际任务计划中,还需要考虑实现这项计划的客观物质条件。一项好的工程计划安排,一定要合理使用现有的资源。如果工作进度安排不得当,就会使计划的某些阶段出现对资源需求的高峰,而在另一些阶段则出现资源需求低谷。这种高峰与低谷的存在是一种资源没有得到很好利用的浪费现象。

资源所需的总量与计划项目内容相关,而资源强度(单位时间内的资源需用量)却与工期的安排有关。在一定条件下,增加资源强度,就会加快施工进度,缩短工期;反之,延缓进度,拉长工期,尤其是资源无保证的情况下,网络计划会被打乱而失效。因此,要保证资源的强度和及时供应。

在通常情况下,网络计划的资源优化分为两种,即"资源有限,工期最短"的优化和"工期固定,资源均衡"的优化。前者是通过调整计划安排,在满足资源限制条件下,使工期延长最少的过程;而后者是通过调整计划安排,在工期保持不变的条件下,使资源需用量尽可能均衡的过程。

资源优化前提条件是:

(1)在优化过程中,不改变网络计划中各项工作之间的逻辑关系。

(2)在优化过程中,不改变网络计划中各项工作的持续时间。

(3)网络计划中各项工作的资源强度(单位时间所需资源数量)为常数,而且是合理的。

(4)除规定可中断的工作外,一般不允许中断工作,应保持其连续性。

　　资源优化调整的途径一般是利用时差,延迟某些作业的开始时间;在一些条件允许的情况下,令某些作业在资源紧张的时段停止工作,以减少资源消耗量;改变某些作业的持续时间,降低资源消耗强度。

　　3. 费用优化

　　在建设工程施工过程中,完成一项工作通常可以采用多种施工方法和组织方法,而不同的施工方法和组织方法,又会有不同的持续时间和费用。由于一项建设工程往往包含许多工作,所以在安排建设工程进度计划时,就会出现许多方案。进度方案不同,所对应的总工期和总费用也就不同。为了能从多种方案中找出总成本最低的方案,必须首先分析费用和时间之间的关系。

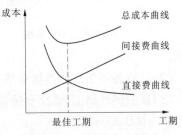

图 9-25　工期与成本关系

　　工程总费用由直接费和间接费组成。直接费由人工费、材料费、机械使用费、其他直接费及现场经费等组成。施工方案不同,直接费也就不同;如果施工方案一定,工期不同,直接费也不同。直接费会随着工期的缩短而增加。间接费包括企业经营管理的全部费用,它一般会随着工期的缩短而减少。在考虑工程总费用时,还应考虑工期变化带来的其他损益,包括效益增量和资金的时间价值等。工程成本(费用)与工期的关系如图 9-25 所示。

　　对于一个施工项目而言,工期的长短与该项目的工程量、施工方案条件有关,并取决于关键线路上各项作业持续时间之和,关键线路又是由许多持续时间和费用各不相同的作业所组成的。一般来说,一项作业的直接费用是随着持续时间的变化而改变的。如果要求缩短工期,即加快关键作业的施工速度(增加人力、材料和机械设备等),显然费用(直接费用)会不断增加。当缩短工期到某一级限时,无论费用增加多少,工期都不能再缩短,那么这个极限对应的时间就称为强化工期,强化工期对应的进度称为强化进度,强化工期对应的费用称为极限费用,而此时的费用较高;反之,若延长工期,则直接费用减少,但将时间延长至某一极限时,无论怎样增加工期,直接费也不会减少,此时的极限对应的时间叫作正常工期,正常工期对应的进度称为正常进度,正常工期对应的费用称为正常费用,此时的费用较低。如果将正常工期对应的费用和强化工期对应的费用连成一条曲线,那么此曲线就称为费用曲线或 ATC 曲线,如图 9-26 所示。事实上,该曲线是图中的实线,但考虑到计算方便,故近似取成直线。若将进度安排和对应的工程费用绘成曲线,则该曲线就称为 PTC 曲线,如图 9-27 所示。

　　工作的持续时间每缩短单位时间而增加的直接费称为直接费用率。工作的直接费用率越大,说明将该工作的持续时间缩短一个时间单位,所需增加的直接费就越多;反之,将该工作的持续时间缩短一个时间单位,所需增加的直接费就越少。因此,在压缩关键工作的持续时间以达到缩短工期的目的时,应将直接费用率最小的关键工作作为压缩对象。当有多条关键线路出现而需要同时压缩多个关键工作的持续时间时,应将它们的直接费用率之和(组合直接费用率)最小者作为压缩对象。

　　费用优化的步骤和方法如下:

　　(1)计算正常作业条件下工程网络计划的工期、关键线路和总直接费、总间接费及总

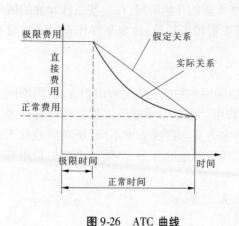

图 9-26　ATC 曲线

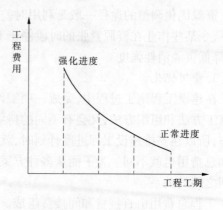

图 9-27　PTC 曲线

费用。

（2）计算各项工作的直接费率。

（3）在关键线路上，选择直接费率（或组合直接费率）最小并且不超过工程间接费率的工作作为被压缩对象。

（4）将被压缩对象压缩至最短，当被压缩对象为一组工作时，将该组工作压缩同一数值，并找出关键线路。如果被压缩对象变成了非关键工作，则需适当延长其持续时间，使其刚好恢复为关键工作为止。

二、施工进度控制

（一）施工进度控制内容

进度控制是指管理人员为了保证实际工作进度与计划一致，有效地实现目标而采取的一切行动。施工项目管理系统及其外部环境是复杂多变的，管理系统在运行中会出现大量的管理主体不可控制的随机因素，即系统的实际运行轨迹是由预期量和干扰量共同作用而决定的。在项目实施过程中，得到的中间结果可能与预期进度目标不符甚至相差甚远，因此必须及时调整人力、时间及其他资源，改变施工方法，以期达到预期的进度目标，必要时应修正进度计划。这个过程称为施工进度动态控制。

根据进度控制方式的不同，可以将进度控制过程分为预先进度控制、同步进度控制和反馈进度控制。

1. 预先进度控制的内容

预先进度控制是指项目正式施工前所进行的进度控制，其具体内容如下。

1）编制施工阶段进度控制工作细则

施工阶段进度控制工作细则，是进度管理人员在施工阶段对项目实施进度控制的一个指导性文件。应包括以下内容：

（1）施工阶段进度目标系统分解图。

（2）施工阶段进度控制的主要任务和管理组织部门机构划分与人员职责分工。

（3）施工阶段与进度控制有关的各项相关工作的时间安排，项目总的工作流程。

（4）施工阶段进度控制所采用的具体措施（包括进度检查日期、信息采集方式、进度报表形式、信息分配计划、统计分析方法等）。

（5）进度目标实现的风险分析。

（6）尚待解决的有关问题。

施工阶段进度控制工作细则，使项目在开工之前的一切准备工作（包括人员挑选与配置、材料物资准备、技术资金准备等）皆处于预先控制状态。

2）编制或审核施工总进度计划

施工阶段进度管理人员的主要任务就是保证施工总进度计划的开、竣工日期与项目合同工期的时间要求一致。

3）进行进度计划系统的综合

施工进度计划进行审核以后，往往要把若干个有相互关系的处于同一层次或不同层次的施工进度综合成一个多阶施工总进度计划，以利于进行总体控制。

2. 同步进度控制的内容

同步进度控制是指项目施工过程中进行的进度控制，这是施工进度计划能否付诸实现的关键过程。进度控制人员一旦发现实际进度与目标偏离，必须及时采取措施以纠正这种偏差。按照进度要求及时组织人员、设备、材料进场，并及时上报分析进度资料，确保进度的正常进行。

对收集的进度数据进行整理和统计，并将计划进度与实际进度进行比较，从中发现是否出现进度偏差。分析进度偏差将会带来的影响并进行工程进度预测，从而提出可行的修改措施。组织定期和不定期的现场会议，及时分析、通报工程施工进度状况，并协调各单位工程之间的生产活动。

3. 反馈进度控制的内容

反馈进度控制是指完成整个施工任务后进行的进度控制工作，具体内容如下：

（1）及时组织验收工作。

（2）处理施工索赔。

（3）整理工程进度资料。

（4）根据实际施工进度，及时修改和调整阶段进度计划，以保证下一阶段工作的顺利开展。

（二）进度控制的措施

进度控制的措施主要有组织措施、管理措施、经济措施和技术措施。

1. 组织措施

组织是目标能否实现的决定性因素，为实现项目的进度目标，应充分重视健全项目管理的组织体系。工程项目进度控制的组织措施主要有以下几项：

（1）进行项目分解，如按项目结构分、按项目进展阶段分、按合同结构分，并建立编码体系。

（2）落实进度控制部门人员、具体控制任务和管理职责分工。在项目组织结构中，应有专门的工作部门和符合进度控制岗位资格的专人负责进度控制工作。

（3）确定进度协调工作制度，包括协调会议举行的时间、协调会议的参加人员等。

（4）对影响进度目标实现的干扰和风险因素进行分析。风险分析要有依据，主要是根据多年统计资料的积累，对各种因素影响进度的概率及进度拖延的损失值进行计算和预测，并应考虑有关项目审批部门对进度的影响等。

2. 管理措施

管理措施涉及管理的思想、管理的方法、合同管理和风险管理等。

(1)树立正确的管理观念,包括进度计划系统观念、动态管理的观念、进度计划多方案比较和选优的观念。

(2)运用科学的管理方法,将工程网络计划的方法应用于进度管理,实现进度管理的科学化。用工程网络计划的方法编制进度计划必须很严谨地分析和考虑工作之间的逻辑关系,通过工程网络的计算,发现关键工作和关键线路,也可明确非关键工作可使用的时差。

(3)注意进行工程进度的风险分析,在分析的基础上采取风险管理措施,以减少进度失控的风险量。

(4)重视信息技术在进度控制中的应用。

3. 经济措施

经济措施涉及资金需求计划、资金供应的条件和经济激励措施等。为确保进度目标的实现,应编制与进度计划相适应的资源需求计划,以反映工程实施的各时段所需要的资源。通过资源需求分析,发现所编制的进度计划实现的可能性,若资源条件不具备,则应调整进度计划。

资金供应条件包括可能的资金总供应量、资金来源以及资金供应的时间。在工程预算中,应考虑加快工程进度所需要的资金回款,其中包括为实现进度目标将要采取的经济激励措施所需要的费用。

资金供应条件包括可能的资金总供应量、资金来源以及资金供应的时间。在工程预算中,应考虑赶工所需要增加的资金,其中包括为实现进度目标将要采取的经济激励措施所需要的费用。

4. 技术措施

抓好施工现场的平面管理,合理布置施工现场的拌和系统、钢筋加工、模板、材料堆场,确保水、电、动力良好的供应,并确保道路畅通,场地平整。创造高效有序的施工条件;抓住关键部位、控制进度的里程碑节点按时完成;抓住关键部位和进度计划上的关键工序按时完成,总工期才有保障。水利水电工程施工受自然因素影响比较大,若延误了有利时机,例如,土方施工冬季遇到雨雪影响,不是多投入就能抢上去的;采用网络计划技术及其他科学适用的计划方法,并结合计算机软件的应用,对建设工程进度实施动态控制;优化施工方法与施工方案,利用价值工程理论,确定主体工程各分部的施工方法。组织技术人员研讨施工方案,优选施工机械设备,适时投入。切实可行的施工方案是多、快、好、省地完成各分部工程的先决条件;抓好现场管理和文明施工,为工程施工创造良好的环境。

(三)施工进度计划的控制方法

施工项目进度控制是工程项目进度控制的主要环节,常用的控制方法有横道图控制法、S曲线控制法、香蕉曲线法、前锋线法和列表法。

1. 横道图控制法

横道图控制法是在项目过程实施中,收集检查实际进度的信息,经整理后直接用横道线表示,并直接与原计划的横道线进行比较。

2. S形曲线控制法

S形曲线是一个以横坐标表示时间、纵坐标表示工作量完成情况的曲线图。该工作量的具体内容可以是实物工程量、工时消耗或费用,也可以是相对的百分比。对于大多数工程项目来说,在整个项目实施期内,单位时间(以天、周、月、季等为单位)的资源消耗(人、财、物的消耗)通常是中间多而两头少。由于这一特性,资源消耗累加后便形成一条中间陡而两头平缓的形如"S"的曲线。

像横道图一样,S形曲线也能直观地反映工程项目的实际进展情况。项目进度控制工程师事先绘制进度计划的S形曲线。在项目施工过程中,每隔一定时间按项目实际进度情况绘制完工进度的S形曲线,并与原计划的S形曲线进行比较,如图9-28所示。

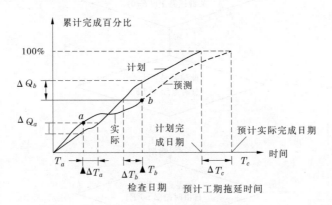

图9-28 S形曲线比较图

3."香蕉"曲线比较法

"香蕉"曲线是由两条以同一开始时间、同一结束时间的S形曲线组合而成。其中,一条S形曲线是工作按最早开始时间安排进度所绘制的S形曲线,简称ES曲线;而另一条S形曲线是工作按最迟开始时间安排进度所绘制的S形曲线,简称LS曲线。除项目的开始和结束点外,ES曲线在LS曲线的上方,同一时刻两条曲线所对应完成的工作量是不同的。在项目实施过程中,理想的状况是任一时刻的实际进度在这两条曲线所包区域内的曲线R,如图9-29所示。

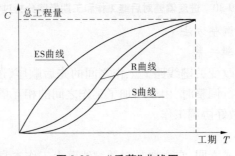

图9-29 "香蕉"曲线图

(四)施工进度计划调整

1.分析偏差对后继工作及工期影响

当进度计划出现偏差时,需要分析偏差对后继工作产生的影响。分析的方法主要是利用网络计划中工作的总时差和自由时差来判断。工作的总时差(TF)不影响项目工期,但影响后继工作的最早开始时间,是工作拥有的最大机动时间;而工作的自由时差是指在不影响后继工作的最早开始时间的条件下,工作拥有的最大机动时间。利用时差分析进度计划出现的偏差,可以了解进度偏差对进度计划的局部影响(后继工作)和对进度计划的总体影响(工期)。进度偏差对后继工作和工期影响分析过程如图9-30所示。

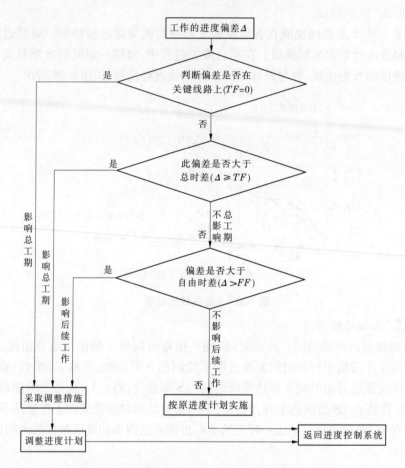

图9-30　进度偏差对后继工作和工期影响分析过程

2.进度计划实施中的调整方法

1)改变工作之间的逻辑关系

这种方式主要是通过改变关键线路上工作之间的先后顺序、逻辑关系来实现缩短工期的目的。采取这种方式进行调整时,由于增加了工作之间的相互搭接时间,进度控制工作显得更加重要,实施中必须做好协调工作。

2)改变工作延续时间

这种方式与第一种方式不同,它主要是对关键线路上工作本身的调整,工作之间的逻辑关系并不发生变化。这种调整方式通常在网络计划图上直接进行,其调整方法与限制条件以及对后继工作的影响程度有关,一般可考虑以下几种情况。

(1)在网络图中,某项工作进度拖延,但拖延的时间在该工作的总时差范围内,自由时差以外。若用 Δ 表示此项工作拖延的时间,即

$$FF < \Delta < TF$$

根据前面的分析,这种情况不会对工期产生影响,只对后继工作产生影响。因此,在进

行调整前,要确定后继工作允许拖延的时间限制,并作为进度调整的限制条件。

(2)在网络图中,某项工作进度的拖延时间大于项目工作的总时差,即

$$\Delta > TF$$

这时该项工作可能在关键线路上($TF = 0$);也可能在非关键线路上,但拖延的时间超过了总时差($\Delta > TF$)。调整的方法是,以工期的限制时间作为规定工期,对未实施的网络计划进行工期 – 费用优化。通过压缩网络图中某些工作的持续时间,使总工期满足规定工期的要求。

(3)在网络计划中工作进度超前。在计划阶段所确定的工期目标,往往是综合考虑各方面因素优选的合理工期。

第二节　施工项目成本管理

一、工程计量计价

(一)工程计量

计量是指对已完成工程量及进场材料等所进行的核查和测量,并对工程记录和图纸等做检查。

水利水电工程施工承包合同大多采用单价合同,其支付款额的基本模式就是工程量乘以单价。每个项目的单价在工程量清单中已经确定,但工程数量的确定涉及计量单位、计量对象、计量方法、计量的组织与程序等问题。

1. 计量对象

计量对象指应予支付的工程项目的工程量,根据该量乘以单价来确定支付金额。予以支付的工程量,必须满足下述三个条件:

(1)内容上它必须是工程量清单中所列的项目,对于工程量清单以外的,如承包人自己规划设计的施工便桥、脚手架等将不予计量。另外就是已由监理人发出变更指令的工程变更项目和获得监理人专门予以批准的项目的工程量。

(2)质量上必须是已完成且经检验、质量达到合同规定的技术标准的工程量。

(3)数量上必须是按合同规定的计量原则和方法所确定的工程量,称为支付工程量。在 FIDIC 条款中,称为工程量的净值。

2. 计量的申报

支付工程量并不是工程量清单中所标明的估算工程量。估算工程量是招标时根据图纸估算的,它只是提供给投标人做标价所用,不能表示完成工程的实际的、确切的工程量。

支付工程量也不是承包商实际所完成的工程量(实际工程量)。一般情况下,这二者应该是相等的,即应按承包商实际完成的工程量予以支持。然而,在某种情况下,由于计量方法或承包商工作的失误,二者有可能不相等。例如隧洞开挖,由于承包商布眼不当而过多地爆落了石方,相应地也增加了混凝土回填量,这种实际上完成的工程量是不应予以支付的,因为这是承包商工作不当造成的,理应由承包商承担。再例如碾压式土坝,为了能压实到规定的密度,施工中必须在边坡线外加填部分土方,称为超填,以后再进行削坡处理。如果合同规定土坝工程量按设计图纸计量,则这部分实际完成的工程量也不可能计入支付工程量。然而,这种情况又是施工所必需的,如果由承包商来承担损失,显然也是不合理的。通常对

该情况采用两种方法进行处理：一是在工程量清单中增加这部分合理超填，另立项目或在原工程量中加上一个百分比；二是将这部分工程量(指超填部分)费用分摊到可以计量的支付工程量的单价中去。

3.计量方法

除包干项目外，所有工程项目的计量都要执行一定的测量和计算方法，这直接关系到计量的准确性。各个项目的计量方法，在合同的技术条款的计量与支付中一般均做出规定，实际计算方法必须与合同文件中所规定的计算方法相一致。一般情况下，有以下几种方法：

(1)现场测量。就是根据实际完成的工程情况，按规定的方法进行丈量、测算，最终确定支付工程量。

(2)按设计图纸测算。是指根据施工图对完成的工程进行计算，以确定支付的工程量。

(3)仪表测量。是指通过使用仪表对所完成的工程进行计量。

(4)按单据计算。是指根据工程实际发生的发票、收据等，对所完成工程进行的计量。

(5)按监理人批准计量。是指在工程实施中，监理人批准确认的工程量直接作为支付工程量，承包商据此支付申请工作。

(二)工程计价

1.建筑安装工程单价的构成

建筑安装工程单价由完成单位工程量所消耗的直接费、间接费、利润、材料补差和税金组成。

1)直接费

直接费指建筑安装施工过程中直接消耗在工程项目上的活劳动和物化劳动。它由基本直接费、其他直接费组成。

(1)基本直接费。

基本直接费指在一般生产条件下，按照概预算定额计算直接消耗在工程项目上的人工、材料、施工机械设备使用费用。

(2)其他直接费。

其他直接费指施工过程中直接用于建筑安装工程上，但又没有包括在概预算定额内的各项费用。包括冬、雨季施工增加费，夜间施工增加费，特殊地区施工增加费，临时设施费，安全生产措施费及其他。

①冬、雨季施工增加费。指在冬、雨季施工期间为保证工程质量和安全生产所需增加的费用。包括增加施工工序，增设防雨、保温、排水等设施增耗的动力、燃料、材料以及因人工、机械效率降低而增加的费用。

计算方法：根据不同地区，按基本直接费的百分率计算。

②夜间施工增加费。指施工场地和公用道路的照明费用。

按基本直接费的百分率计算。

③特殊地区施工增加费。指在高海拔和原始森林等特殊地区施工而增加的费用。其中高海拔地区的高程增加费，按规定直接进入定额；其他特殊增加费(如酷热、风沙)，应按工程所在地区规定的标准计算；地方没有规定的，不得计算此项费用。

④临时设施费。临时设施费指施工企业为进行建筑安装工程施工所必需的但又未被划入施工临时工程的临时建筑物、构筑物和各种临时设施的建设、维修、拆除、摊销等。如供

风、供水(支线)、供电(场内)、照明、供热系统及通信支线,土石料场,简易砂石料加工系统,小型混凝土拌和系统,木工、钢筋、机修等辅助加工厂,混凝土预制构件厂,场内施工排水,场地平整、道路养护及其他小型临时设施。

按基本直接费的百分率计算。

⑤安全生产措施费。是指为保证施工现场安全作业环境及安全施工、文明施工所需要,在工程设计中已考虑的安全支护措施之外发生的安全生产、文明施工相关费用。

按基本直接费的百分率计算。

⑥其他。包括施工工具用具使用费、检验试验费、工程定位复测及施工控制网测设、工程点交竣工场地清理、工程项目及设备仪表移交生产前的维护费、工程验收检测费等。

施工工具用具使用费指施工生产所需,但不属于固定资产的生产工具,检验、试验用具等的购置、摊销和维护费。

检验试验费指对建筑材料、构件和建筑安装物进行一般鉴定、检查所发生的费用,包括自设实验室所耗用的材料和化学药品费用,以及技术革新和研究试验费,不包括新结构、新材料的试验费和建设单位要求对具有出厂合格证明的材料进行试验、对构件进行破坏性试验,以及其他特殊要求检验试验的费用。

工程项目及设备仪表移交生产前的维护费指竣工验收前对已完工程及设备进行保护所需费用。

工程验收检测费指工程各级验收阶段为检测工程质量发生的检测费用。

按基本直接费的百分率计算。

2)间接费

间接费指施工企业为建筑安装工程施工而进行组织与经营管理所发生的各项费用。间接费构成产品成本,由规费和企业管理费组成。

(1)规费。

规费指政府和有关部门规定必须缴纳的费用,包括社会保险和住房公积金。

社会保险费:包括养老保险费、失业保险费、医疗保险费、工伤保险费、生育保险费。①养老保险费指企业按照规定标准为职工缴纳的基本养老保险费。②失业保险费指企业按照规定标准为职工缴纳的失业保险费。③医疗保险费指企业按照规定标准为职工缴纳的基本医疗保险费。④工伤保险费指企业按照规定标准为职工缴纳的工伤保险费。⑤生育保险费指企业按照规定标准为职工缴纳的生育保险费。住房公积金:指企业按照规定标准为职工缴纳的住房公积金。

(2)企业管理费。

企业管理费指施工企业为组织施工生产和经营管理活动所发生的费用。企业管理费共13项,内容如下。

管理人员工资:指管理人员的基本工资、辅助工资。

差旅交通费:指施工企业管理人员因公出差、工作调动的差旅费,误餐补助费,职工探亲路费,劳动力招募费,职工离退休、退职一次性路费,工伤人员就医路费,工地转移费,交通工具运行费及牌照费等。

办公费:指企业办公用文具、印刷、邮电、书报、会议、水电、燃煤(气)等费用。

固定资产使用费:指企业属于固定资产的房屋、设备、仪器等的折旧、大修理、维修费或租赁费等。

　　工具用具使用费:指企业管理使用不属于固定资产的工具、用具、家具、交通工具和检验、试验、测绘、消防用具等的购置、维修和摊销费。

　　职工福利费:指企业按照国家规定支出的职工福利费,以及由企业支付离退休职工的易地安家补助费、职工退职金、6个月以上的病假人员工资、按规定支付给离休干部的各项经费。职工发生工伤时企业依法在工伤保险基金之外支付的费用,其他在社会保险基金之外依法由企业支付给职工的费用。

　　劳动保护费:指企业按照国家有关部门规定标准发放的一般劳动防护用品的购置及修理费、保健费、防暑降温费、高空作业及进洞津贴、技术安全措施费以及洗澡用水、饮用水的燃料费等。

　　工会经费:指企业按职工工资总额计提的工会经费。

　　职工教育经费:指企业为职工学习先进技术和提高文化水平按职工工资总额计提的费用。

　　保险费:指企业财产保险、管理用车辆等保险费用,高空、井下、洞内、水下、水上作业等特殊工种安全保险费、危险作业意外伤害保险费等。

　　财务费:指施工企业为筹集资金而发生的各项费用,包括企业经营期间发生的短期融资利息净支出、汇兑净损失、金融机构手续费,企业筹集资金发生的其他财务费用,以及投标和承包工程发生的保函手续费等。

　　税金:指企业按规定缴纳的房产税、管理用车辆使用税、印花税等。

　　其他:包括技术转让费、企业定额测定费、施工企业进退场费、施工企业承担的施工临时工程设计费、投标报价费、工程图纸资料费及工程摄影费、技术开发费、业务招待费、绿化费、公证费、法律顾问费、审计费、咨询费等。

　　《水利工程营业税改征增值税计价依据调整办法》(办水总〔2016〕132号)规定间接费增加城市维护建设税、教育费附加和地方教育附加,并计入企业管理费。

　　建筑工程间接费是按直接费的百分比计算的,安装工程间接费是按直接费中的人工费的百分比计算的。根据工程性质不同,间接费费率标准划分为枢纽工程、引水工程、河道工程三部分,如表9-2所示。

表9-2　间接费费率

序号	工程类别	计算基础	间接费费率(%)		
			枢纽工程	引水工程	河道工程
一	建筑工程				
1	土方工程	直接费	8.5	5~6	4~5
2	石方工程	直接费	12.5	10.5~11.5	8.5~9.5
3	砂石备料工程(自采)	直接费	5	5	5
4	模板工程	直接费	9.5	7~8.5	6~7
5	混凝土浇筑工程	直接费	9.5	8.5~9.5	7~8.5
6	钢筋制安工程	直接费	5.5	5	5
7	钻孔灌浆工程	直接费	10.5	9.5~10.5	9.25

续表9-2

序号	工程类别	计算基础	间接费费率(%)		
			枢纽工程	引水工程	河道工程
8	锚固工程	直接费	10.5	9.5~10.5	9.25
9	疏浚工程	直接费	7.25	7.25	6.25~7.25
10	掘进机施工隧洞工程(1)	直接费	4	4	4
11	掘进机施工隧洞工程(2)	直接费	6.25	6.25	6.25
12	其他工程	直接费	10.5	8.5~9.5	7.25
二	机电、金属结构设备安装工程	人工费	75	70	70

注:引水工程,一般取下限标准,隧洞、渡槽等大型建筑物较多的引水工程、施工条件复杂的引水工程取上限标准。

河道工程,灌溉田间工程取下限,其他工程取上限。

工程类别划分说明:

(1)土方工程:包括土方开挖与填筑等。

(2)石方工程:包括石方开挖与填筑、砌石、抛石工程等。

(3)砂石备料工程:包括天然砂砾料和人工砂石料的开采加工。

(4)模板工程:包括现浇各种混凝土时制作及安装的各类模板工程。

(5)混凝土浇筑工程:包括现浇和预制各种混凝土、伸缩缝、止水、防水层、温控措施等。

(6)钢筋制安工程:包括钢筋制作与安装工程等。

(7)钻孔灌浆工程:包括各种类型的钻孔灌浆、防渗墙、灌注桩工程等。

(8)锚固工程:包括喷混凝土(浆)、锚杆、预应力锚索(筋)工程等。

(9)疏浚工程,指用挖泥船、水力冲挖机组等机械疏浚江河、湖泊的工程。

(10)掘进机施工隧洞工程(1):包括掘进机施工土石方类工程、钻孔灌浆及锚固类工程等。

(11)掘进机施工隧洞工程(2):指掘进机设备单独列项采购并且在台时费中不计折旧费的土石方类工程、钻孔灌浆及锚固类工程等。

(12)其他工程:指除表中所列十一类工程外的其他工程。

3)利润

利润指按规定应计入建筑安装工程费用中的利润。利润率不分建筑工程和安装工程,均按直接费与间接费之和的7%计算。

4)材料补差

材料补差指根据主要材料消耗量、主要材料预算价格与材料基价之间的差值,计算的主要材料补差金额。材料基价是指计入基本直接费的主要材料的限制价格。

按现行文件规定,对主要材料预算价格高于基价的部分应计算材料补差,计算方法如下:

$$材料补差 = 定额材料用量 \times (材料预算价格 - 材料基价)$$

5)税金

税金指应计入建筑安装工程费用内的增值税销项税额。

2.建筑工程单价的计算

1)直接费

(1)基本直接费。

$$人工费 = 定额人工工时数 \times 人工预算单价$$

$$材料费 = 定额材料用量 \times 材料预算价格(超过基价的按基价计)$$

$$机械使用费 = 定额机械台时用量 \times 施工机械基价台时费$$

(2)其他直接费。

$$其他直接费 = 基本直接费 \times 其他直接费费率之和$$

2)间接费

$$间接费 = 直接费 \times 间接费费率$$

3)利润

$$利润 = (直接费 + 间接费) \times 利润率$$

4)材料补差

$$材料补差 = \sum 定额材料用量 \times (材料预算价格 - 材料基价)$$

5)税金

$$税金 = (直接费 + 间接费 + 利润 + 材料补差) \times 税率$$

6)建筑工程单价

$$建筑工程单价 = 直接费 + 间接费 + 利润 + 税金 + 材料补差$$

建筑工程单价计算程序可归纳为表9-3。

表9-3　建筑工程单价计算程序

序号	项目	计算方法
(一)	直接费	(1) + (2)
(1)	基本直接费	① + ② + ③
①	人工费	$\sum$(定额人工工时数 × 人工预算单价)
②	材料费	$\sum$(定额材料用量 × 材料预算价格 <超过基价的按基价计>)
③	机械使用费	$\sum$(定额机械台时用量 × 机械基价台时费)
(2)	其他直接费	(1)其他直接费费率
(二)	间接费	(一) × 间接费费率
(三)	利润	[(一) + (二)] × 利润率
(四)	材料补差	$\sum$定额材料用量 × (材料预算价格 - 材料基价)
(五)	税金	[(一) + (二) + (三) + (四)] × 税率
(六)	工程单价	(一) + (二) + (三) + (四) + (五)

3.建筑安装工程单价的编制

1)建筑工程单价编制步骤

(1)了解工程概况,熟悉设计文件与设计图纸,收集编制依据(如定额、基础单价、费用标准等)。

(2)根据施工组织设计确定的施工方法,结合工程特征、施工条件、施工工艺和设备配备情况,正确选用定额子目。

(3)将本工程人工预算单价、材料预算价格、机械基价台时费等的基础单价分别乘以定额的人工、材料、机械设备的消耗量,计算所得人工费、材料费、机械使用费相加可得基本直接费单价。

（4）根据基本直接费单价和各项费用标准计算其他直接费、直接费、间接费、利润和税金，并汇总求得工程单价。当存在材料补差时，应将材料补差考虑税金后计入工程单价。

2）建筑安装工程单价表的编制

实际工程中常应用工程单价表来编制建筑工程单价。工程单价表按如下步骤编制：

（1）按定额编号、工程名称、单位、数量等分别填入表中相应栏内。其中，"名称"一栏，应填写详细和具体，如混凝土要分强度等级及级配等。

（2）将定额中的人工、材料、机械等消耗量，以及相应的人工预算单价、材料预算价格（超过基价的按基价计）和机械基价台时费分别填入表中相应各栏。

（3）按"定额消耗量×单价"的方法，得出相应的人工费、材料费和机械使用费，相加得出基本直接费。

（4）根据规定的费率标准，计算其他直接费、间接费、利润、材料补差、税金等，汇总即得出该工程单价。

3）建筑安装工程单价编制示例

某水闸工程采用浆砌块石挡土墙，砂浆强度等级为M10，计算其预算单价。

解：计算M10砂浆浆砌块石挡土墙预算单价，如表9-4所示。

（三）工程款支付

1. 工程款支付条件

工程款支付条件必须符合下列条件：

（1）工程质量合格项目。

（2）若有工程变更，有监理人变更指令的工程项目。

（3）符合合同条件规定的项目。

（4）月支付款应大于合同规定的最低限额。

（5）承包商的工程活动使监理人满意等。

2. 工程款支付的形式

（1）工程预付款。在工程开工以前，业主按施工合同规定向承包商支付预付款，以供承包商调遣人员和施工机械、购买建筑材料及设备，以及在工程现场进行施工准备、设置办公生活设施等。预付款总额一般为合同价的15%左右，具体由合同双方根据工程具体情况确定，《水利水电土木工程施工合同条件》规定工程预付款总金额不低于合同价格的10%，分两次支付，第一次支付金额不低于预付款总金额的40%，一般为50%，在承包商应出具预付款保函（数额等同于工程预付款）后支付；第二次支付需待承包商主要设备进入工地后，其完成的工作和进场的设备的估算价值已达到与付款金额时支付。预付款实际上为业主对承包商的无息贷款，开工以后从承包商取得的工程进度款中陆续扣还，扣还办法应在合同中规定。

规定按完成工程量的一定比例，计算累计扣回工程预付款的金额，即

$$R = A \times (C - F_1 S)/(F_2 - F_1)S \tag{9-10}$$

式中 R——累计扣回工程预付款金额，$0 \leq R \leq A$；

A——工程预付款总金额；

S——合同价；

C——合同累计完成金额；

表 9-4　建筑工程单价表

浆砌块石挡土墙　工程

定额编号:30021　　　　　　　　　　　　　　　　　　　　　定额单位:100 m^3

施工方法:砂浆搅拌机拌制 $M10$ 砂浆,人工砌筑

编号	名称及规格	单位	数量	单价(元)	合价(元)	备注
一	直接费	元			20 671.51	
(一)	基本直接费	元			19 229.32	
1	人工费	工时			5 967.66	
	工长	工时	16.2	11.55	187.11	
	高级工	工时		10.67	0.00	
	中级工	工时	329.5	8.9	2 932.55	
	初级工	工时	464.6	6.13	2 848.00	
2	材料费	元			12 953.87	
	块石	m^3	108	70	7 560.00	
	砂浆 $M10$	m^3	34.4	154.925	5 329.42	
	其他材料费	元	0.50%	12 889.42	64.45	
3	机械使用费	元			307.79	
	砂浆搅拌机 0.4 m^3	台时	6.19	29.43	182.18	
	胶轮车	台时	156.49	0.81	125.61	
(二)	其他直接费	元	7.50%	19 229.33	1 442.20	
二	间接费	元	12.50%	20 671.52	2 583.94	
三	利润	元	7.00%	23 255.43	1 627.88	
四	材料补差	元			3 137.12	
	块石	m^3	108	10	1 080.00	块石价格按80元/ m^3 计
	水泥	t	10.49	415 − 255	1 678.72	水泥价格按415元/ t 计
	砂	m^3	37.84	10	378.40	砂价格按80元/ m^3 计
五	税金	元	9%	28 020.44	2 521.84	
六	合计	元			30 542.30	
	单价	元/ m^3			305.42	

F_1——合同规定的开始扣工程预付款时合同累计完成金额达到合同价格的比例,一般为 20% ;

F_2——合同规定的工程预付款全部扣完时合同累计完成金额达到合同价格的比例,

一般为90%。

（2）工程进度款。按每月完成的工程量和对应工程的价格每月支付一次工程进度款。承包商每月末向监理人提交该月的付款申请，其内容包括完成的工程量、工程质量、使用材料等计价资料。监理人收到申请后限期审核，并上报业主支付款项。但要在工程进度款中按合同的具体办法扣除预付款和保留金。

（3）工程结算与最后付款。当工程接近尾声时，要进行工程结算工作。对按总价付款的项目，在通过竣工验收后，就应支付给承包商总款项（扣除保留金）。若是按每价付款的项目，尽管已按月进度付工程进度款，但计算付款的工程量不一定准确，因此工程完工时应当重新测定实际完成的工作量，并据以计算应付款项，办理结算。

（4）保留金。它是业主从承包商的进度款中扣留的金额，目的是促使承包商尽快完成合同任务，做好工程维护工作。保留金一般取应付金额的3%。通过竣工验收后，业主应将保留金的50%退给承包商，保修期（缺陷责任期）期满后业主应退还全部保留金。

3. 物价变化的合同价格调整

水利水电工程一般建设周期较长，在此期间，物价上涨的风险不可避免。一般情况下，施工期现在一年之内的工程或采用总价合同的工程项目，可以不考虑价格调整问题。施工期现在一年以上的工程，在合同中应明确物价波动后合同价格调整的方式和方法，通常有两种方法：文件凭证法和公式法。

因人工、材料和设备等价格波动影响合同价格时，按式（9-11）计算差额，调整合同价格。

$$\Delta P = P_0 \left(A + \sum B_n \frac{F_{tn}}{F_{on}} - 1 \right) \tag{9-11}$$

式中　ΔP——需调整的价格差额；

P_0——付款证书中承包人应得到的已完成工程量的金额；

A——定值权重（即不调部分的权重）；

B_n——各可调因子的变值权重（即可调部分的权重），为各可调因子在合同估算价中所占的比例；

F_{tn}——各可调因子的现行价格指数，指付款证书相关周期最后一天前42 d的各可调因子的价格指数；

F_{on}——各可调因子的基本价格指数，指投标截止日前42 d的各可调因子的价格指数。

式（9-11）中的各可调因子、定值和变值权重，以及基本价格指数及其来源规定在投标辅助资料的价格指数和权重表内。价格指数应首先采用国家或省、自治区、直辖市的政府物价管理部门或统计部门提供的价格指数，若缺乏上述价格指数，可采用上述部门提供的价格或双方商定的专业部门提供的价格指数或价格代替。

（四）完工结算

工程完工验收报告经发包人认可后28 d，承包人向发包人递交完工结算报告及完整的结算资料。工程完工验收报告经发包人认可后28 d内，承包人未能向发包人递交完工结算报告及完整的结算资料，造成工程完工结算不能正常进行或工程完工结算价款不能及时支付，发包人要求交付工程的，承包人应当交付；发包人不要求交付工程的，承包人承担保管责任。

　　发包人自收到完工结算报告及结算资料后 28 d 内进行核实,确认后支付工程结算价款。承包人收到完工结算价款后 14 d 内将完工工程交付发包人。

　　发包人自收到完工结算报告及结算资料后 28 d 内无正当理由不支付工程完工结算价款,从第 29 d 按承包人同期向银行贷款利率支付拖欠工程价款的利息,并承担违约责任。

　　为了保证保修任务的完成,承包人应当向发包人支付保修金,也可由发包人从应付承包人工程款内预留。质量保留金的比例及金额由双方按有关部门规定的比例约定。工程的质量保证期届满后,发包人应当及时结算和返还(如有剩余)质量保修金。发包人应当在质量保证期届满后 14 d 内,将剩余保修金和按约定利率计算的利息返还承包人。

二、施工成本管理

　　施工成本的影响因素众多,对施工成本的控制可采用施工成本的过程控制法、赢得值法等。

(一)施工成本的过程控制法

　　施工成本控制是在成本发生和形成的过程中对成本进行的监督检查,成本的发生与形成是一个动态的过程,这就决定了成本的控制也是一个动态的过程,也可称为成本的过程控制。施工成本过程控制的对象与内容如下。

　　1. 人工费的控制

　　人工费的控制实行"量价分离"的方法,将作业用工及零星用工按照定额工日的一定比例综合确定用工数量与单价,通过劳务合同进行控制。

　　加强劳动定额管理,提高劳动生产率、降低工程耗用人工工时,是控制人工费支出的主要手段。

　　2. 材料费的控制

　　材料费的控制是施工降低成本的重要环节。材料费一般占建筑安装工程造价的 60% 左右,做好材料的管理,降低材料费用是降低施工成本的最重要的途径。材料费的控制同样按照"量价分离"的原则,从材料的用量和材料价格两方面进行控制。

　　1)材料用量的控制

　　在保证符合设计规格和质量标准的前提下,合理使用材料和节约使用材料,通过定额管理、计量管理等手段以及施工质量控制,避免返工等,有效控制材料物资的消耗。

　　(1)限额领料控制。对于有消耗定额的材料,项目以消耗定额为依据,实行限额发料制度。对于没有消耗定额的材料,则实行计划管理和按指标控制的办法,根据长期实际耗用,结合当月具体情况和节约要求,制定领用材料指标,据以控制发料。超过限额领用的材料,必须经过一定的审批手续方可领用。施工班组严格实行限额领料,控制用料,凡超额使用的材料,由班组自负费用,节约的可以由项目部与施工班组分成,使员工充分认识到节约与自身利益相联系,在日常工作中主动掌握节约材料的方法,降低材料废品率。

　　(2)计量控制。为准确核算项目实际材料成本,保证材料消耗准确,在各种材料进场时,项目材料员必须准确计量,查明是否发生损耗或短缺,如有发生,要查明原因,明确责任。发料过程中,要严格计量,防止多发或少发。

　　(3)以钱代物,包干控制。在材料使用过程中,对部分小型及零星材料(如铁钉、铁丝等)采用以钱代物、包干控制的办法。其具体做法是:根据工程量结算出所需材料,将其折算成现金,每月结算时发给施工班组,一次包死,班组需要用料时,再向项目材料员购买,超支部分由班组自负,节约部分归班组所得。

（4）技术措施控制。采用先进的施工工艺等可降低材料消耗。例如,改进材料配合比设计,合理使用化学添加剂;精心施工,控制构筑物和构件尺寸,减少材料消耗;改进装卸作业,节约装卸费用,减少材料损耗,提高运输效率;经常分析材料使用情况,核定和修订材料消耗定额,使施工定额保持平均先进水平。

2）材料价格的控制

材料价格主要由材料采购部门在采购中加以控制。由于材料价格是由购买价、运杂费、运输中的合理损耗等所组成的,因此控制材料价格,主要是通过市场信息、询价,应用竞争机制和经济合同手段等控制材料、设备、工程用品的采购价格,包括买价、运费和耗损等。

（1）买价控制。买价的变动主要是由市场因素引起的,但在内部控制方面,应事先对供应商进行考察,建立合格供应商名册。采购材料时,必须在合格供应商名册中选定供应商,实行货比三家,在保质保量的前提下,争取最低买价。同时实现项目监督,项目对材料部门采购的物资有权过问与询价,对买价过高的物质,可以根据双方签订的横向合同处理。此外,材料部门对各个项目所需的物资可以分类批量采购,以降低买价。

（2）运费控制。合理组织材料运输,就近购买材料,选用最经济的运输方法,借以降低成本。为此,材料采购部门要求供应商按规定的包装条件和指定的地点交货,供应单位如降低包装质量,则按质论价付款,因变更指定地点所增加的费用均由供应商自付。

（3）损耗控制。要求项目现场材料验收人员及时严格办理验收手续,准确计量,以防止将损耗或短缺计入材料成本。

材料管理工作是一项业务性较强、工作量较大的工作,降低材料单价和减少消耗量绝不是以次充好、偷工减料,而是在保质、保量、按期、配套地供应施工生产所需材料的基础上,监督和促进材料的合理使用,进一步达到材料成本最低的目标。

3. 施工机械使用费的控制

合理选择和使用施工机械设备对施工成本控制具有十分重要的意义。施工机械一般通过租赁方式使用,因此必须合理配备施工机械,提高机械设备的利用率和完好率。施工机械使用费的控制主要从台班数量和台班单价两方面控制。为有效控制施工机械使用费支出,主要从以下几个方面进行控制:

（1）合理安排施工生产,加强设备租赁计划管理,减少因安排不当引起的设备闲置。

（2）加强机械设备的调度工作,尽量避免窝工,提高现场设备利用率。

（3）加强现场设备的维护保养,降低大修、经常性修理等各项开支,保障机械的正常工作,避免因不正确使用造成机械设备的停置。

（4）做好机上人员与辅助生产人员的协调配合,实行超产奖励方法,加强培训,提高机上人员技能,提高施工机械台班产量。

（5）加强配件管理,建立健全配件领发料制度,严格按油料消耗定额控制油料消耗。

4. 施工分包费用的控制

施工分包费用的控制是施工成本控制的重要工作之一,项目经理部在确定施工方案的初期就要确定需要分包的工程范围。对分包费用的控制,主要是要做好分包工程的询价、订立平等互利的分包合同、建立稳定的分包关系网络、加强施工验收和分包结算等工作。

（二）赢得值法

赢得值法的核心是将项目在任一时间的计划指标、完成状况和资源耗费综合度量，也就是说，将进度转化为货币来测量工程的进度。赢得值法的价值在于将项目的进度和费用综合度量，从而能准确描述项目的进展状态，能全面衡量工程进度、成本状况。赢得值法的另一个重要优点是可以预测项目可能发生的工期滞后量和费用超支量，从而及时采取纠正措施，为项目管理和控制提供了有效手段，它是对项目进度和费用进行综合控制的一种有效方法。

1. 赢得值法的三个基本参数

（1）已完工作预算费用 BCWP，它是指项目实施过程中某阶段按实际完成工作量及预算定额计算出来的费用，业主正是根据这个值为承包人完成的工作量支付相应的费用，也就是承包人获得（挣得）的金额，故称赢得值或挣得值。

$$已完工作预算费用(BCWP) = 已完成工作量 × 预算单价$$

（2）计划工作预算费用 $BCWS$，是指项目实施过程中某阶段计划要求完成的工作量所需的预算费用，主要是反映进度计划应当完成的工作量（用费用表示）。

$$计划工作预算费用(BCWS) = 计划工作量 × 预算单价$$

（3）已完工作实际费用 ACWP，是指项目实施过程中某阶段实际完成的工作量实际消耗的费用，主要是反映项目执行的实际消耗指标。

$$已完工作实际费用(ACWP) = 已完成工作量 × 实际单价$$

2. 赢得值法的四个评价指标

在以上三个基本参数的基础上，可以确定赢得值法的四个评价指标，它们都是时间的函数。

（1）费用偏差 CV，是已完工作预算费用与已完工作实际费用之差。

$$费用偏差(CV) = 已完工作预算费用(BCWP) - 已完工作实际费用(ACWP)$$

当费用偏差 CV 为负值时，表示实际费用超出预算费用，即超支；反之，当 CV 为正值时，表示实际费用低于预算费用，表示有节余或效率高；若 CV 为 0，表示项目按计划执行。

（2）进度偏差 SV，是已完工作与计划工作预算费用之差。

$$进度偏差(SV) = 已完工作预算费用(BCWP) - 计划工作预算费用(BCWS)$$

当进度偏差 SV 为负值时，表示进度延误，即实际进度落后于计划进度；当 SV 为正值时，表示进度提前，即实际进度快于计划进度；若 SV 为 0，表明实际进度与计划进度一致。

（3）费用绩效指数 CPI，是指挣得值与实际费用之比。

$$费用绩效指数(CPI) = 已完工作预算费用(BCWP)/已完工作实际费用(ACWP)$$

当 $CPI < 1$ 时，表示实际费用高于预算费用，即超支；当 $CPI > 1$ 时，表示实际费用低于预算费用，即节支；若 $CPI = 1$，则表示实际费用与预算费用吻合，即项目费用按计划进行。

（4）进度绩效指数 SPI，是指项目挣得值与计划值之比。

$$进度绩效指数(SPI) = 已完工作预算费用(BCWP)/计划工作预算费用(BCWS)$$

当 $SPI < 1$ 时，表示进度延误，即实际进度落后于计划进度；当 $SPI > 1$ 时，表示进度提前，即实际进度快于计划进度；若 $SPI = 1$，表示实际进度等于计划进度。

（三）偏差分析的表达方法

偏差分析可以采用不同的表达方法，常用的有横道图法、表格法和曲线法。

1. 横道图法

用横道图法进行费用偏差分析，是用不同的横道标识已完工作预算费用（$BCWP$）、计划工作预算费用($BCWS$)和已完工作实际费用($ACWP$),横道的长度与其金额成正比例,它反映的信息量较少,一般在管理高层应用。

2. 表格法

表格法是进行偏差分析最常用的一种方法,它将项目编号、名称、各费用参数以及费用偏差数综合归纳入一张表格中,并且直接在表格中进行比较。由于各偏差参数都在表中列出,使得费用管理者能够综合地了解并处理这些数据,并且通过对指标和参数的及时监控分析,准确掌握工程项目的成本、进度状况和趋势,进而采取纠偏措施,使项目能控制在基准范围内。

用表格法进行偏差分析,不仅具有灵活、适用性强的优势,可根据实际需要设计表格,进行增减项,而且信息量大,可以反映偏差分析所需的资料,有利于费用控制人员及时采取针对性措施,加强控制。就目前发展来说,表格处理还可借助于计算机,从而节约大量数据处理所需的人力,并大大提高速度。

3. 曲线法

在项目实施过程中,赢得值法的三个参数可以形成三条曲线,如图9-31所示,横坐标表示时间,纵坐标则表示费用。$BCWS$ 曲线即计划工作预算费用曲线,表示项目投入的费用随时间的推移在不断积累,直至项目结束达到它的最大值,所以曲线呈S形。$ACWP$ 曲线即已完成工作实际费用曲线,同样是进度的时间参数,随项目推进而不断增加的,也是呈S形的曲线。

图9-31 中的 $CV = BCWP - ACWP$,由于两项参数均以已完工作为计算基准,所以两项参数之差,反映项目进展的费用偏差。$SV = BCWP - BCWS$,由于两项参数均以预算值(计划值)作为计算基准,所以两者之差,反映项目进展的进度偏差。

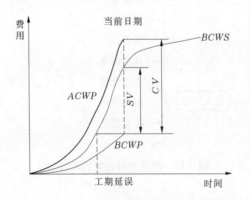

图9-31 赢得值法评价曲线

利用赢得值法评价曲线进行费用进度评价,可以直观地看出项目进展状态,若发现问题能及时采取措施,修正错误,以达到有效配置资源、按时完成任务、控制成本的目的。如图9-31中所示的项目,其表现出来的 CV 与 SV 均小于0,这表示项目执行效果不佳,即费用超支、进度延误,应采取相应的补救措施。

(四)费用偏差原因分析与纠偏措施

1. 费用偏差原因分析

一般来说,产生费用偏差的原因如图9-32所示。

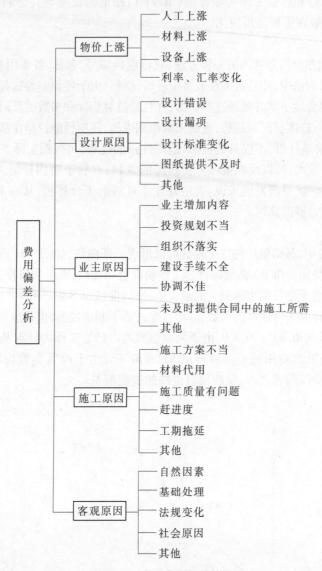

图 9-32 产生费用偏差的原因

2. 纠偏措施

赢得值法参数分析与对应措施如表 9-5 所示。

通过三个基本值的对比,可以对工程的实际进展情况做出明确的测定和衡量,有利于对工程进行监控,也可以清楚地反映出工程管理和工程技术水平的高低。

赢得值法实际上是两个比较与两个评价。一个是通过 *BCWP* 和 *BCWS* 的定量比较,得出施工工作对于计划进度是提前完成还是落后进度的评价,估计出该任务是否能按时完成。另一个是通过 *BCWP* 和 *ACWP* 的定量比较,得出施工支出对于计划是节约还是超支的评价。这种结合成本与进度综合控制的关键是随时发现差异和低效率就积极地着手解决,以期降低对整个项目的影响。

施工成本控制的基本前提是预先制订的施工成本计划和控制基准,一旦项目目标确定,如何控制成本、节约支出,让每一项支出均控制在测算目标范围之内就成为项目成本管理者的首要任务。施工成本控制贯穿于项目施工的始终,从实施的开始,就须制定降低成本的具体目标和方法,从而随着工程进度发展实施有计划、有措施的支出控制,并且及时、定期地把控制成果与控制基准相比照,并结合其他可能的改变,及时采取必要的纠正措施,修正或更新成本计划,预测出项目完成时成本是否超出预算、进度会提前或落后,而且这种监控必须贯穿于工程项目的整个过程之中。

表 9-5　赢得值法参数分析与对应措施

图形	三参数关系	分析	措施
	$ACWP > BCWS > BCWP$ $SV < 0, CV < 0$	效率低、 进度较慢、 投入超前	用工作效率高的人员更换一批工作效率低的人员
	$BCWP > BCWS > ACWP$ $SV > 0, CV > 0$	效率高、 进度较快、 投入延后	若偏离不大,维持现状
	$BCWP > ACWP > BCWS$ $SV > 0, CV > 0$	效率较高、 进度快、 投入超前	抽出部分人员,放慢进度
	$ACWP > BCWP > BCWS$ $SV > 0, CV < 0$	效率较低、 进度较快、 投入超前	抽出部分人员,增加少量骨干人员
	$BCWS > ACWP > BCWP$ $SV < 0, CV < 0$	效率较低、 进度慢、 投入延后	增加高效人员投入
	$BCWS > BCWP > ACWP$ $SV < 0, CV > 0$	效率较高、 进度较慢、 投入延后	迅速增加人员投入

第十章　施工组织设计及专项施工方案

施工组织设计是指针对拟建的工程项目或标段,在开工前针对工程本身特点和工地具体情况,按照工程的要求,对所需的施工劳动力、施工材料、施工机具和施工临时设施,经过科学计算、精心对比及合理的安排后编制出的一套在时间和空间上进行合理施工的战略部署文件。工程投标阶段要编制标段施工组织设计,中标进场后还要对投标阶段施工组织设计进行细化,编制符合标段实际情况的实施性施工组织设计,报监理工程师同意后方可实施。

在施工过程中,对施工临时用电、达到一定规模的危险性较大的单项工程编制专项施工方案,根据批准的度汛方案和超标准洪水应急预案,制定防汛度汛及抢险措施。

第一节　施工组织设计编制

施工组织设计主要包含以下内容:施工条件分析、施工导流、主体工程施工、施工交通运输、施工工厂设施和大型临建工程、施工布置、施工进度、主要技术供应计划。施工组织设计文件通常由一份施工组织设计说明书、一张工程计划进度表、一套施工现场平面布置图组成。

一、施工条件分析

编制施工组织设计前,首先要进行充分收集工程所在地的工程条件、自然条件、物质资源供应条件以及社会经济条件等,针对工程的要求进行施工条件分析。

施工条件包括工程所在地对外交通运输,枢纽建筑物及其特性,地形、地质、水文、气象条件,主要建筑材料来源和供应条件,当地水源、电源情况,施工期间通航、过木、过鱼、供水、环保等要求,施工用地,居民安置,以及与工程施工有关的协作条件等。

工程所在地对外交通运输条件决定了施工场外运输的方式;枢纽建筑物及其特性就涉及施工方案的选择;地形、地质、水文、气象条件涉及施工方案的选择和冬、雨季施工措施等;主要建筑材料来源和供应条件关系到材料是直接采购还是自己制备;当地水源、电源情况影响到能直接利用当地的水电管线;施工期间通航、过木、过鱼、供水、环保等要求影响到导流方案的确定等。

二、施工方法

(一)拟定施工程序

施工方案是对整个建设项目全局做出统筹规划和全面安排,其主要是解决影响建设项目全局的重大战略问题。它是施工组织设计的中心环节,是对整个建设项目带有全局性的总体规划。

在进行施工方案设计时,应对具体情况进行具体分析,按总工期、合同工期的要求,事先制定出必须遵循的原则,做出切实可行的施工方案。

(1)在保证工期要求的前提下,尽量实行分期分批施工。

为了充分发挥工程建设投资的效果,对于大中型、总工期较长的工程建设项目,一般应当在保证总工期的前提下,实行分期分批建设,既可使各具体项目迅速建成,及早发挥工程效益,又可在全局上实现施工的连续性和均衡性,减少临时工程数量,降低工程成本。

(2)统筹安排各类各项工程施工,既要保证重点,又要兼顾其他,在安排施工项目先后顺序时,应按照各工程项目的重要程度,优先安排如下工程:

①先期投入生产或起主导性作用的工程项目。

②工程量大、施工难度大、施工工期长的工程项目。

③生产需先期使用的机修车间、办公楼及部分宿舍等。

④供施工使用的项目。如钢筋加工厂、木材加工厂、各种预制构件加工厂、混凝土搅拌站、采砂(石)场等附属企业及其他为施工服务的临时设施。

(3)注意施工顺序的安排。

施工顺序是指互相制约的工序在施工组织上必须加以明确而又不可调整的安排。建筑施工活动由于建筑产品的固定性,必须在同一场地上进行,如果没有前一阶段的工作,后一阶段就不能进行。在施工过程中,即使它们之间交错搭接地进行,也必须遵守一定的顺序。

满足施工工艺的要求,不能违背各施工顺序间存在的工艺顺序关系。例如,堤(坝)护坡工程的施工顺序为:堤(坝)坡面平整、碾压→垫层铺设→护坡块的砌筑。

考虑施工组织的要求。有的施工顺序,可能有多种方式,此时必须按照对施工组织有利和方便的原则确定。例如,水闸的施工,若闸室基础较深,而相邻结构基础浅,则应根据施工组织的要求,先施工闸室深基础,再施工相邻的浅基础。

考虑施工质量的要求,例如,现浇混凝土的拆模,必须等到混凝土强度达到一定要求后,方可拆模。

施工顺序一般要求:

①先地下后地上,主要指应先完成基础工程、土方工程等地下部分,然后进行地面结构施工;即使单纯的地下工程,也应执行先深后浅的程序。

②先主体后围护,指先对主体框架进行施工,再施工围护结构。

③先土建后设备安装,先对土建部分进行施工,再进行机电、金属结构、设备等安装的施工。

(4)注意施工季节的影响。

不同季节对施工有很大影响,它不仅影响施工进度,而且影响工程质量和投资效益,在确定工程开展程序时,应特别注意。例如,在多雨地区施工,就必须考虑先土方工程,再进行其他工程的施工;大规模的土方工程和深基础工程施工,最好不要安排在雨季;寒冷地区的工程施工,最好在入冬时转入室内作业或设备安装。

(二)施工方案与施工机械选择

施工方案编制的依据主要是:施工图纸、施工现场勘察调查的资料和信息、施工验收规范、质量检查验收标准、安全与技术操作规程、施工机械性能手册、新技术、新设备、新工艺等资料。

施工方案选择应遵守下列原则:确保工程质量和施工安全;有利于缩短工期、减少辅助工程量及施工附加工作量,降低施工成本;有利于先后作业之间、土建工程与机电安装之间、各道工序之间协调均衡,减少干扰;技术先进、可靠,所选用的施工新技术宜通过生产性试验或鉴定;施工强度和施工设备、材料、劳动力等资源需求较均衡;有利于水土保持、环境保护和劳动者身体健康。

施工方案编制的主要内容包括:确定主要的施工方法、施工工艺流程、施工机械设备等。对施工方法的确定,要兼顾技术工艺的先进性和经济的合理性;对施工工艺流程的确定,要符合施工的技术规律,对施工机械的选择,应使主要施工机械的性能满足工程的需要,辅助配套机械的性能应与主导施工机械相适应,并能充分发挥主导施工机械的工作效率。

(三)施工方案编制要点

1.土石方明挖施工方案

1)施工程序

土石方明挖施工过程比较单一,即开挖、装车、运输。对于大范围的开挖(如坝基开挖),应首先根据施工特性和施工要求安排施工区(段),然后安排各区(段)的开挖施工顺序。施工顺序的安排可以按以下原则进行:

(1)工种多需要较长施工时间的区(段)应尽早施工;工种少、施工简单,又不影响整个工程或某部分完工日期的区(段)可滞后施工。

(2)工种不多但对整个工程或部位起控制作用的区(段),或施工时将给主要区(段)带来干扰,甚至损害,这样的区(段)应先期施工,如峡谷地区大坝的岸坡开挖。

(3)本身不是主要区(段),但它先施工可给整个工程或主要区(段)创造便利条件,或具有明显经济效益的区(段),也应尽早施工或一部分尽早施工。

(4)对其他部分或区(段)无大的影响,又不控制工期的区(段),应作为调节施工强度的区(段),安排于两个高峰之间的低强度时期施工。

(5)各区(段)的施工程序应与整个施工要求一致,与施工导流及施工总进度相符合。

2)开挖施工方法

(1)施工方法应考虑的几个因素。

在确定施工方法和选定施工机械时,必须依据施工条件、施工要求和经济效果,进行综合考虑,具体考虑以下主要因素:

①土质情况。依据土质坚硬和地下含水情况,选择施工开挖方法和机械。

②施工地区的地势、地形情况和气候条件,距重要建筑物或居民区的远近,以此确定开挖的过程是否需要支护或防护。

③工程情况。工程规模大小、工程数量、施工强度、工作场面大小、施工期长短等。

④道路交通条件。修建道路的难易程度,运输距离远近。

⑤工程质量要求。有些部位的开挖质量要求严格,如电站坝基等基础开挖,填筑应严格控制质量,对一般场地平整的挖填有时无质量要求,这对采用方法的技术要求至关重要。

⑥机械设备。根据确定的施工方法和工程规模大小、施工强度的高低,选用相关的机械(不同规格类型的钻孔机械、挖装机械等),同时应兼顾机械的供应或取得的难易程度,以及机械的可靠程度。

⑦经济指标。当几个方案或施工方法均能满足施工要求时,一般应以完成工程施工所需费用低者为最好。有时,为了争取提前发电,经过经济比较后,也可选用工期短、费用较高

的施工方案。

（2）不同部位开挖方法的特点。

施工对象的不同，施工的要求不同，其施工方法的特点就不同。

①建筑物基地开挖。如坝闸、电站放水塔等基础开挖的共同特点是：要符合建筑物要求的形态，对开挖边界线外保留的岩体不允许破坏其天然结构。对于土基开挖，一般多采用机械直接开挖的方法进行；对于石方开挖，主要是钻爆开挖方法，在施工组织设计中应进行钻爆设计（可参考施工技术内容）。

②河床开挖。河床开挖的特点是地形较平坦，施工较方便，施工时间短，强度较大；对于土方开挖，可在基坑抽水之后，根据土壤性质采用不同的挖掘机械进行。对于岩石开挖，可采用预裂爆破控制壁面，设保护层或无保护层的一次爆破开挖方法。

③岸坡开挖。岸坡开挖，特别是山区、高坝的岸坡，其开挖高度大、施工条件差、技术复杂，故一般多在施工的前期开挖。可采用分层开挖或深孔开挖或辐射开挖等三类不同的方法。技术的难易不同，适用的条件和获得的效果均有差异。出渣方式有道路出渣法、竖井出渣法、抛入河床法，由下而上分层开挖。

④高边坡开挖。应按照相应的原则进行，为了保持高边坡稳定，应采用微差爆破技术，严格控制最大单段药量。

⑤渠道开挖。依据土壤性质，渠道断面大小可采用各种方法，一般岩石渠道用钻孔松动爆破，松动后再用挖掘机、装载机或反铲挖取渣装车运走，边坡可采用预裂爆破控制。

2. 地下工程开挖

地下工程一般指在岩土地下修建建筑物，地下工程开挖施工，受到工程地质、水文地质、水工结构特征和施工条件的制约。开挖方法根据不同地质条件，有钻孔爆破法和机械开挖法、盾构法等。

地下工程开挖施工方案的选择主要体现在施工方法和机械的选择方面。

1）钻爆法开挖

采用钻爆法开挖一般施工顺序为：放线→钻孔→清孔→装药连线→起爆→排烟→危石清理→支护等，但在特殊的不良地质地段，可采取超前支护、灌浆加固、反拱支撑法、地下水堵排法等非常规的工序过程。

（1）对于平洞开挖有全断面开挖台阶法开挖、导洞法开挖，所以对于大断面隧洞还涉及断面的分区以及各区开挖的顺序问题，这在方案选择中都是要明确的。

（2）对于竖井及斜井开挖。无论哪种类型的竖井（有门井、高压管道井、通风井，井水口竖井及施工竖井），其方法按开挖顺序有自上而下开挖、全断面开挖、自下而上开挖，对大中断面竖井开挖，可针对不同坡度采取自上而下或自下而上的分段钻孔爆破法，采用斗车箕斗出渣或导井留渣从底部出渣。

（3）对于地下厂房开挖，由于地下厂房的构成复杂，有主厂房引水洞、高压管道、尾水洞、副厂房、主变室出线电缆洞、调压室、交通洞、通风洞等洞群。洞群相互平行交叉，施工技术复杂，开挖、支护、衬砌、安装平行交叉作业。因此，在考虑施工方法时要统筹兼顾，根据围岩稳定状况、交通运输方式及支护方式等条件综合分析确定。厂房开挖的方法主要反映在各厂房断面各部位的顺序方面。一般情况下，先开挖和衬砌顶拱，即顶拱支撑法，但在地质条件较差的区段，可采用核心支撑法，先开挖两侧，浇混凝土边墙，然后开挖衬砌顶拱，再挖除厂房中间岩体,而中间岩体多采用深孔梯段爆破,台阶开挖顶拱部分采用分部开挖,其方法有三种:①先开挖中部,然后两侧分部开挖,一般在顶拱开挖完毕,再进行混凝土衬砌。②先开挖两侧,然后扩挖中部,可分部进行混凝土衬砌,先衬砌两侧,后衬砌中间拱部。③肋拱法。

(4)关于开挖中的机械。机械选用是编制开挖施工方案的主要内容之一,涉及钻孔、出渣、运输、装渣、通风等机械,最主要的还是钻孔机械的选用。近年来,钻孔机械发展迅速,特别是液压凿岩台车,已得到普及。我国除小型隧洞仍采用手风钻钻孔开挖外,大中型隧洞大部分主要采用液压凿岩台车钻孔,凿岩台车有不同的型号(两臂钻、四臂钻),可用于不同断面大小的隧洞开挖。

2)其他方法

除钻爆法外,还有针对软土层或流砂地带采取的盾构方法,还有适应各类围岩的掘井机开挖。

3.碾压式土石坝施工方案

碾压式土石坝填筑体的施工过程包括运输、卸料、铺料、压实、检查等工序。对不同部位又分为砂砾料填筑、防渗体填筑、过渡反滤体垫层、护坡等施工过程。其方案选择就是针对各个施工过程所采取的方法的选择,另外,方案还应包括在坝面上这些作业过程的组织形式、区段的划分及各作业过程在各区段上的施工顺序、机械设备的选择、在纵向断面上分块及各分块的填筑在时间上的顺序安排。

(1)大体积砂砾料施工方法包括卸料和铺料的方法、填料加水方法、坝体压实的参数选择和压实机械的运行方式、坝体分块填筑纵横缝处理及岸坡结合部位的压实处理。

(2)防渗心墙与砂砾料的施工过程和填筑方法,因填筑料的不同是有一定差异的,在方案选择中应予注意。

(3)坝体分期分块填筑方案应与导流、拦洪、度汛设计相结合。在单位工程施工组织设计中,重点应放在施工过程的划分和施工方法的选择以及组织方式上。

(4)土石坝施工机械设备选择应使所选机械的技术性能适应工作的要求,施工对象的性质和施工场地的特征,能充分发挥机械效率,保证施工质量。所选施工机械应技术先进,生产效率高,操作灵活,机动性高,安全可靠,结构简单,易于检修保养,类型比较单一,通用性好,工艺流程中各工序所用机械应配套,设备购置费和运行费用较低,经济效果好。

土石坝施工中,土料开挖、运输、填筑过程中常用的机械设备有正铲、反铲、装载机、拉铲、采砂船、推土机、铲运机、自卸车、带式运输机、拖式及自行式振动碾、平地机、小型振动碾、夯锤振冲碎石机、激光导向反铲摊铺机设备。

4.混凝土面板坝施工方案

对于面板坝就结构自身有三个典型的分区,即土料铺盖区、半透水料垫层区、主堆石区。面板坝施工程序为:岸坡坝基开挖清理,趾板基础开挖和趾坡混凝土浇筑,截流后河床坝基开挖,趾坡开挖和趾板浇筑,基础灌浆,分期分块填筑主堆石料,垫层须与部分主堆石平起上升,填至分期高度时用滑模浇筑面板,并同时填筑下期坝体,再浇筑面板直至坝顶。

垫层料的填筑包括修整、压实及防护处理。其中压实不但存在水平压实,而且须进行斜面压实。

趾板的施工程序为:①清理工作面,测量放线;②锚杆施工;③立模,安止水;④架设钢筋预埋件;⑤冲洗仓面,开仓检查;⑥浇筑混凝土,养护。

面板混凝土浇筑施工包括模板安装,钢筋制作及安装,金属止水片成型安装,混凝土输送、浇筑养护等过程。

面板浇筑方法多采用滑模(分有轨滑模、无轨滑模),起始板(起浮不规则的底部)可采用常规模板。

机械设备配置,在坝体水平面上的作业机械与一般碾压式土石坝类似;斜坡面压实采用小型振动碾和牵引卷扬机或夯板;混凝土浇筑重点为斜面混凝土入仓输送机械和设备,可以用溜槽。

5. 地基及基础处理施工方案

地基及基础处理的工程措施较多,如开挖回填、灌浆,防渗墙、桩基,预应力锚固等不同的工程措施。不同的工程措施,其施工过程不同,施工采取的方法和机械设备不同。

灌浆施工过程包括定线、钻孔、清孔、压水试验、灌浆、封孔等。施工方案选择时首先从总体进行区域(或段)的划分,并确定施灌的顺序。

灌浆施工方法根据不同的类型的灌浆有所不同,固结灌浆分有压重和无压重两种,帷幕灌浆一般采取孔内分段进行,按孔段的施灌顺序有自上而下、自下而上、综合法和小口径孔口封闭的高压灌浆方法。

灌浆机械应根据灌浆要求确定。可参考有关施工要求。

6. 混凝土施工方案

混凝土工程设施类型很多,如混凝土挡水坝,各种形式的放水塔、水闸、隧洞衬砌,水电站混凝土结构等。这些建筑物的结构及构造形式不同,但无论何种类型的混凝土构筑物,其施工方案均包含混凝土浇筑块的划分及浇筑顺序安排、混凝土的浇筑养护方案、机械选型方案、混凝土拌和运输方式、模板工程及构件运输方案、接缝灌浆方案等内容。

在选择方案时应综合考虑如下因素:

(1)水工建筑物的结构及规模,工程量与浇筑部位的分布情况,施工分缝特点。

(2)按总进度拟定的各施工阶段的控制性浇筑进度及强度要求。

(3)施工现场的地形、地质和水文特点,导流方式及分期。

(4)混凝土搅拌楼的布置和生产能力。

(5)混凝土运输设备的形式、性能和生产能力。

(6)模板、钢筋、构件的运输、安装方案。

(7)施工队伍的技术水平、熟练程度和设备状况。

从混凝土运输浇筑角度看,建筑物的高度、体积(工程量)、场面大小和环境状况是决定混凝土施工方案的重要因素。对于高度大(50 m以上)、规模大的工程,垂直运输占主要地位,常以缆机(用于中高坝中)、塔机为主要方案,而以履带式起重机及其他较小型机械设备为辅助措施,对于高度小(50 m以下)的工程,如低坝、水闸、护坦、厂房等,可用门机、塔机和履带式起重机等作为主要方案,一般不设栈桥。

整体施工过程的安排,一般按分缝分块单元划分,也可以按单元内的工序过程划分(准备、铺料、平仓、振捣、养护)。每种类型的构筑物,各自都有不同的分缝分块要求和形式。

浇筑机械的布置方式与机械的选择配备有密切关系,对于缆机,根据控制的范围大小和强度可有平移式、辐射式、平移与辐射混合布置。平移式缆机可同塔机错开布置或高低平台错开布置;对于门塔机,有坝外、坝内栈桥和蹲块等布置形式;对于其他浇筑机械,如汽车吊、胶带机、履带机、混凝土泵机比较灵活;就胶带机根据控制的仓位大小可设为固定式或移动式;履带式多在高度不大的水闸、消能工程及坝体基础部位使用。

对于水电站厂房,就整体分为下部结构(包括尾水管、锥管、蜗壳、大的孔洞结构和大体积钢筋混凝土结构)及上部结构(由钢筋混凝土板、柱、梁组成)。在安排施工方案时,应结合闸坝工程方案及布置统一考虑。门式和塔式起重机通常都布置在厂房上下游,沿厂房轴线方向移动,一般不设栈桥,后期视需要将门机移到尾水平台或厂坝之间。履带起重机可作为辅助机械,浇筑厂房下部及电站进水渠、尾水渠等板状结构物。对于履带起重机浇筑不到的部位,也可采用胶带机械或混凝土泵进行施工。

对于大体积混凝土一般有温控要求,在拟订施工方案时,应明确分缝分块浇筑方法,按照分缝分块的具体方式、大小和厚度要求,对全部浇筑体进行横断面与纵向的分区分块划分,并排列它们的浇筑顺序。在浇筑过程中及浇筑之后,有温控措施要求的,必然会增加施工环节,如浇筑后采用人工冷却或自然冷却都会存在冷却时间过程,所以在拟订方案时也应注意。对于混凝土浇筑中发生时间消耗的温控过程均应在方案中予以考虑。

对于结构较为复杂的厂房混凝土,在拟订方案时,其施工程序一般按基础填塘、弯管段和扩散段、底板、尾水弯管段、尾水扩散段、蜗壳侧墙、厂房上下游墙、厂房屋顶、二期混凝土、机组安装、厂房装修等几个施工区(块)和部分进行。

三、施工布置

(一)施工布置的内容

施工布置,就是根据工程特点和施工条件,研究解决施工期间所需的辅助企业、交通道路、仓库、房屋、动力、给水排水管线以及其他施工设施等的平面和立面布置问题,为整个工程全面施工创造条件,以期用最少的人力、物力和财力,在规定的期限内顺利完成整个工程的建设任务。

施工布置的成果,需要标示在一定比例尺的施工地区地形图上,构成施工布置图,其主要内容如下:

(1)原有地形、地貌,一切已建和拟建的永久性建筑物、构筑物,地上、地下管线及其他设施的位置和尺寸。

(2)为施工服务的一切临时性建筑物和临时设施。主要包括:

①导流建筑物,如围堰、隧洞、明渠等。

②运输系统,如各种道路、车站、码头、车库、桥涵、栈桥、大型起重机等。

③各种仓库、料堆、弃料堆等。

④各种料场及其加工系统,如土料场、砂料场、石料场、骨料加工厂等。

⑤混凝土制备系统,如混凝土工厂、骨料仓库、水泥仓库、制冷系统等。

⑥机械修配系统,如机械修理厂、修钎厂、机修站等。

⑦其他施工辅助企业,如钢筋加工厂、木材加工厂、混凝土和钢筋混凝土预制构件工厂等。

⑧金属结构、机电设备和施工设备的安装基地。

⑨水、电和动力供应系统,如临时发电站、变电站、抽水站、水处理设施、压缩空气站和各

种线路管道等。

⑩生产及生活所需的临时房屋,如办公室、职工宿舍、食堂等。

⑪安全防火设施及其他,如消防站、警卫室、安全警戒线等。

(二)施工布置的原则

施工布置方案应遵循因地制宜、因时制宜、有利生产、方便生活、易于管理、安全可靠、经济合理的原则。

(1)施工布置应综合分析水工枢纽布置,主体建筑物规模、形式、特点,施工条件,工程所在地区社会、自然条件等因素,妥善处理好环境保护和水土保持与施工场地布局的关系,合理确定并统筹规划为工程施工服务的各种临时设施。

(2)施工布置方案应贯彻执行十分珍惜和合理利用土地的方针,遵循因地制宜、因时制宜、有利生产、方便生活、易于管理、安全可靠、注重环境保护、减少水土流失、充分体现人与自然和谐相处以及经济合理的原则,经全面系统比较论证后选定。

(3)施工布置设计时应该考虑以下各点:

①施工临时设施与永久性设施,应研究相互结合、统一规划的可能性。临时性建筑设施,不要占用拟建永久性建筑或设施的位置。

②确定施工临建设施项目及其规模时,应研究利用已有企业设施为施工服务的可能性与合理性。

③主要施工工厂设施和临时设施的布置应考虑施工期洪水的影响,防洪标准根据工程规模、工期长短、河流水文特性等情况,分析不同标准洪水对其危害程度,在5~20年重现期范围内酌情采用。高于或低于上述标准,应有充分论证。

④场内交通规划,必须满足施工需要,适应施工程序、工艺流程;全面协调单项工程、施工企业、地区间交通运输的连接与配合,运输方便,费用少,尽可能减少二次转运、力求使交通联系简便,运输组织合理,节省线路和设施的工程投资,减少管理运营费用。

⑤施工总布置应做好土石方挖填平衡,统筹规划堆、弃渣场地;弃渣应符合环境保护及水土保持要求。在确保主体工程施工顺利的前提下,要尽量少占农田。

⑥施工场地应避开不良地质区域、文物保护区。

⑦避免在以下地区设置施工临时设施:严重不良地质区域或滑坡体危害地区,泥石流、山洪、沙暴或雪崩可能危害地区,重点保护文物、古迹、名胜区或自然保护区,与重要资源开发有干扰的地区,受爆破或其他因素严重影响的地区。

(三)施工平面的布置

1.编制临时建筑物的项目清单

在充分掌握基本资料的基础上,根据施工条件和特点,结合类似工程经验或有关规定,编制临时建筑物的项目清单。并初步定出它们的服务对象、生产能力、主要设备、风水电等需要量及占地面积、建筑面积和布置的要求。

以混凝土工程为主体的枢纽工程,临建工程项目一般包括以下内容:

(1)混凝土系统(包括搅拌楼、净料堆场、水泥库、制冷楼)。

(2)砂石加工系统(包括破碎筛分厂、毛料堆场、净料堆场)。

(3)金属结构机电安装系统(包括金属结构加工厂、金属结构拼装场、钢管加工厂、钢管拼装场等)。

(4)机械修配系统(包括机械修配厂、汽车修配厂、汽车停放保养场等)。

(5)综合加工系统(包括木材加工厂、钢筋加工厂、混凝土预制厂)。

(6)风、水、电、通信系统(包括空压机站、水厂、变电站、通信总机房)。

(7)基础处理系统。

(8)仓库系统(包括工区仓库、现场仓库、专业仓库)。

(9)交通运输系统(包括铁路场站、公路汽车站、码头港区等)。

(10)办公生活福利系统(办公房屋、宿舍房屋、公共福利房屋等)。

2. 现场布置总规划

一般施工现场为了方便施工,利于管理,都将现场划分成主体工程施工区,辅助企业区,仓库、站、场、转运站、码头等储运中心,当地建筑材料开采区,机电金属结构和施工机械设备的停放修理场地,工程弃料堆放场,施工管理中心,主要施工分区和生活福利区等。各区域用场内公路沟通,在布置上相互联系,形成统一的、高度灵活的、运行方便的整体。

在进行各分区布置时,应满足主体工程施工的要求。对以混凝土建筑物为主体的工程枢纽,应该以混凝土系统为重点,即布置时以砂石料的生产,混凝土的拌和、运输线路和堆弃料场地为主,重要的施工辅助企业集中布置在所服务的主体工程施工区附近,并妥善布置场内运输线路,使整个枢纽工程的施工形成最优工艺流程。对于其他设施的布置,则应围绕重点来进行,确保主体工程施工。

在现场规划布置时,要特别注意场内运输干线的布置,如两岸交通联系的线路,砂石骨料运输线路,上、下游联系的过坝线路等。

3. 施工现场布置

施工总平面布置图应根据设计资料和设计原则,结合工程所在地的实际情况,编制出几个可能方案进行比较,然后选择较好的布置方案。

1)施工交通运输

施工交通包括对外交通和场内交通两部分。对外交通是指联系施工工地与国家公路或地方公路、铁路车站、水运港口及航空港之间的交通,一般应充分利用现有设施,选择较短的新建、改建里程,以减少对外交通工程量。场内交通是联系施工工地内部各工区、料场、堆料场及各生产、生活区之间的交通,一般应与对外交通衔接。

在进行施工交通运输方案的设计时,主要解决的问题有:选定施工场内外的交通运输方式和场内外交通线路的连接方式;进行场内运输线路的平面布置和纵剖面设计;确定路基、路面标准及各种主要的建筑物(如桥涵、车站、码头等)的位置、规模和形式;提出运输工具和运输工程量、材料和劳动力的数量等。

(1)确定对外交通和场内交通的范围。

对外交通方案应确保施工工地与国家或地方公路、铁路车站、水运港口之间的交通联系,具备完成施工期间外来物资运输任务的能力;场内交通方案应确保施工工地内部各工区、当地材料产地、堆渣场和各生产、生活区之间的交通联系,主要道路与对外交通衔接。

(2)场内交通规划的任务。

场内交通规划的任务是正确选择场内运输主要和辅助的运输方式,合理布置线路,合理规划和组织场内运输。各分区间交通道路布置合理、运输方便可靠,能适应整个工程施工进度和工艺流程要求,尽量避免或减少反向运输和二次倒运。

（3）场内运输的特点。

场内运输的特点是：物料品种多、运输量大、运距短；物料流向明确，车辆单向运输；运输不均衡；对运输保证性要求高；场内交通的临时性；运输方式多样性。

（4）场内运输方式。

运输方案选择应考虑工程所在地区可资利用的交通运输设施情况，施工期总运输量、分年度运输量及运输强度，重大件运输条件，国家（地方）交通干线的连接条件以及场内、外交通的衔接条件，交通运输工程的施工期限及投资，转运站以及主要桥涵、渡口、码头、站场、隧道等的建设条件。

场外交通运输方案的选择，主要取决于工程所在地区的交通条件、施工期的总运输量及运输强度、最大运件重量和尺寸等因素。中、小型水利水电工程一般情况下应优先采用公路运输方案，对于水运条件发达的地区，应考虑水运方案为主，其他运输方式为辅。

场内运输方式的选择，主要根据各运输方式自身的特点、场内物料运输量、运输距离、对外运输方式、场地分区布置、地形条件和施工方法等。中、小型工程一般采用汽车运输为主，其他运输为辅的运输方式。至于对外交通运输专用线或场内公路设计时，应结合具体情况，参照国家有关的公路标准来进行。

场内运输方式分水平运输和垂直运输方式两大类。垂直运输方式和永久建筑物施工场地、各生产系统内部的运输组织等，一般由各专业施工设计考虑；场内交通规划主要考虑场区之间的水平运输方式，水电工程常采用公路和铁路运输作为场内主要水平运输方式。

2）仓库与材料堆场的布置

（1）当采用铁路运输时，仓库通常沿铁路线布置，并且要留有足够的装卸前线；如果没有足够的装卸前线，必须在附近设置转运仓库。布置铁路沿线仓库时，应将仓库设置在靠近工地一侧，以免内部运输跨越铁路。同时，仓库不宜设置在弯道处或坡道上。

（2）当采用水路运输时，一般应在码头附近设置转运仓库，以缩短船只在码头上的停留时间。

（3）当采用公路运输时，仓库的布置较灵活，一般中心仓库布置在工地中央或靠近使用的地方，也可以布置在靠近外部交通连接处。砂石、水泥、木材等仓库或堆场宜布置在施工对象附近，以免二次搬运。

（4）炸药库应布置在避静的位置，远离生活区；汽油库应布置在交通方便之处，且不得靠近其他仓库和生活设施，并注意避开多发的风向。

3）加工厂布置

一般应将加工厂集中布置在同一个地区，且多处于工地边缘。各种加工厂应与相应仓库或材料堆场布置在同一地区。

污染较大的加工厂，如砂石加工厂、沥青加工厂和钢筋加工厂，应尽量远离生活区和办公区，并注意风向。

4）内部运输道路

根据加工厂、仓库及各施工对象的相对位置，研究货物转运图，区分主要道路和次要道路。

（1）在规划临时道路时，应充分利用拟建的永久性道路，提前修建永久性道路或者先修路基和简易路面作为施工所需的道路，以达到节约投资的目的。

（2）道路应有两个以上进出口，道路末端应设置回车场；场内道路干线应采用环形布置，主要道路宜采用双车道，宽度不小于 6 m；次要道路宜采用单车道，宽度不小于 3.5 m。

（3）一般场外与公路相连的干线，可建成高标准路面；场区内的干线和施工机械行驶路线，最好采用混凝土路面或碎石级配路面；场内支线一般为砂石路或土路。

5）行政与生活临时设施布置

应尽量利用建设单位的生活基地或其他永久性建筑，不足部分另行建造，还可考虑租用当地的民房。一般行政管理用房宜设在全工地入口处，以便对外联系；也可设在工地中间，便于全工地管理；工人用的福利设施应设置在工人较集中的地方，或工人必经之处；生活基地应设在场外，距工地 500 ~ 1 000 m 为宜；食堂可布置在工地内部或工地与生活区之间。应尽量避开危险品仓库和砂石加工厂等位置，以利安全和减少污染。

6）临时水电管网及其他动力设施的布置

临时水电管网沿主要干道布置干管、主线；临时总变电站应设置在高压电引入处，不应放在工地中心；设置在工地中心或工地中心附近的临时发电设备，沿干道布置主线；施工现场供水管网有环状、枝状和混合式三种形式。

根据工程防火要求，应设立消防站。一般设置在易燃物（木材、仓库、油库、炸药库等）附近，并须有通畅的出口和消防车道，其宽度不宜小于 6 m；沿道路布置消防栓时，其间距不得大于 100 m，消防栓到路边的距离不得大于 2 m。

工地电力网，一般 3 ~ 10 kV 的高压线采用环状，380/220 V 低压线采用枝状布置。工地上通常采用架空布置，距路面或建筑物不小于 6 m。

4. 施工辅助企业

水利水电工程施工的辅助企业主要包括砂石采料厂，混凝土生产系统，综合加工厂（混凝土预制构件厂、钢筋加工厂、木材加工厂等），机械修配厂，工地供风、供水系统等。其布置的任务是根据工程特点、规模及施工条件，提出所需的辅助企业项目、任务和生产规模及内部组成，选定厂址，确定辅助企业的占地面积和建筑面积，并进行合理的布置，使工程施工能顺利地进行。

1）砂石骨料加工厂

砂石骨料加工厂布置时，应尽量靠近料场，选择水源充足、运输及供电方便，有足够的堆料场地和便于排水清淤的地段，同时，若砂石料厂不止一处，可将加工厂布置在中心处，并考虑与混凝土生产系统的联系。

砂厂骨料加工厂的占地面积和建筑面积与骨料的生产能力有关。

2）混凝土生产系统

混凝土生产系统应尽量集中布置，并靠近混凝土工程量集中的地点，如坝体高度不大，混凝土生产系统高程可布置在坝体重心位置。

混凝土生产系统的面积可依据选择的拌和设备的型号生产能力来确定。

3）综合加工厂

综合加工厂尽量靠近主体工程施工现场，有条件时，可与混凝土生产系统一起布置。

（1）钢筋加工厂。一般需要的面积较大，最好布置在来料处，即靠近码头、车站等，其面积可查表 10-1 确定。

表 10-1　钢筋加工厂的面积指标

生产规模(t/班)	5	10	25	50
建筑面积(m²)	178	224	736	1 900
占地面积(m²)	800	1 200	4 100	111 200

（2）木材加工厂。应布置在铁路或公路专用线的近旁，又因其有防火的要求，则必须安排在空旷地带，且主要建筑物的下风向，以免发生火灾时蔓延，其面积可查表 10-2 确定。

表 10-2　木材加工厂的面积指标

生产规模(m³/班)	20	30	50	80
建筑面积(m²)	372	484	1 031	1 626
占地面积(m²)	5 000	7 390	12 200	19 500

（3）混凝土预制构件厂。其位置应布置在有足够大的场地和交通方便的地方，若服务对象主要为大坝主体，应尽量靠近大坝布置。其面积的确定可参照表 10-3。

表 10-3　混凝土构件预制厂（露天式）的面积指标

生产规模(m³/a)	5 000	10 000	20 000	30 000
建筑面积(m²)	200	320	620	800
占地面积(m²)	6 200	10 000	18 000	22 000

4）机械修配厂

应与汽车修配厂和保养厂统一设置，其位置一般选在平坦、宽阔、交通方便的地段，若采用分散布置时，应分别靠近使用的机械、设备等地段。具体面积可参照表 10-4 选定。

表 10-4　机械修配厂的面积指标

生产规模(机床台数)	10	20	40	60
锻造能力(t/a)	60	120	250	350
铸造能力(t/a)	70	150	350	500
建筑面积(m²)	545	1 040	2 018	2 917
占地面积(m²)	1 800	3 470	6 720	9 750

5）工地供风系统

工地供风主要为供石方开挖、混凝土、水泥输送、灌浆等施工作业所需的压缩空气。一般采用的方式是集中供风和分散供风，压缩空气主要由固定式的空气压缩机站或移动的空气压缩机来供应。

空气压缩机站的位置,应尽量靠近用风量集中的地点,保证用风质量,同时,接近供电、供水系统,并要求有良好的地基,空气压缩机距离用风地点最好在 700 m 左右,最大不超过 1 000 m。

供风管道采用树枝状布置,一般沿地表敷设,必要时可地埋或架空敷设(如穿越重要交通道路等),管道坡度控制在 0.1% ~0.5% 的顺坡。

6) 工地供电系统

工地用电主要包括室内外交通照明用电和各种机械、动力设备用电等。在设计工地供电系统时,主要应该解决的问题是:确定用电地点和需电量、选择供电方式、进行供电系统的设计。

工地的供电方式常见的有施工地区已有的国家电网供电、临时发电厂供电、移动式发电机供电等三种方式,其中国家电网供电的方式最经济方便,宜尽量选用。

工地的用电负荷,按不同的施工阶段分别计算。工地内的供电采用国家电网供电应先在工地附近设总变电所,将高压电降为中压电,在输送到用户附近时,通过小型变压器(变电站)将中压降压为低压(380/220 V),然后输送到各用户;另在工地应有备用发电设施,以备国家电网停电时备用,其供电半径以 300 ~700 m 为宜。

施工现场供电网路中,变压器应设在所负担的用电荷集中、用电量大的地方,同时各变压器之间可做环状布置。供电线路一般呈树枝形布置,采用架空线等方式敷设,电杆间距为 25 m 左右。

7) 工地供水系统

工地供水系统主要由取水工程、净水工程和输配水工程等组成,其任务在于经济合理地供给生产、生活和消防用水。在进行供水系统设计时,首先应考虑需水地点和需水量、水质要求,再选择水源,最后进行取水、净水建筑物和输水管网的设计等。

布置用水系统时,应充分考虑工地范围的大小,可布置成一个或几个供水系统。供水系统一般由供水站、管道和水塔等组成。水塔的位置应设有用水中心处,高程按供水管网所需的取大水头计算。供水管道一般用树枝状布置,水管的材料根据管内压力大小分为铸铁和钢管两种。

工地供水系统所用水泵,一般每台流量为 10 ~30 L/s,扬程应比最高用水点和水源的高差高出 10 ~15 m。水泵应有一定的备用台数,同一泵站的水泵型号尽可能统一。

5. 施工临时设施

1) 仓库

工地仓库的主要功能是储存和供应工程施工所需的各种物资、器材及设备。根据它的用途和管理形式分为中心仓库(储存全工地统一调配使用的物料)、转运站仓库(储存待运的物资)、专用仓库(储存一种或特殊的材料)、工区分库(只储存本工区的物资的材料)、辅助企业分库(只储存本企业用的材料等)等。

按照结构形式分为露天式仓库、棚式仓库和封闭式仓库等,其面积的确定可参考表 10-5、表 10-6 占地面积指标。

表 10-5　每平方米有效面积材料储存量及仓库面积利用系数

材料名称	单位	保管方法	堆高（m）	每平方米面积堆置 p	储存方法	仓库面积利用系数 k_1	备注
水泥	t	堆垛	1.5～1.6	1.3～1.5	仓库、料棚	0.45～0.60	
水泥	t		2.0～3.0	2.5～4.0	封闭式料斗机械化	0.70	
圆钢	t	堆垛	1.2	3.1～4.2	料棚、露天	0.66	
方钢	t	堆垛	1.2	3.2～4.3	料棚、露天	0.68	
扁、角钢	t	堆垛	1.2	2.1～2.9	料棚、露天	0.45	
钢板	t	堆垛	1.0	4.0	料棚、露天	0.57	
工字钢、槽钢	t	堆垛	0.5	1.3～2.6	料棚、露天	0.32～0.54	
钢管	t	堆垛	1.2	0.8	料棚、露天	0.11	
铸铁管	t	堆垛	1.2	0.9～1.3	露天	0.38	
铜线	t	料架	2.2	1.3	仓库	0.11	
铝线	t	料架	2.2	0.4	仓库	0.11	
电线	t	料架	2.2	0.9	仓库、料架	0.35～0.40	
电缆	t	堆垛	1.4	0.4	仓库、料架	0.35～0.40	
盘条	t	叠放	1.0	1.3～1.5	棚式	0.50	
钉、螺栓	t	堆垛	2.0	2.5～3.5	仓库	0.60	
炸药	t	堆垛	1.5	0.66	仓库、料架	0.45～0.60	
油脂	t	堆垛	1.2～1.8	0.45～0.80	仓库	0.35～0.40	
玻璃	箱	堆垛	0.8～1.5	6.0～10.0	仓库	0.45～0.60	
油毡		堆垛	1.0～1.5	15.0～22.0	仓库	0.35～0.45	
石油沥青	t	堆垛	2	2.2	仓库	0.50～0.60	
胶合板	张	堆垛	1.5	200～300	仓库	0.50	
五金	t	叠放、堆垛	2.2	1.5～2.0	仓库、料架	0.35～0.50	
原木	m³	叠放	2～3	1.3～2.0	露天式	0.40～0.50	
锯材	m³	叠放	2～3	1.2～1.8	露天式	0.40～0.50	
卵石、砂、碎石	m³	堆垛	5～6	3.0～4.0	露天式	0.60～0.70	
卵石、砂、碎石	m³	堆垛	1.5～2.5	1.5～2.0	露天式	0.60～0.70	
毛石	m³	堆垛	1.2	1.0	露天式	0.60～0.70	
砖	块	堆垛	1.5	700	露天式		
煤炭	t	堆垛	2.25	2.0	露天	0.60～0.70	
劳保	套	叠放		1.0	料架	0.30～0.35	

表 10-6　施工机械停放场所需面积参考指标

施工机械名称	停放场地面积(m²/台)	存放方式
1. 起重、土石方机械		
塔式起重机	200~300	露天
履带式起重机	100~125	露天
履带式正、反铲,拖式铲运机,轮胎式起重机	70~100	露天
推土机、拖拉机、压路机	25~35	露天
汽车式起重机	20~30	露天或室内
门式起重机(10 t,60 t)	300~400	解体露天及室内
缆式起重机(10 t,20 t)	400~500	解体露天及室内
2. 运输机械类		
汽车(室内)	20~30	一般情况下室内不小于10%
汽车(室外)	46~60	
平板拖车	100~150	
3. 其他机类		
搅拌机、卷扬机、电焊机、电动机、水泵、空压机、油泵等	4~6	一般情况下室内占30%、室外占70%

仓库布置的具体要求是:服务对象单一的仓库、堆场,应靠近所服务的企业或施工地点。

(1)中心仓库应布置在对外交通线路进入工区入口处附近。

(2)特殊材料库(如炸药等)布置在不会危害企业、施工现场、生活福利区的安全的位置。

(3)仓库的平面布置应尽量满足防火间距的要求。

2)工地临时房屋

一般工地上的临时房屋主要有行政管理用房(如指挥部、办公室等)、文化娱乐用房(如学校、俱乐部等)、居住用房(如职工宿舍等)、生活福利用房(如医院、商店、浴泄等)等。

修建这些临时房屋时,必须注意既要满足实际需要,又要节约修建费用。具体应考虑以下问题:

(1)尽可能利用施工区附近城镇的居民和文化福利实施。

(2)尽可能利用拟建的永久性房屋。

(3)结合施工地区新建城镇的规划统一考虑。

(4)临时房屋宜采用装配式结构。

具体工地各类临时房屋需要量,取决于工程规模、工期长短、投资情况和工程所在地区的条件等因素。

四、施工进度

(一)划分项目,计算工程量

(1)项目划分通常要列到单元工程,如为混凝土坝工程,还要划分为基础砂石料开挖、石方开挖、基础处理、不同坝段、分区的混凝土施工等单元工程。

（2）划分要结合所选择的施工方案。如：结构安装工程，若采用分件吊装法，则施工过程的名称、数量和内容及安装顺序应按照构件来确定；若采用综合吊装法，则施工过程应按施工单元（节间、区段）来确定。

（3）注意适当简化单位工程进度计划内容，避免工程项目划分过细、重点不突出。

（4）所有项目应大致按施工先后顺序排列。

（5）工程量的计算一般应根据设计图纸、工程量计算规则及有关定额手册或资料进行。计算工程量常采用列表的方式进行。工程量的计量单位要与清单相吻合。

（二）计算各项目的施工持续时间

确定进度计划中各项工作的作业时间是计算项目计划工期的基础。在工作项目的实物工程量一定的情况下，工作持续时间与安排在工程上的设备水平、人员技术水平、人员及设备数量、效率等有关。工作项目持续时间的确定方法主要有以下几种。

1. 按实物工程量和定额标准计算

根据计算出的实物工程量，应用相应的标准定额资料，就可以计算或估算各项目的施工持续时间：

$$t = \frac{Q}{mnkN} \tag{10-1}$$

式中　　t——项目施工持续时间；

Q——项目的实物工程量；

m——日工作班制，$m = 1, 2, 3$；

n——每班工作的人数或机械设备台数；

k——每班工作时间；

N——人工或机械工时（台时）产量定额（用概算定额或扩大指标）。

2. 套用工期定额法

对于总进度计划中大"工序"的持续时间，通常采用国家制定的各类工程工期定额，并根据具体情况进行适当调整或修改。

3. 三时估计法

有些工作任务没有确定的实物工程量，或不能用实物工程量来计算工时，也没有颁布的工期定额可套用，例如试验性工作或采用新工艺、新技术、新结构、新材料的工程。此时，可采用"三时估计法"计算该项目的施工持续时间。

（三）分析确定项目之间的逻辑关系

项目之间的逻辑关系取决于工程项目的性质和轻重缓急、施工组织、施工技术等许多因素，概括说来分为两大类。

（1）工艺关系，即由施工工艺决定的施工顺序关系。在作业内容、施工技术方案确定的情况下，各工种工作逻辑关系是确定的，不得随意更改。如一般土建工程项目，应按照先地下后地上、先基础后结构、先土建后安装再调试的原则安排施工顺序。

（2）组织关系，即由施工组织安排决定的施工顺序关系。如工艺上没有明确规定先后顺序关系的工作，由于考虑到其他因素（如工期、质量、安全、资源限制、场地限制等）的影响而人为安排的施工顺序关系，均属此类。例如，由导流方案所形成的导流程序，决定了各控制环节所控制的工程项目，从而也就决定了这些项目的衔接顺序。再如，采用全段围堰隧洞导流的导流方案时,通常要求在截流以前完成隧洞施工、围堰进占、库区清理、截流备料等工作,由此形成了相应的衔接关系。又如,由于劳动力的调配、施工机械的转移、建筑材料的供应和分配、机电设备进场等原因,安排一些项目在先、另一些项目滞后,均属组织关系所决定的顺序关系。由组织关系所决定的衔接顺序,一般是可以改变的。只要改变相应的组织安排,有关项目的衔接顺序就会发生相应的变化。

项目之间的逻辑关系,是科学地安排施工进度的基础,应逐项研究,仔细确定。

(四)初拟施工进度计划

通过对项目之间进行逻辑关系分析,掌握工程进度的特点,理清工程进度的脉络之后,就可以初步拟订出一个施工进度方案。在初拟进度时,一定要抓住关键,分清主次,理清关系,互相配合,合理安排。要特别注意把与洪水有关、受季节性限制较严、施工技术比较复杂的控制性工程的施工进度安排好。

对于坝后式水利水电枢纽工程,其关键项目一般位于河床,故施工总进度的安排应以导流程序为主要线索。先将施工导流、围堰截流、基坑排水、坝基开挖、基础处理、施工度汛、坝体拦洪、下闸蓄水、机组安装和引水发电等关键性控制进度安排好,其中应包括相应的准备、结束工作和配套辅助工程的进度。这样,构成的总的轮廓进度即进度计划的骨架。然后,再配合安排不受水文条件控制的其他工程项目,形成整个枢纽工程的施工总进度计划草案。

需要注意的是,在初拟控制性进度计划时,对于围堰截流、拦洪度汛、蓄水发电等这样一些关键项目,一定要进行充分论证,并落实相关措施;否则,如果延误了截流时机,影响了发电计划,对工期的影响和造成国民经济的损失往往是非常巨大的。

(五)调整和优化

初拟进度计划以后,要配合施工组织设计其他部分的分析,对一些控制环节、关键项目的施工进度、资源需要量等重大问题进行分析计算。将同一时期各项工程的工程量加在一起,用一定的比例画在施工进度计划的底部,即可得到建设项目资源需要量的动态曲线,若曲线上存在较大的高峰和低谷,则表明该时段里各种资源的需要量较大,需要调整一些单位过程的施工进度或开工时间,以便消除高峰和低谷,使各个时期的时段需求量尽量达到平衡,若发现主要工程的施工强度过大或施工强度很不平衡(此时也必然引起资源使用的不平衡),就应进行调整和优化,使新定出的计划更加完善,更加切实可行。

五、资源配置

(一)劳动力使用计划编制

1. 劳动力需要量

劳动力需要量指的是在工程施工期间,直接参加生产和辅助生产的人员数量以及整个工程所需总劳动量。水利水电工程施工劳动力,包括建筑安装人员,企业工厂、交通的运行和维护人员,管理、服务人员等。劳动力需要量是施工总进度的一项重要指标,也是确定临时工程规模和计算工程总投资的重要依据之一。

劳动力计划的计算内容是施工期各年份月劳动力数量(人)、施工期高峰劳动力数量(人)、施工期平均劳动力数量(人)和整个工程施工的总劳动量(工日)。

2.劳动力计算方法

1)劳动定额法

（1）劳动力定额。

劳动力定额是完成单位工程量所需要的劳动工日。在计算各施工时段所需要的基本劳动力数量时,是以施工总进度为基础,用各施工时段的施工强度乘以劳动力定额而得。总进度表上的工程项目,是基本施工工艺环节中各施工工序的综合项目。例如,石方开挖包括开挖和出渣等;混凝土浇筑包括砂石料开采、加工和运输,模板,钢筋,混凝土拌和、运输、浇筑和养护等;土石方填筑包括料物开采、运输、上坝和填筑等。所以,计算劳动力所需的劳动力定额,主要是依据本工程的建筑物特性、施工特性、选定的施工方法、设备规格、生产流程等经过综合分析后拟定。

（2）劳动力需要量计算步骤:①拟定劳动力定额;②以施工总进度表为依据,绘制单项工程的施工进度线,并说明各时段的施工强度;③计算基本劳动力曲线;④计算企业工厂运行劳动力曲线;⑤计算对外交通、企业管理人员、场内道路维护等劳动力曲线;⑥计算管理人员、服务人员劳动力曲线;⑦计算缺勤劳动力曲线;⑧计算不可预见劳动力曲线;⑨计算和绘制整个工程的劳动力曲线。

（3）基本劳动力计算。以施工总进度表为依据,用各单项工程分年、分月的日强度乘以相应劳动力定额,即得单项工程相应时段劳动力需要量。同年同月各单项工程劳动力需要量相加,即为该年该月的日需要劳动力。

（4）企业工厂运行劳动力。以施工进度表为依据,列出各企业工厂在各年各月的运行人员数量,同年同月逐项相加而得。

（5）对外交通、企管人员及道路维护劳动力。用基本劳动力与企业工厂运行人员之和乘以系数 0.1 ~ 0.5（混凝土坝工程和对外交通距离较远者取大值）。

（6）管理人员（包括有关单位派驻人员）,取上述（3）～（5）项的生产人员总数的 7% ~ 10%。

按以上方法计算各类劳动力需用量后,可按表 10-7 形式进行汇总。

表 10-7　劳动力计划表　　　　　　　　　　　　　　　　　（单位:人）

工种	按工程施工阶段投入劳动力情况			
	年			
	月	月	月	月

2)类比法

根据同类型、同规模的实际定员类比,通过认真分析加以适当调整。此方法比较简单,也有一定的准确度。

（二）材料使用计划编制

水利水电工程所使用的材料包括消耗性材料、周转性材料和装置性材料。

1. 材料需要量估算依据

(1)主体工程各单项工程的工程量。

(2)各种临时建筑工程的分项工程量。

(3)其他工程的分项工程量。

(4)材料消耗指标一般以部颁定额为准,当有试验依据时,以试验指标为准。

(5)各类燃油、燃煤机械设备的使用台班数。

(6)施工方法,原材料本身的物理、化学、几何性质。

2. 主要材料汇总

主要材料用量,应按单项工程汇总并小计用量,最后累计全部工程主要材料用量。汇总工作可按表 10-8 的形式进行。

表 10-8　主要材料汇总表

序号	单项工程名称	工程部位	主要材料用量					
			钢材	木材	水泥	炸药	燃料	
							汽油	柴油
	小计							

3. 编制分期供应计划

(1)根据施工总进度计划的要求,在主要材料计算和汇总的基础上编制分期供应计划。

(2)分期材料需要量应分材料种类、工程项目计算分期工程量占总工程量的比例,并累计全工程在各时段中的材料需用量。计算表的形式如表 10-9 所示。

表 10-9　材料分期需要量计算表

材料种类	单项工程或部位名称	该工程或部位材料耗用总量	计算项目	分期用量		
				第　年	第　年	第　年
			分期工程量占总工程量比例			
			材料分期用量			
			分期工程量占总工程量比例			
			材料分期用量			
	小计					

(3)材料供应至工地时间应早于需要时间,并留有验收、材料质量鉴定、出入库等时间。

(4)如考虑某些材料供应的实际困难,可在适当时候多供应一定数量,暂时储存以备后用。但储存时间不能超过有关材料管理和技术规程所限定的时间,同时应考虑资金周转等问题。

(5)供应计划应按各种材料品种或规格、产地或来源分列供应数量和小计供应量。

主要材料分期供应量表的形式见表 10-10。

表 10-10　主要材料分期供应量表

材料名称	品种或规格	产地或来源	分期供应量											
			第　年				第　年				第　年			
			1	2	3	4	1	2	3	4	1	2	3	4
水泥	32.5													
	42.5													
	小　　计													
	合　　计													

(三)施工机械使用计划编制

施工机械是施工生产要素的重要组成部分。现代工程项目都要依靠使用机械设备才能完成任务。随着科学技术的不断发展,新机械、新设备层出不穷,大型的资金密集型和技术密集型的机械在现代机械化施工中起着越来越重要的作用。

1. 施工机械设备的选择原则

正确拟订施工方案和选择施工机械是合理组织施工的关键。施工方案要做到技术上先进、经济上合理,满足保证施工质量,提高劳动力生产率,加快施工进度及充分利用机械的要求;而正确选择施工机械设备能使施工方法更为先进、合理,又经济。因此,施工机械选择的好坏很大程度上决定了施工方案的优劣。所以,在选择施工机械时应遵照以下原则:

(1)适应工地条件,符合设计和施工要求,保证工程质量,生产能力满足施工强度要求。

选择的机械类型必须符合施工现场的地质、地形条件及工程量和施工进度的要求等。为了保证施工进度和提高经济效益,工程量大的采用大型机械,否则选用小型机械,但这并不是绝对的。例如,某大型工程施工地区偏僻,道路狭窄,桥梁载重量受到限制,大型机械不能通过,为此要专门修建运输大型机械的道路、桥梁,显然是不经济的,所以选用中型机械较为合理。

(2)设备性能机动、灵活、高效、能耗低、运行安全可靠。

选择机械时要考虑到各种机械的合理组合,这是决定所选择的施工机械能否发挥效率的重要因素。合理组合主要包括主机与辅助机械在台数和生产能力的相互适应,以及作业线上的各种机械相配套的组合。首先,主机与辅助机械的组合,必须保证在主机充分发挥作用的前提下,考虑辅助机械的台数和生产能力。其次,一种机械施工作业线是几种机械联合作业组合成一条龙的机械化施工,几种机械的联合才能形成生产能力。如果其中某一种机械的生产能力不适应作业线上的其他机械的生产能力或机械可靠性不好,都会使整条作业线的机械发挥不了作用。

(3)通用性强,能满足在先后施工的工程项目中重复使用。

(4)设备购置及运行费用较低,易获得零配件,便于维修、保养、管理和调度。

施工机械固定资产损耗费(折旧费用、大修理费等)与施工机械的投资成正比,运行费

（机上人工费,动力、燃料费等）可以看作与完成的工程量成正比。这些费用是在机械运行中重点考虑的因素。大型机械需要的投资大,但如果把其分摊到较大的工程量中,对工程成本的影响就很小。所以,大型工程选择大型的施工机械是经济的。为了降低施工运行费,不能大机小用,一定要以满足施工需要为目的。

设备采购应通过市场调查,一般机械应为常用机型,有利于承包商自带,少量大型、特殊机械,可由业主单位采购,提供给承包商使用。原则上,零配件供应由承包商自行解决。

2. 土石方施工机械选择的步骤与方法

1）根据施工方案选择施工机械

在拟订施工方案时,首先要研究完成基本工作所需的主要机械,按照施工条件和工作面参数选定主要机械,然后依据主要机械的生产能力和性能参数再选用与其配套的机械。

（1）根据作业内容选择机械。不同土石方施工,其作业内容不同,所需主要机械、配套机械也不同,根据需要可参考相关手册进行选择。如料场及道路准备中清除树木可以采用的主要机械是推土机、除荆机,而清除表土则可采用推土机和铲运机。

（2）根据土石料类型选择机械。土石方施工中根据现行规范,把土分为砂土、壤土和黏土、砾质土、风化软岩、爆破石渣、砂砾料等;根据施工条件,又可分为水上和水下等。为充分发挥机械设备的效率,根据不同的填料,选择适宜的机械。如壤土和黏土挖掘采用正铲挖掘机和斗轮挖掘机比较适宜。

（3）根据运距和道路条件选择运输机械。各种运输机械的经济运距和对道路的要求不一样,应按运输距离确定选择机械。如履带式推土机在 15～30 m 时可获得最大的生产效率。

2）施工机械需要量计算

施工机械需要量可根据进度计划安排的日施工强度、机械生产率、机械利用率等参数计算求得。挖掘、运输、碾压机械的台数 N 可按下式计算:

$$N = \frac{Q}{Pm\eta} \tag{10-2}$$

式中　Q——计算依据的施工强度,m^3/d;

　　　m——每天计划工作班数,班/d;

　　　η——机械利用率(%);

　　　P——机械生产率,$m^3/$台班,挖掘机械一般为自然方,碾压机械为压实方。

3. 施工机械设备平衡

在施工机械设备选型后,应进行主要施工机械设备的汇总工作。汇总时按各单项工程或辅助企业汇总机械设备的类型、型号、使用数量,分别了解其使用时段、部位、施工特点及机械使用特点等有关资料。

施工机械设备平衡的目的是在保证施工总进度计划的实施、满足施工工艺要求的前提下,尽量做到充分发挥机械设备的效能、配套齐全、数量合理、管理方便和技术经济效益显著,并最终反映到机械类型、型号的改变和配置数量的变化上。一般情况下,施工机械设备平衡的主要对象是主要的土石方机械、运输机械、混凝土机械、起重机械、工程船舶、基础处理机械和主要辅助设备等七大类无固定设置的机械。

机械平衡的主要内容是同类型机械设备在使用时段上的平衡,同时应注意不同施工部位、不同类型或型号的互换平衡。平衡内容和主要原则见表10-11。

表10-11　机械设备平衡的内容与原则

平衡内容		平衡原则
使用上的平衡		现有大型机械充当骨干,同时注意旧机械更新;中小型机械起填平补齐作用
型号上的平衡		尽量使现有机械配套;型号尽力简化,以高效能、调动灵活机械为主;注意一机多能;大中小型机械保持适当比例
数量上的平衡		减少机械数量
时间上的平衡		利用同一机械在不同时间、作业场所发挥作用
配套平衡		机械设备配套应由施工流程决定。多功能、服务范围广的机械应与大多数作业的其他机械配套选择;施工机械应与相应的检修、装拆设施水平相适应
其他	机械拆迁	减少重型机械的频繁拆迁、转移
	维修保养	配件来源可靠、有与之相适应的维修保养能力
	机械调配	有灵活可靠的调配措施

4.施工机械设备总需要量计算

机械设备总需要量:

$$N = \frac{N_0}{1 - \eta} \tag{10-3}$$

式中　N——某类型或型号机械设备总需要量;

　　　N_0——某类型或型号机械设备平衡后的历年最高使用数量;

　　　η——备用系数,可参考表10-12选用。

表10-12　备用系数 η 参考值

机械类型	η	机械类型	η
土石方机械	0.10 ~ 0.25	运输机械	0.15 ~ 0.25
混凝土机械	0.10 ~ 0.15	起重机械	0.10 ~ 0.20
船舶	0.10 ~ 0.15	生产维修设备	0.04 ~ 0.08

计算机械总需要量时,应注意以下几个问题:

(1)总需要量应在机械设备平衡后汇总数量的基础上进行计算。

(2)同一作业可由不同类型或型号机械互代(容量互补),且条件允许时,备用系数可适当降低。

(3)对生产均衡性差、时间利用率低、使用时间不长的机械,备用系数可以适当降低。

(4)风、水、电机械设备的备用量应专门研究。

(5)确定备用系数时间,应考虑设备的新旧程度、维修能力、管理水平等因素,力争做到切合实际情况。

5.施工机械设备供应计划

表10-13为机械设备数量汇总表,本表汇总数字为机械设备平衡后,考虑了备用数的总需要量。表中应包括主要的、配套的全部机械设备。

表 10-13　主要施工设备表

序号	设备名称	型号规格	数量	产地	制造年份	额定功率（kW）	生产能力	用于施工部位	备注

第二节　专项施工方案编制

一、专项施工方案编制范围

施工单位应在施工前,对达到一定规模的危险性较大的单项工程编制专项施工方案;对于超过一定规模的危险性较大的单项工程,施工单位应组织专家对专项施工方案进行审查论证。

达到一定规模的危险性较大的单项工程,主要包括下列工程:

(1)基坑支护、降水工程。开挖深度达到 3(含)~5 m 或虽未超过 3 m 但地质条件和周边环境复杂的基坑(槽)支护、降水工程。

(2)土方和石方开挖工程。开挖深度达到 3(含)~5 m 的基坑(槽)的土方和石方开挖工程。

(3)模板工程及支撑体系:

①大模板等工具式模板工程。

②混凝土模板支撑工程:搭设高度 5(含)~8 m、跨度 10(含)~18 m,施工总荷载 10(含)~15 kN/m²,集中线荷载 15(含)~20 kN/m,高度大于支撑水平投影宽度且相对独立无联系构件的混凝土模板支撑工程。

③承重支撑体系:用于钢结构安装等满堂支撑体系。

(4)起重吊装及安装拆卸工程:

①采用非常规起重设备、方法,且单件起吊重量在 10(含)~100 kN 的起重吊装工程。

②采用起重机械进行安装的工程。

③起重机械设备自身的安装、拆卸。

(5)脚手架工程:

①搭设高度 24(含)~50 m 的落地式钢管脚手架工程。

②附着式整体和分片提升脚手架工程。

③悬挑式脚手架工程。

④吊篮脚手架工程。

⑤自制卸料平台、移动操作平台工程。

⑥新型及异型脚手架工程。

(6)拆除、爆破工程。

（7）围堰拆除作业。

（8）水下作业工程。

（9）沉井工程。

（10）临时用电工程。

（11）其他危险性较大的工程。

超过以上规模的危险性较大的单项工程称为超过一定规模的危险性较大的单项工程。

二、专项施工方案编制审定

（一）专项施工方案内容

专项施工方案应包括下列内容：

（1）工程概况。包括危险性较大的单项工程概况、施工平面布置、施工要求和技术保证条件等。

（2）编制依据。包括相关法律、法规、规章、制度、标准及图纸（国标图集）、施工组织设计等。

（3）施工计划。包括施工进度计划、材料与设备计划等。

（4）施工工艺技术。包括技术参数、工艺流程、施工方法、质量标准、检查验收等。

（5）施工安全保证措施。包括组织保障、技术措施、应急预案、监测监控等。

（6）劳动力计划。包括专职安全生产管理人员、特种作业人员等。

（7）设计计算书及相关图纸等。

（二）专项施工方案编制审定

专项施工方案应由施工单位技术负责人组织施工技术安全、质量等部门的专业技术人员进行审核，经审核合格的，应由施工单位技术负责人签字确认。实行分包的，应由总承包单位和分包单位技术负责人共同签字确认。

不需专家论证的专项施工方案，经施工单位审核合格后应报监理单位，由项目总监理工程师审核签字，并报项目法人备案。

超过一定规模的危险性较大的单项工程专项施工方案应由施工单位组织召开审查论证会。审查论证会应有下列人员参加：①专家组成员；②项目法人单位负责人或技术负责人；③监理单位总监理工程师及相关人员；④施工单位分管安全的负责人、技术负责人、项目负责人、项目技术负责人、专项施工方案编制人员、项目专职安全生产管理人员；⑤勘察、设计单位项目技术负责人及相关人员等。

专家组应由5名及以上符合相关专业要求的专家组成，各参建单位人员不得以专家身份参加审查论证会。

审查论证会应就下列主要内容进行审查论证，并提交论证报告。审查论证报告应对审查论证的内容提出明确的意见，并经专家组成员签字。

（1）专项施工方案是否完整、可行，质量、安全标准是否符合工程建设标准强制性条文规定。

（2）设计计算书是否符合有关标准规定。

（3）施工的基本条件是否符合现场实际等。

施工单位应根据审查论证报告修改完善专项施工方案，经施工单位技术负责人、总监理工程师、项目法人单位负责人审核签字后,方可组织实施。

(三)专项施工方案的实施

施工单位应严格按照专项施工方案组织施工,不得擅自修改、调整专项施工方案。

如因设计、结构、外部环境等因素发生变化确需修改的,修改后的专项施工方案应当重新审核。对于超过一定规模的危险性较大的单项工程的专项施工方案,施工单位应重新组织专家进行论证。

施工单位应指定专人对专项施工方案实施情况进行监督。发现未按专项施工方案施工的,应要求其立即整改;存在危及人身安全紧急情况的,施工单位应立即组织作业人员撤离危险区域 。

危险性较大的单项工程合格后,施工单位应组织有关人员进行验收。

附录　施工员职业标准

摘自《水利水电工程施工现场管理人员职业标准》（T00/ CWEA 1—2017）

一、施工员的工作职责

施工员应履行以下工作职责。

（一）施工组织策划

(1)参与水利工程施工组织策划。

(2)参与制定施工管理制度。

（二）施工技术管理

(1)负责施工作业班组技术交底并监督实施。

(2)负责组织测量放线。

(3)参与施工图纸会审、技术复核。

（三）施工进度成本控制

(1)负责施工平面布置的动态管理。

(2)参与制订、调整施工进度计划、施工资源需求计划,编制施工作业计划。

(3)参与做好施工现场组织协调工作,合理调配生产资源,落实施工作业计划。

(4)协助项目经理履行合同。

（四）质量安全环境管理

(1)参与质量、安全与环境的预控,参与实施施工项目安全生产标准化工作。

(2)参与质量、安全与环境的过程管理,参与隐蔽、单元、分部和单位工程的质量验收。

(3)参与质量、安全与环境的问题调查,制定整改措施,并落实。

（五）施工信息资料管理

(1)负责编写施工日志、技术交底等施工记录、编制竣工图纸。

(2)参与汇总、整理和移交竣工资料。

二、施工员应具备的专业技能

施工员应具备以下专业技能。

（一）施工组织策划

(1)具备编制施工组织设计和专项施工方案的能力。

(2)具备编写施工管理制度的相应能力。

（二）施工技术管理

(1)具备识读施工图和其他工程设计、施工等文件的能力。

(2)具备编写技术交底文件,并实施技术交底的能力。

(3)具备施工测量的基本能力。

(三)施工进度成本控制

(1)具备正确划分施工区段,合理确定施工顺序的能力。

(2)具备编制施工进度计划及施工资源需求计划、控制调整计划的相应能力。

(3)具备进行工程量计量及初步工程计价的能力。

(四)质量安全环境管理

(1)具备确定施工质量控制点与编制质量控制文件的能力。

(2)具备确定施工安全管理重点和施工安全防护的能力。

(3)具备识别、分析、处理施工质量缺陷和危险源的能力。

(五)施工信息资料管理

(1)具备记录、分析、编制、整理施工技术资料的能力。

(2)具备利用专业软件对工程信息资料进行处理的能力。

三、施工员应具备的专业知识

(一)基础知识

(1)掌握施工图识读、绘制的基本知识。

(2)熟悉国家工程建设的相关法律法规。

(3)熟悉工程材料的基本知识。

(4)熟悉工程施工工艺和方法。

(5)熟悉工程项目管理的基本知识。

(二)专业技术知识

(1)熟悉相关专业的力学知识。

(2)熟悉水工建筑物的结构、构造和水利设备的基本知识。

(3)熟悉工程预算的基本知识。

(4)熟悉相关工种基本的专业技能。

(5)了解计算机和相关资料信息管理软件的应用知识。

(三)岗位知识

(1)掌握施工组织设计相关内容及专项施工方案的内容和编制方法。

(2)熟悉与本岗位相关的标准和管理规定。

(3)熟悉工程成本管理的基本知识。

(4)熟悉常用施工机械机具的性能和适用性。

(5)熟悉质量、安全、环境管理体系的要求。

(6)了解施工现场存在的重要危险源的管理知识。

(7)了解工程施工质量验收的基本知识。

(8)了解新技术、新材料、新工艺、新设备的相关知识。

四、施工员考核资格年限

（1）水利水电工程类本专业大学专科及以上学历毕业后可直接申请参加施工员考核。

（2）水利水电工程类本专业中职学历或水利水电类相关专业大学专科及以上学历毕业1年后可直接申请参加施工员考核。

（3）水利水电工程类相关专业中职学历或水利水电工程类高中、中职及以上学历毕业2年后可申请参加施工员考核。

参 考 文 献

[1]《水利水电工程施工实用手册》编委会. 工程识图与施工测量[M]. 北京:中国环境科学出版社,2017.

[2]《水利水电工程施工实用手册》编委会. 地基与基础处理工程施工[M]. 北京:中国环境科学出版社, 2017.

[3]《水利水电工程施工实用手册》编委会. 灌浆工程施工[M]. 北京:中国环境科学出版社,2017.

[4]《水利水电工程施工实用手册》编委会. 混凝土防渗墙工程施工[M]. 北京:中国环境科学出版社, 2017.

[5]《水利水电工程施工实用手册》编委会. 土石方开挖工程施工[M]. 北京:中国环境科学出版社,2017.

[6]《水利水电工程施工实用手册》编委会. 砌体工程施工[M]. 北京:中国环境科学出版社,2017.

[7]《水利水电工程施工实用手册》编委会. 土石坝工程施工[M]. 北京:中国环境科学出版社,2017.

[8]《水利水电工程施工实用手册》编委会. 混凝土面板堆石坝工程施工[M]. 北京:中国环境科学出版社,2017.

[9]《水利水电工程施工实用手册》编委会. 堤防工程施工[M]. 北京:中国环境科学出版社,2017.

[10]《水利水电工程施工实用手册》编委会. 疏浚与吹填工程施工[M]. 北京:中国环境科学出版社,2017.

[11]《水利水电工程施工实用手册》编委会. 钢筋工程施工[M]. 北京:中国环境科学出版社,2017.

[12]《水利水电工程施工实用手册》编委会. 模板工程施工[M]. 北京:中国环境科学出版社,2017.

[13]《水利水电工程施工实用手册》编委会. 混凝土工程施工[M]. 北京:中国环境科学出版社,2017.

[14]《水利水电工程施工实用手册》编委会. 金属结构制造与安装[M]. 北京:中国环境科学出版社,2017.

[15]《水利水电工程施工实用手册》编委会. 机电设备安装[M]. 北京:中国环境科学出版社,2017.

[16] 钟汉华. 水利水电工程施工技术[M]. 3版. 北京:中国水利水电出版社,2015.

[17] 刘能胜,钟汉华. 水利水电工程施工组织与管理[M]. 3版. 北京:中国水利水电出版社,2015.

[18] 钟汉华. 水利工程造价[M]. 3版. 郑州:黄河水利出版社,2016.

[19] 钟汉华. 建设工程项目管理[M]. 2版. 郑州:黄河水利出版社,2018.

[20] 钟汉华. 混凝土工[M]. 北京:中国建筑工业出版社,2018.